中国气传花粉和植物彩色图谱（第二版）

COLOR ATLAS OF AIR-BORNE POLLENS AND PLANTS IN CHINA (2nd Edition)

主　编　乔秉善

副主编　孟　光　刘光辉　郝　廷

编　委　（以姓氏笔画为序）

方润琪　昆明医学院附属医院

刘光辉　华中科技大学同济医学院附属同济医院

乔秉善　中国医学科学院北京协和医院

李春林　中南大学湘雅医学院附属海口医院

孟　光　中南大学湘雅医学院附属海口医院

郝　廷　北京新华联协和药业有限责任公司

谢淑琼　昆明医学院附属医院

图书在版编目（CIP）数据

中国气传花粉和植物彩色图谱 / 乔秉善主编. —2 版. —北京：中国协和医科大学出版社，2014.1

ISBN 978-7-81136-983-0

Ⅰ.①中… Ⅱ.①乔… Ⅲ.①花粉 – 中国 – 图谱 ②植物 – 中国 – 图谱 Ⅳ.① Q944.58-64 ② Q948.52-64

中国版本图书馆 CIP 数据核字（2013）第 253091 号

中国气传花粉和植物彩色图谱（第二版）

主　　编：乔秉善
责任编辑：许进力

出版发行：中国协和医科大学出版社
（北京东单三条九号　邮编 100730　电话 65260378）
网　　址：www. pumcp. com
经　　销：新华书店总店北京发行所
印　　刷：北京兰星球彩色印刷有限公司

开　　本：889 × 1194　　1/16 开
印　　张：31.5
字　　数：555 千字
版　　次：2014 年 1 月第 2 版　　2014 年 1 月第 1 次印刷
印　　数：1—1000
定　　价：470.00 元

ISBN 978-7-81136-983-0

序

中国的致敏花粉研究，始于上世纪的50年代，迄今已历经半个世纪。在此期间，对于我国的致敏花粉植种、发病季节及地区分布等有了一个初步的概念，但是我国幅员辽阔，物种纷杂，各地气候迥异，要对全国各地的花粉过敏问题有更深入具体的了解，还有大量的工作有待全国的变态反应工作者去完成，其中很重要的一项工作，就是要进行广泛的地区性花粉调查。花粉调查的基本手段首先有赖于对花粉形态的识别与鉴定。

本书作者不辞辛劳，奔走大江东西、天山南北，远及云南、海南等地，亲自实地考察，采集标本，照相，制图，先后收集到我国常见气传和致敏花粉二百余种，汇集成册。图册图像精美，花粉形态特征鲜明清晰，植株的巨观姿态美观逼真。这些图片较诸过去出版的相关书籍，在技术上有很大的进步。可供读者于从事当地花粉调查中，按图索骥，作为重要的参考。

花粉形态鉴定的传统方法依赖于光学显微镜，此法较诸电子显微技术，它操作简便，易于掌握，投资亦较少，符合我国基层工作实际，本书着重介绍的是花粉的光学显微形态，这对读者更具有实用意义。

此书的编撰吸收了部分中青年临床变态反应工作者，这是一件值得赞扬的好事。我历来认为，我国的变态反应工作同仁，不论是侧重于临床工作的，还是侧重于实验工作的，都应对本土的花粉形态，分布地域和季候特征有所了解，这不但有利于结合实际工作对我国的花粉研究有更深入的发现，而且千姿百态的花粉世界本身也必然会增进我们对它的无限兴趣与热爱。很可惜的是近些年来，对于此项工作似乎有所削弱和忽视，这种倾向是急待纠正的。

回顾整个变态反应学的发展史，不论是中国的还是全球的，均与花粉变态反应的进展有极密切的关系。我相信本书的问世必将对推动国内变态反应学界对花粉变态反应的实验性研究，起到很大的促进作用。

叶世泰

前　言

《中国气传花粉和植物彩色图谱》第一版由中国协和医科大学出版社于 2005 年 1 月正式出版发行，受到了读者的欢迎，迄今已近 10 年。但当时由于设备和技术水平所限，还留有不少遗憾。为此，作者决心重新拍摄和编写，几年来在各地同行的支持、帮助下，走遍了全国多个城市，远及广东、广西、云南、海南、江西等地，经过几年的努力，终于完成。现把它献给读者和广大变态反应工作者，如果能在您们的工作中起到一点参谋和助手作用，那也正是作者的愿望！

花粉症，是变态反应学科的常见病和多发病，每到春、秋季节，常有不少患者打喷嚏、流鼻涕，有的发生支气管哮喘，这可能就是对空气中飘散着的某种树木或杂草花粉过敏。必须经过变态反应学科医生详细检查，才能确诊是哪种植物花粉过敏，然后经过特异性花粉变态原脱敏治疗，症状才能得到缓解或痊愈。因此，花粉的鉴别和诊断对花粉症的治疗有重大意义。

本书对所拍植物的产物、学名、花期以及花粉大小、形态特征进行了较为详细的描述。但由于水平所限，仍可能有不足之处，请读者批评指正。

乔秉善

目 录

银杏 *Ginkgo biloba* L.

落叶乔木。枝有长枝与短枝。叶在长枝上螺旋状散生，在短枝上呈簇生状；叶片扇形，有长柄，浅波状。雌雄异株，稀同株。球花生于短枝叶腋；雄花序柔荑状，雌球花具长梗。花期4月~5月。

原产我国，各地广为栽培。

光学显微镜下：

侧面观，花粉船形；极面观，轮廓椭圆形；赤道面为凹形。单沟，处于远极面，沟开裂，两端窄小中间宽。外壁两层，表面纹饰呈弯曲条纹状（×1200）。

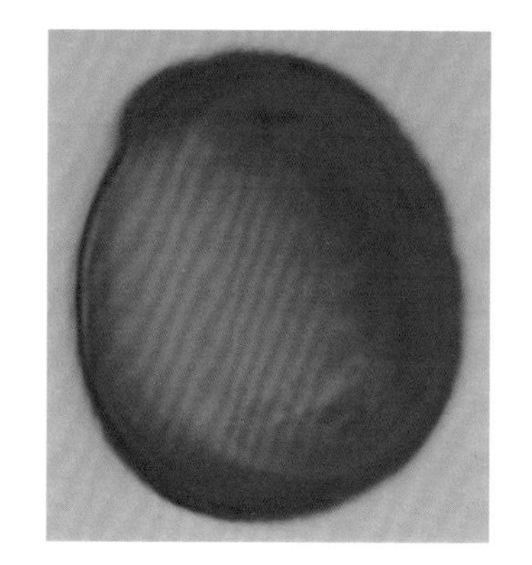

银杏 *Ginkgo biloba* L.

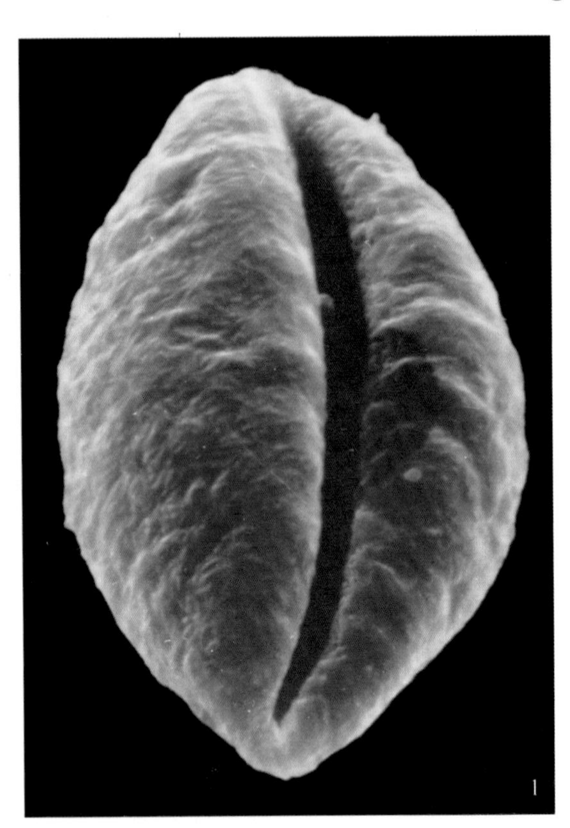

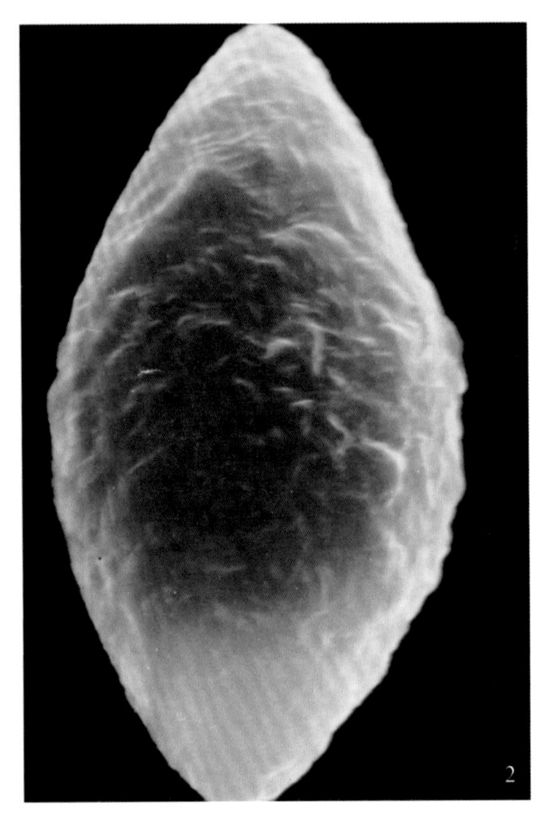

扫描电镜下：

花粉粒长橄榄形。具单沟，远极面观，沟开裂，长达极轴，无沟膜及内含物；近极面观长橄榄形，无沟。表面不平。（1.远极面×4000；2.近极面×4000）。

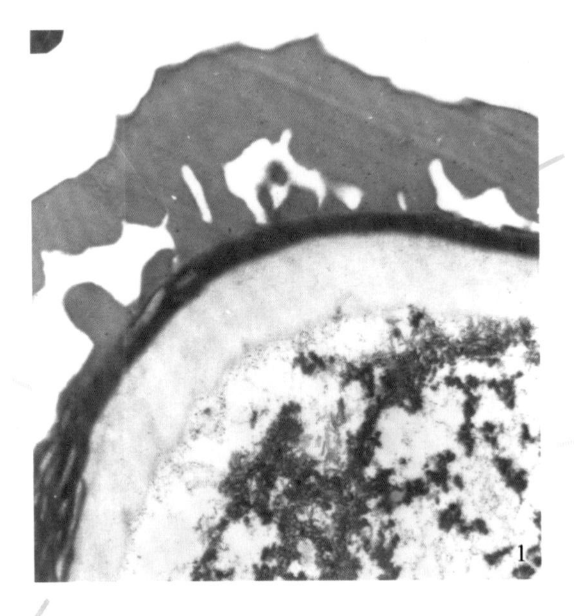

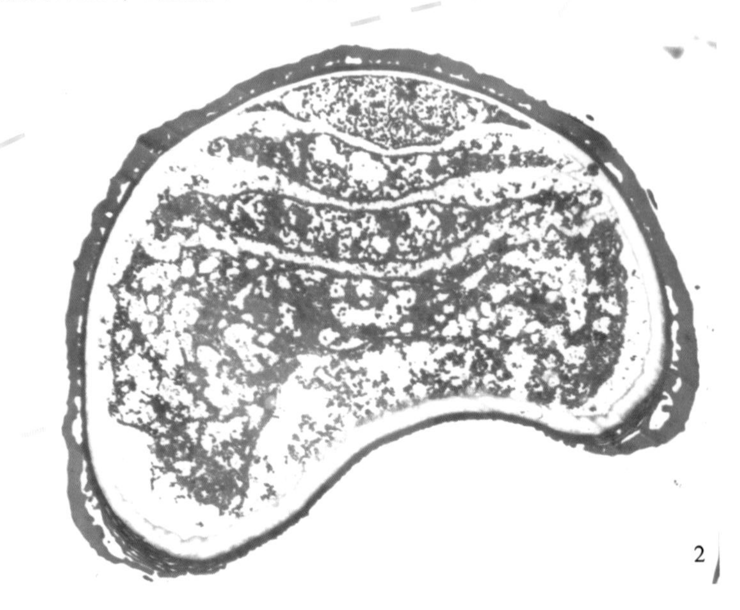

透射电镜下：

外壁外层厚度1.1微米。被层薄厚不均，表面具稀疏小刺，柱状层和垫层明显。外壁内层及内壁薄厚均匀。（1.×12000；2.×4200）。

东陵冷杉（臭冷杉）*Abies nephrolepis*（Trautv.）Maxim.

常绿乔木。株高30米。树皮灰色。叶线形，先端凹或微裂。球果单生叶腋，卵球形或圆柱形。花期4月～5月。

分布东北、河北、山西。

光学显微镜下：

花粉长118～124微米；体长87～115微米；体高61～66微米。从极面看，气囊的阔度比体小（×1200）。

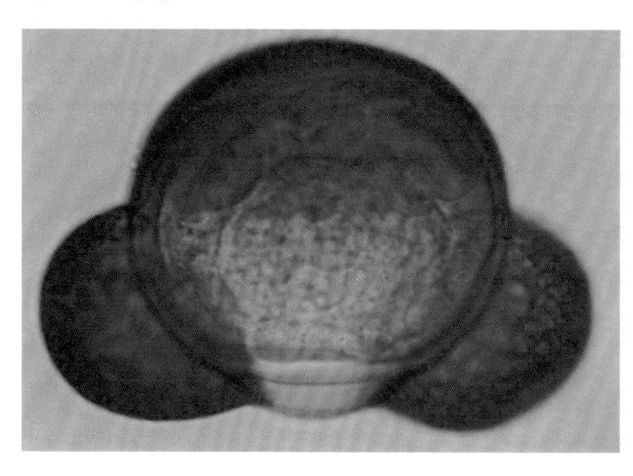

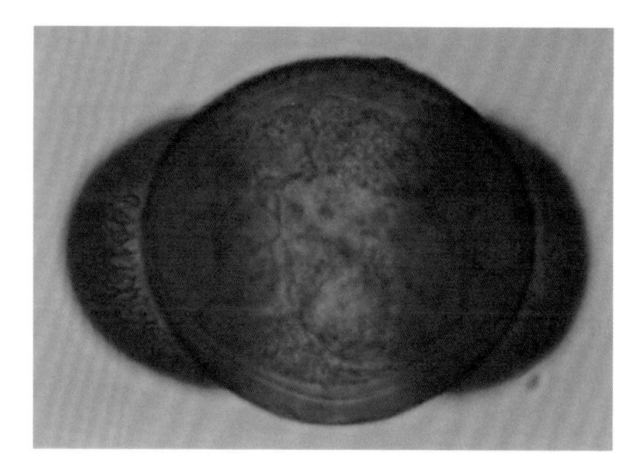

冷杉 *Abies fabri*（Mast.）Craib.

常绿乔木。一年生枝淡褐黄色。叶条形，直或微弯，边缘向下反卷，先端有凹缺。球果腋生，直立，卵状圆柱形，黄褐色，长6～11厘米。花期4月～5月。

光学显微镜下：

花粉长14.1～132微米；体长76.2～84.6微米；体高56.9～68.6微米（×480）。

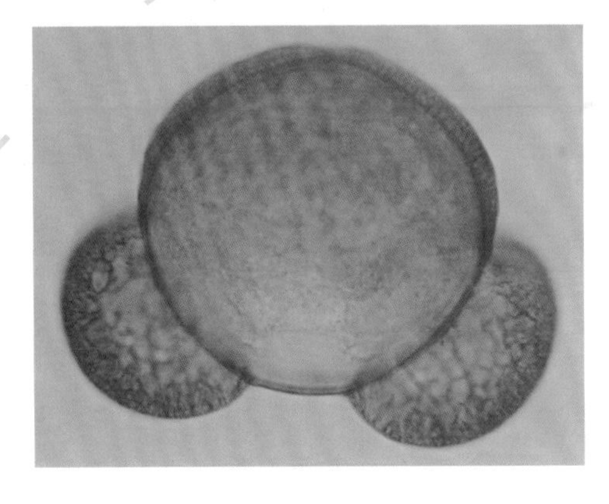

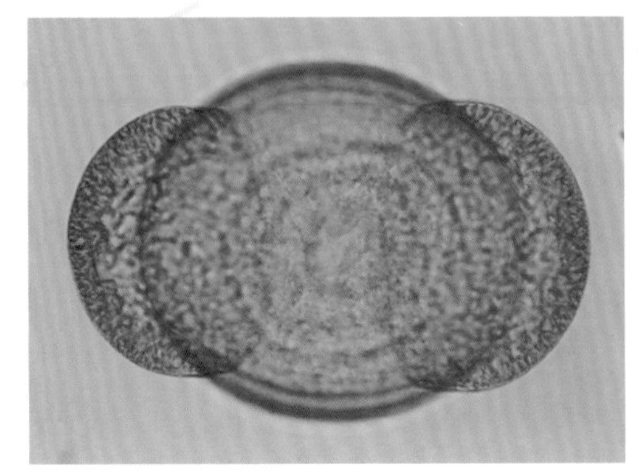

冷杉 *Abies fabri*（Mast.）Craib.

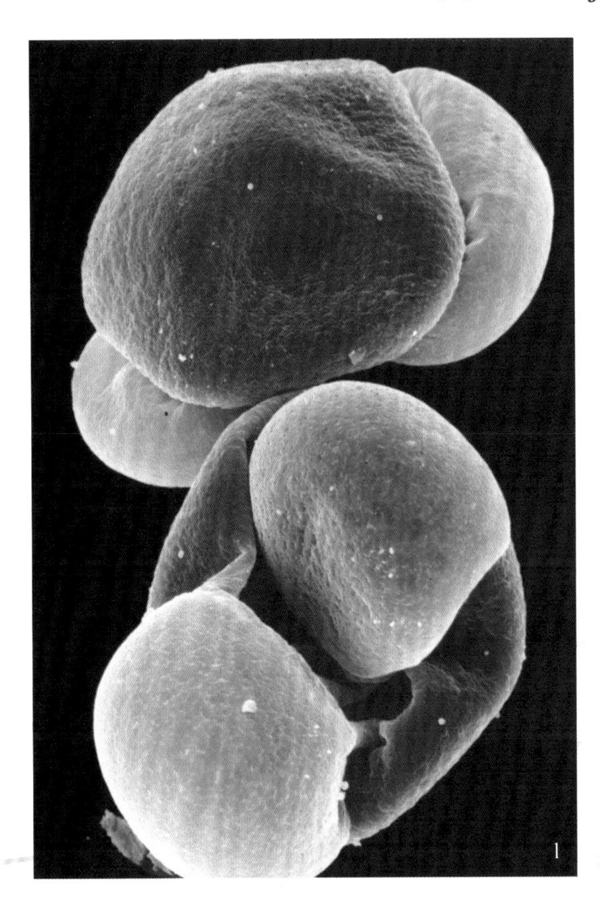

扫描电镜下：

花粉与体界限明显；气囊椭圆形，光滑；体椭圆形，表面蠕虫状纹饰（1.×750；2.×1500）。

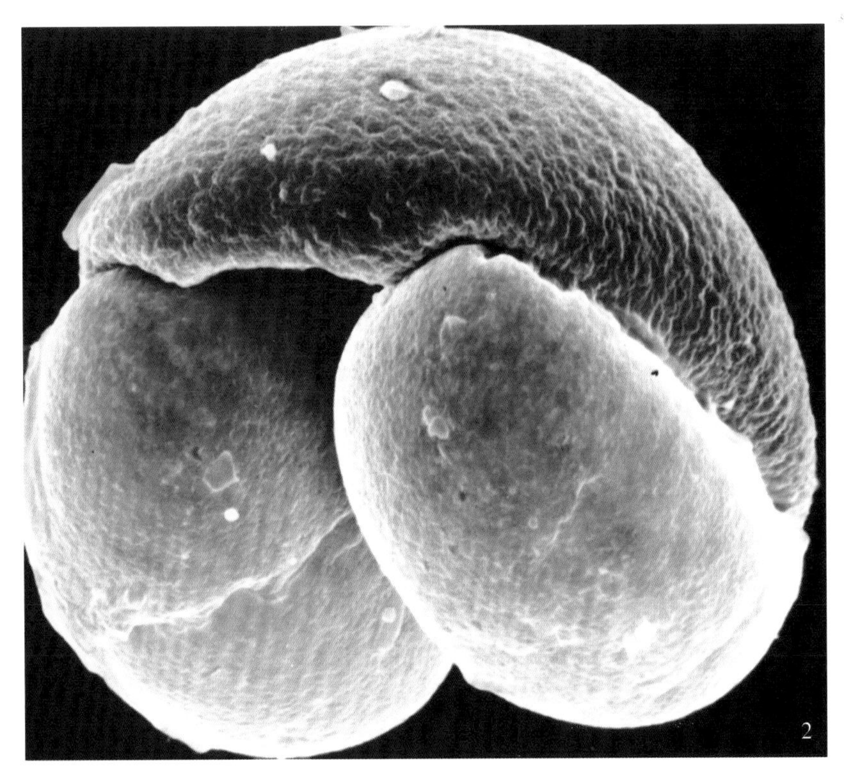

青杆 *Picea wilsonii* Mast.

授粉高峰期

青杆 *Picea wilsonii* Mast.

常绿乔木。树皮灰色。呈不规则小块片脱落。叶锥形，先端尖。球果卵状圆柱形或卵球形，长4～10厘米，熟前绿色，熟后红褐色。花期4月～5月。

分布华北、西北及湖北西北部、四川东北部。

光学显微镜下：

花粉具2个发达气囊。长69.3～8.2微米；平均80.6微米；体长48.3～60.5微米；体高33.5～44.6微米。从侧面看，体呈椭圆形；从极面看，气囊比体稍阔，体椭圆或近圆形（×480）。

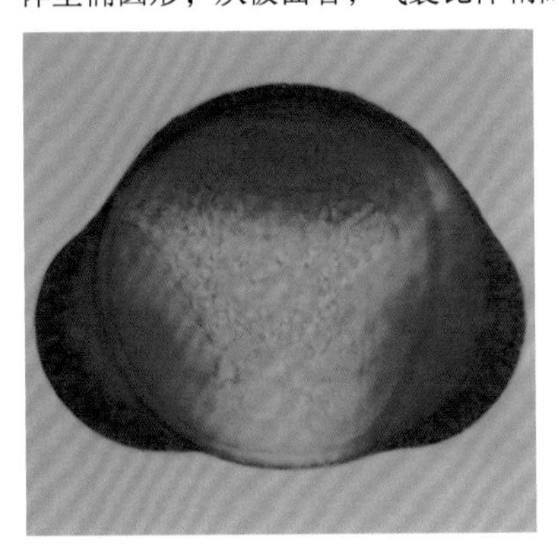

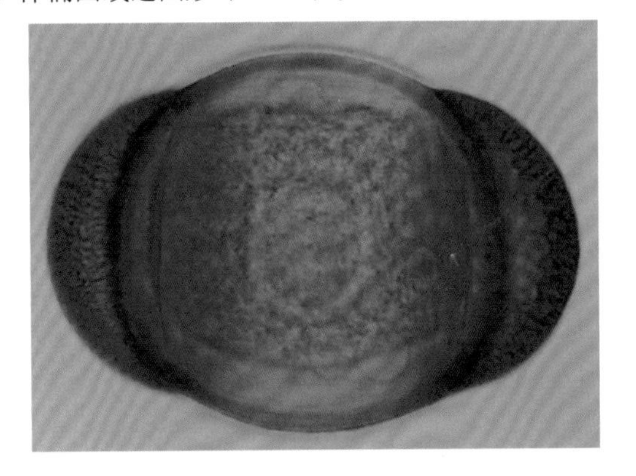

蓝粉云杉 *Picea pungens* var.glauca Reg.

授粉高峰期

蓝粉云杉 *Picea pungens* var.glauca Reg.

常绿乔木。高可达15米。叶四棱，锐尖，粗壮，蓝灰绿色。雄球花卵圆形，单生，个大，黄绿色，聚生新枝顶端，多数3枚一组。花期4月下旬。

原产美国，我国有栽培。

光学显微镜下：

参见雪岭云杉。

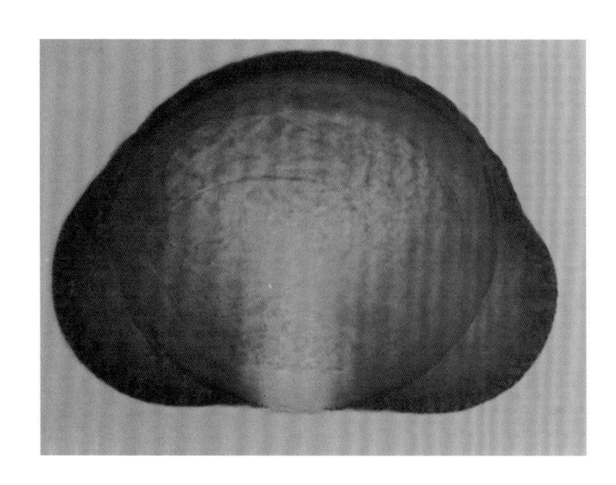

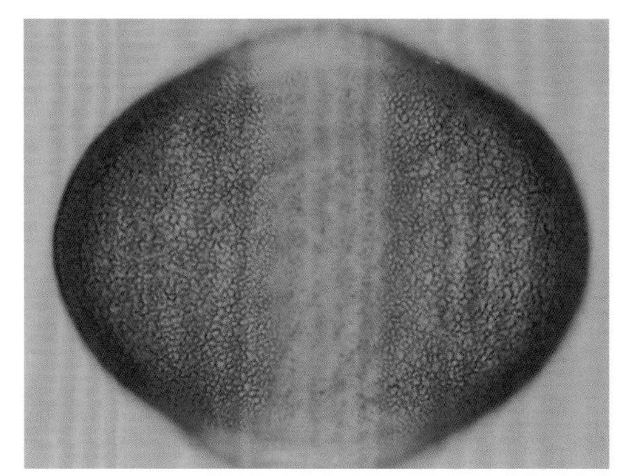

青海云杉 *Picea crassifolia* Kom.

常绿乔木。二至三年生枝常呈粉红色。叶在枝上螺旋状着生。雄球花单生叶腋，紫红色，常弯曲。花期4月。

光学显微镜下：

花粉扁球形，具一对气囊，分布于体之两侧，体长约120微米，体高约96微米，气囊高约60微米，宽约90微米（×480）。

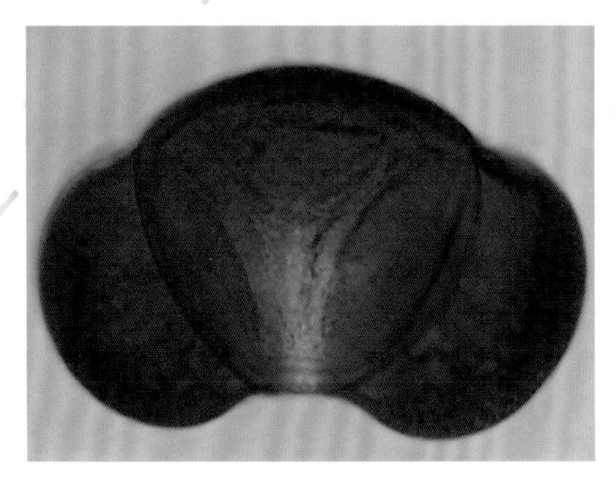

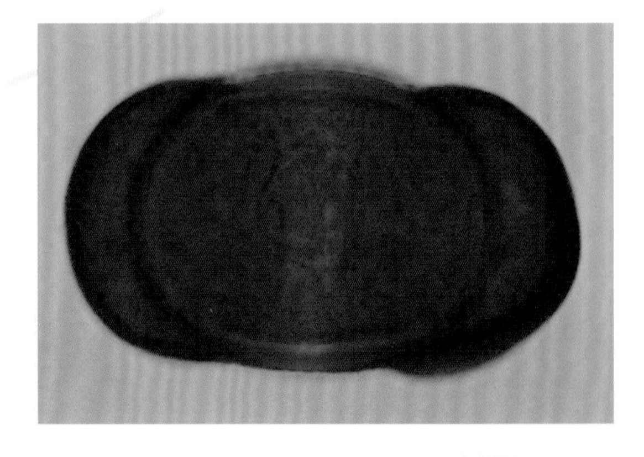

雪岭云杉（天山云杉）*Picea schrenkiana* Fisch. et Mey.

常绿乔木。高40米。树皮暗紫色，裂成块片。大枝稍短，近平展；小枝下垂。树冠圆柱形或窄塔形。叶四棱状条形。雌雄同株。雄球花绿色，个大，生新枝顶端。花期4月中下旬。

分布于新疆，北京有引种。

光学显微镜下：

花粉长132～153微米。从极面看，气囊成半圆形，体圆形或略呈椭圆形；从侧面看气囊短而阔。外壁外层厚，内层薄，没有帽缘，外层至两端变薄（×480）。

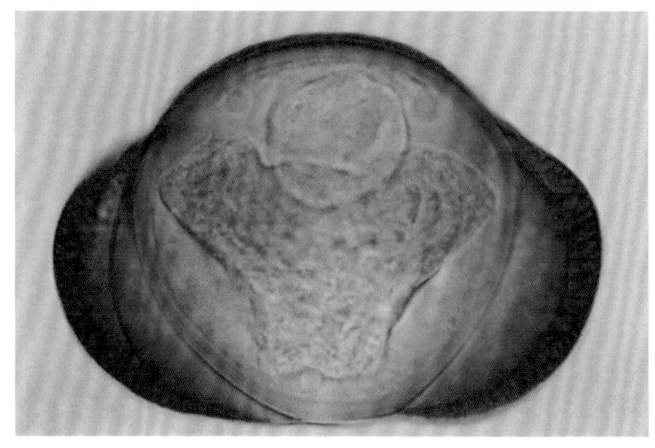

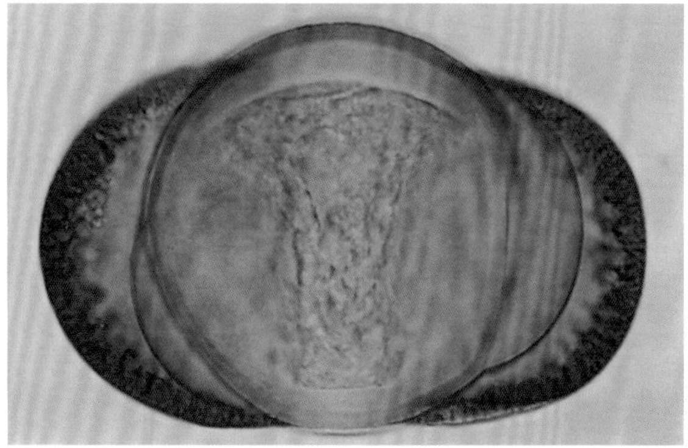

针枞（日本云杉）*Picea polita* Carr. Tigertail spruce

树冠圆锥形，树皮粗糙，淡灰色，浅裂成不规则小块片。大枝平展，褐色，并有裂片状鳞皮。冬芽长卵形，深褐色，先端渐尖。球果长卵圆形、卵形或圆柱状椭圆形。花期4月。

光学显微镜下：

花粉体椭圆形，体两侧具气囊，气囊短，体长120～130微米，上有较细的网状纹饰（×40）。

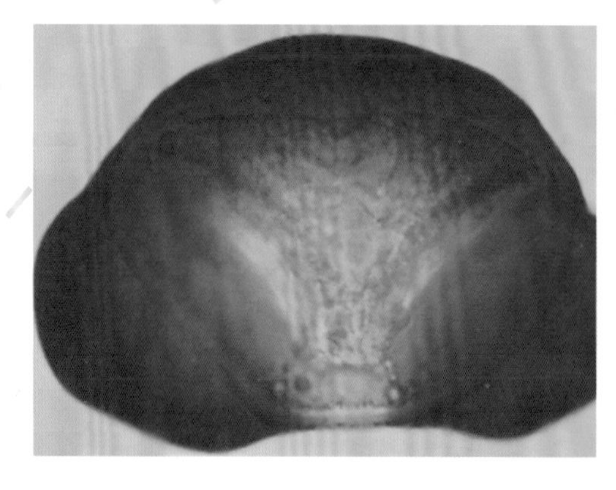

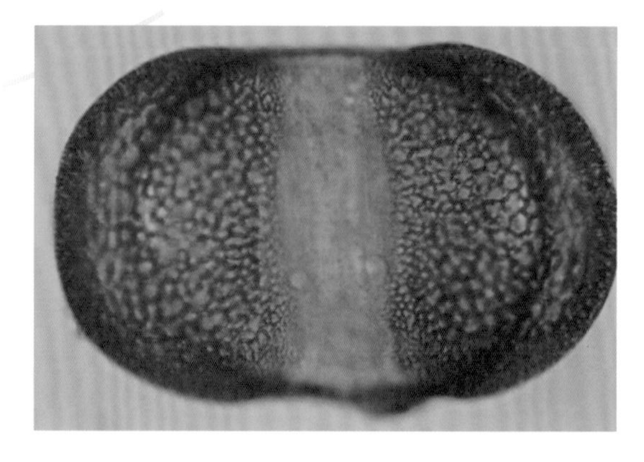

长白落叶松 *Larix olgensis* Henry var. Koreana Nakai

落叶乔木。小枝下垂；一年生长枝褐黄色至淡褐黄色或淡红褐色。叶在长枝上螺旋状散生，在短枝上簇生，倒披针状条形。雌雄同株，球花单生短枝顶端。球果幼时淡红紫色，熟后为淡褐色或褐色，卵形至矩圆状卵圆形。花期3月～4月。

分布于吉林（长白山区）和黑龙江，北京有栽培。

光学显微镜下：

花粉球形。直径61～75微米。无气囊及萌发孔。表面纹饰模糊（×480）。

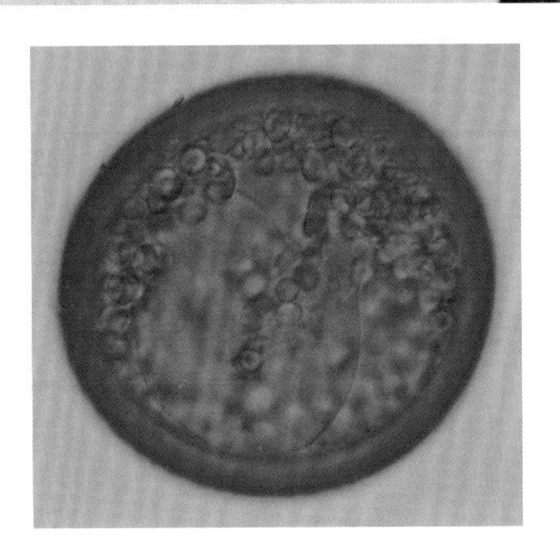

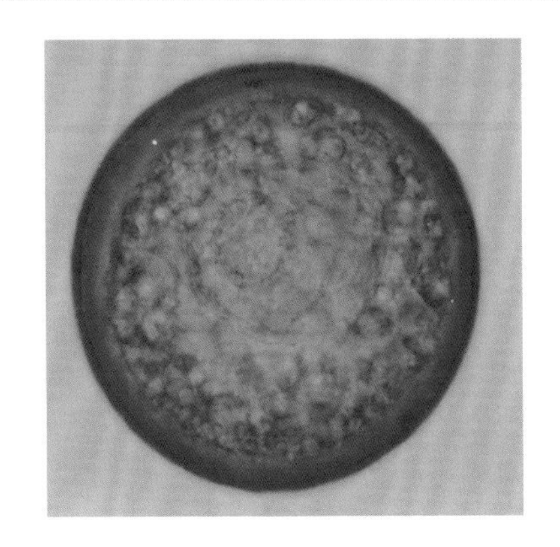

华北落叶松 *Larix principis-rupprechtii* Mayr.

落叶乔木。株高30米。枝水平开展。叶条形，长2~3厘米，两侧有气孔带。雌雄同株，球花单生于枝顶。球果卵球形或长卵状球形，长2~3.5厘米，成熟后为淡灰或淡褐色。花期4月~5月。

我国东北和西北均有栽培，为华北地区特有树种。

光学显微镜下：

花粉球形，直径62~78微米。无气囊及萌发孔。外壁外层比内层厚，表面纹饰模糊（×480）。

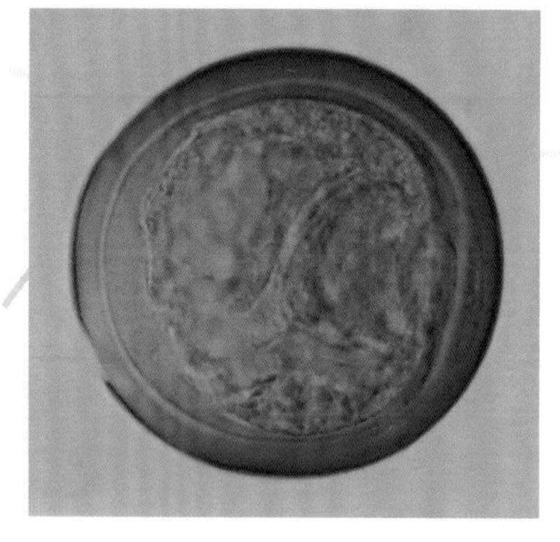

日本落叶松 *Larix kaempferi*（Lam.）Carr.

落叶乔木。枝条平展，树冠塔形，长1.5～3.5厘米，两面有气孔线。雌雄同株。球花单生于短枝顶。球果卵形或长圆状圆柱形，熟时黄褐色。花期4月～5月。

原产日本，我国东北、河北、山东、河南、江西等省有引种。

光学显微镜下：

花粉球形。直径63～70微米。表面纹饰模糊（×480）。

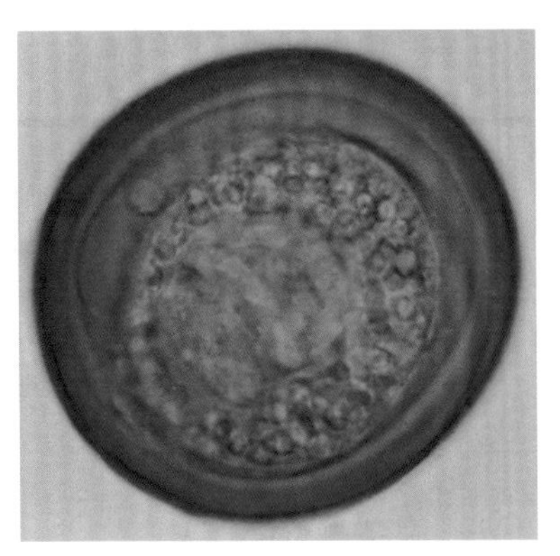

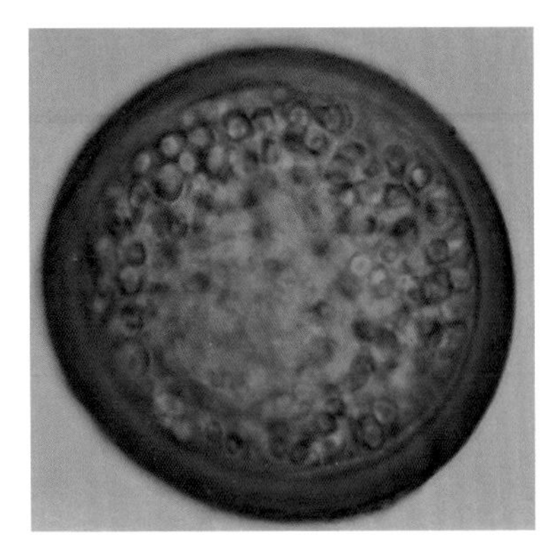

落叶松（兴安落叶松）*Larix gmetinii*（Rupr.）Rupy

落叶乔木。小枝下垂，一年生长枝淡褐黄色。叶在长枝上疏散生，在短枝上簇生，倒披针状条形。球果卵圆形，幼时红紫色，后变绿，熟时黄褐色至紫褐色。花期4月。

光学显微镜下：

花粉球形，直径63～79微米，无孔、沟和气囊。外壁两层，几等厚（×1200）。

雪松 *Cedrus deodara*（Roxb.）Loud. Hort. Brit.

常绿乔木。树冠塔形。枝平展，微下垂。一年生小枝淡灰黄色，密生短绒毛，有白粉。叶针形，坚硬，先端锐尖，有气孔线。雌雄同株，球花生于短枝顶端，直立。雄球花长卵形或椭圆状圆柱形，长2～3厘米，直径约1厘米，淡黄色；雌球花卵球形，长8毫米。花期9月～10月。

原产非洲北部、亚洲西部等地，我国南北大部分省市有栽培。

光学显微镜下：

花粉长76～118微米；体长46～70微米；体高50～76微米。具气囊，气囊小，具帽缘（×1200）。

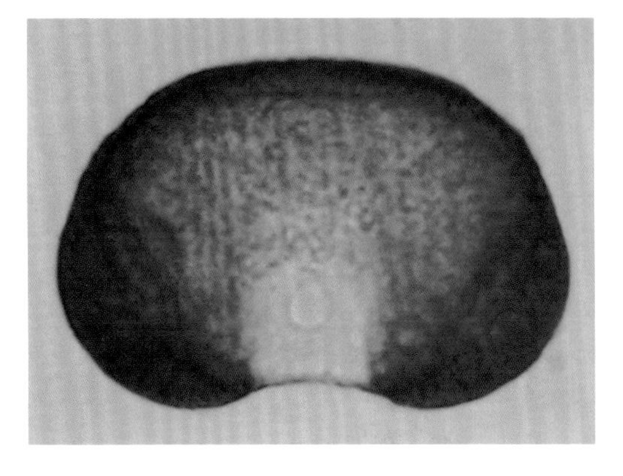

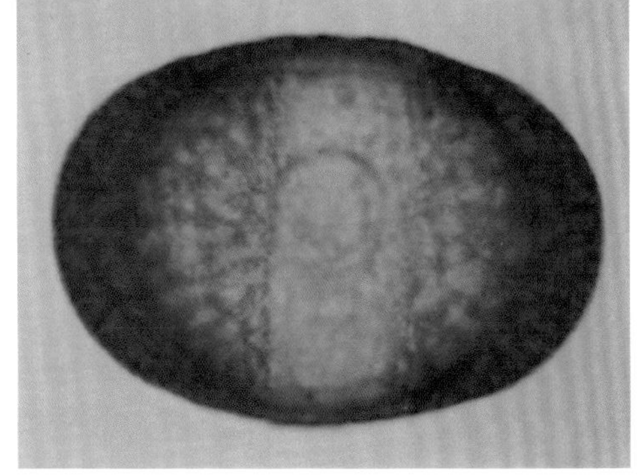

雪松 *Cedrus deodara*（Roxb.）Loud. Hort. Brit.

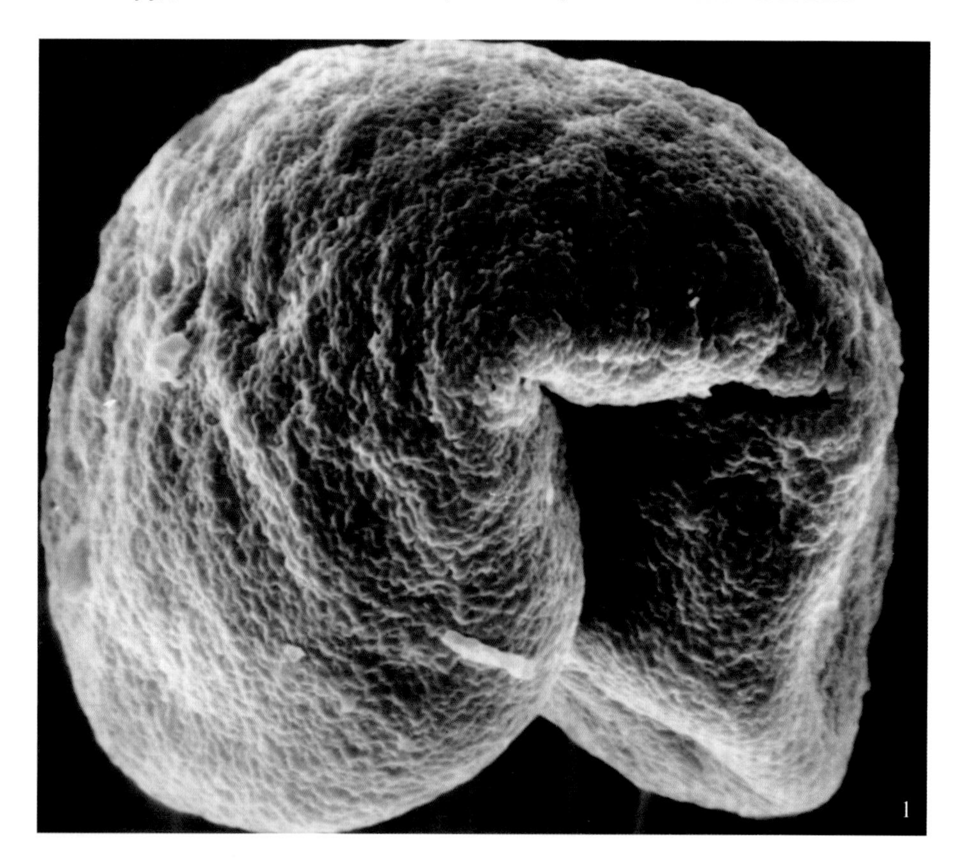
1

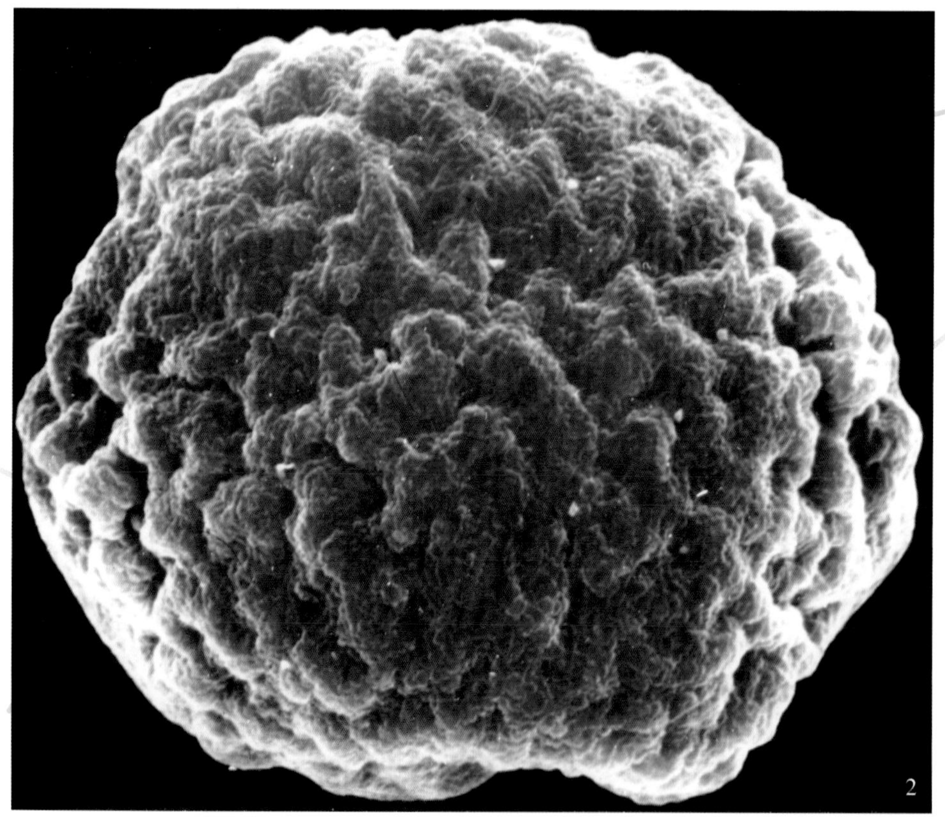
2

扫描电镜下：

花粉粒具2气囊，位于两侧，极不发达，与帽无明显分界限。体近圆形，表面起伏不平，呈脑状纹饰（1.体×2700；2.帽×2000）。

白皮松 *Pinus bungeana* Zucc.

常绿乔木。高30米。幼树皮灰绿色，成鳞片状脱落后显出乳白色花斑。内皮淡黄绿色；老树皮呈粉白色。叶3针一束。雌雄同株。雄球花集生在新枝基部；雌球花多单生在新枝顶端的叶腋。花期4月～5月。

光学显微镜下：

极面观体椭圆形，帽上的颗粒纹饰紧密相连，形成如弯曲的线条状。帽缘显著。气囊分别列于花粉两侧，与体易区别；表面光滑，向里扩展成网状。花粉全长90微米，气囊平均长51微米（×850）。

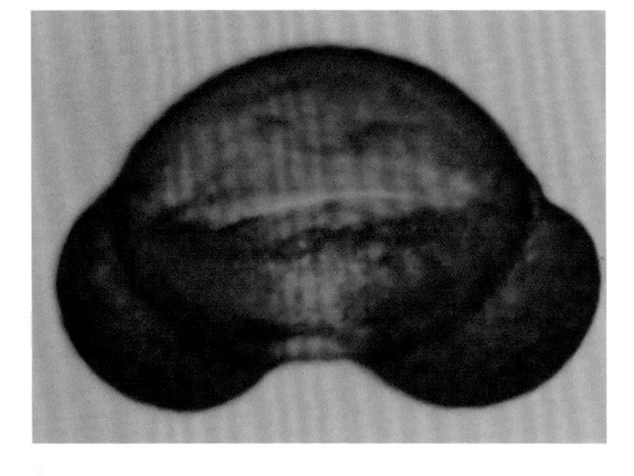

白皮松 *Pinus bungeana* Zucc.

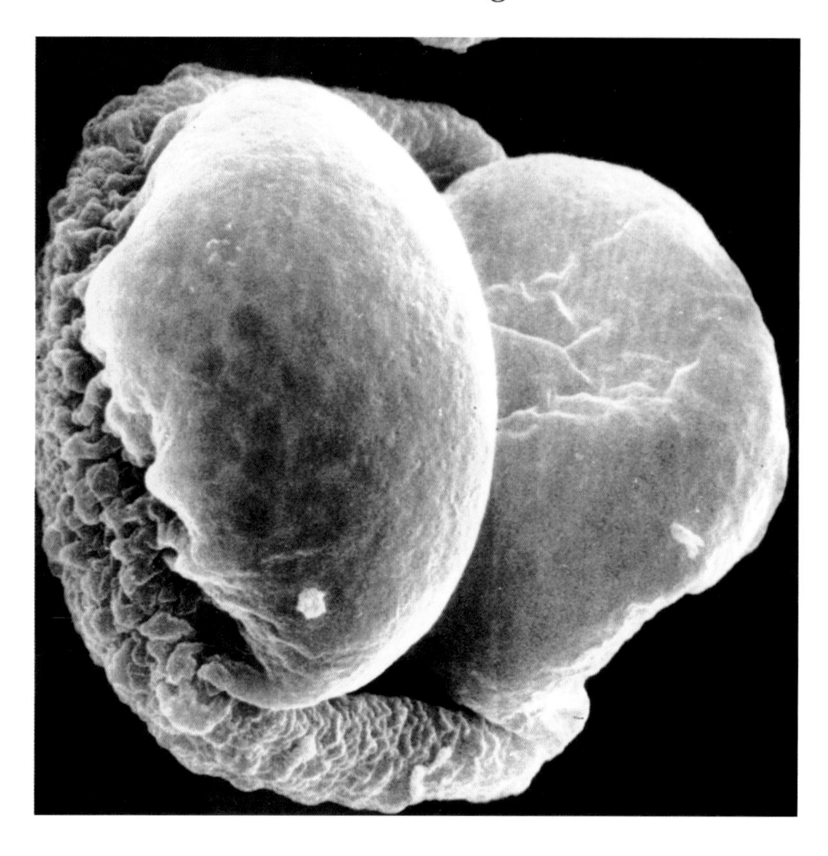

扫描电镜下：

极面观体椭圆形。二气囊可分开，气囊椭圆形，发达。体外壁纹饰为蠕虫状。气囊表面光滑，但放大5000倍以上可看到有小穴点，小穴点极浅，分布不均匀。（×3000）。

透射电镜下：

外壁外层厚约1.6微米，厚薄不均，表面高低不平，由大小不一、排列不整齐的小柱组成。外壁内层薄而均匀。内壁厚，较均匀。（×18000）。

油松 *Pinus tabulaeformis* Carr.

常绿乔木，株高25米。一年生枝淡褐色或灰黄色，无毛。针叶2枚一束，粗硬而长。球花单性，雌雄同株。雄球花生于新枝基部叶腋，雌球花生于新枝近顶端的叶腋。花期4月～5月。

分布于辽宁、河北、山东、山西、陕西、甘肃、四川等地，北京城区广为栽培。

光学显微镜下：

花粉长约67～95微米。平均78微米；体长50～61微米，平均58微米；体高32～44微米；平均38微米。具2个发达气囊。帽具帽缘，从侧面或极面看，帽缘呈波浪形（×850）。

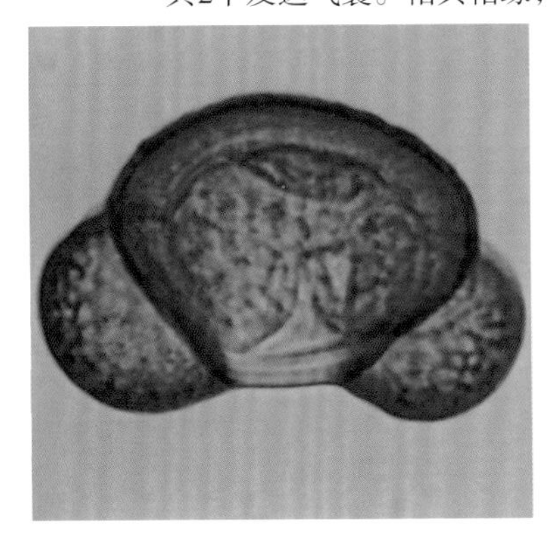

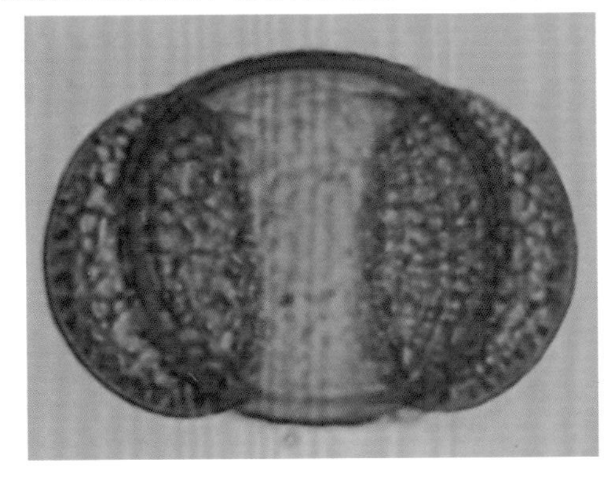

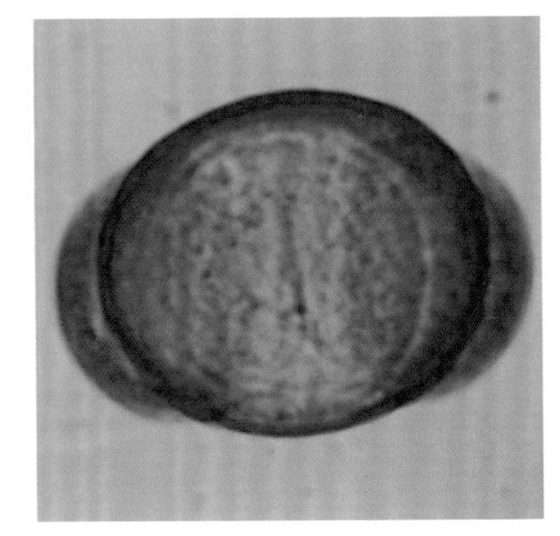

油松 *Pinus tabulaeformis* Carr.

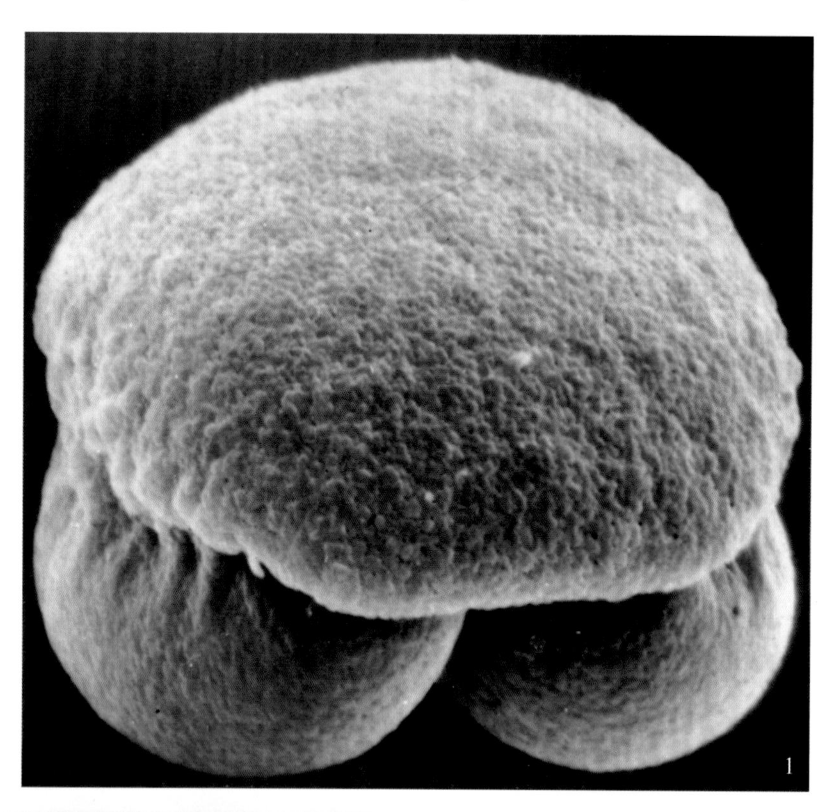

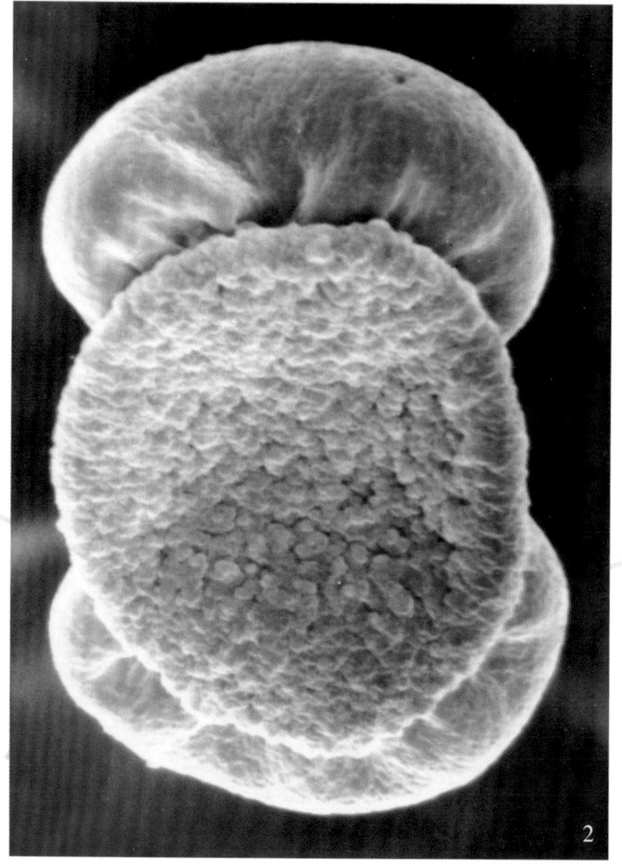

扫描电镜下：

体与气囊分界线明显，体圆形，气囊椭圆形。体外壁纹饰为蠕虫状，由许多小瘤及颗粒组成；气囊表面光滑（1. ×2800；2. ×2500）。

华山松 *Pinus armandii* Franch.

常绿乔木。树皮及枝皮灰褐色。叶五针一束，长8 ~ 15厘米，横切面三角形。球花单性，雌雄同株；雄球花聚生在新枝的基部，雌球花单生或数枚聚生在新枝的近端叶腋。花期4月 ~ 5月。

分布于山西、河南、陕西、四川、贵州、云南西北部及西藏东部和南部。

光学显微镜下：

花粉长97 ~ 129微米，平均76微米；体高42 ~ 53微米，平均49微米（×1200）。

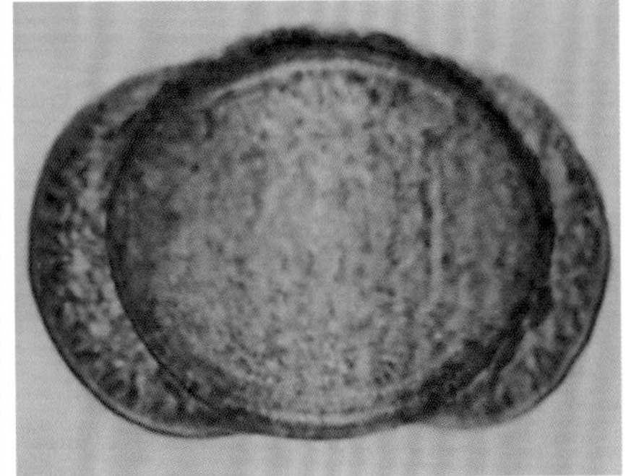

黑松 *Pinus thunbergii* Parl.

常绿乔木。一年生枝淡黄褐色；冬芽银白色。针叶粗硬，2针一束。球果圆锥状卵形或卵圆形，有短柄。花期4月～5月。

分布我国辽东半岛、山东、江苏、浙江、福建、台湾。

光学显微镜下：

极面观体呈近圆形，气囊成半圆形。花粉长69～97.5微米；体长54～66微米；体高34.5～47微米（×480）。

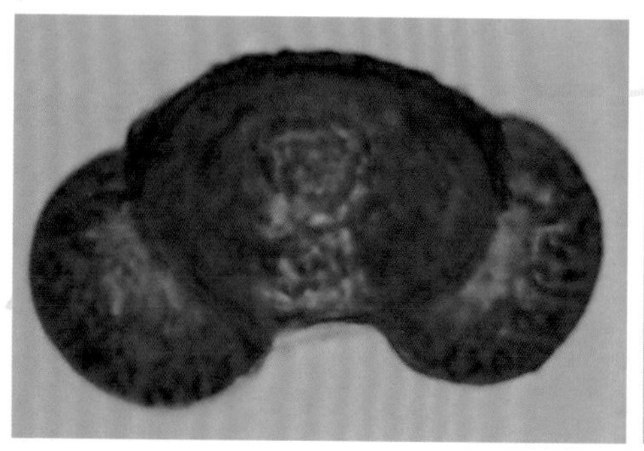

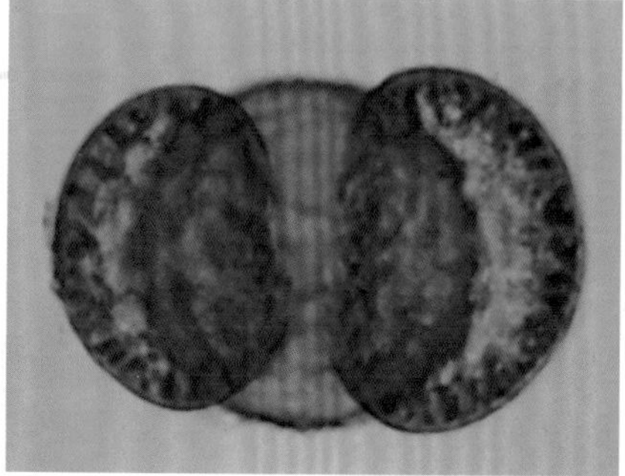

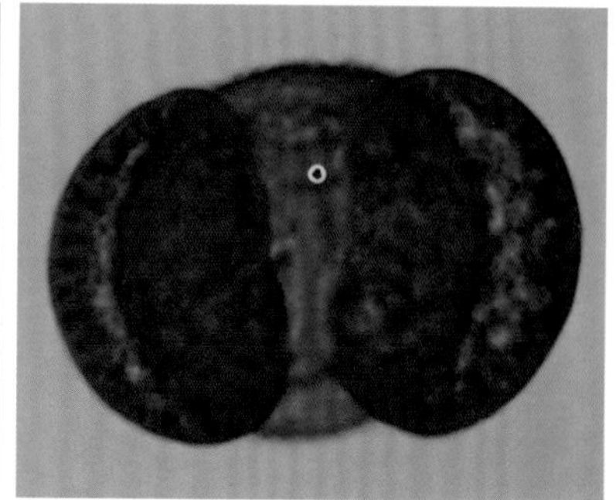

黑松 *Pinus thunbergii* Parl.

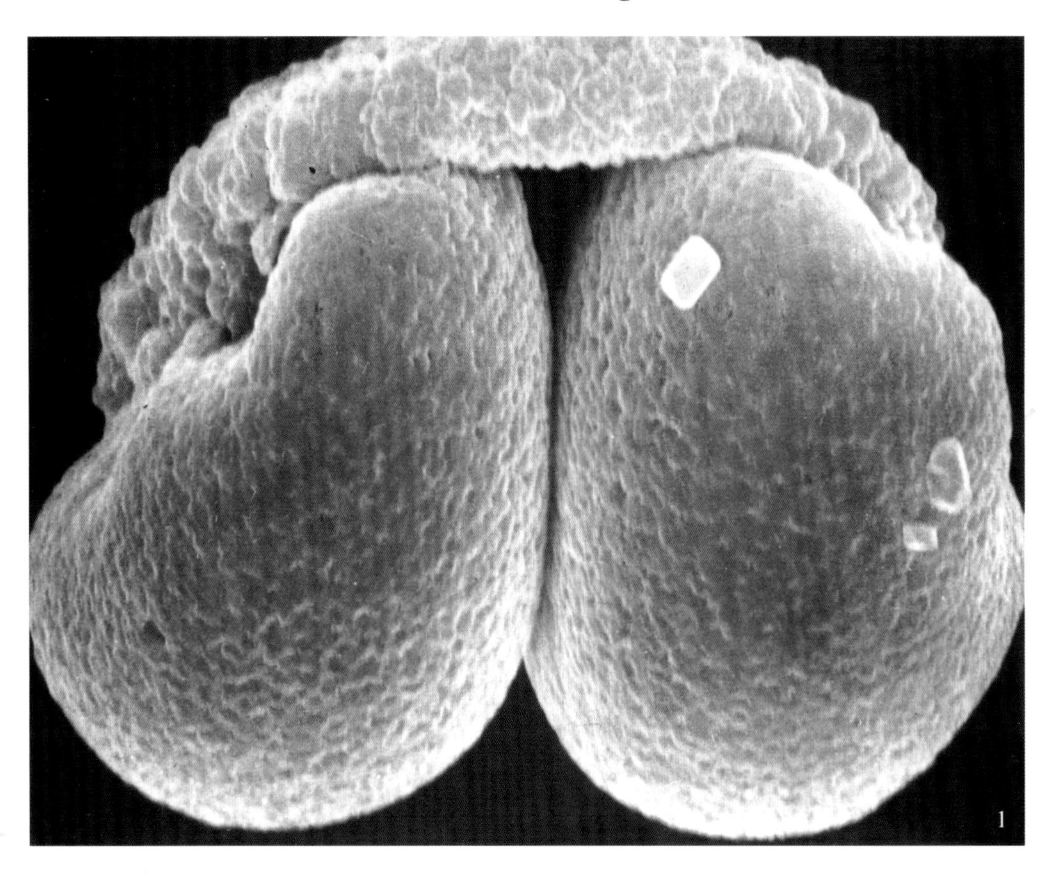

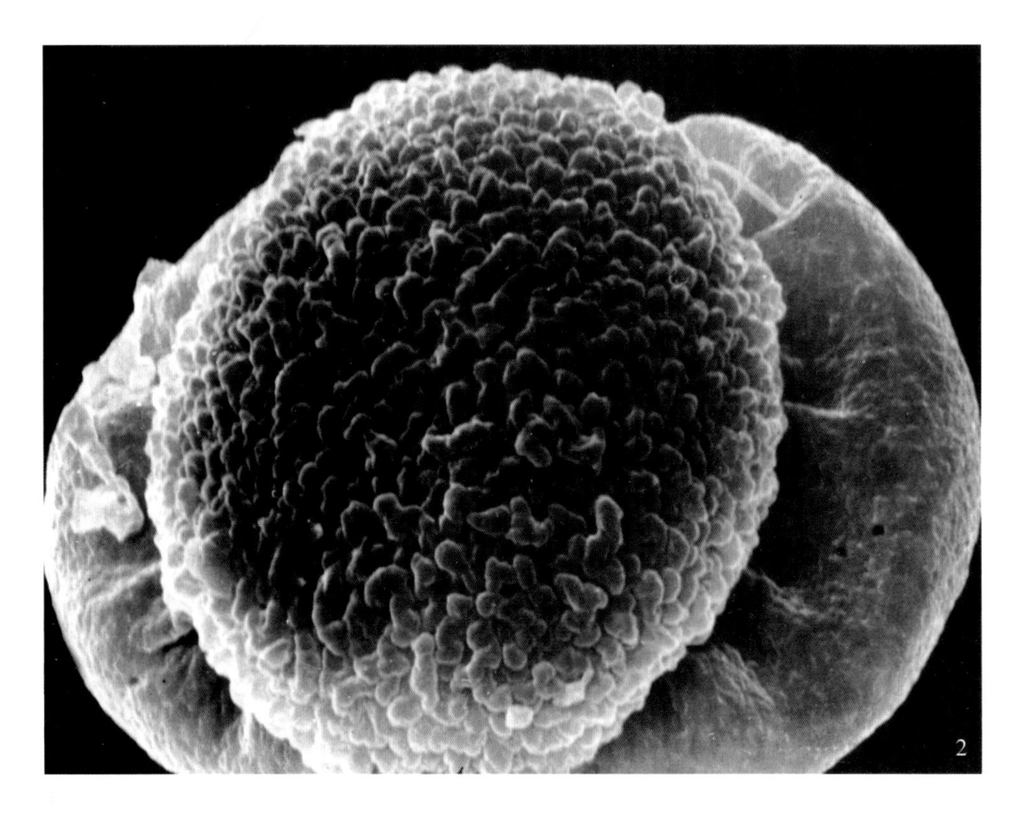

扫描电镜下：

体表面蠕虫状纹饰，气囊表面不平，具密集的浅槽。（1.赤道面 ×4600；2.极面 ×4100）。

獐子松 *Pinus sylvestris* L.vir mongolica Litvin.

常绿乔木。树干下部树皮灰褐色或黑褐色，上部树皮及枝条黄色至黄褐色。叶二针一束，粗硬，常扭曲。球果卵球形或圆锥状卵球形。花期5月～6月。

原产黑龙江和大兴安岭地区，北京有引种。

光学显微镜下：

极面观体近圆形，气囊呈半圆形网状结构。花粉长69～99微米；体长52～64微米；体高34～36微米。两气囊具网状纹饰；体表面纹饰模糊（×850）。

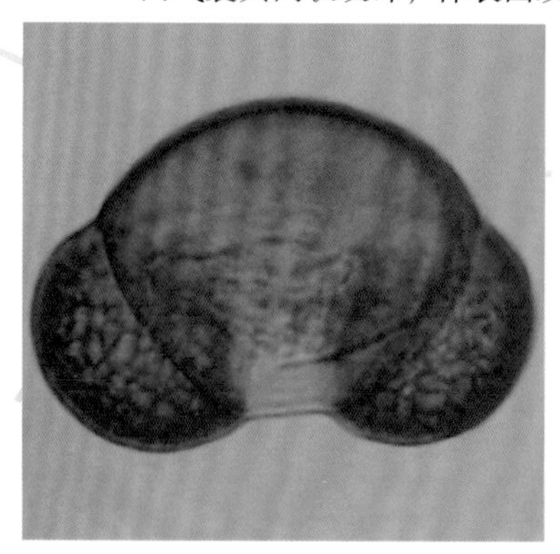

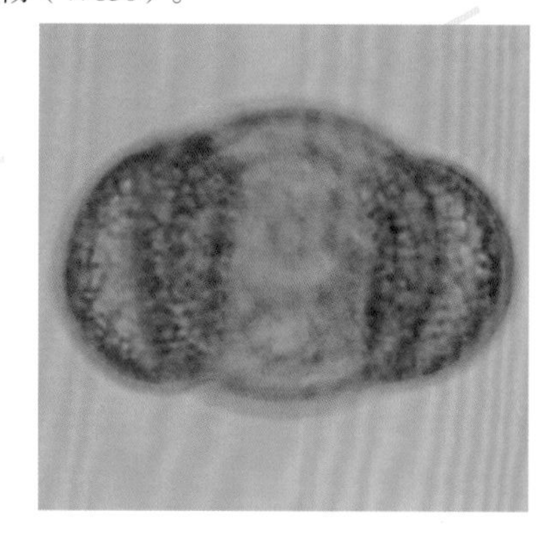

獐子松 *Pinus sylvestris* L.vir mongolica Litvin.

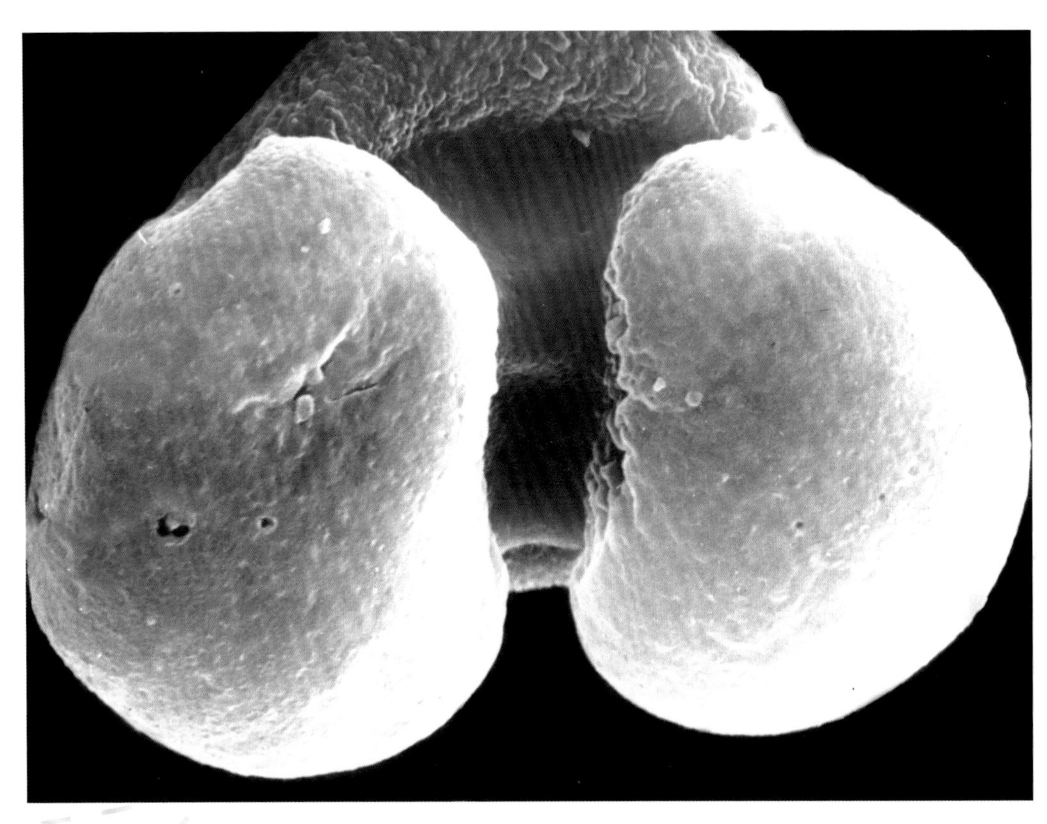

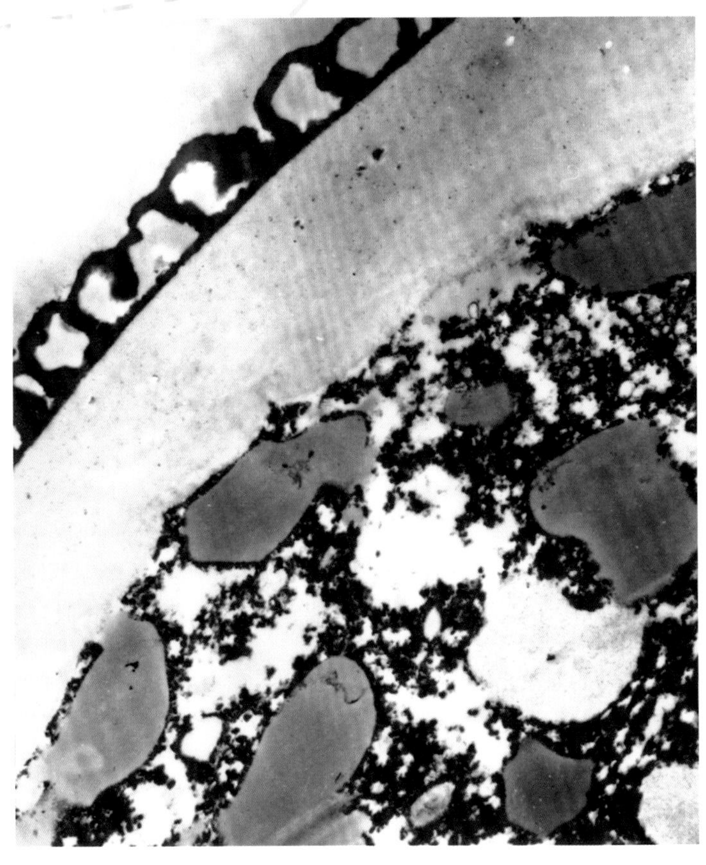

扫描电镜下：

气囊半圆形，光滑；体外壁纹饰为蠕虫状（上. 赤道面 × 3500；下. 纹饰 × 8900）。

透射电镜下：

外壁外层呈散在小柱状纹饰；外壁内层模糊；内壁厚而光滑（ × 28000）。

西黄松（美国黄松）*Pinus ponderosa* Dougl. ex Laws.

常绿乔木。在原产地高达70米，胸径4米。树枝黄色或暗红色，裂成不规则鳞状片脱落。大枝开展，常下垂；小枝粗壮，暗橙褐色；老枝灰黑色。叶常3针一束，粗硬，扭曲，深绿色，有细齿。球花单生，雌雄同株，雄球花聚生，紫红色。花期4月下旬～5月上旬。

原产北美，我国辽宁锦州、江苏南部、河南及庐山有栽培。

光学显微镜下：

花粉具2气囊，气囊展开角度较大。大小为长113～130微米，体长76～85微米；体高41～55微米（×480）。

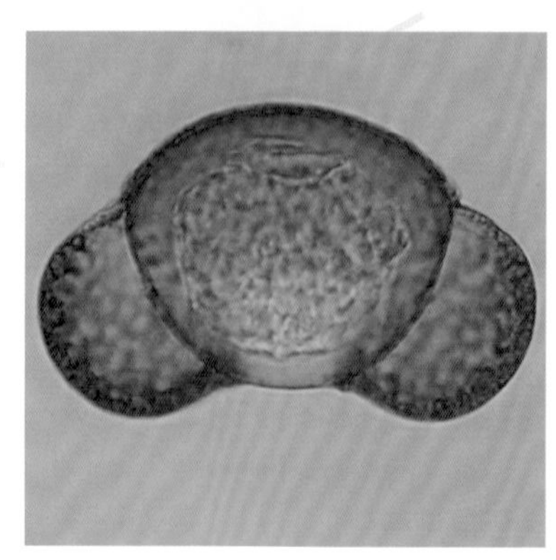

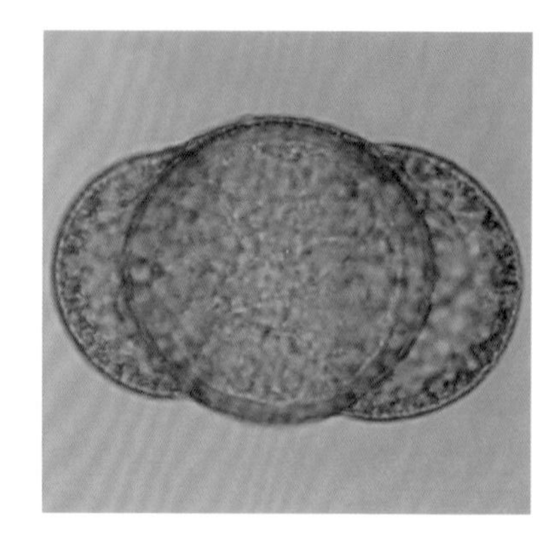

杉木 *Cunninghamia lanceolata*（Lamb.）Hook.

常绿乔木。高约30米。树冠圆锥形，树皮片状脱落。大枝平展，小枝对生或轮生，常成二裂状。叶线状披针形,螺旋状着生，硬革质，叶缘有细齿。花单性，雌雄同株。雄花簇生枝顶；雌球花单生或2～3簇生于枝顶端。球果卵圆形至球形，下垂。花期2月～4月。

分布于我国秦岭和长江以南各地。

光学显微镜下：

花粉扁球形。大小为28（25～31）微米×36.2（28～38）微米。表面具一不规则原生质团，与柏树花粉不易区别（×1200）。

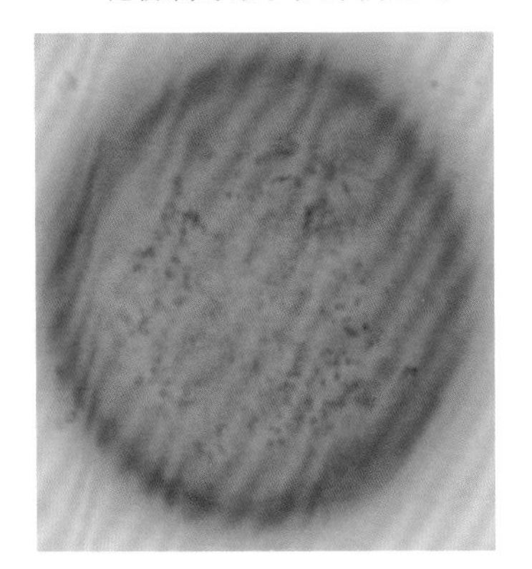

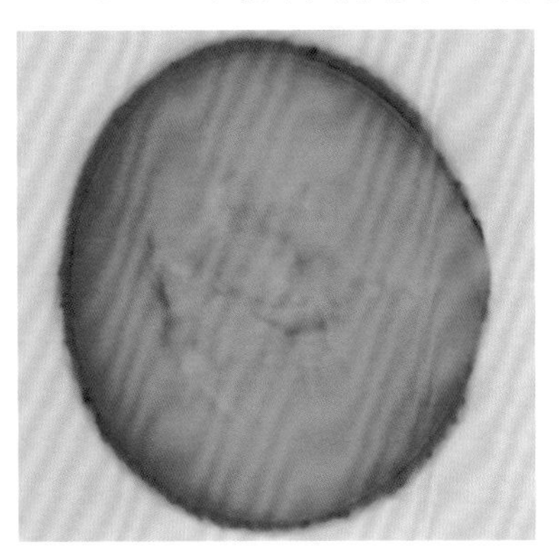

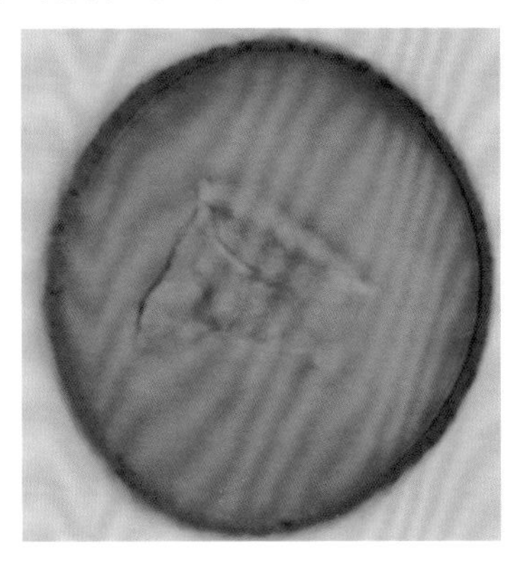

杉木 *Cunninghamia lanceolata*（Lamb.）Hook.

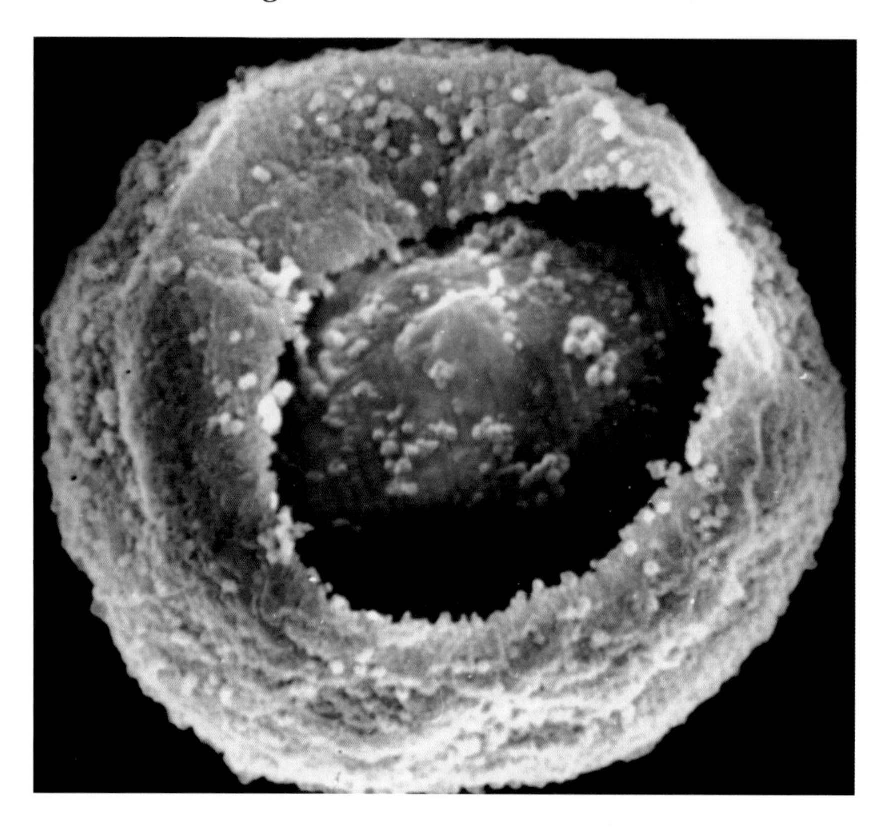

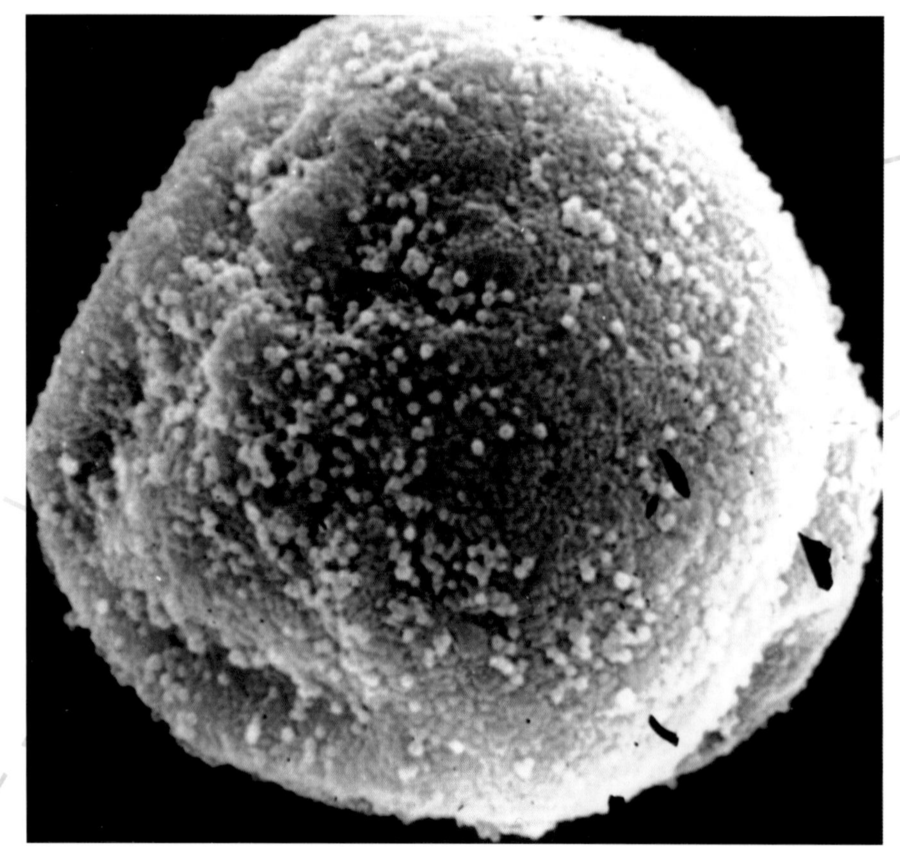

扫描电镜下：

花粉粒近球形，中间有一凹陷，在蠕虫状纹饰表面，可见散在、分布不均匀的圆形颗粒（×5000）。

柳杉 *Cryptomeria fortunei* Hooibrenk

常绿乔木。叶螺旋状着生，钻形，两侧扁，长1.1厘米，微向内弯曲。雌雄同株，雄花矩圆形，单生叶腋，并近枝顶集生；雌球花近球形，单生枝顶，种鳞约20。花期1月～3月。

中国特产，分布于秦岭及长江以南。

光学显微镜下：

花粉球形或近球形，具一圆锥状突起。大小、形态与日本柳杉近似。

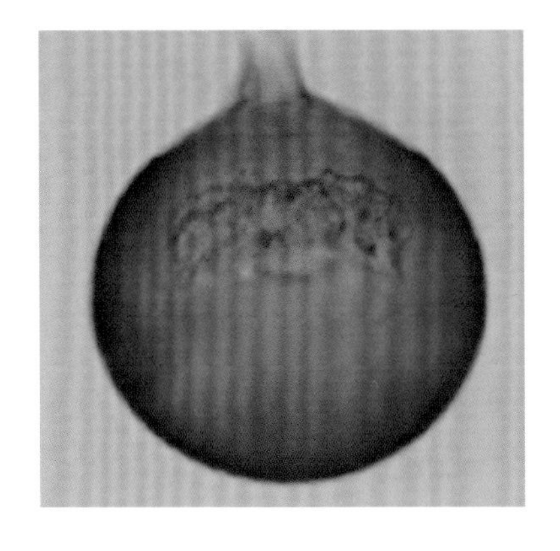

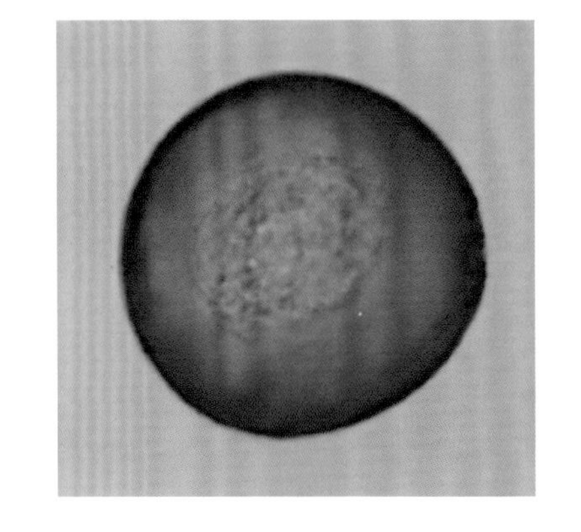

柳杉 *Cryptomeria fortunei* Hooibrenk

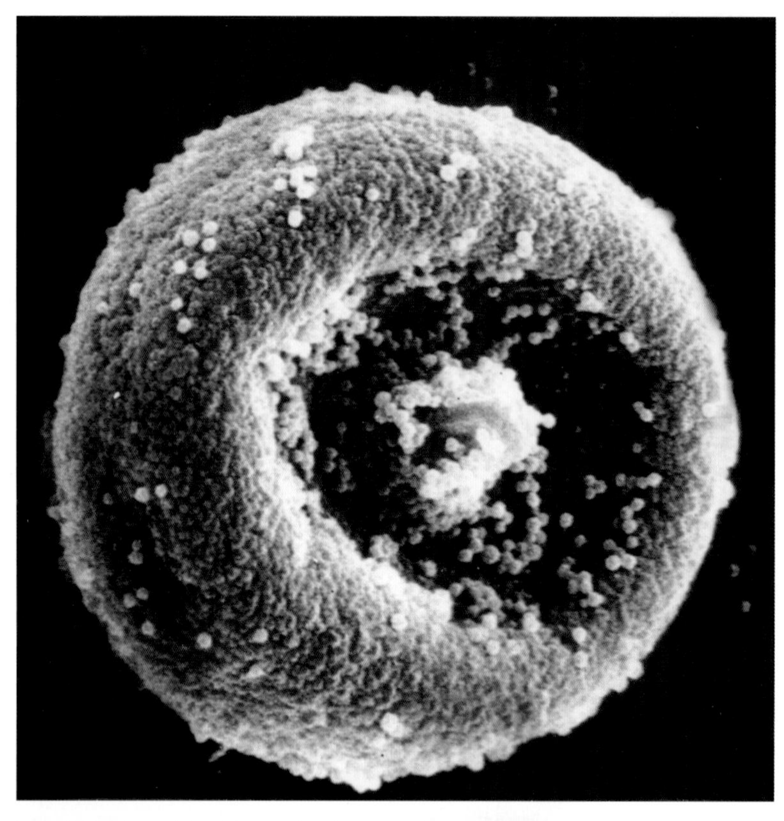

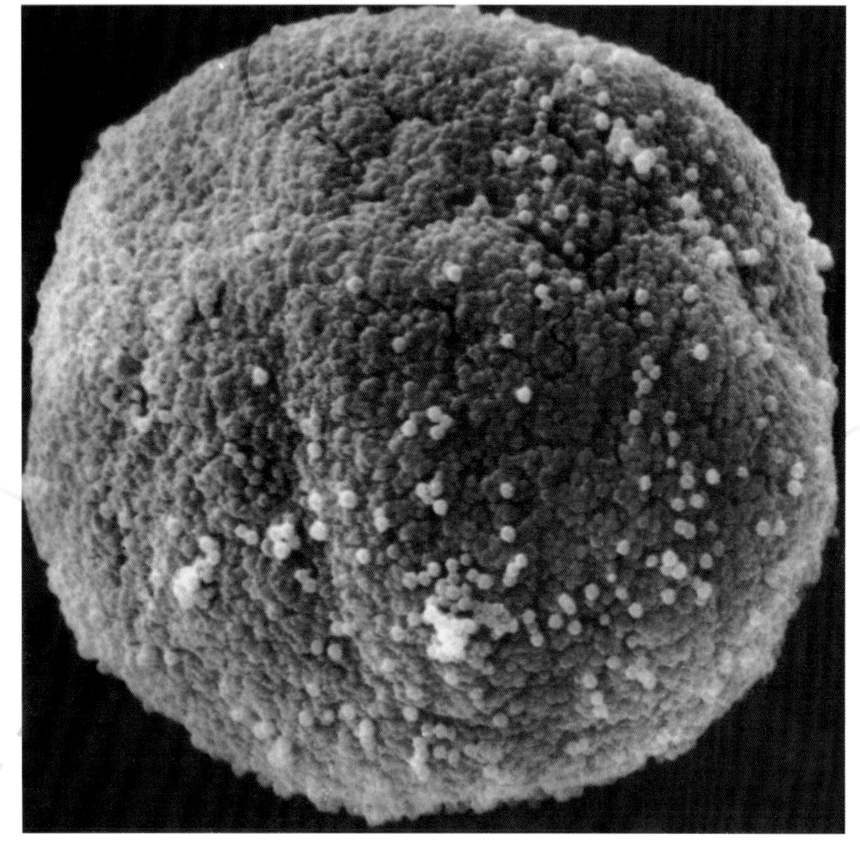

扫描电镜下：

花粉粒近球形。外壁具一突起物。在蠕虫状纹饰表面，可见散在而稀疏的圆形颗粒（×4800）。

日本柳杉 *Cryptomeria japonica*（I.f.）D.Don.

常绿乔木。树皮红褐色，成片状脱落。树冠尖塔形。叶钻形，长0.4～2厘米，直伸，先端多不内曲。雌雄同株；球花长椭圆形或圆柱形，长6～7毫米，单生叶腋，并于枝顶部集生；雌球花近球形，有20～30个种鳞。花期1月～3月，球果当年成熟。

原产日本，我国南方引种。

光学显微镜下：

花粉球形或近球形，直径为30～42微米，平均37微米，具一明显圆锥状突起（×1200）。

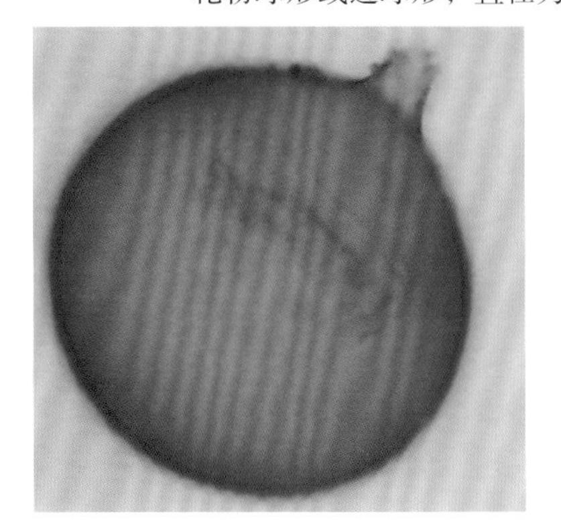

日本柳杉 *Cryptomeria japonica*（I.f.）D.Don.

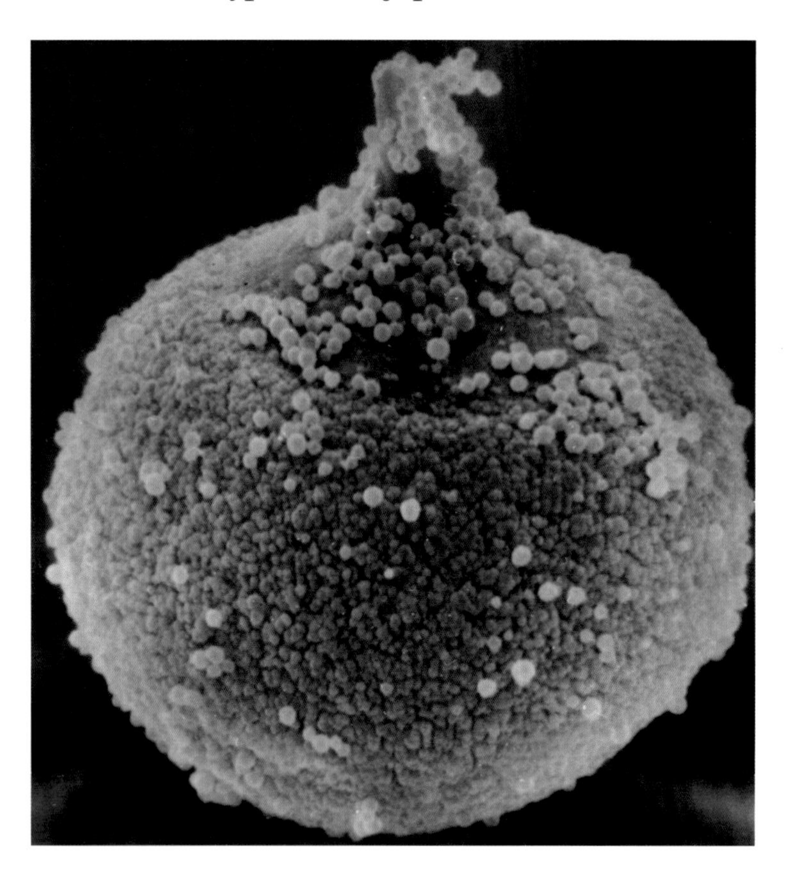

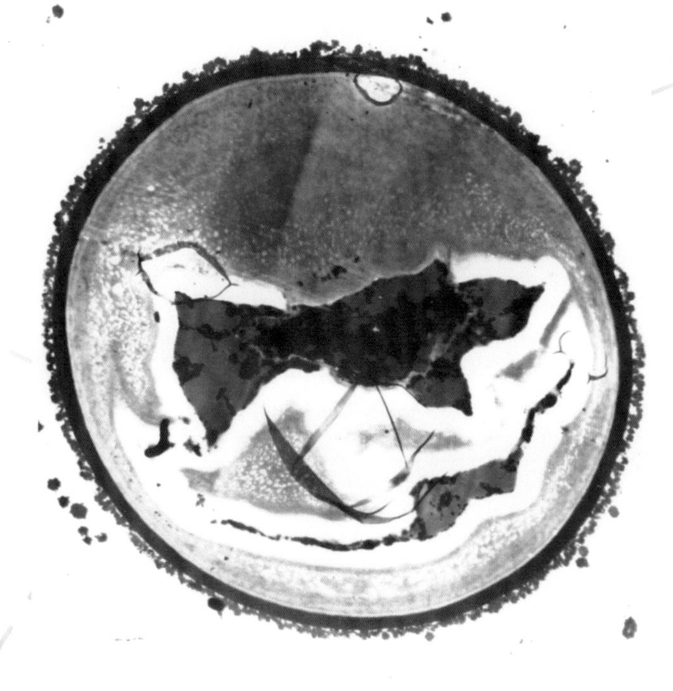

扫描电镜下：

花粉粒近球形。外壁具一弯曲突起物。表面呈蠕虫状纹饰，纹饰上又有散在而分布不均匀的圆形粗颗粒（×4000）。

透射电镜下：

外壁外层厚度1.2微米，由散在的粗颗粒组成。外壁内层厚，层次明显，但无柱状结构。内壁厚薄不均匀（×12000）。

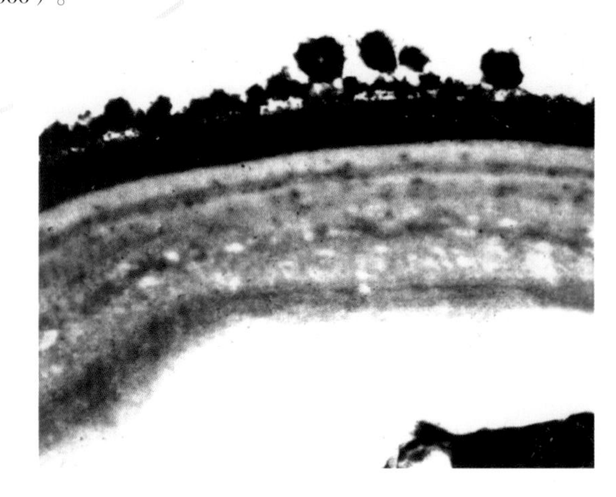

水杉 *Metasequoia glyptostroboides* Hu et Cheng.

授粉高峰期

水杉 *Metasequoia glyptostroboides* Hu et Cheng.

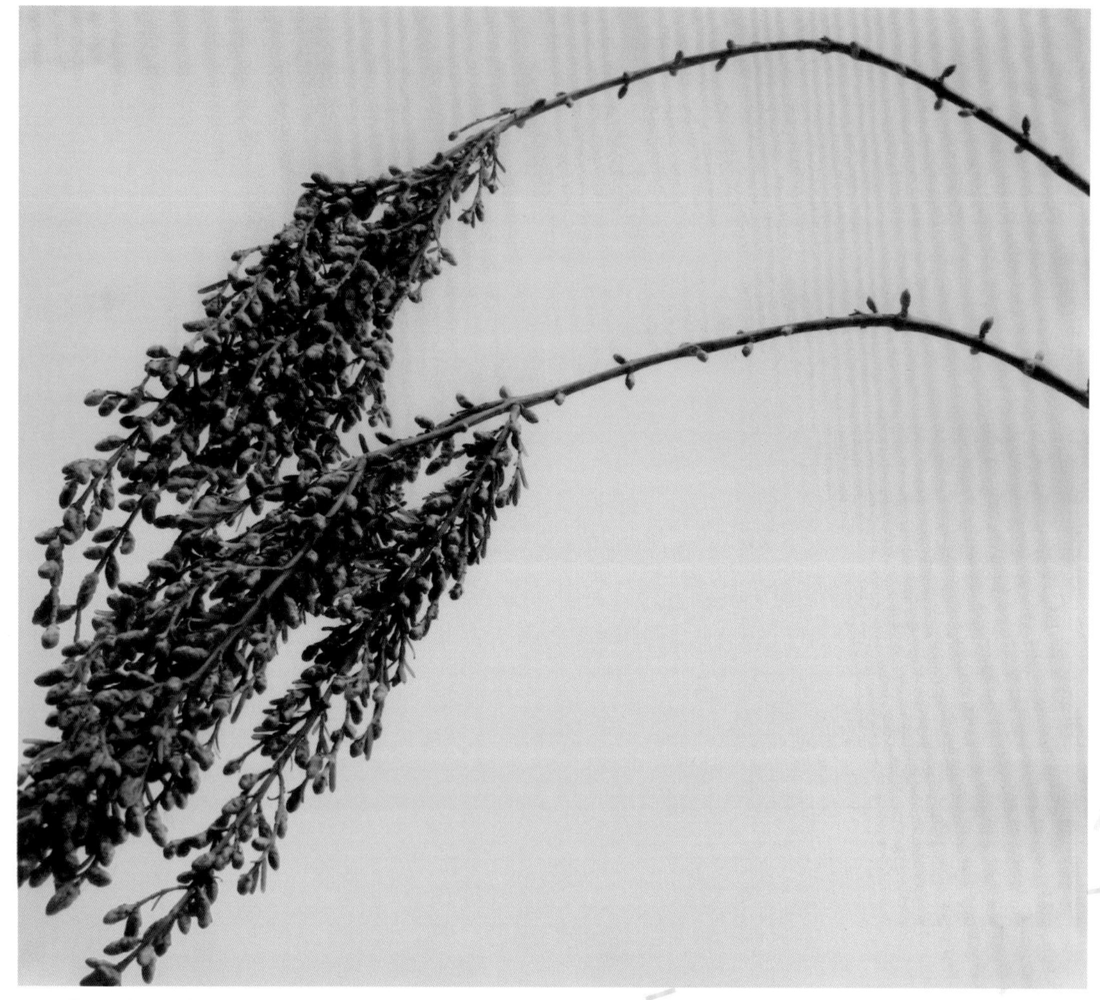

落叶乔木。树皮灰色、灰褐色。小枝对生，下垂。具长枝及脱落性的短枝。叶条形，扁平，交互对生。雌雄同株，球花单生枝顶或叶腋。雄球花有短柄，呈总状或圆锥花序。雄蕊约20。花期4月。

原产于重庆万县和湖北利川一带，北京各公园常见栽培。

光学显微镜下：

花粉球形，两极稍扁。大小不太一致，直径为23～32微米，平均27微米。花粉有一基部明显一边弯曲、末端乳头状突起物。外壁内孔层厚度相等，表面较粗糙（×1200）。

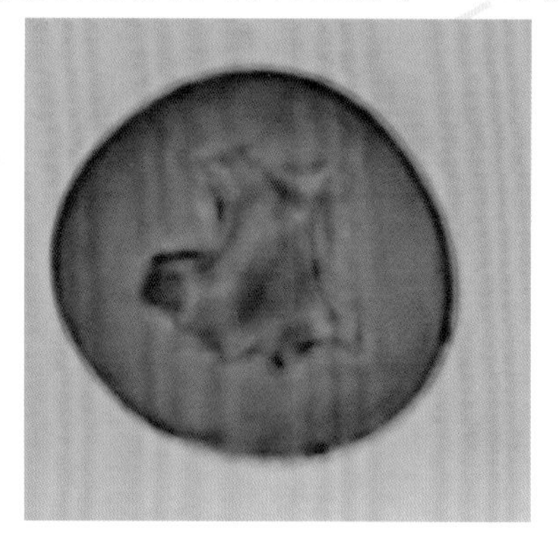

侧柏（扁柏）*Platycladus orientalis*（L.）Franco in Portugaliae Acta.

常绿乔木。株高可达20米。树皮浅灰褐色，长条状纵裂。枝条开展，小枝偏扁，排成一平面。叶为鳞状片，交互对生。雌雄同株，球花生于枝顶。雄球花黄色；雌球花蓝绿色。球果近球形，被白粉，熟时开裂，种子近卵形，深褐色。花期3月～4月。

我国南北均有分布。

光学显微镜下：

花粉球形，直径32～37微米。无萌发孔。外壁薄，易皱褶或破裂，表面具稀疏的颗粒状纹饰，中间有一星状内容物（×1200）。

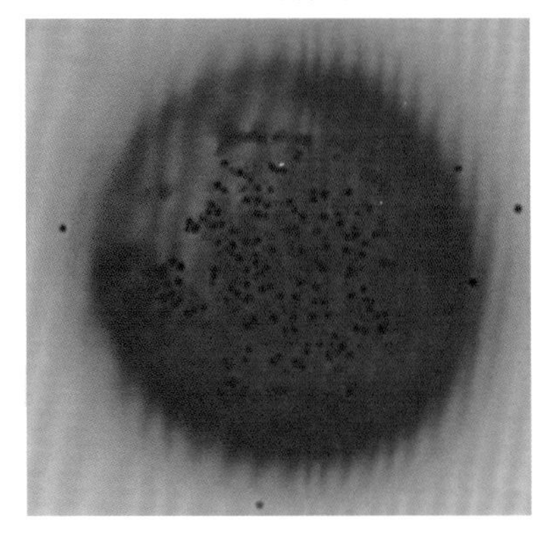
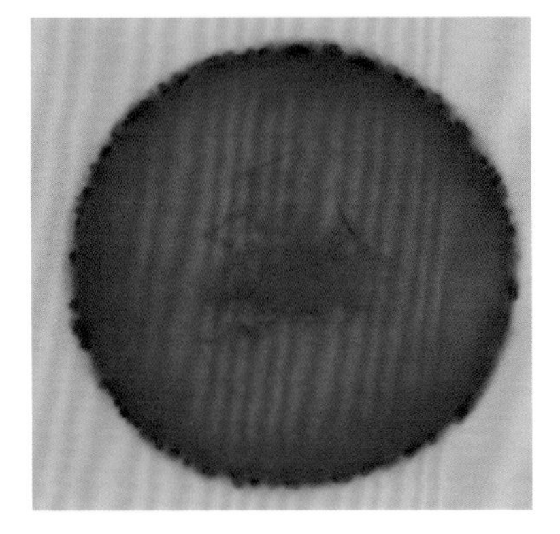

侧柏（扁柏）*Platycladus orientalis*（L.）Franco in Portugaliae Acta.

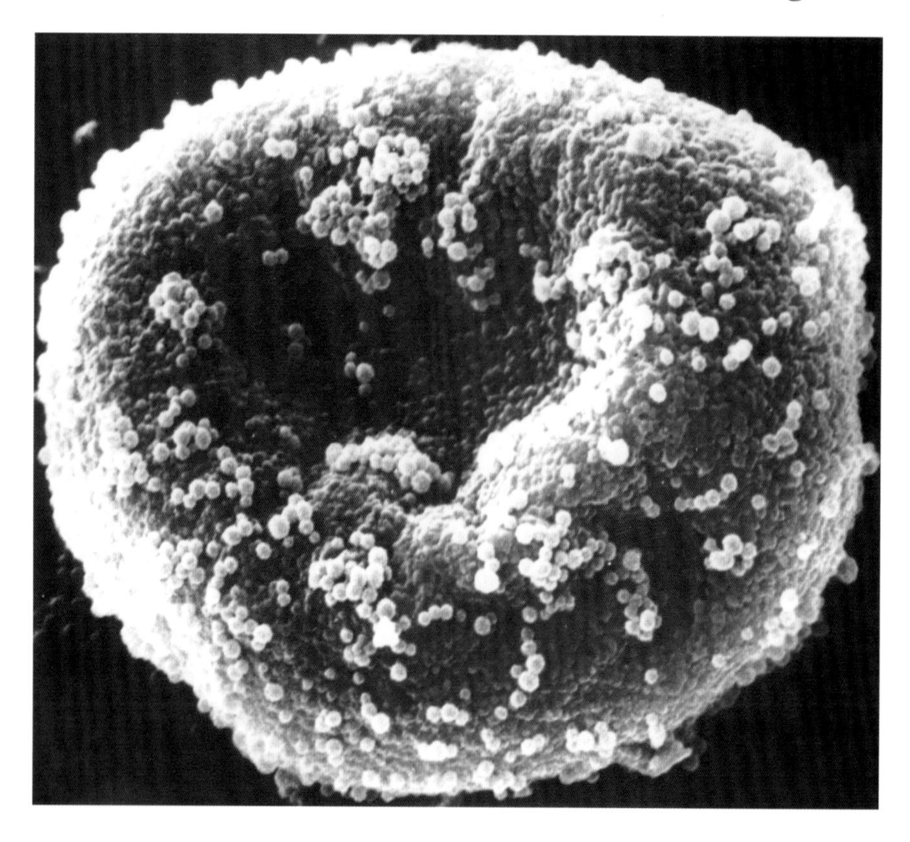

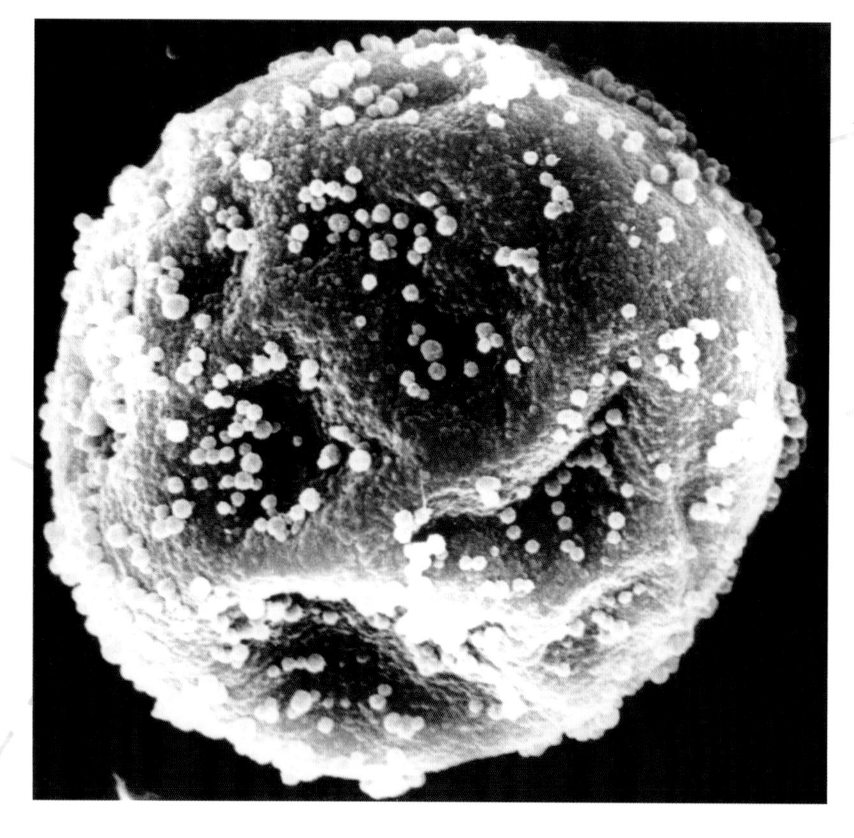

扫描电镜下：

花粉球形，有凹陷。表面具分布不均匀的圆形颗粒（上. 球面 × 5200；下. 纹饰 × 12000）。

圆柏（桧柏）*Sabina chinensis*（L.）Antoine

常绿乔木。树皮深灰色或赤褐色。树冠尖塔形。叶二型。刺叶生于幼树上，老树常全为鳞叶；壮龄树二者兼有。刺叶常为三枚轮生或交互对生，窄披针形，先端锐尖成刺；鳞叶菱状卵形，交互对生或三叶轮生。球花单性，常为雌雄异株。球果近球形，有白粉。花期3月～4月。

全国各地广泛栽培。

光学显微镜下：

花粉球形，直径约36微米。外壁薄，层次不明显，表面具疏密不均匀的颗粒，中间有一不规则的内容物（×1200）。

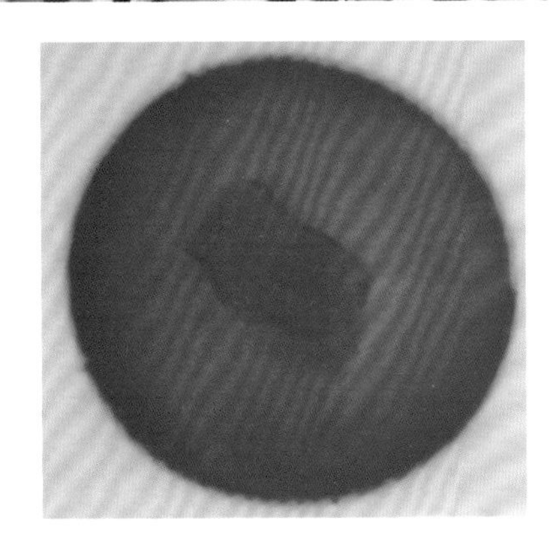

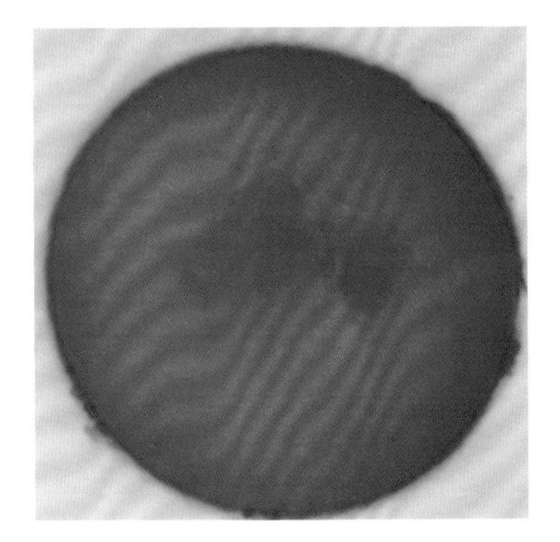

圆柏（桧柏）*Sabina chinensis*（L.）Antoine

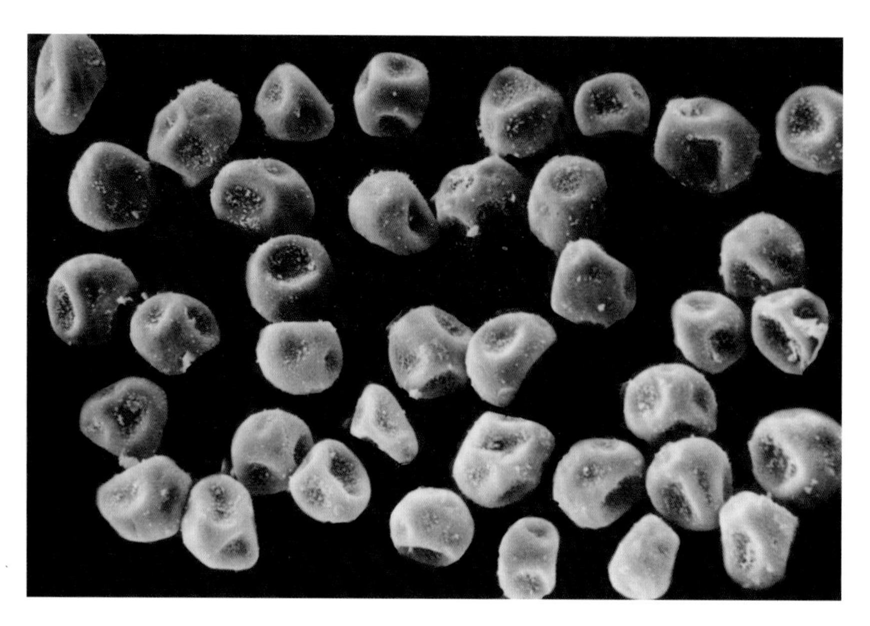

扫描电镜下：

花粉粒球形。表面多处凹槽，槽内充满圆形颗粒（上. ×480；下. ×3000）。

透射电镜下：

外壁外层厚度0.6微米，表面不平；外壁内层厚，层次明显，约8～9层。内壁不明显（×36000）。

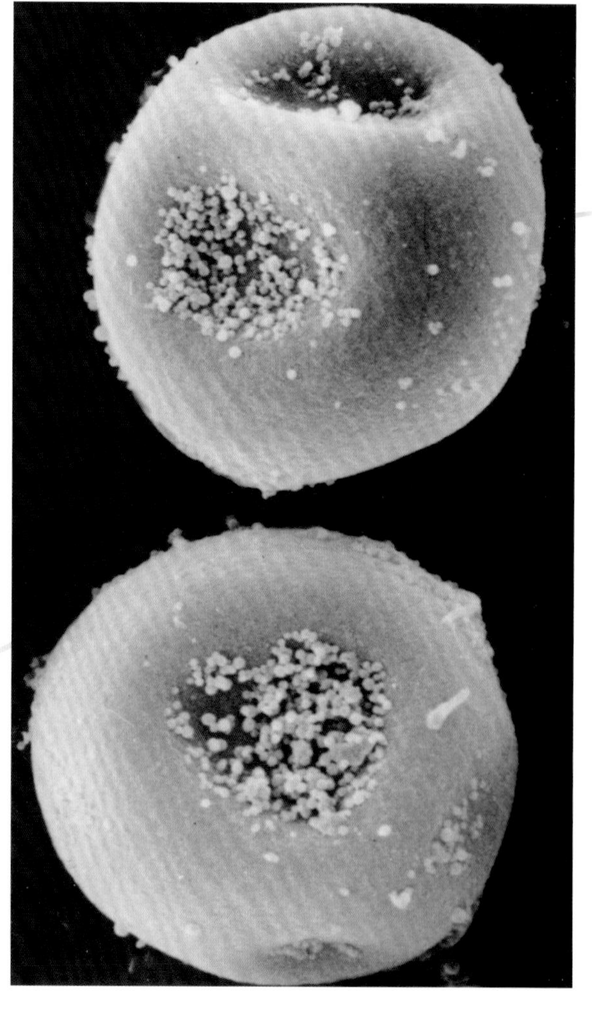

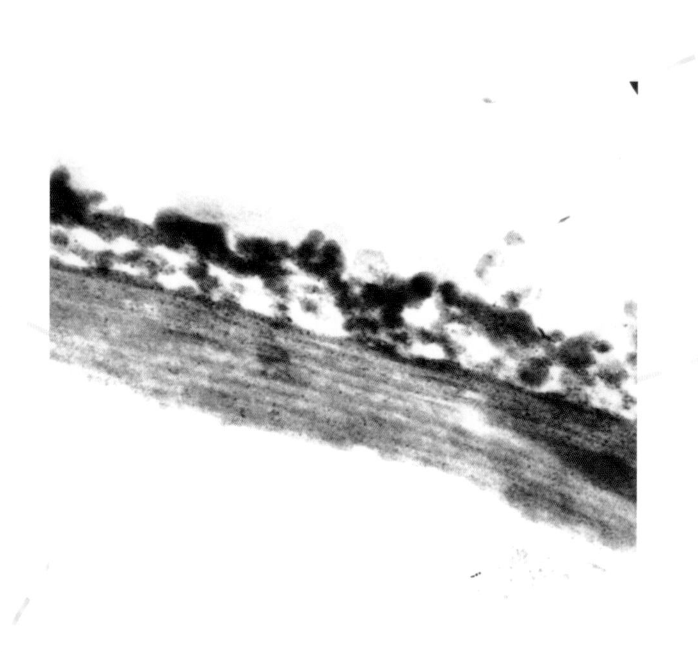

竹柏 *Podocarpus nagi*（Thunb.）Zoll.

常绿乔木。叶交互对生或近对生，排成两列，厚革质，窄卵形、卵状披针形或椭圆状披针形，多数长5～7厘米，无中脉而有多数并列细脉。雄球花穗状，常分枝，单生叶腋，稀成对腋生。花期4月。

分布台湾、福建、浙江、湖南、广东、海南、四川东部。

光学显微镜下：

花粉具两个大气囊，分列于体的两侧。长58～74微米；体长32～39微米；体高24～32微米。气囊上有粗网状纹饰；体具细而模糊的颗粒（×1200）。

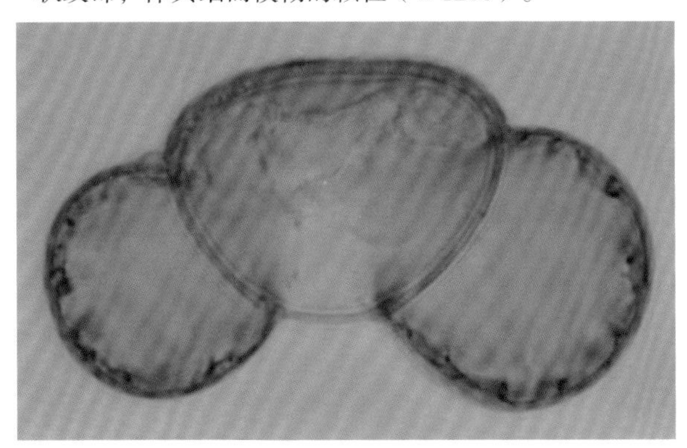

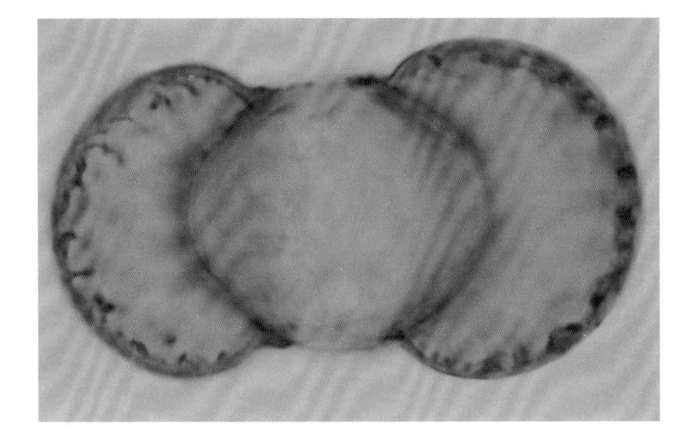

中国粗榧 *Cephalotaxus sinensis*（Rehd. et Wils.）Li

常绿灌木或小乔木。树皮灰色或灰褐色。叶条形，螺旋状着生。侧枝之叶基部扭转排成二列。雌雄异株。雄球花6～11枚，聚生成头状球花序，腋生；雌球花具长梗，生于小枝基部的苞腋。花期3月～4月。

产于我国长江流域及以南地区，为我国特有树种。

光学显微镜下：

花粉球形，直径23.6～34.2微米，平均30.6微米。外壁薄，常有皱褶，有时向外凸或向内凹（×1200）。

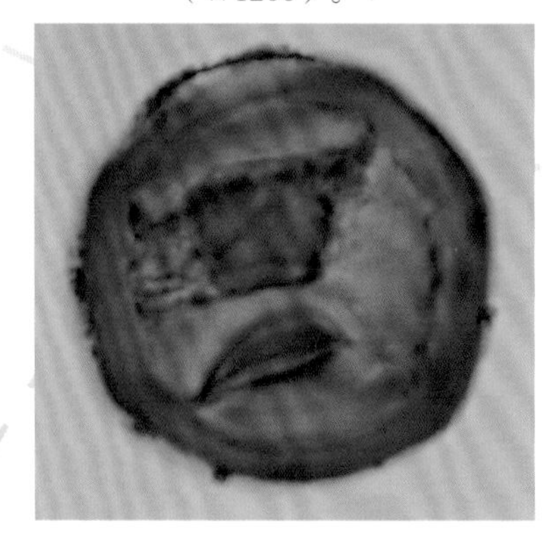

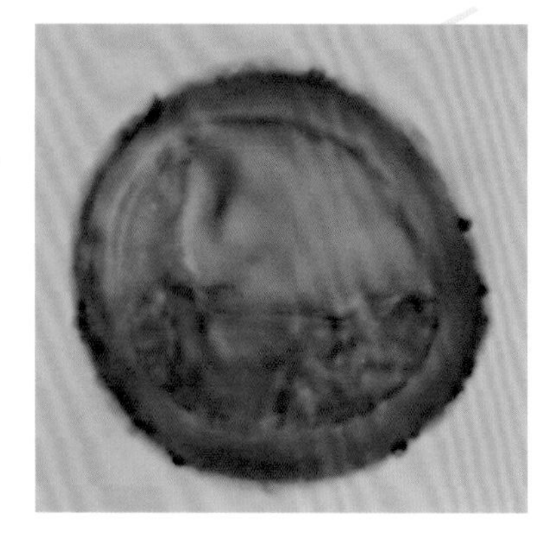

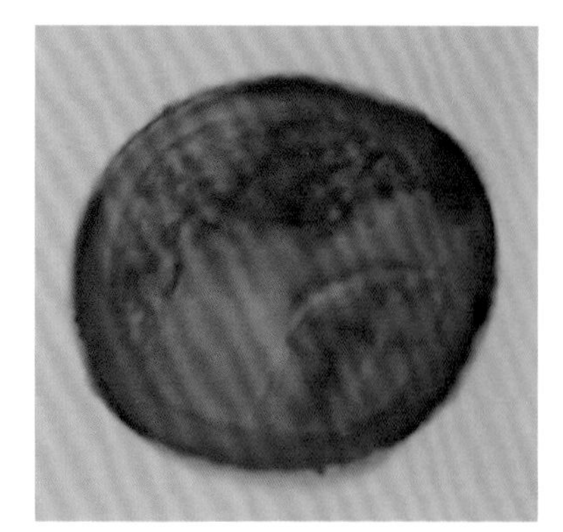

东北红豆杉（紫杉）*Taxus cuspidata* Sieb.et.Zucc.

常绿乔木。小枝互生。叶螺旋状着生，排成不规则的二裂，叶条形，柄短，先端尖，有小尖头，基部宽楔形，微偏斜，上下中脉隆起，下面有两条灰绿色气孔带。雄球花有9～14个雄蕊，各有5～8个花药。种子8月～9月成熟，卵球形。花期3月。

分布于黑龙江东南部、吉林东部和辽宁东部，朝鲜、俄罗斯、日本也有。

光学显微镜下：

花粉近球形。直径23～32微米。表面颗粒状纹饰（×1200）。

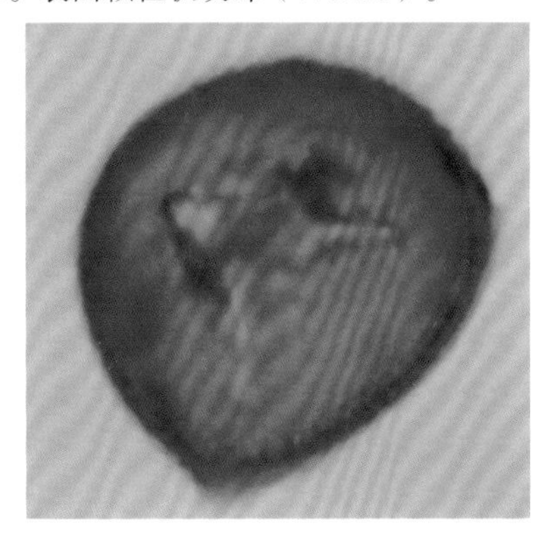

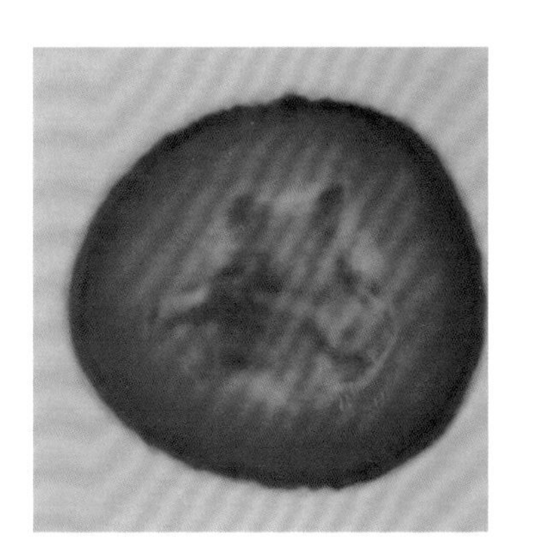

红豆杉 *Taxus chinensis*（Pilg.）Rehd.

常绿乔木。小枝互生。叶螺旋状着生，基部扭转排成两列，条形，通常微弯，边缘微反曲，先端渐尖或微急尖，下面沿中脉两侧有两条气孔带。雌雄异株；球花单生叶腋。花期3月。

分布甘肃南部、陕西南部、湖北西部和四川。

光学显微镜下：

花粉近球形。直径23.6～33微米。表面具颗粒状纹饰（×1200）。

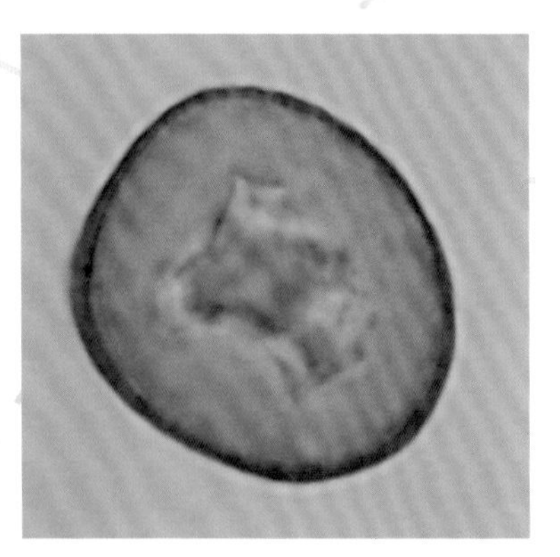
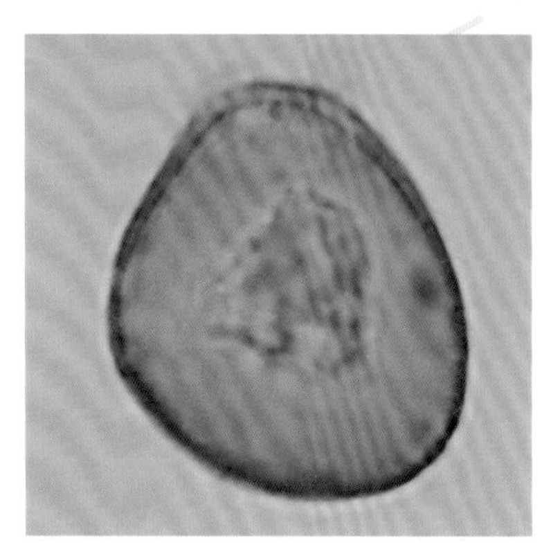
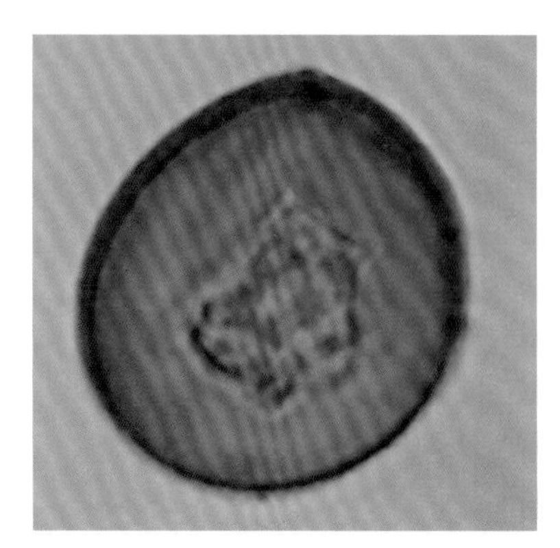

木麻黄 *Casuarina equisetifolia* L.

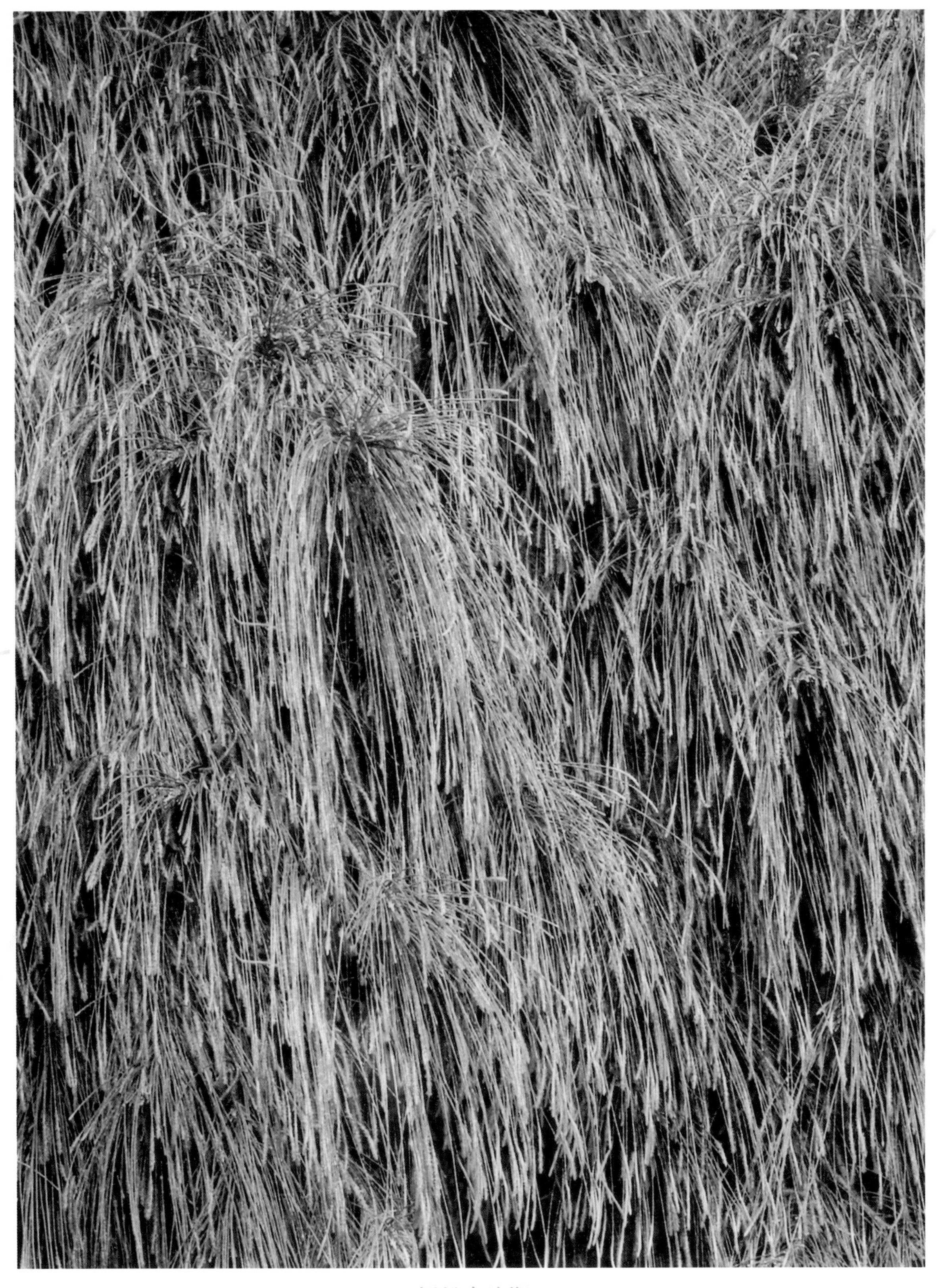

授粉高峰期

木麻黄 *Casuarina equisetifolia* L.

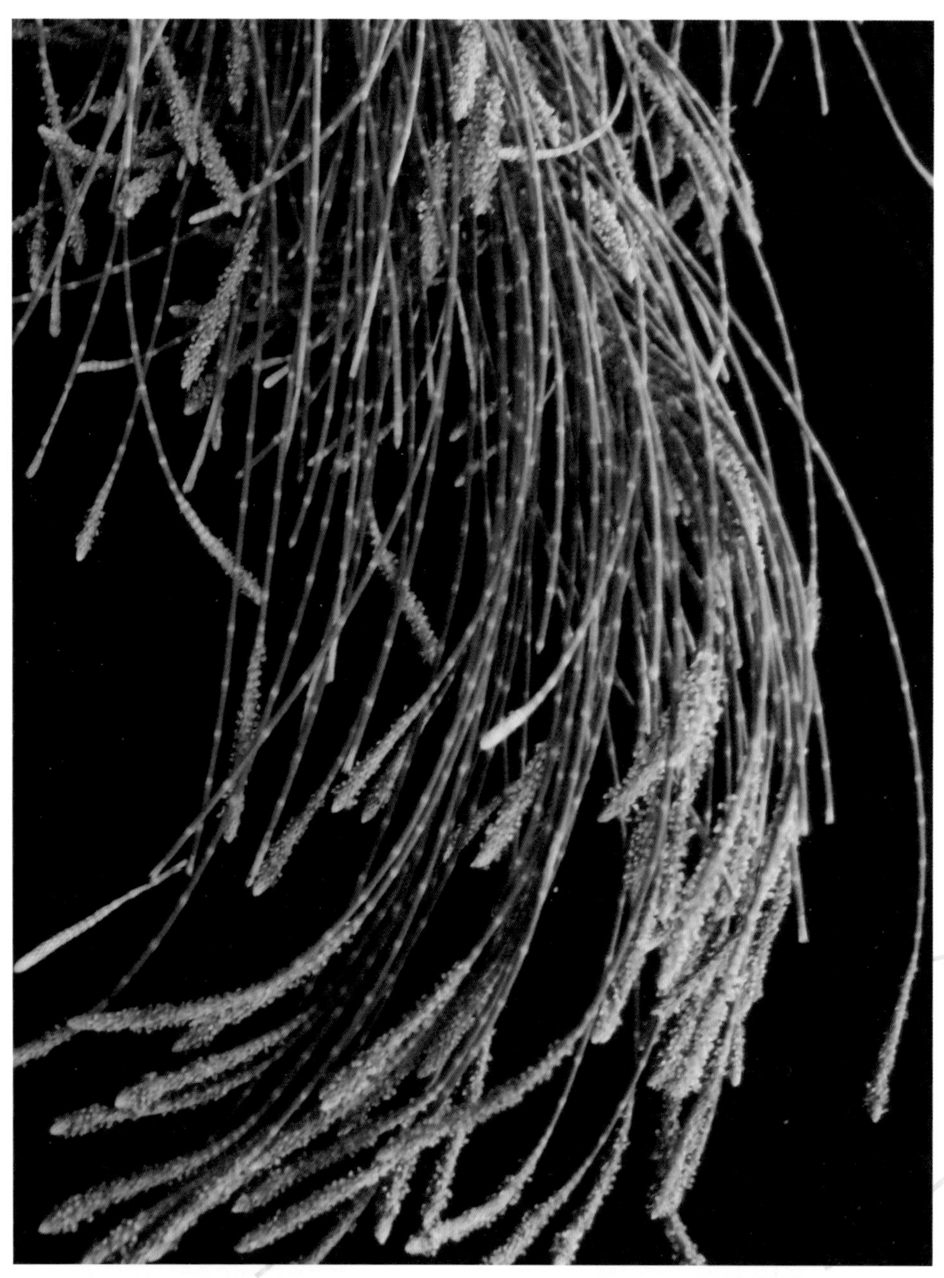

常绿乔木。高10～20米。枝淡褐色，纤细，有密生的节，下垂；小枝灰绿色，有纵棱。叶鳞片状，淡褐色，多枚轮生。花单性，雌雄同株，无花被。雄花序穗状，生小枝顶端（偶有侧生枝上），长8～10毫米，宽1.5～3毫米；雌花序近头状，侧生于枝上，较雄花序短而宽。花期1月～3月。

原产大洋洲，我国福建、广东、海南等地有栽培。

光学显微镜下：

花粉近扁球形，极面观钝三角形。大小约27微米×32微米。具3孔，少数4孔，孔周外壁加厚成盾状区。表面具模糊条纹状（×1200）。

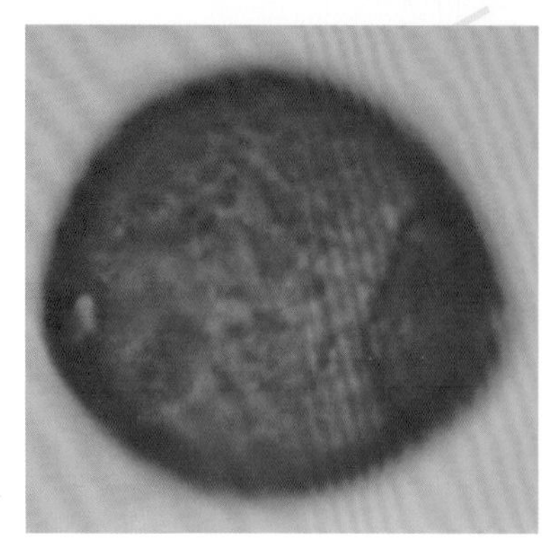

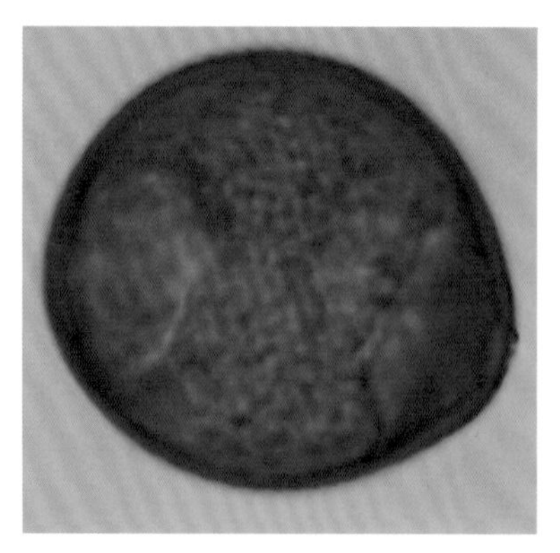

木麻黄 *Casuarina equisetifolia* L.

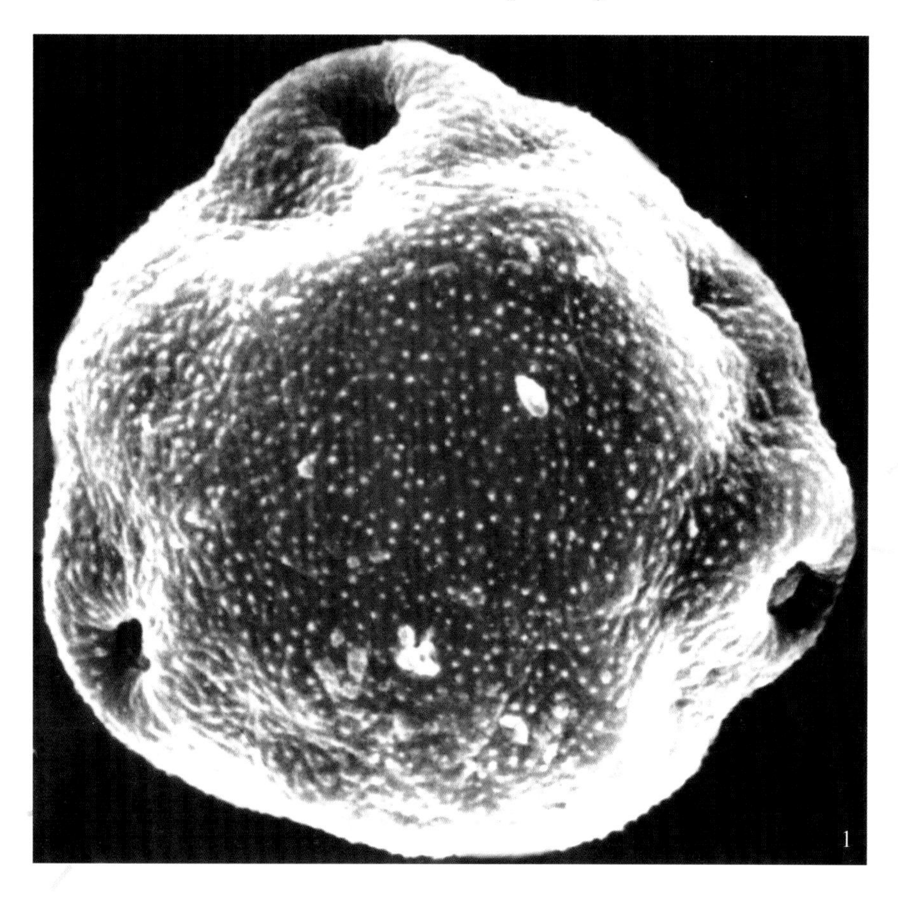

扫描电镜下：

花粉粒极面观圆三角形。具3孔，位于三角顶端；孔周加厚，高倍镜下可见加厚层有放射状条纹；个别孔具孔膜。表面具颗粒状纹饰（1. 极面×4500；2. 纹饰×15000）。

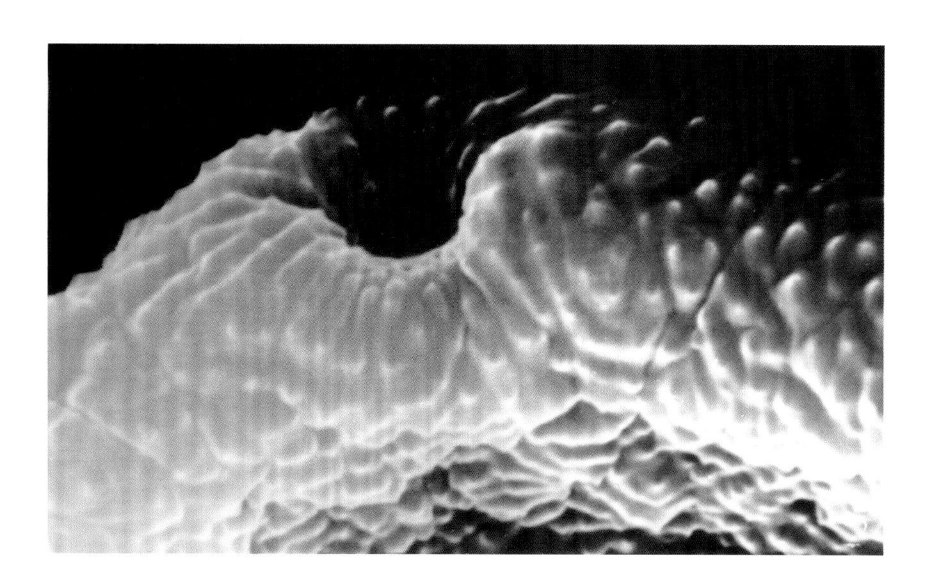

加拿大杨（加杨）*Populus canadensis* Moench

授粉高峰期

加拿大杨（加杨）*Populus canadensis* Moench

落叶乔木。高可达30～60米。树皮灰绿色，老时纵裂，小枝近圆柱形或略有棱，黄褐色。冬芽大，圆锥形。叶三角状卵形，先端渐尖，基部截形，边缘有圆钝锯齿；叶柄扁，紫红色。雌雄异株，花序下垂。花期3月～4月。

分布东北、华北、西北各地，北京多有栽培。

光学显微镜下：

花粉近球形。直径18～29微米。无孔沟；外壁薄，表面颗粒状纹饰（×1200）。

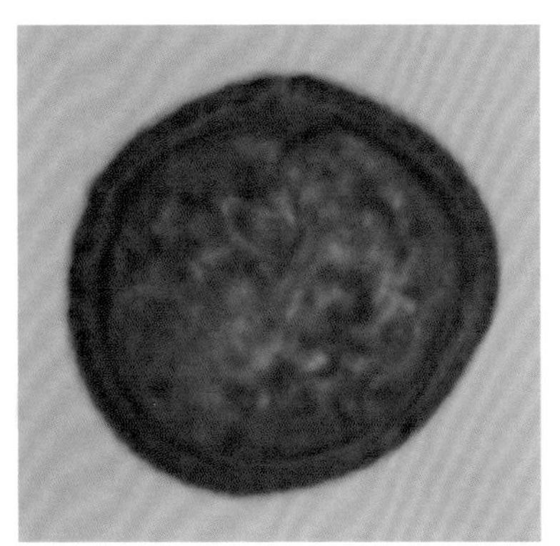

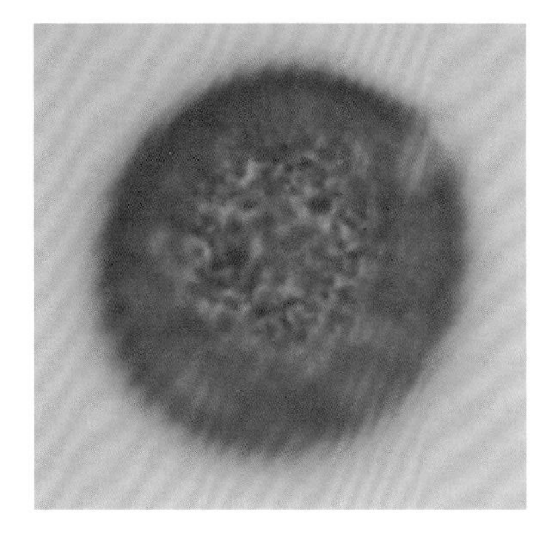

加拿大杨（加杨）*Populus canadensis* Moench

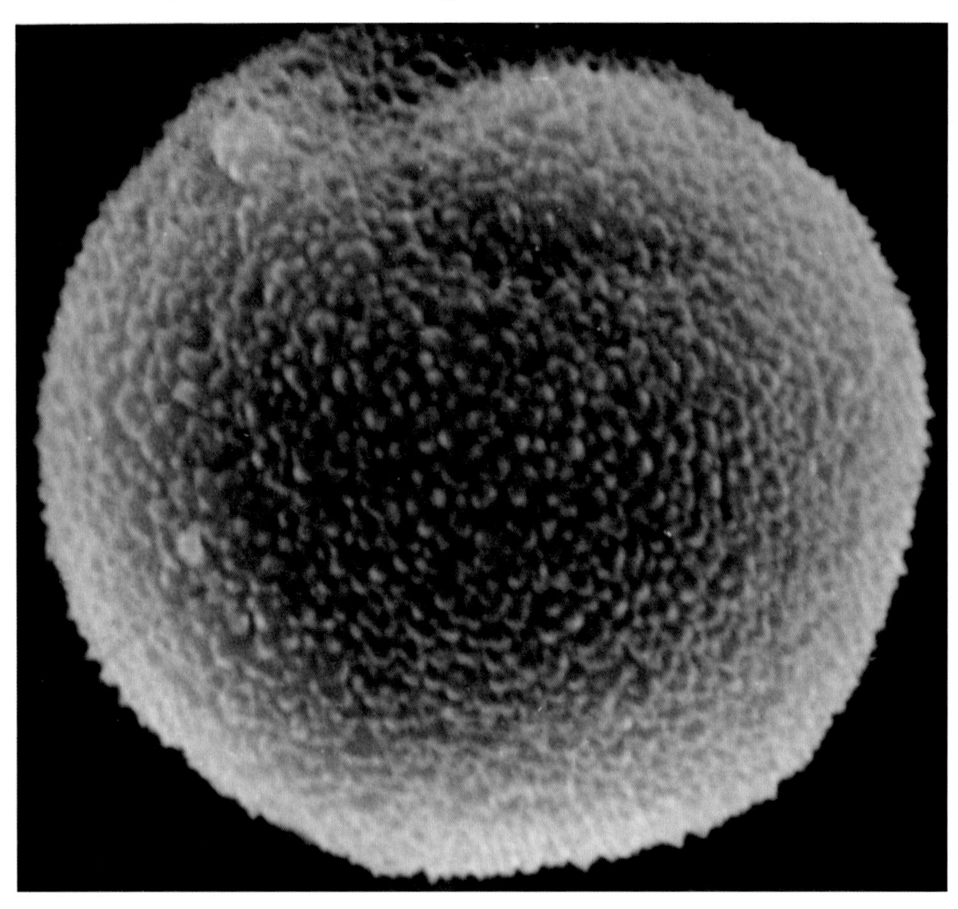

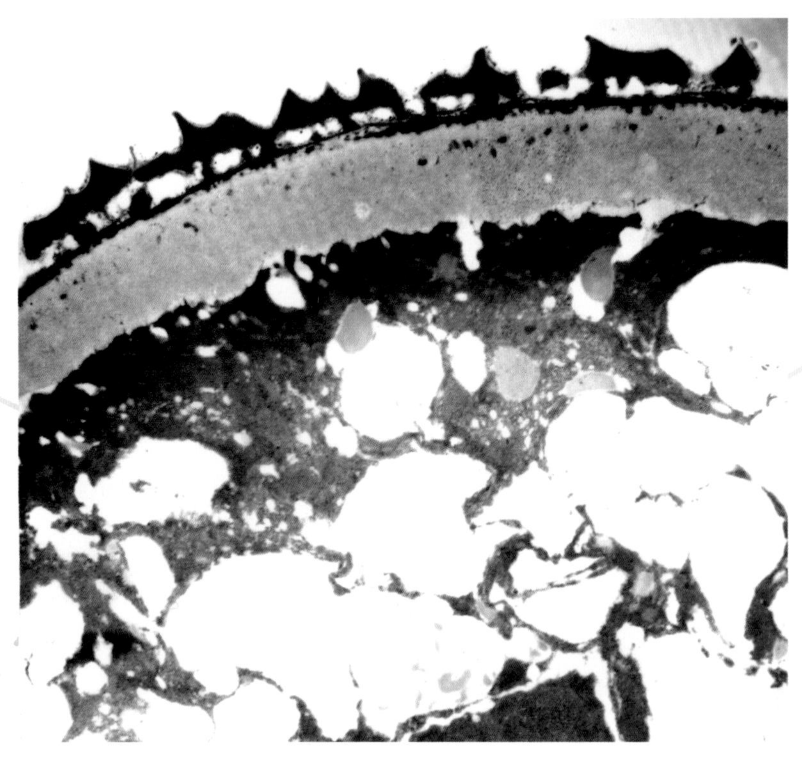

扫描电镜下：

花粉粒球形或近球形。无沟孔。表面颗粒状纹饰（×5250）。

透射电镜下：

外壁被层厚薄不均匀，表面具稀疏小刺；柱状层由稀疏小柱组成；垫层薄。外壁内层断断续续。内壁均匀（×12000）。

北京杨 *Populus beijingensis* W.Y.Hsu

乔木。高25米。树冠卵形或宽卵形，树干通直，树皮灰绿色。长枝叶宽卵圆形或三角状宽卵圆形，边缘具粗圆锯齿。叶柄侧扁。雄花序长2.5～3厘米，雄蕊18～21。花期4月。

分布于北京、河北、山西等省市。

光学显微镜下：

花粉球形，直径为25.5微米，表面具颗粒状纹饰（×1200）。

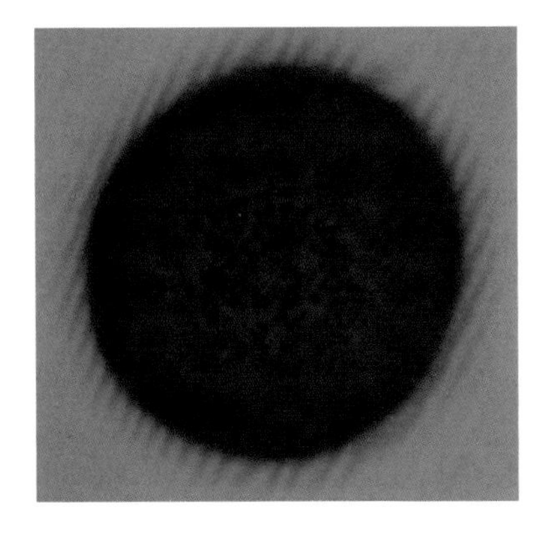

河北杨 *Populus hopeiensis* Hu et Chow

落叶乔木。树冠广卵形。树皮灰白色或青白色，光滑，具白粉。叶卵圆形或近圆形，边缘具3～7个内弯的齿或波状齿，上面暗绿色，下面灰白色；叶柄扁平，无毛。雄花雄蕊6。花、果期3月～4月。

分布于山西、陕西、内蒙古，北京郊区有栽培。

光学显微镜下：

花粉近球形，直径约26（24～28.5）微米。无萌发孔；外壁薄，表面具模糊的颗粒状纹饰（×1200）。

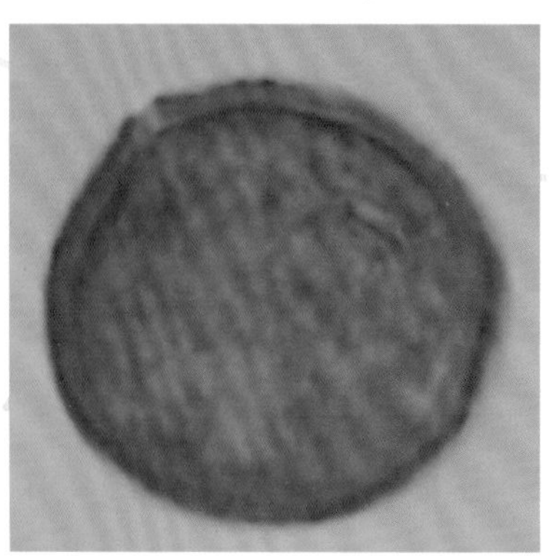

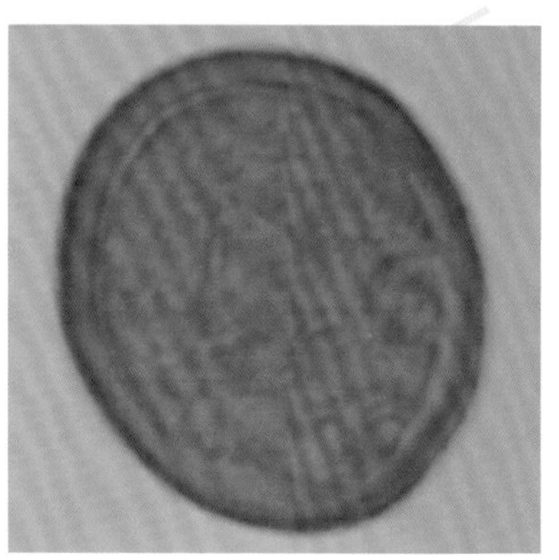

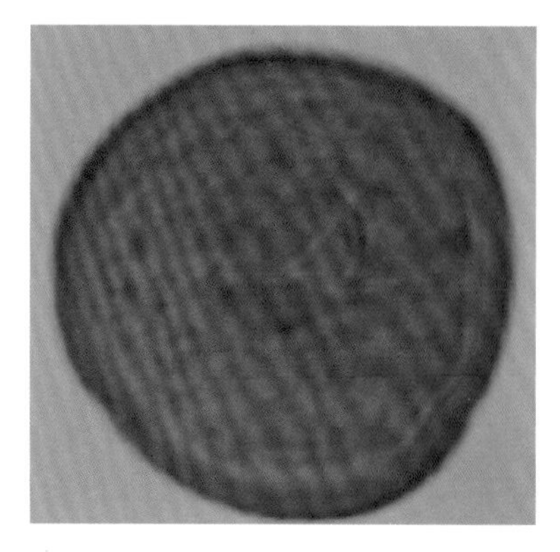

新疆杨 *Populus alba* L.

落叶乔木。树冠圆柱形，侧枝角度小，向上伸展，近贴树干。树皮灰褐色，光滑。树干基部常纵裂，小枝鲜绿色或浅绿色。树枝上的叶近圆状椭圆形，先端钝尖或渐尖，基部近截形或近心形，边缘具粗齿，叶柄扁。雄花序2.5～4厘米；雄蕊6～8枚，花药红色。花期（北京）3月中下旬。

分布新疆，北京有引种。

光学显微镜下：

花粉近球形。直径约26.5～27.5微米。外壁薄，无萌发孔。表面具模糊的颗粒状纹饰（×1200）。

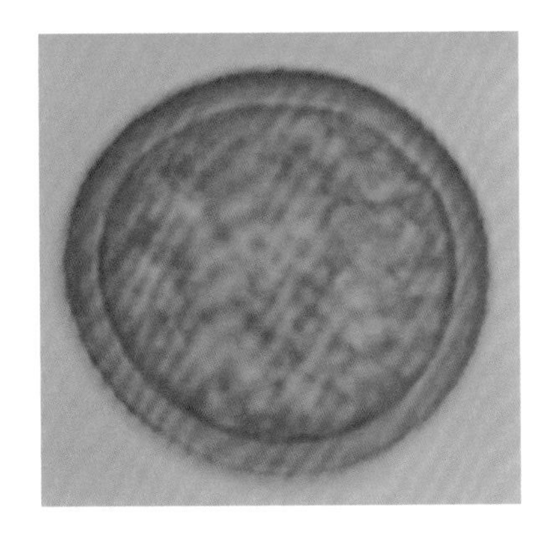

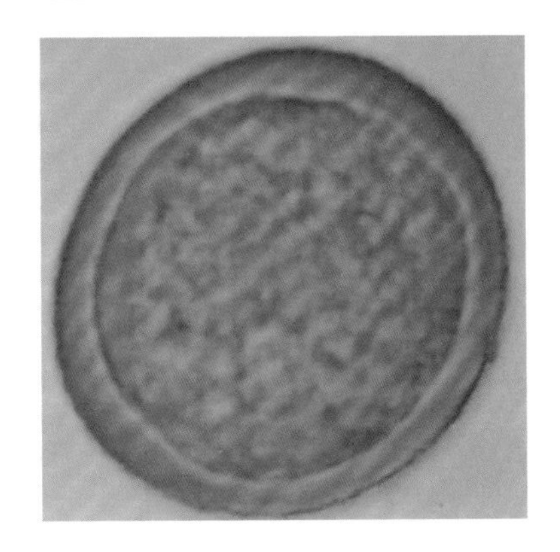

旱柳 *Salix matsudana* Koidz.

落叶乔木。树冠广圆形。树枝粗糙，深裂，暗灰黑色。小枝黄或绿色，光滑；幼枝有毛。叶披针形，先端渐尖，基部楔形或近圆形，边缘有明显的锯齿；雌雄异株，花成直立或下垂柔荑花序。花期3月下旬~4月。

分布山西、陕西、内蒙古、甘肃、四川、青海等地。

光学显微镜下：

花粉长球形，大小约29.5微米×19.5微米。极面观3裂圆形，赤道面观窄椭圆形。具3孔。外壁两层，表面具网状纹饰（×1200）。

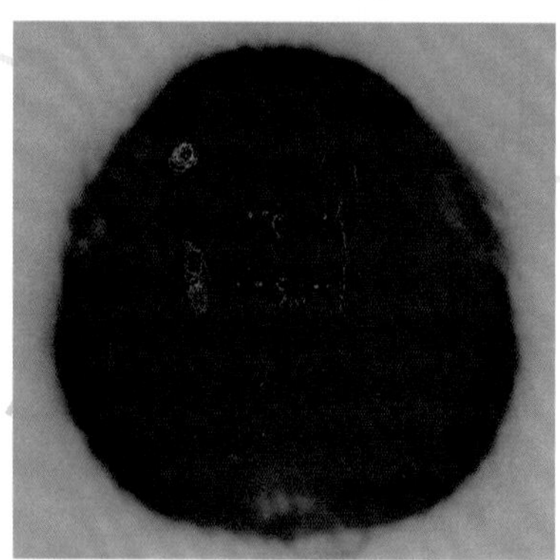

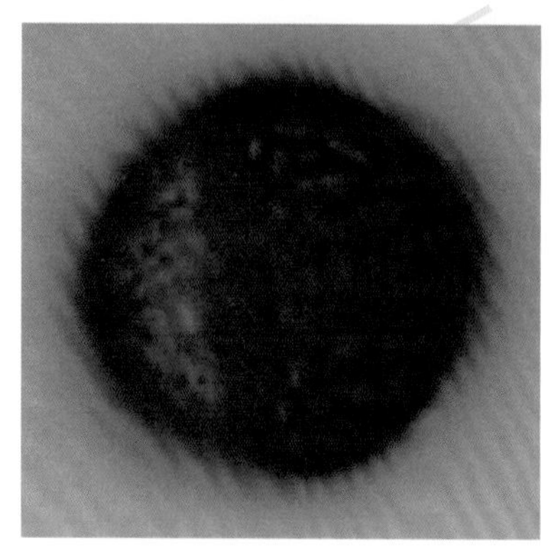

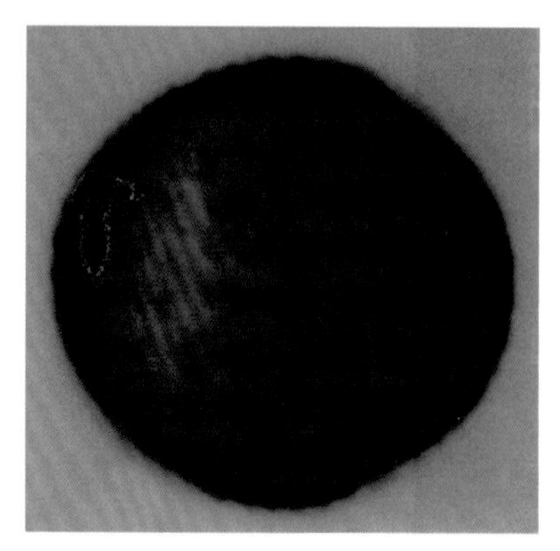

旱柳 *Salix matsudana* Koidz.

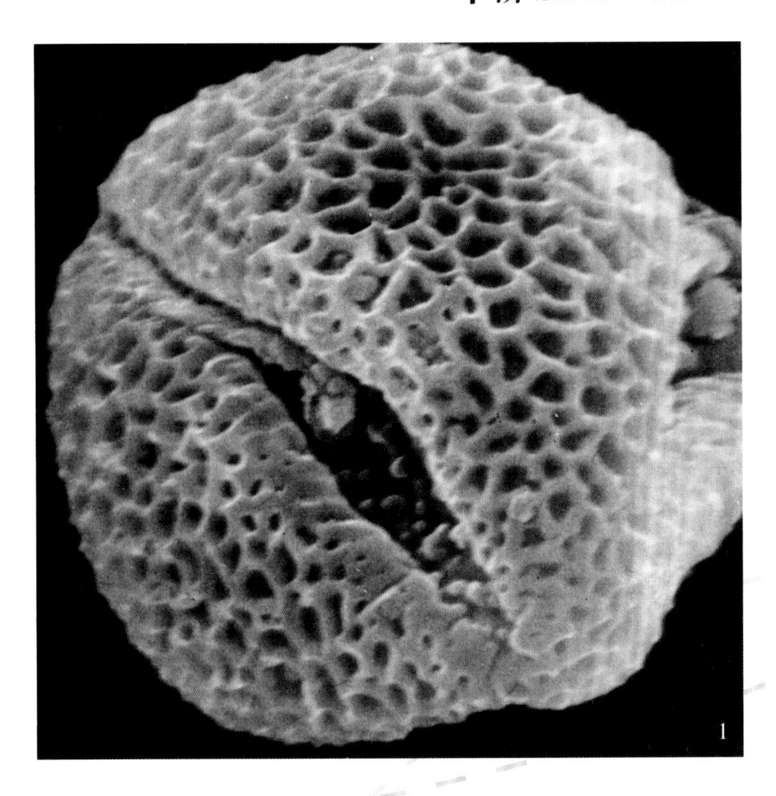

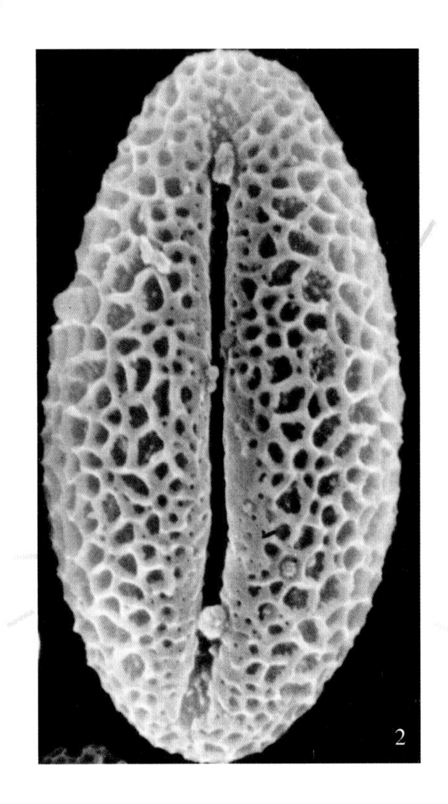

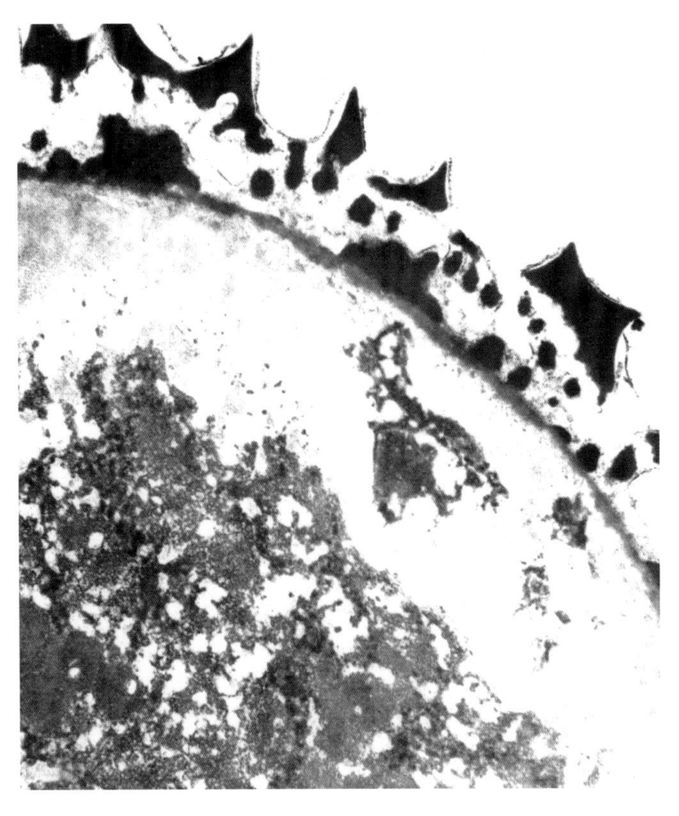

扫描电镜下：

花粉粒长球形。极面观三裂圆形，赤道面观椭圆形，具3沟，沟长而窄。表面具细网状纹饰，网眼多角形（1. 极面观×7500；2. 赤道面观×4500）。

透射电镜下：

被层表面高低不平，连续；柱状层具稀疏小柱；垫层厚薄均匀。内壁厚（×16500）。

银芽柳 *Salix leucopithecia* Kimura.

落叶丛生灌木。株高2～3米。分枝稀疏，小枝绿褐色，具红晕，新枝有绢毛，花先叶开放，花芽肥大，芽鳞紫红色，有光泽。单叶互生，披针形或长椭圆形，边缘有细锯齿，先端渐尖。花先叶开放，柔荑花序，盛开时花序密被银白色绢毛，极为美丽，故名银芽。花期3月～4月。

原产日本，我国引栽。

光学显微镜下：

花粉近球形，极面观3裂圆形，赤道面观椭圆形，具3沟。大小约28.5微米×16.5微米。表面具网状纹饰（×1200）。

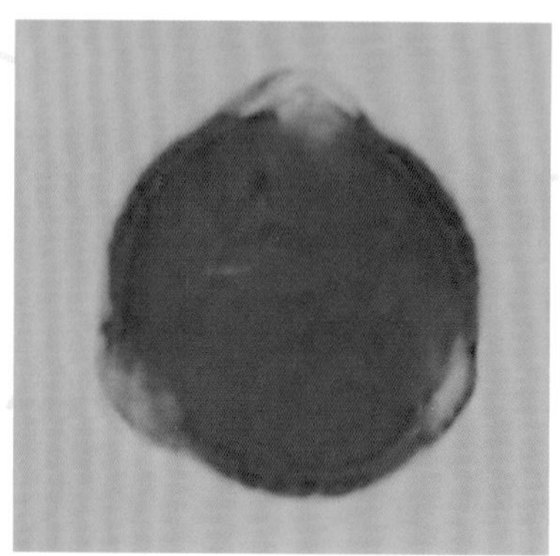

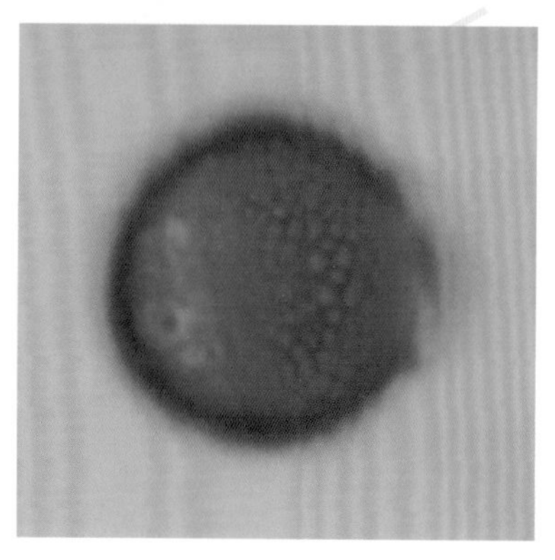

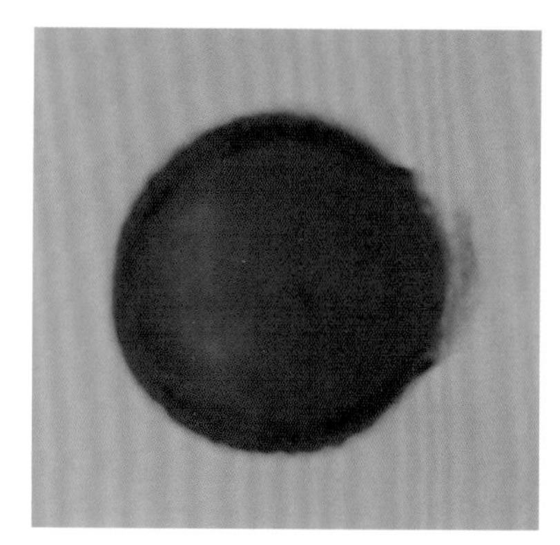

沙柳 *Salix cheilophila* Schneid.

灌木或小乔木。小枝带紫色。叶条形或条状倒披针形，边缘外卷，上端具线锯齿，下面全缘。花序与叶同时开放。雄花序花密集。花期4月～5月。

分布山西、陕西、内蒙古、甘肃、四川、青海。

光学显微镜下：

花粉椭圆形，大小平均约24微米×20.5微米。极面观3裂圆形，具3沟，赤道面观椭圆形，表面具网状纹饰（×1200）。

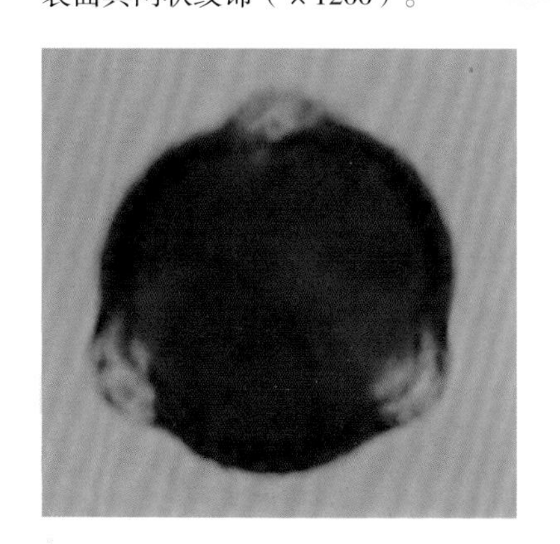

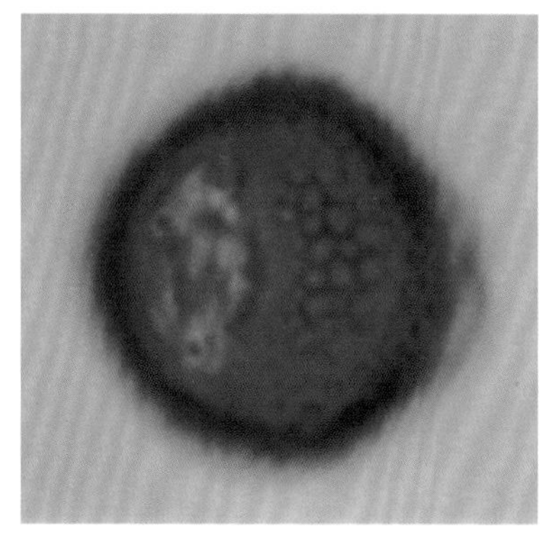

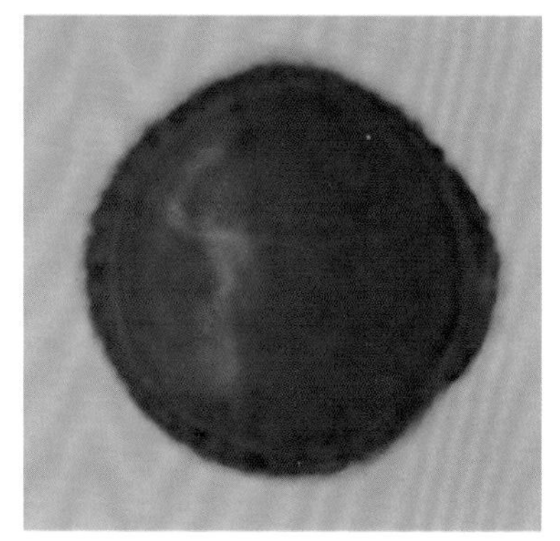

沙柳 *Salix cheilophila* Schneid.

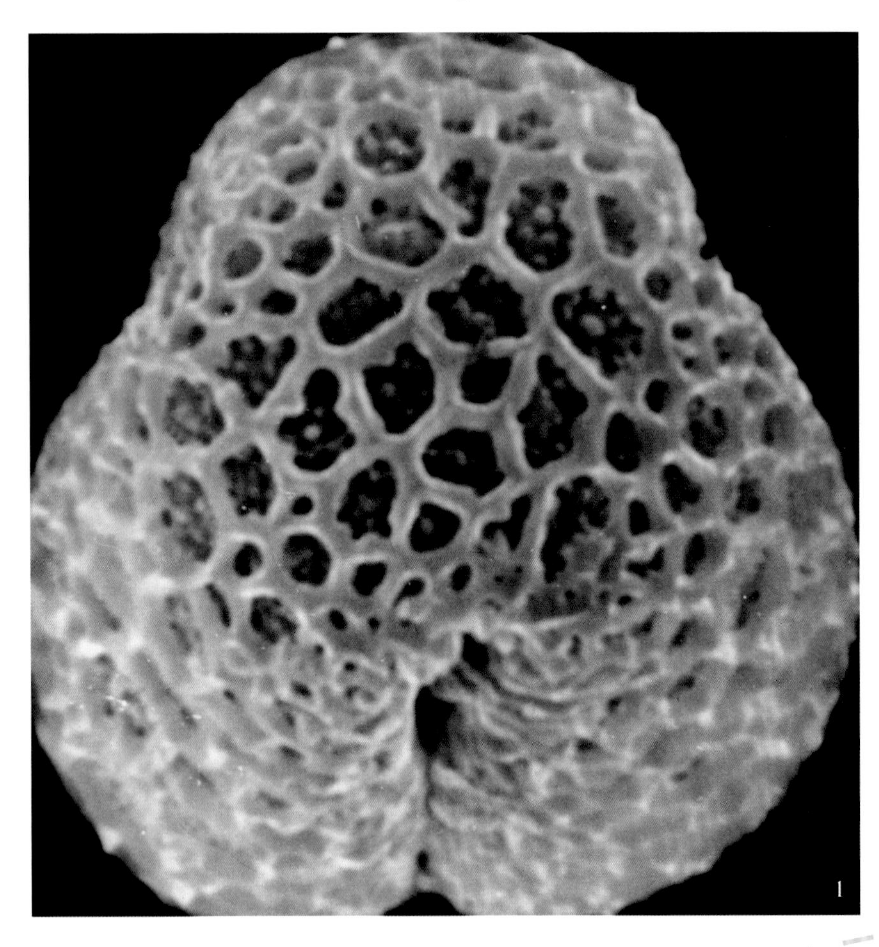

扫描电镜下：

极面观三裂圆形，赤道面观长球形，具沟，无孔，表面网状纹饰，网眼内充满颗粒（1. ×8100；2. ×6000）。

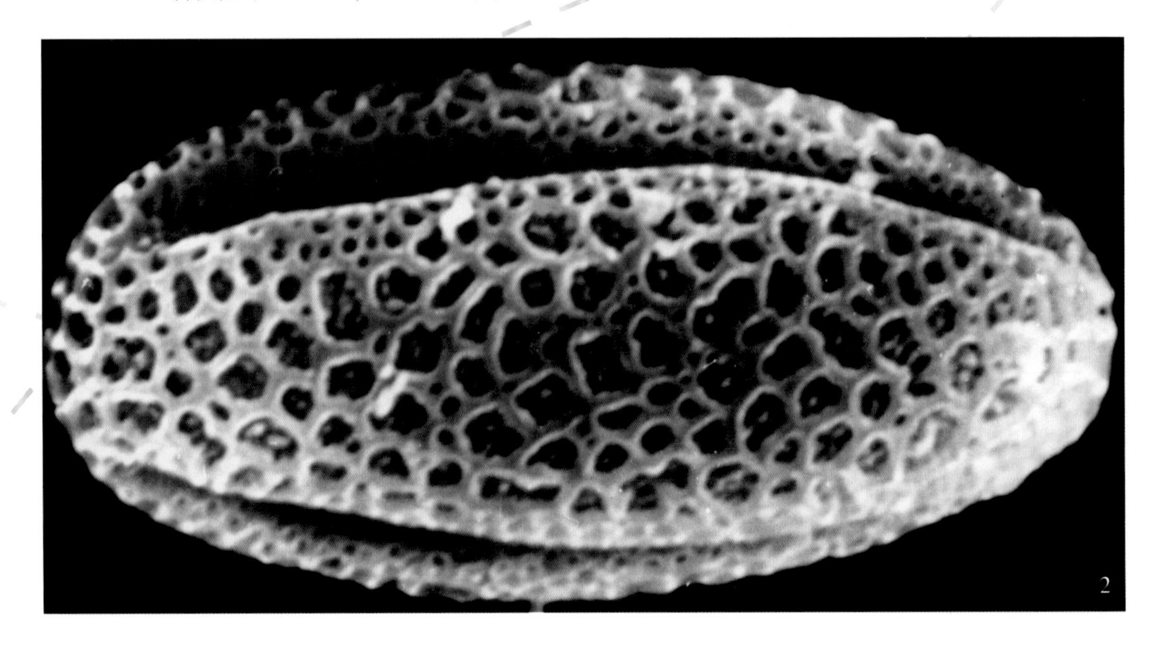

山柳（东陵山柳）*Salix phylicifolia* L.

灌木。枝深褐色。叶椭圆形或倒卵状椭圆形，先端急尖或渐尖，基部近圆形，叶缘具齿或波状齿，上面光滑，下面灰白色。花序生于有叶的短枝上。雄花序生于叶的短枝上。雄花序长1.5～2.5厘米。花期5月。

光学显微镜下：

花粉椭圆形。极面观三裂圆形，赤道面观椭圆形。具3沟，无孔，表面网状纹饰。大小约24.5微米×17.5微米（×1200）。

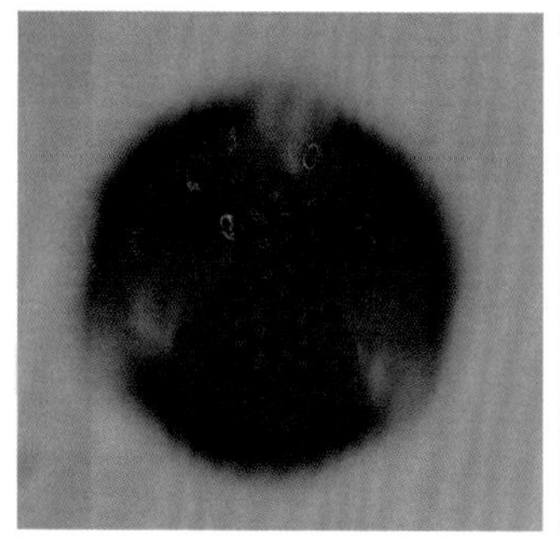

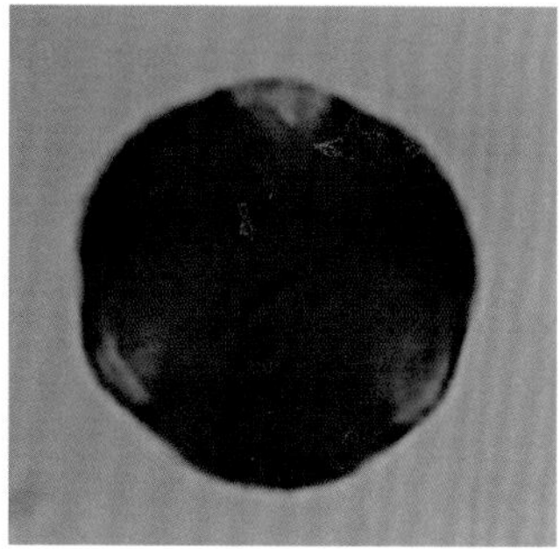

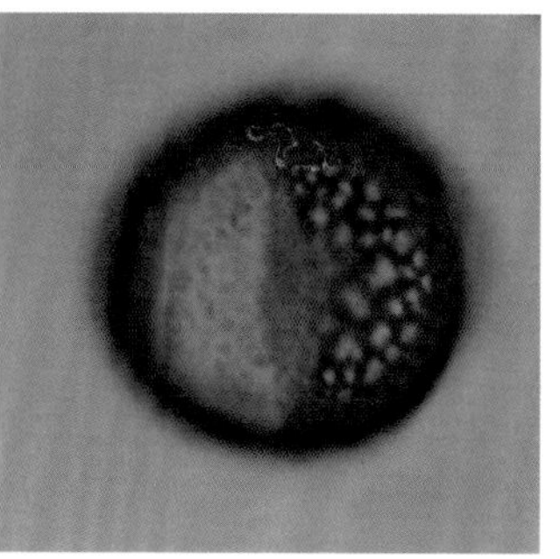

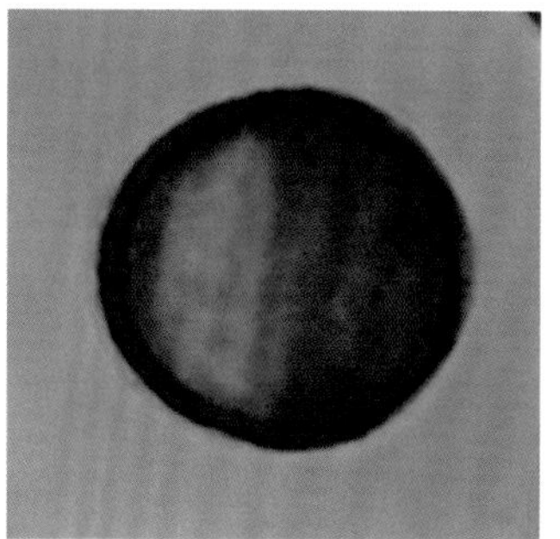

山柳（东陵山柳）*Salix phylicifolia* L.

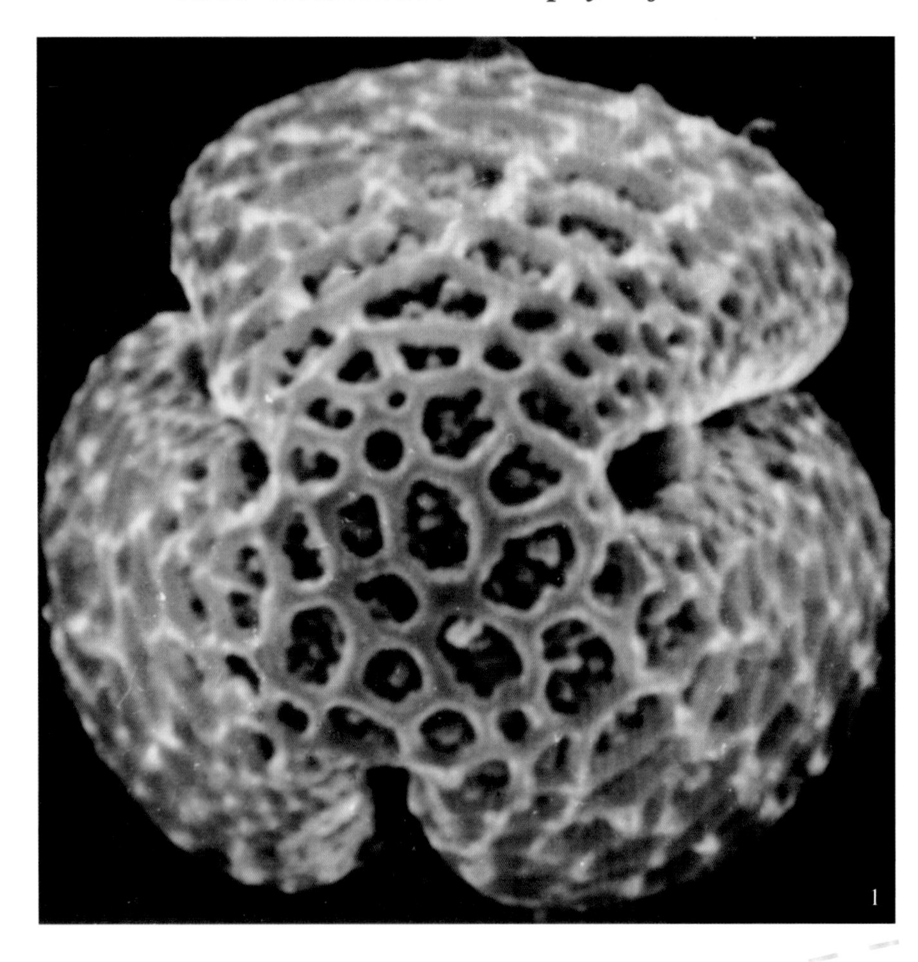

扫描电镜下：

花粉极面三裂圆形；赤道面长球形，赤道长达两极。表面具网状纹饰（1. ×6000；2. ×6000）。

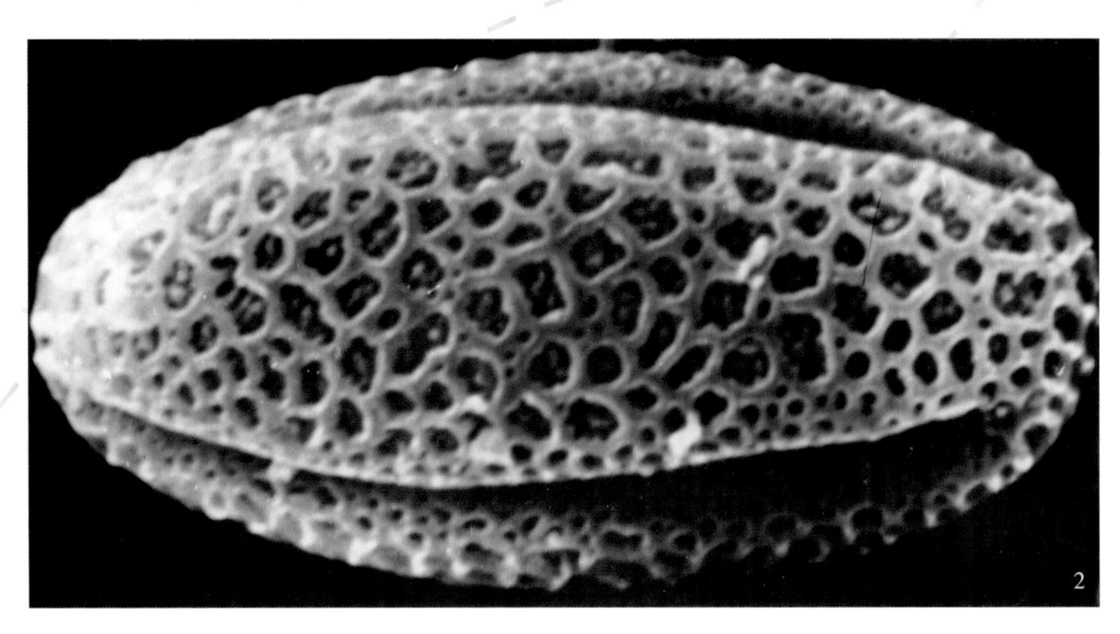

化香树 *Platycarya strobilacea* Sieb. et Zucc.

落叶小乔木。最高可达8米。树皮灰色，枝条暗褐色。单数羽状复叶互生，薄革质。花单性，雌雄同株。穗状花序直立，伞房状排列于小枝顶端；两性花序通常生于中央顶端，雌花序在下，雄花序在上，开花后脱落。花期4月～5月。

产于我国长江沿岸各省区，朝鲜、日本也有分布。

光学显微镜下：

花粉扁球形，极面观钝三角形。具3孔，每角上1孔。赤道面观椭圆形，大小14.5（12～18）微米×18.5（18～22.5）微米。外壁表面具弧形相交的几条槽，如细条。此为本属花粉独有特征（×1200）。

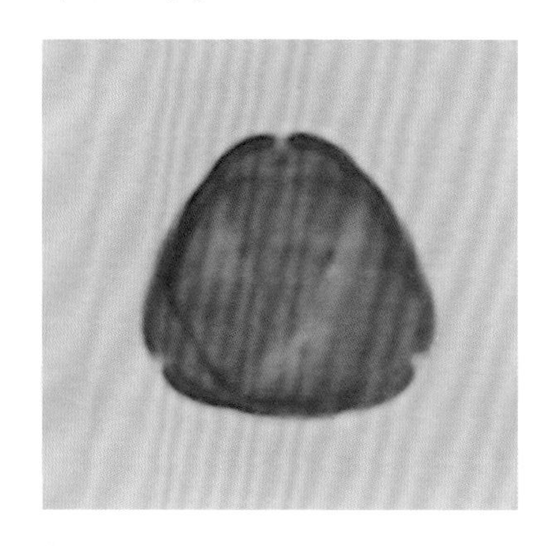

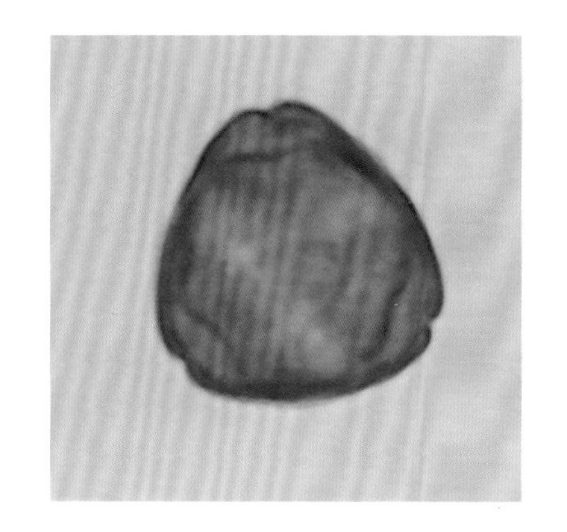

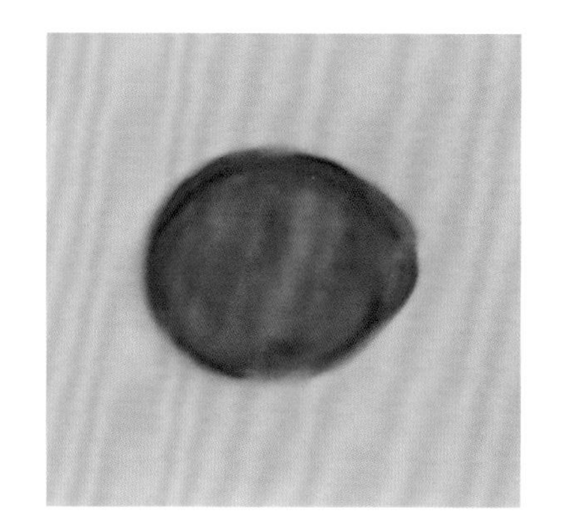

化香树 *Platycarya strobilacea* Sieb. et Zucc.

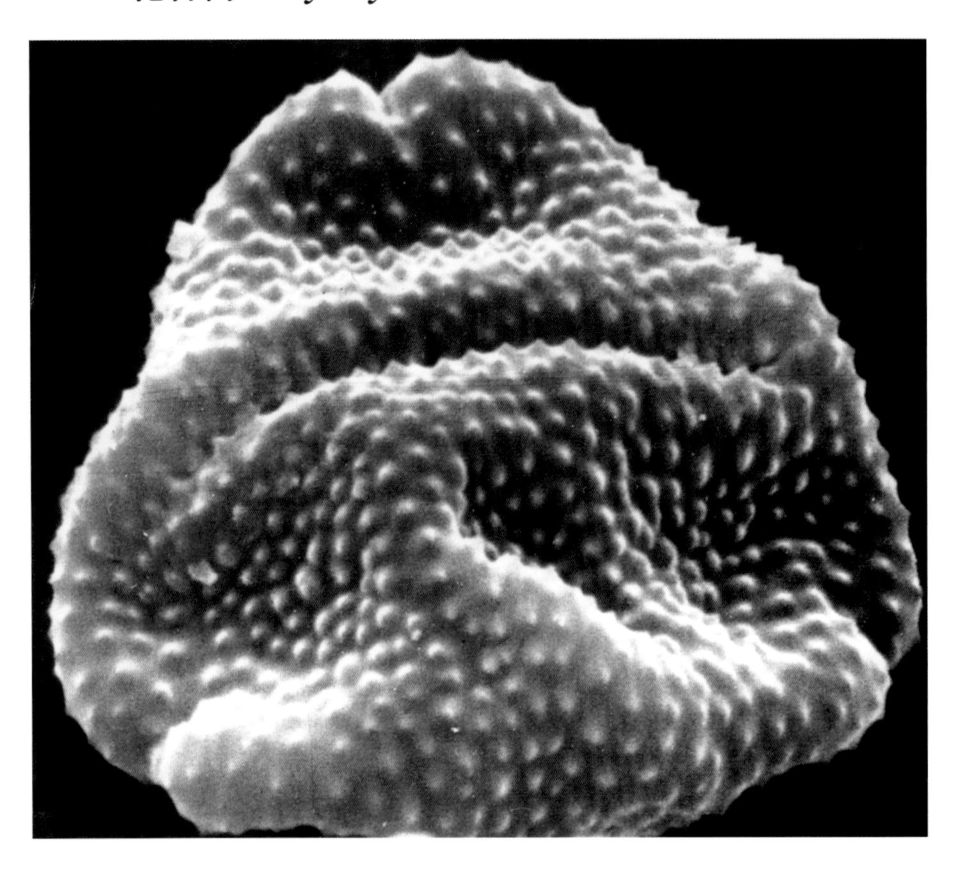

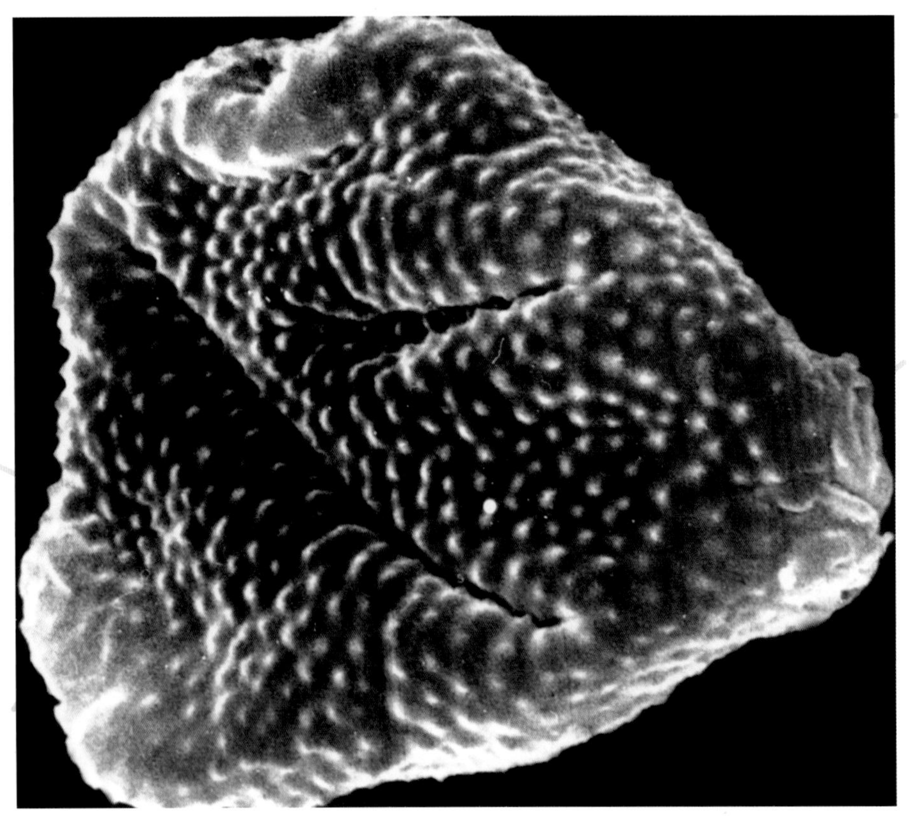

扫描电镜下：

花粉扁球形，具凹槽，表面刺状纹饰。极面（上. ×9350；下. ×9260）。

青钱柳 *Cyclocarya paliurus*（Batal.）Iljinskaja

乔木。高10～30米。单数羽状复叶长约20厘米，小叶7～9，革质，长5～14厘米，宽2～6厘米。花单性，雌雄同株。雄柔荑花序长7～18厘米，2～4条成一束，集生在短总梗上；雄蕊24～30枚：雌柔荑花序单独顶生。

分布广东、广西、贵州、湖南、湖北、四川、福建、江西、浙江、安徽。

光学显微镜下：

花粉扁球形，极面观多角形，赤道面观椭圆形。花粉大小为28.5（25～29）微米 × 38（30.5～43）微米。具孔4～5（3～6），均匀分布于赤道。外壁外层厚于内层。表面具颗粒状纹饰（×1200）

枫杨 *Pterocarya stenoptera* C.DC.

落叶乔木。高达30米。树皮暗灰色。羽状复叶，互生，多为奇数，长网状披针形，顶端常钝圆，基部歪斜，边缘有向内弯曲的锯齿。花单性，雌雄同株。柔荑花序先叶开放，黄绿色；雄花生于老枝叶腋，数穗下垂；雌花生于新枝顶端。花期4月～5月。

广布全国各地。

光学显微镜下：

花粉扁球形，极面观为多角形。大小为35（30～40）微米×40（35～45）微米。具孔3～7个，多为4～6个。外壁在孔处稍突出，不加厚。表面颗粒状纹饰（×1200）。

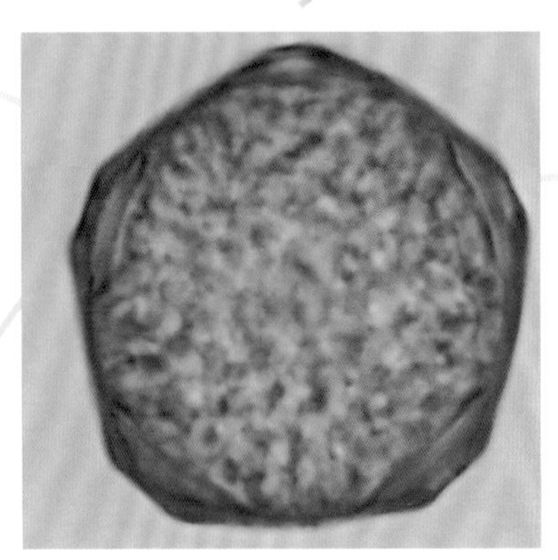

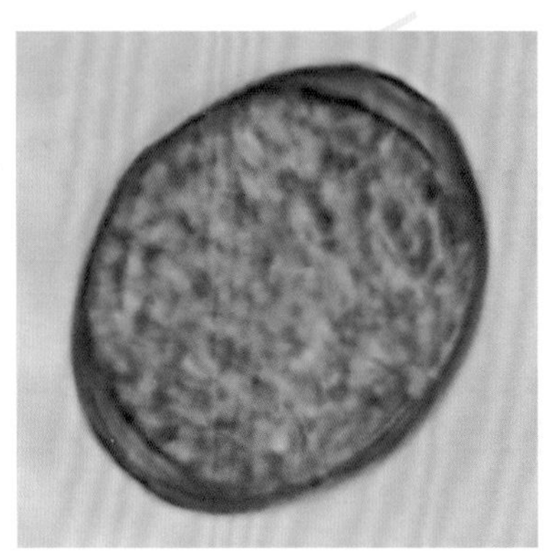

枫杨 *Pterocarya stenoptera* C.DC.

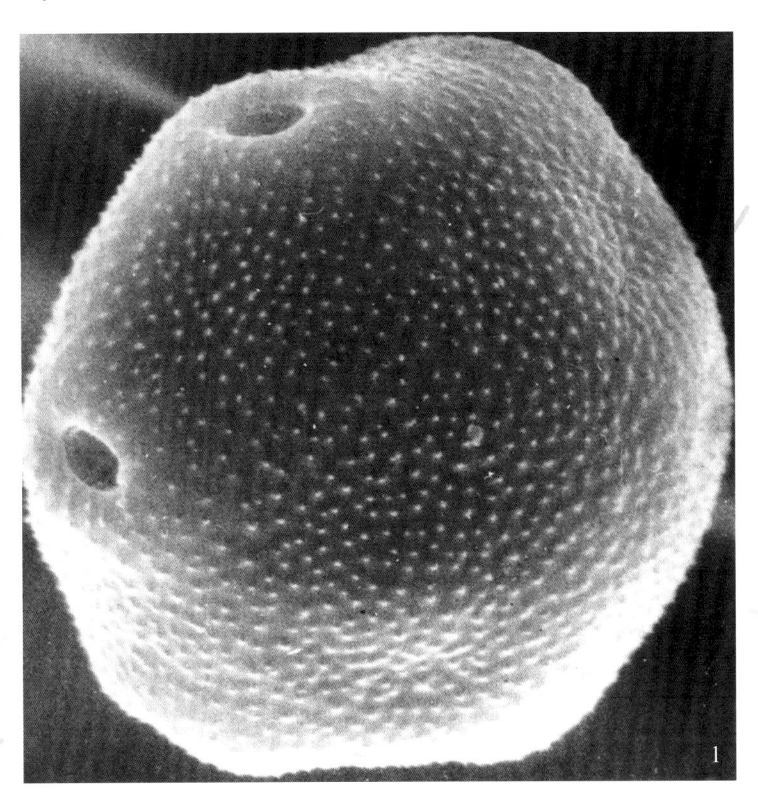

扫描电镜下：

花粉粒扁球形，赤道面观椭圆形。多孔，在极面上，孔沿角分布，形成5～6个角；赤道面上沿赤道分布。孔周不加厚，孔膜脱落。花粉表面密布大小一致的颗粒，边缘呈小刺状（1. 极面×3750；2. 赤道面×3750）。

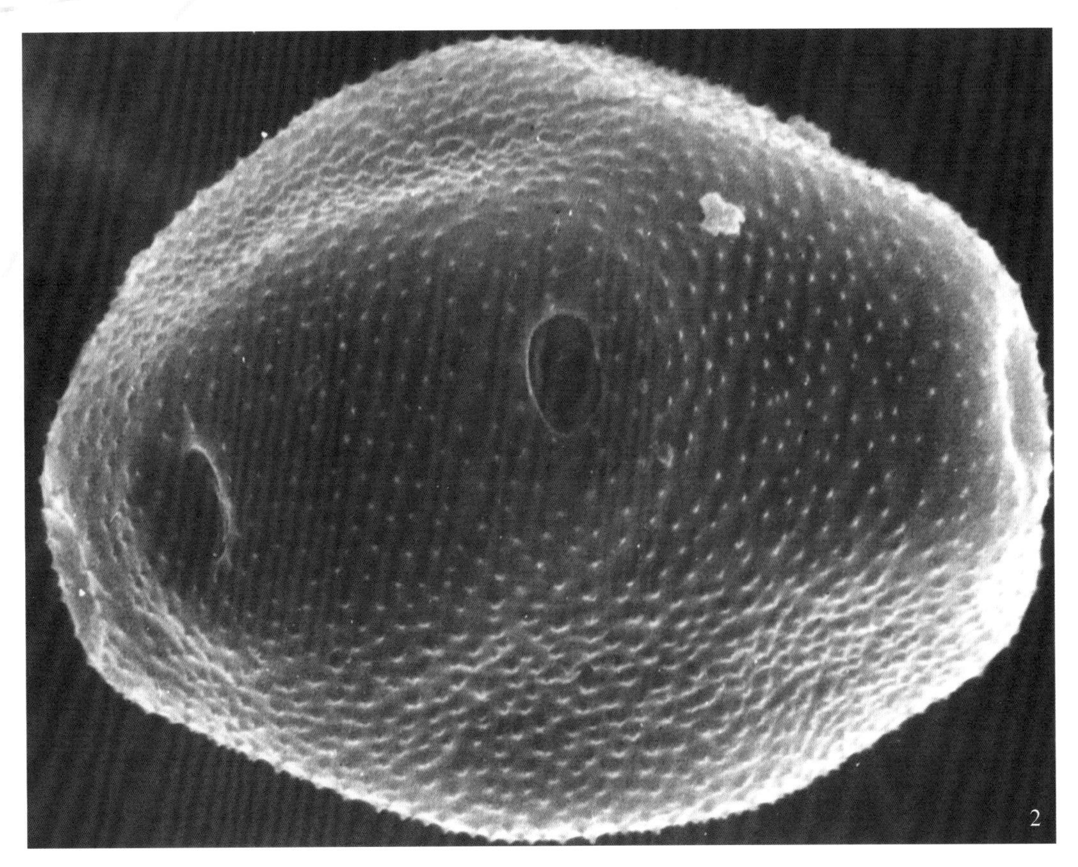

胡桃（核桃）*Juglans regia* Linn.

落叶乔木。树皮银灰色，有光泽，小枝无毛。叶为奇数羽状复叶；小叶5～9个，椭圆形至倒卵形。雌雄同株；雄花成侧生下垂柔荑花序。核果球形，具不规则凹纹。花期4月～5月。

广布全国各地。

光学显微镜下：

花粉扁球形，极面观多边形；赤道面观椭圆形。大小约35微米×40微米。具散孔。孔数9～15个，多数分布在赤道上及一个半球面上。外壁两层，表面具颗粒状纹饰（×1200）。

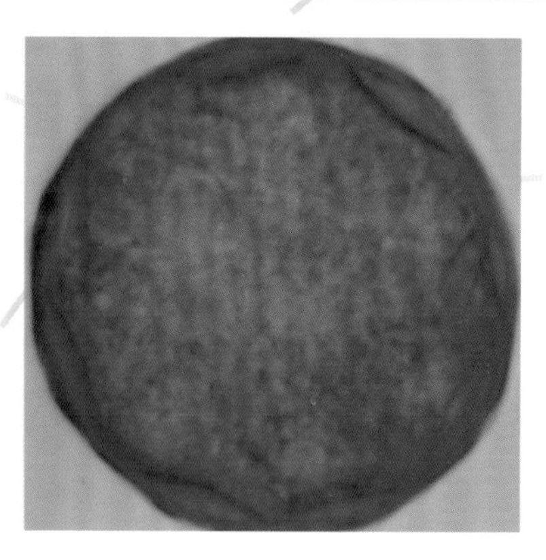

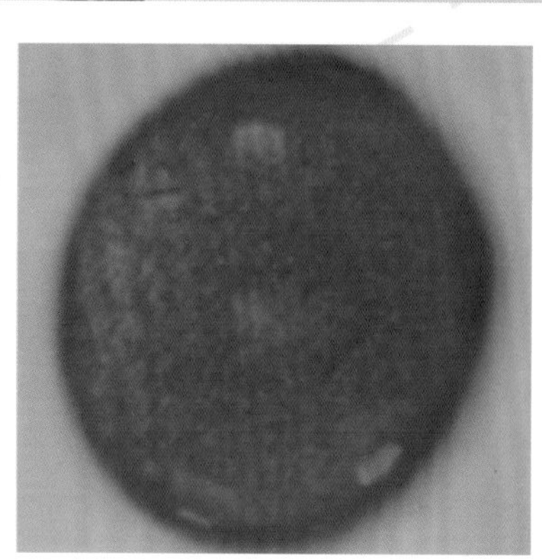

胡桃（核桃）*Juglans regia* Linn.

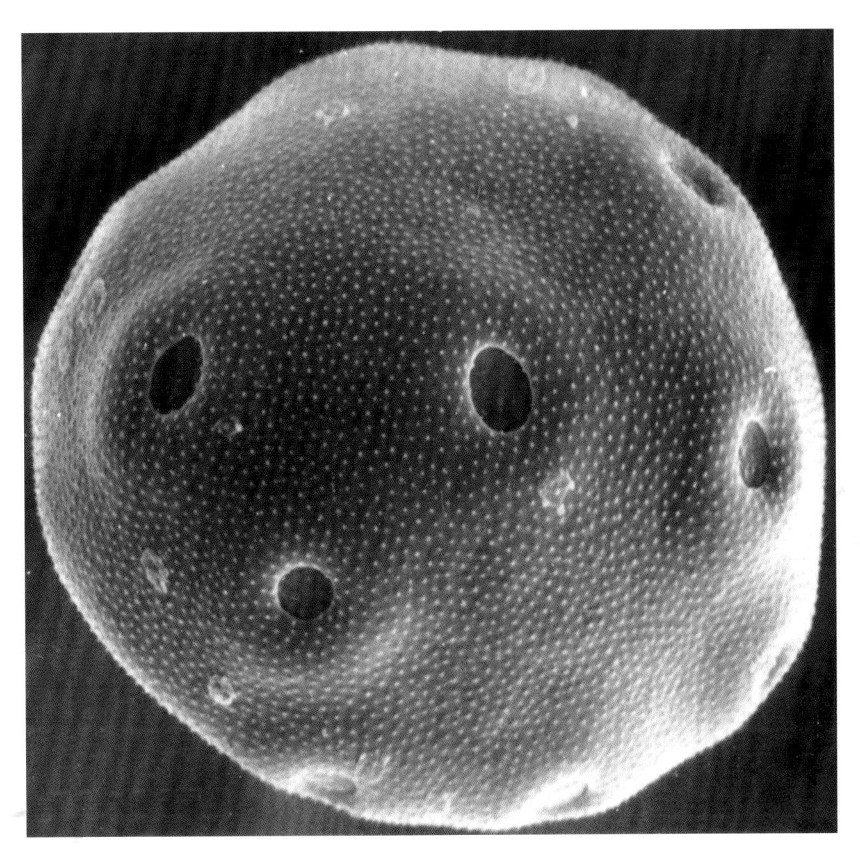

扫描电镜下：

花粉粒扁球形。多孔，孔椭圆形，较大，孔膜大部分脱落。表面具分布均匀的颗粒状纹饰，边缘呈小刺状（×6000）。

透射电镜下：

外壁外层厚度0.8微米。被层明显，厚薄均匀，表面具稀疏细刺，内有小穿孔；柱状层由大小不一、排列不整齐的小柱组成；垫层厚薄均匀。内壁薄，不明显（×10000）。

胡桃楸 *Juglans mandshurica* Maxim.

落叶乔木。树冠扁圆形；树皮灰色，具浅纵裂，枝粗壮。奇数羽状复叶，小叶5～7，椭圆形至卵状披针形，叶缘具细锯齿，近无柄。雄柔荑花序，花序下垂，长9～27厘米；雌穗状花序具4～10朵与叶同时开放。花期4月～5月。

光学显微镜下：

花粉扁球形，大小约44微米×55微米。极面观钝多角形，角以孔的数目为转移；赤道面观为广卵形。具3～7孔或更多，孔排列于赤道上或稍偏于一个半球。外壁表面具细颗粒状纹饰（×1200）。

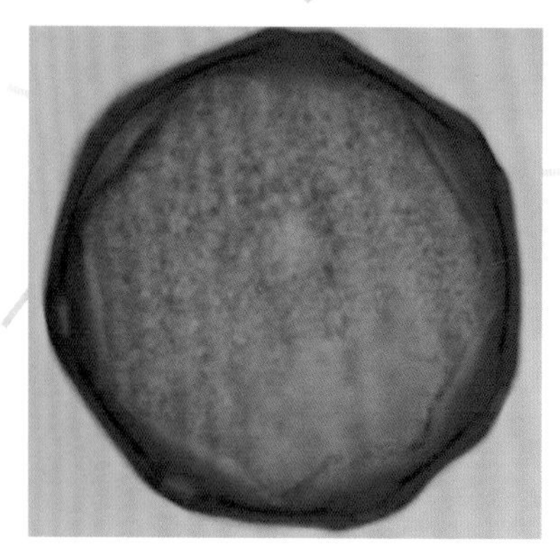

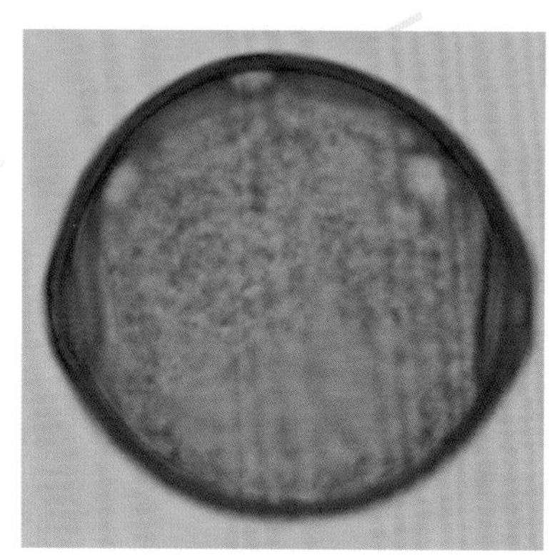

胡桃楸 *Juglans mandshurica* Maxim.

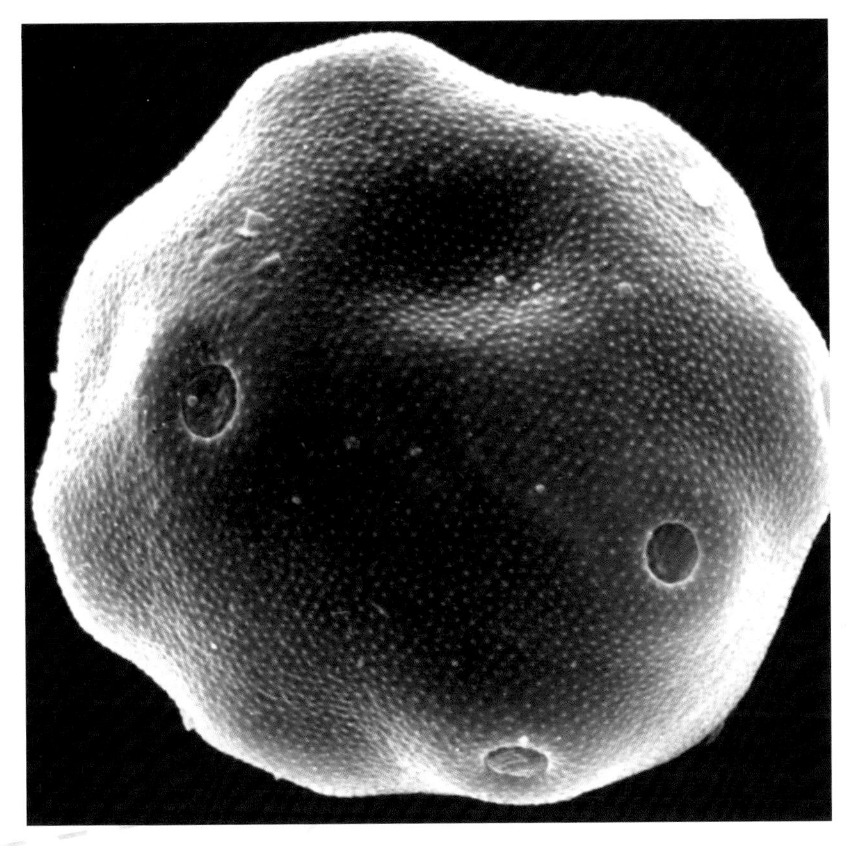

扫描电镜下：

花粉粒扁球形。具散孔，孔椭圆形，具孔膜。表面及孔膜细颗粒状纹饰（极面 ×3000）。

透射电镜下：

外壁被层明显，厚薄均匀，表面具稀疏小刺，内有细小穿孔；柱状层厚度均匀，由大小不一、排列不整齐的小柱组成；垫层均匀。内壁较薄，模糊（1. ×3600；2. ×12000）。

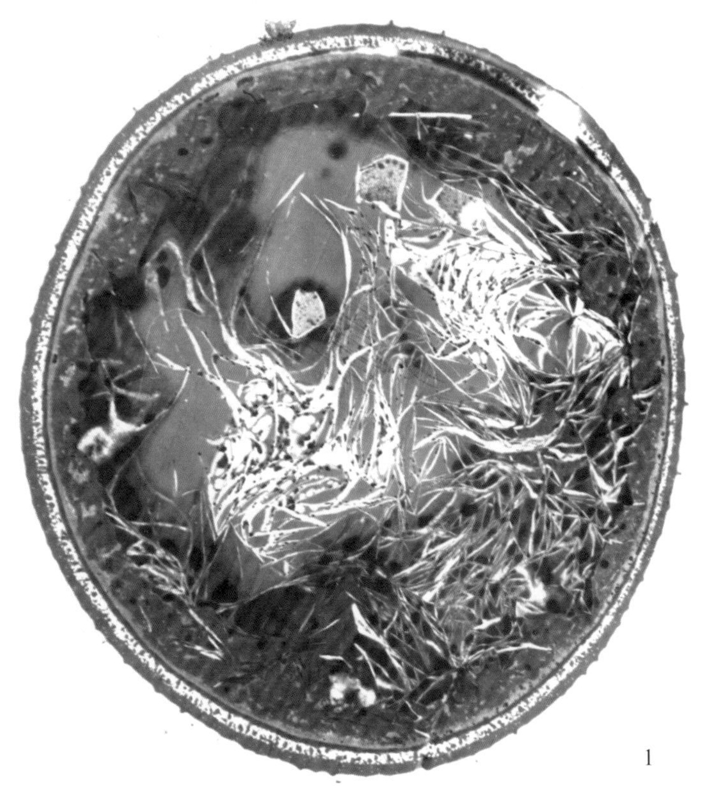

1

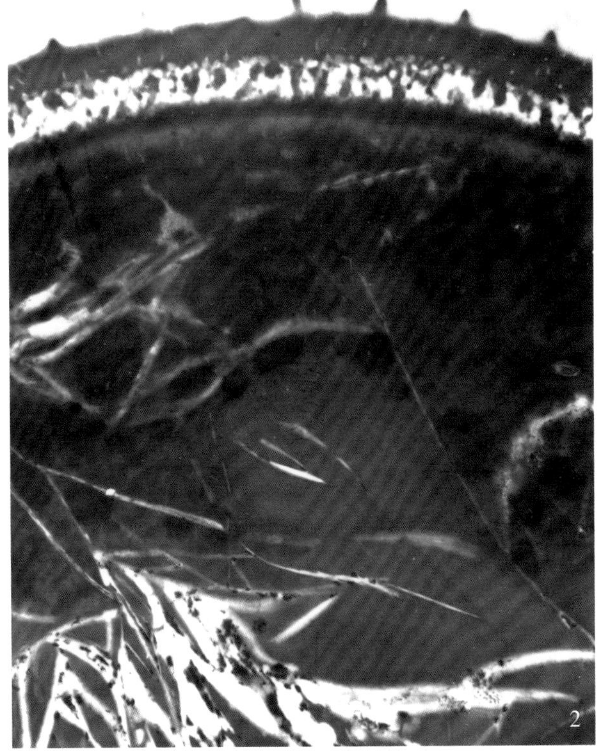

2

美国山核桃（薄壳核桃）*Carya illinoensis*（Wangenh.）K.Koch.

落叶大乔木。高达43～55米。树冠长圆形或广卵形；树皮粗糙，深纵裂。奇数羽状复叶，小叶11～17片，叶卵状披针形至长椭圆状披针形，边缘具单锯齿或重锯齿。雄性柔荑花3条一束；雌性状花序顶生，直立。花期4月～5月。

分布于河北、河南、江苏、福建、江西、湖南、四川等省。

光学显微镜下：

花粉扁球形，大小为35微米×46.5微米。具3孔，孔小，表面具微弱的颗粒状纹饰（×650）。

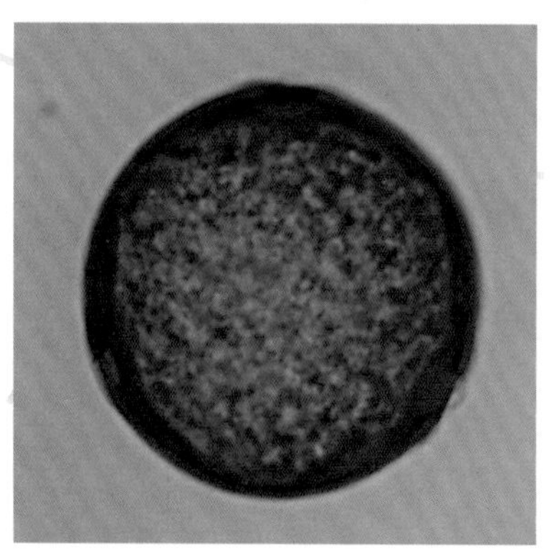

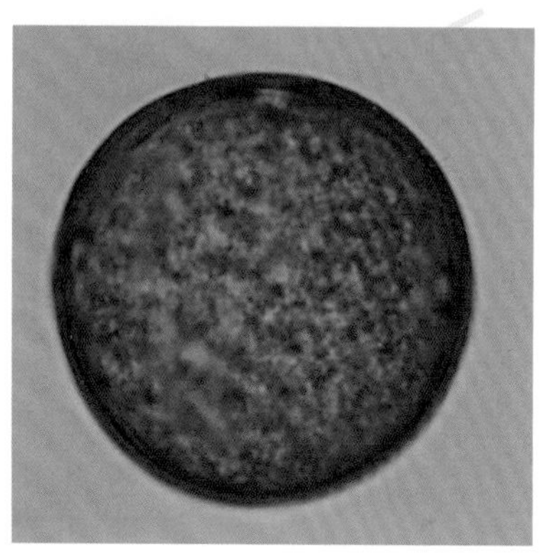

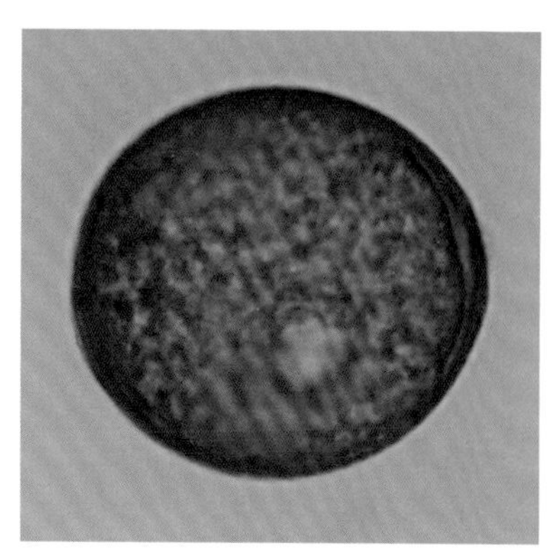

蒙自桤木（旱冬瓜）*Alnus nepalensis* D.Don

乔木。枝条有棱，近无毛。叶近革质，倒卵形、卵形、宽椭圆形或长卵形，边缘近全缘或有细锯齿。雌雄同株。雄花序多数，开放时长可达15厘米。果序极多数，排成圆锥状。花期春、秋两季。

分布于广西、贵州、四川、云南和西藏，生山坡林中和河岸。

光学显微镜下：

花粉粒扁球形，大小约23微米×28微米。极面观具棱角，角的数目以孔的数目多少为转移，多为4～5孔。外壁厚，表面具颗粒状纹饰（×1200）。

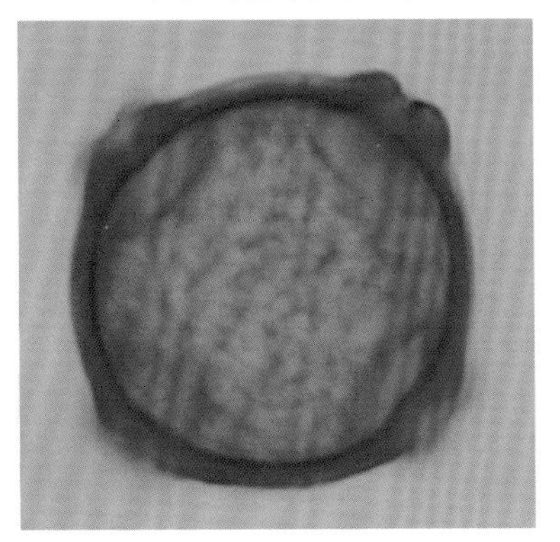

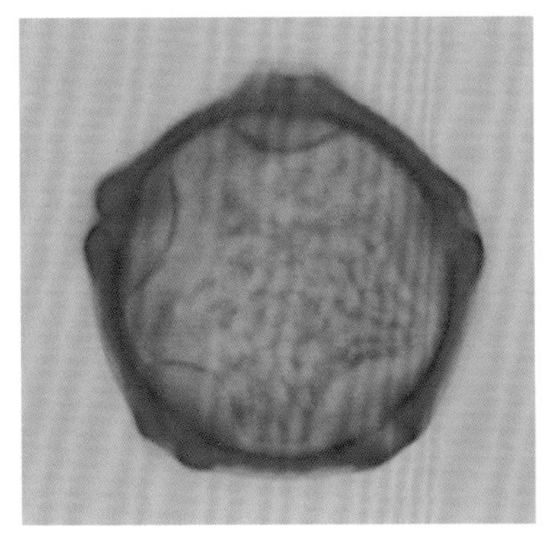

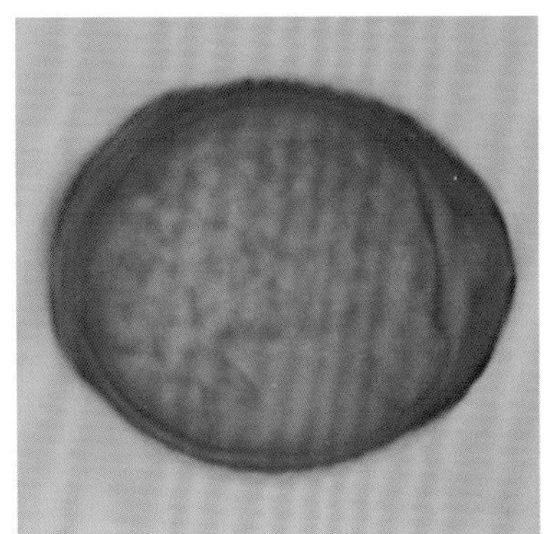

白桦 *Betula platyphylla* Suk.

北京山区原始次生林中的白桦树群落

白桦 *Betula platyphylla* Suk.

落叶乔木。高达25米。树皮灰白色，成层剥裂。小枝红褐色，无毛。叶三角状卵形、阔椭圆形或菱形；叶缘具不整齐的重锯齿。花单性，同株，柔荑花序。雄花常成对顶生或侧生；雌花序单生于叶腋，无花被。花期4月～5月。

分布东北、华北、西南等地。

光学显微镜下：

花粉扁球形。极面观常带棱角，棱角的数目以孔的多少为转移；赤道面观阔椭圆形，大小平均为29微米×38微米。孔数2～5（～8），为本属变异最大。表面颗粒状纹饰（×1200）。

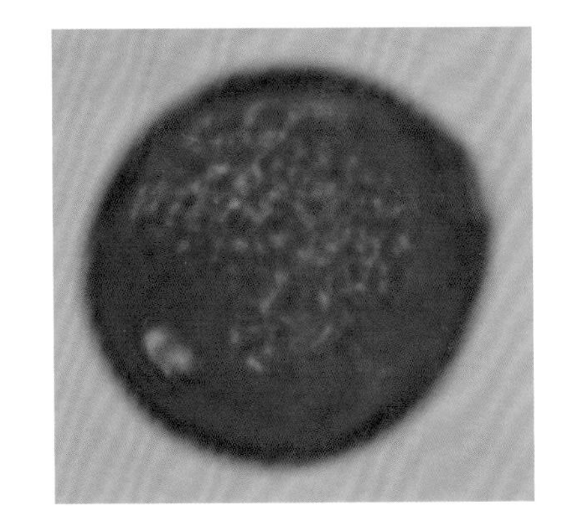

白桦 *Betula platyphylla* Suk.

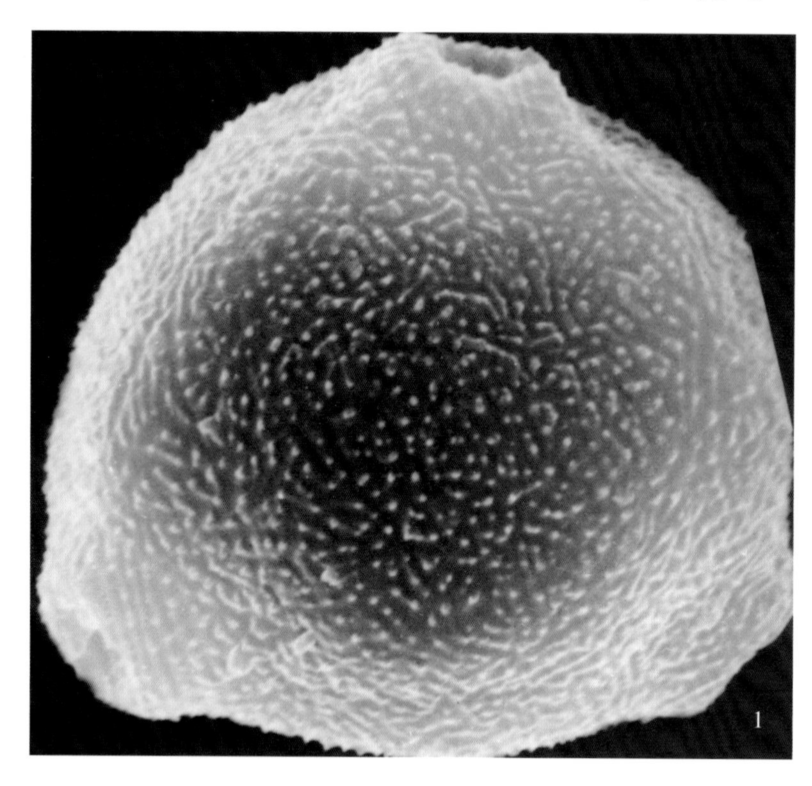

扫描电镜下：

极面观三角圆形，赤道面观椭圆形。具3孔，分布在极面的三个角，孔周加厚，孔盖脱落。表面具细颗粒状纹饰，常排列成弯曲的条纹状（1. 极面 × 6000；2. 赤道面 × 4800）。

透射电镜下：

外壁外层厚度0.8微米。被层厚薄均匀，表面具稀疏的小刺；柱状层明显，由稀疏的、排列不整齐的小柱组成；垫层厚薄均匀。外壁内层不明显。内壁厚薄不均匀（ × 36000）。

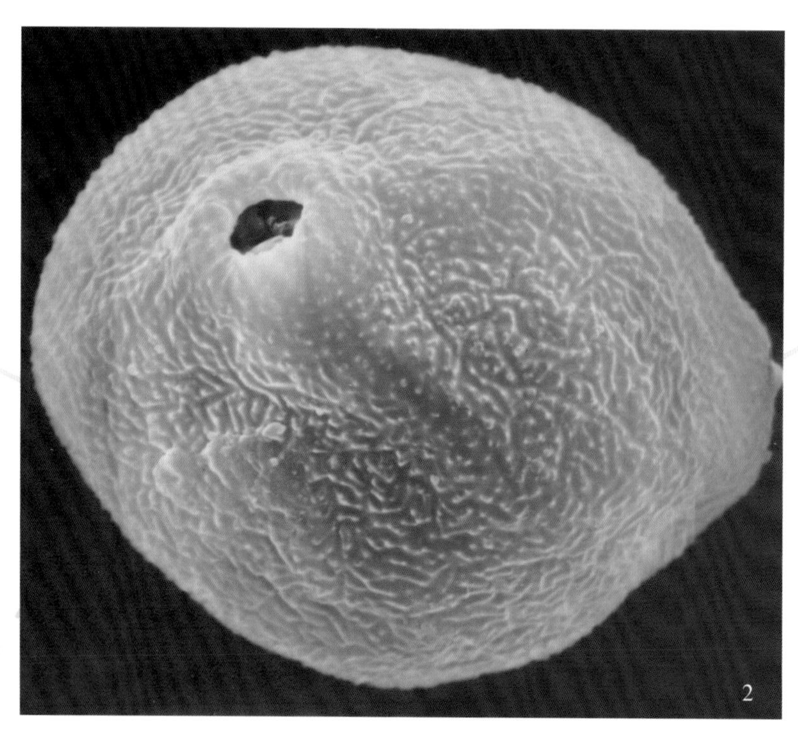

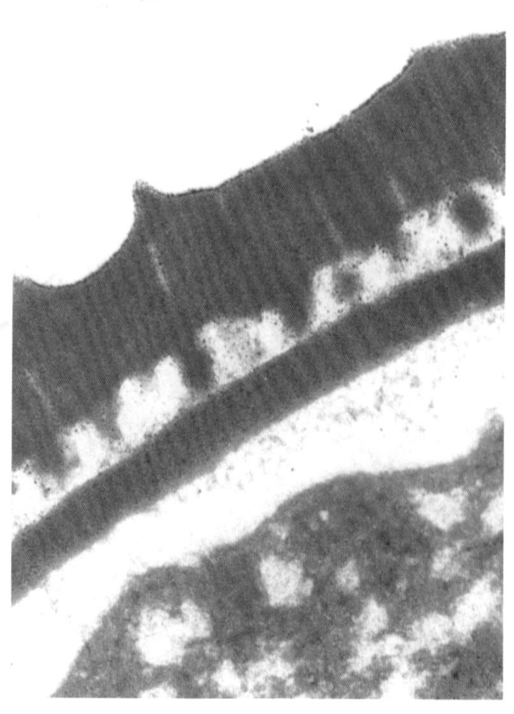

红桦 *Betula albo-sinensis* Burk.

红桦 *Betula albo-sinensis* Burk.

落叶乔木。树皮红褐色或紫红色，成薄层状剥落，纸质。枝条红褐色，无毛。叶卵形或卵状长椭圆形，顶端渐尖，基部圆形，叶缘具不规则重锯齿。雄花序圆柱形，长3～8厘米。花期5月。

分布西南、河南、河北、山西、陕西、甘肃、青海。

光学显微镜下：

花粉粒扁球形，大小约30.5微米×35微米。极面观带棱角，孔数多为3～4个，孔处外壁升高。外壁表面具细颗粒状纹饰（×1200）。

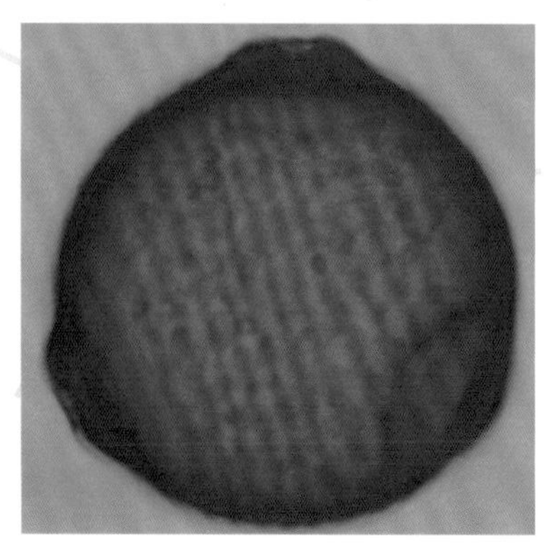

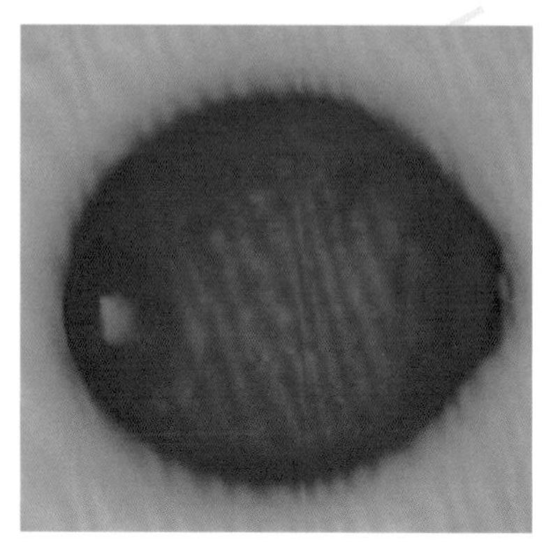

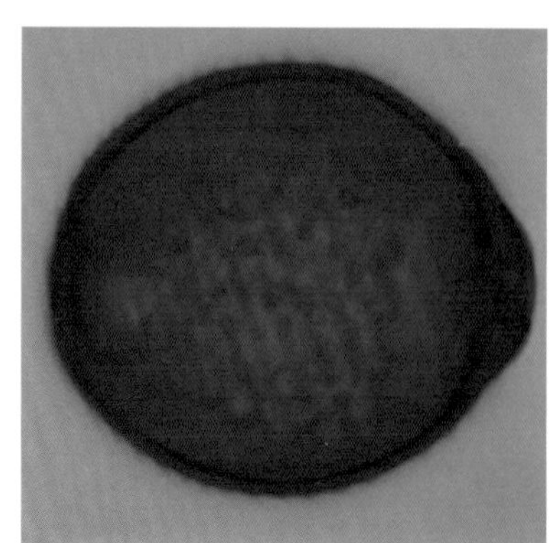

黑桦（棘皮桦）*Betula dahurica* Pall.

落叶乔木。叶互生，单叶质厚，卵形，边缘具不规则重锯齿。花雌雄同株；雄柔荑花序生于枝端，长圆柱形，紫褐色；雌花序网柱形，直立。花期4月～5月。

分布东北山区，北京有栽培。

光学显微镜下：

花粉大小约27.5微米×35.5微米，扁球形，具3孔，圆形，孔处外壁显著升高，成突出的孔。表面具颗粒状纹饰（×1200）。

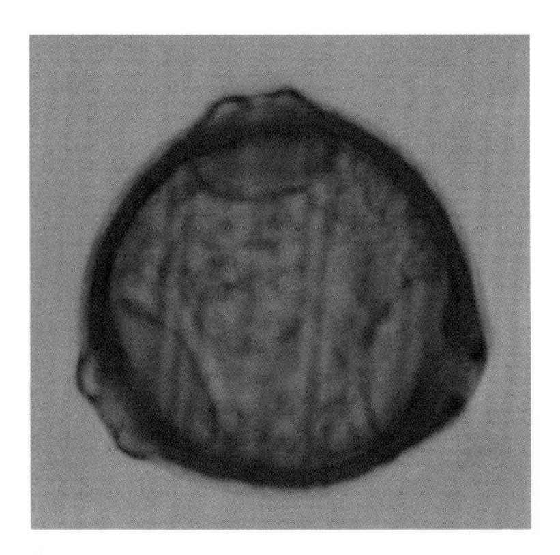

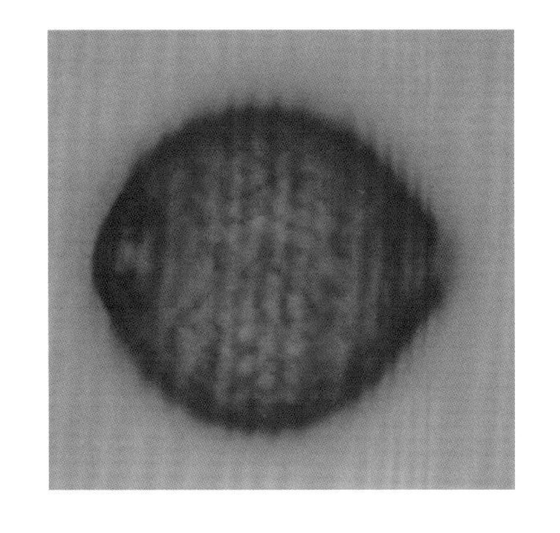

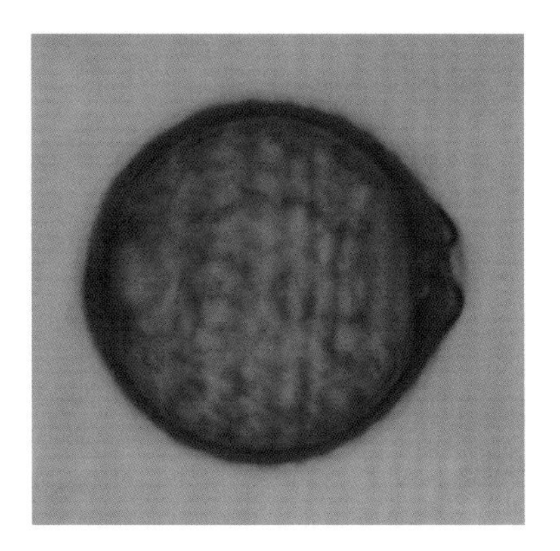

黑桦（棘皮桦）*Betula dahurica* Pall.

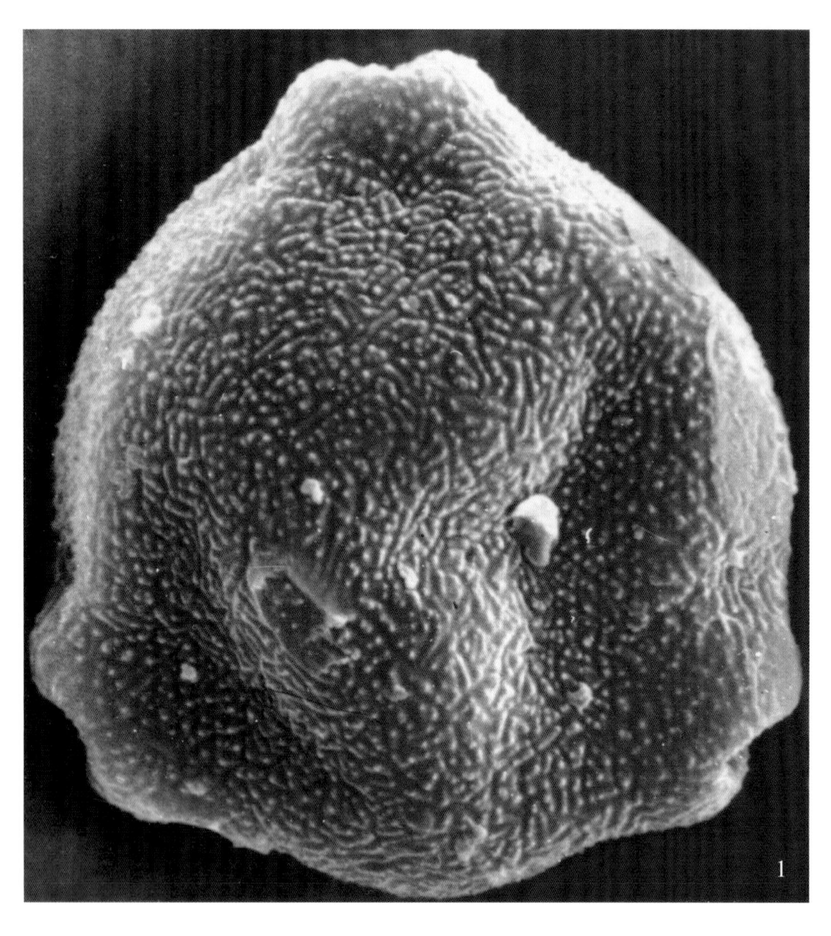

扫描电镜下：

花粉粒近球形。极面观三角圆形，每角具一孔，孔周加厚。外壁表面具颗粒纹饰，常排列成弯曲的条纹。（1.极面 × 4500；2.局部放大 × 14000）。

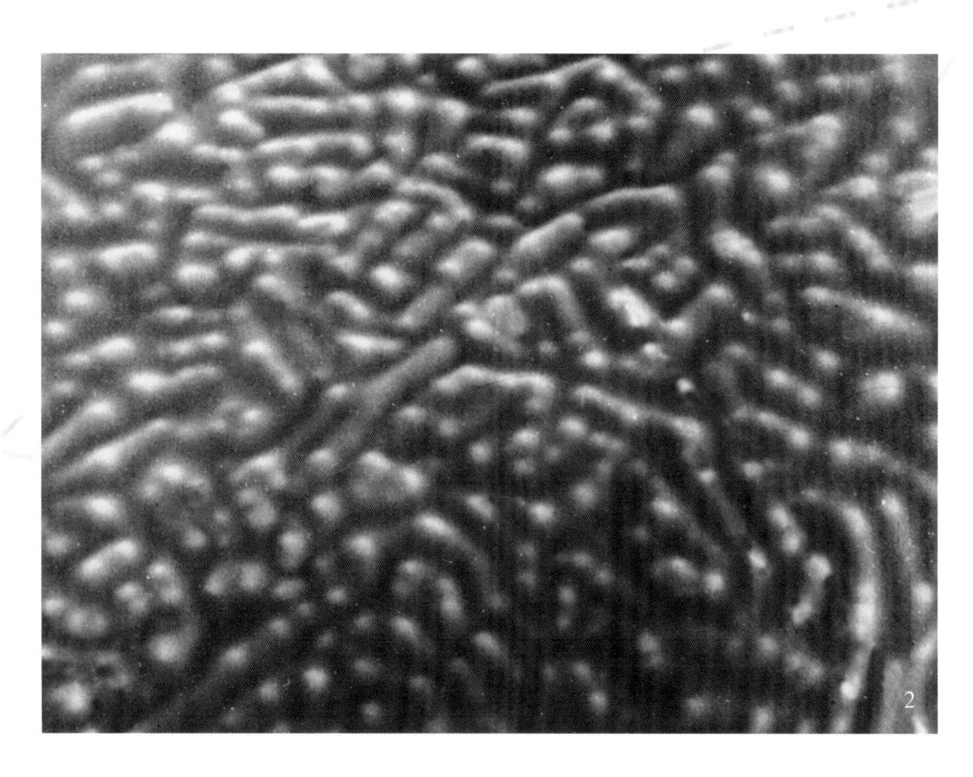

赛黑桦 *Betula schmidtii* Regel

落叶乔木。树皮黑褐色，粗糙，片状浅裂。单叶互生，质厚，卵形，边缘不规则重锯齿。花雌雄同株：雄柔荑花序秋季生于枝端，长圆柱形，紫褐色；雌花序圆柱形，直立。花期4月。

分布东北山区。

光学显微镜下：

花粉扁球形，大小约29微米×35.5微米。具3孔，孔处外壁升高，形成突出的孔。外壁具不明显的颗粒状纹饰（×1200）。

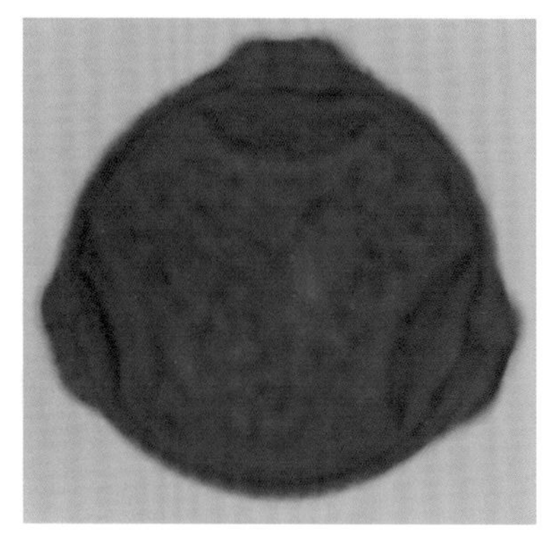

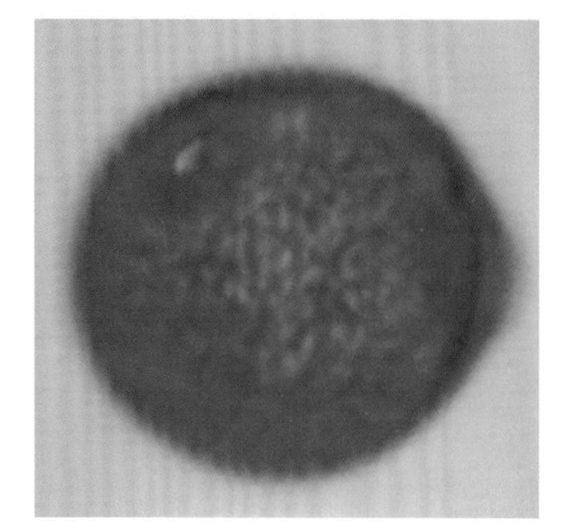

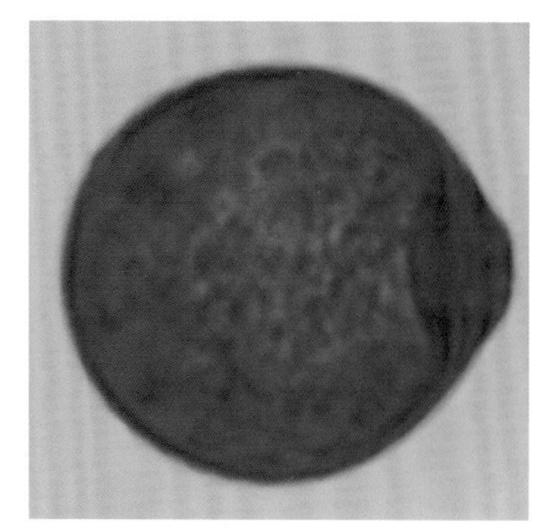

坚桦 *Betula chinensis* Maxim.

落叶小乔木或灌木。树皮暗灰色，纵裂或不开裂。枝灰褐或紫红色，具皮孔，小枝密被柔毛。叶卵形或宽卵形，顶端锐尖或钝圆，叶缘具不规则重锯齿，雄花序长1.5～2.5厘米，顶生，圆柱状。果序近球形，单生，直立或下垂。花期5月。

分布东北、山西、内蒙古、河南、陕西、甘肃，北京见于山区。

光学显微镜下：

花粉粒扁球形，大小约27微米×34微米。大小比较一致。具3孔，孔处内壁均加厚。外壁具不明显颗粒，不致于形成条纹（×1200）。

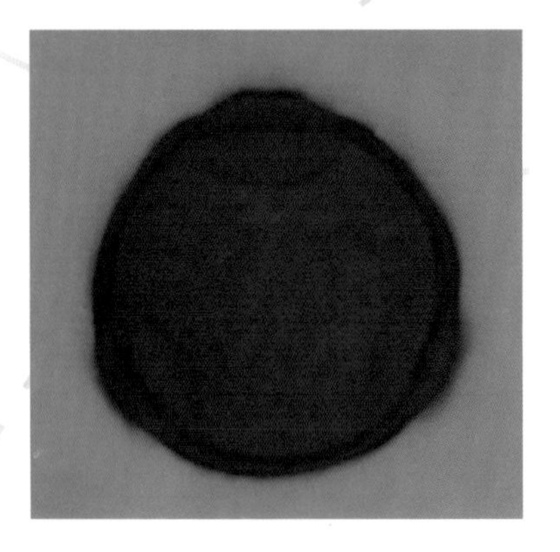

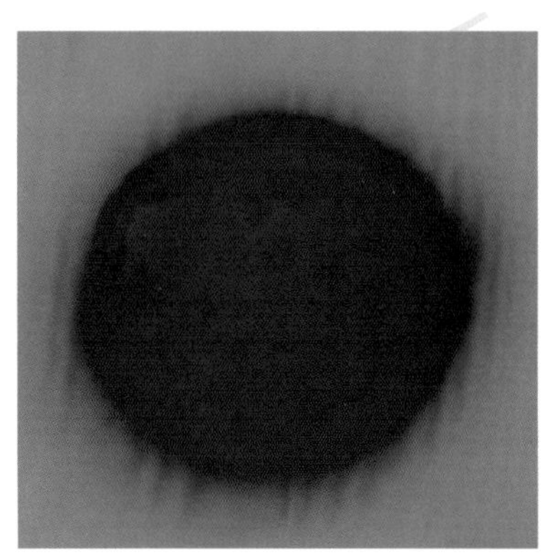

臭桦（糙皮桦）*Betula utilis* D.Don.

落叶乔木。树皮红色或红褐色，成薄片状剥落。小枝褐色。叶卵形或长椭圆形、长圆形，顶端渐尖或长渐尖，叶缘具不规则锐尖重锯齿。雄柔荑花序1～3个，顶生，柱状，较细。花期5月。

光学显微镜下：

花粉粒扁球形，大小约38微米×52微米。极面观带棱角，具3孔。外壁具颗粒状纹饰（×1200）。

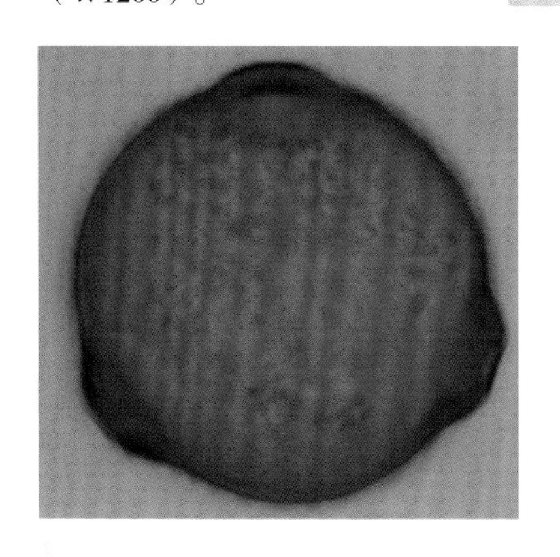

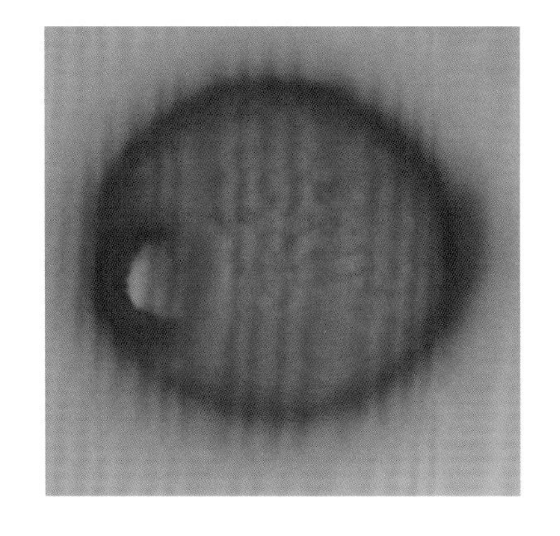

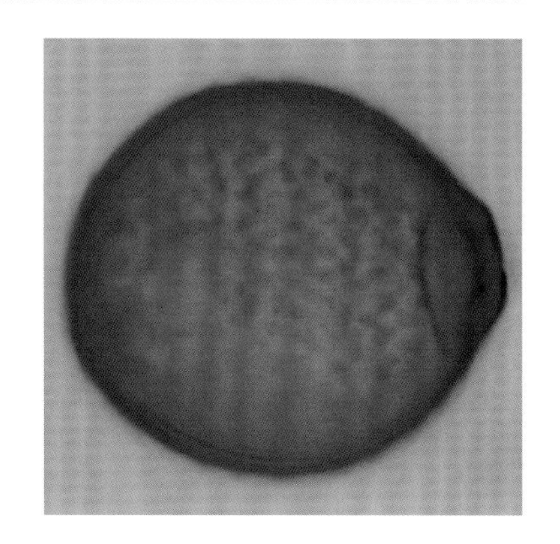

榛 *Corylus heterophylla* Fisch. ex Bess.

授粉高峰期

榛 *Corylus heterophylla* Fisch. ex Bess.

落叶灌木或小乔木。树皮灰褐色，小枝黄褐色。叶长圆形或宽倒卵形，叶缘具不规则的大小锯齿或小裂片。雄花序单生或2～3个簇生，圆柱状。花期4月～5月上旬。

分布于东北、山西、河北、陕西，北京多见于山区。

光学显微镜下：

花粉近球形至扁球形，大小约21微米×26微米。具3孔，少数2～4孔，孔处外壁外层不加厚，稍高。外壁表面具颗粒（×1200）。

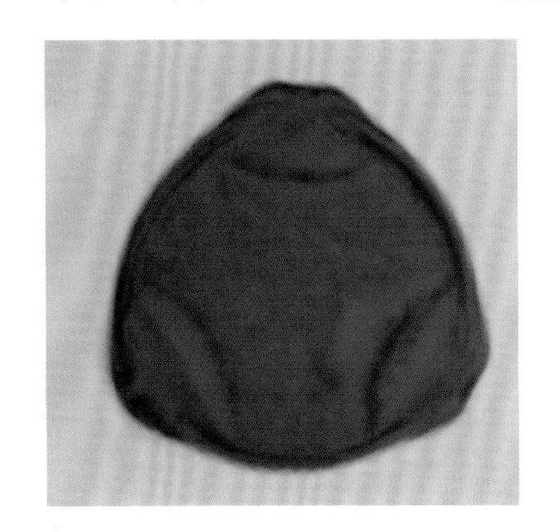

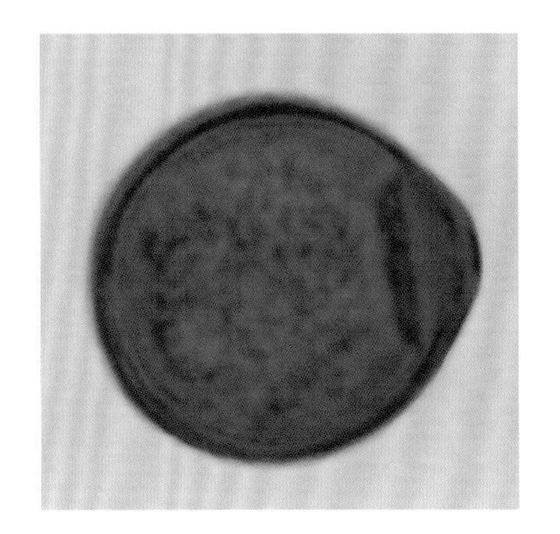

榛 *Corylus heterophylla* Fisch. ex Bess.

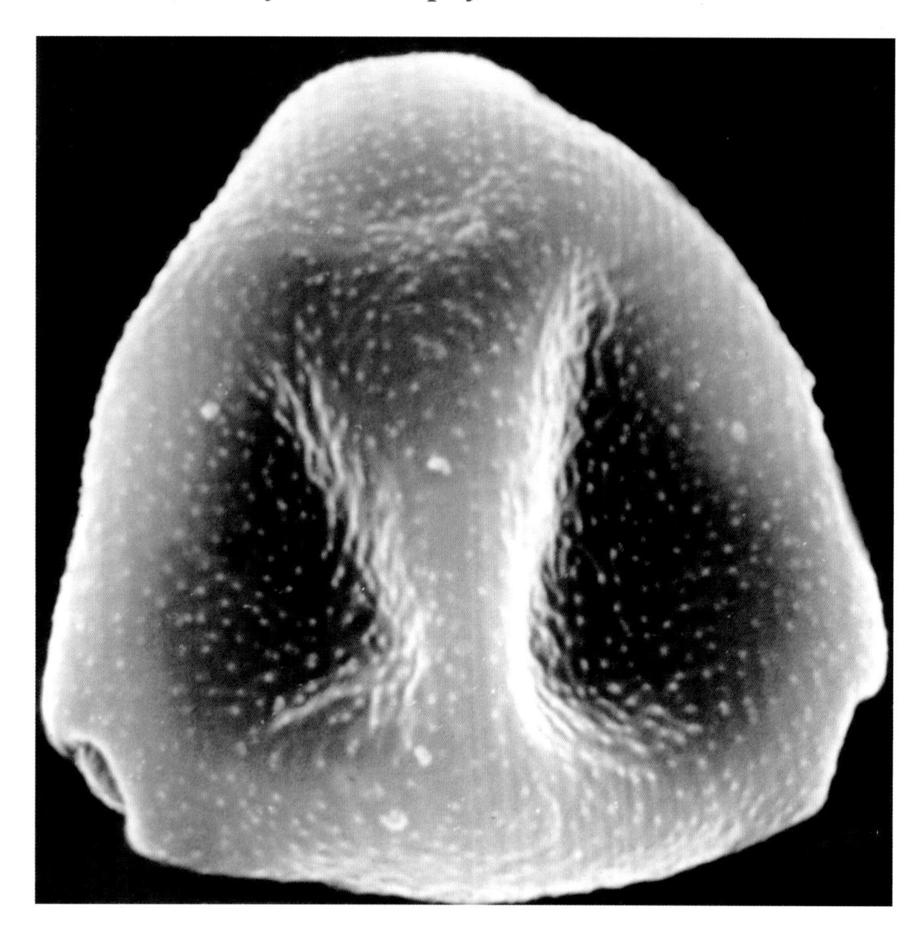

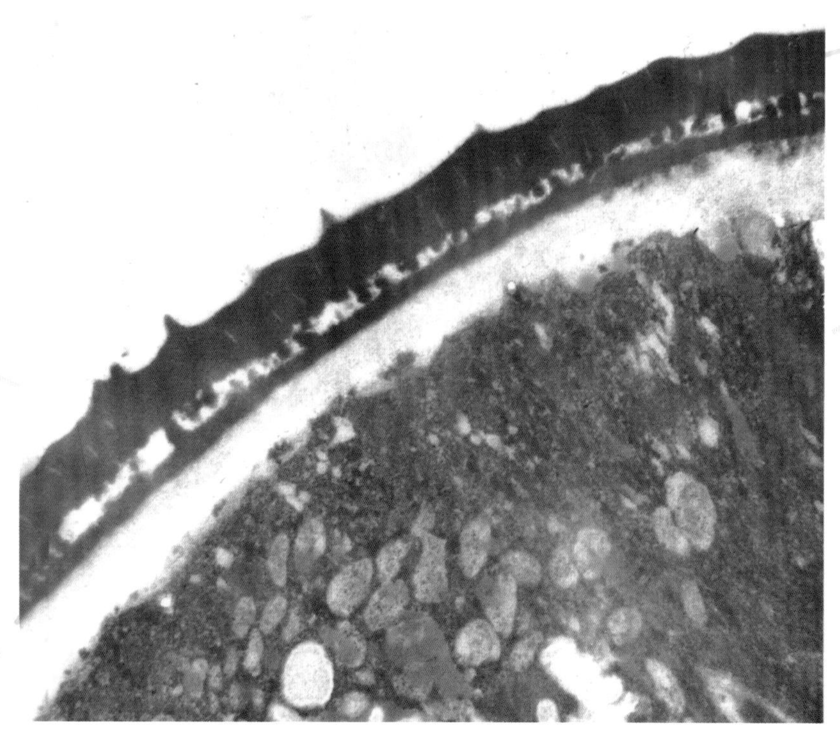

扫描电镜下：

花粉粒极面观三角圆形，每角具一孔，具孔盖，孔周不加厚，表面细颗粒状纹饰（极面×6000）。

透射电镜下：

外壁被层明显，表面具稀疏小刺；柱状层由大小不一的短柱组成；垫层厚薄均匀。内壁较均匀（×16000）。

华榛 *Corylus chinensis* Franch.

乔木。叶卵形至长卵形，先端渐尖或短骤尖，基部心形，边缘不规则钝锯齿。花单性，雌雄同株。雄花序每2～5枚生于上一年生侧枝的顶端，下垂；雌花序头状。坚果近球形。花期2月～4月。

分布于四川、云南等省。

光学显微镜下：

花粉近球形至扁球形。大小约19微米×26微米。孔2～4个，多数为3个。孔处外壁外层不加厚，稍升高。外壁表面具颗粒（×1200）。

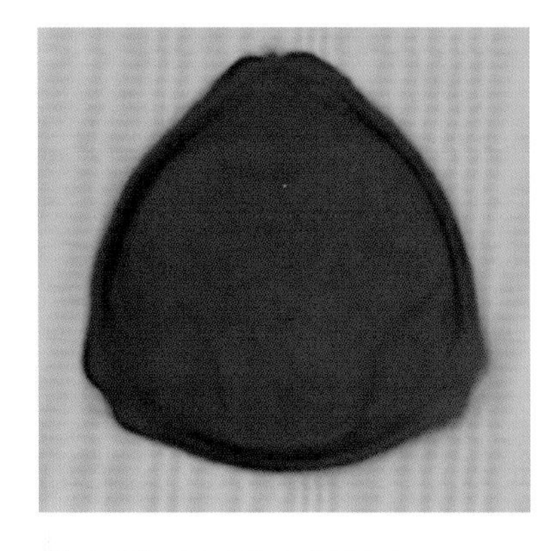

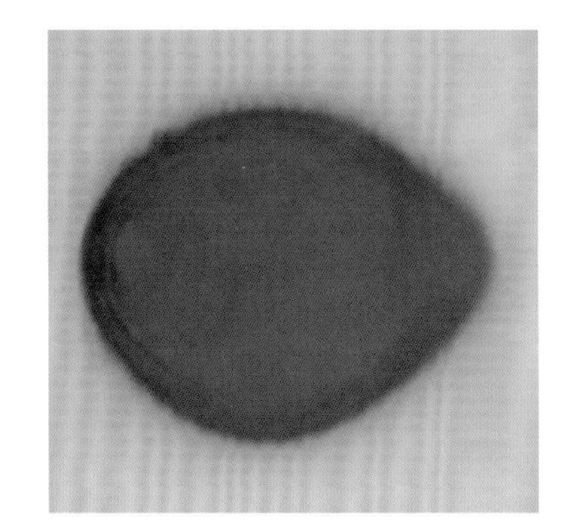

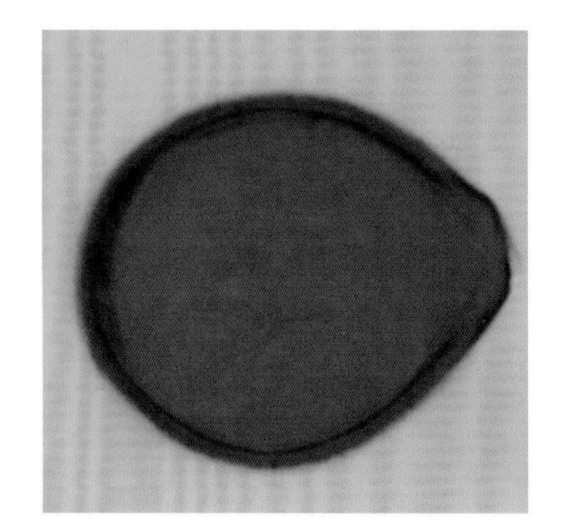

华榛 *Corylus chinensis* Franch.

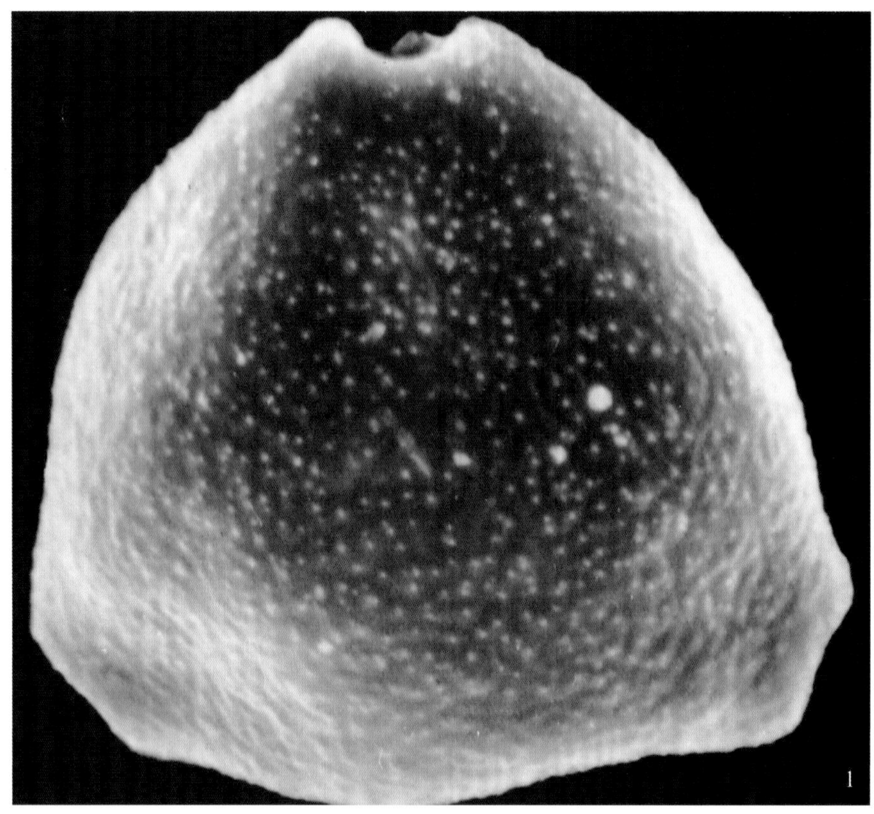

扫描电镜下：

花粉粒极面观三角形，每角具一孔，有孔盖；赤道面观椭圆形，可见一孔，孔圆形，未见孔盖，孔周稍加厚。表面具细颗粒状纹饰（1. 极面 × 5100；2. 赤道面 × 5200）。

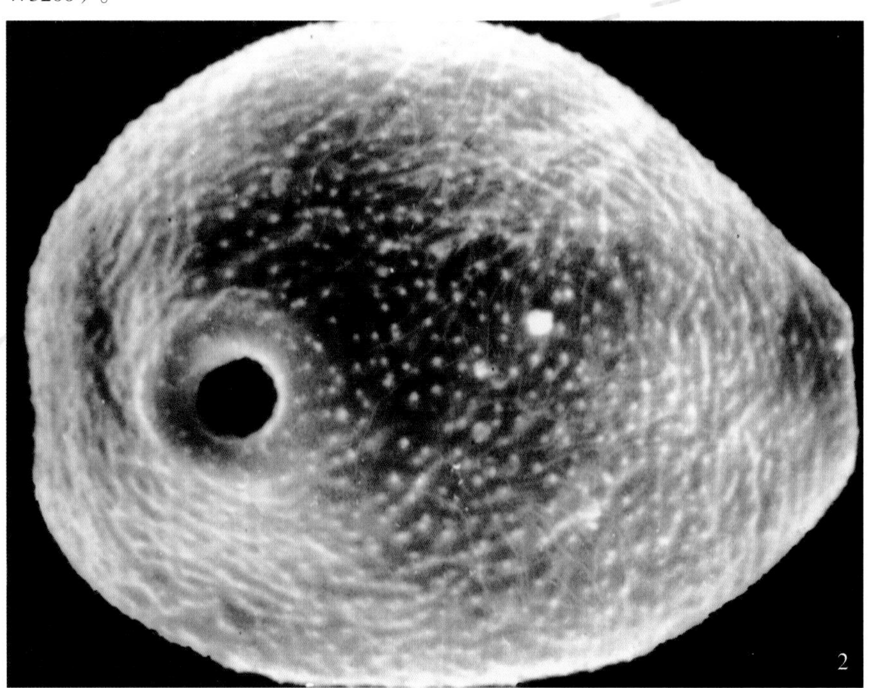

鹅耳枥 *Carpinus turczaninowii* Hance

落叶乔木。树皮灰褐色，粗糙，浅纵裂。叶卵形、宽卵形或卵状菱形，顶端渐尖或锐尖，基部近圆形；叶缘具重锯齿；叶柄长4～10毫米。花期5月。

分布辽东南部、河北、山西、河南、陕西、甘肃等省，北京山区多见。

光学显微镜下：

花粉近球形，大小为27.5微米×31微米。极面观具三孔，偶有4孔，孔处不加厚，稍升高。表面具颗粒（×1200）。

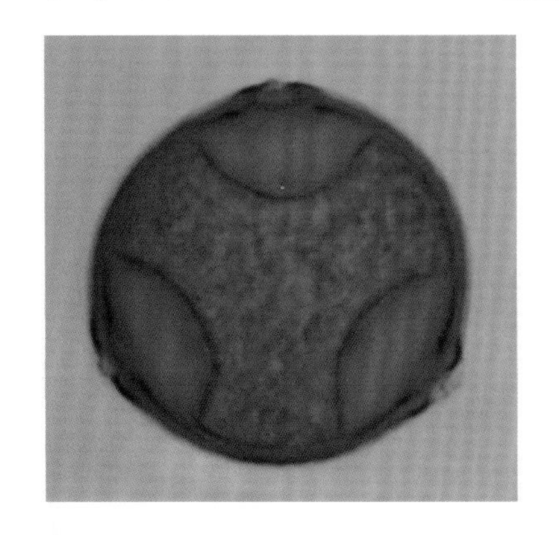

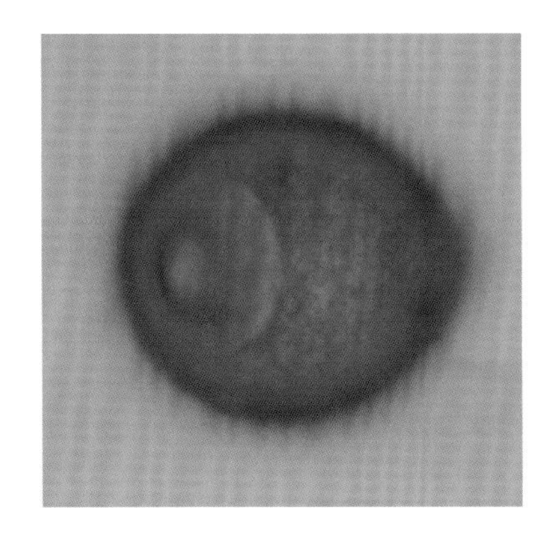

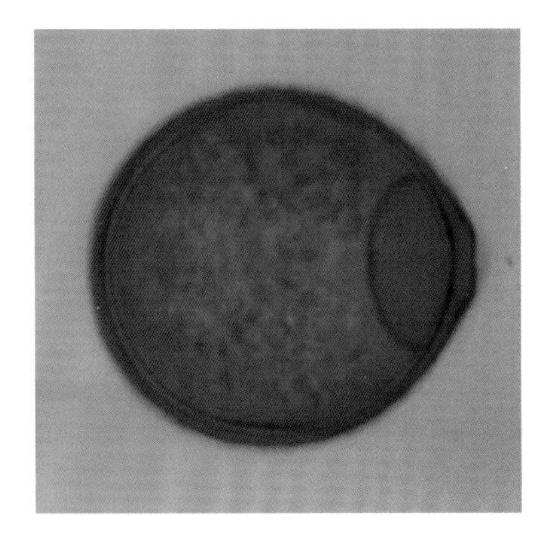

板栗（栗）*Castanea mollissima* Blume

授粉高峰期

板栗（栗）*Castanea mollissima* Blume

落叶乔木。树皮灰色，具深沟。叶长圆形或长圆状披针形，顶端渐尖，基部圆形或楔形，边缘有芒刺或锯齿，下面被灰白色短柔毛。花单性，雌雄同株。雄花序呈直立的穗状柔荑花序；雌花生于雄花序的基部。花期5月～6月。

分布山东、河北、山西、江苏、浙江、江西、湖北、四川、云南、贵州等省，北京山区栽培普遍。

光学显微镜下：

花粉长球形，大小约15微米×9微米。具3孔沟，沟细长。外壁具不明显的网状或颗粒状纹饰（×1200）。

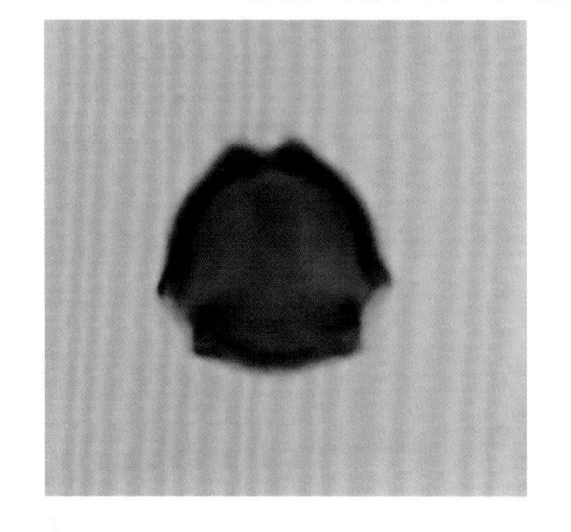

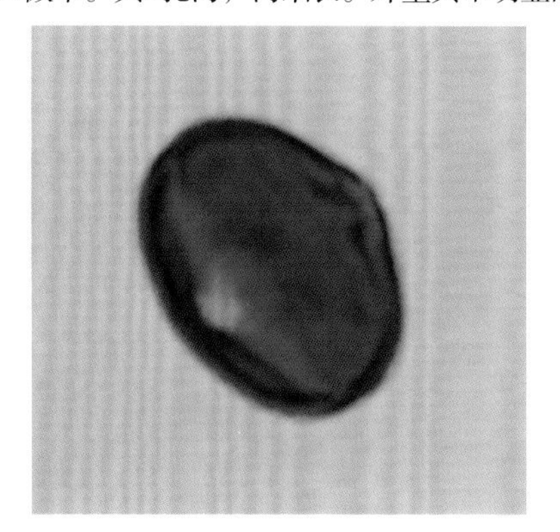

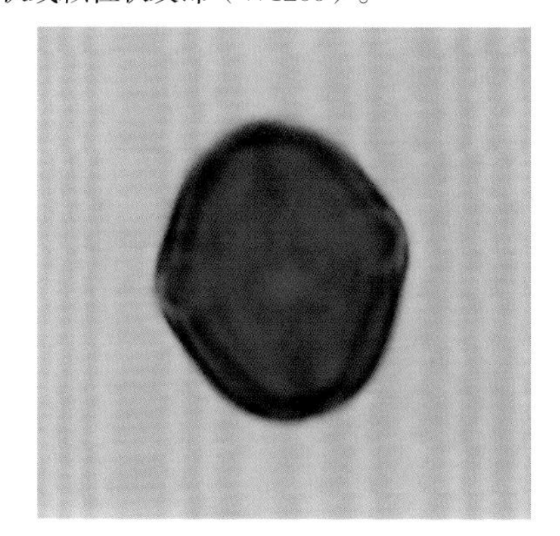

板栗（栗）*Castanea mollissima* Blume

扫描电镜下：

花粉粒极面观三裂圆形，赤道面观长球形。在极面上可见二孔沟，孔具孔盖；赤道面上可见沟内有颗粒状内含物。表面具模糊的浅穴状纹饰（1. 群体 × 3000；2. 极面 × 8000；3. 赤道面 × 7000）。

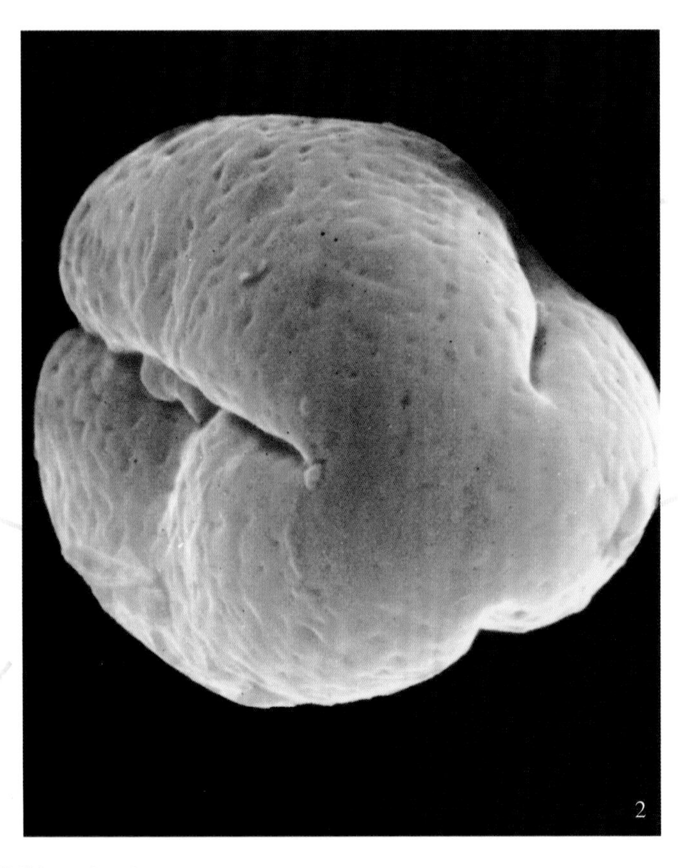

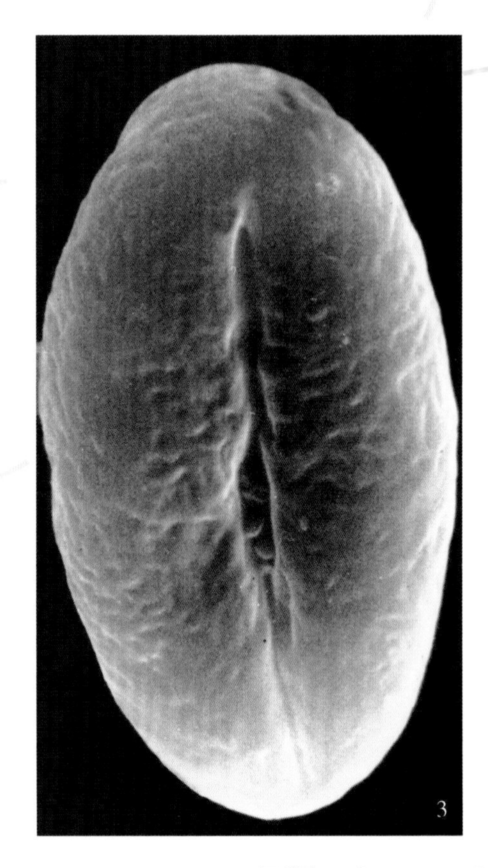

麻栎 *Quercus acutissima* Carr.

落叶乔木。高15～20米。树皮暗灰色，不规深裂。叶卵状披针形或椭圆形，先端渐尖，基部圆形或宽楔形，边缘具刺芒状锯齿。雄花序通常集生于新枝叶腋。花期5月。

分布河北、山东、江苏、浙江、湖北、江西、四川、广东、甘肃。

光学显微镜下：

花粉近球形。极面观三裂圆形。大小约36.1微米×34.2微米。具3沟。表面颗粒状纹饰（×1200）。

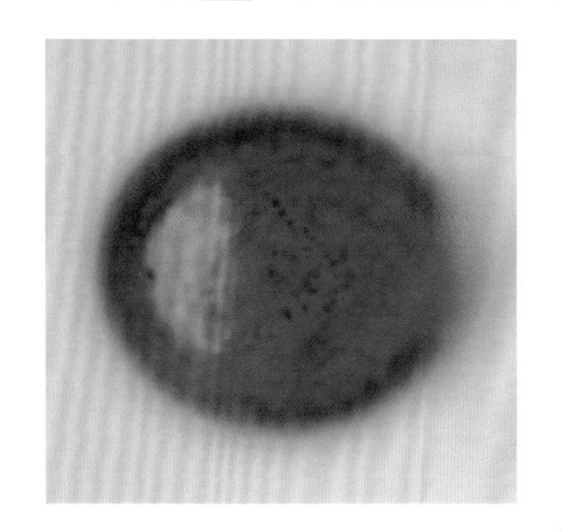

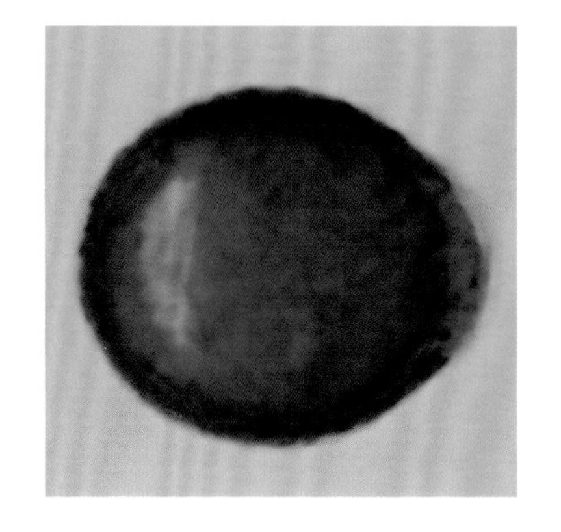

麻栎 *Quercus acutissima* Carr.

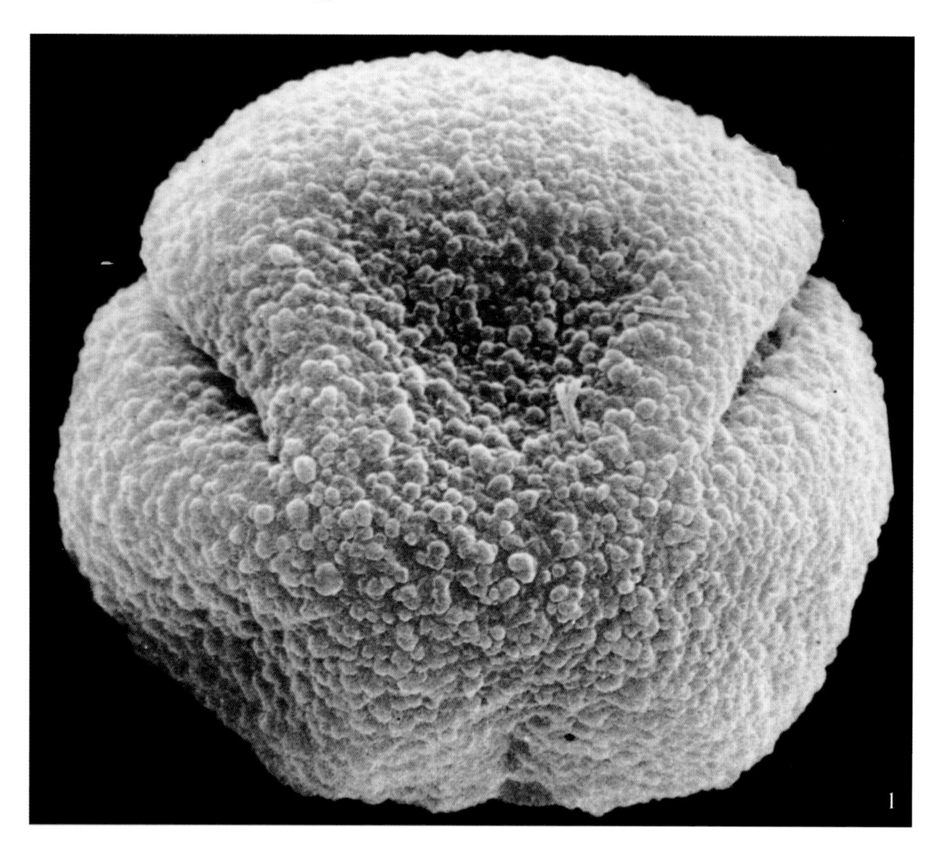

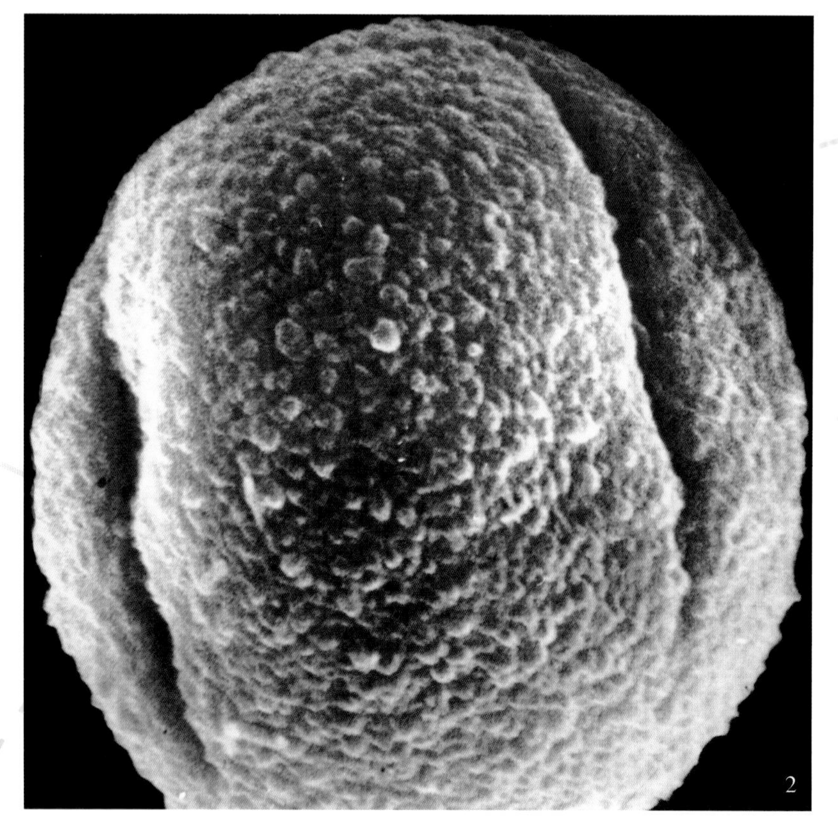

扫描电镜下：

花粉近球形。表面具小瘤状颗粒，分布较均匀。具3沟，沟短而窄（1. 极面×5000；2. 纹饰×7500）。

蒙古栎 *Quercus mongolica* Fisch.

落叶乔木。树皮灰褐色，深纵裂。叶倒卵形或倒卵状长圆形，顶端钝圆或急尖，叶缘具8～9对波状钝锯齿，叶柄短。雌雄同株；雄花序腋生于新枝上，成下垂的柔荑花序；雌花杂生于枝梢。花期5月。

分布山东、山西、河北、内蒙古、东北，北京见于郊区县，生山坡或向阳干燥处。

光学显微镜下：

花粉近球形，大小约39微米×35微米。具3孔沟，沟较短，外壁具显著的小瘤状及颗粒状纹饰（×1200）。

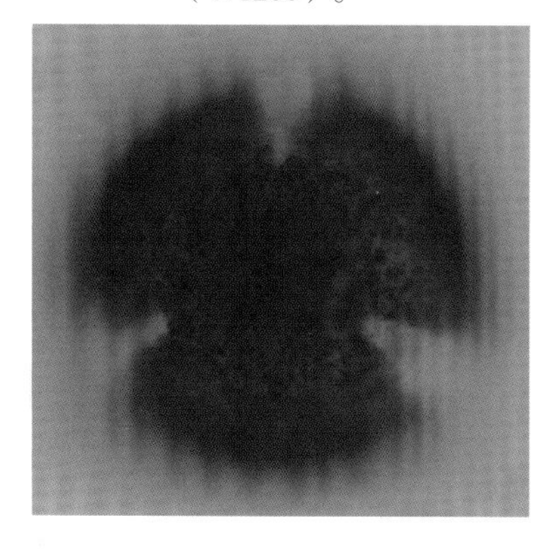

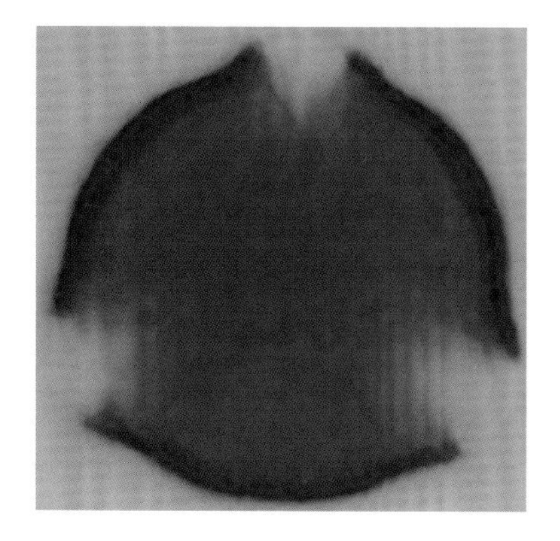

蒙古栎 *Quercus mongolica* Fisch.

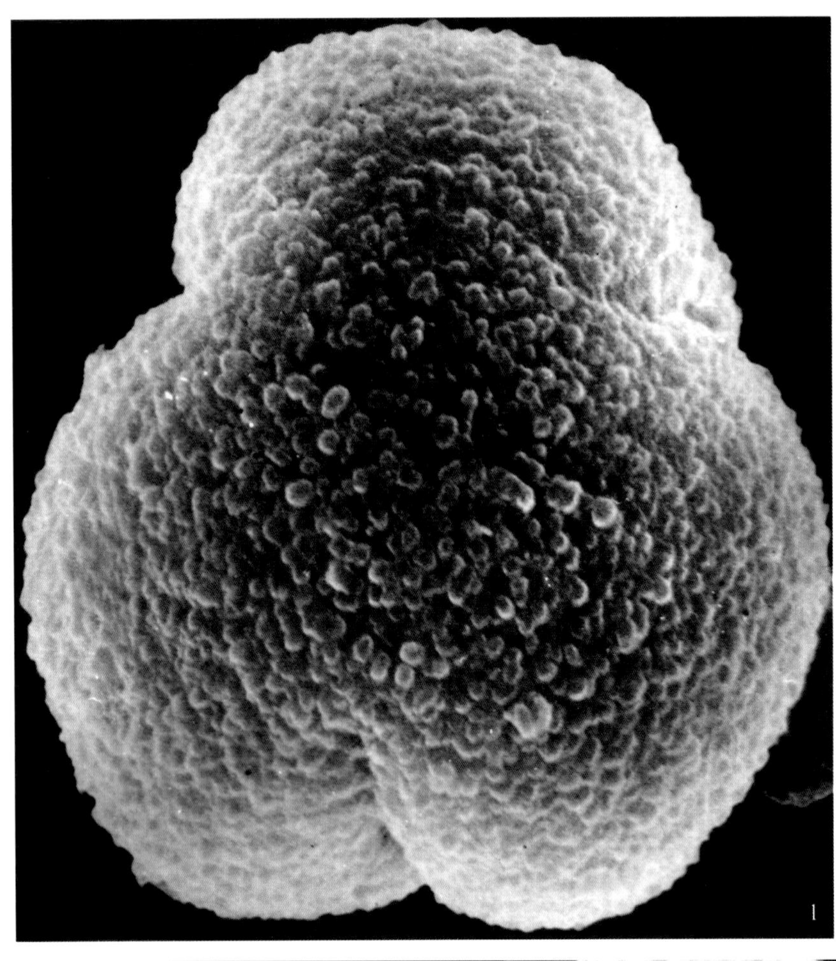

扫描电镜下：

花粉粒长球形，赤道面观具一条沟，沟较短，无沟膜及内容物。外壁表面具粗瘤，瘤排列紧密，大小不一致。（1.极面×6000；2.赤道面×6000）。

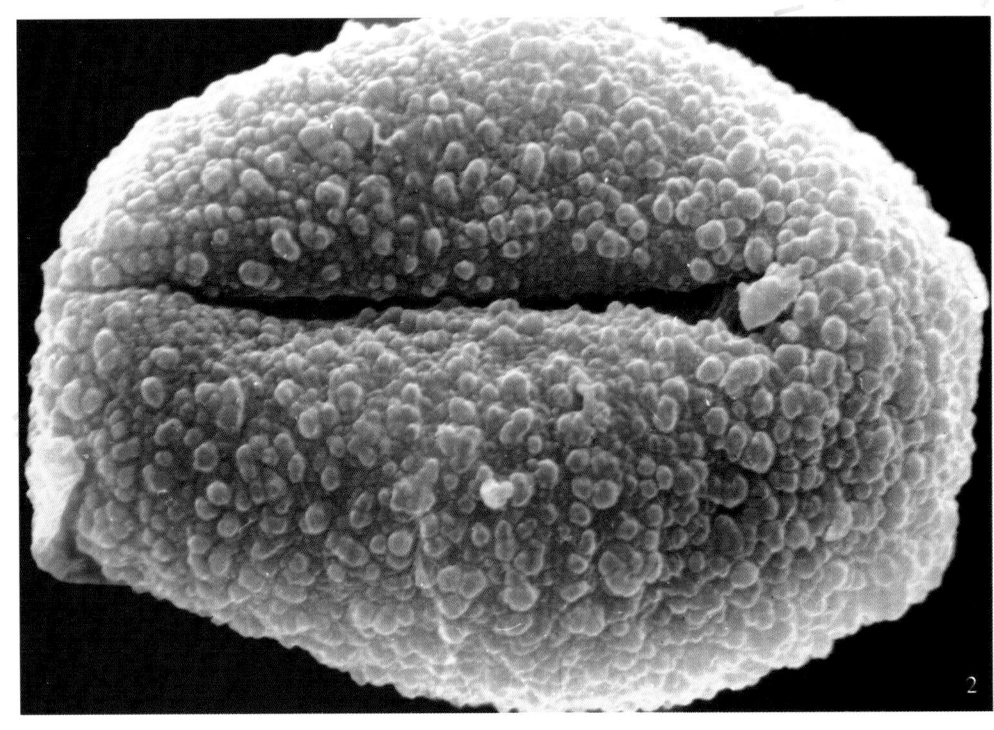

辽东栎 *Quercus liaotungensis* Koidz.

落叶乔木。树皮灰褐色，深纵裂。细枝灰绿色，叶倒卵形或椭圆状卵形，长5~17厘米，顶端钝圆，基部耳形或钝圆形；叶缘具5~7对波状圆齿；叶柄短。花单性，雌雄同株。雄花成下垂柔荑花序。花期4月~5月。

分布辽宁、河北、山西、河南、山东、陕西、甘肃、四川，北京见于山区。

光学显微镜下：

花粉长球形至近球形，大小约39微米×32微米。极面观三裂圆形。具3孔沟，沟细，无内孔。外壁表面具小瘤状纹饰（×1200）。

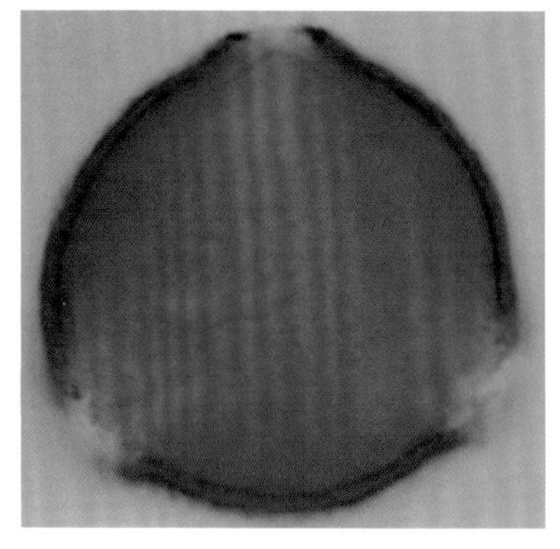

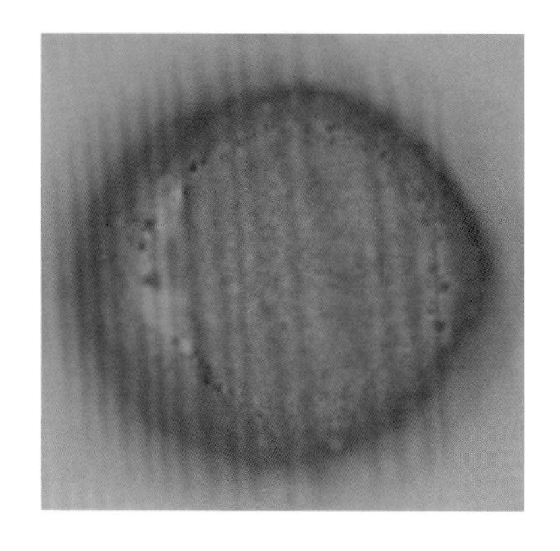

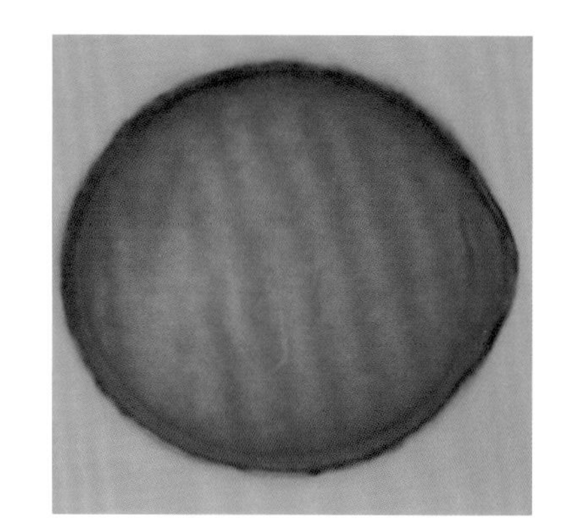

辽东栎 *Quercus liaotungensis* Koidz.

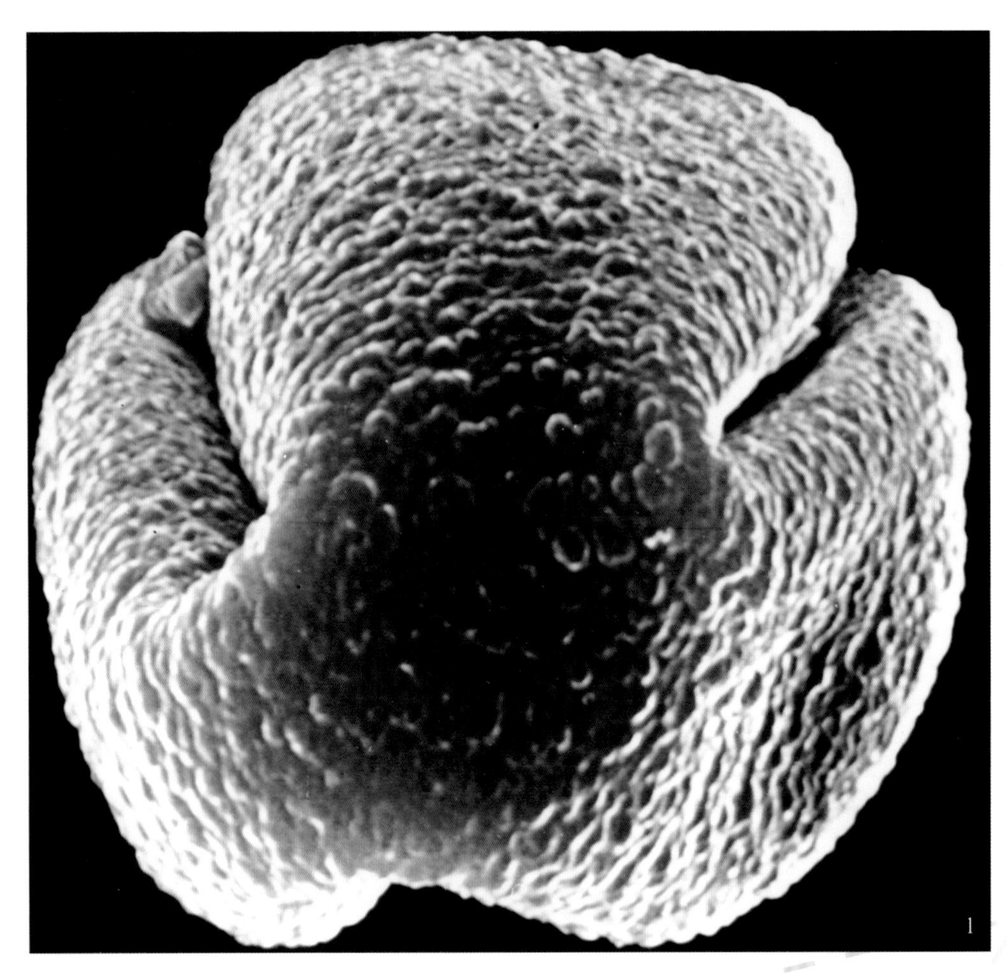

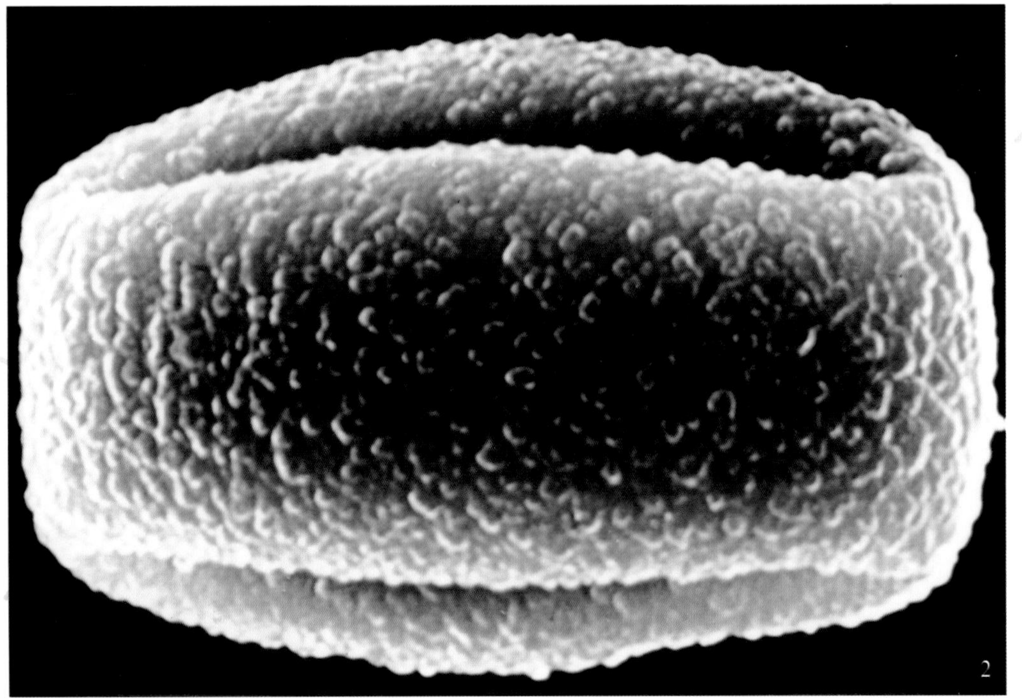

扫描电镜下：

花粉长球形。极面观三裂圆形，具3孔沟，无沟膜。表面具粗颗粒纹饰（1. 极面×5100；2. 赤道面×3900）。

槲栎 *Quercus aliena* Bl.

落叶乔木或灌木。树皮暗灰色，狭条状纵裂。小枝无毛。叶长椭圆状倒卵形或长圆形，顶端钝圆或凹缺，基部楔形；叶缘具10～15对波状缺刻；叶柄长1～2.5厘米。花期4月～5月。

分布河北、江苏、浙江、湖北、湖南、四川、甘肃。

光学显微镜下：

花粉长球形或近球形。大小为42.5（38～46）微米×36.5（32～42.5）微米。具3沟，沟较细，无孔。外壁表面具颗粒及小瘤（×1200）。

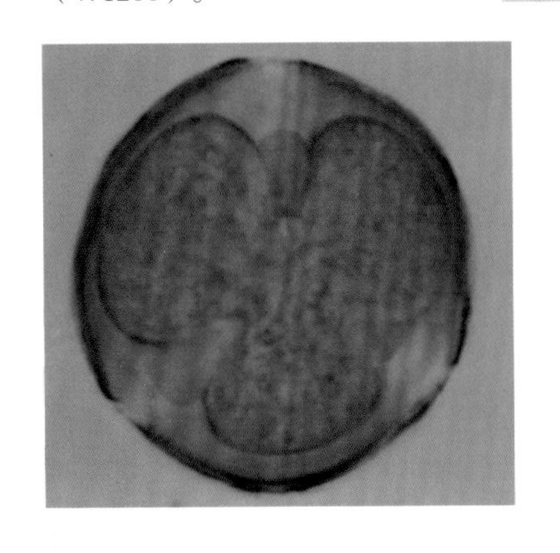

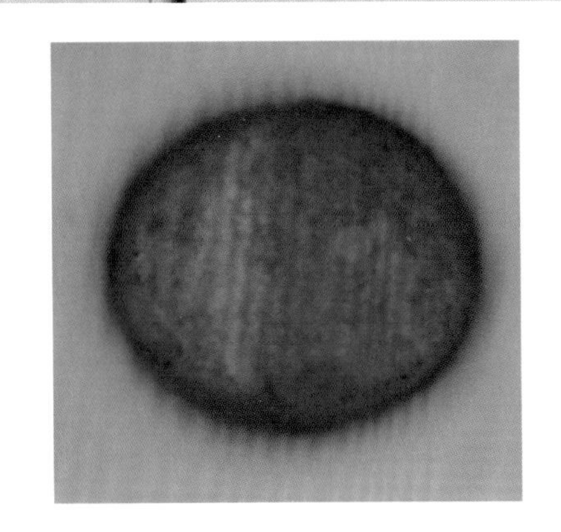

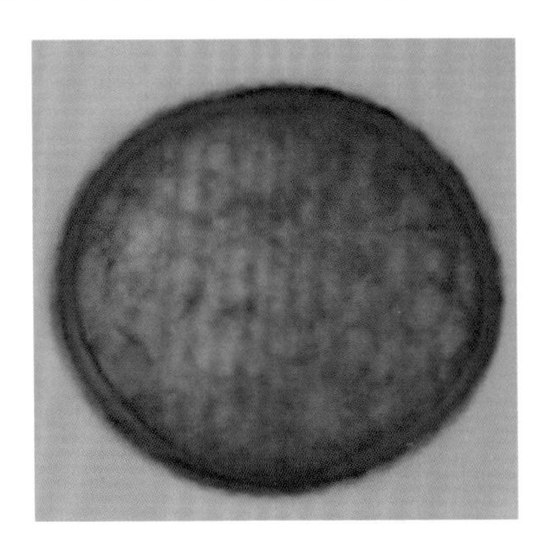

北京槲栎 *Quercus aliena* var. Pekingensis Schott.

落叶乔木。树皮暗灰色，深纵裂。叶倒卵形或椭圆状卵形，长10～20厘米，宽4～9厘米，顶端钝圆或凹缺，基部楔形，叶缘具10～15对波状缺刻，叶柄长2.2～3厘米，壳斗比槲栎大，直径约1.6～2.2厘米。花期4月～5月。

分布河北、江苏、浙江、湖北、湖南、四川、甘肃。

光学显微镜下：

花粉长球形或近球形。大小为42.5（38～46）微米×36.5（32～42.5）微米。具3沟，沟较细，无孔。外壁表面具颗粒及小瘤（×1200）。

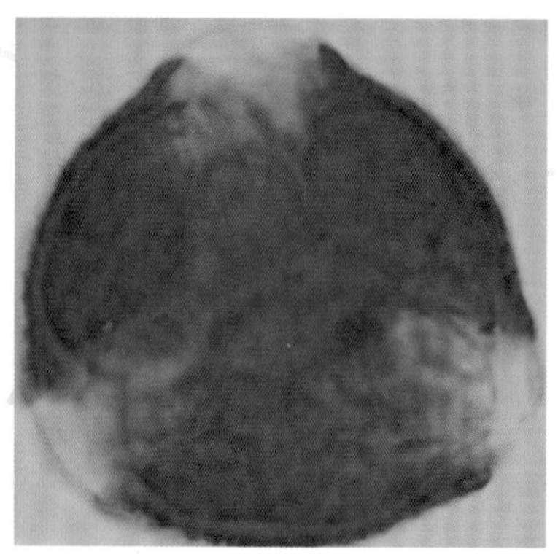

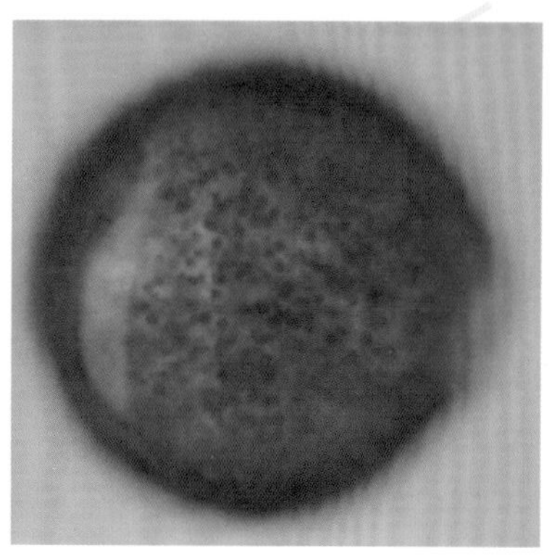

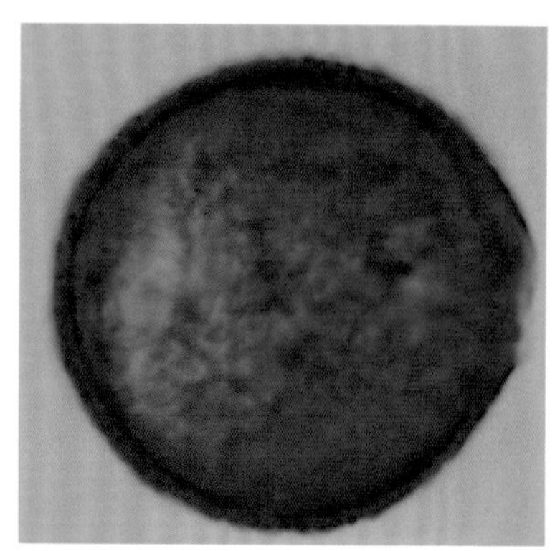

枹栎 *Quercus glandulifera* Bl.

落叶乔木。高15～20米。树皮暗灰色，不规则深裂。叶卵状披针形或椭圆形，先端渐尖，基部圆形或宽楔形，边缘具刺芒状锯齿。雄花序通常集生于新枝叶腋。雄蕊4，偶有多者。雌花1～3朵集生于老枝的叶腋。壳斗杯状。花期5月。

光学显微镜下：

花粉近球形。极面观三裂圆形。大小约36.1微米×34.2微米。具3沟。表面颗粒状纹饰（×1200）。

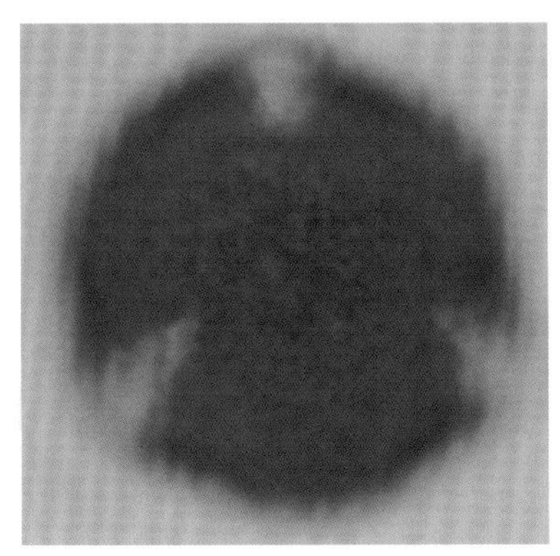

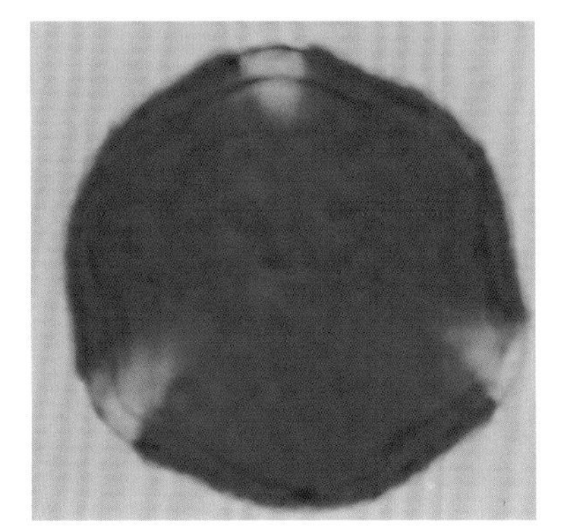

锐齿槲栎 *Quercus aliena* Bl.var acuteserrata Maxim.

落叶乔木，高达30米。叶长椭圆状卵形至卵形，先端短渐尖，基部楔形或圆形，边缘有粗齿，齿端尖锐，内弯，下面密生灰白色星状细绒毛。花期4月～5月。

北京山区、公园有栽培。

光学显微镜下：

花粉近球形，大小约40.5微米×35.5微米。极面观三裂圆形，赤道面观椭圆形，具3沟，沟细，无孔。表面小瘤状纹饰（×1200）。

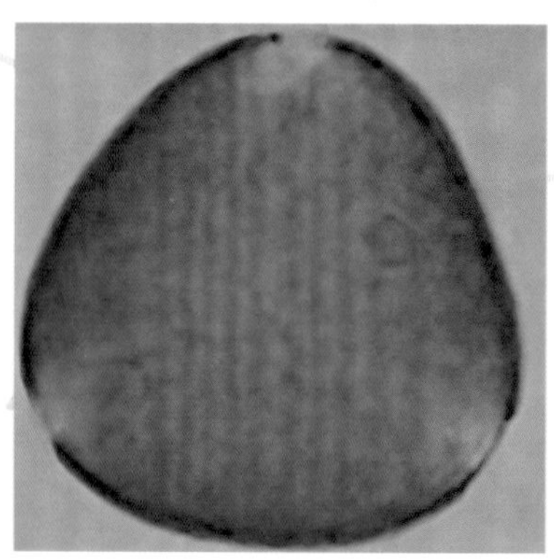

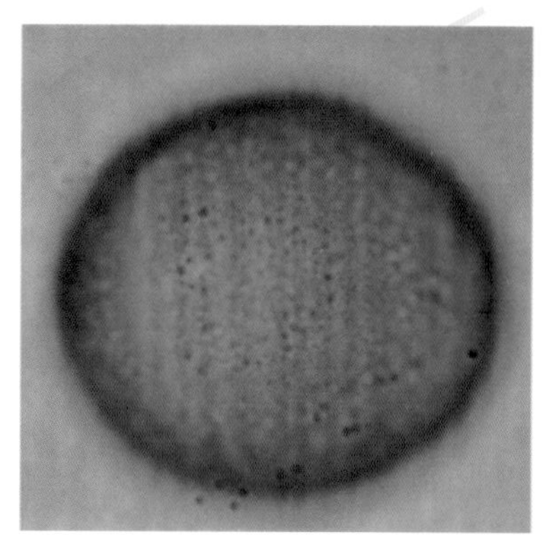

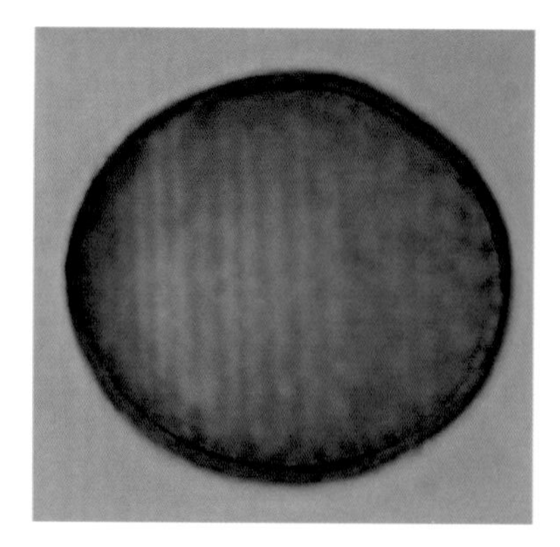

柞栎（槲树）*Quercus dentata* Thunb.

落叶乔木。高达25米。小枝粗壮，叶倒卵形至倒卵状楔形，叶柄短。壳斗杯形。花期5月。

分布较普遍，东北、河北、山东、陕西、湖北、四川均有分布。

光学显微镜下：

花柱近球形，极面三裂圆形，大小约37.2微米×34.8微米，具3沟。表面具细颗粒状纹饰（×1200）。

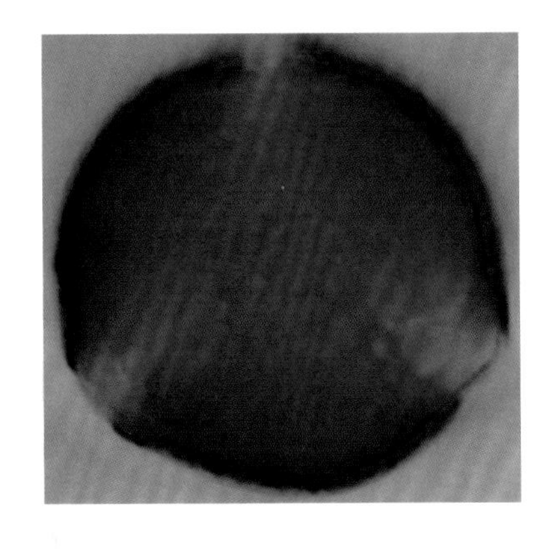

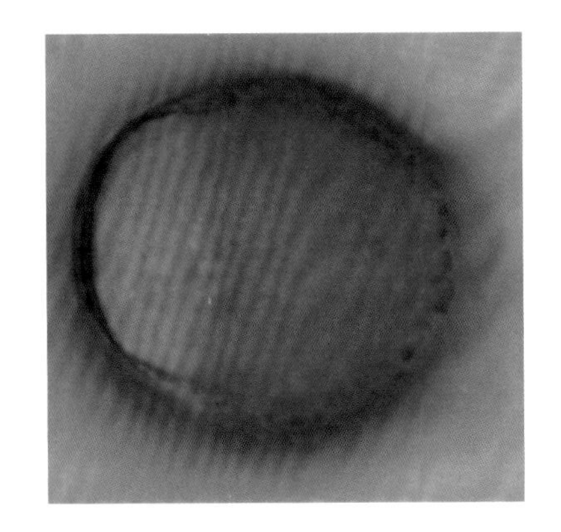

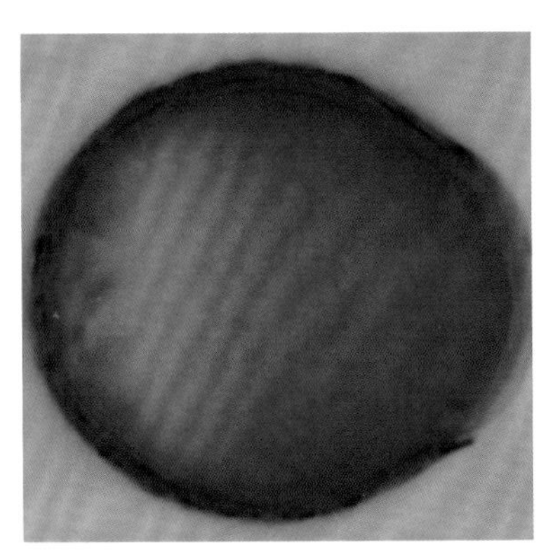

榆 *Ulmus pumila* L.

落叶乔木。树皮暗灰色，粗糙，纵裂，小枝柔软，黄褐色。叶椭圆状卵形或狭卵形，边缘多具单锯齿，侧脉9～16对。花两性、单性或杂性，先叶开放，雌雄同株，多数为簇生的聚伞花序。种子位于翅果中央，周围均具膜质翅。花期3月。

分布于东北、华北、西北，长江以南也有栽培。

光学显微镜下：

花粉扁球形，大小为31微米×36.7微米，多排列于赤道。具4～6孔，多为5孔，孔较小，近圆形。外壁具脑纹状纹饰（×1200）。

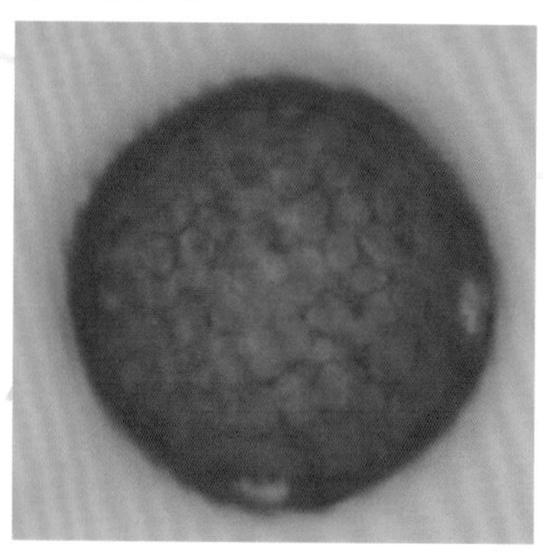

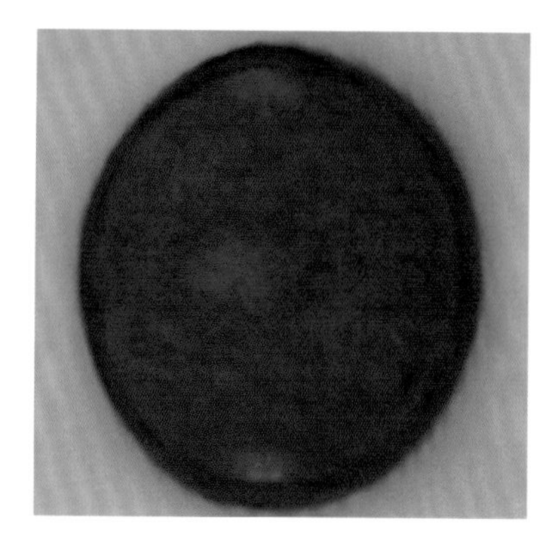

榆 *Ulmus pumila* L.

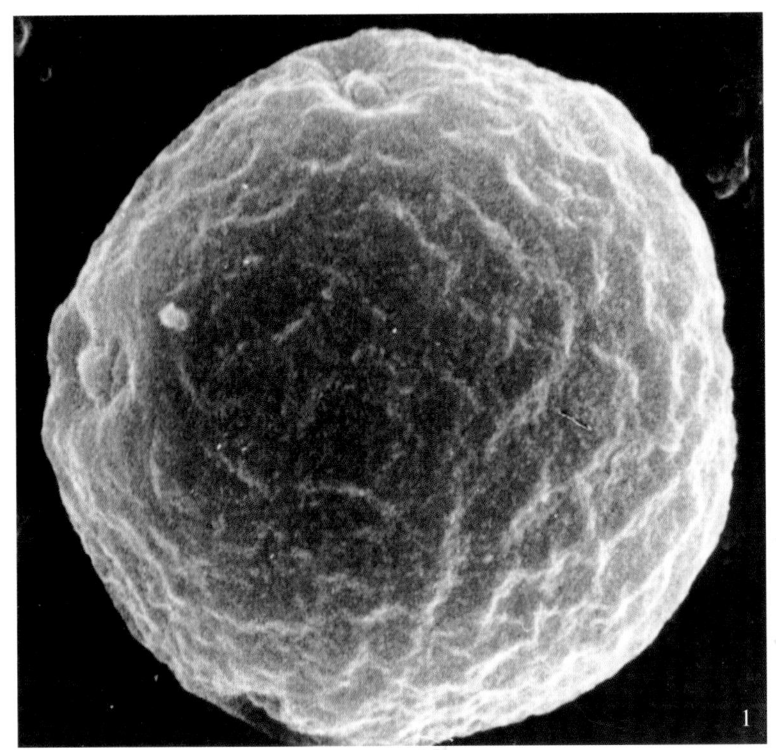

1

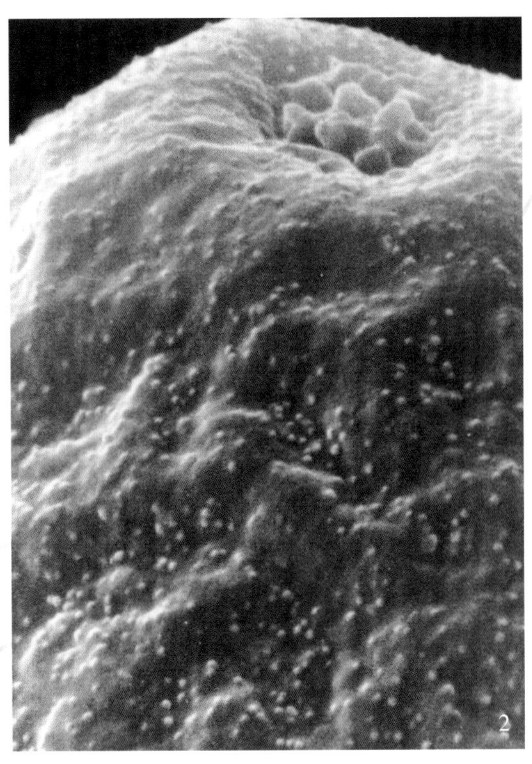

2

扫描电镜下：

花粉粒扁球形。具散孔，多沿赤道分布，孔被孔膜覆盖，膜上具大小不一的瘤状纹饰。孔周加厚（1. 极面 ×6000；2. 纹饰30000）。

透射电镜下：

外壁内层不明显；柱状层由密集的、形状不规则的条状物组成；垫层薄。内壁厚薄不均匀（×8400）。

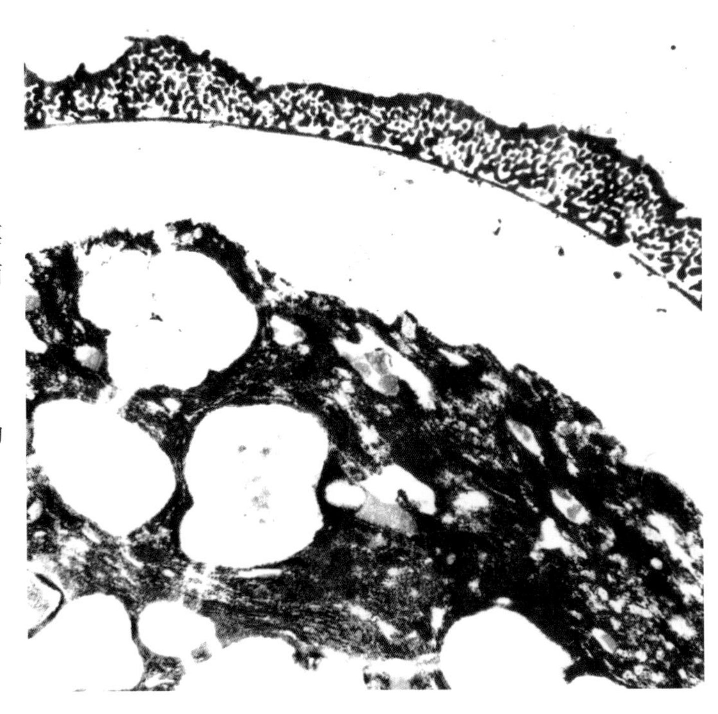

黑榆 *Ulmus davidiana* Planch.

落叶乔木。树皮灰褐色，成不规则的脱落。一年生枝暗褐色或紫褐色，老枝常具木栓质翅。叶倒卵形或椭圆状倒卵形，叶缘具重锯齿；先端渐尖或钝圆；基部楔形或近圆形，偏斜。花簇生于上一年生枝的叶腋，先叶开放。翅果倒卵形。花期4月～5月。

光学显微镜下：

花粉扁球形，大小为32微米×34.5微米；孔多排列于赤道外壁具脑纹状纹饰（×1200）。

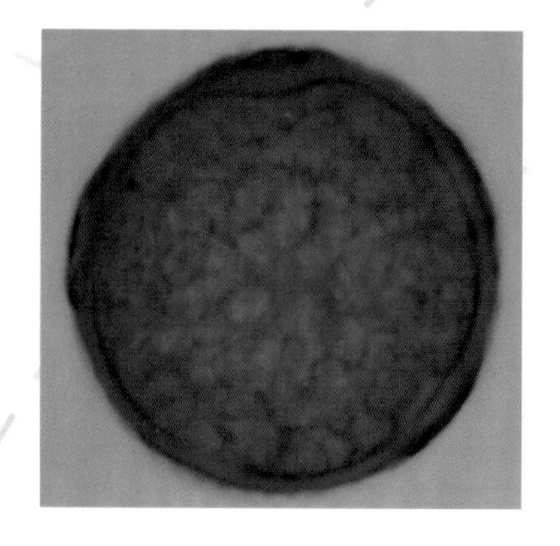

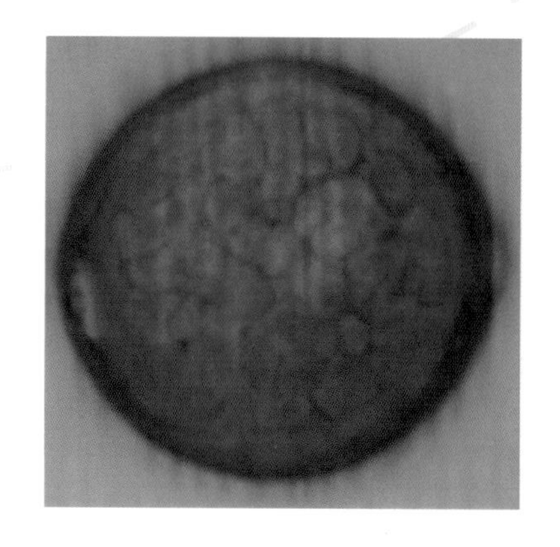

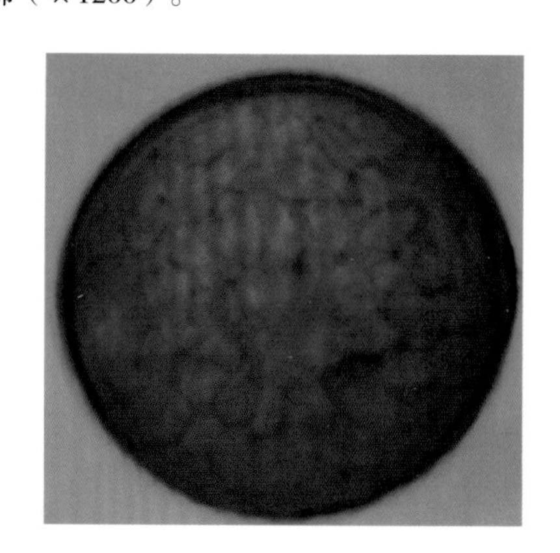

多脉榆 *Ulmus multinervis* Cheng

落叶乔木。叶质较厚，矩圆状卵圆形至矩圆形，基部斜，边缘常有重锯齿。花多数簇生于去年枝的叶腋。花期3月～4月。

分布湖北、湖南、贵州、广西和广东，南京亦有栽培。

光学显微镜下：

花粉扁球形。直径33～46微米。具几个孔，多列于赤道。表面具脑纹状纹饰（×1200）。

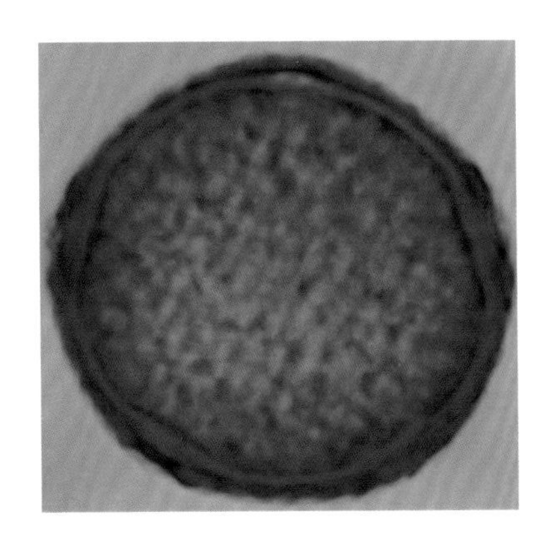

大果榆 *Ulmus macrocarpa* Hance

落叶小乔木或灌木。树皮灰褐色，浅裂。枝具木栓质翅。叶宽倒卵形或椭状倒卵形，先端常突出，叶基常偏斜，叶缘常具粗糙的重锯齿。花先叶开放，簇生于上一年生枝的叶腋。翅果宽倒卵形。花期4月。

分布于东北、华北、山东、河南、安徽、江苏、甘肃、青海。

光学显微镜下：

花粉粒扁球形。极面轮廓呈多角形，赤道面轮廓扁圆形，具5孔，大小平均约35.5微米。表面具脑状纹饰（×1200）。

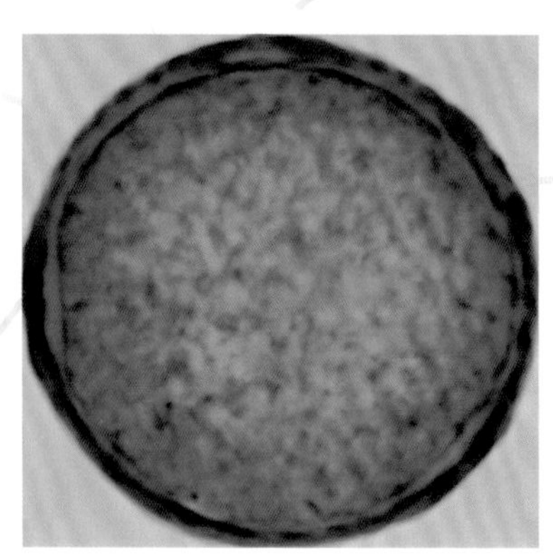

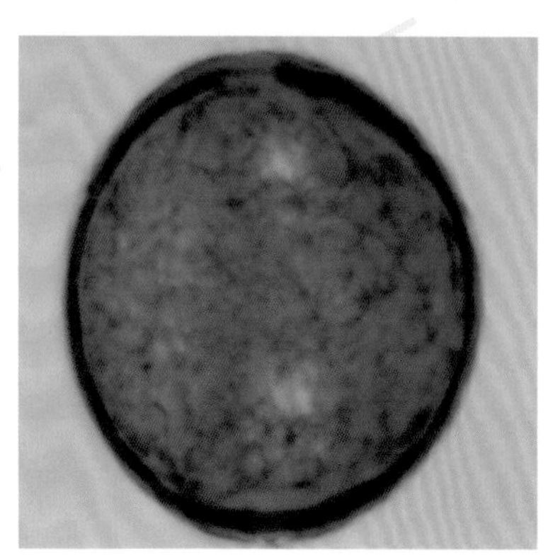

脱皮榆 *Ulmus lamellosa* T.Wang et S.L. Chang.

落叶乔木。树皮灰白色，成不规则薄片状脱落，皮孔明显。叶倒卵形，先端突尖或尾尖，叶缘具单锯齿或不明显重锯齿。花和幼枝从混合芽中抽出，散生于新枝下部。花期4月。

生于山坡，北京公园有栽培。

光学显微镜下：

花粉极面观圆多角形，赤道面观扁圆形，大小约为28微米 × 39微米。具5 ~ 6孔，表面脑纹状纹饰（× 1200）。

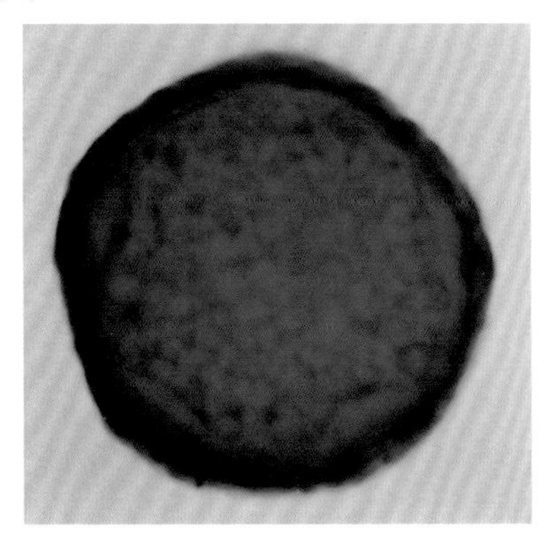

欧洲白榆 *Ulmus laevis* Pall.

落叶乔木。树皮灰色，不规则纵裂，叶中上部较宽，成倒卵状宽椭圆形，先端短急尖；冬芽纺锤形，花常20至30余朵排成聚伞花序。花期3月下旬至4月初。

原产欧洲，我国西北、华北、东北及山东有栽培。

光学显微镜下：

花粉扁球形。具4～6孔，大小约35微米×37微米，表面具脑纹状纹饰（×1200）。

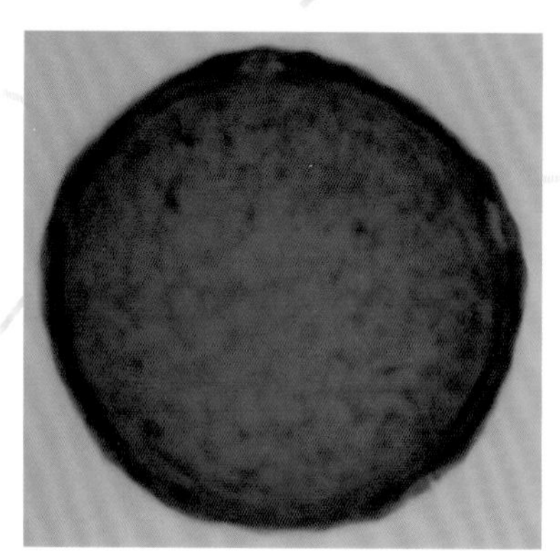

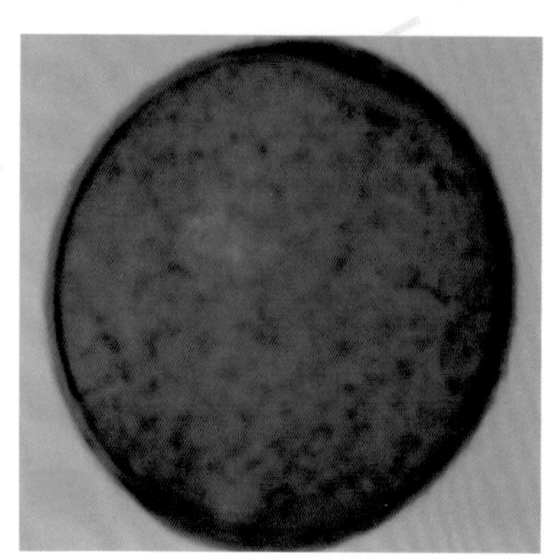

榔榆（小叶榆）*Ulmus parvifolia* Jacq.

落叶乔木。树皮灰褐色，成不规则鳞片状脱落。单叶，互生。叶圆锥形、卵形或倒卵形，先端渐尖，基部偏斜，叶缘为单锯齿。花秋季开放，簇生于当年生枝的叶腋。花期9月。

分布华北、华中、中南、陕西、四川、贵州。

光学显微镜下：

花粉极面轮廓呈四或五角形，角轮圆，直径25～35.8微米，平均30.5微米；侧面轮廓扁圆形，大小约23.5微米×30.6微米。具4～5孔，沿赤道面排列。外壁外层厚于内层，表面具脑纹状纹饰（×1200）。

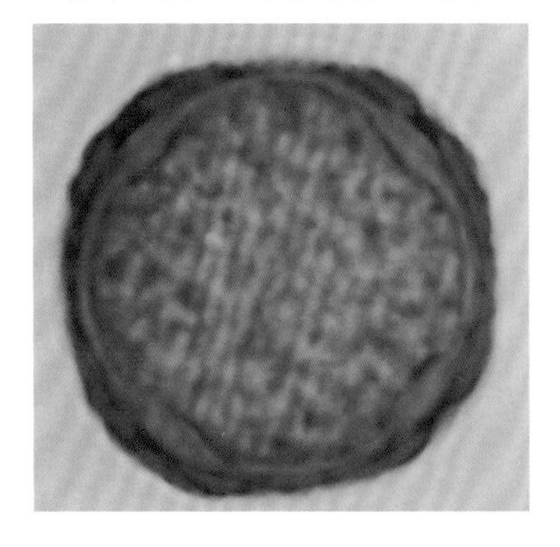

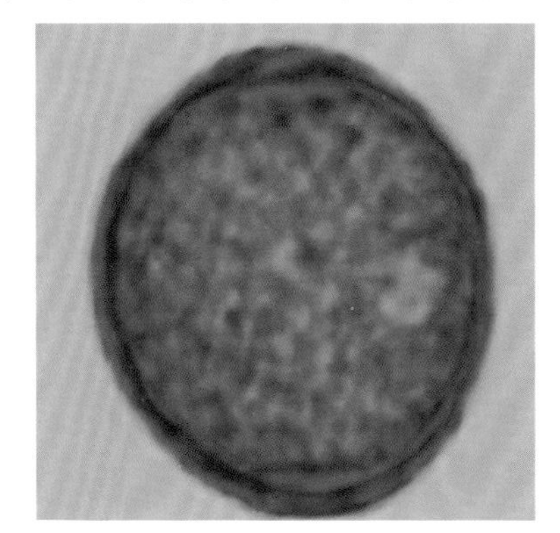

刺榆 *Hemiptelea davidii*（Hance）Planch.

落叶小乔木或灌木状。树皮灰色。小枝通常具坚硬的枝刺。叶椭圆形至长圆形，先端渐尖，基部圆形或略带心形，叶缘具整齐的粗锯齿。花和叶同时开放，簇生当年生枝的叶腋。花披裂片4～5，雄蕊常为4。花期4月～5月。

分布华北、华东、华中和西北，北京有栽培。

光学显微镜下：

花粉粒扁球形。极面观具棱角，大小为24（23.5～27）微米×36（28～39.5）微米。具4～6孔，多数5孔，孔较小，椭圆形。表面具模糊的细网状纹饰（×1200）。

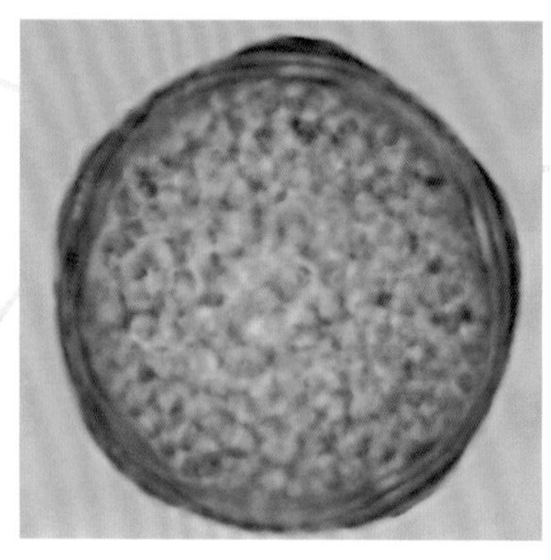

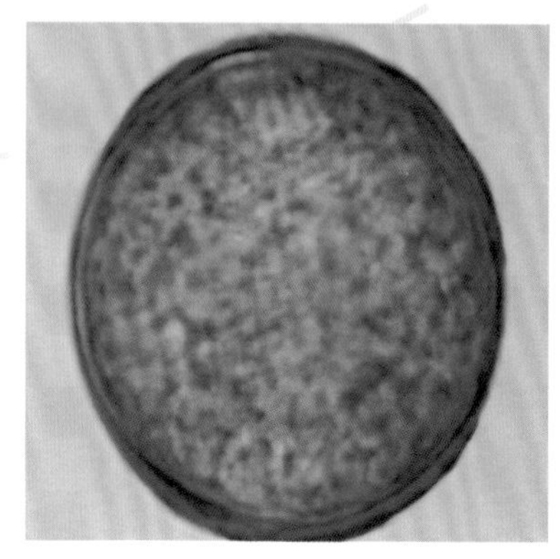

大叶榉（榉树）*Zelkova schneideriana* Hand.-Mazz.

落叶乔木。叶长椭圆状卵形，边缘具单锯齿。花单性，稀杂性；雌雄同株，雄花簇生于新枝下部的叶腋。花期4月。

分布秦岭、淮河流域，广东、广西、贵州和云南。

光学显微镜下：

花粉扁球形，大小约28微米×38微米。具4～5孔，孔椭圆形，边缘不平。外壁外层厚于内层，表面具脑状纹饰（×1200）。

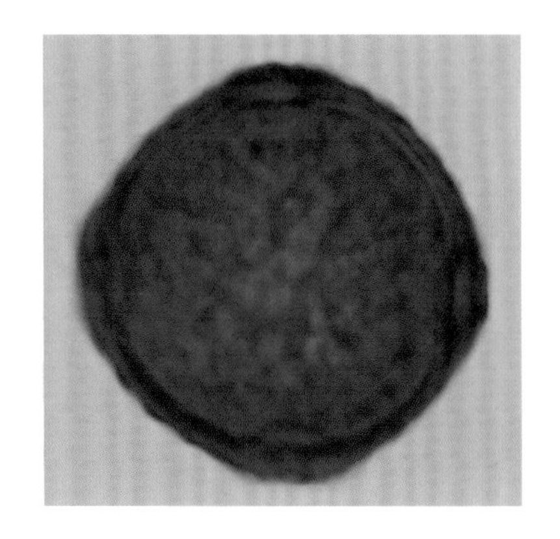

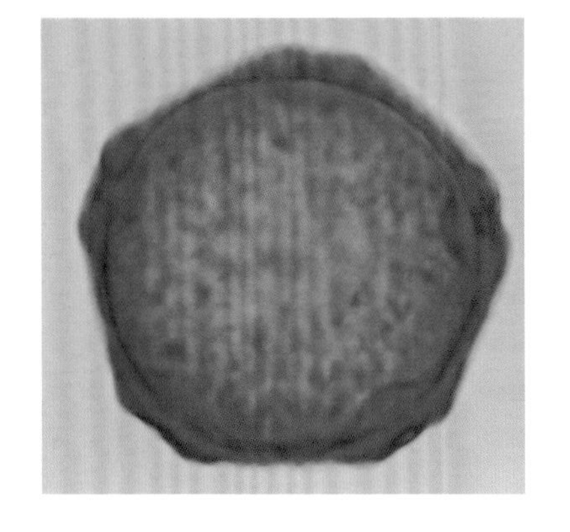

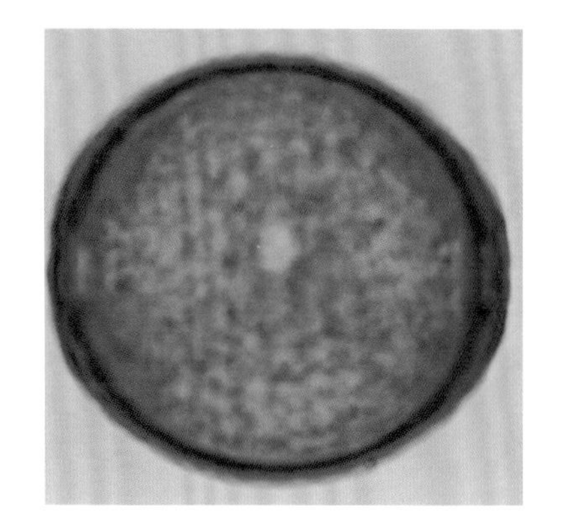

光叶榉 *Zelkova serrata*（Thunb.）Makino

乔木。小枝通常无毛，具散生皮孔。叶卵形或卵状矩圆形，长2～7厘米，基部心形或圆形，下面无毛，叶缘有锐尖锯齿。花期4月。

分布甘肃、陕西、湖北、湖南、四川、云南、贵州、安徽、台湾。

光学显微镜下：

花粉粒多具4孔。极面观4或五角形，直径32.1～42.1微米，平均37.3微米；赤道面观扁圆形，大小约30.3微米×38.5微米。脑纹状纹饰（×1200）。

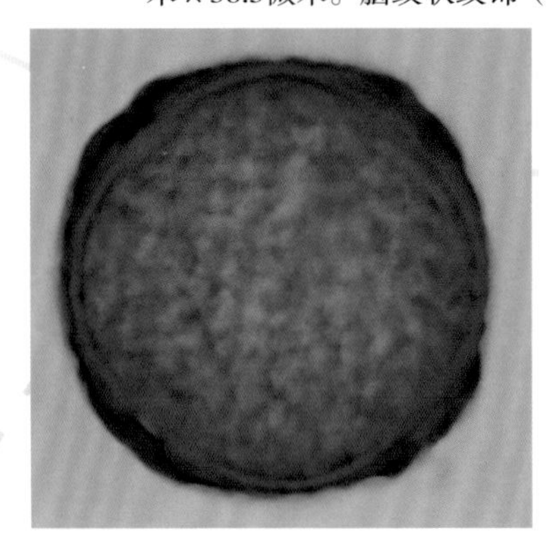

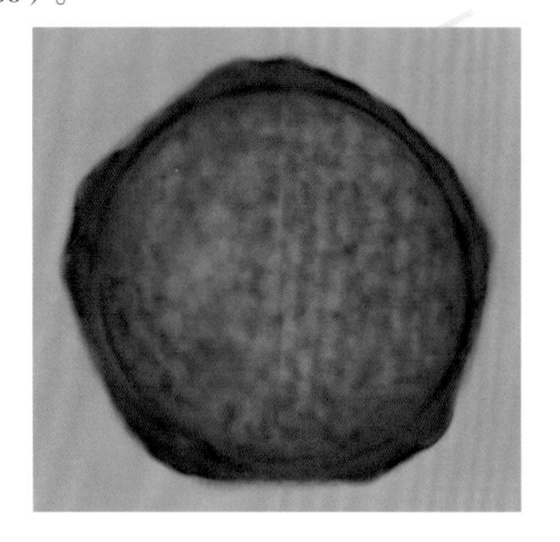

小叶朴 *Celtis bungeana* Bl.

落叶乔木。树皮浅灰色，平滑。一年生枝条褐色，具光泽。叶卵形或卵状椭圆形，先端渐尖，基部偏斜或近圆形；叶缘只在中部以上具锯齿，有时近全缘。果单生叶腋，近球形，紫黑色。花期4月。

光学显微镜下：

花粉扁球形，大小为25.5（24.5～28.5）微米×32（31～34）微米。具5～6（～7）孔，孔小。外壁表面具颗粒状纹饰（×1200）。

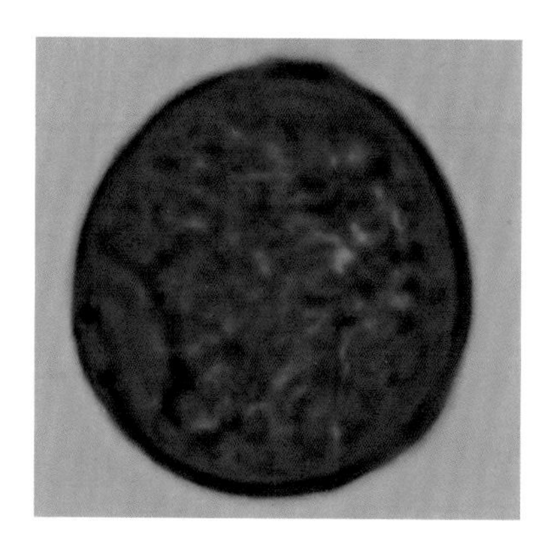

小叶朴 *Celtis bungeana* Bl.

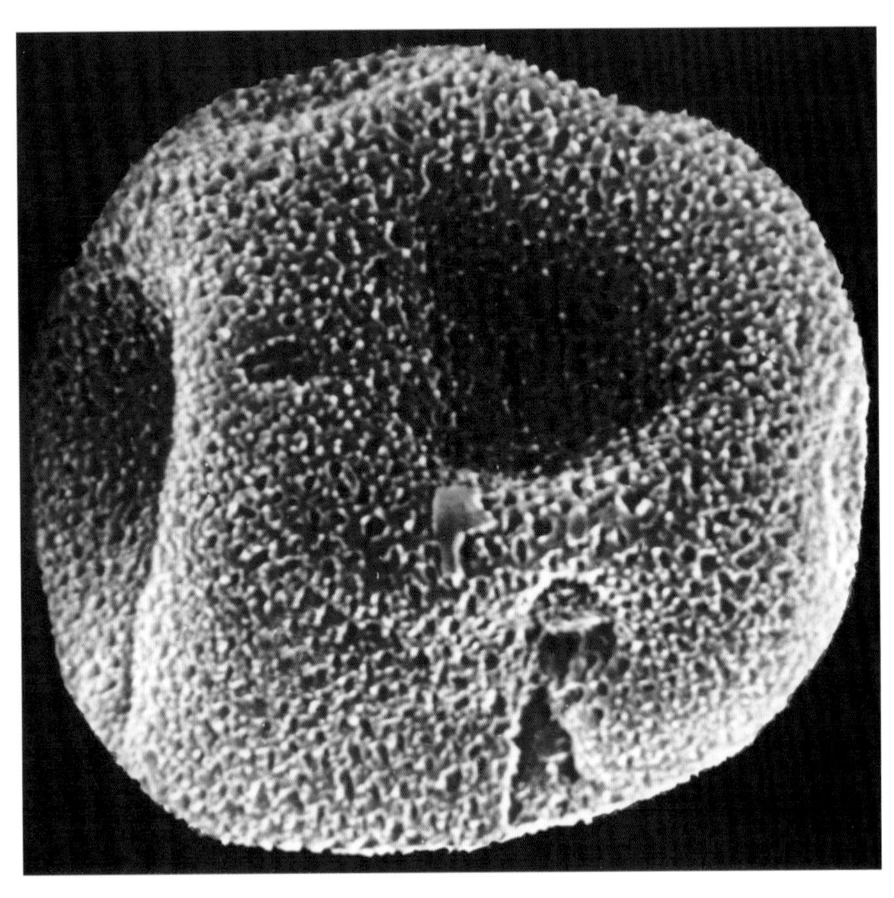

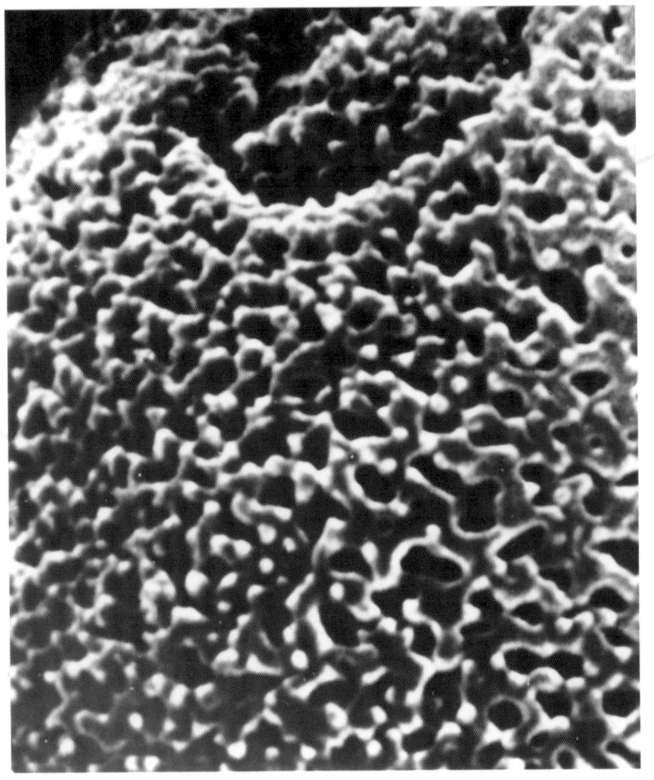

扫描电镜下：

花粉扁球形，具几个孔，孔凹陷，无孔盖。表面具颗粒和细网状纹饰（上. ×4500；下. ×10500）。

大叶朴 *Celtis koraiensis* Nakai

落叶乔木。树皮暗灰色，微裂。小枝褐色，平滑无毛或具柔毛，散生皮孔。叶卵圆形或倒卵形，先端截形或圆形，具1～3个尾状的尖；基部圆形或广楔形，偏斜；叶缘具粗锯齿。核果球状椭圆形。花期4月。

光学显微镜下：

花粉扁球形，大小为26.5微米×33微米。外壁表面具颗粒状纹饰（×1200）。

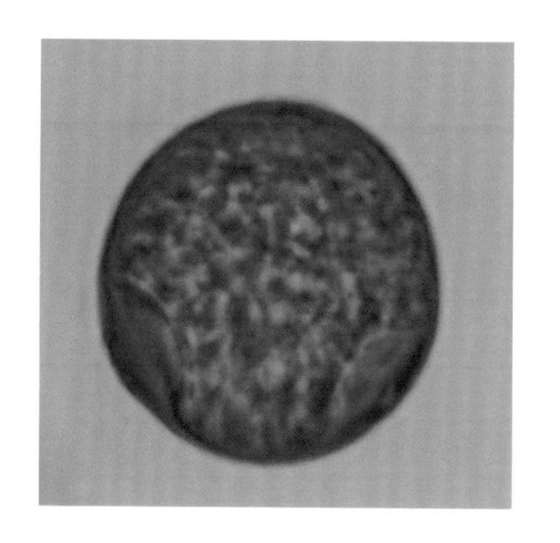

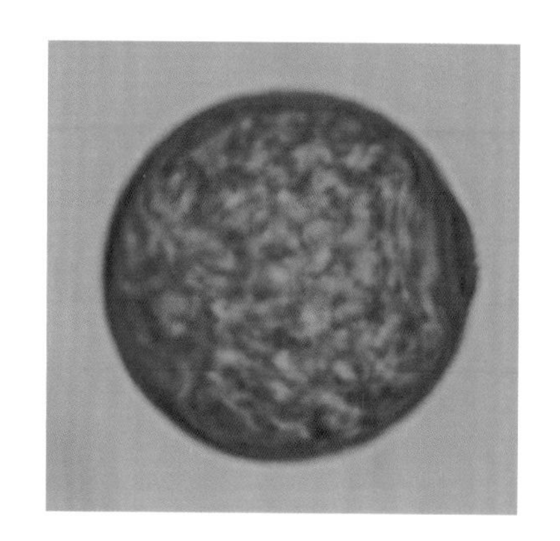

青檀 *Pteroceltis tatarinowii* Maxim.

落叶乔木。树皮淡灰色，成不规则的长片状剥落。叶卵形或椭圆状卵形，先端长尾状渐尖，边缘具不规则的单锯齿，近基部全缘。花单性，雌雄同株，生于当年生枝的叶腋。雄花簇生；雌花单生。花期4月。

中国特产，分布于河北、山东、河南、江苏、安徽、浙江、江西、湖南、湖北、广东、四川、青海等地。

光学显微镜下：

花粉扁球形，极面观为近圆形或三角形。大小为22.5微米×26微米。具3（~4）孔，排列不整齐，孔小，边缘加厚或不明显。外壁表面具微弱的稀疏小颗粒（×1200）。

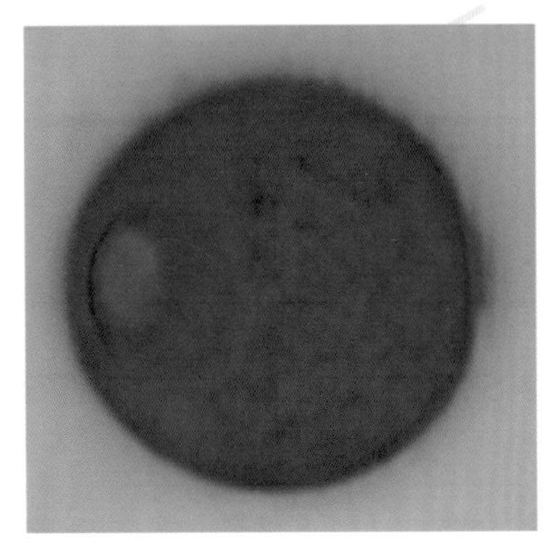

桑 *Morus alba* L.

落叶乔木。树皮灰褐色，浅纵裂。幼枝光滑或有毛。单叶，互生，卵形或宽卵形，先端急尖或钝，基部近心形，叶缘具锯齿。雌雄异株，柔荑花序。聚花果（桑椹）成熟时为黑色或白色。花期4月～5月。

全国均有分布。

光学显微镜下：

花粉近球形，直径13.4～18.2微米，平均16.1微米。具2孔，处于相对位置。外壁层次不明显表面具颗粒状纹饰（×1200）。

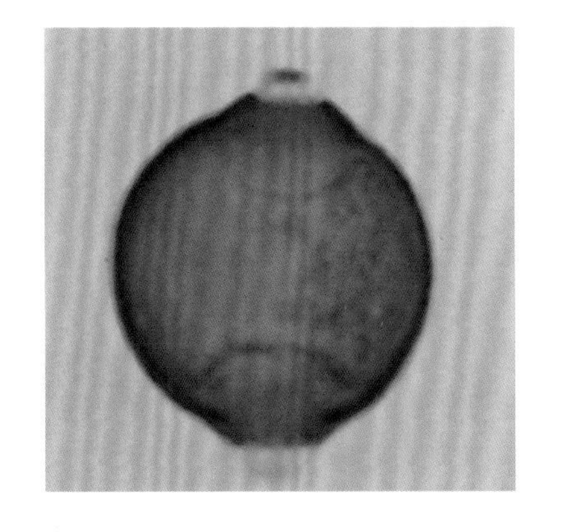

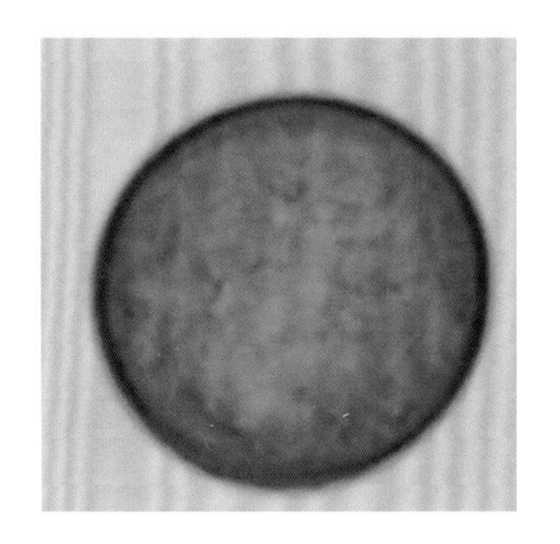

构树 *Broussonetia papyrifera*（L.）Vent.

落叶乔木。高16米。树皮浅灰色，枝条粗壮开展，小枝红褐色，密生灰色丝状毛。叶卵形，端锐尖，基钝形或浅心形，锯齿粗大，叶柄细长。花单性，雌雄异株，雄花序柔荑状，叶腋生，下垂；雌花序头状。果球形，熟时红色。花期5月。

分布于黄河、长江和珠江流域各省区，北京极多见。

光学显微镜下：

花粉近球形，直径为13～15.8微米，平均15.2微米。具孔2（～3）个，2孔时，孔处于相对位置，3孔时，孔沿赤道排列。外壁薄，在孔处略加厚。表面颗粒状纹饰（×1200）。

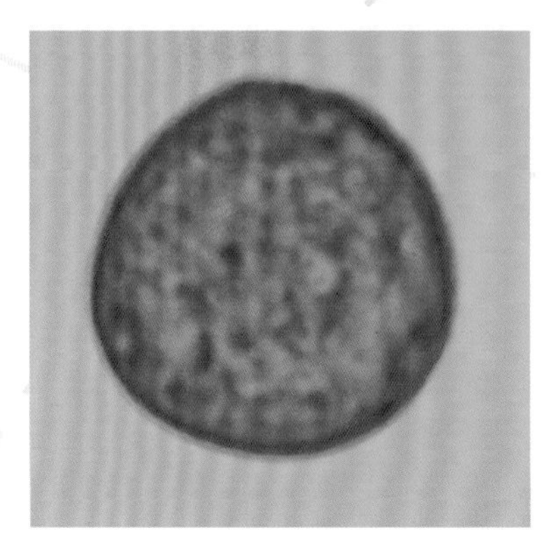

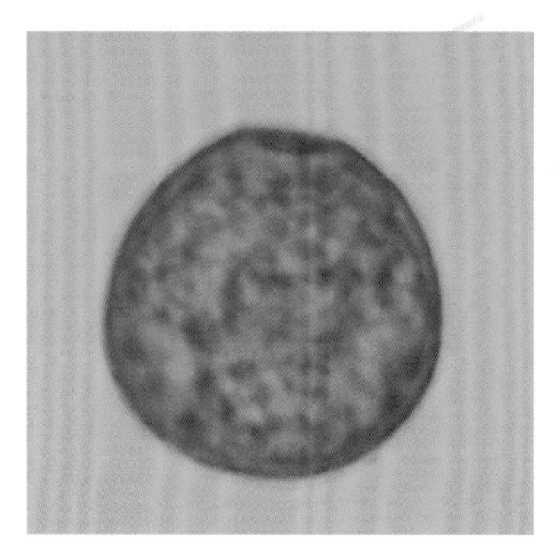

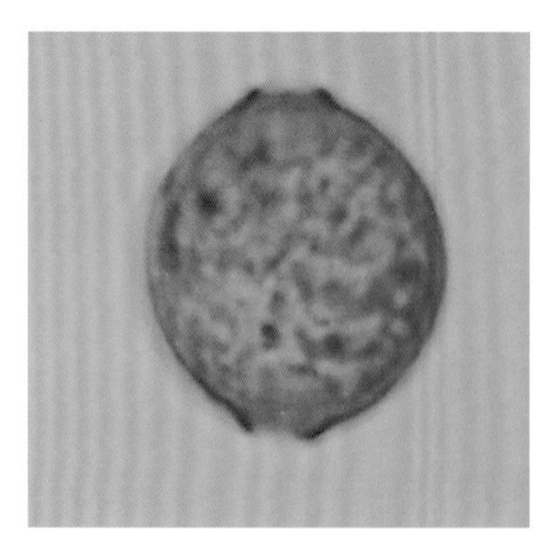

构树 *Broussonetia papyrifera*（L.）Vent.

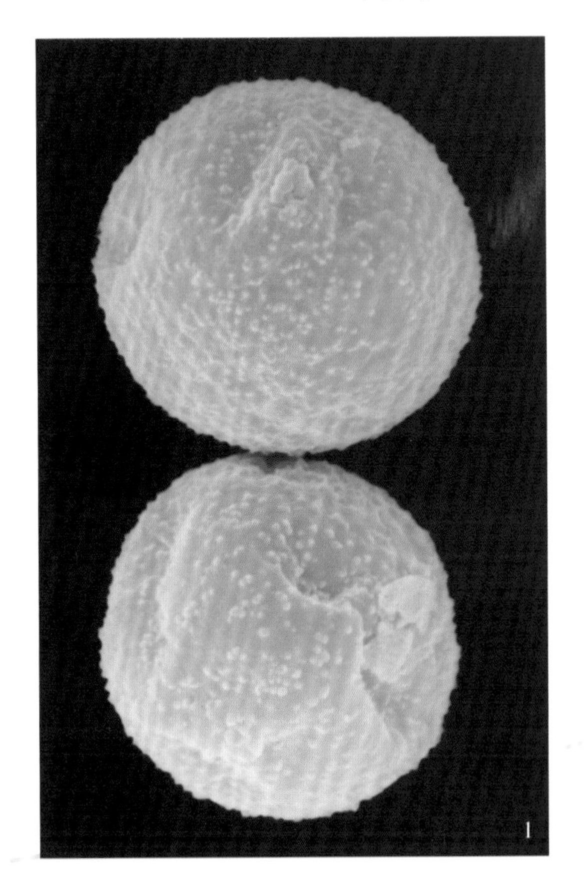

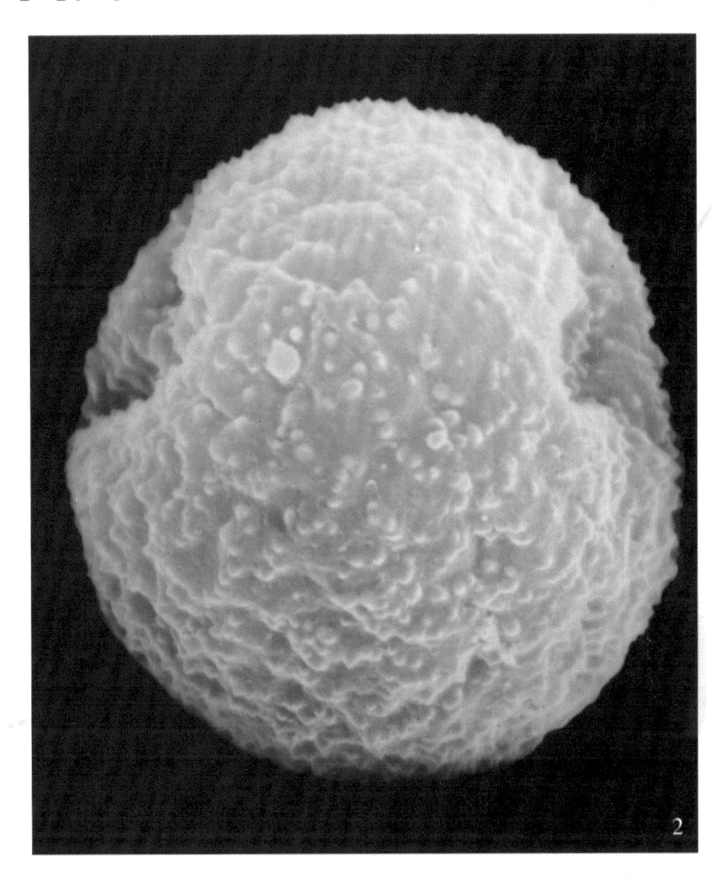

扫描电镜下：

花粉粒球形。具孔，孔处有孔膜覆盖，膜上有钝刺。表面不平，具排列不均匀的瘤状物，侧面看为钝刺（1. × 3500；2. × 6500）。

透射电镜下：

外壁外层厚度0.3微米，由被层、柱状层和垫层组成。被层明显，厚薄不均匀；柱状层明显，由排列不整齐的小柱组成；垫层厚薄均匀。外壁内层不明显。内壁厚薄不均匀（ × 18000）。

柘树 *Cudrania tricuspidata*（Carr.）Bur.

落叶小乔木或灌木。树皮灰褐色。枝光滑，常具硬刺。叶卵形、椭圆形或倒卵形，先端渐尖，基部楔形或圆形，叶全缘或3裂；叶柄长8～15毫米。雌雄花均为头状，具短梗，单一或成对腋生。雄花序直径约5毫米，雄蕊4。雌花序直径为1.3～1.5毫米。花期5月～6月

分布华东、中南、辽宁、陕西、甘肃、四川、贵州、云南。

光学显微镜下：

花粉近球形，直径13.5～16微米。具3孔，偶有4孔。外壁薄，在孔处略有加厚。表面平滑（×1200）。

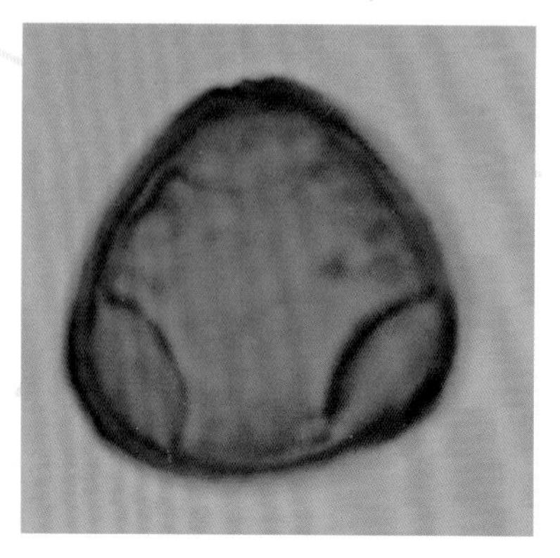

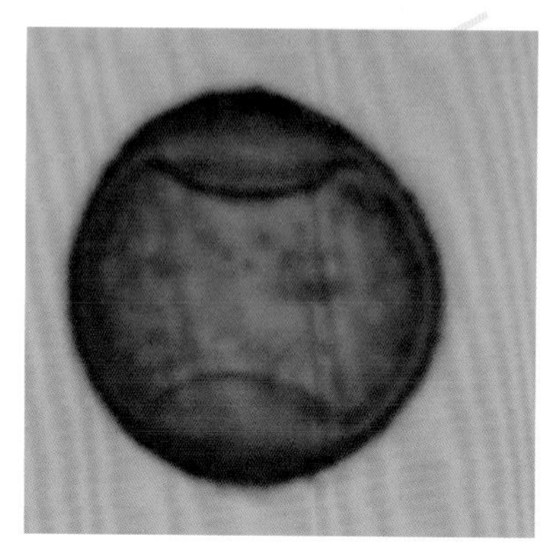

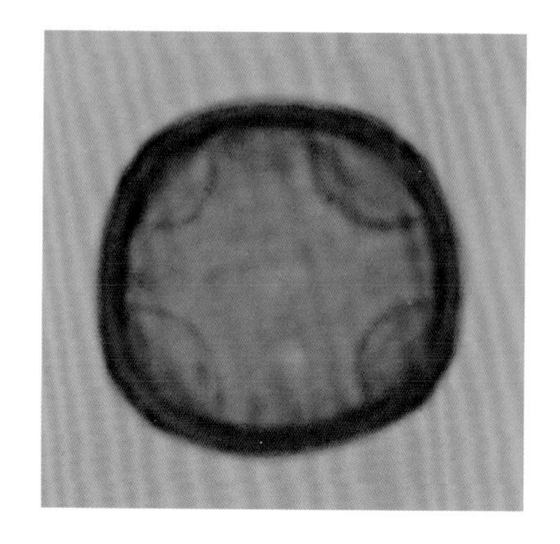

葎草 *Humulus scandens*（Lour.）Merr.

授粉高峰期

葎草 *Humulus scandens*（Lour.）Merr.

一年或多年生缠绕多花草本，茎蔓生，带刺毛。叶5～7裂，裂多过中部，缘有齿，具长柄，花单性，雌雄异株；雄花黄绿色，排列成长而狭且开展的圆锥花序；雌花排成近圆形的穗状花序。花期7月～9月。

除新疆和青海外，在全国各省区均有分布，日本也有，生于沟边和路旁荒地。

光学显微镜下：

花粉粒球形。极面轮廓圆形，赤道面轮廓扁圆形。大小26.7微米×（23.3～28）×27.5微米。具3孔，偶有4孔者，均匀地排列于赤道上。在孔处，外壁外部略加厚，形成孔环。外壁层次不清，表面具细颗粒状纹饰（×1200）。

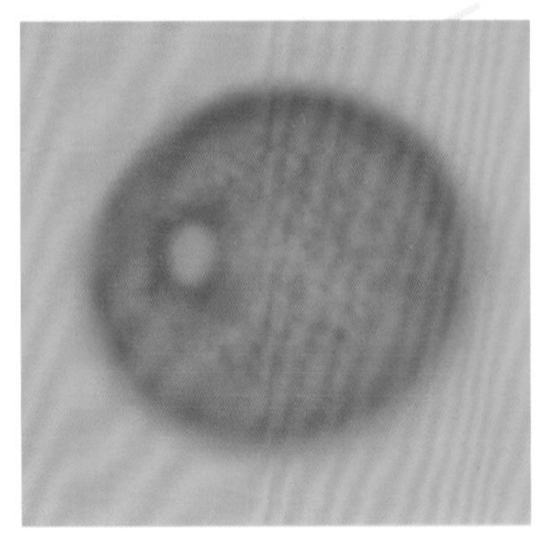
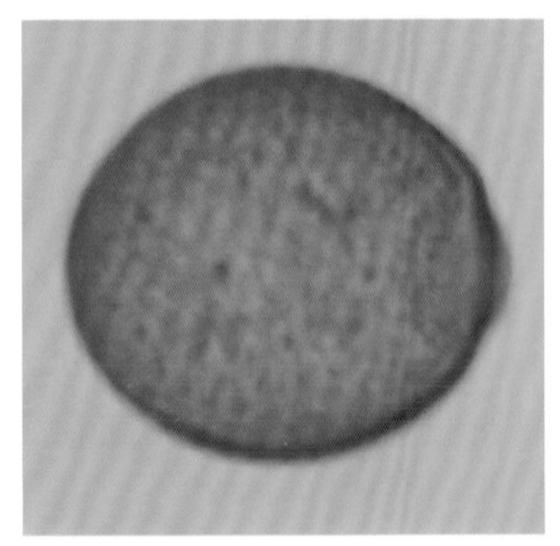

葎草 *Humulus scandens*（Lour.）Merr.

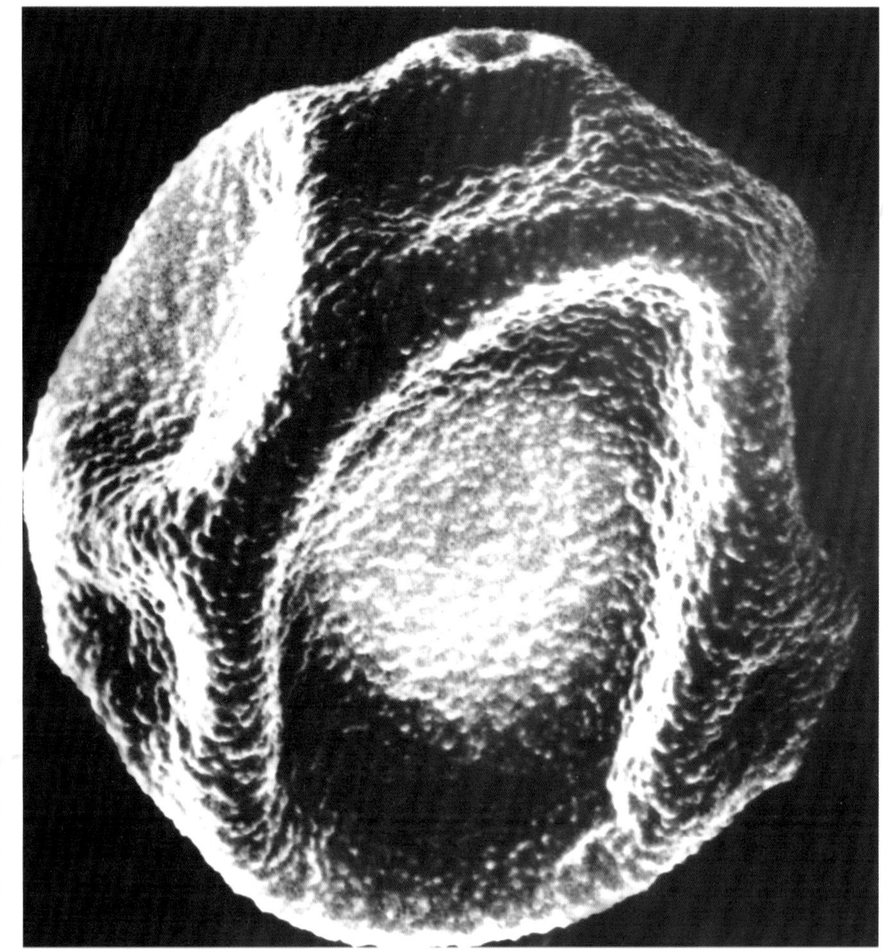

扫描电镜下：

花粉粒近球形，由于外壁薄，常形成折皱。直径约为16.8微米。具3～4孔，从图像上只看到1～2孔，其余孔看不清。孔近圆形，边缘不齐；孔膜多数脱落；边缘加厚形成孔环。表面具刺状突起。小刺大小不完全一致，排列不均匀，无规律（×6300）。

透射电镜下：

外壁外层厚度0.3微米（包括刺），由被层、柱状层和垫层组成。被层明显，厚薄不均匀，表面具细刺，内有稀疏穿孔，基部宽；柱状层明显，由大小不一、排列不整齐的小柱组成；垫层明显，厚薄均匀（×14000）。

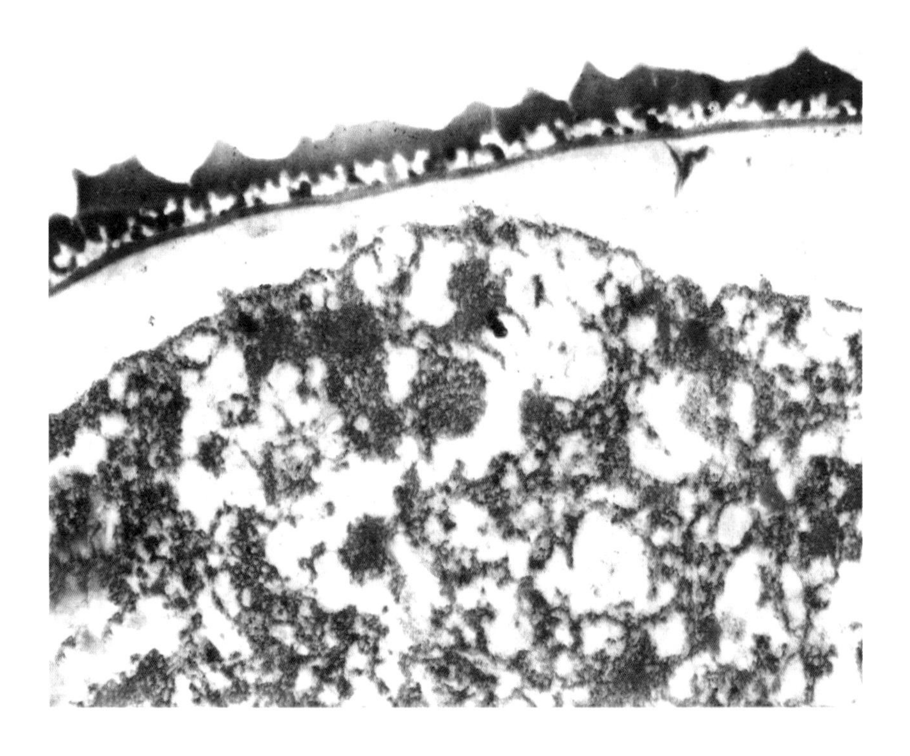

大麻 *Cannabis sativa* L.

一年生草本。茎直立，高1～3米，有纵沟，密生短柔毛，皮层富纤维。叶互生或下部的对生，掌状全裂，裂片3～11，披针形至条状披针形，上面有粗毛，边缘具粗锯齿。花单性，雌雄异株，雄花排列成长而疏散的圆锥花序，黄绿色，花被片与雄蕊各5，雌花从生叶腋，绿色，花期7月～8月。

原产亚洲西部，我国各地原有栽培，并逸为野生。

光学显微镜下：

花粉长球形或扁球形。极面观三角形，赤道面观椭圆形，大小约22.1微米×24.2微米。具3（～4）孔，孔圆形，孔边显著加厚（×1200）。

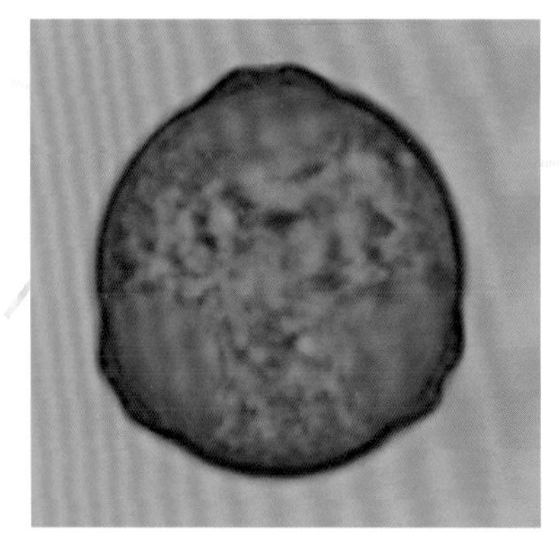

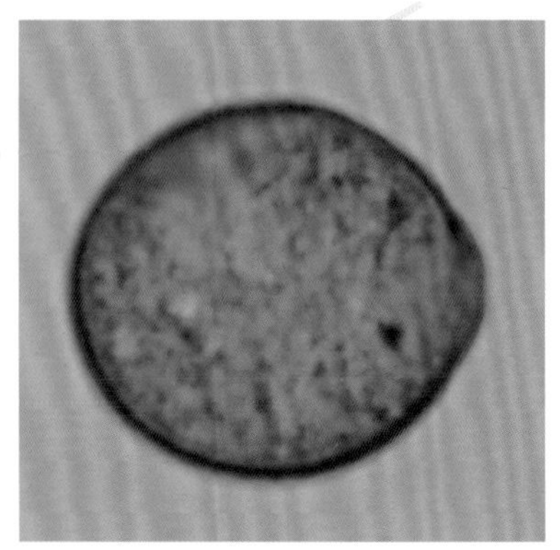

狭叶荨麻 *Urtica angustifolia* Fisch.ex Hornem.

多年生草本。茎直立，具蜇毛。单叶，对生；叶柄长8～17毫米；托叶线形，离生。叶披针形或长圆状披针形，先端渐尖，基部圆形或心形，叶缘粗锯齿。雌雄异株。花序成狭长圆锥状。花期7月～8月。

分布于东北、内蒙古、河北。

光学显微镜下：

花粉扁球形，大小为15.8微米×18.9微米。极面观圆形，赤道面观宽椭圆形。具3～（4）孔，孔较小，圆形。外壁具模糊的颗粒（×1200）。

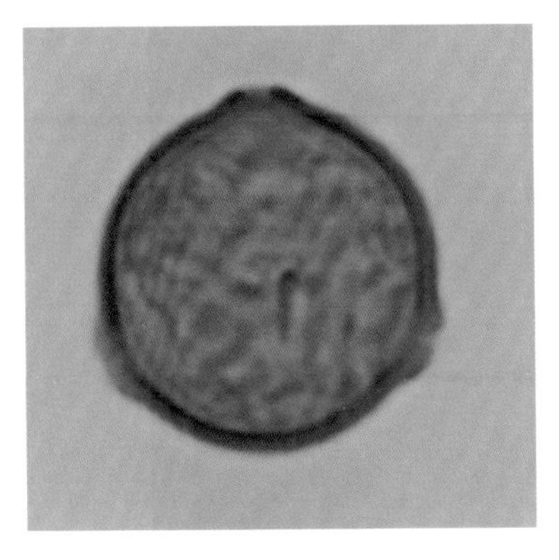

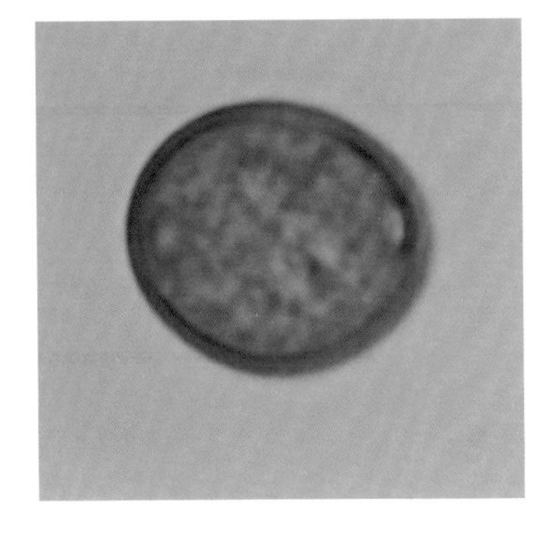

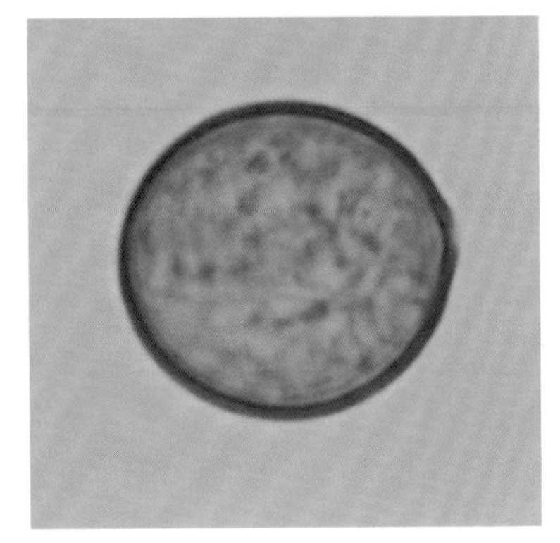

红蓼 *Polygonum orientale* L.

一年生草本。根粗壮。茎直立，节部稍膨大，中空，上部分枝多，密生柔毛。叶宽卵形、披针形或近圆形，全缘，有时呈浅波状。圆锥花序顶生或腋生。苞片卵形，每苞片内生多数相继开放的白色或粉红色花，花开时下垂。花被片5，雄蕊7。花期7月～9月。

分布东北、华北、华南、西南。

光学显微镜下：

花粉球形，直径约40微米。具散孔。外壁两层，外层厚。表面具大而清楚的多角形蜂巢状网状纹饰（×1200）。

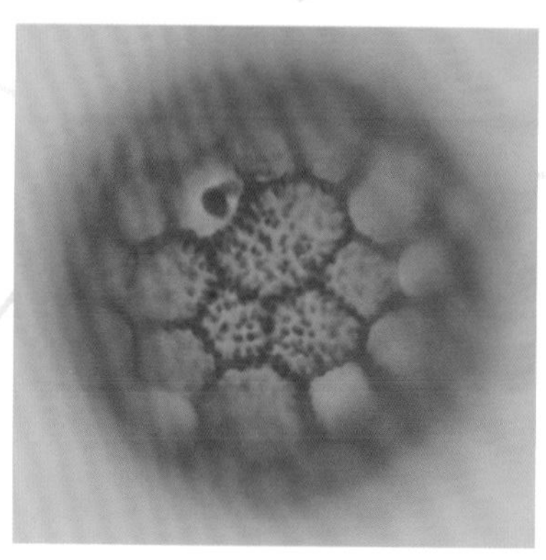

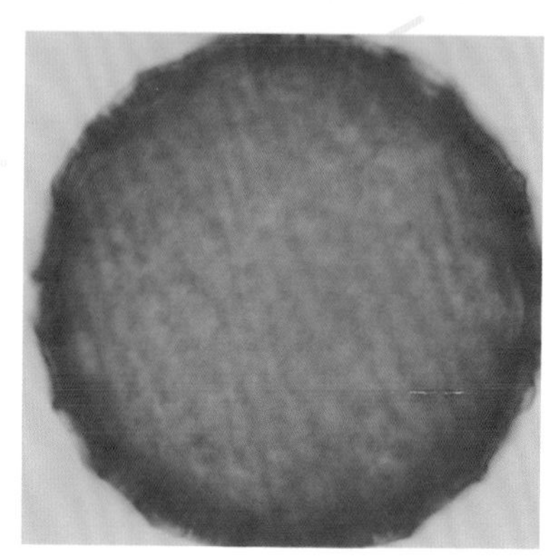

红蓼 *Polygonum orientale* L.

扫描电镜下：

花粉粒球形。具散孔，孔具孔盖。表面呈蜂巢状粗网纹饰，网眼内壁有多数沟槽，网眼内有粗颗粒状内含物（1. 球面 × 3000；2. 纹饰 × 7500）。

虎杖 *Polygonum cuspidatum* Sieb. et Zucc.

多年生草本或亚灌木。根粗壮，常横生，黄色。茎具分枝。叶卵形或近圆形，全缘。花单性，雌雄异株，成腋生或顶生圆锥花序。花梗细长；花被5深裂。雄花具雄蕊8。花期7月～9月。

分布于华中、华南、西南和台湾，北京有栽培。

光学显微镜下：

花粉长球形，大小为37（34～42）微米×34（29～37）微米。具3孔沟，沟细长，内孔横长，表面具网状纹饰（×1200）。

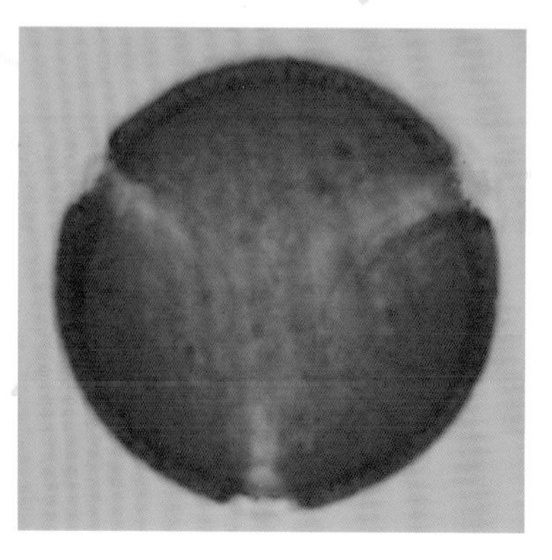

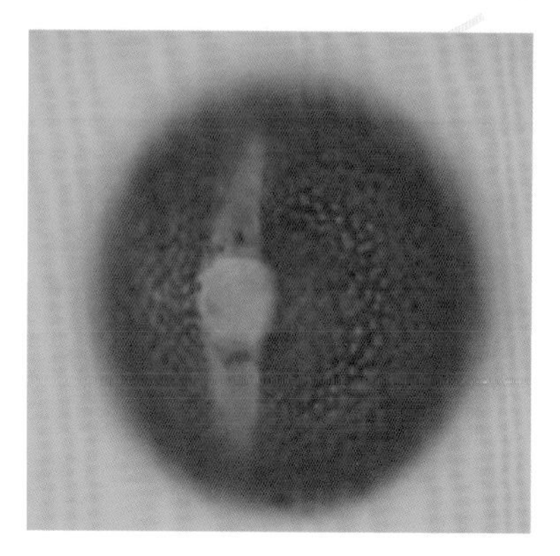

齿果酸模 *Rumex dentatus* L.

多年生草本。茎直立，多分枝。基生叶长圆形，先端钝或急尖，基部圆形或稍心形，具波状缘。圆锥花序顶生或腋生，花序上通具叶。花两性。花期5月～6月。

分布云南、四川、陕西、河南、江苏、河北等省。

光学显微镜下：

花粉近球形。直径约29～33微米。具3孔沟，沟细，内孔横长。表面具细网状纹饰（×1200）。

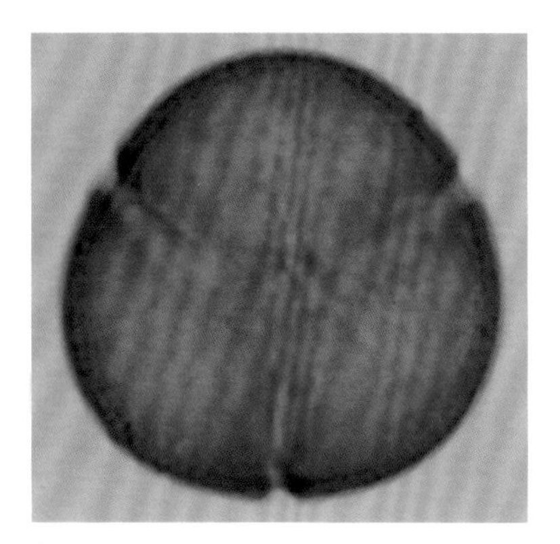

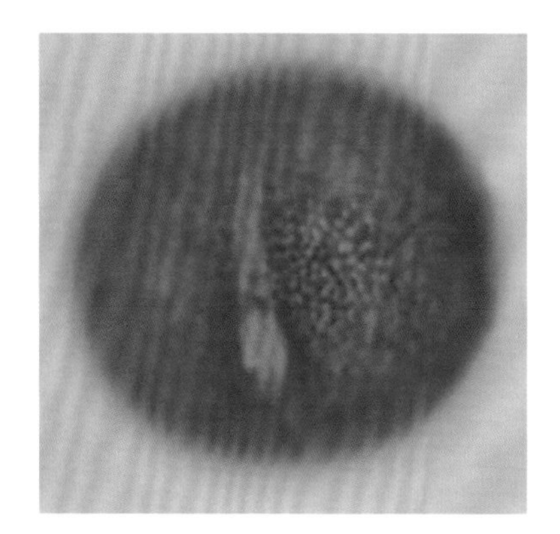

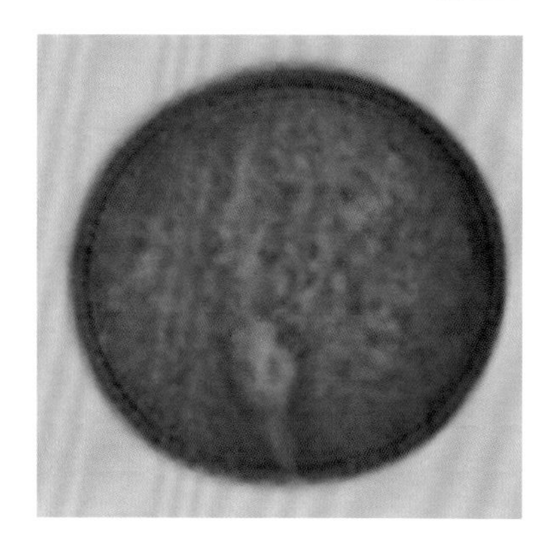

皱叶酸模 *Rumex crispus* L.

多年生草本。茎直立，不分枝或有分枝，具浅沟；基生叶和茎下部叶披针形或长圆披针形，长10～20厘米，宽1.5～4厘米，先端渐尖，边缘波状皱纹，具叶柄。花两性，圆锥花序顶生，花密集。花期5月～6月。

分布于华北、西北和东北，北京生长普遍。

光学显微镜下：

花粉扁球形或近球形，大小约34（30～39.5）微米×37.6（33.2～42）微米。具3孔沟或4孔沟，沟细，长达两极，孔圆形。外壁薄，两层，等厚，颗粒状纹饰（×1200）。

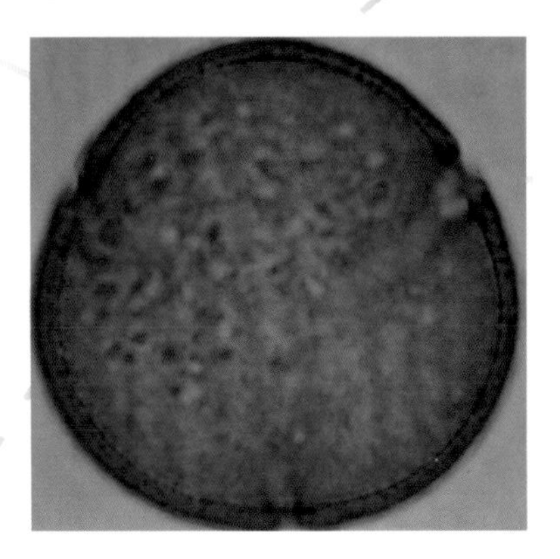

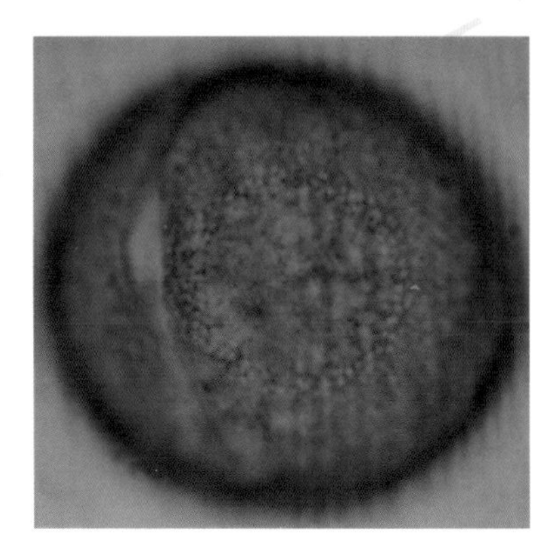

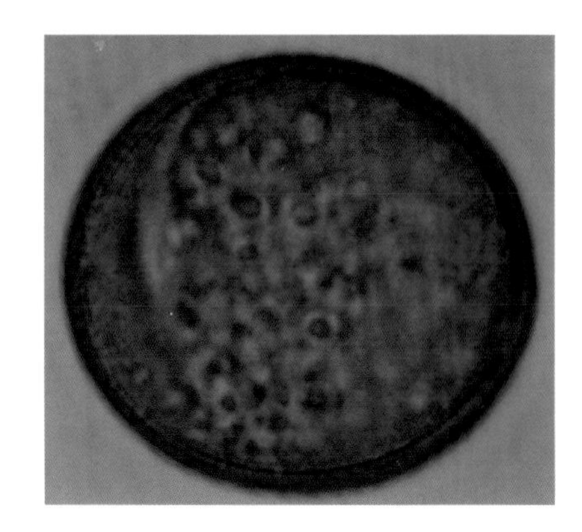

皱叶酸模 *Rumex crispus* L.

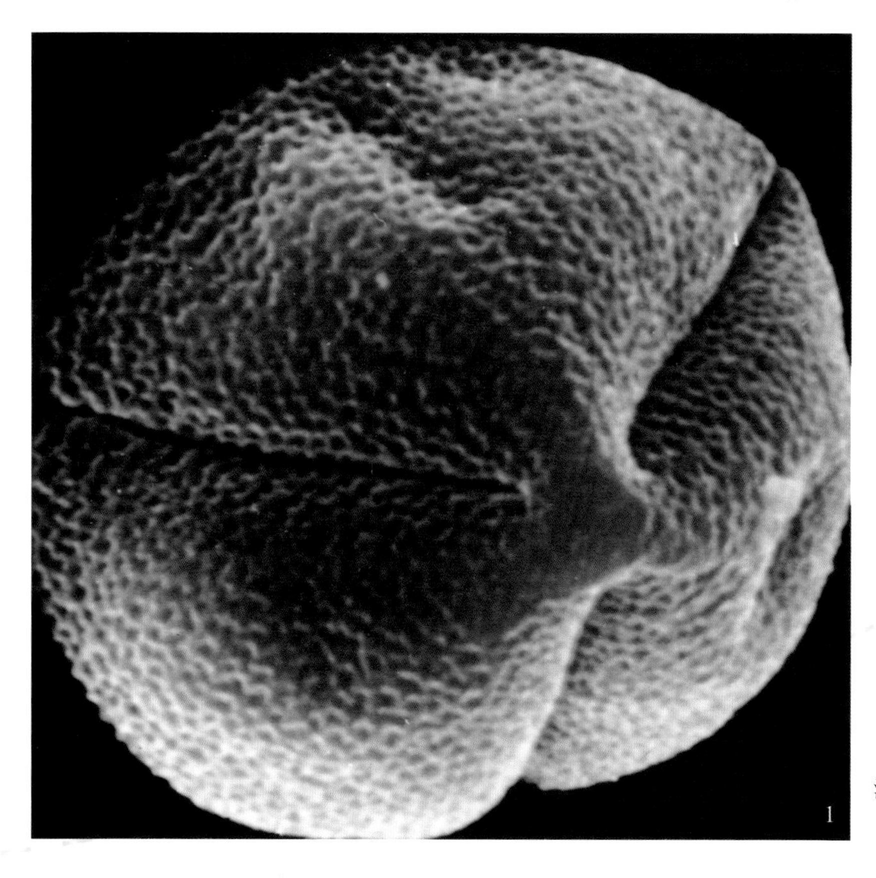

扫描电镜下：

花粉粒椭圆形。极面观三裂圆形，具3沟，沟细长，未看到孔。表面具负网状纹饰（1.极面×4000；2.赤道面×4000）。

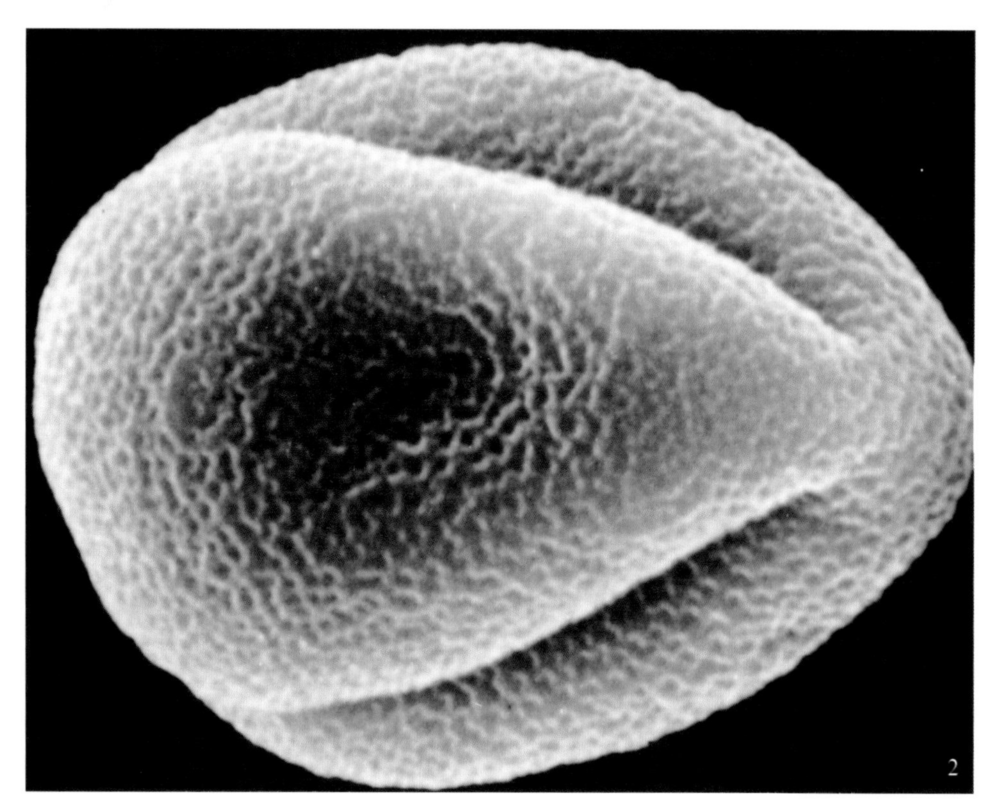

藜（灰藜）*Chenopodium album* L.

一年生草本。高60～120厘米。茎直立，有棱角及绿色斑纹，亦常有红色或紫色斑纹。叶三角形或披针形，全缘，有齿或分裂。花小，两性，数个集成团伞花簇，多数花簇排成腋生或顶生圆锥状花序。花期6月～8月。

广布于全国。

光学显微镜下：

花粉球形。直径20～30微米。具散孔，分布均匀，具孔膜，膜上有颗粒，表面形成颗粒状纹饰（×1200）。

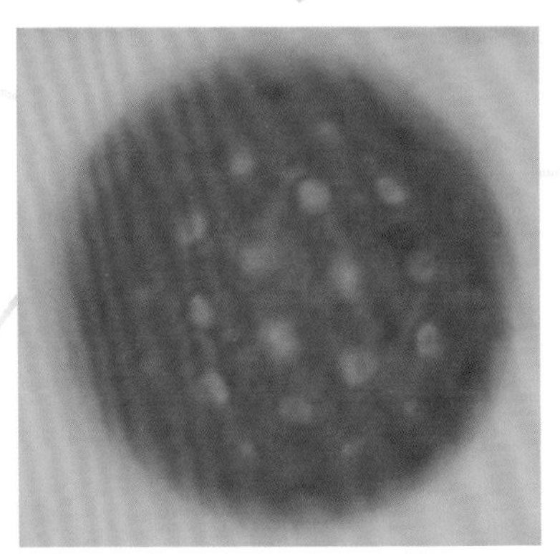

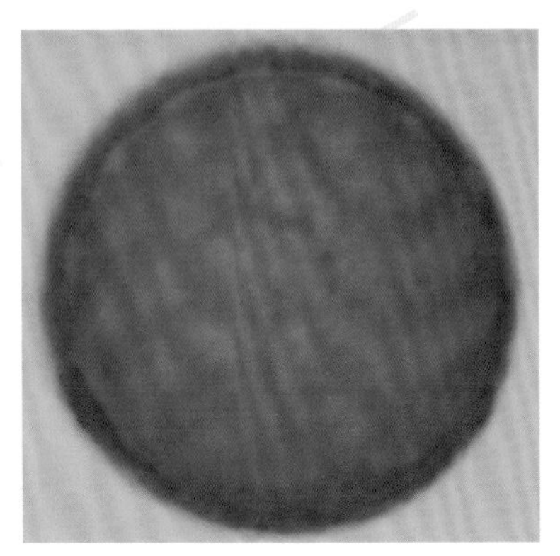

藜（灰藜）*Chenopodium album* L.

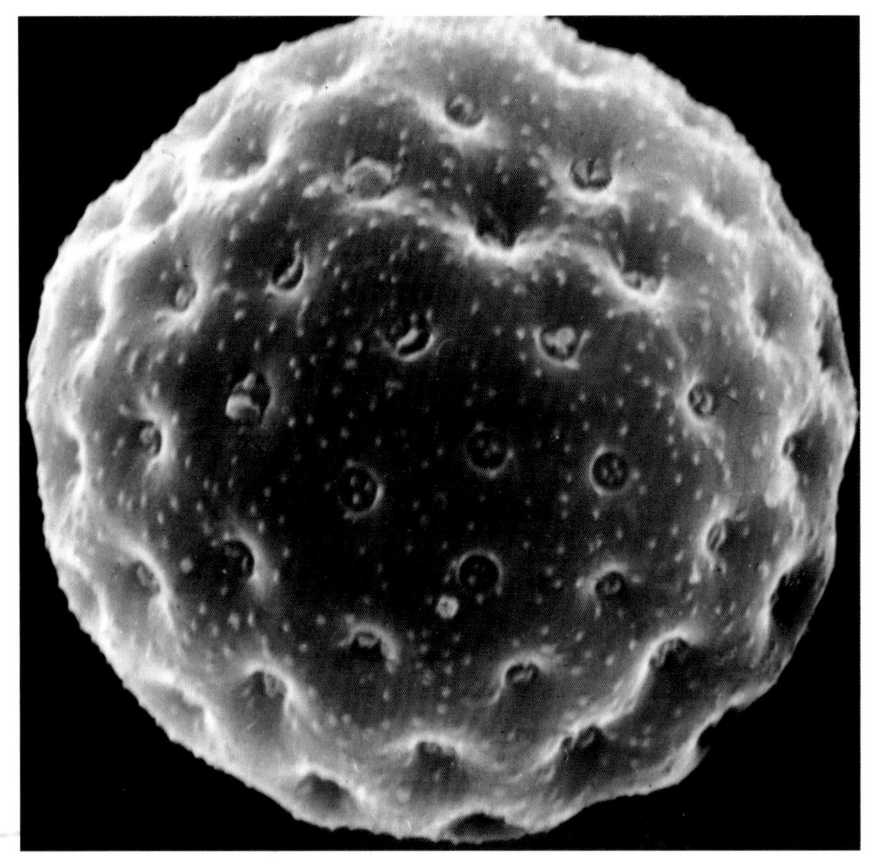

扫描电镜下：

花粉粒球形。具散孔，排列整齐，孔膜上具小瘤。表面颗粒状纹饰，侧面观呈小刺状（×4000）。

透射电镜下：

外壁外层厚度1.3微米。被层明显，厚薄均匀，表面具稀疏小刺，内有稀疏小孔洞；柱状层明显；垫层薄。外壁内层厚薄不均匀。内壁厚薄均匀（1.×3500；2.×18000）。

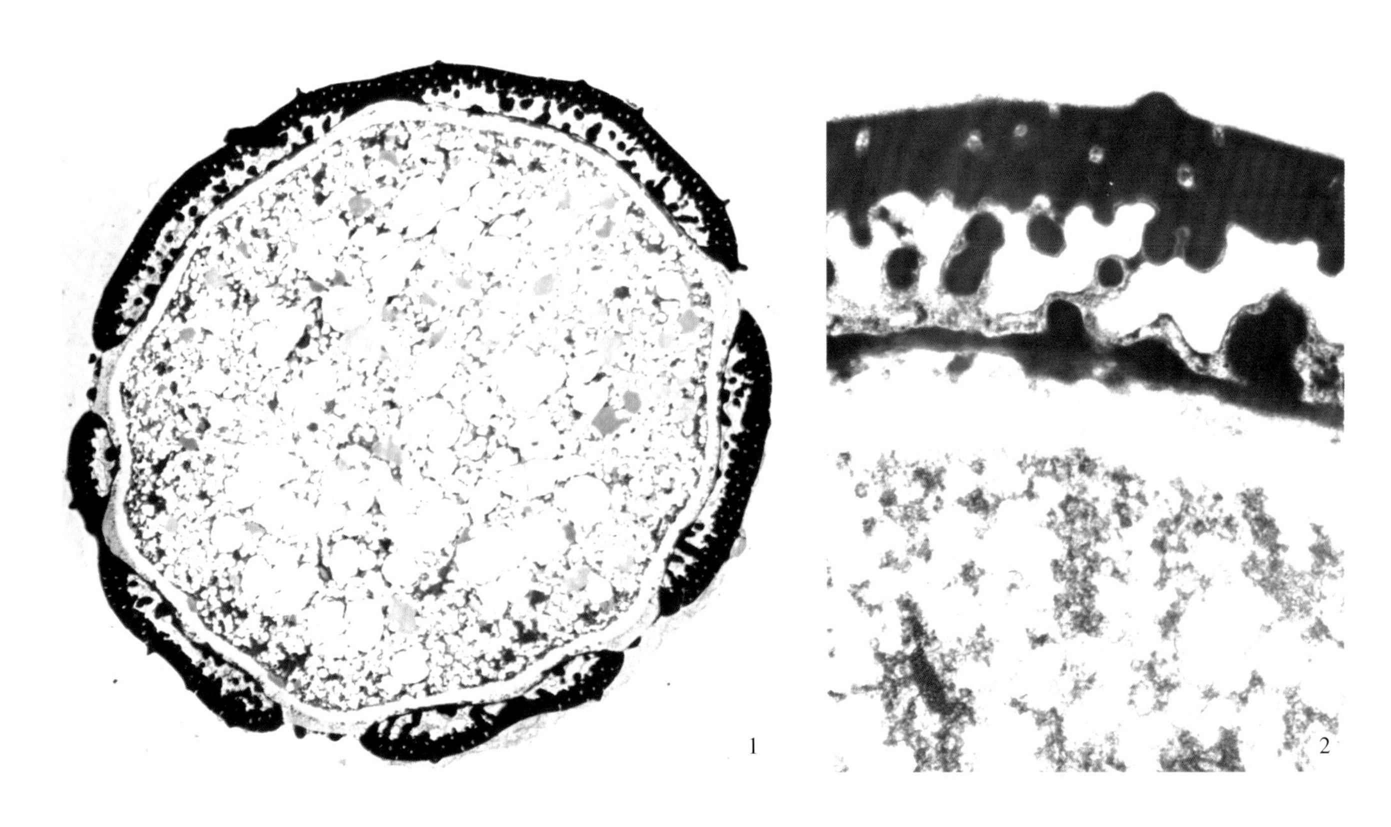

灰绿藜 *Chenopodium glaucum* L.

一年生草本。茎平卧或斜生，自基部分枝，具条棱或紫色条纹。叶互生，具柄，长圆状卵形或披针形，先端急尖或钝，基部渐狭；叶缘具缺刻性牙齿。花两性或兼有雌性。花于叶腋集成短穗，或顶生为间断的穗状花序；浅绿色。花期6月～9月。

分布东北、华北、西北、华中和西藏等省区，生盐地、水边。

光学显微镜下：

花粉球形。直径13～16微米，具散孔（×1200）。

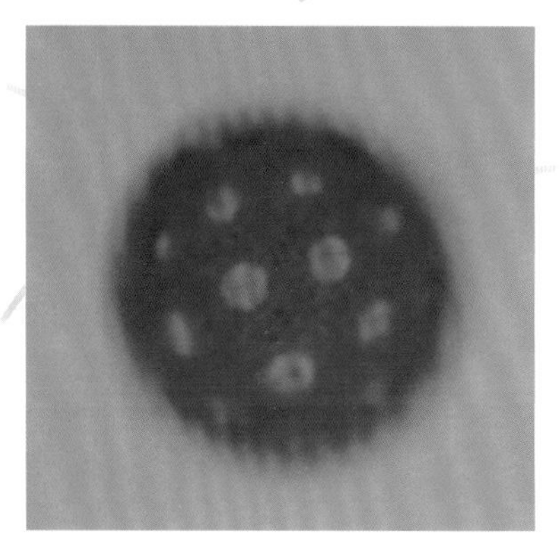

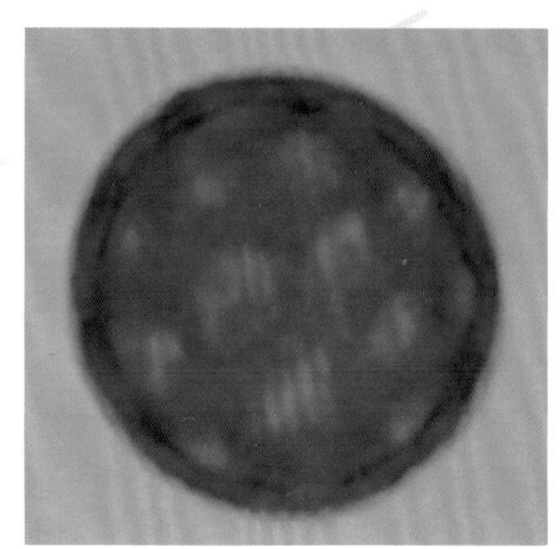

尖头叶藜 *Chenopodium acuminatum* Willd.

一年生草本。茎直立，具棱及绿色或紫红色条纹，多分枝；叶互生，具长柄，卵形、卵圆形等，全缘；花两性，排成圆的穗状或圆锥花序。花期6月～7月。

分布在东北、华北、西北、河南、山东、浙江等地。北京分布较普遍。

光学显微镜下：

花粉球形或近球形，直径20～30微米；具散孔，孔数为70左右（×1200）。

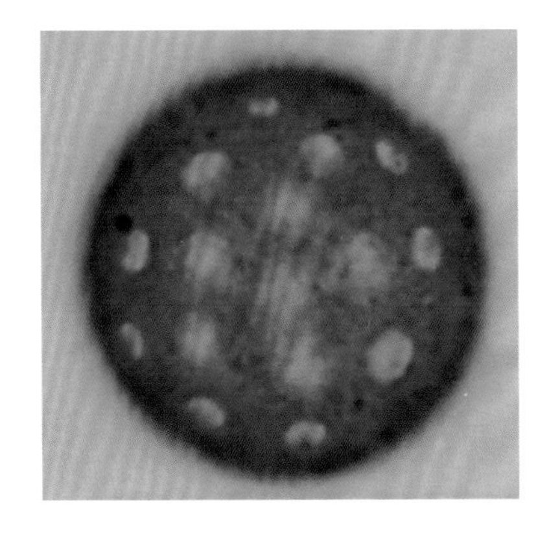

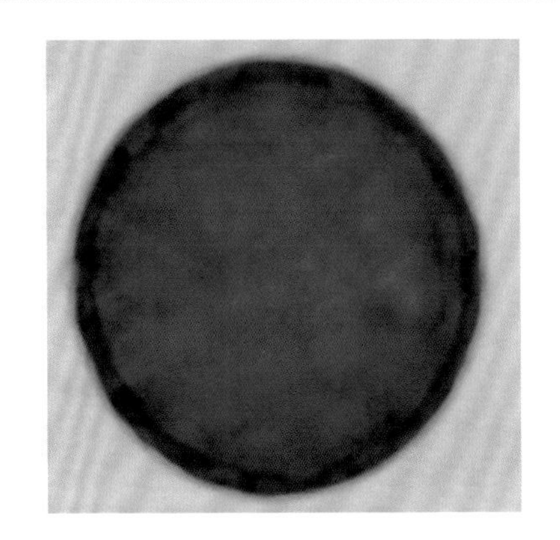

小藜 *Chenopodium serotinum* L.

一年生草本。茎直立，分枝，具条纹。叶互生，具长柄，长圆状卵形，通常3浅裂，中裂片较长，叶缘具波状齿或全缘，先端钝或尖。花序穗状或圆锥状，腋生或顶生。花两性。花期4月～6月。

广布全国各地，北京常见，生荒地、河滩、沟谷潮湿处。

光学显微镜下：

花粉球形，直径16～20微米。具散孔，孔圆形，上具孔膜。外壁两层，表面具颗粒状纹饰（×1200）。

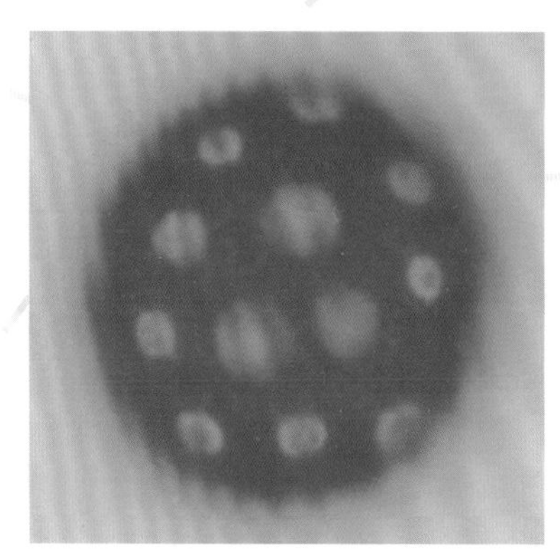

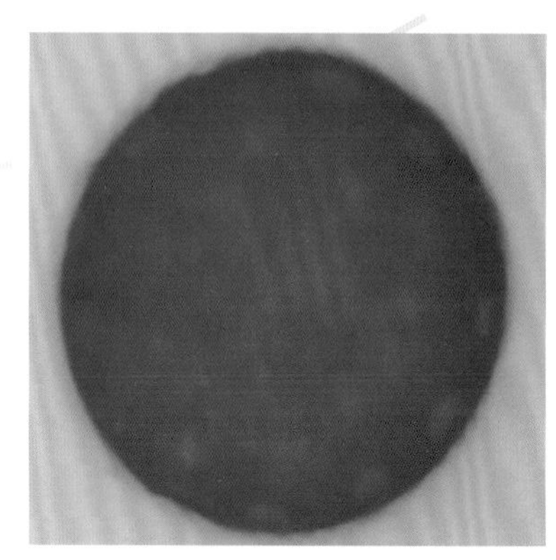

菠菜 *Spinacia oleracea* L.

一年生草本。高60厘米左右。根圆锥形，红色。茎直立，多水分，光滑软弱。叶戟形或卵形，肥厚，肉质，绿色。花单性；雌雄异株，雄花生于茎上部叶腋，顶端渐成穗状花序，雌花生于叶腋，无花被。花期4月～5月。

原产伊朗，我国普遍栽培。

光学显微镜下：

花粉球形，直径38.3微米。具散孔，孔圆或近圆形，有孔膜，分布均匀。外壁两层，外层厚于内层，表面具颗粒状纹饰（×1200）。

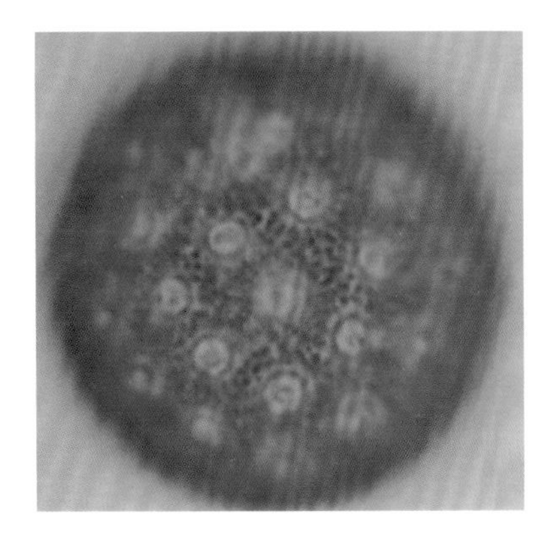

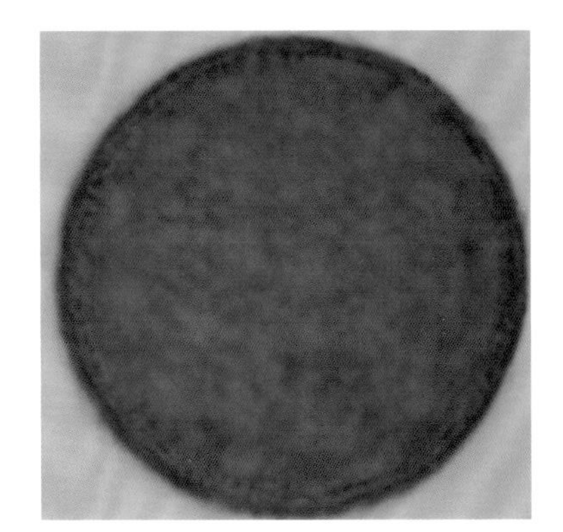

菠菜 *Spinacia oleracea* L.

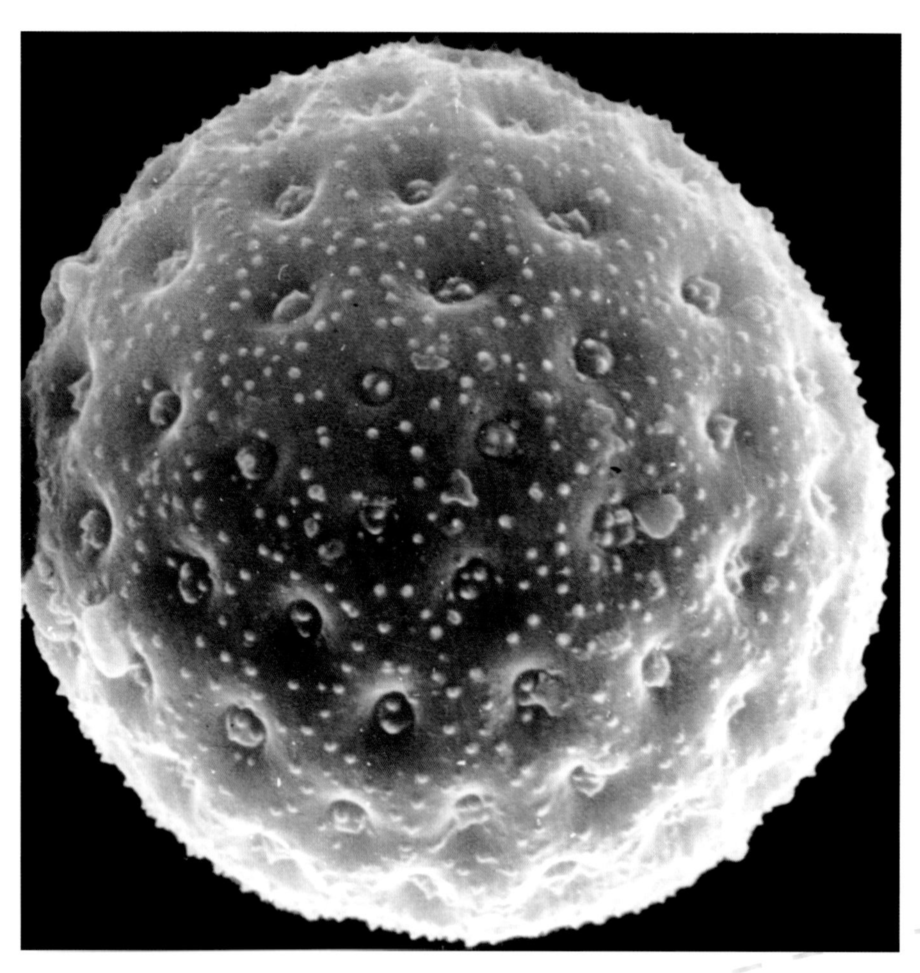

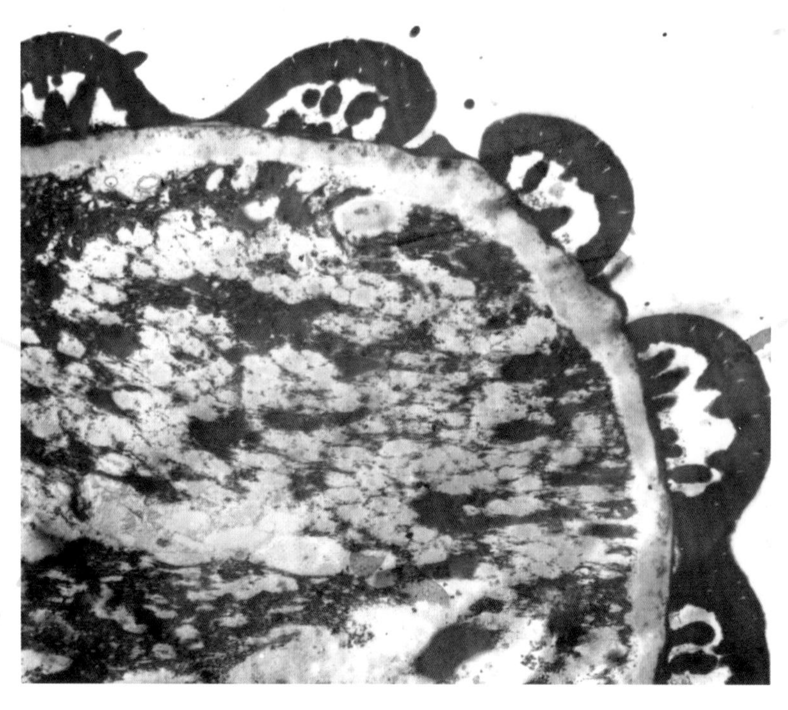

扫描电镜下：

花粉粒球形。孔排列整齐，圆形椭圆形，孔膜上有瘤状或刺状物。表面具分布不均的瘤状纹饰，侧面观呈刺状（×4000）。

透射电镜下：

外壁外层厚度1.3微米，由被层、柱状层和垫层组成。被层明显，内有大小一致排列不整齐的细孔洞；垫层薄，不明显。内壁厚度均匀（×15000）。

地肤 *Kochia scoparia*（L.）Schrad.

野外蔓生

地肤 *Kochia scoparia*（L.）Schrad.

一年生草本。高50～100厘米。茎直立，多分枝，分枝斜上，淡绿色或浅红色。叶互生，披针形或条状披针形。花两性，通常单生或2个生于叶腋，集成疏松的穗状花序。花期7月～8月。

分布几遍全国。朝鲜、日本、蒙古、俄国、印度及欧洲也有，多生宅旁、隙地、荒废田间等处。

光学显微镜下：

花粉球形或近球形。直径约28微米。具散孔，孔圆形或近圆形，分布均匀；具孔膜，膜上有颗粒状纹饰。外壁两层，表面颗粒状纹饰（×1200）。

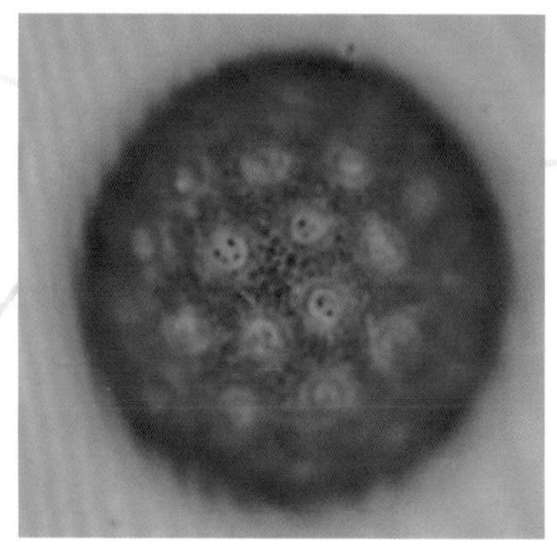

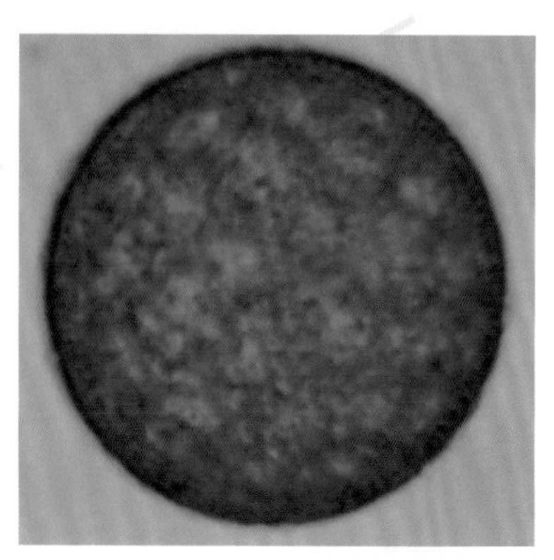

地肤 *Kochia scoparia*（L.）Schrad.

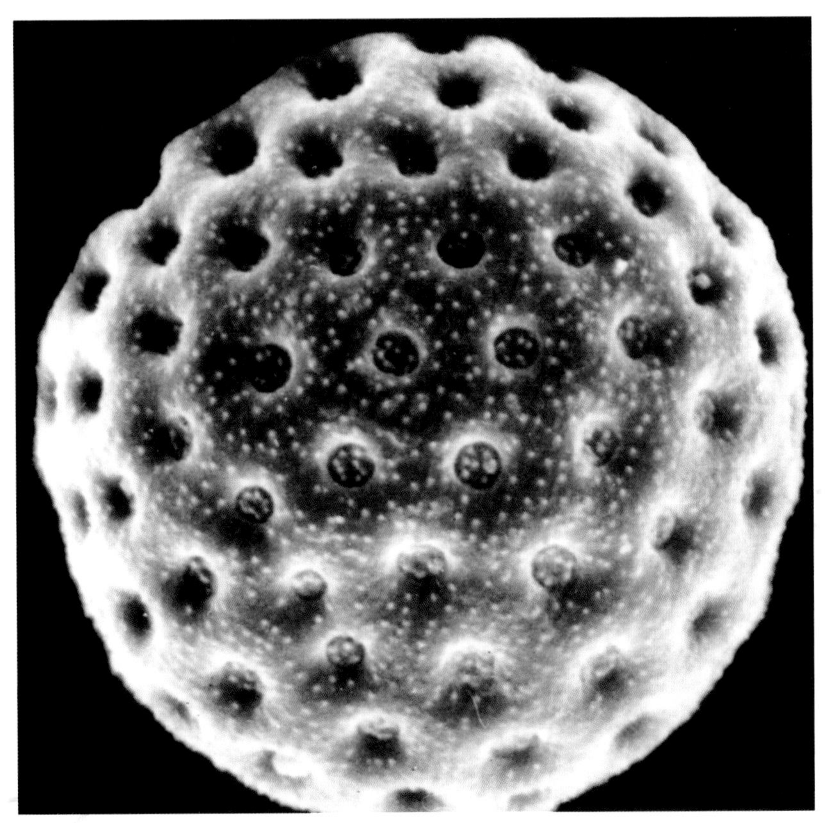

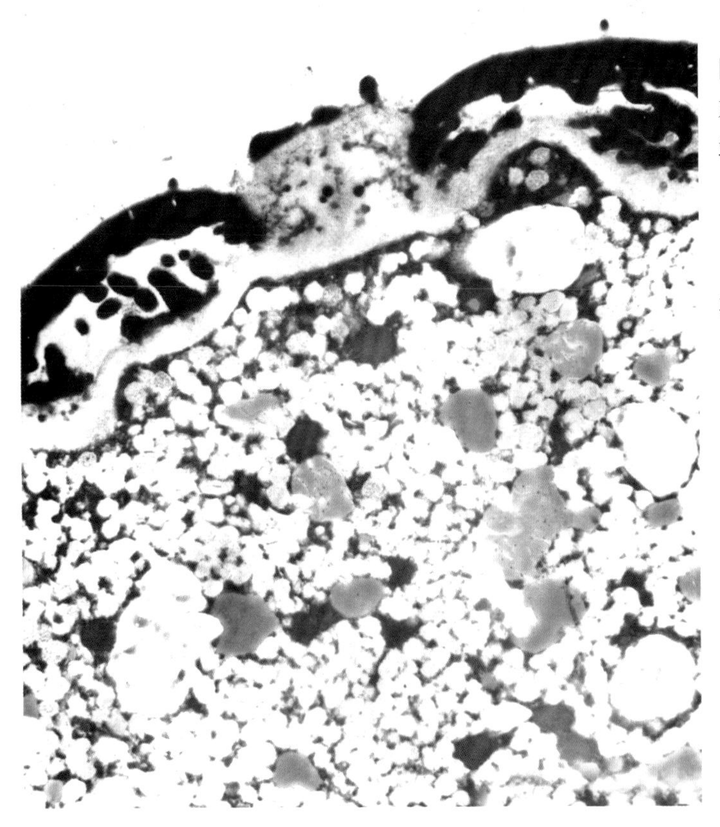

扫描电镜下：

花粉粒球形。直径约26微米。具散孔，排列整齐；孔圆形或椭圆形；孔径约1.5微米；孔具孔膜，膜上具刺，刺7（5～10）个。表面具小刺状纹饰，刺短，基部宽，末端尖，分布不均匀（×4500）。

透射电镜下：

外壁外层表面稀疏小乳头状突起，内有少许细穿孔；柱状层由小柱及颗粒组成；垫层薄。外壁内层不均匀（×12000）。

青箱（野鸡冠花）*Celosia argentea* L.

一年生草本。茎直立，有分枝，绿色或红色，具明显条纹。叶片披针形或椭圆状披针形，顶端急尖或渐尖。花多数，密生，在茎端或枝端成单一的无分枝的塔状或圆柱状穗状花序，长3～10厘米。花被片长圆状披针形，初为白色顶端带红色，或全部粉红色；雄蕊5；花药紫红色；花柱细长，紫红色。花期5月～8月。

分布于全国各地。

光学显微镜下：

花粉球形或近球形，直径29（25～34）微米。具散孔，孔数为19～21（×1200）。

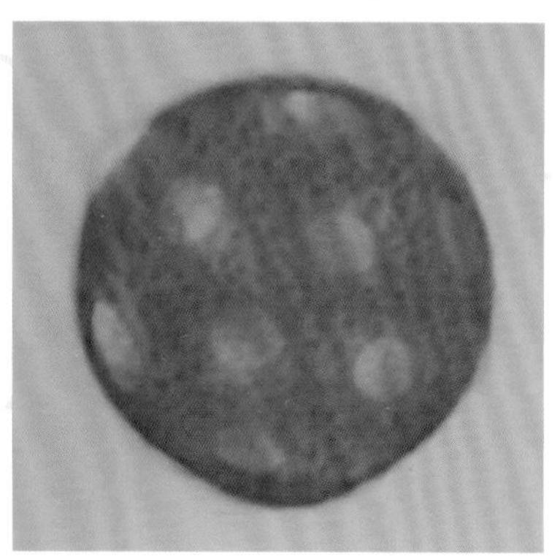

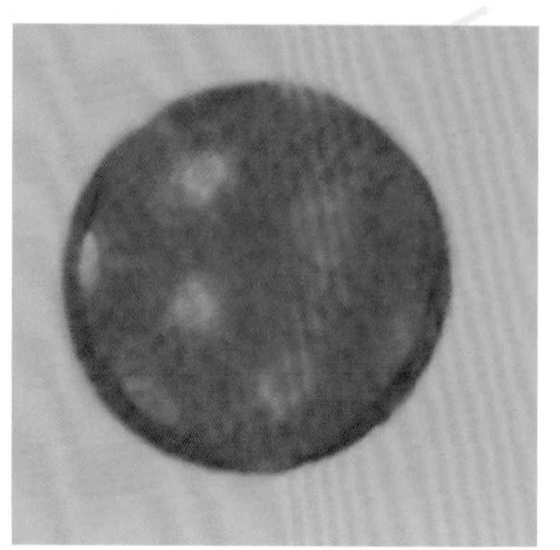

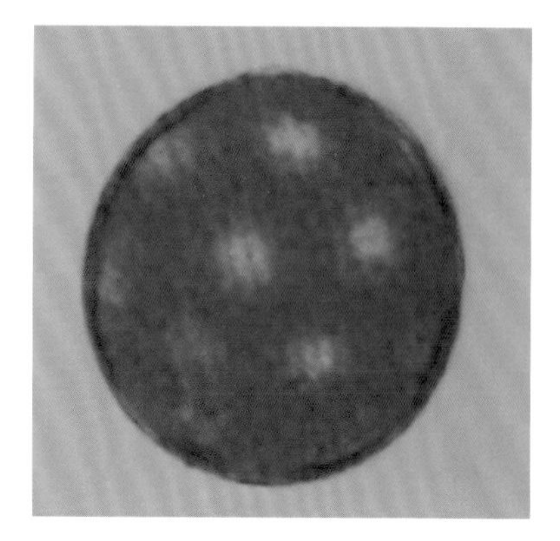

反枝苋 *Amaranthus retroflexus* L.

一年生草本。株高20～80厘米。茎粗壮。单一或分枝，稍具钝棱，密生短柔毛。叶菱状卵形或椭圆状卵形，顶端锐尖或尖凹，基部楔形，全缘或波状圆。圆锥花序顶生或腋生，由多数穗状花序组成。顶端急尖或尖凹，具凸尖，花期7月～8月。

原产美洲热带，为归化植物，北京极为普遍。

光学显微镜下：

花粉球形或近球形，直径20～30微米。具散孔，孔数30～40个，均匀排列于花粉表面。外壁具颗粒状纹饰（×1200）。

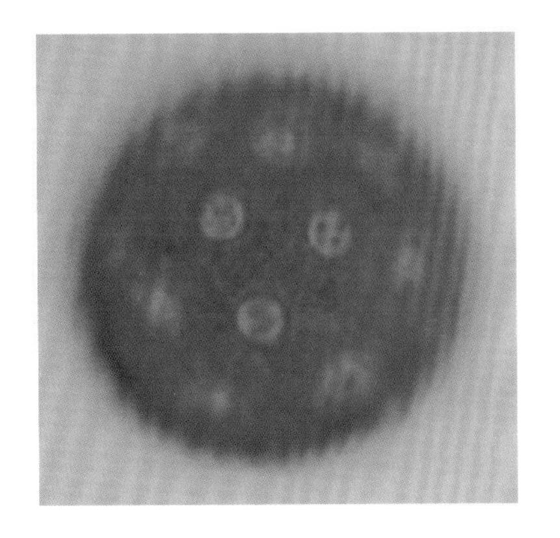

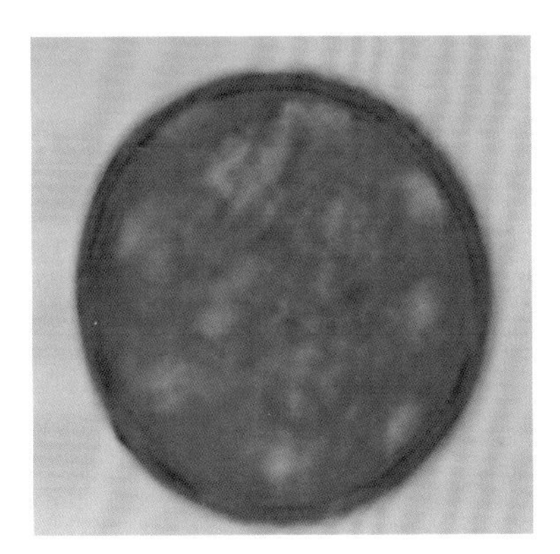

反枝苋 *Amaranthus retroflexus* L.

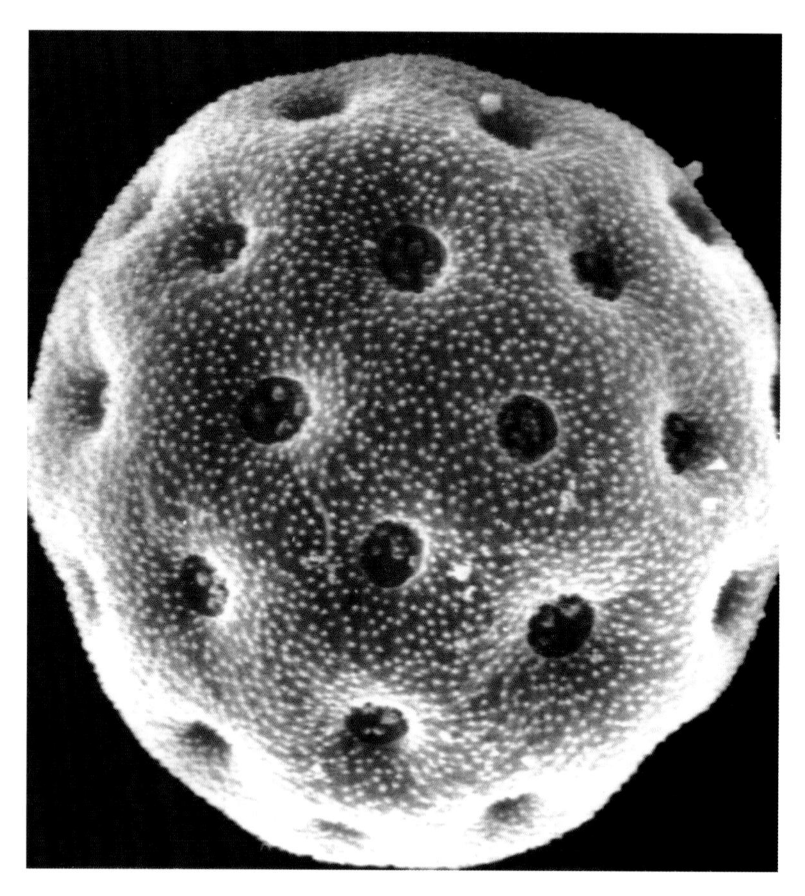

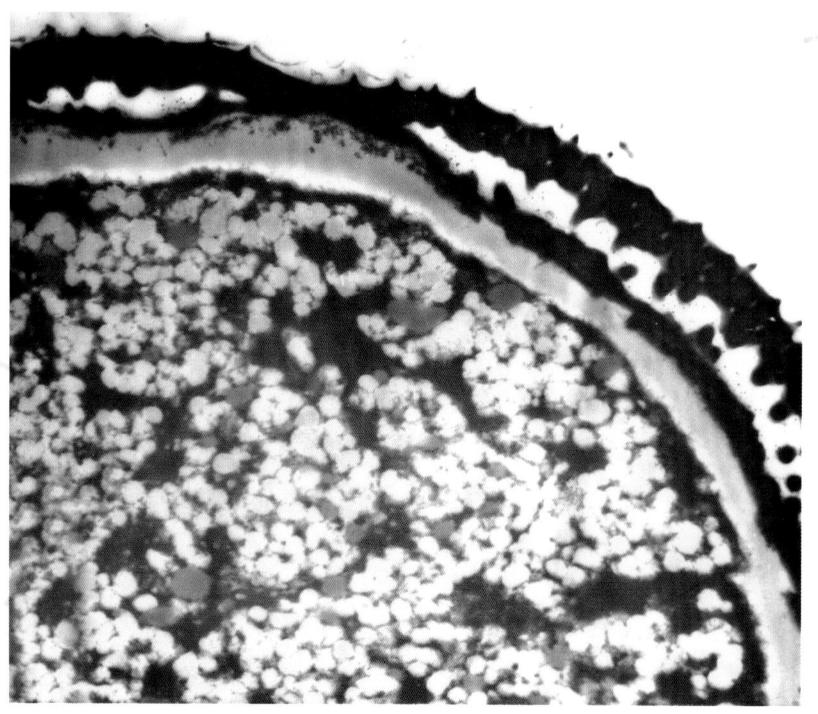

扫描电镜下：

花粉粒球形。具散孔，孔圆，孔膜有散在的小瘤状物。表面具分布均匀的颗粒状纹饰，侧面观呈细刺状（×4900）。

透射电镜下：

外壁外层厚度1.4微米（不包括小刺）。被层明显，厚薄均匀，表面有稀疏小刺，内有排列不整齐的穿孔；柱状层明显，大小不一；垫层薄不明显。内壁薄厚不均匀（×12000）。

繁穗苋 *Amaranthus paniculatus* L.

一年生草本。高1～2米。茎直立，单一或分枝，具钝菱，几无毛。叶卵状长圆形或卵状披针形，顶端锐尖或钝圆，具小芒尖，基部楔形，全缘或波状缘。花单性或杂性；圆锥花序腋生和顶生，由多数穗状花序组成，直立，后下垂。花期6月～7月。

我国各地都有栽培或野生。

光学显微镜下：

花粉球形，直径21～30.5微米。具散孔，均匀排列。表面具颗粒状纹饰（×1200）。

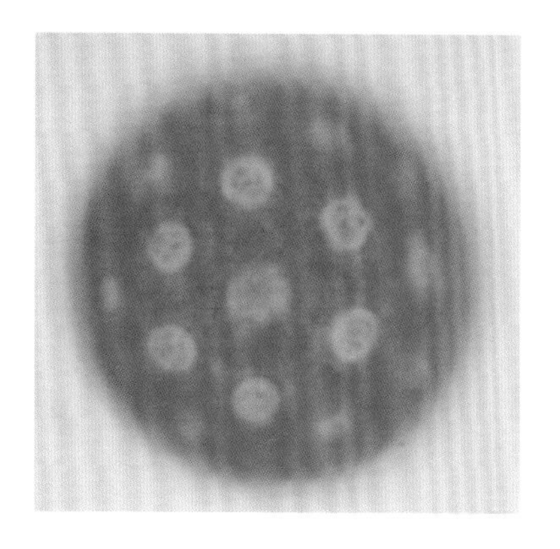

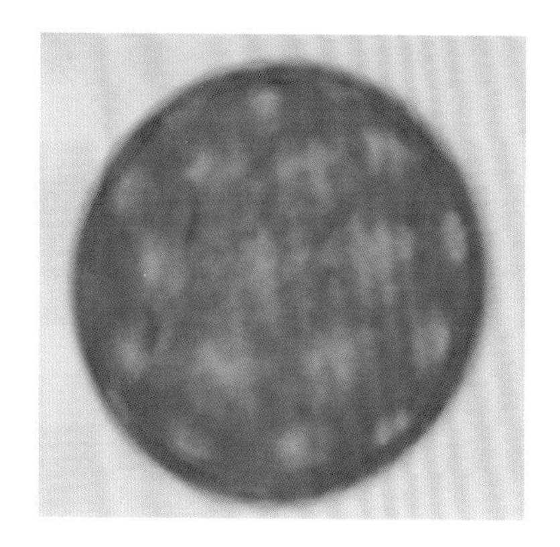

皱果苋 *Amaranthus viridis* L.

一年生草本。茎直立，具不明显棱角，稍分枝，绿色或带紫色，光滑。叶卵形或卵状椭圆形，光滑，顶端微缺，具小芒尖，基部近截形。圆锥花序顶生，由穗状花序组成。花期6月～8月。

全国均有分布，生于农田、荒地。

光学显微镜下：

花粉球形。直径24～48微米。具散孔，孔数20～25。表面具细颗粒状纹饰（×1200）。

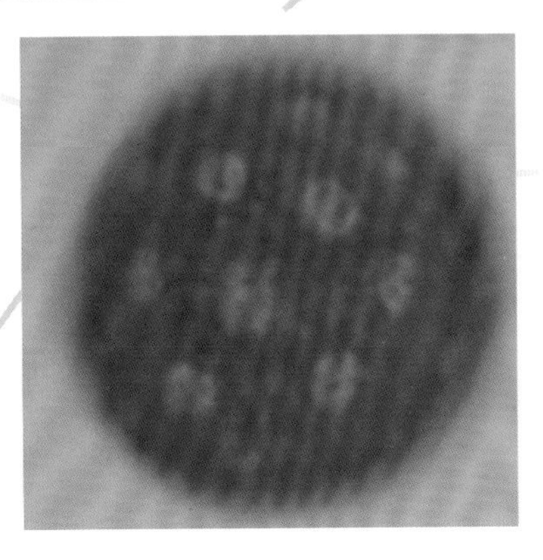

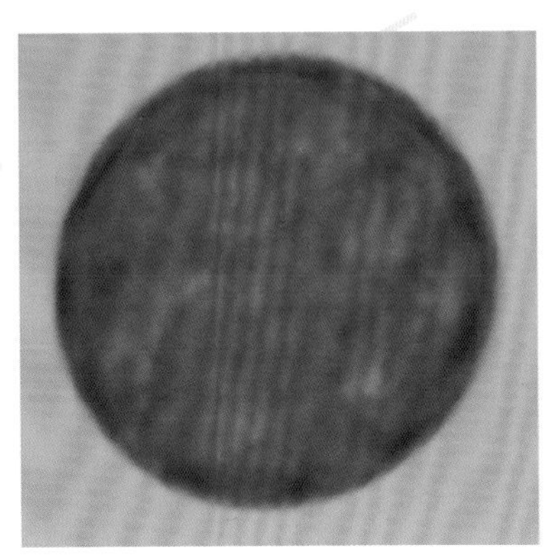

苋（三色苋）*Amaranthus tricolor* L.

一年生草本，株高80～150厘米。常分枝，绿色或红包。叶卵状椭圆形至披针形；绿色或红色、紫色、黄色，亦可杂有其他颜色；先端钝尖，稍有微缺；叶基沿叶柄下延；全缘或略成波状，两面无毛；具叶柄。花密集成簇，圆球形，腋生或集成腋生花穗，在茎顶侧集成顶生穗状花序，下垂。雄花和雌花混生。花期5月～8月。

全国均有栽培，北京常见栽培或偶见野生，嫩茎、叶可食用。

光学显微镜下：

花粉粒球形或近球形，直径约为31微米。具散孔，孔圆形，分布均匀，具孔膜，膜上颗粒状纹饰。外壁两层，表面颗粒状纹饰（×1200）。

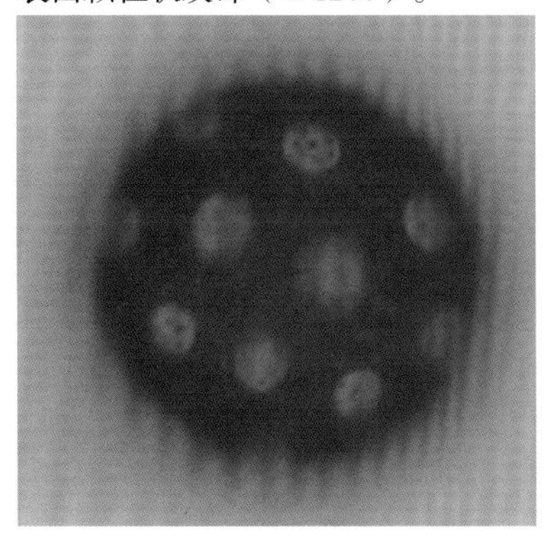

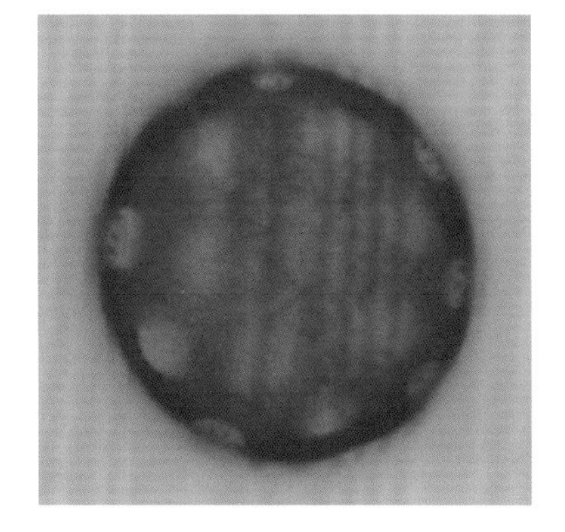

凹头苋 *Amaranthus lividus* L.

一年生草本。高10～30厘米。全株无毛；茎自基部分枝，平卧而上升。叶互生，具长柄；叶片卵形或菱状卵形，先端钝圆而有凹陷，基部宽楔形。花簇大部分腋生于枝的上部，有时形成一粗大的顶穗，集成穗状花序或圆锥花序。花期7月～8月。

分布于华南、西南、华北、东北。生于农田及荒地。

光学显微镜下：

花粉粒球形或近球形，直径18～30微米。具散孔，孔数为30～40个，均匀排列。外壁表面具颗粒状纹饰（×1200）。

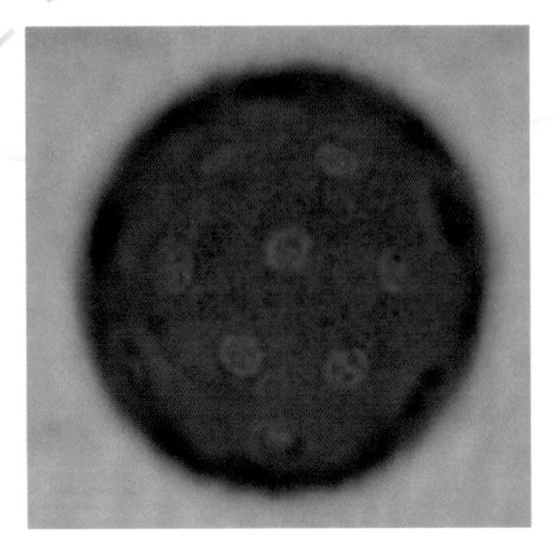

尾穗苋 *Amaranthus caudatus* L.

一年生草本。株高1米以上。茎粗状，具条纹，单一或分枝，绿色，或带粉红色。叶菱状卵形或菱状披针形，先端渐尖或钝圆，基部宽楔形，稍不对称，全缘或具波状缘。圆锥花序项生，下垂，由多数穗状花序组成。花单性，雄花和雌花混生于同一花簇，红色。花期7月～8月。

原产于热带，北京常见栽培，我国各地均有栽培，并有时逸为野生。

光学显微镜下：

花粉球形到近球形。直径为31（25～36）微米。具散孔，孔数为34个左右（×1200）。

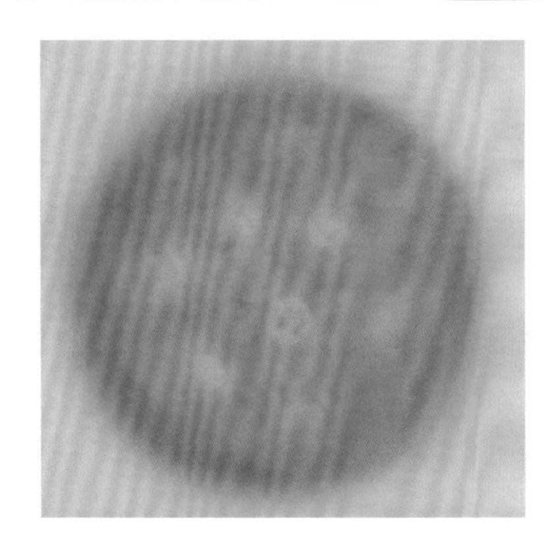

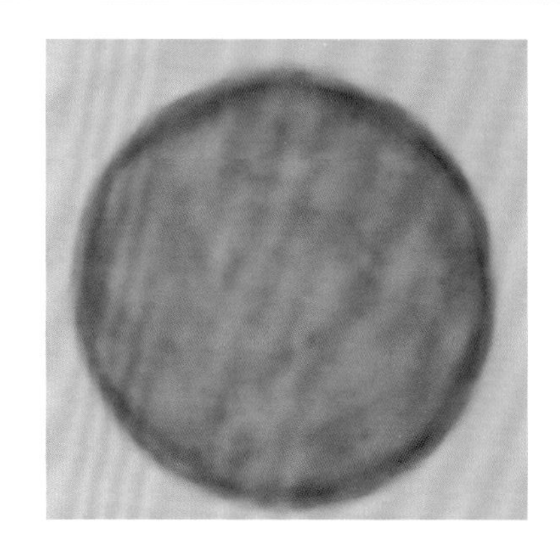

刺苋 *Amaranthus spinosus* L.

一年生草本。茎直立，高30～100厘米，多分枝，有棱，紫红色或绿色，几无毛。叶互生，具长柄，基部两侧各有一刺。叶片菱状卵形或卵状披针形，全缘或略显波状。圆锥花序腋生和顶生；一部分胞片变成尖刺，一部分呈狭窄披针形；花被片5；淡绿色。花期6月～8月。

分布于华东、华中、华南、西南、河南和狭西南部，华南最多，北京多处有野生。生于较湿润的农田、路旁和荒地。

光学显微镜下：

花粉球形或近球形，直径23～33微米。具散孔，孔数约40～50个，均匀排列。外壁表面具颗粒状纹饰（×1200）。

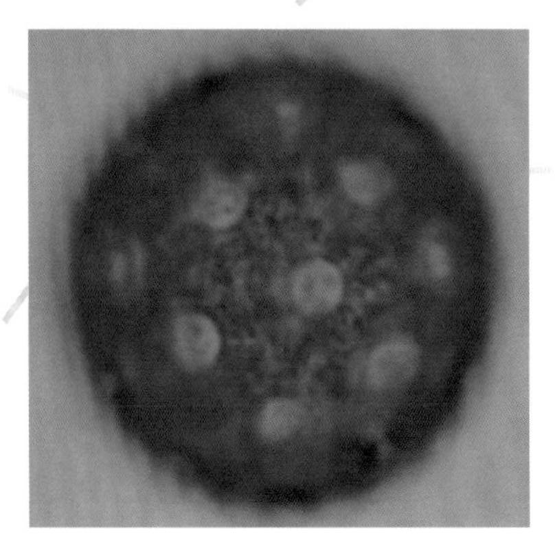

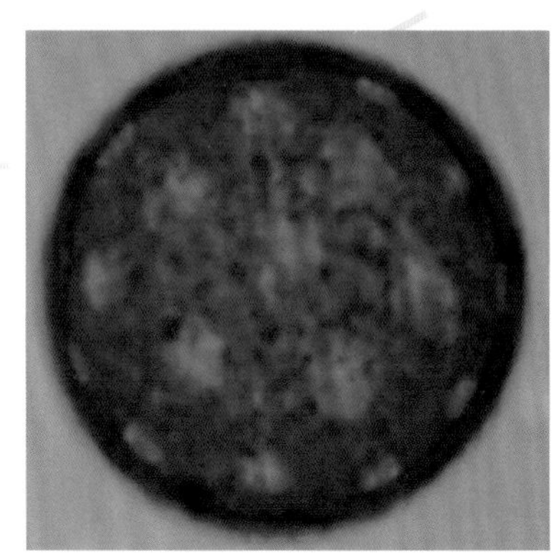

刺苋 *Amaranthus spinosus* L.

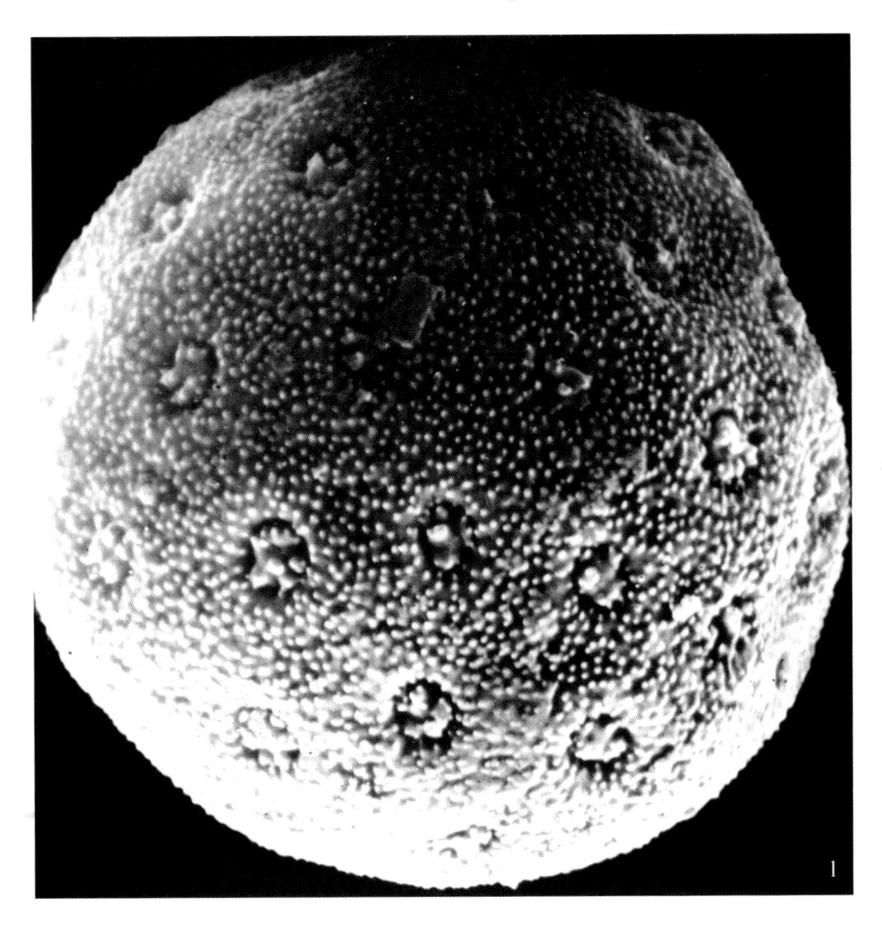

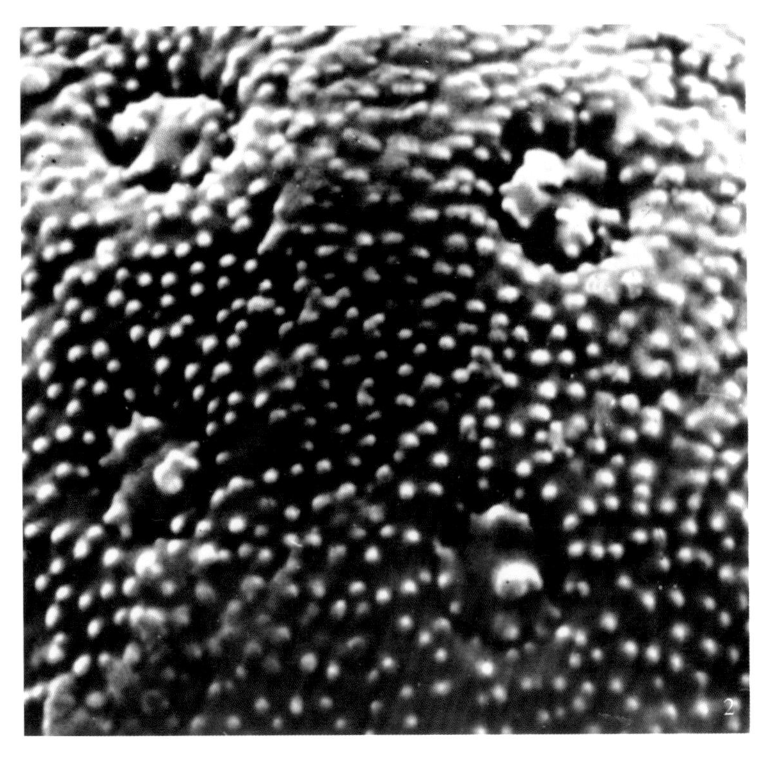

扫描电镜下：

花粉粒球形。具排列整齐的散孔，孔膜上有瘤状突起物。表面颗粒状纹饰（1. 球面×4200；2. 纹饰×14000）。

莲（荷花）*Nelumbo nucifera* Gaertn.

多年生水生草本。株高1～2米。根茎肥厚，横走地下；外皮黄白色，节部生鳞叶及不定根，节间膨大，纺锤形或柱状，内有蜂巢状孔道。叶基生，叶柄长，圆柱形，中空。叶片盾状圆形，直径25～90厘米，波状全缘，挺出水面。花大，直径10～25厘米，粉红色或白色，芳香。花瓣多数，椭圆形，先端尖，雄蕊多数，早落。花期7月～8月。

原产于中国，世界各地广为栽培。

光学显微镜下：

花粉长球形，大小为74（66～83）微米×62.5（60.5～66）微米。具3孔沟，外壁两层，外层较厚，表面具蠕虫状纹饰（×1200）。

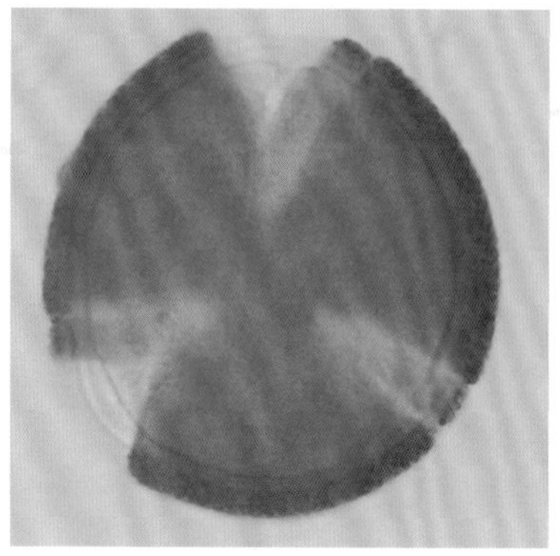

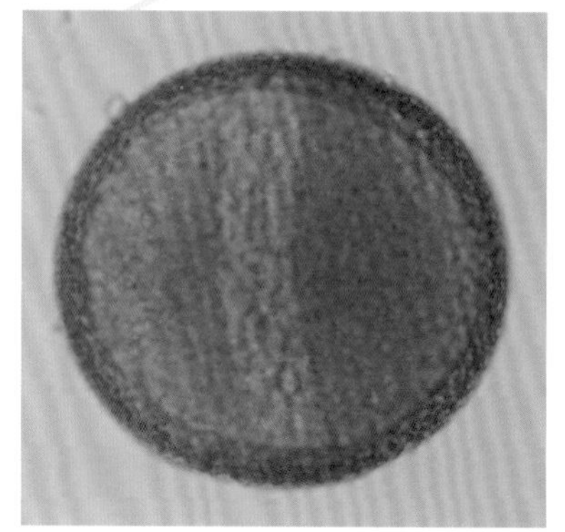

领春木 *Euptelea pleiosperrmum* Hook. f. et Thoms.

落叶灌木或小乔木。树皮紫黑色或棕灰色。单叶互生，纸质，卵形或椭圆形，顶端渐尖，基部楔形，边缘具疏锯齿，近基部全缘。花两性，早春先叶开放，6~12朵簇生；花无被，雄蕊6~14，花药比花丝长。花期4月。

分布河北、山西、河南、陕西、甘肃、浙江、湖北、四川、贵州。

光学显微镜下：

花粉近球形，稍长或稍扁，大小约23.5微米×24微米。具4孔，上有细颗粒。表面具细网状纹饰（×1200）。

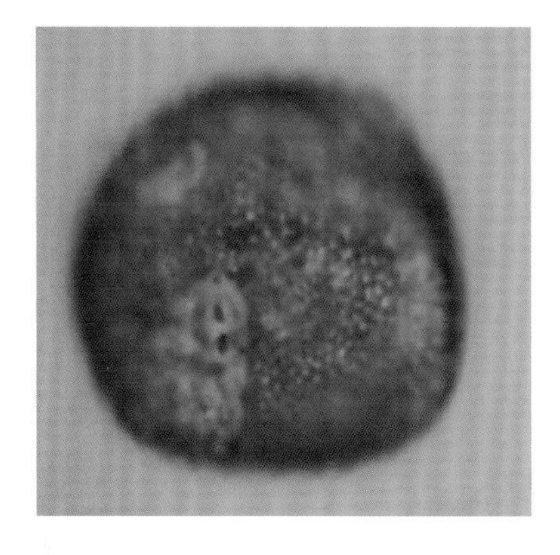

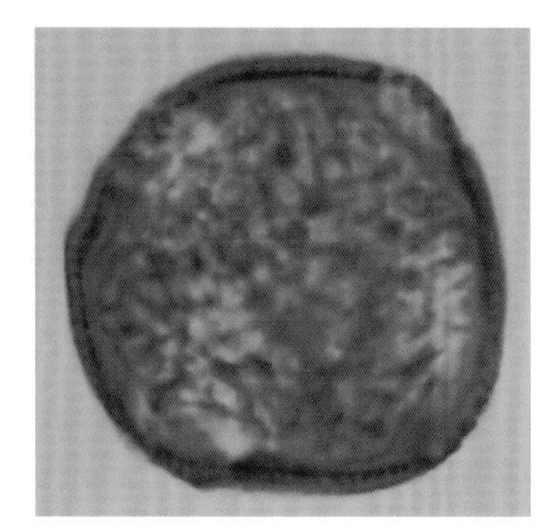

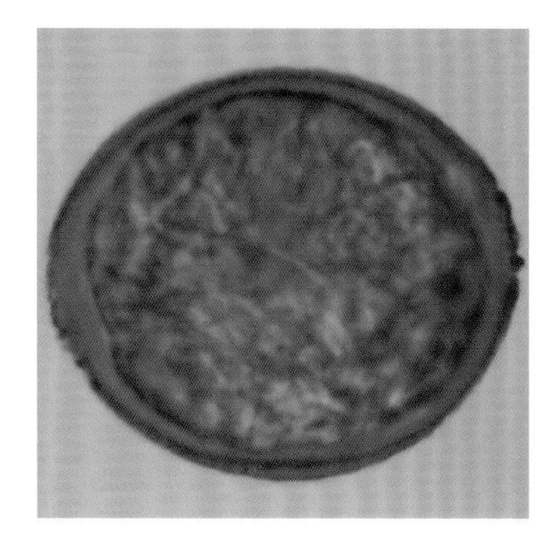

连香树 *Cercidiphyllum japonicum* Sieb. et Zucc. var. Sinense Rehd. et Wils

落叶大乔木。高达40米。树皮灰色或棕灰色；小枝无毛，长枝细，短枝在长枝上对生；叶对生，纸质，宽卵形或近圆形，边缘有钝齿。花单性，雌雄异株，先叶开放；雄花常4朵簇生；近无梗；雌花2～6朵簇生，有总梗。花期5月。

分布河南、山西、陕西、甘肃、安徽、浙江、江西、湖北、四川。

光学显微镜下：

花粉近球形，直径约32微米。极面观具模糊的三沟，沟宽，如楔形，外壁不裂开；赤道面观具一宽沟，无孔。表面细网状纹饰（×1200）。

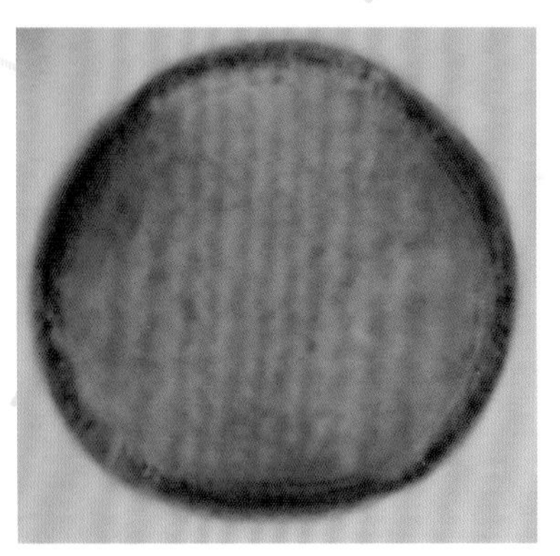

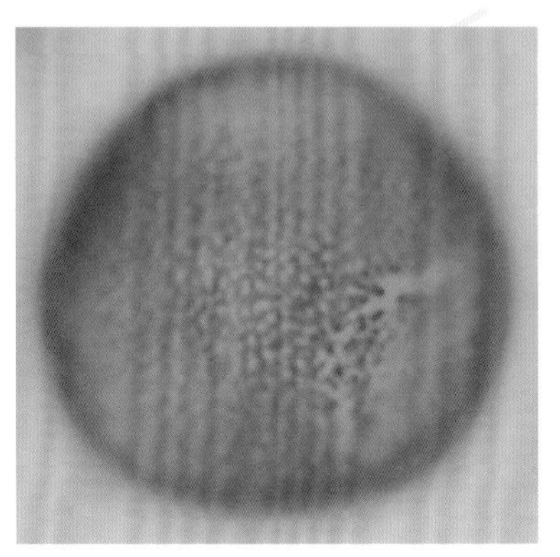

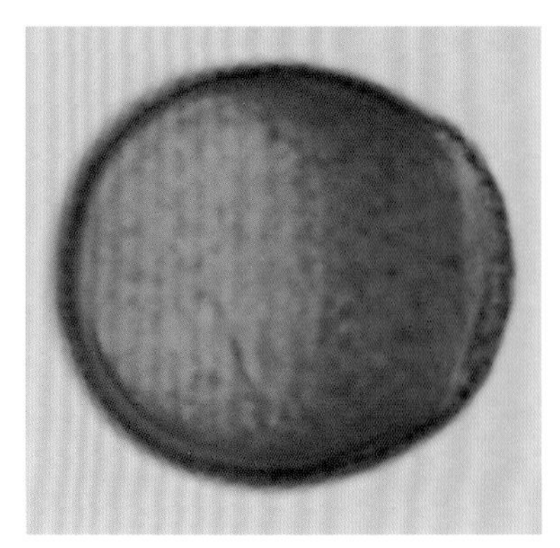

耧斗菜 *Aquilegia viridiflora* Pall.

多年生草本。株高15～50厘米。基生叶数枚，2回3出复叶；小叶楔状倒卵形，长1.5～3厘米，3裂；叶柄长约18厘米；茎生叶少数，1～2回三出复叶。花序具3～7朵花，花梗长2～7厘米。萼片5，黄绿色，卵形。花瓣5，黄绿色；雄蕊多数，长2厘米，伸出花外，花药近红色。花期5月～7月。

分布东北、内蒙古、河北、山西、陕西、甘肃、宁夏、青海、山东。

光学显微镜下：

花粉近球形，大小约21微米×21.5微米。具3沟，外壁具微弱的颗粒状纹饰（×1200）。

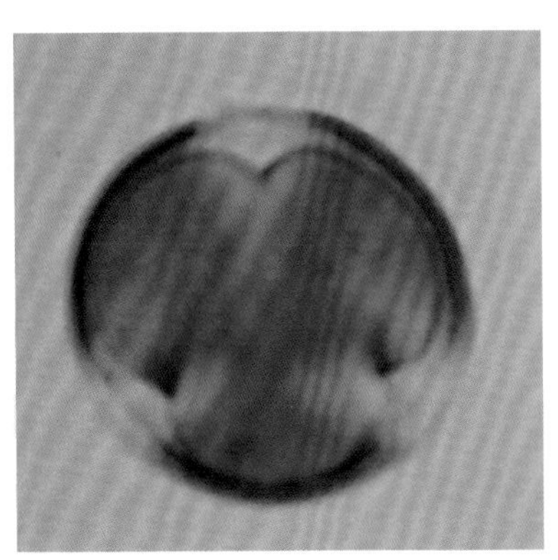

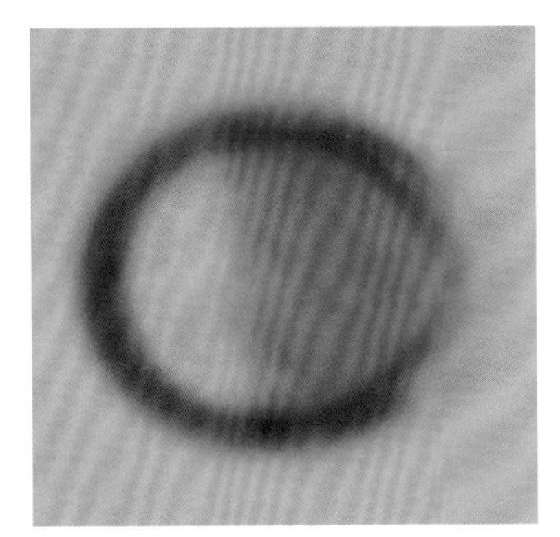

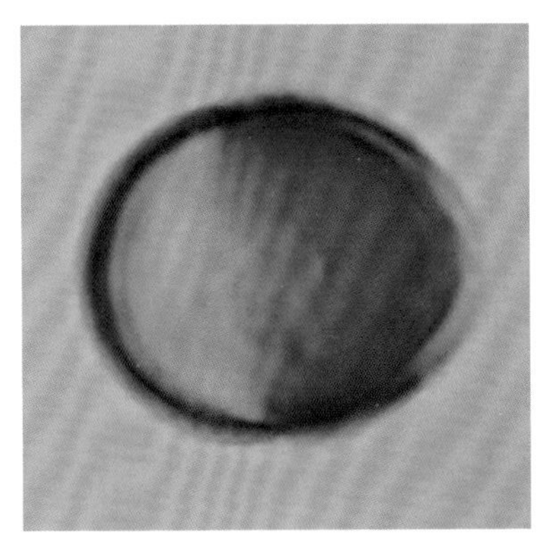

箭头唐松草 *Thalictrum simplex* L.

多年生草本。株高60～90厘米。茎直立，上部生向上直展的分枝及茎生叶。花序圆锥状，长圆形或狭塔形。花梗短，雄蕊多数。花期7月～8月。

分布于东北、内蒙古、河北、山西、湖北、陕西、甘肃、青海、四川。

光学显微镜下：

花粉球形。具散孔，一般约6～7个，具孔膜，直径约18～24微米。表面颗粒状纹饰（×1200）。

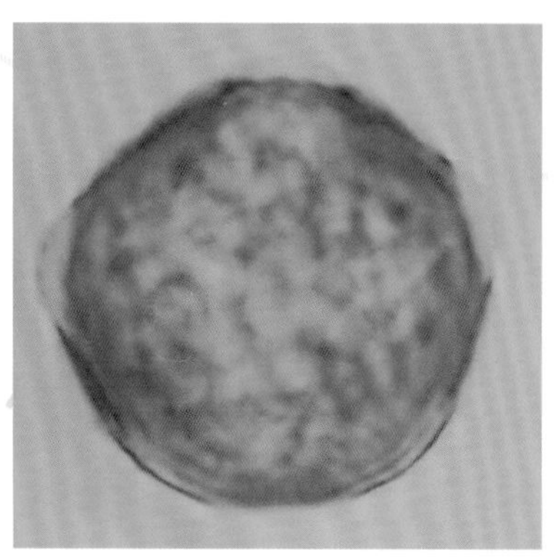

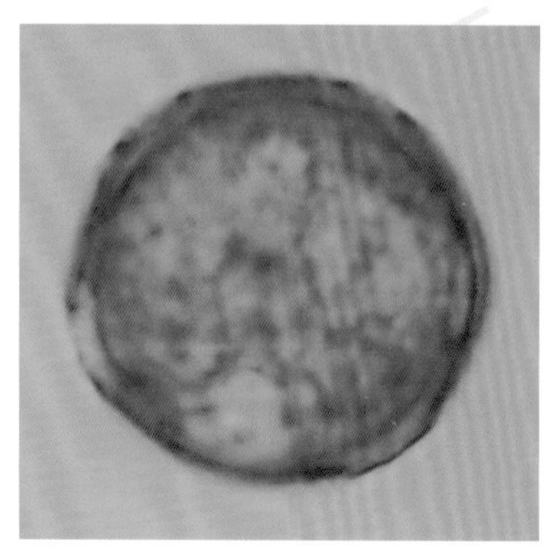

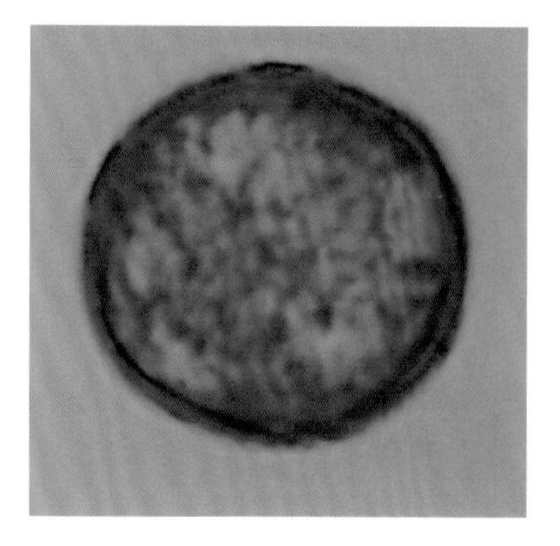

日本小檗 *Berberis thunbergii* DC.

灌木。株高约1米。幼枝淡红带绿色，无毛；老枝暗红色，具条棱；刺通常不分叉。叶倒卵形或匙形，先端钝，基部下延成短柄，全缘；花单生或2～3朵成近簇生的伞形花序。花瓣黄色带红色，长圆状卵形。全缘。花期4月～6月。

原产日本，北京多有栽培。

光学显微镜下：

花粉近球形，直径约45微米。具散沟，有沟膜，膜上具颗粒状纹饰。外壁层次不清楚（×1200）。

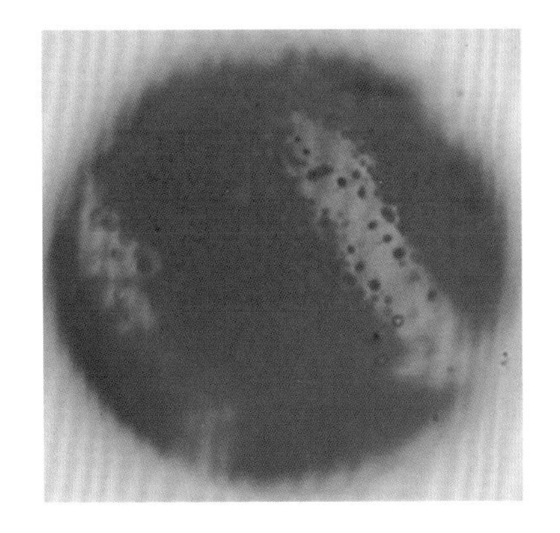

樟树 *Cinnamomum camphora*（L.）Presl

常绿大乔木。高可达40米。树皮幼时绿色，光滑，老时变黄褐色或灰褐色，纵裂，枝叶有樟脑味，叶薄革质，互生，全缘，卵形或椭圆状卵形，背面微白粉。圆锥花序腋生，花小，淡黄绿色。花期4月～5月。

产我国南方各地。

光学显微镜下：

花粉球形。直径约33微米。无萌发孔，外壁薄。表面具小刺（×1200）。

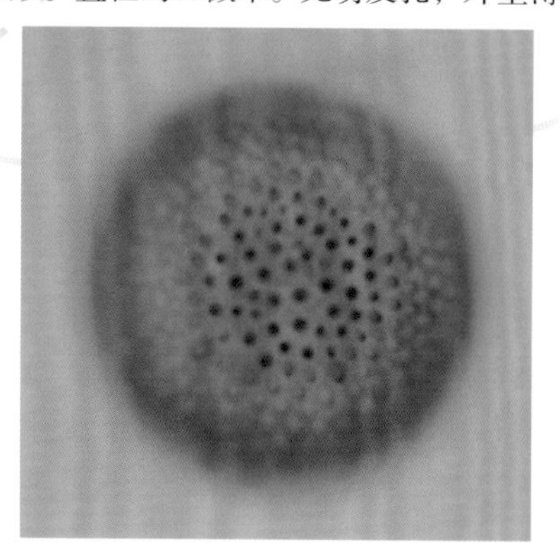

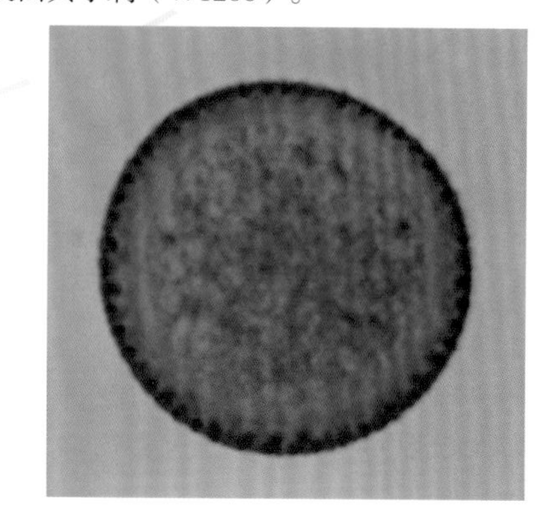

樟树 *Cinnamomum camphora*（L.）Presl

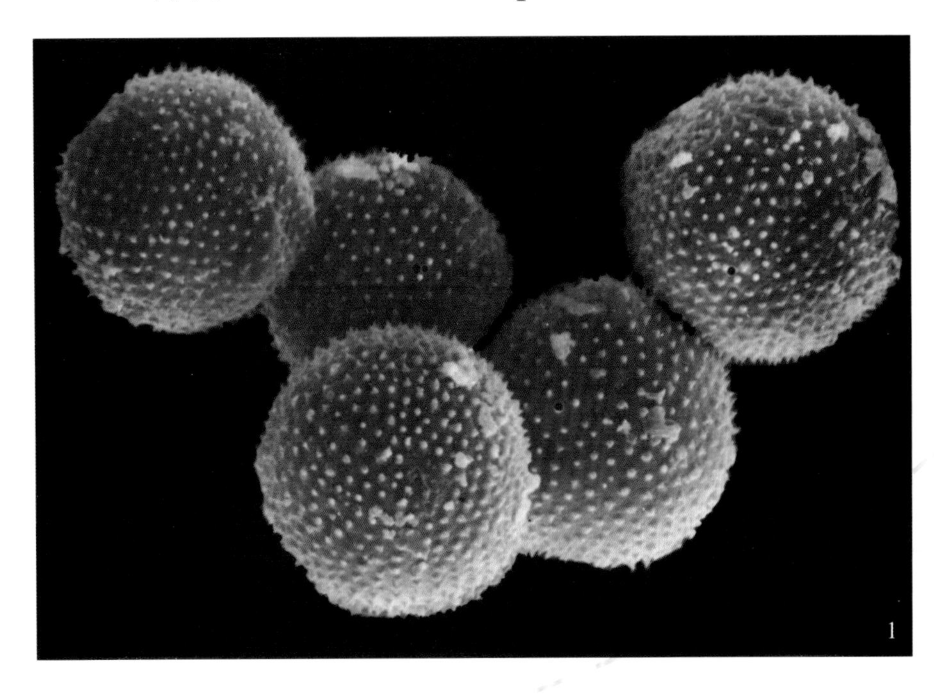

扫描电镜下：

花粉球形。表面具刺，分布均匀（1. ×1800；2. ×5400；3. ×12000）。

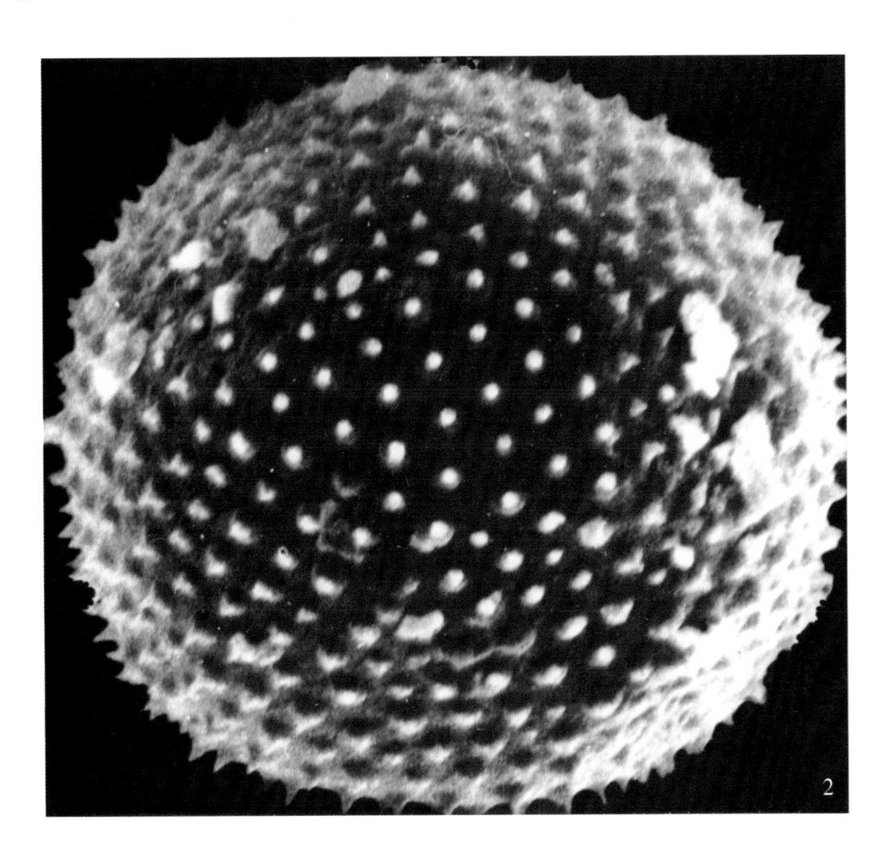

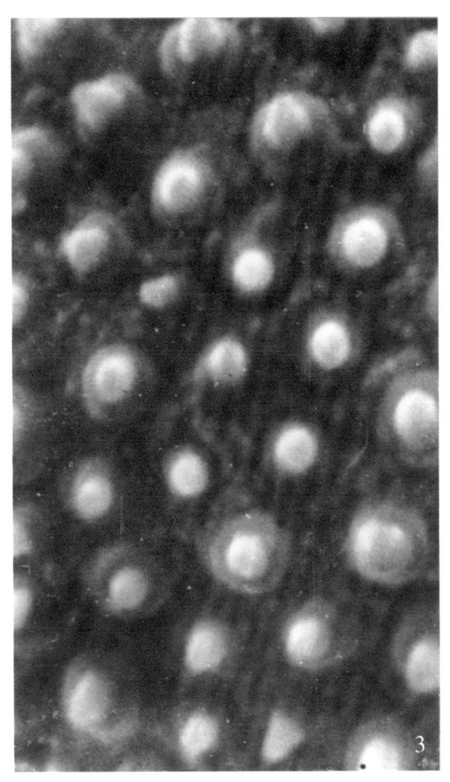

油菜 *Brassica campestris* L.

授粉高峰期

油菜 *Brassica campestris* L.

一年生草本。高30～90厘米。茎粗壮，不分枝或分枝。基生叶有柄，大头羽状分裂，顶生裂片圆形或卵形。花黄色，花冠十字形，有密腺，长角果条形。花期，长江以南1月～3月；华北及西北4月～5月。

全国各地均有栽培。

光学显微镜下：

花粉球形或近球形，大小约为29微米×27.5微米。极面观三裂圆形，赤道面观近圆形，无孔。外壁表面具网状纹饰（×1200）。

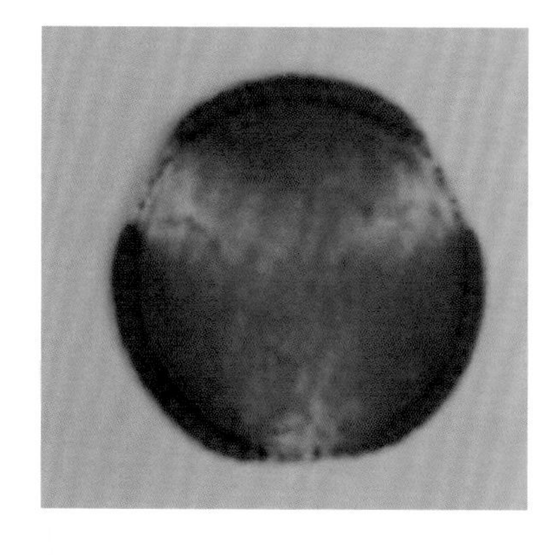

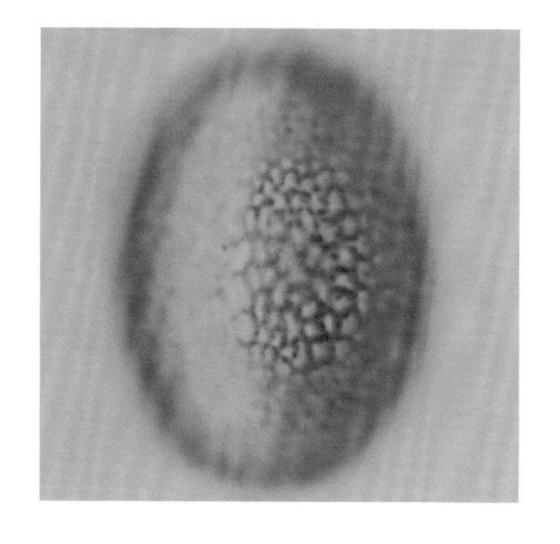

油菜 *Brassica campestris* L.

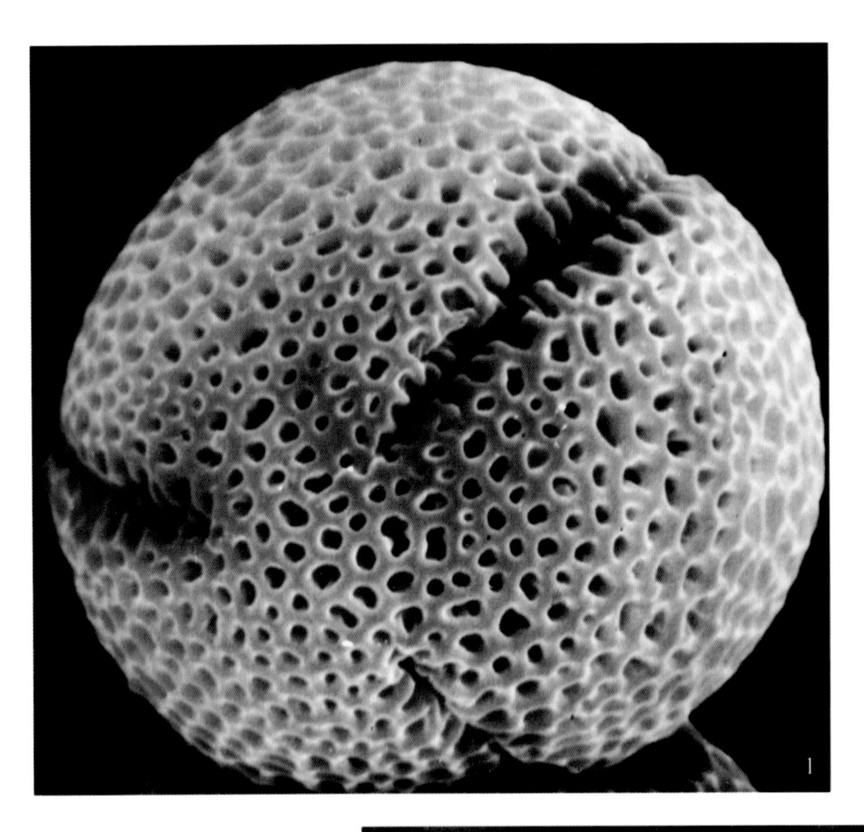

扫描电镜下：

花粉粒极面观三裂圆形，赤道面观近圆形。无孔。沟较短，赤道沟具粗颗粒。外壁表面网状纹饰（1. 极面 × 5200；2. 赤道面 × 5200）。

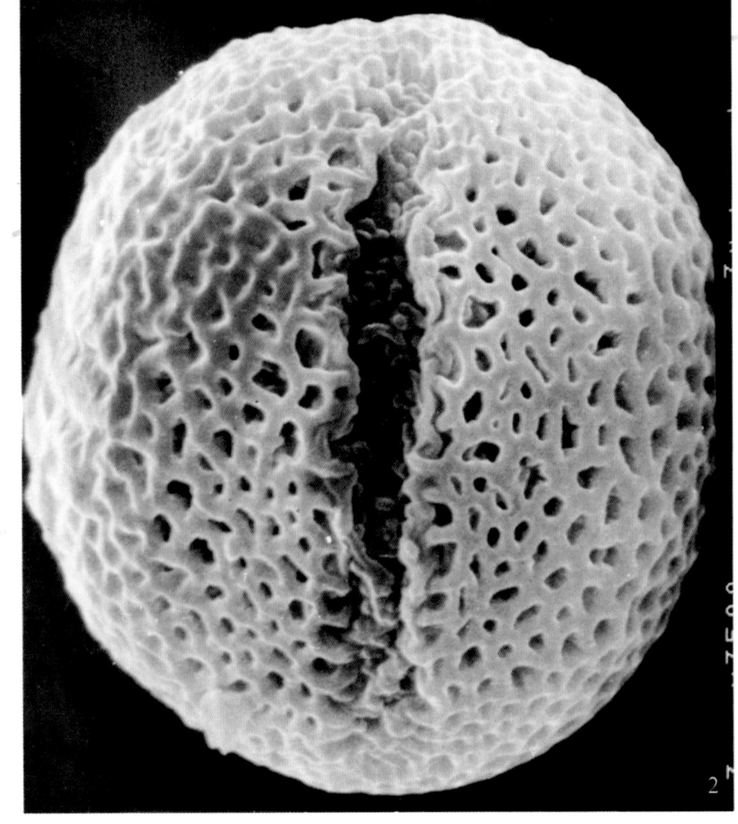

青菜（小油菜）*Brassica chinensis* L.

一、二年生草本。株高30～75厘米。无毛，全株微被白粉。基生叶倒卵形，长20～30厘米，深绿色，有光泽；叶柄长10厘米，肥厚；茎生叶宽卵形或披针形。总状花序，顶生及腋生。花黄色。直径1.3～1.5厘米。花瓣倒卵形。长角果，线形。花期5月～6月。

原产我国。

光学显微镜下：

花粉长球形，大小为32.5微米×29.5微米。具3沟，沟细长。表面具网状纹饰（×1200）。

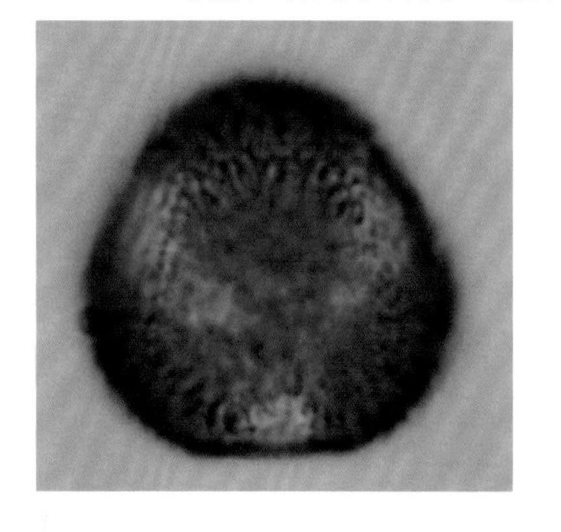

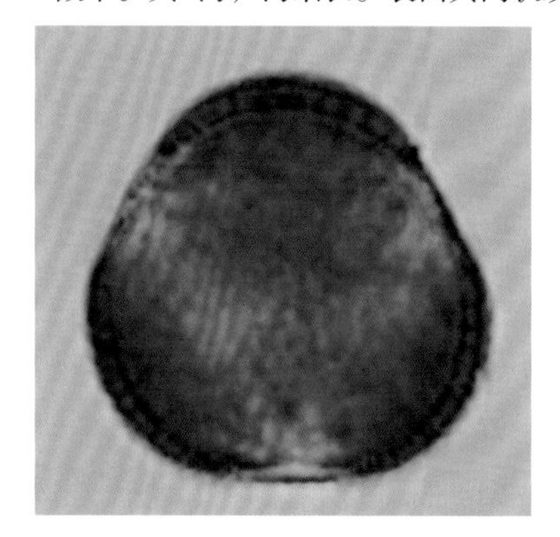

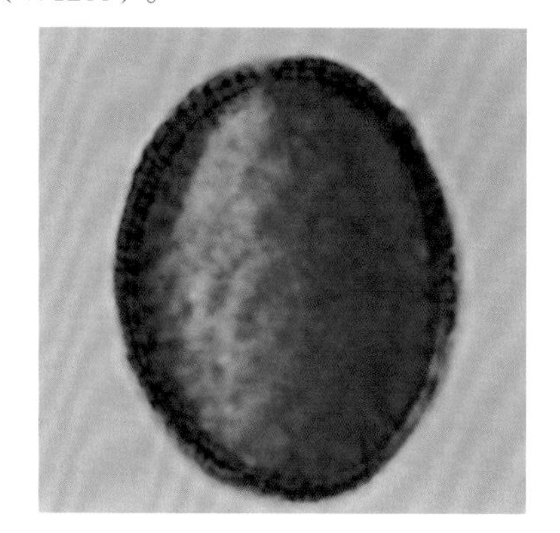

独行菜 *Lepidium apetalum* Willd.

1～2年生草本。株高10～30厘米。茎直立，单一，上部分枝。基生叶有长柄，长圆形或椭圆形，有深锯齿或缺刻。总状花序，顶生，有多数密生花，花极小。花期4月～6月。

分布东北、河北，北京多见。

光学显微镜下：

花粉近球形。极面观近圆形。极面观三裂圆形，赤道面观椭圆形。大小19.1微米×16.6微米。具3沟，无孔。表面网状纹饰（×1200）。

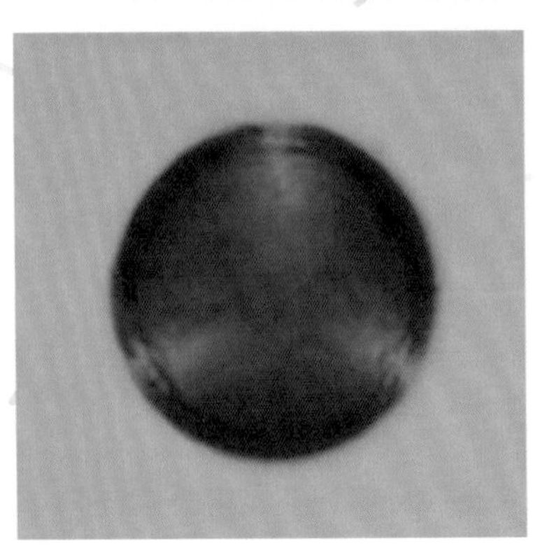

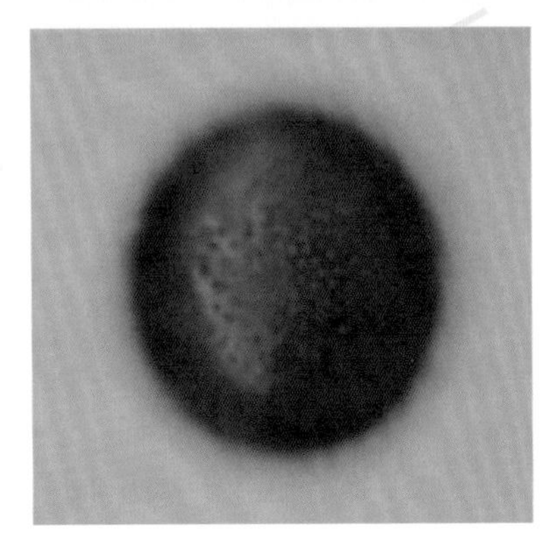

独行菜 *Lepidium apetalum* Willd.

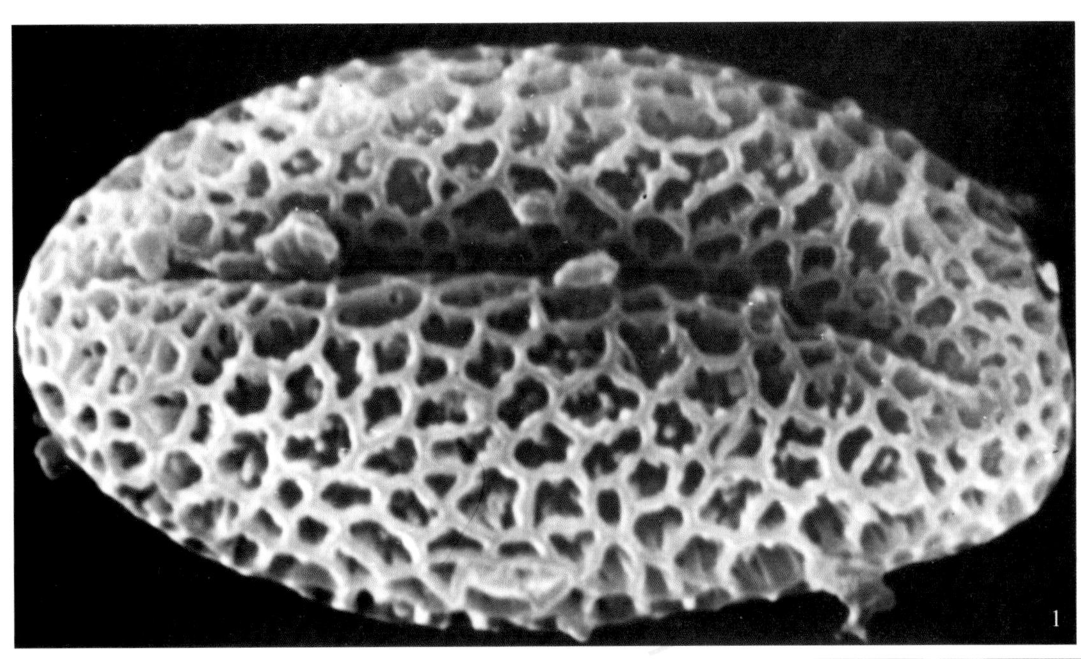

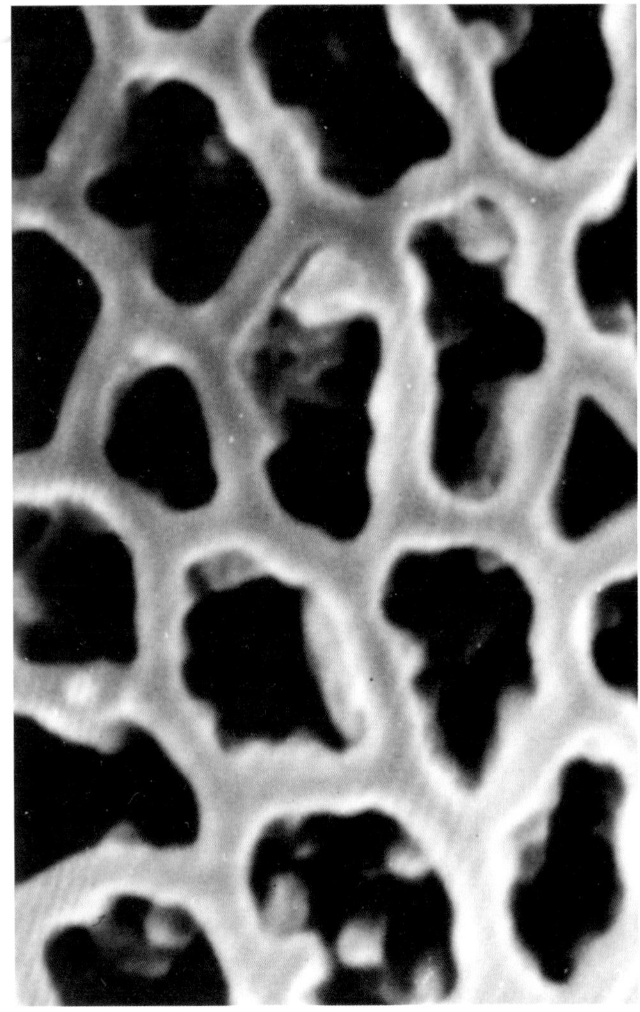

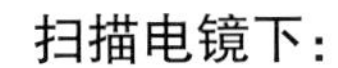

扫描电镜下：

花粉赤道面观长球形。表面具网状纹饰（1. 赤道面 × 6750；2. 纹饰 × 20000）。

荠菜 *Cepsella bursa-pastoris*（L.）Medic.

一年或二年生草本。株高10～40厘米。茎直立，单一或下部分枝。基生叶莲座状，大头羽状分裂或全缘；茎生叶长圆形，抱茎。总状花序，初时伞房状，疏生花，无苞片。花小，白色，花瓣4，倒卵形，有短爪。雄蕊6，花期4月～6月。

分布几遍全国，为常见杂草。

光学显微镜下：

花粉球形，少数近球形，直径为25.5（21～23.5）微米。具3沟。表面网状纹饰（×1200）。

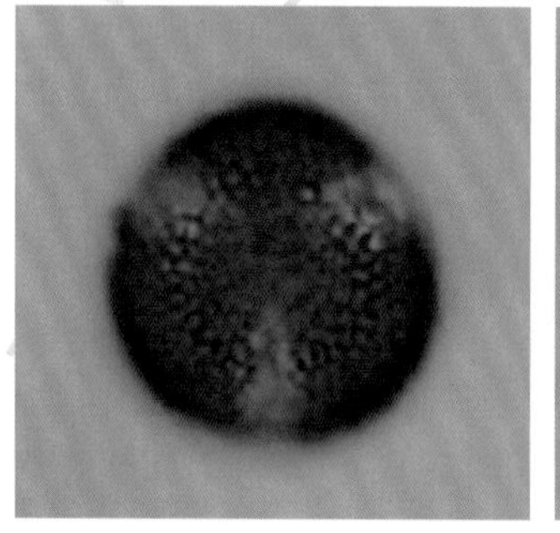

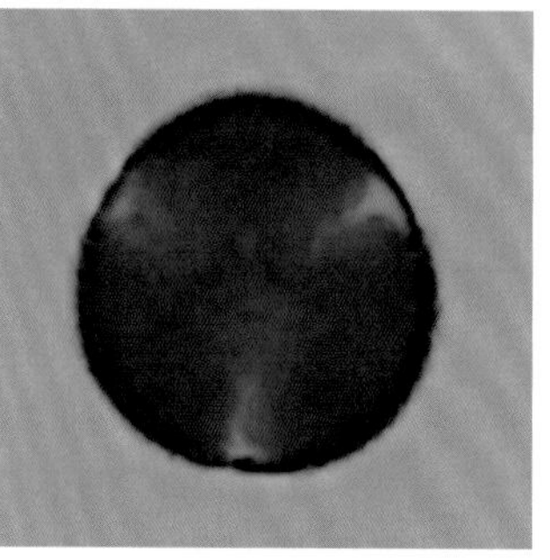

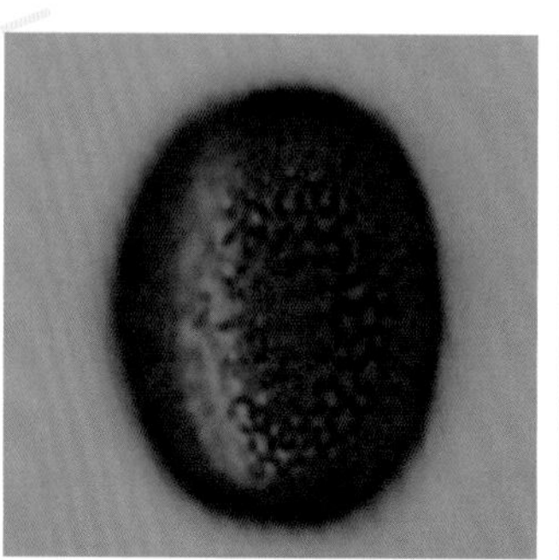

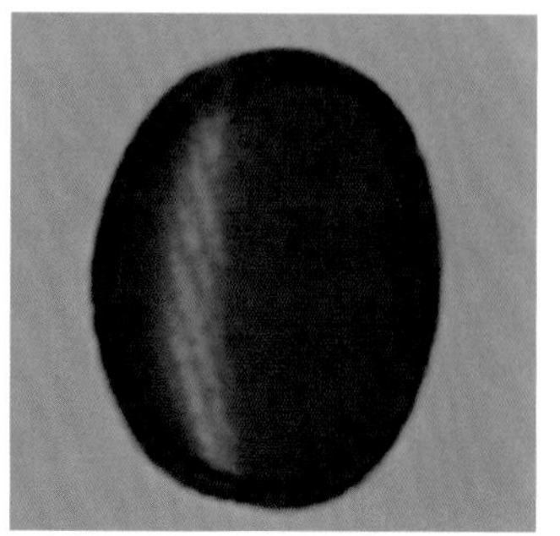

风花菜（球果焯菜）*Rorippa globosa*（Turcz.）Thell.

一年生草本。株高20～80厘米。茎直立，有分枝，基部木质化。叶长圆形或倒卵状披针形，先端渐尖或圆钝，基部抱茎，边缘呈不整齐的齿裂，无毛。总状花序，顶生。花黄色，直径约1毫米；花瓣倒卵形。短角果，球形。花、果期6月～9月。

分布东北、华北、江苏、华南、台湾，北京城区、郊区极常见。生路旁、沟边等地。

光学显微镜下：

花粉近球形。大小约21微米×18微米。极面观三裂圆形，具3沟，无孔。表面网状纹饰（×1200）。

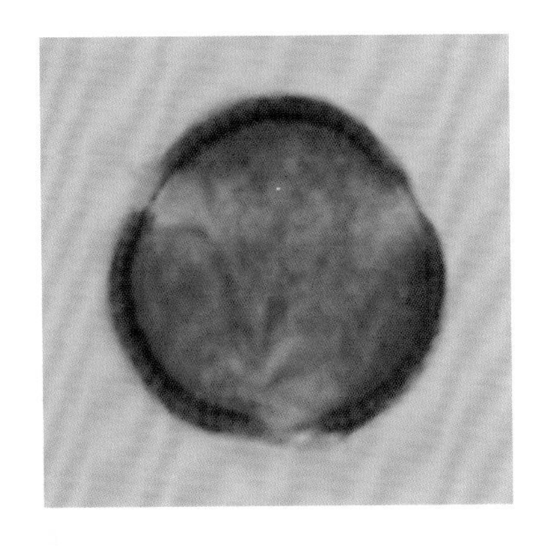

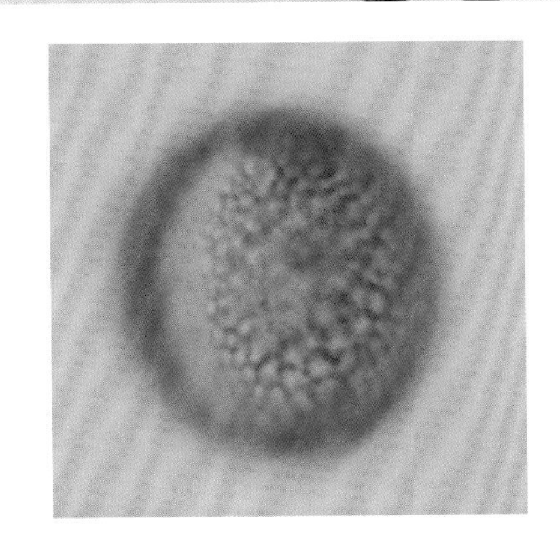

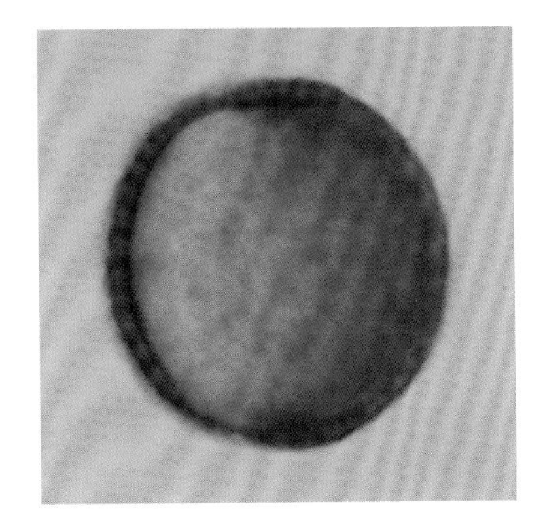

风花菜（球果蔊菜）*Rorippa globosa*（Turcz.）Thell.

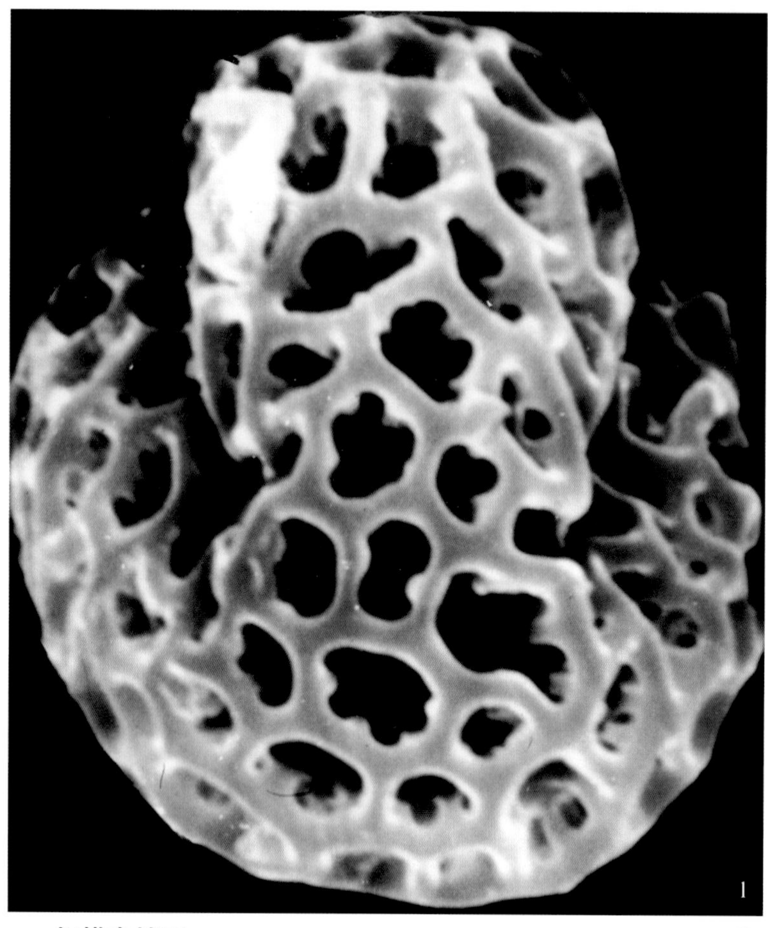

扫描电镜下：

花粉粒极面观近圆形，赤道面观长球形。沟短，无孔。表面具粗网状纹饰（1. 极面 × 5000；2. 赤道面 × 5250）。

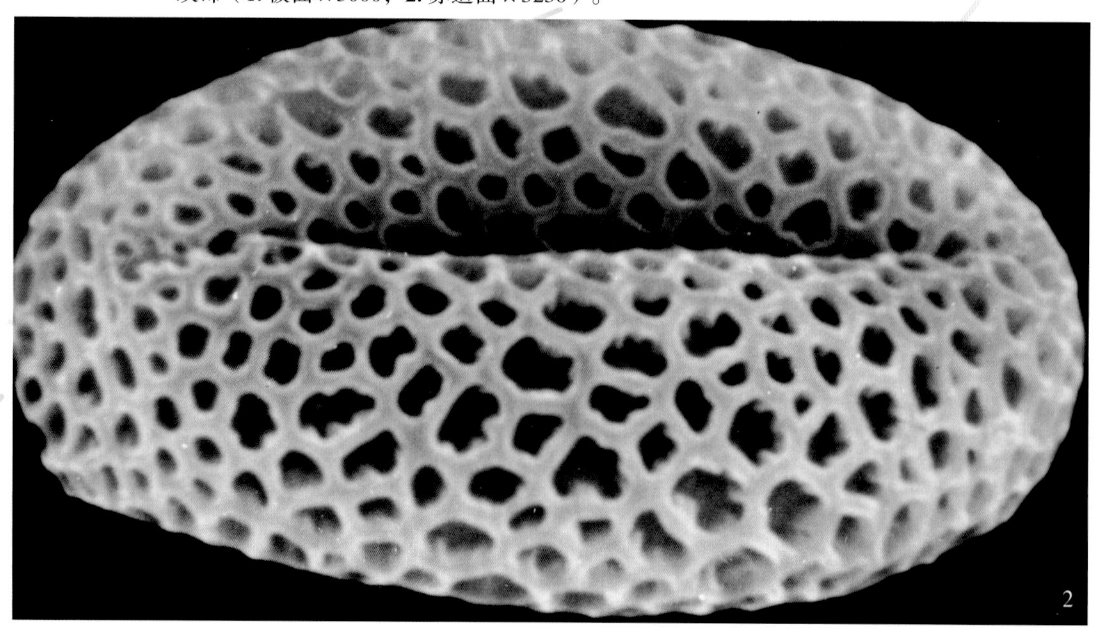

蔊菜 *Rorippa islandica*（Oeder）Borbas，Balat.Fl.

一年生草本。茎直立或上升，高15～50厘米。下部叶有柄，羽状浅裂或深裂；上部叶无柄，卵形或披针形，基部稍抱茎，边缘具牙齿或不整齐锯齿。总状花序顶生；花瓣4，淡黄色。长角果条形。花期5月。

分布于华中、华东、西南、华南，生于较湿润的田边、路旁或农田中。

光学显微镜下：

花粉近球形。极面三裂圆形，具3沟，无孔，表面网状纹饰，大小约18微米×18.5微米（×1200）。

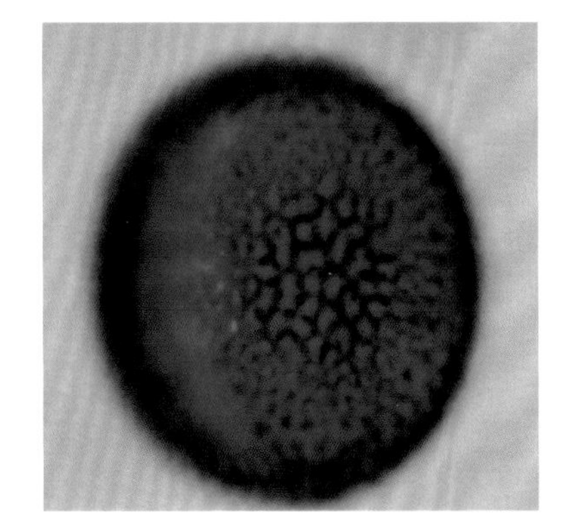

山梅花 *Philadelphus incanus* Kochne

灌木。株1～3米。叶对生，具短柄。叶片卵形至长圆状卵形，先端渐尖，基部宽楔形或圆形，边缘疏生锯齿。总状花序，具7～11朵花。花白色，花瓣4，宽卵形。雄蕊多数。花期5月～6月。

光学显微镜下：

花粉椭圆形，极面观圆三角形，侧面轮廓椭圆形。大小21.7（19.7～23.7）微米×16.2（14.5～18.4）微米。具3沟，沟细，长达两极。表面细网状纹饰（×1200）。

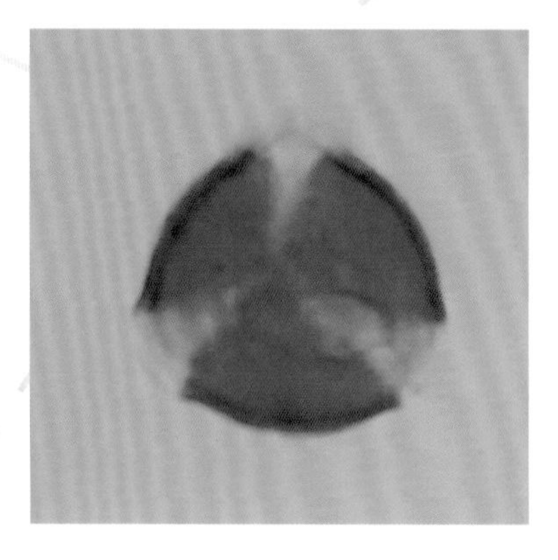

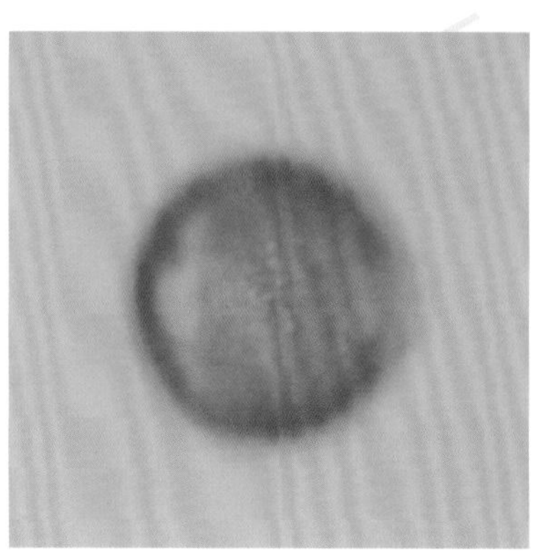

太平花 *Philadelphus pekinensis* Rupr.

落叶灌木，高约2米。幼枝光滑，带紫褐色。叶对生，卵形至狭卵形，先端渐尖，基部楔形或近圆形，边缘疏生锯齿；叶柄短，带紫色。总状花序，具5～9朵花，花白色，微香。花期5月～6月。

分布于辽宁、河北、山西、河南、甘肃、江苏、浙江、四川，北京各公园居民区多有栽培。山区亦有野生。

光学显微镜下：

花粉近球形。极面观三裂圆形。大小约22微米×19.5微米。具3孔沟。表面具网状纹饰（×1200）。

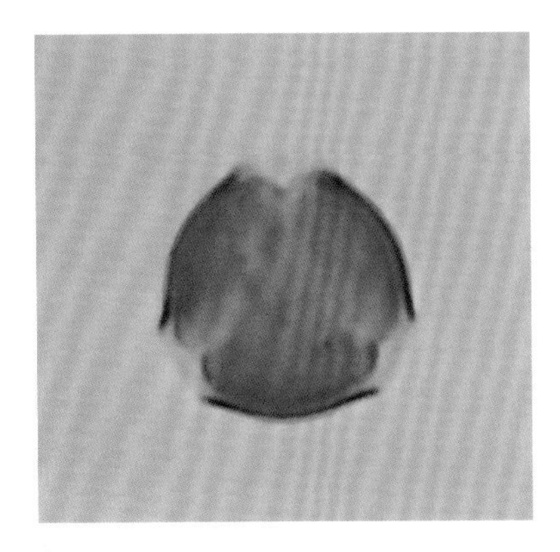
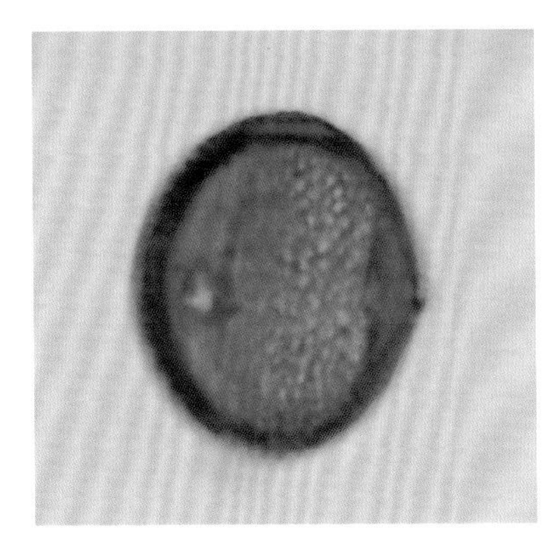
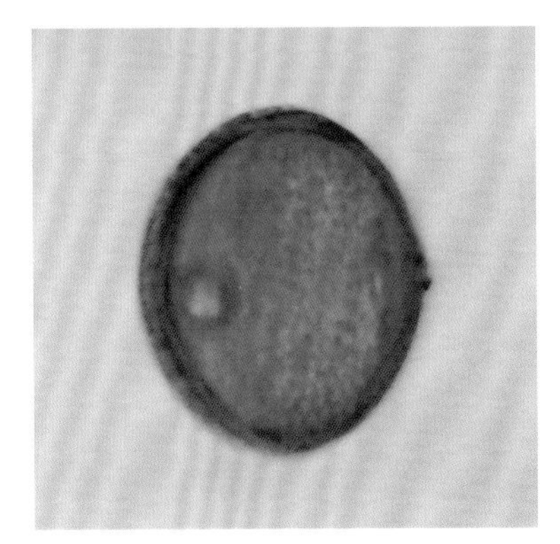

太平花 *Philadelphus pekinensis* Rupr.

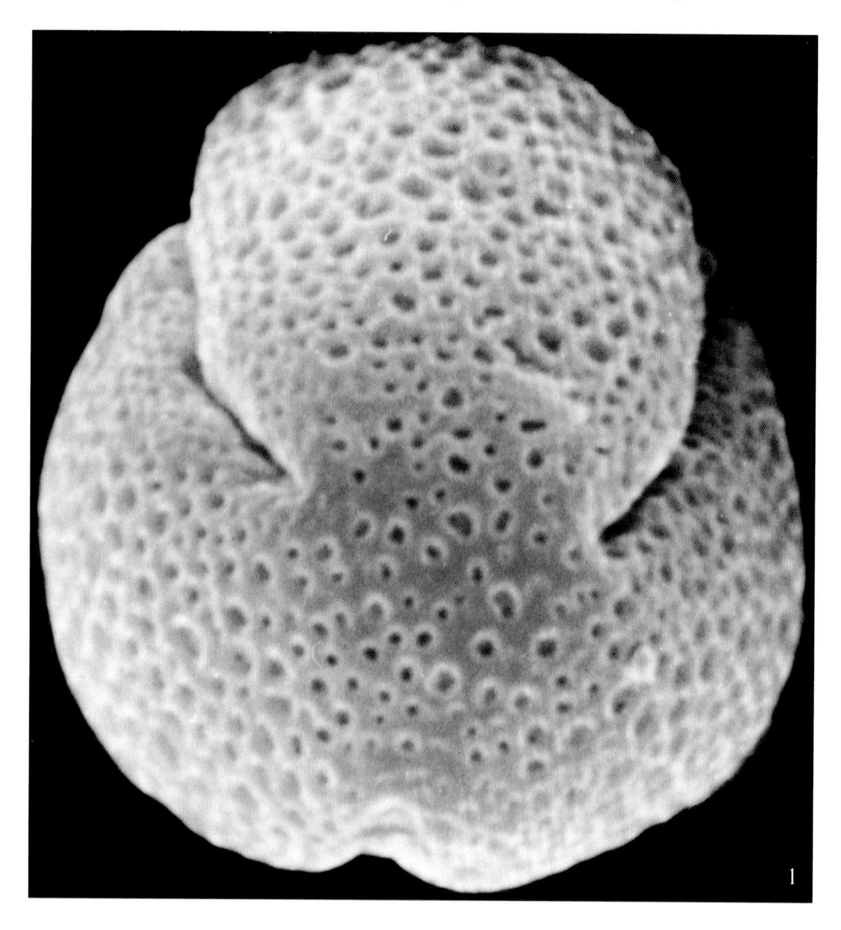

扫描电镜下：

花粉粒极面观三裂圆形，赤道面观长球形。沟细长，无孔。表面细网状纹饰（1. 极面 × 9000；2. 赤道面 × 6750）。

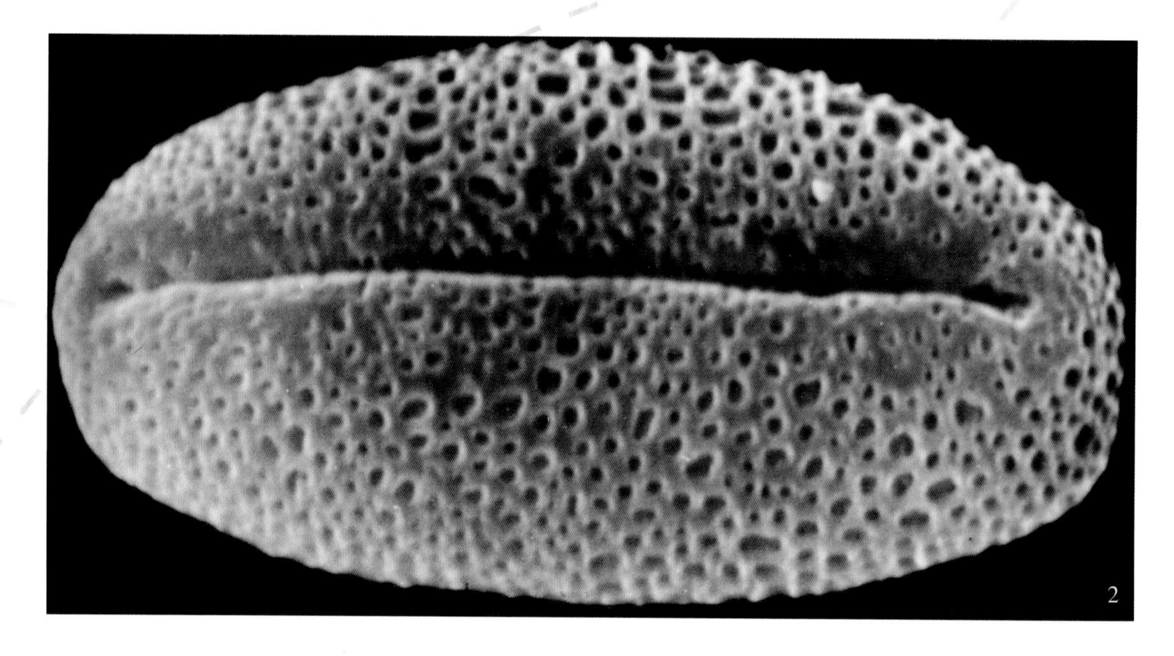

东北茶藨子 *Ribes mandshuricum*（Maxim.）Kom.

灌木，株高1～2米。枝灰褐色。光亮，剥裂。叶大，叶柄长3～8厘米，有短柔毛。叶片掌状3裂，先端长锐尖，边缘具尖锐牙齿；表面绿色，背面淡绿色。总状花序，长3～10（16厘米）；初期直立，后下垂，具短梗；花两性；绿黄色。花期5月～6月。

分布东北、河北、山西、陕西、甘肃，北京见于山区，生山地杂木林中或山谷林下。

光学显微镜下：

花粉粒近球形，直径约3.5～4.4微米。具散孔，6～9个，多为7个，分布多集中一个面。外壁表面具颗粒状纹饰（×1200）。

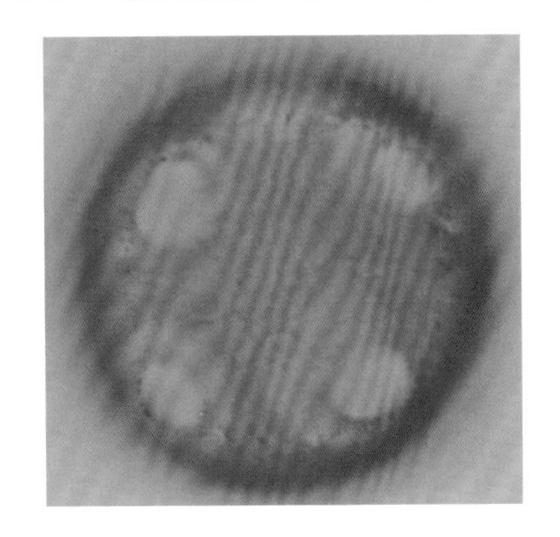
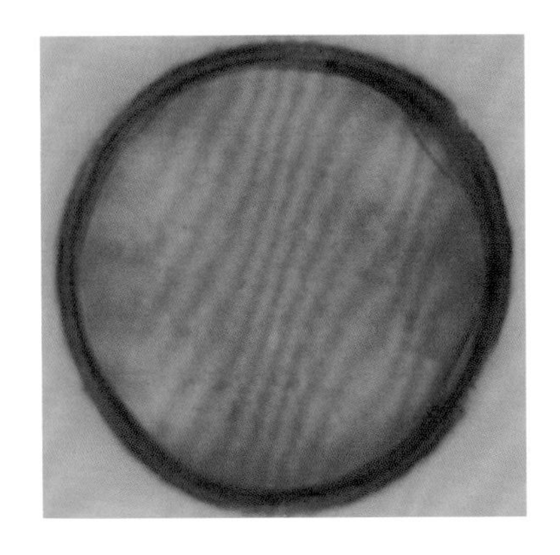

山白树 *Sinowilsonia henryi* Hemsl.

落叶小乔木。高达8米。叶倒卵形或椭圆形，顶端锐尖，基部圆形或浅心形，边缘生小锯齿。花单性，雌雄同株，无花瓣；雄花呈柔荑状花序。花期4月～5月。

分布在湖北西部、陕西南部。

光学显微镜下：

花粉近球形。极面观三裂圆形，具三沟；赤道面观，沟宽，表面呈波浪状纹饰。大小约25微米×23微米。花粉表面具网状纹饰（×1200）。

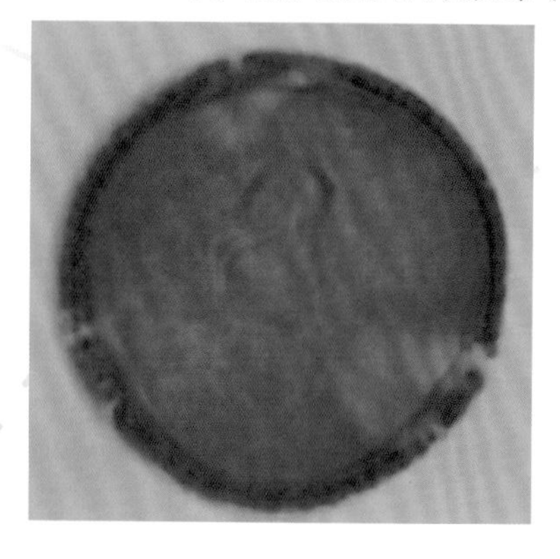 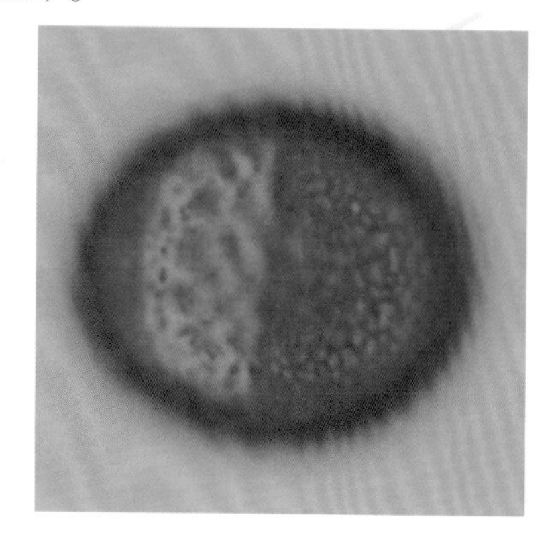 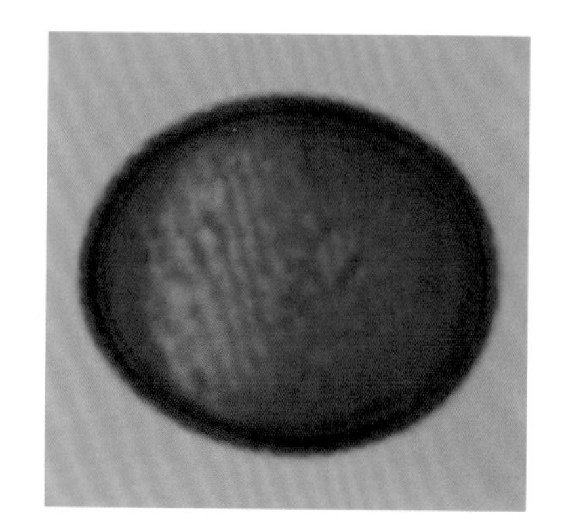

杜仲 *Eucommia ulmoides* Oliv.

落叶乔木。高10米。树皮灰色，树皮、叶、果实含银白色弹性胶丝。叶互生。椭圆形至卵状椭圆形，叶缘有锯齿，表面微皱。雌雄异株，无花被。雄花和雌花均密集成头状花序，雄花簇生，每花有雄蕊4～10枚；雌花单生或簇生。花期3月～4月。

产我国长江流域各省，北京广为栽培。

光学显微镜下：

花粉椭圆形，大小32.7微米×29.2微米。极面观三裂圆形，具3孔沟，有不明显的沟膜。表面纹饰模糊（×1200）。

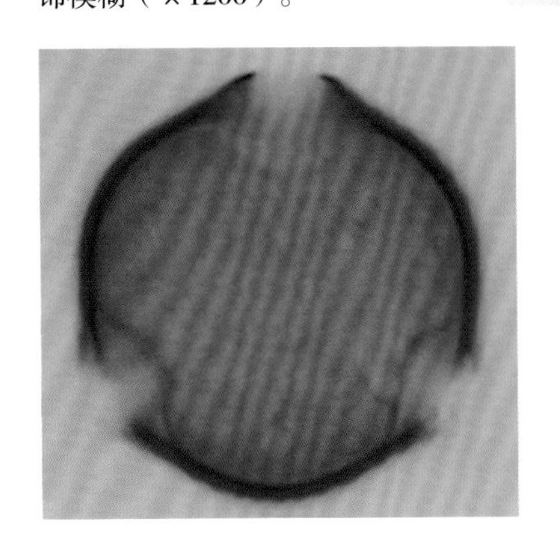

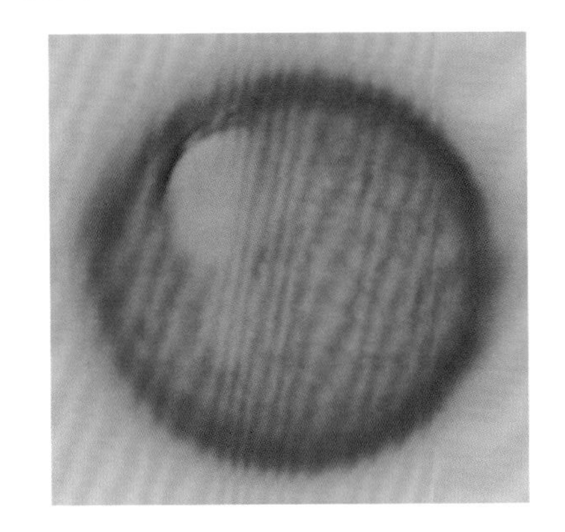

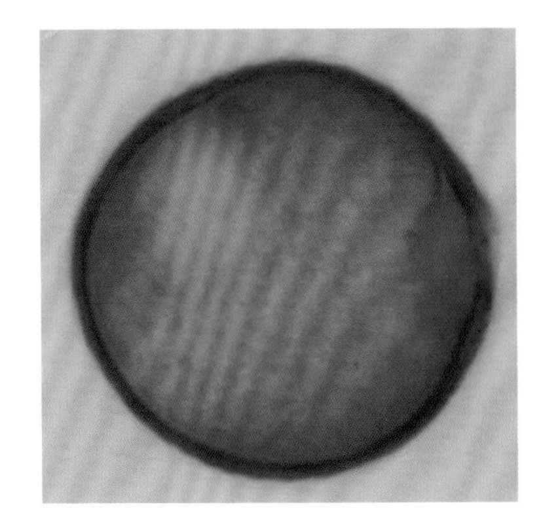

美国梧桐（一球悬铃木）*Platanus occidentalis* L.

落叶乔木，高10～20米。树皮乳白色，呈小的片状剥落，嫩枝有黄褐色绒毛。叶大，阔卵形，通常3～5浅裂，基部截形；裂片宽三角形，边缘有数个粗大锯齿，花单性，球形头状花序。果单生，下垂。花期4月～5月；果期8月～10月。

原产北美，我国南北均有栽培。

光学显微镜下：

花粉椭圆形，大小21（18.4～23.3）微米×17（15.8～19.7）微米，极面观三角形，赤道面观椭圆形，具3沟，浅而短，沟端嚼烂状。外壁两层，等厚，细网状纹饰（×1200）。

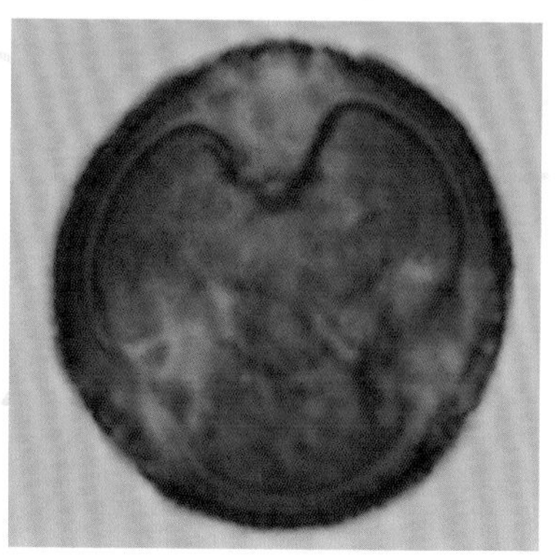

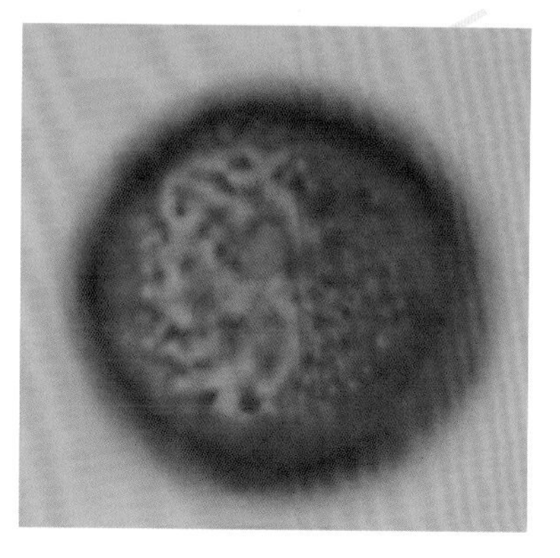

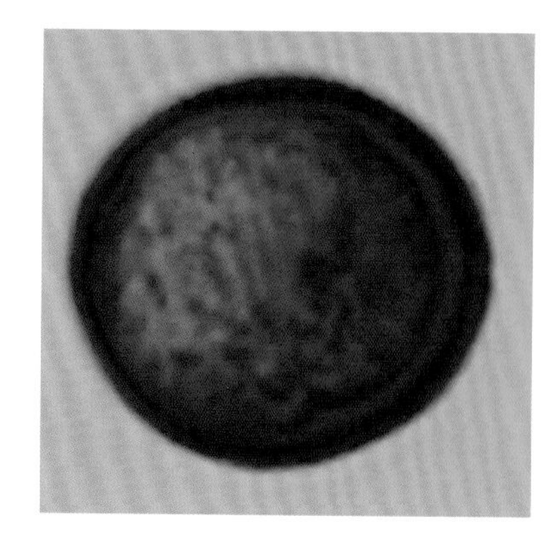

英国梧桐（二球悬铃木）*Platanus acerifolia*（Ait.）Willd.

落叶乔木，株高10～20米。树皮片状剥落。叶阔卵形，3～5裂，裂片边疏生牙齿。花小，雄花和雌花均密集成球形头状花序。果枝有球形果序，通常2个，常下垂，刺状。花期4月～5月。

原产欧洲，我国南北各地广为栽培作庭园绿化或行道树。

光学显微镜下：

花粉近球形或扁球形，大小平均为20微米×23微米。具3沟，沟宽，沟端嚼烂状，沟膜上具排列不均匀的颗粒状纹饰。外壁两层，表面网状纹饰（×1200）。

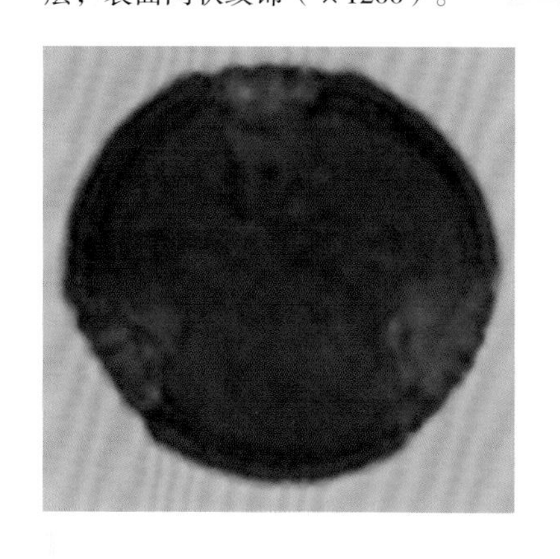

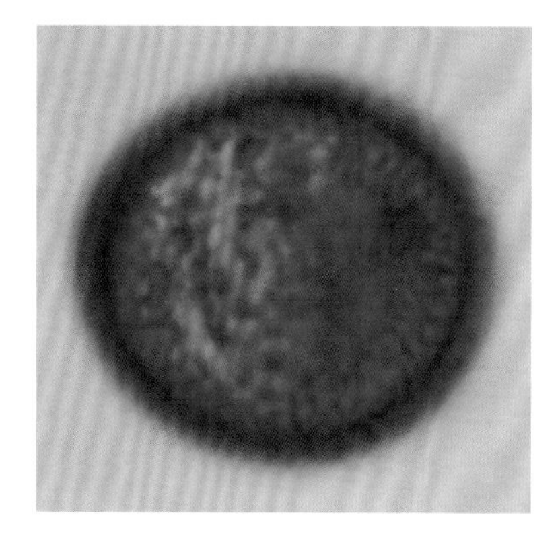

英国梧桐（二球悬铃木）*Platanus acerifolia*（Ait.）Willd.

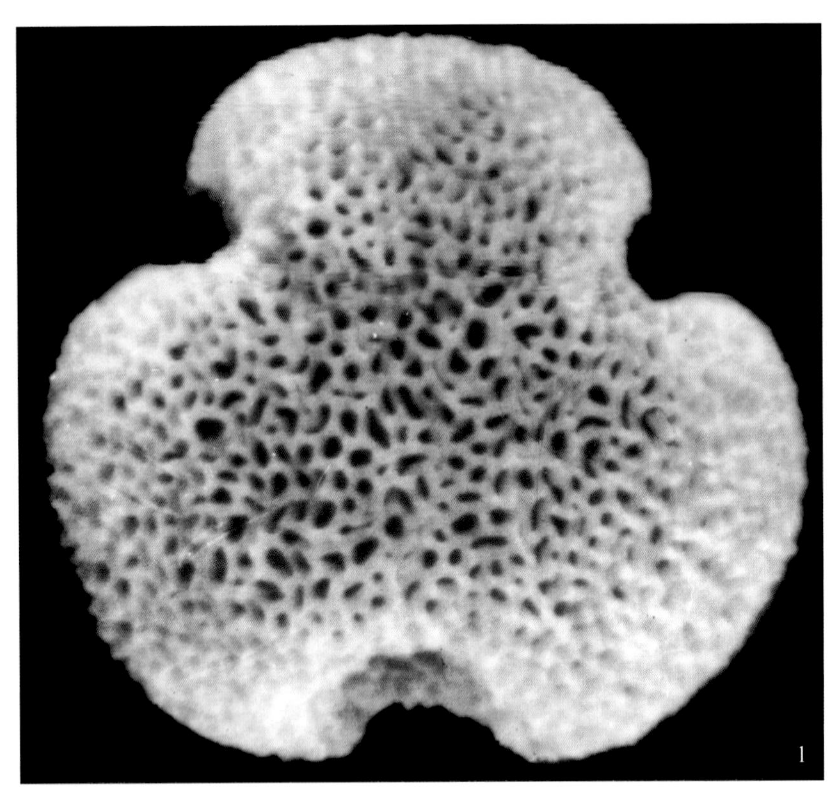

扫描电镜下：

花粉粒为长球形。极面观具3孔沟，沟短，沟界极区面积大；赤道面观可见2条沟，具沟膜，膜上具明显的粗细不一的小瘤。花粉粒表面具细网状纹饰。网眼的大小及形状均不规则，无内含物；网脊均匀而光滑（1.极面×6250；2.赤道面×5700）。

透射电镜下：

外壁外层厚度1.0微米，由被层、柱状层、垫层组成。被层厚薄不均，不连续，表面高低不平；柱状层明显，具稀疏小柱；垫层明显，厚薄均匀。外壁内层薄，断断续续。内壁厚薄较均匀（×18000）。

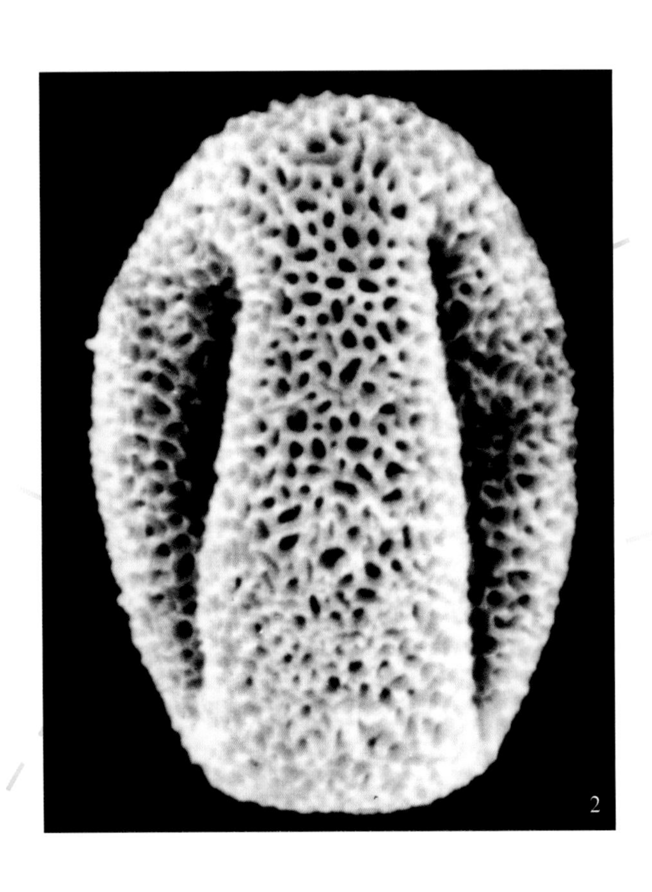

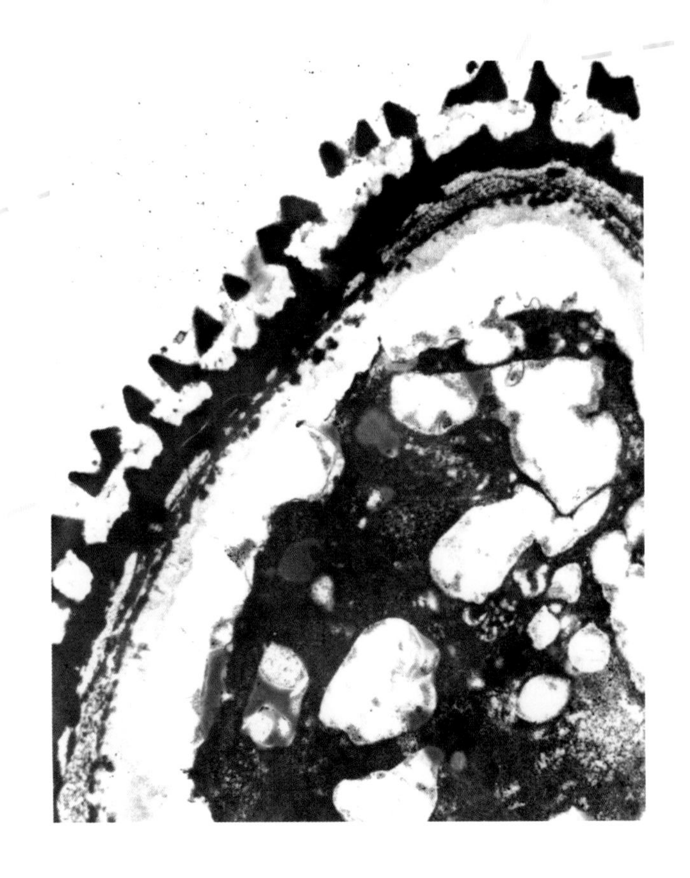

法国梧桐（三球悬铃木）*Platanus orientalis* L.

落叶乔木。株高10～15米，树皮片状剥落。老枝光滑，干后红褐色。叶大，阔卵形，宽15～20厘米，长8～16厘米，掌状5～7深裂，基部宽楔形或截形，边缘疏生粗锯齿。雄球花头状花序无柄，基部有长绒毛。雌头状花序有柄。花期4月～5月。

原产欧洲东南部和亚洲西部，我国各地多有栽培。

光学显微镜下：

花粉椭圆形。极面观钝三角形，赤道面观椭圆形。大小约17微米×21微米。具3沟。表面细网状纹饰（×1200）。

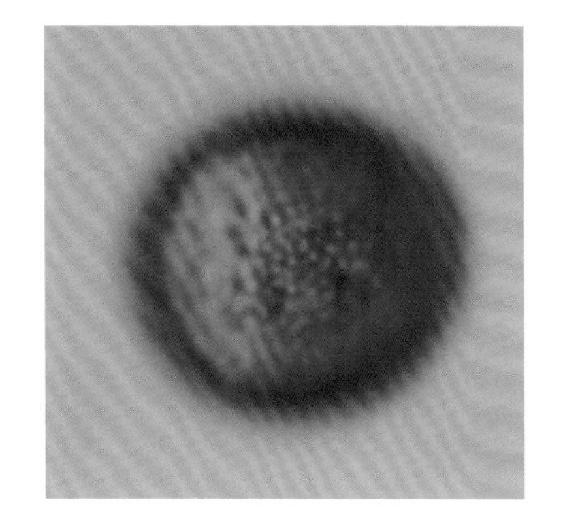

绣线菊（空心柳）*Spiraea salicifolia* L.

直立灌木，高1～2米。叶矩圆状披针形至披针形，先端急尖或渐尖，边缘密生锐锯齿，两面无毛。花序为矩圆形或金字塔状圆锥花序，着生在当年生具长枝顶端，长6～13厘米，花粉红色。花期6月～7月。

光学显微镜下：

花粉近球形，具3孔沟，极面观三裂圆形，赤道面观近球形，表面具模糊的细颗状纹饰。大小约15.4微米×13.2微米（×1200）。

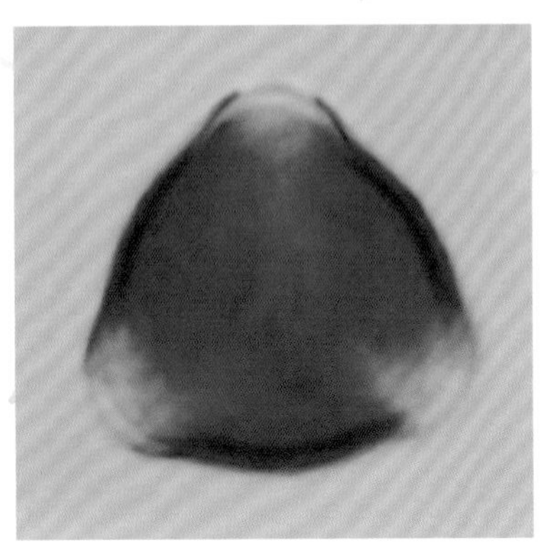

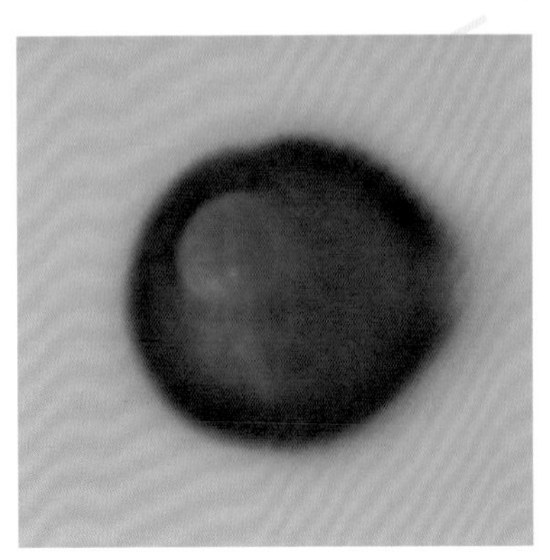

华北珍珠梅 *Sorbaria kirilowii*（Regel）Maxim.

灌木，高达3米。小枝无毛。羽状复叶，披针形至矩圆状披针形，边缘有尖锐重锯齿。大型密集圆锥花序顶生，直立；花白色。花期6月～10月。

分布河北、山西、山东、河南、陕西、甘肃、内蒙古。

光学显微镜下：

花粉球形，直径平均20.3微米。具3孔沟。外壁层次不明显。表面具模糊的条纹状纹饰（×1200）。

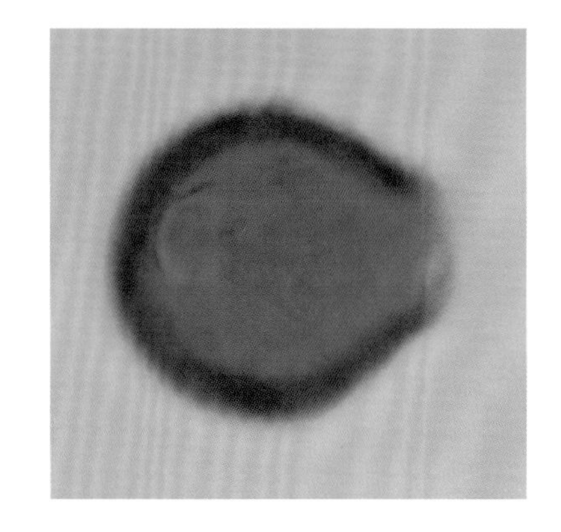

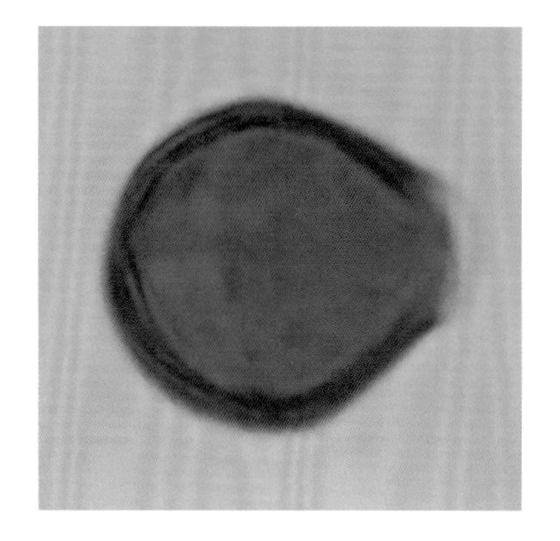

华北珍珠梅 *Sorbaria kirilowii*（Regel）Maxim.

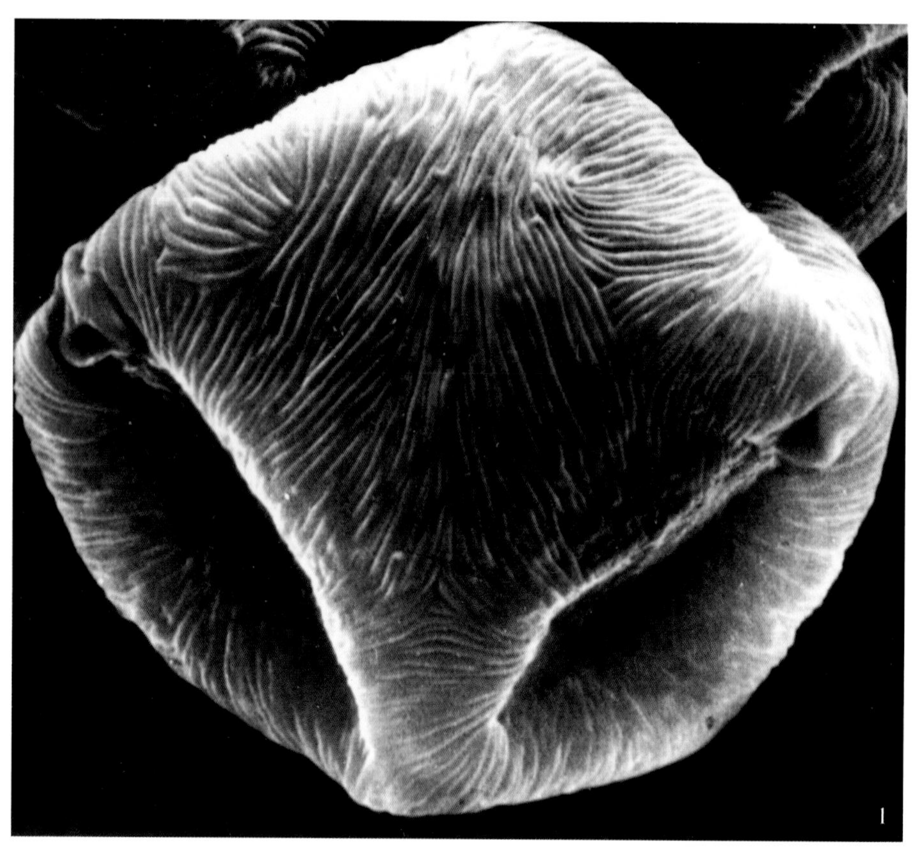

扫描电镜下：

花粉粒长球形。沟长几达两极，孔处有沟膜覆盖。表面为条状纹饰，条纹分布很有规律，从沟边伸出，呈直线或呈弧形斜向周围放射。在赤道面上形成子午向，在极面上，线条呈蚌壳纹理（1. 极面 × 7000；2. 赤道面 × 5000）。

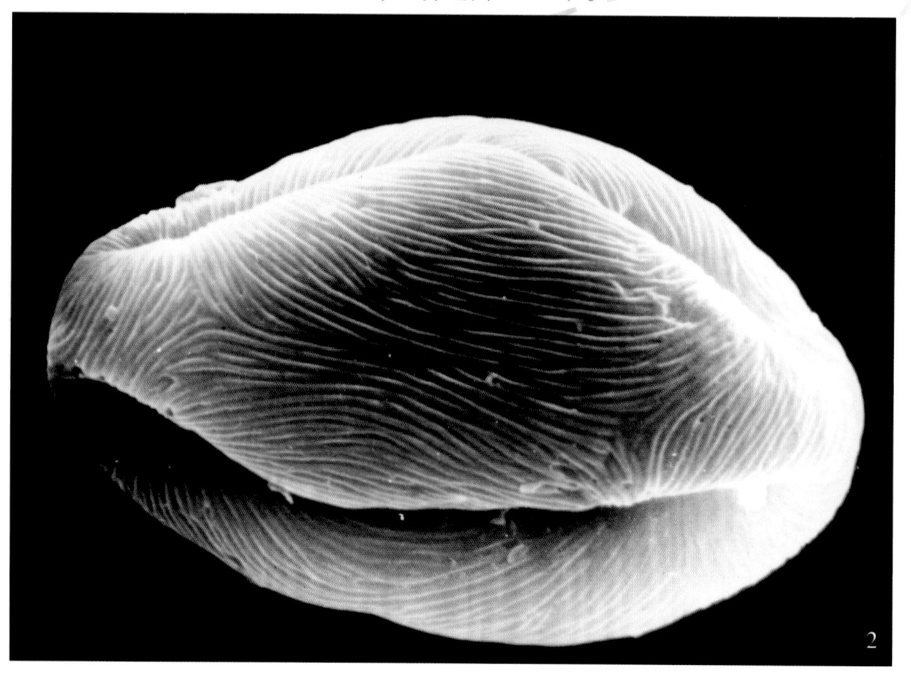

贴梗海棠 *Chaenomeles speciosa* Nakai

灌木。株高约2米。枝条常具刺。小枝紫褐色或黑褐色，无毛。叶卵形至椭圆形，长3～8厘米，宽2～5厘米，先端急尖或圆钝，基部楔形，边缘具锯齿。花瓣猩红色。雄蕊多数。花期3月～5月。

原产于陕西、甘肃、四川、贵州、广东、云南，北京各公园多栽培。

光学显微镜下：

花粉长球形。极面观三裂圆形，大小约50微米×43微米。具3沟，沟较宽。表面具颗粒状纹饰（×1200）。

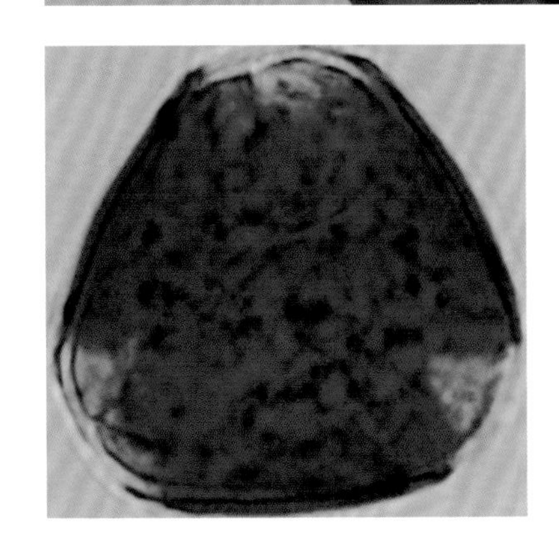

梨（白梨）*Pyrus bretschneideri* Rehd.

乔木。株高6～10米。小枝紫褐色。叶卵形或椭圆状卵形，先端短渐尖或具长尾尖，基部圆形，边缘有尖锐锯齿，齿尖有长芒刺，微向内侧靠拢；叶柄长2.5～7厘米。伞形总状花序，有花7～10朵。花瓣白色。果实卵形或近球形。花期4月，果期8月～9月。

为华北主要栽培果树。

光学显微镜下：

花粉近球形，大小约39微米×35微米。具（2～）3孔沟，沟在开口处较宽，外壁表面纹饰模糊（×1200）。

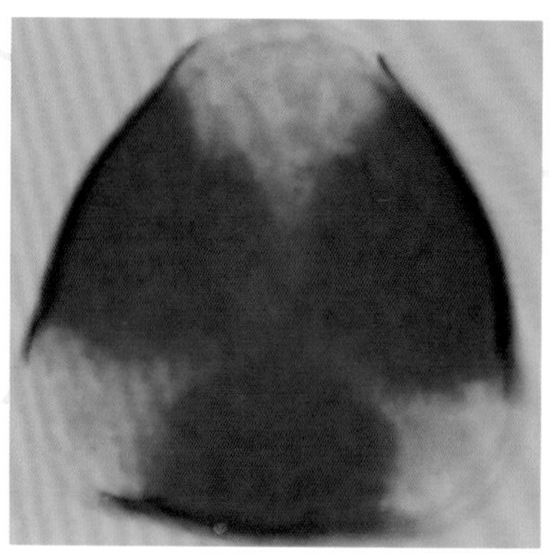

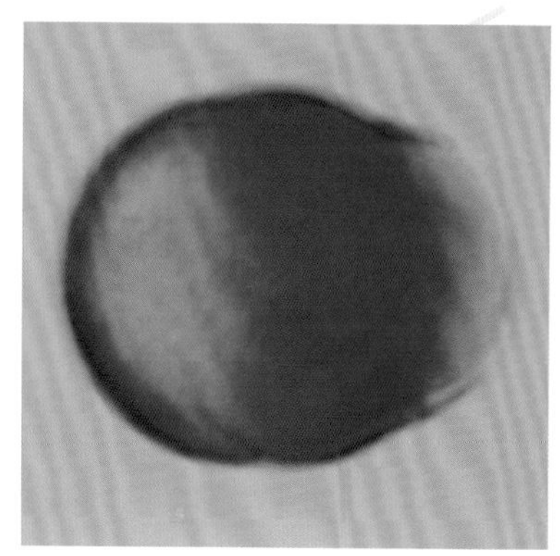

苹果 *Malus pumila* Mill.

落叶乔木，高可达15米，小枝紫褐色。单叶互生，卵形或卵圆形，长5～10厘米，边缘具圆钝锯齿，幼叶两面具柔毛。伞形花序，具花3～7朵，花白色或带红晕，雄蕊20枚。梨果扁球形，果梗粗短。花期5月。

我国北方广为栽培。

光学显微镜下：

花粉近球形，具3孔沟。外壁两层，表面具细网状纹饰。大小约39.5（35～46）微米×37（32～35.5）微米（×1200）。

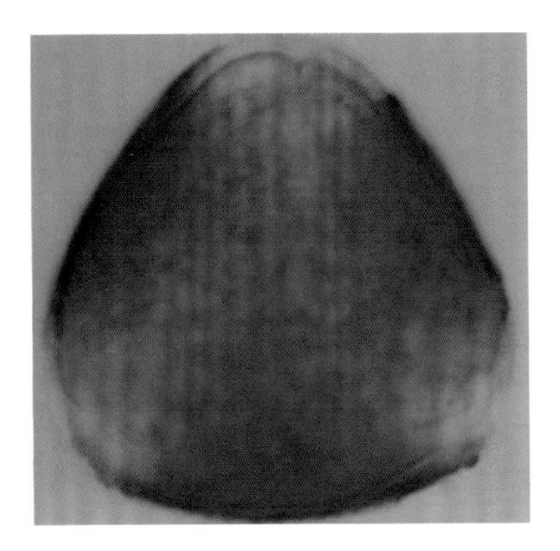

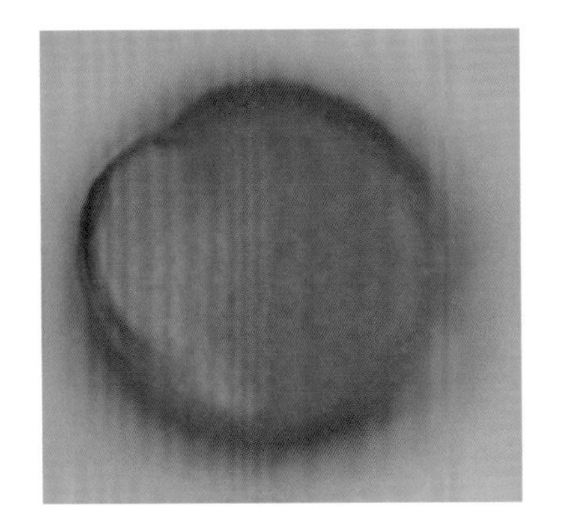

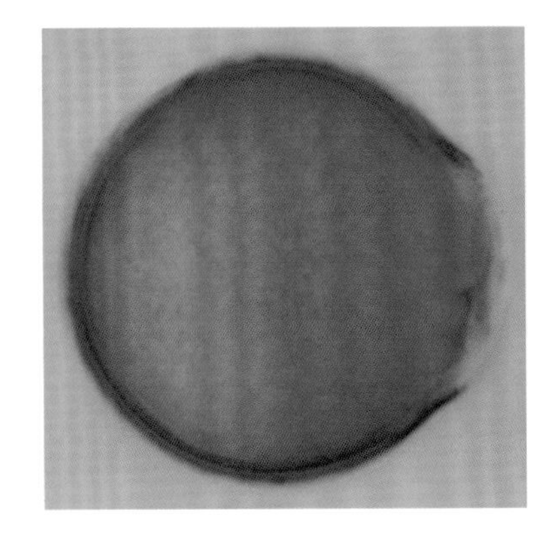

新疆野苹果 *Malus sieversii*（Ledeb.）Roem.

乔木。高达15米。小枝，冬芽及叶片上绒毛较多。叶椭圆形、卵圆形，叶缘具浅锯齿。伞房花序有花3～7朵，白色带粉红色；雄蕊20。梨果比苹果小，果梗较长。花期4月。

产新疆，北京有栽培供观赏。

光学显微镜下：

花粉椭圆形。大小约34微米×32微米。具3孔沟。外壁两层，表面纹饰模糊（×1200）。

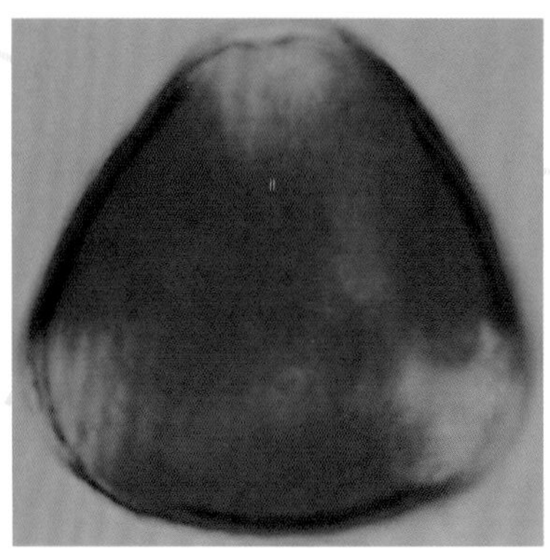

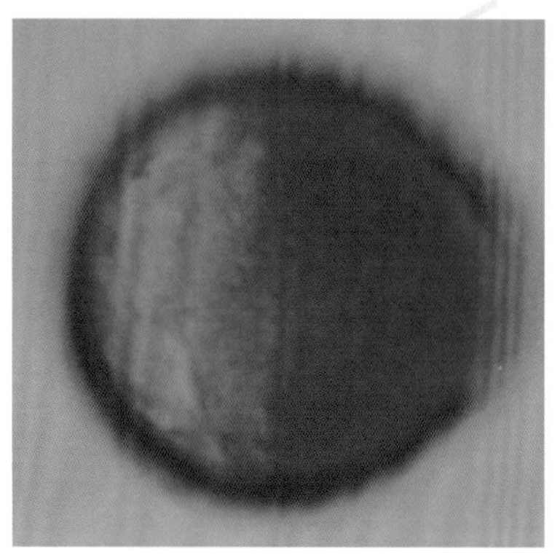

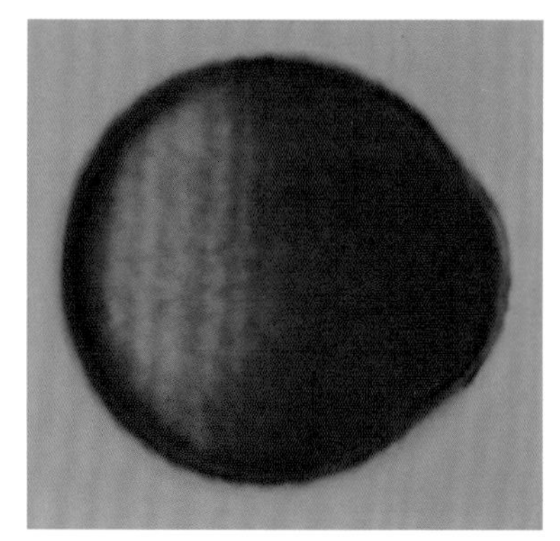

月季花 *Rosa chinensis* Jacq.

常绿或半落叶灌木。株高1～2米。小枝具钩状而基部膨大的皮刺。羽状复叶，小叶3～5（7），宽卵形或卵状长圆形，先端渐尖，基部宽楔形，边缘具粗锯齿。叶柄与叶轴疏生皮刺。托叶大部与叶柄连生，边缘有羽状裂片。花单生或数朵聚生成伞房状。重瓣，各色；花瓣倒卵形。花期5月～10月。

原产我国，全世界广泛栽培，品种极多。

光学显微镜下：

花粉近球形，大小约32微米×31微米。极面观六裂圆形，沟短。赤道面观宽椭圆形，赤道沟细长，达两极，具一赤道孔。表面纹饰模糊（×1200）。

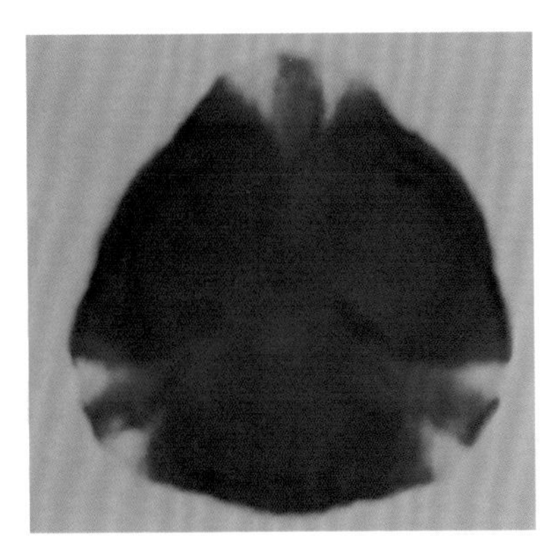

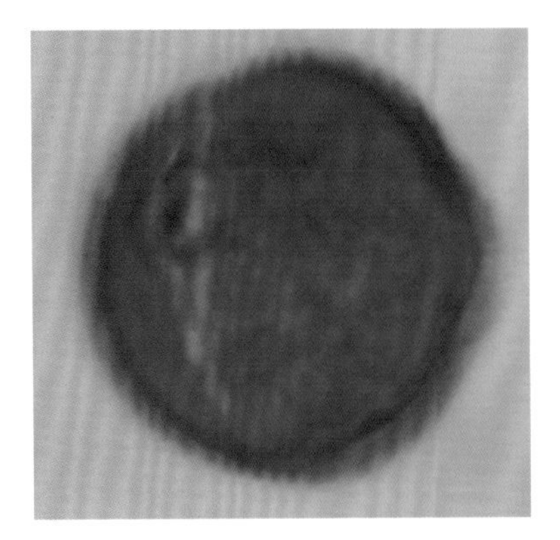

委陵菜 *Potentilla chinensis* Ser.

多年生草本。根茎粗壮，木质化。羽状复叶。小叶长圆状倒卵形或长圆形，羽状深裂。伞房状聚伞花序，多花，花瓣黄色。花期5月～9月。

分布东北、华北、西北、西南。蒙古、朝鲜、日本也有。

光学显微镜下：

花粉椭圆形。极面观三裂圆形。大小约23.2微米×17.4微米。具3孔沟。表面网状纹饰（×1200）。

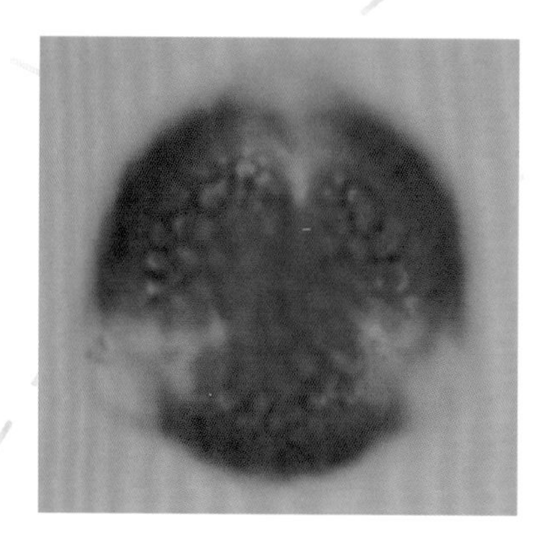

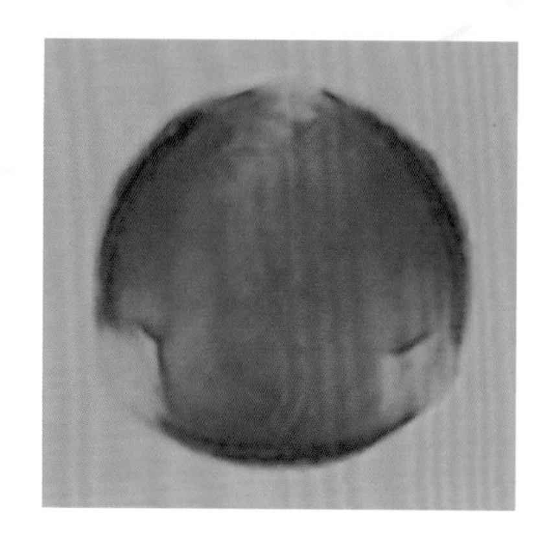

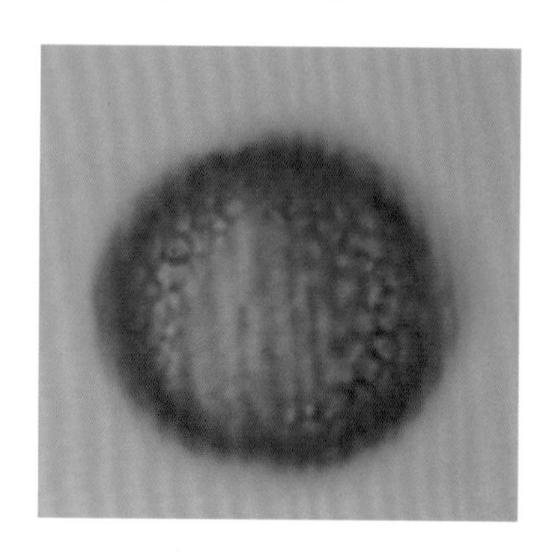

委陵菜 *Potentilla chinensis* Ser.

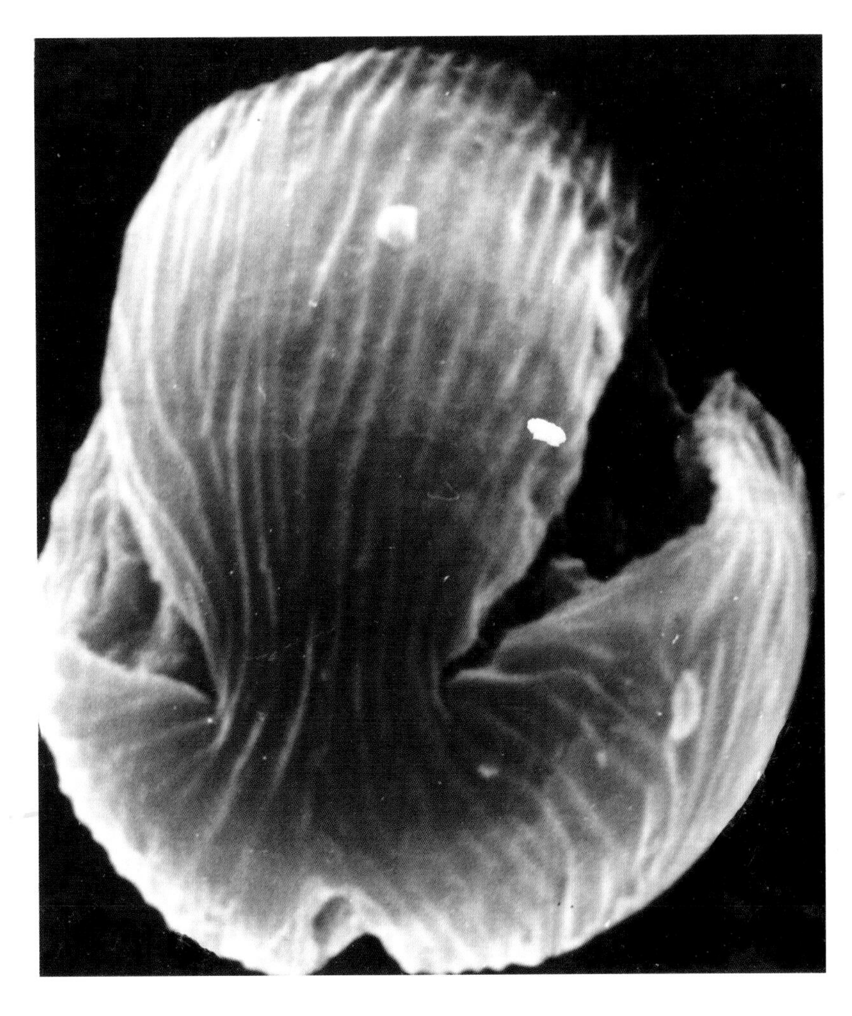

扫描电镜下：

花粉长球形，极面观三裂圆形，表面具明显的细条纹（极面. ×6000；赤道面. ×4200）。

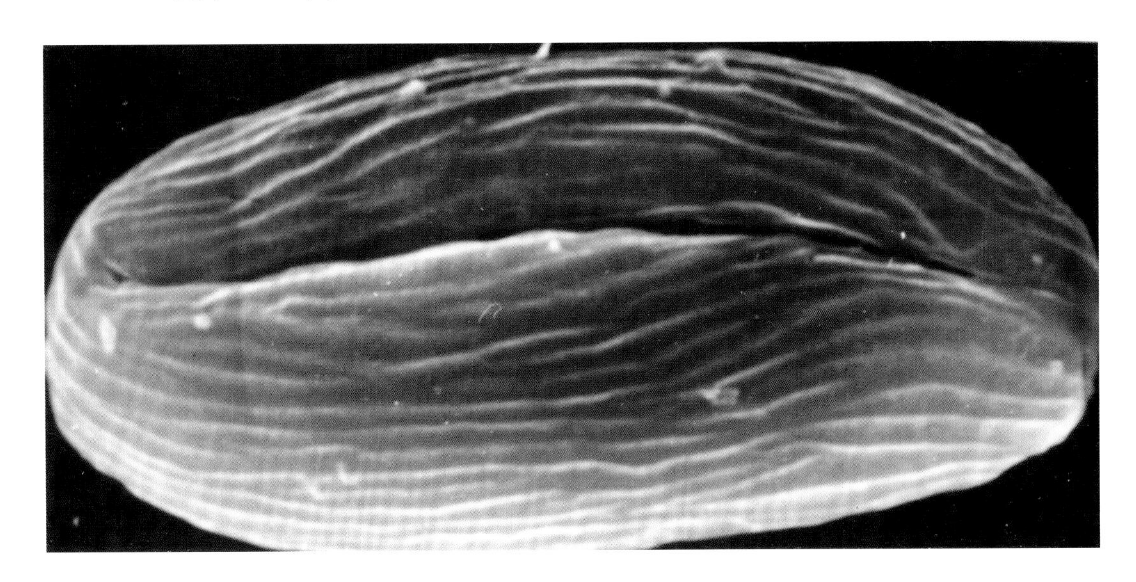

山桃（毛桃）*Prunus davidiana* Franch.

落叶乔木。高可达10米。树皮暗紫色或灰褐色，枝条多直立；小枝纤细。叶片卵状披针形，先端长渐尖，基部宽楔形，边缘具细锯齿。花单性，先叶开放，近无梗。花瓣粉红色或白色，宽倒卵形或卵形。雄蕊多数。花期3月～4月。

分布河北、山西、河南、陕西、甘肃、四川、云南、贵州。

光学显微镜下：

花粉长球形，极面观三裂圆形，大小约53微米×49.5微米。具3孔沟。表面细网状纹饰（×480）。

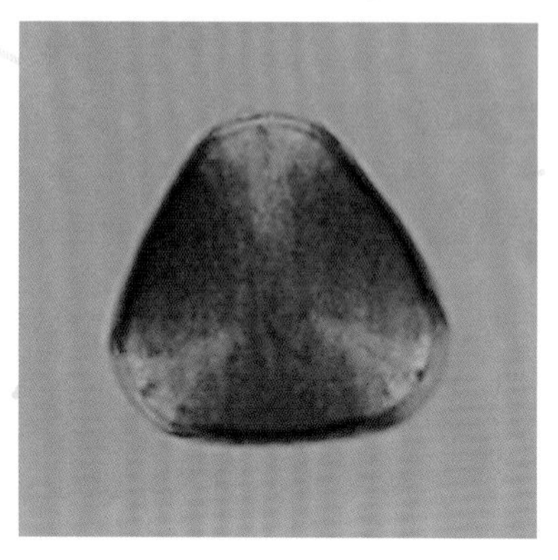

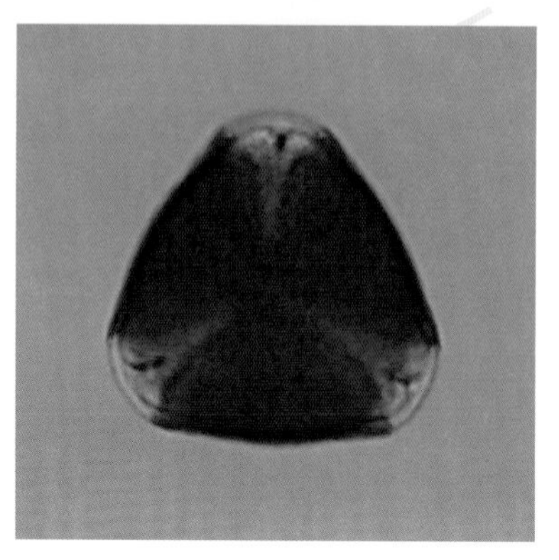

紫叶李 *Prunus cerasifera* var. atropurpurea Jacq.

落叶乔木。株高达7米。小枝光滑，叶片椭圆形、卵圆形至倒卵形，先端渐尖，基部宽楔形至圆形，边缘具细钝圆锯齿，紫色。花先叶开放，花瓣淡粉红色，雄蕊多数。花期4月～5月。

原产亚洲西部，北京普遍栽培。

光学显微镜下：

花粉近球形。极面观三裂圆形，赤道面观椭圆形，表面具模糊的条纹状纹饰。直径大小约42（37～47）微米（×1200）。

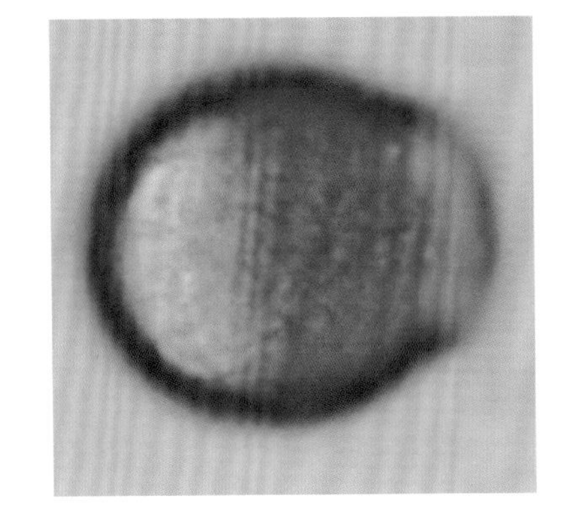

麦李 *Prunus glandulosa* Thunb.

落叶灌木。高1～1.5米。叶卵状长椭圆形至椭圆状披针形，先端急尖或渐尖，基部广楔形，叶缘具不整齐的细锯齿。花粉红色或白色，1～2朵生于叶腋，花梗长约1厘米，先花后叶；雄蕊30枚，比花瓣短。花期3月～4月。

产我国长江流域至西南部。

光学显微镜下：

花粉近球形。大小27.5微米×25.5微米。外壁两层等厚。表面模糊的条纹状纹饰（×1000）。

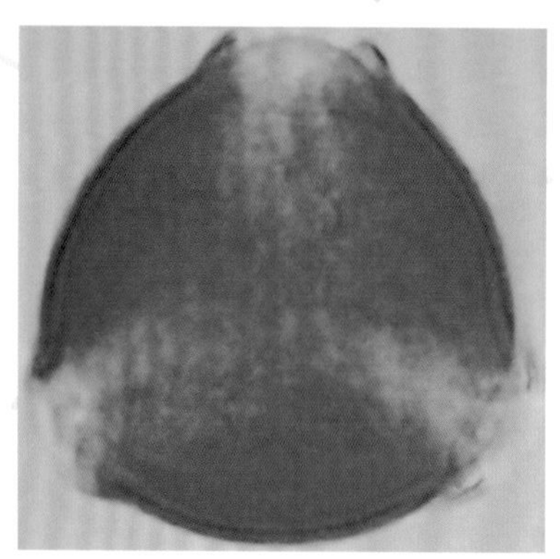

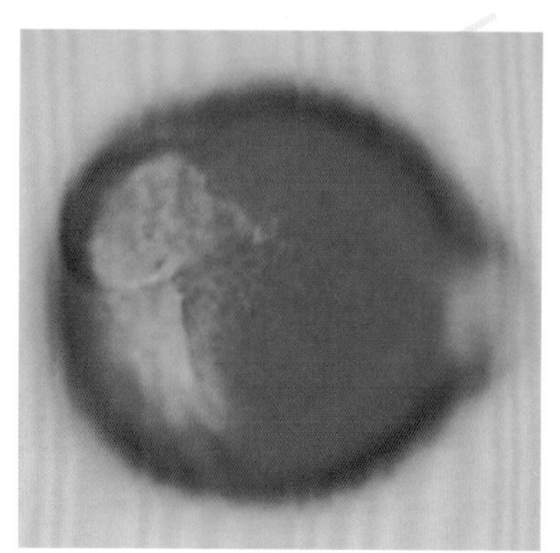

稠李 *Prunus padus* Linn.

落叶乔木。株可达15米，稀为灌木状。叶椭圆形、卵形至倒卵形，先端急尖，基部圆形、近心形或宽楔形，边缘有尖锯齿。叶柄长1～1.5厘米。总状花序，疏松下垂。花后于叶开放，花瓣白色，雄蕊多数。花期4月。

分布于东北、河北、内蒙古、河南、陕西、山西、甘肃。

光学显微镜下：

花粉近球形。大小28（25～31.6）微米×25.7（21～27）微米。外壁两层，等厚。条纹状纹饰（×1000）。

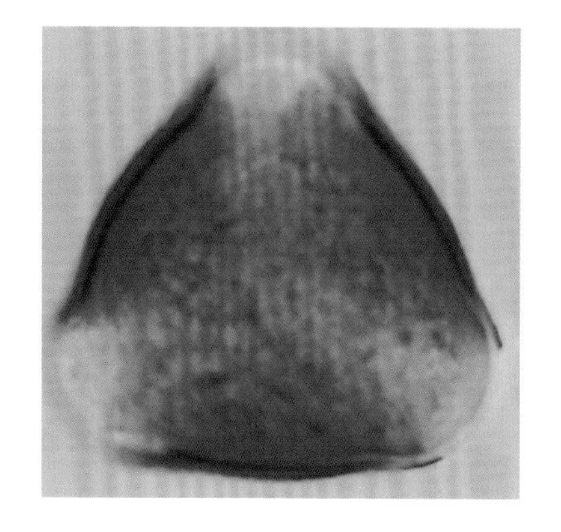

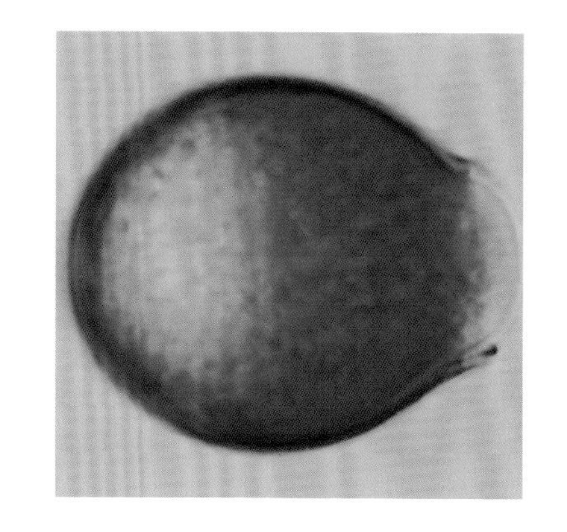

杏 *Prunus armeniaca* Linn.

李属落叶乔木。小枝红褐色，无毛。叶宽卵圆形或卵状椭圆形，先端具短尖，基部近圆形或近心形，叶缘具钝锯齿，叶柄紫红色。花单生，淡红色或近白色，近无梗，萼多为紫红色；花瓣5片，雄蕊多数。核果球形，具纵沟。花期3月～4月，果期6月～7月。

原产我国新疆、西北、西南及长江中下游均有分布，是华北地区最常见果树之一。

光学显微镜下：

花粉近球形，具3孔沟。外壁两层，多等厚。表面细网状纹饰（×800）。

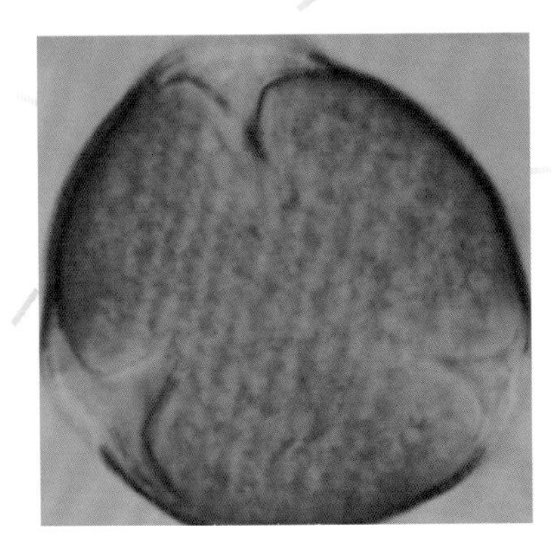

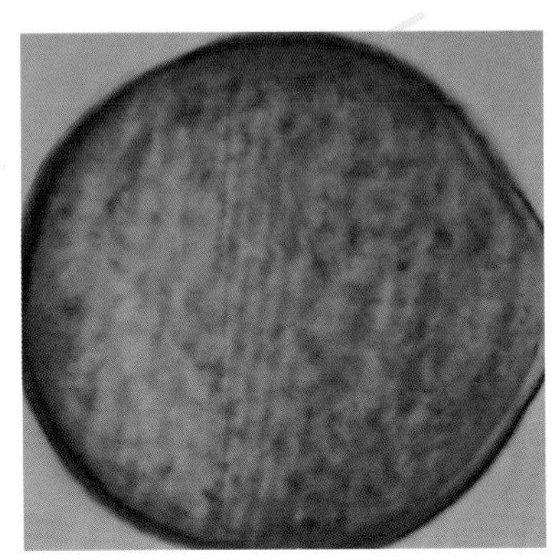

毛樱桃 *Prunus tomentosa* Thunb.

李属落叶灌木，株高1.5～3米。树皮片状剥落，幼枝密被绒毛。叶椭圆形或倒卵形，叶缘具尖锯齿，两面具绒毛，叶多皱，叶柄短。花白色或略带粉红色，花梗极短，雄蕊多数。花期4月～5月。

原产我国东北、华北、内蒙古、西北及西南，日本也有分布。

光学显微镜下：

花粉近球形，具3孔沟。外壁表面具条纹状纹饰。大小约27微米×26.5微米（×1200）。

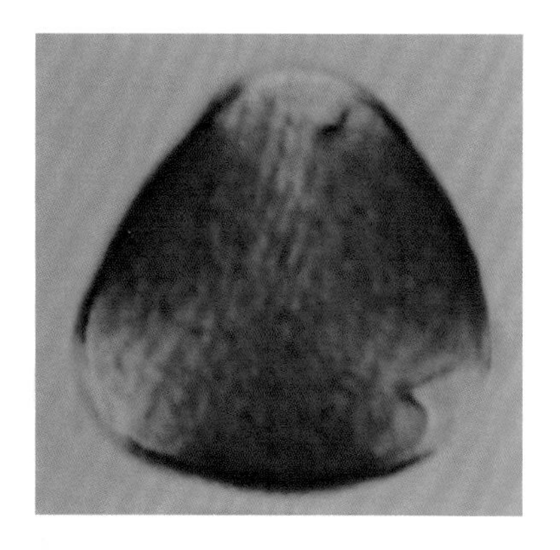

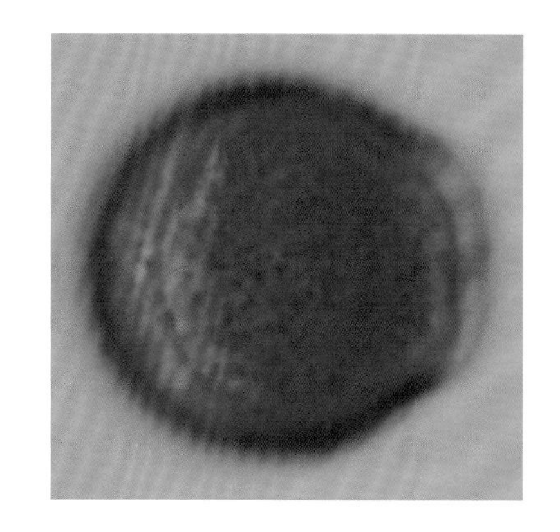

合欢 *Albizzia julibrissin* Durazz.

乔木。高可达16米。二回羽状复叶，具羽片4～12对；小叶10～13对，矩圆形至条形；托叶条状披针形，早落。花序头状，多数，呈伞房状排列，腋生或顶生，具短花梗；淡红色。花期6月～7月。

我国大多省均有栽培。

光学显微镜下：

花粉扁球形，大小为82微米×88微米，16合体，上下各有4粒略呈方形的细胞，周围为8个（×480）。

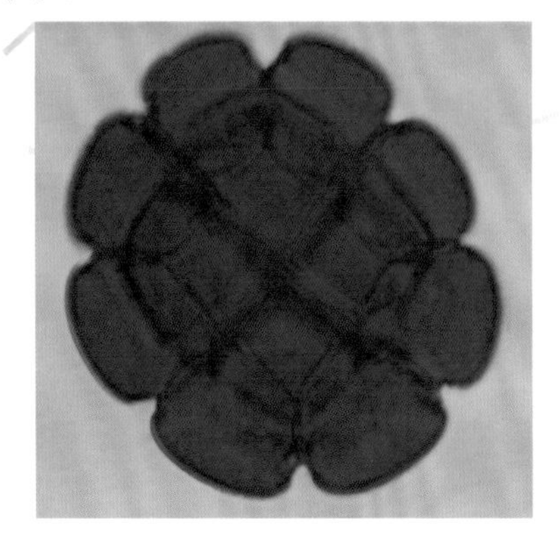

合欢 *Albizzia julibrissin* Durazz.

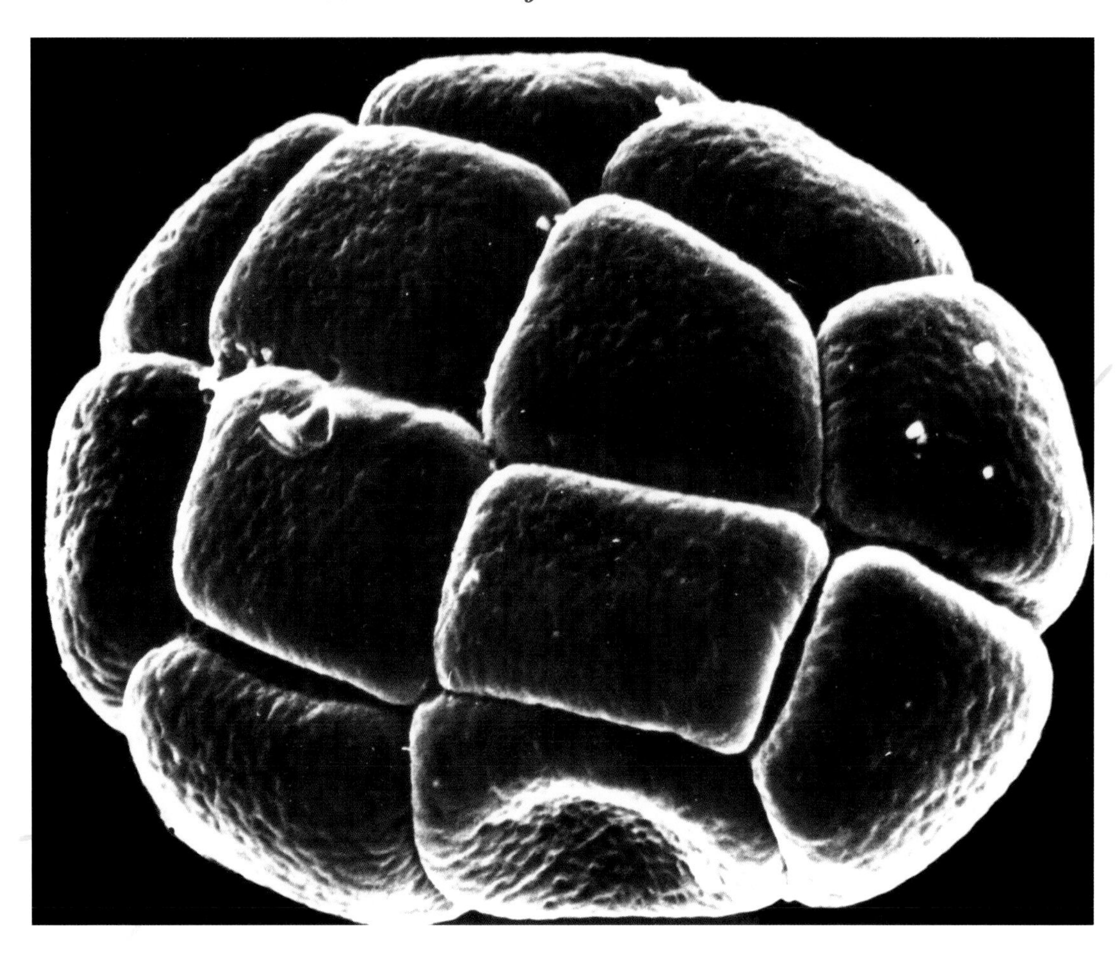

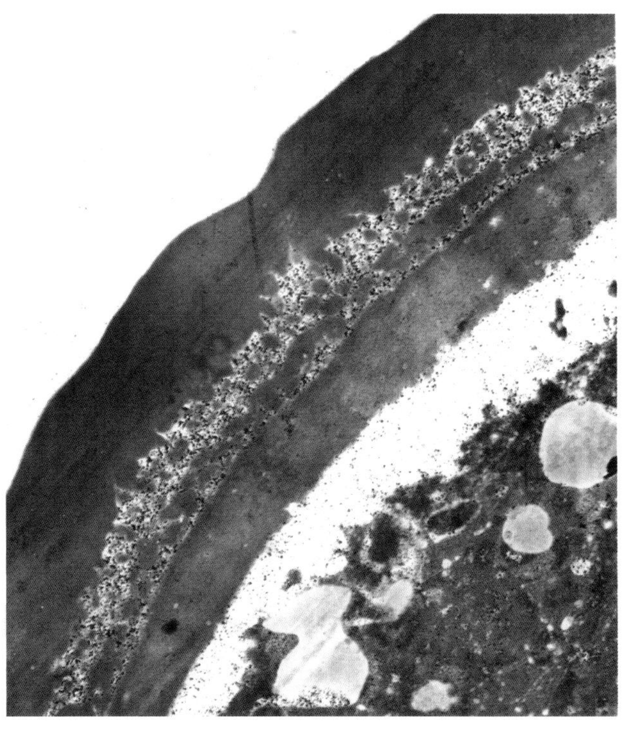

扫描电镜下：

花粉粒扁球形。16合体。表面具浅而略圆的小穴（×4600）。

透射电镜下：

外壁被层表面光滑；柱状层结构不明显；垫层模糊。外壁内层较厚；内壁薄厚不均匀（×12000）。

金合欢 *Acacia farnesiana* Willd.

有刺灌木或小乔木。高2～4米。枝条回折，有一对由托叶变成的长约6～12毫米锐刺。二回羽状复叶，羽片4～8对；小叶10～20对，细小，狭。头状花序单生或2～3个簇生，腋生；花黄色，有香味，长约1毫米。荚果圆筒形，直或弯曲，暗棕色。花期1月～4月。

分布于福建、台湾、广东、广西、四川、云南，热带地区广布。

光学显微镜下：

花粉粒扁球形，16合，其排列形式为：中央8粒花粉，排成上下两层，每层各为4粒；周缘为单层的8粒。大小约为70微米×40微米。外壁表面具颗粒状纹饰（×1200）。

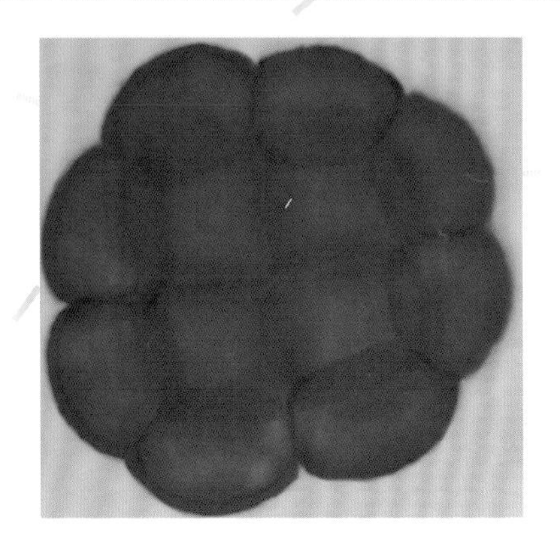

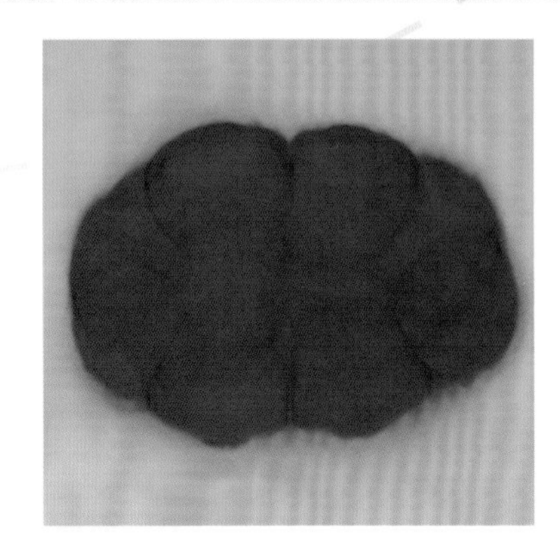

皂荚（皂角）*Gleditsia sinensis* Lam.

落叶乔木。株高15米。树皮暗灰色。小枝灰色，刺粗壮，圆柱状，有分枝，红褐色。多为一回偶数羽状复叶，互生，小叶6～14片，长卵形至卵状披针形，叶缘有细锯齿。花杂性，总状花序，腋生。荚果肥厚，条形，挺直，花期5月～6月。

分布于东北、华北、华东、华南及四川、贵州等省区。

光学显微镜下：

花粉长球形，大小约40微米×32微米。极面观三裂圆形。具3孔沟，外壁网状纹饰（×1200）。

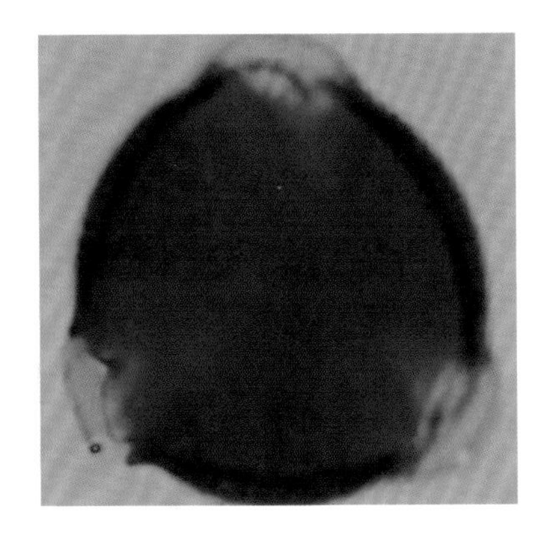

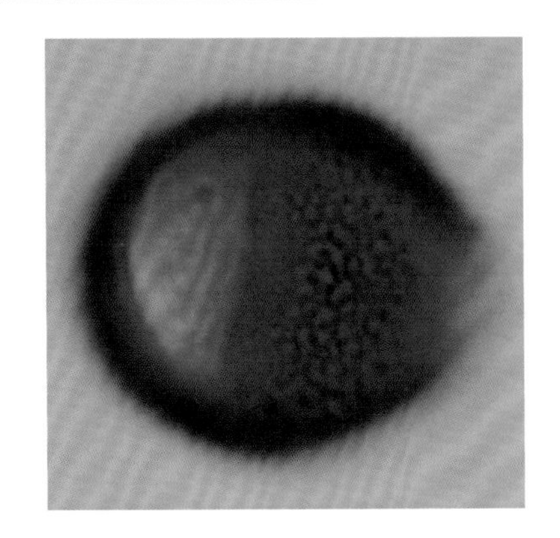

皂荚（皂角）*Gleditsia sinensis* Lam.

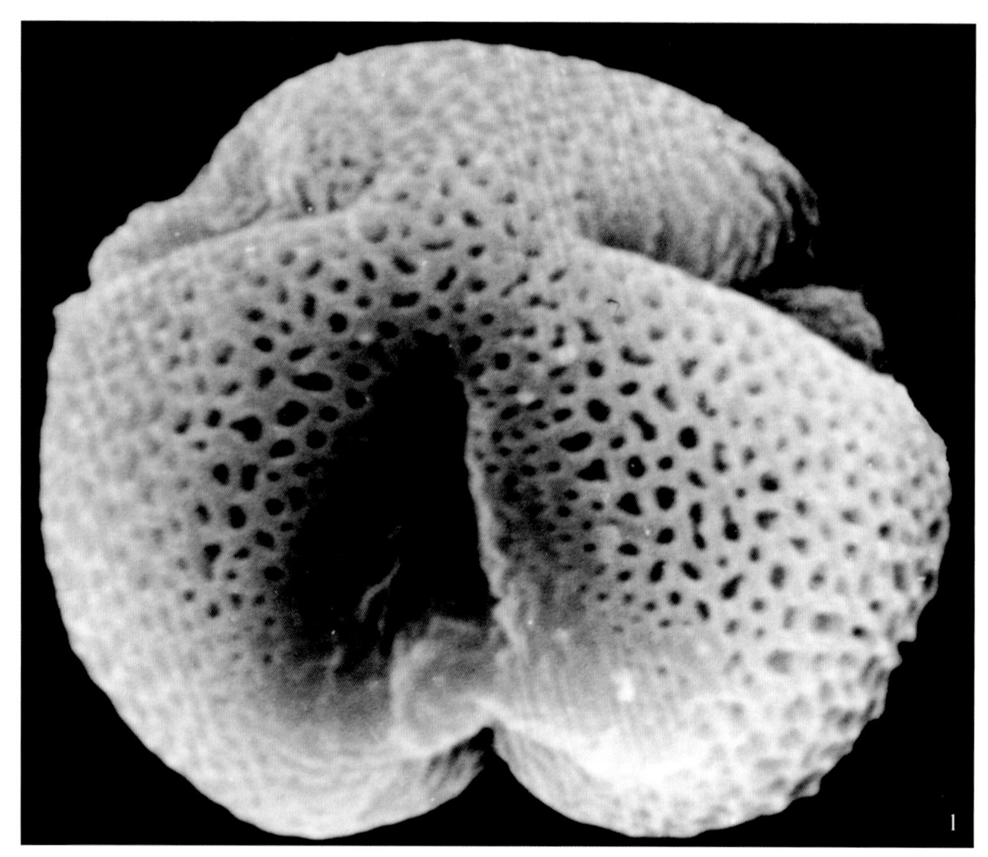

扫描电镜下：

花粉粒极面观三裂圆形，赤道面观长球形。极面上可见三孔沟，孔具孔盖，无沟膜。表面具网状纹饰（1. 极面 × 4000；2. 赤道面 × 3500）。

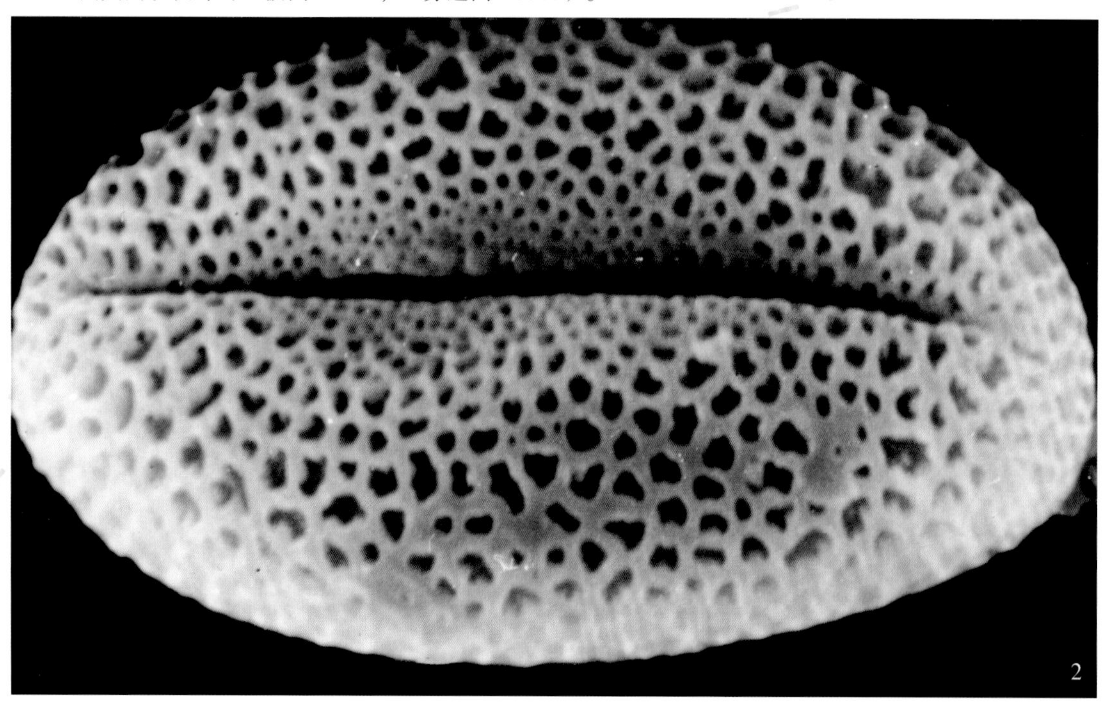

中国无忧花 *Saraca dives* Pierre

常绿乔木。树高达15～25米。小枝有棱，近四方形，主干黑褐色。偶数羽状复叶，互生，小叶长椭圆状披针形，革质，墨绿色，全缘，嫩叶柔软，下垂，古铜色至浅绿色。圆锥花序，在顶生或茎生，苞片橙红色，花橙黄色，花丝长而发达。花期3月～4月（海南）。

产于云南、广西，海南引种。

光学显微镜下：

花粉球形。极面观三裂圆形，赤道面观椭圆形。具3孔沟，沟细长。大小约48微米×47.5微米，表面纹饰模糊（×1200）。

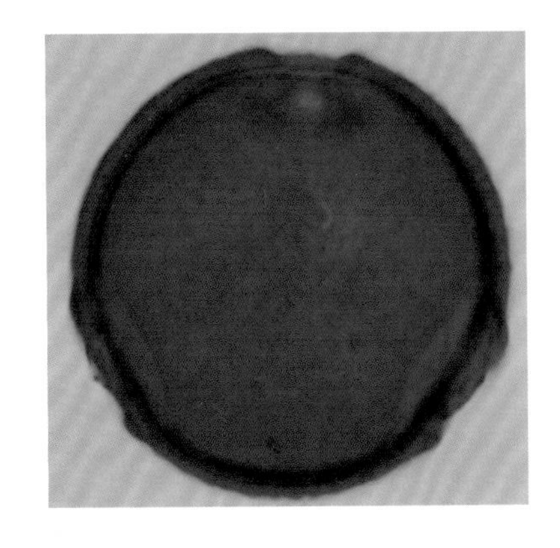

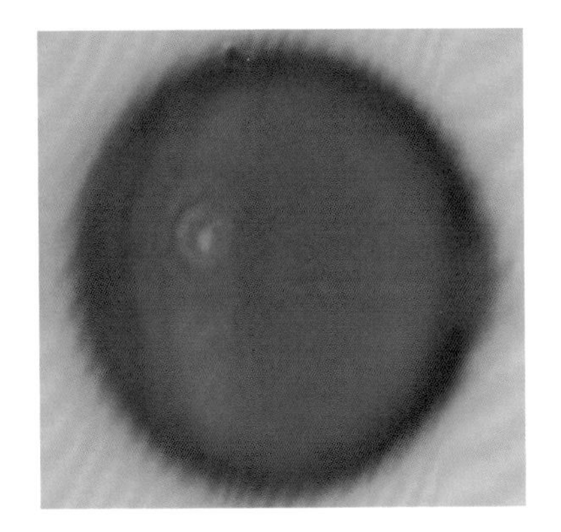

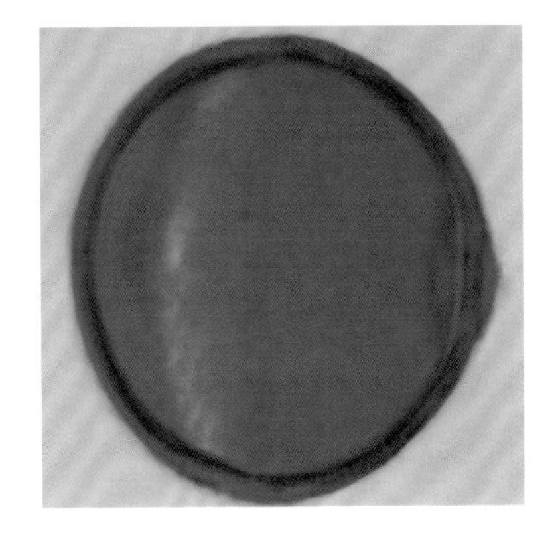

红花羊蹄甲（红花紫荆）*Bauhinia rariegata* L.

乔木。高5～8米。叶形变化较大，圆形至椭圆形，有时几为肾形。先端二裂，基部圆形、截形或心形。花大，几无花梗，排列成短总状花序，粉红色或白色，具紫色浅纹。花瓣披针形。花期全年。

分布福建、广东、海南、广西、云南，为行道树或庭园树种。

光学显微镜下：

花粉球形或扁球形。极面观钝三角形或三裂圆形，赤道面观椭圆形。大小约56微米×65微米。具3（孔）沟。表面具条状纹饰（×1200）。

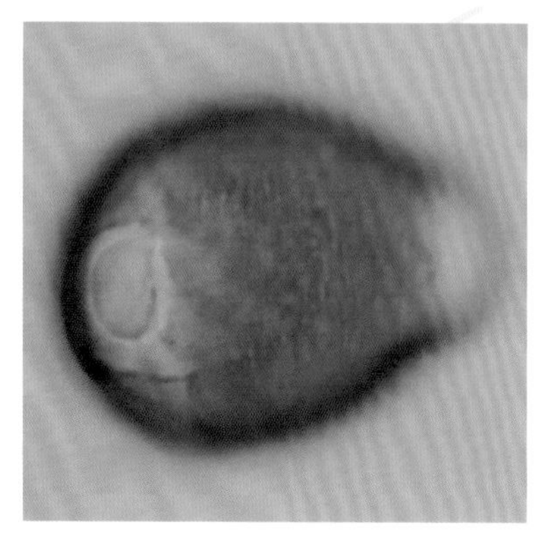

红花羊蹄甲（红花紫荆）*Bauhinia rariegata* L.

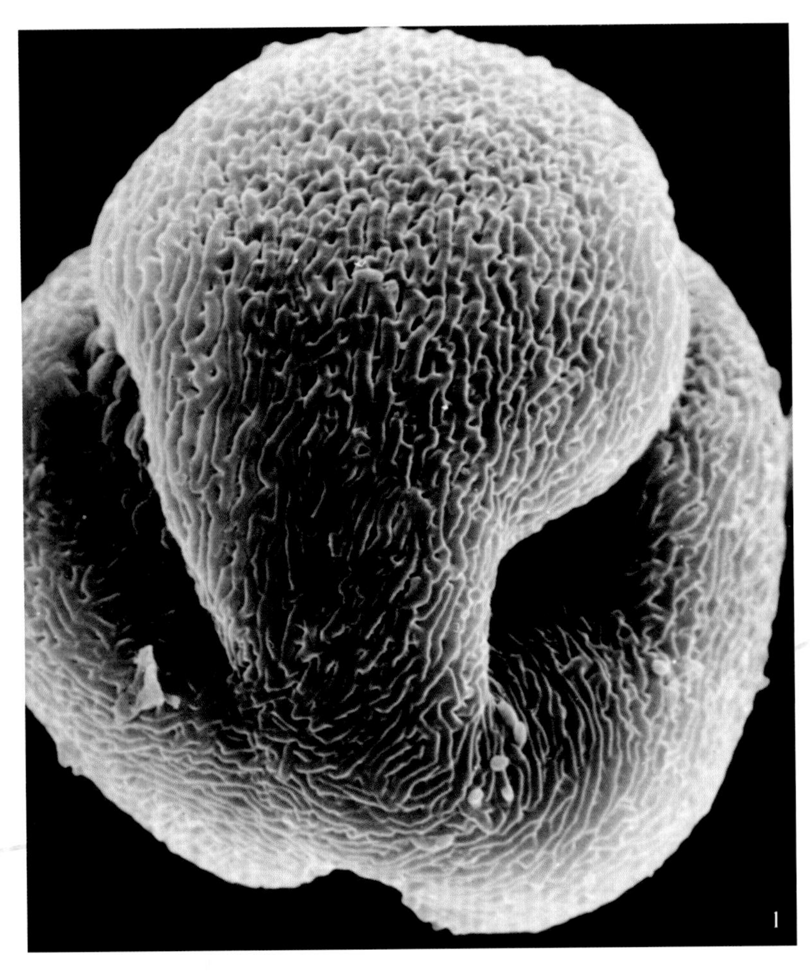

扫描电镜下：

花粉粒极面观三裂圆形，赤道面观长球形。沟膜上有瘤状突起，未见孔。表面条纹状纹饰，条纹沿赤道向两极方向扭曲伸长，呈编织状；在极上呈蠕虫状（1. 极面 × 3000；2. 赤道面 × 2600）。

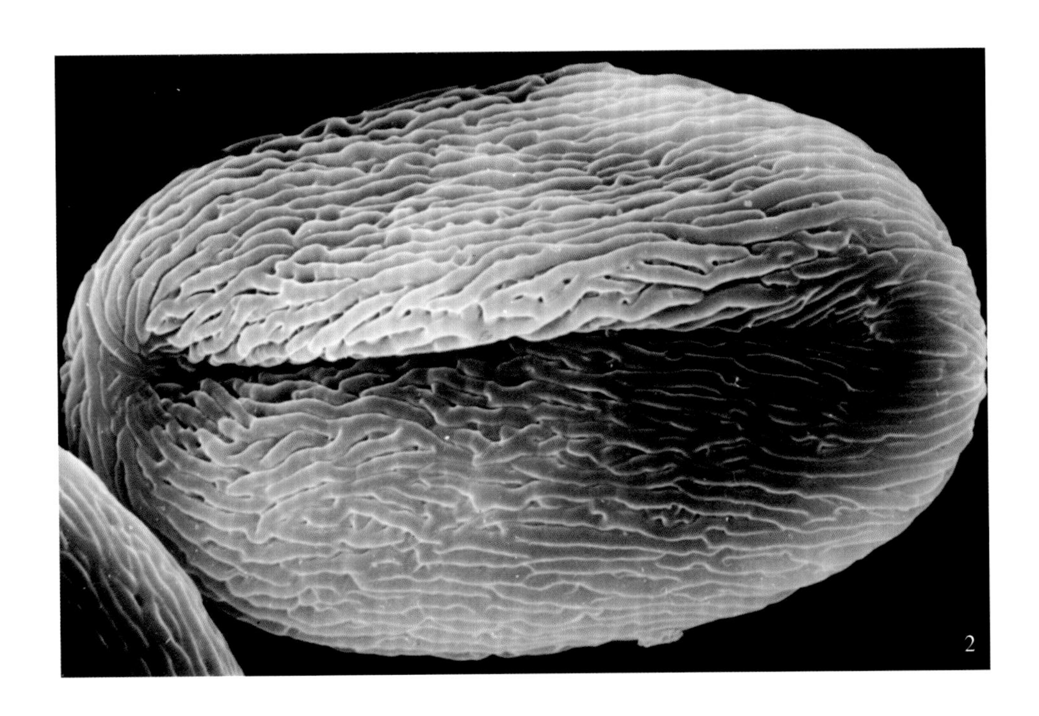

槐树 *Sophora japonica* L.

落叶乔木。株高可达25米。树皮暗灰色或黑褐色，成块状裂。小枝绿色。小叶7～15，卵状长圆形或卵状披针形，先端急尖，基部圆形或宽楔形。圆锥花序，顶生。花黄白色，有短梗。蝶形花冠，旗瓣近圆形，先端凹。花期7月～8月。

分布北自东北、内蒙古、新疆，南至广东、云南各省区普遍栽培。

光学显微镜下：

花粉近球形。极面观三裂圆形，大小约18.5微米×16.1微米。具3孔沟。表面细网状纹饰（×1200）。

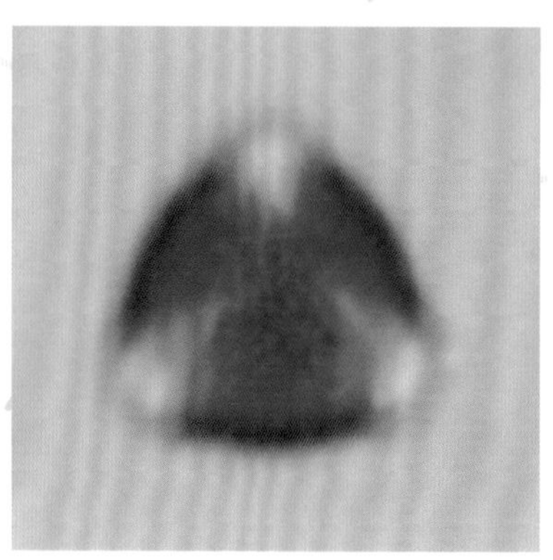

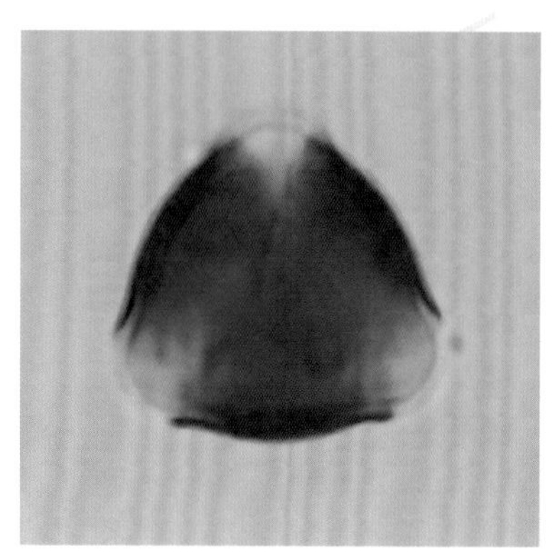

槐树 *Sophora japonica* L.

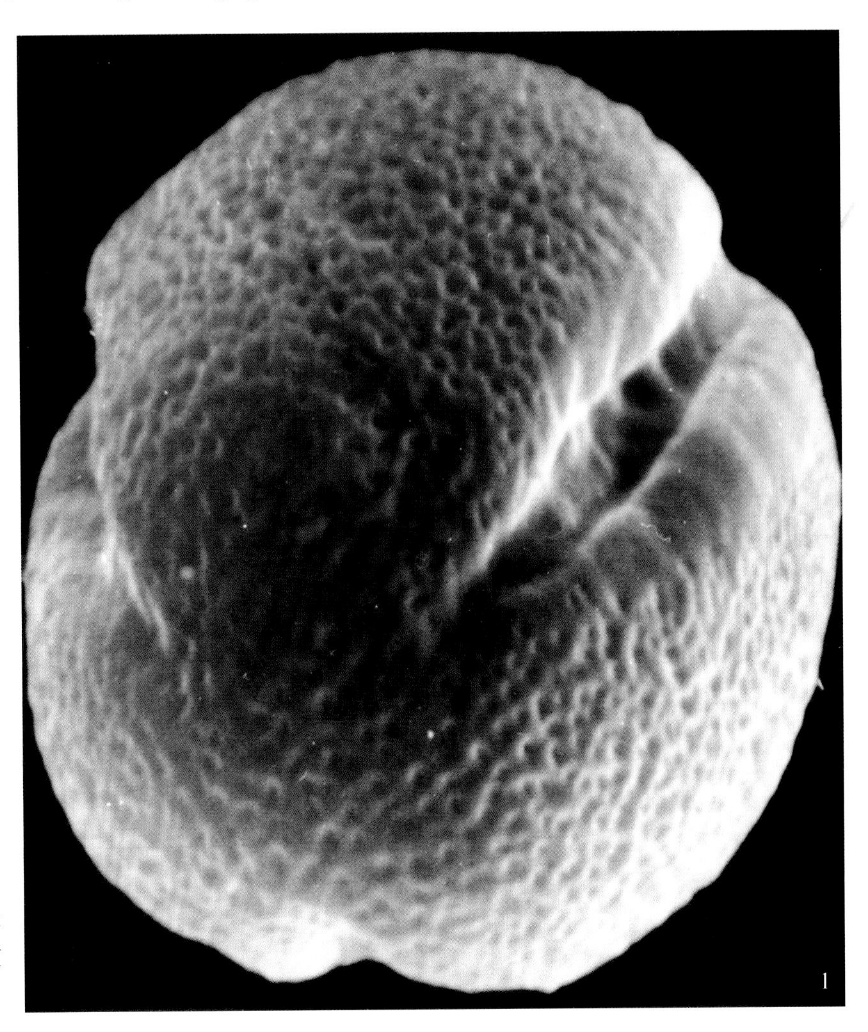

花粉椭圆形。表面细网状纹饰。网眼小而均匀，沟宽（1. 极面 × 11000；2. 赤道面 × 11000）。

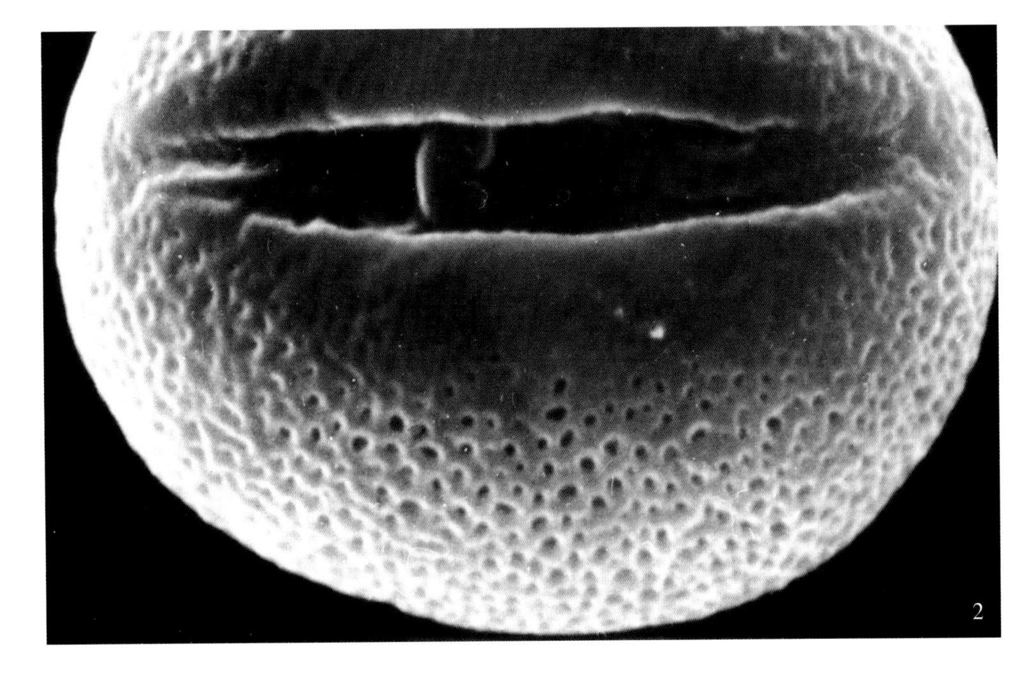

苦参 *Sophora flavescens* Ait.

亚灌木或多年生草本。株高60～130厘米或更高。枝绿色、暗绿色，奇数羽状复叶，长11～25厘米，有小叶15～25，叶柄长2～4厘米，宽2～15毫米，先端渐尖，基部圆形。总状花序，顶生。花黄白色。花期6月～7月。

分布于全国南北各省区。

光学显微镜下：

花粉近球形，大小约23微米×20.5微米。极面观三裂圆形，具3孔沟，沟端宽，表面具细网状纹饰（×1200）。

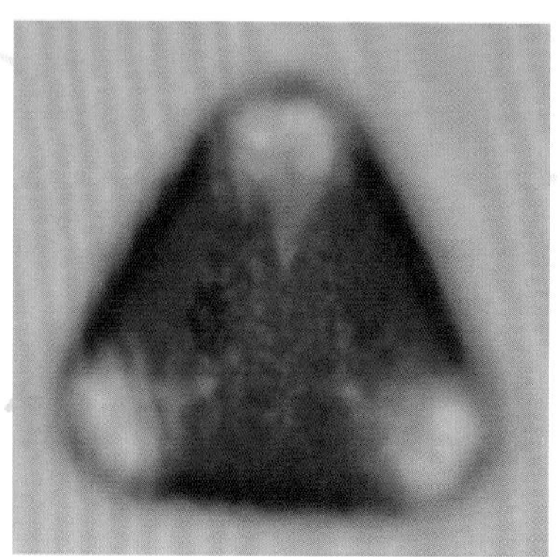

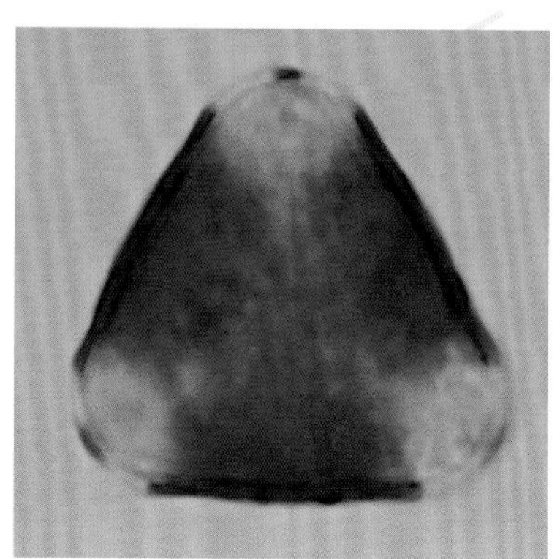

细齿草木樨 *Melilotus dentatus*（Waldst. et Kit.）Pers.

一年或二年生草本。茎直，高20～80厘米，有分枝。羽状复叶，小叶3枚，倒卵状长圆形或长椭圆形，先端钝圆，基部楔形，边缘有细锯齿。托叶线形或披针形。总状花序，腋生。花冠黄色。花期5月～8月。

分布华北、西北、山东等地，北京常见。

光学显微镜下：

花粉椭圆形。大小34.7（30.4～38.4）微米×21.6（19.2～24.8）微米。具3沟，沟细，长达两极。外壁薄。具细网状纹饰（×1200）。

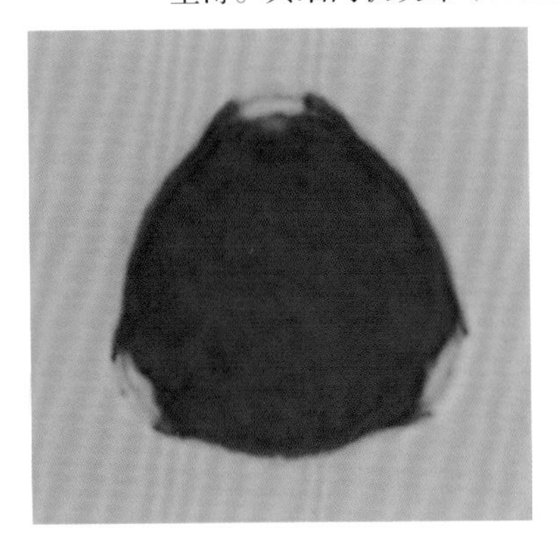

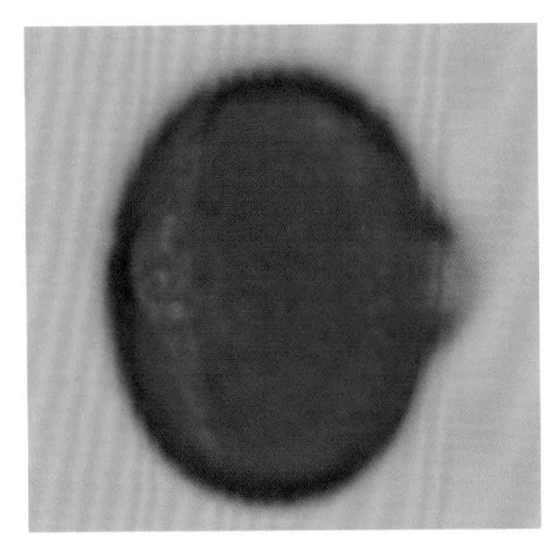

白车轴草（白三叶）*Trifolium repens* L.

多年生草本。茎匍匐，无毛。叶具3小叶，小叶倒卵形至倒心脏形，先端圆或凹陷，基部楔形，边缘具细锯齿，几无小叶柄；托叶椭圆形，抱茎。花序呈头状，有长总花梗，萼筒状。头状花序。花冠白色或淡红色。花期5月～6月。

原产欧洲，我国东北、华北、华东、西南均有引种。

光学显微镜下：

花粉极面观三裂圆形，赤道面观扁球形，大小约33微米×37微米。具3孔沟，沟长几达两极。表面具模糊网状纹饰（×1200）。

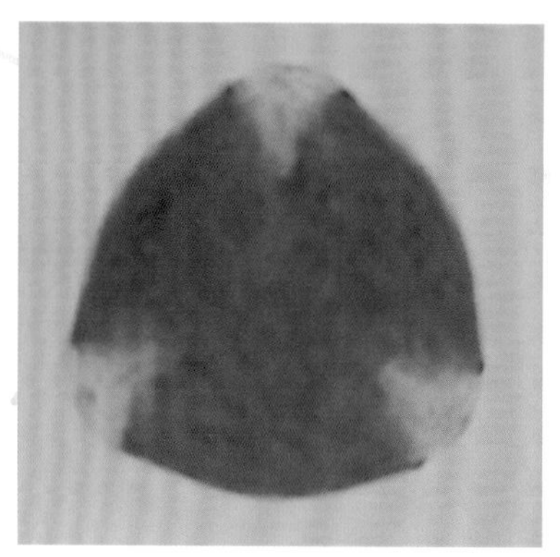

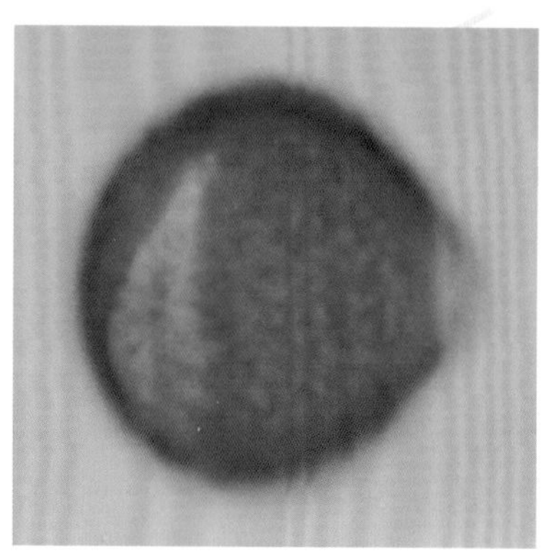

吴茱萸 *Euodia rutaecarpa*（Juss.）Benth.

授粉高峰期

吴茱萸 *Euodia rutaecarpa*（Juss.）Benth.

灌木或小乔木。高3～10米。小枝紫褐色。单数羽状复叶，对生；小叶5～9，对生，椭圆形至卵形，全缘或有不明显的钝锯齿。聚伞状圆锥花序顶生，雌雄异株，白色，5数；雌花瓣较雄花大。花期6月～7月。

分布辽宁、河北、山西、陕西、甘肃、山东、河南、湖北。

光学显微镜下：

花粉近球形，大小为33微米×30.5微米。具3孔沟，沟长，末端尖，内孔大，横长。表面具网状纹饰（×1200）。

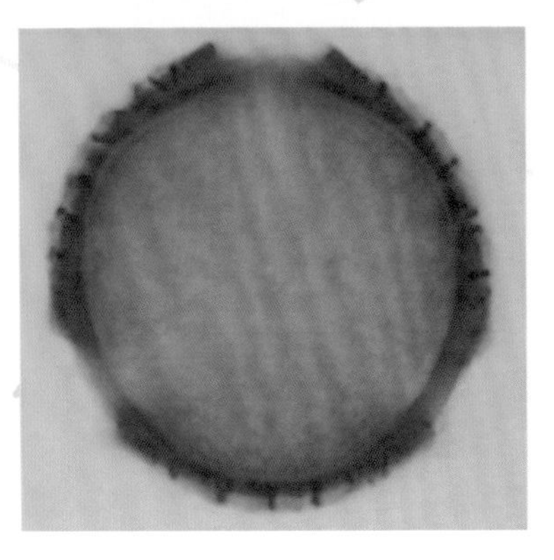

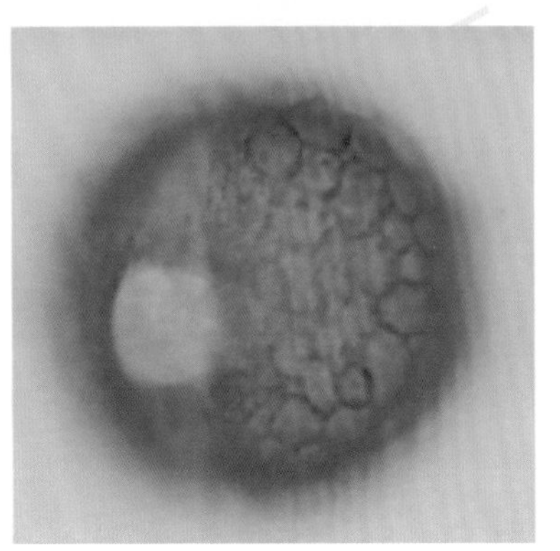

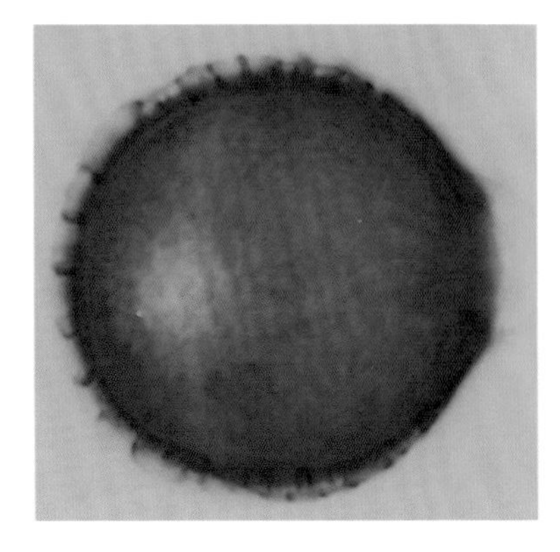

臭檀 *Euodia daniellii*（Benn.）Hemsl.

落叶乔木。株高15米。树皮暗灰色，平滑。奇数羽状复叶，对生，小叶5～11，卵形或长圆状卵形，先端渐尖，基部宽楔形，偏斜，有细圆锯齿。聚伞状圆锥花序，顶生。花小，白色，多为5数。花期6月～7月。

分布于辽宁至湖北，西至甘肃。

光学显微镜下：

花粉近球形，大小约29.5微米×28.5微米。其余与吴茱萸同（×1200）。

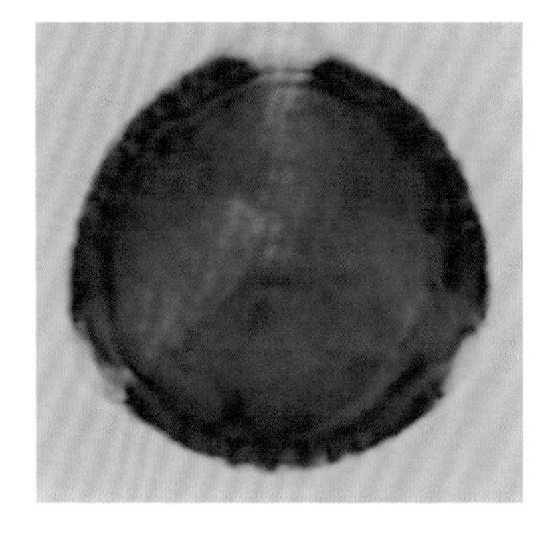

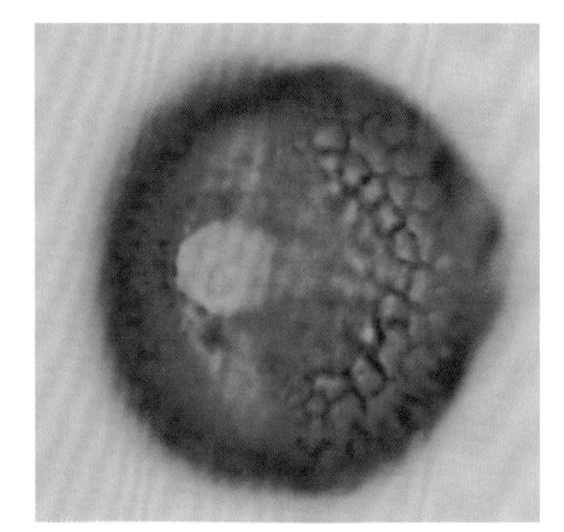

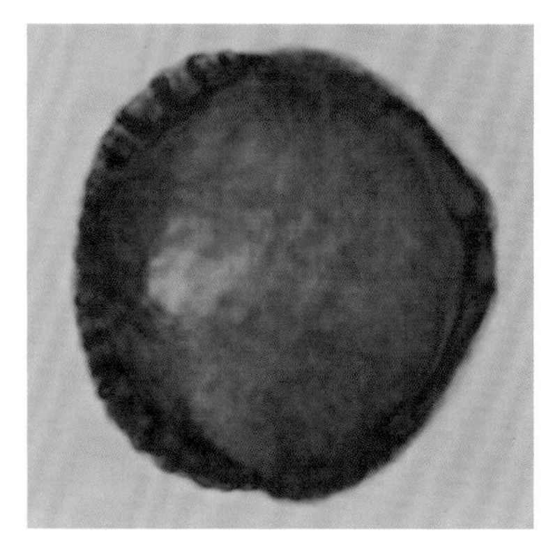

枸桔 *Poncirus trifoliata* Raf.

落叶灌木或小乔木。株高5米。枝刺多而尖锐，基部扁平。三出复叶。小叶无柄，倒卵形或椭圆形，先端钝圆或稍凹，基部楔形，缘有锯齿。花白色，芳香，花梗短。萼片卵形。花瓣匙形，先端钝圆。花期4月～5月。

分布我国中部、南部等多个省。

光学显微镜下：

花粉近球形，大小为29.5（26.5～31.5）微米×26.5（23.5～29）微米。具（3、4、）5～6孔沟；沟细。内孔横长。外壁较厚，两层明显。外层具基柱，表面具清晰的网状纹饰（×1200）。

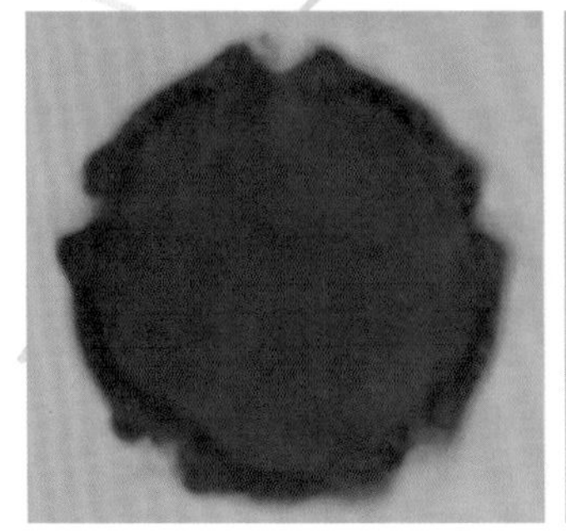 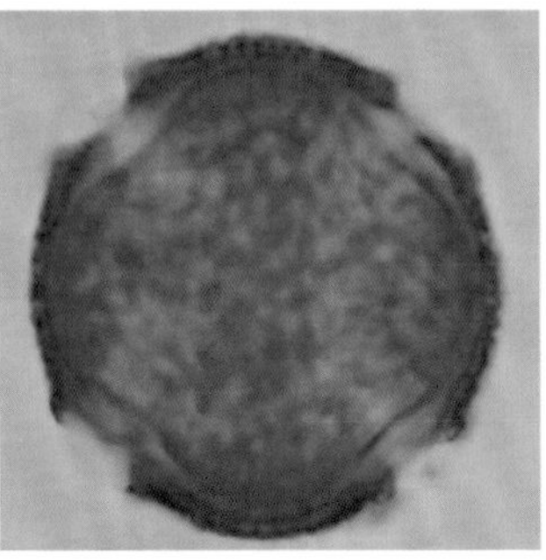 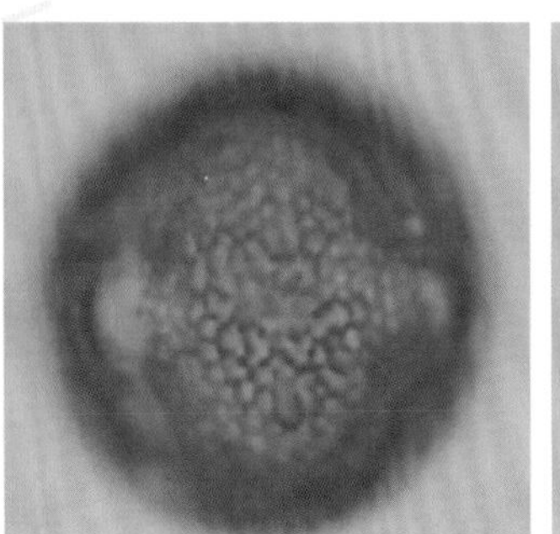 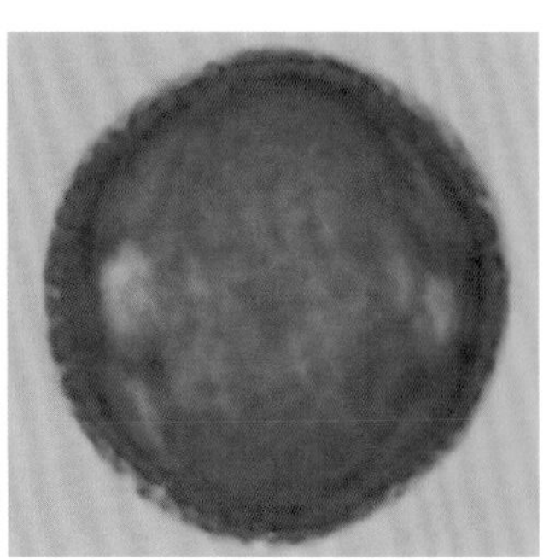

黄檗 *Phellodendron amurense* Rupr.

落叶乔木。高10～15米。树皮浅灰色或灰褐色，有深沟。小枝棕褐色。单数羽状复叶对生，小叶5～13，卵状披针形至卵形，顶端长渐尖，基部宽楔形，边缘具细钝锯齿。花小，5数，雌雄异株，排成顶生聚伞状圆锥花序。花期5月～7月。

分布东北、华北。

光学显微镜下：

花粉近球形，大小约31微米×30.5微米。其余与吴茱萸同（×1200）。

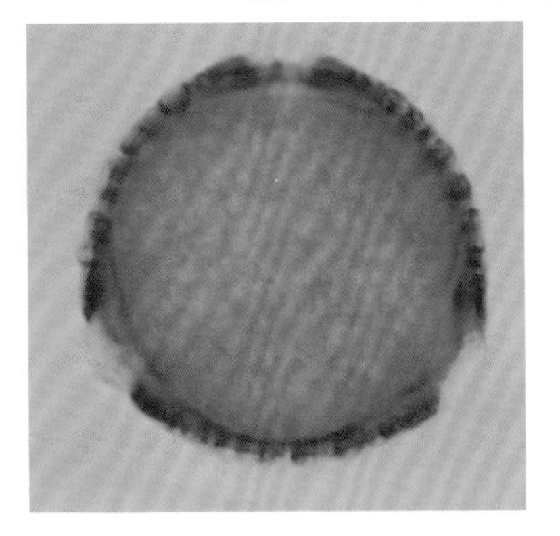

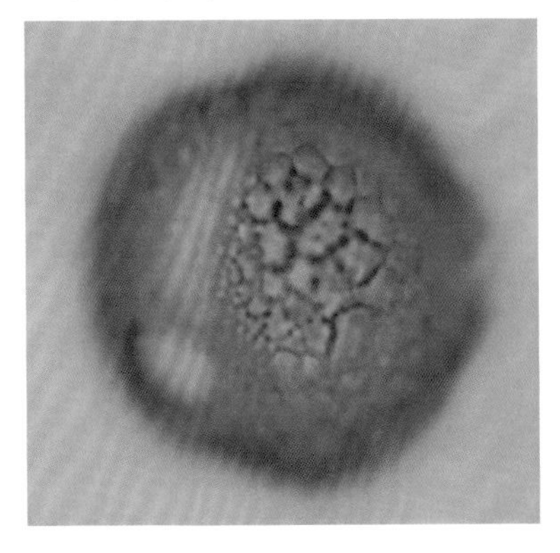

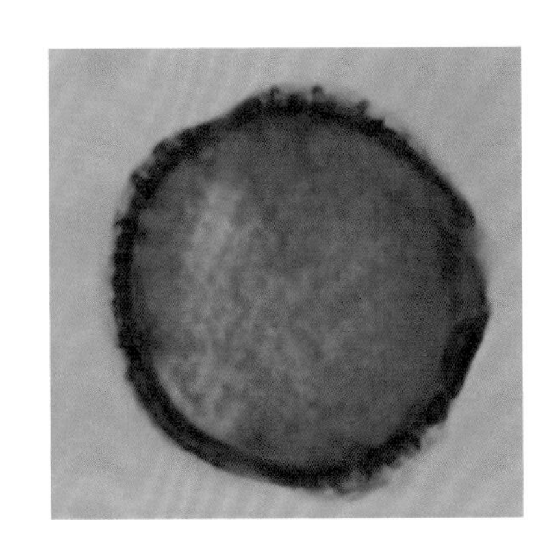

黄檗 *Phellodendron amurense* Rupr.

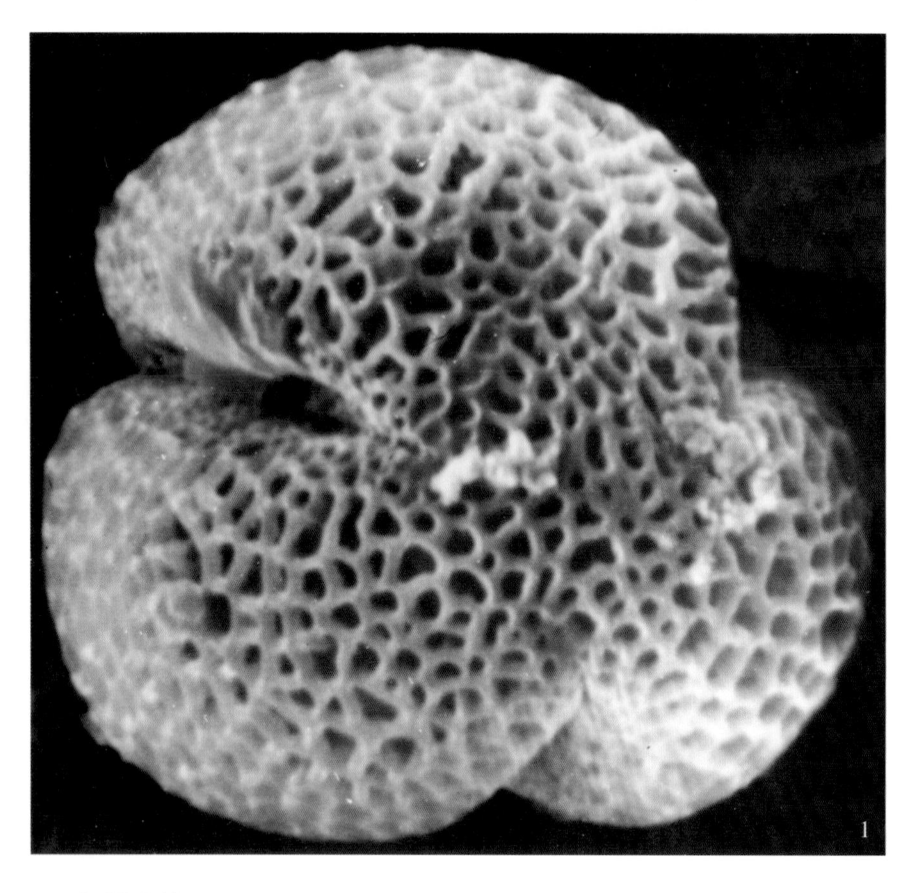

扫描电镜下：

花粉极面观三裂圆形。赤道面观长球形，具二条赤道沟，沟细长，直达两极。表面网状纹饰（1. ×4500；2. ×4500）。

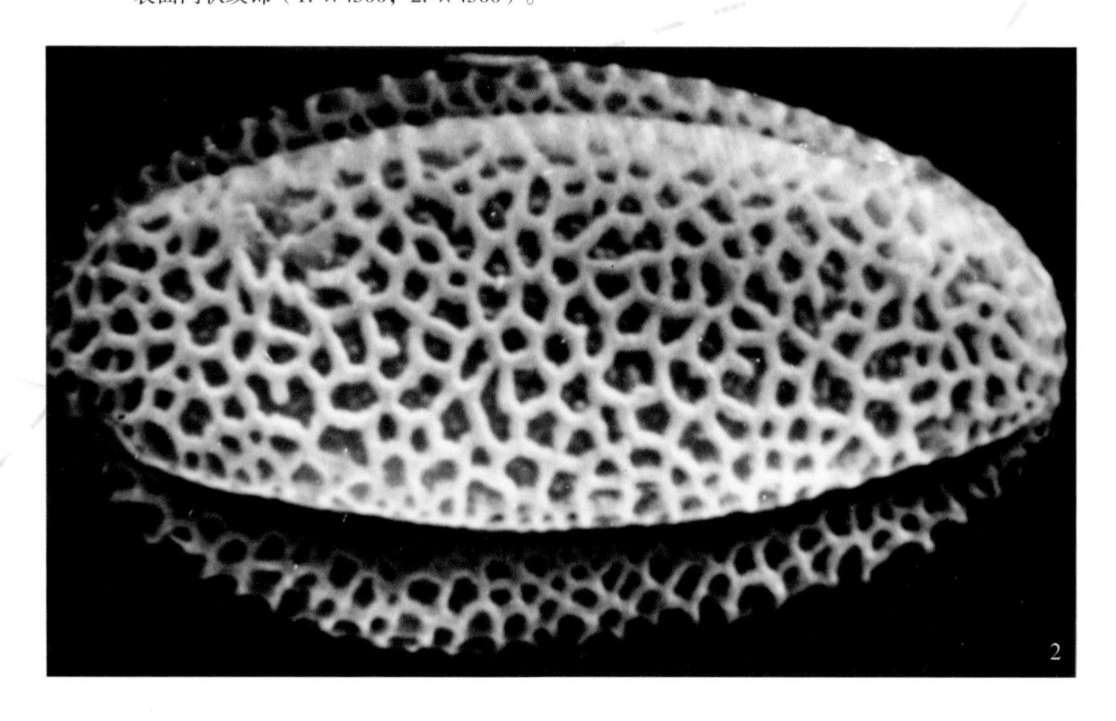

黄皮树 *Phellodendron chinense* Schneid.

乔木。高10～12米。树皮暗灰棕色，薄，开裂。小枝紫褐色，粗大。单数羽状复叶对生；小叶7～15，矩圆状披针形至矩圆状卵形。花单性，雌雄异株，排成顶生圆锥花序。花期2月～3月。

分布海南、四川、云南及湖北。

光学显微镜下：

花粉近球形。极面观三裂圆形，大小约32.5微米×30微米。3孔沟。表面具网状纹饰（×1200）。

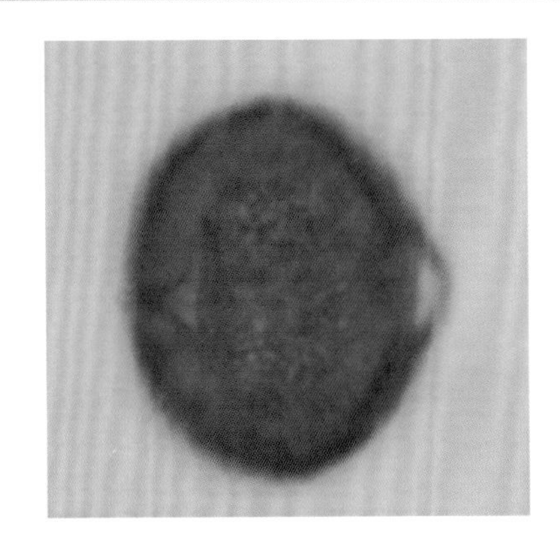

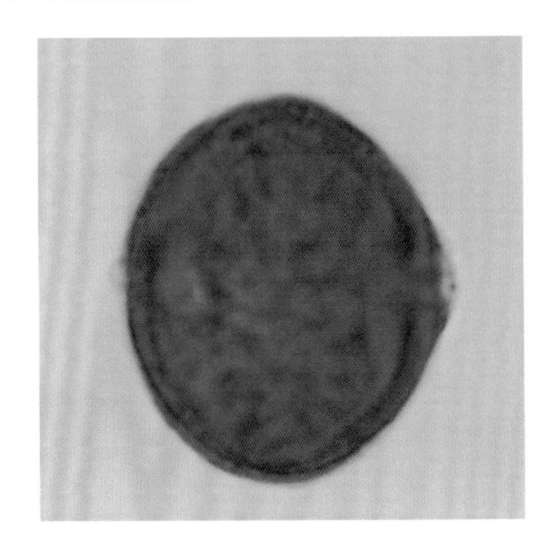

黄皮树 *Phellodendron chinense* Schneid.

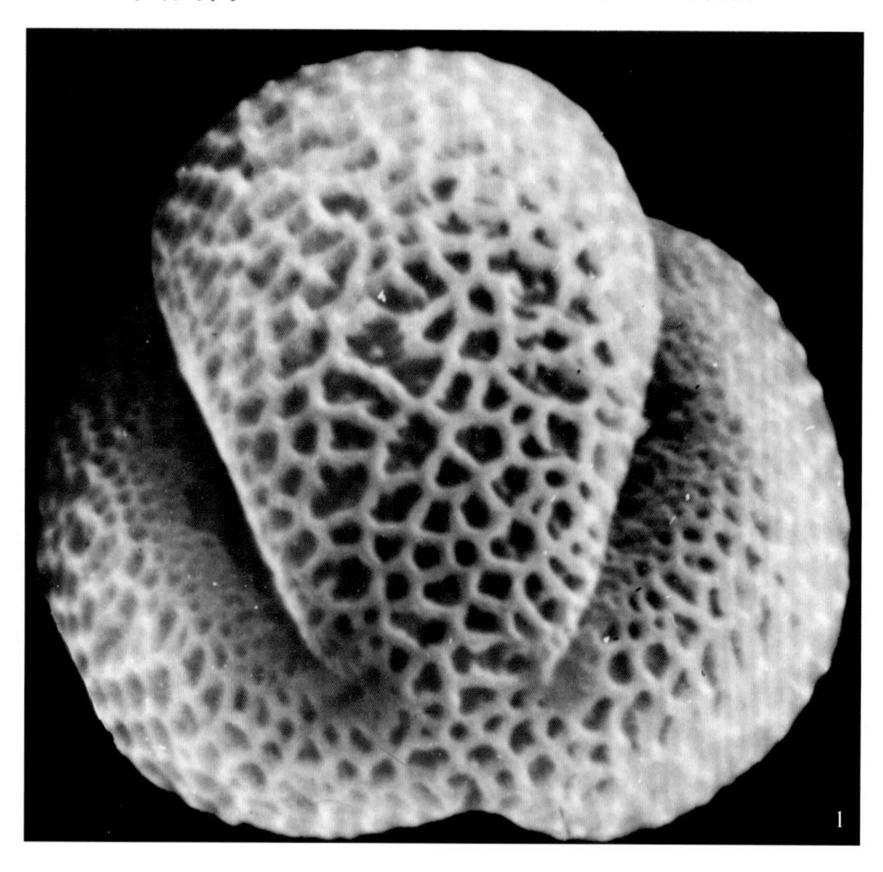

扫描电镜下：

花粉长球形，表面具网状纹饰（1. ×5700；2. ×6300）。

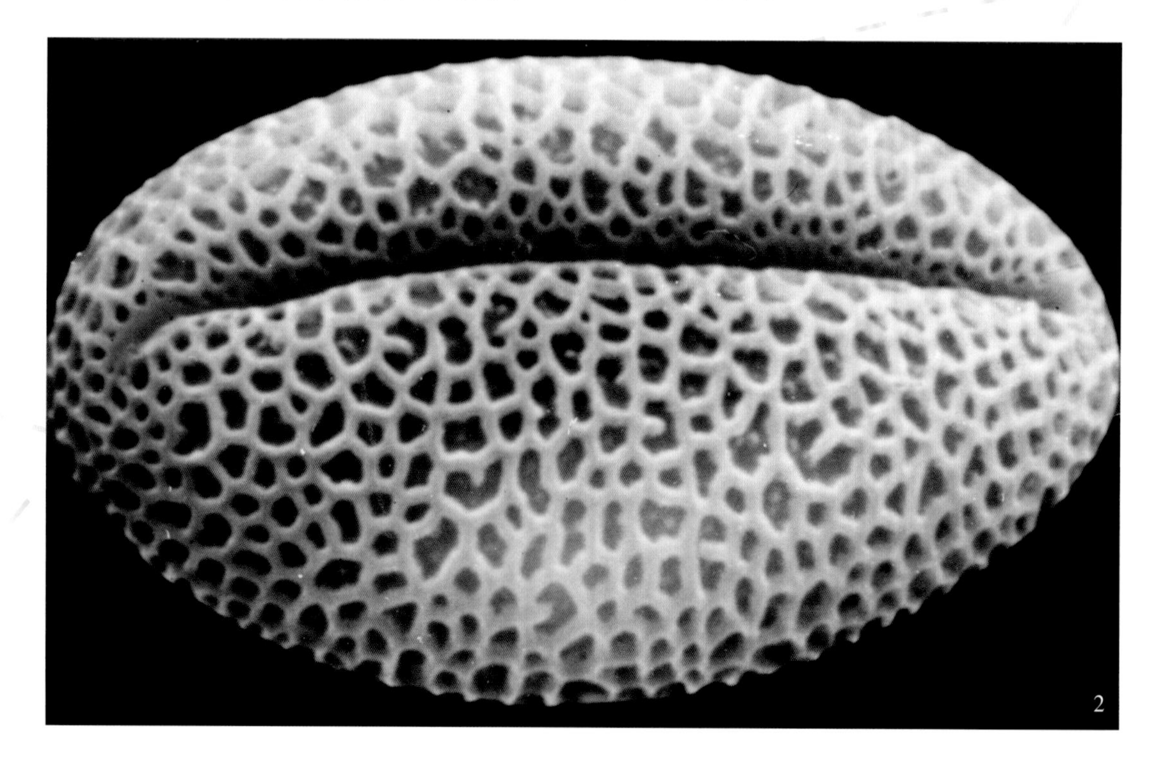

臭椿 *Ailanthus altissima*（Mill.）Swingle in Journ.

授粉高峰期

臭椿 *Ailanthus altissima*（Mill.）Swingle in Journ.

落叶乔木。株高可达30米。树冠扁球形或伞形。树皮灰色至灰黑色。小枝褐色，羽状复叶；小叶13～41，披针形或卵状披针形，先端渐尖，基部楔形或圆形，稍偏斜，近基部有1～2对粗锯齿；叶揉搓后有臭味。圆锥花序顶生；花杂性，白色带绿。花期5月～6月。

产于我国，南北各地均有栽培，朝鲜、日本也有。

光学显微镜下：

花粉近球形，大小为29.5（29.1～30）微米×16.3（15.6～17.1）微米。极面观三裂圆形，具三孔沟，沟端截形。外壁外层比内层厚。表面具条纹状纹饰（×1200）。

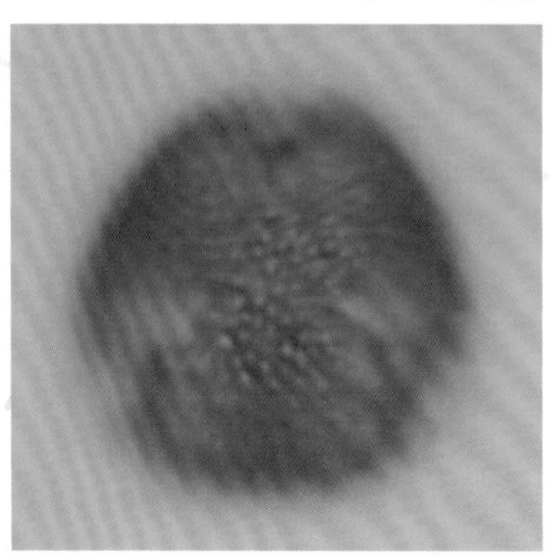
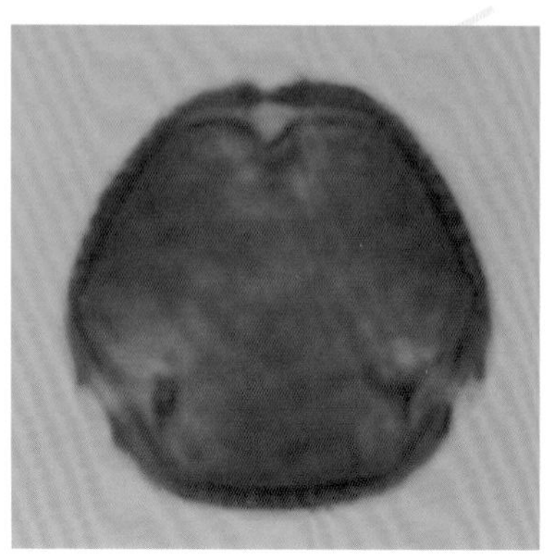
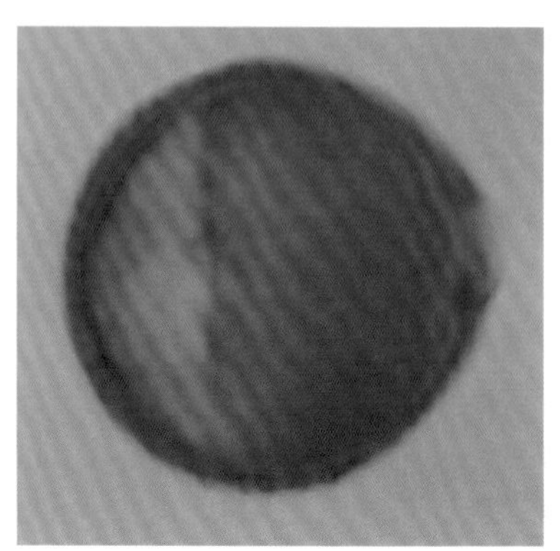

臭椿 *Ailanthus altissima*（Mill.） Swingle in Journ.

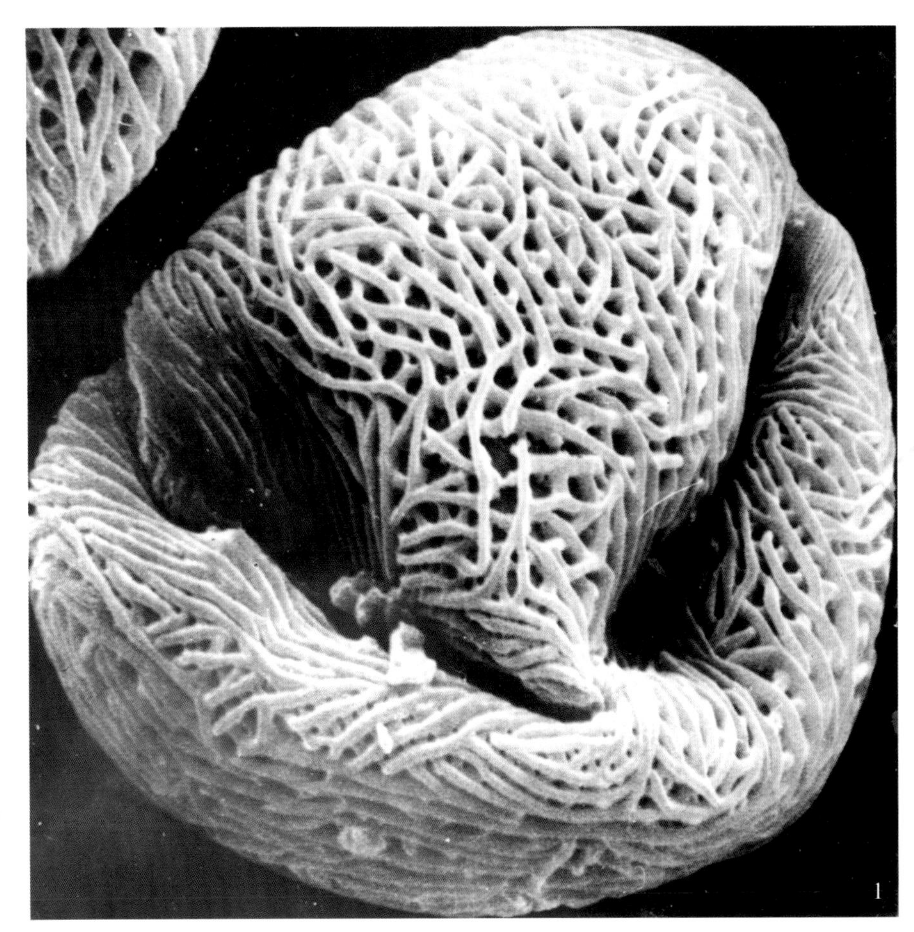

扫描电镜下：

花粉长球形。极面观三裂圆形，赤道面观具一条近达两极的沟。表面条纹状纹饰。条纹光滑，呈编织状排列（1. 极面 × 5000；2. 赤道面 × 5000）。

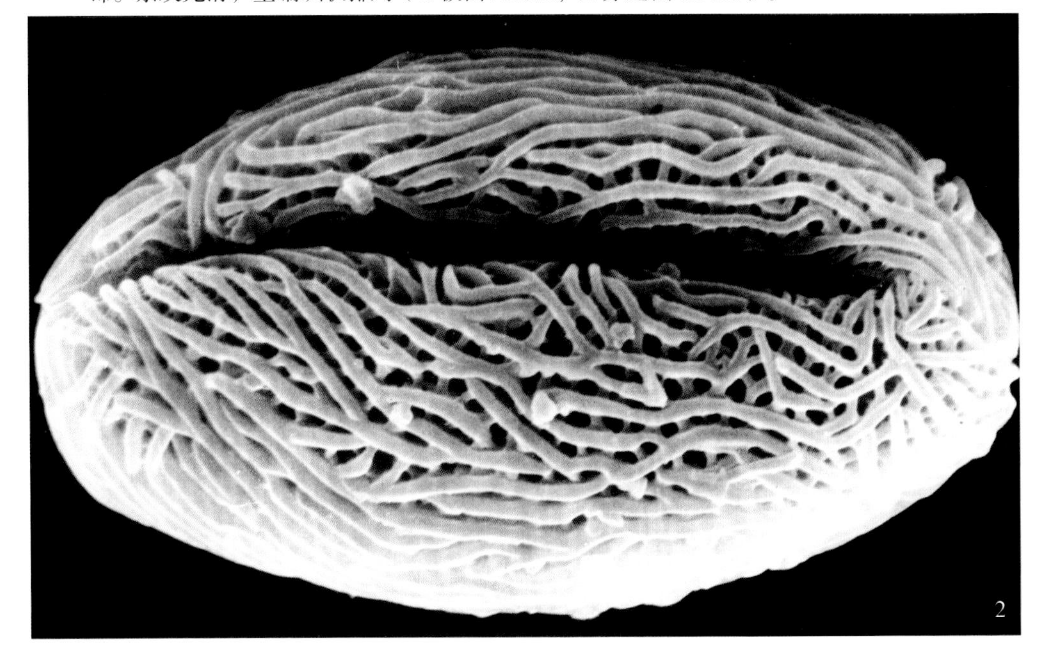

苦木 *Picrasma quassioides*（D. Don）Benn.

灌木或小乔木。株高10米。树皮紫褐色，平滑，有苦味。小枝青绿色至紫褐色，有皮孔。羽状复叶。小叶7～15，窄卵形至长圆状卵形，先端渐尖或锐尖，基部宽楔形或圆形，边缘具不整齐的钝锯齿。聚伞花序，腋生。花杂性，雌雄异株，黄绿色。花期5月～6月。

分布于黄河流域南北各省。

光学显微镜下：

花粉近球形，大小为34（29.5～41）微米×31.5（26.5～35.5）微米。具3孔沟，沟细，两端渐尖。表面具网状纹饰（×1200）。

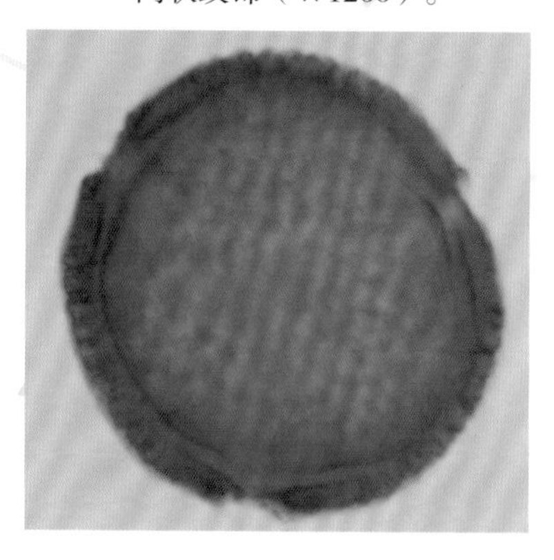

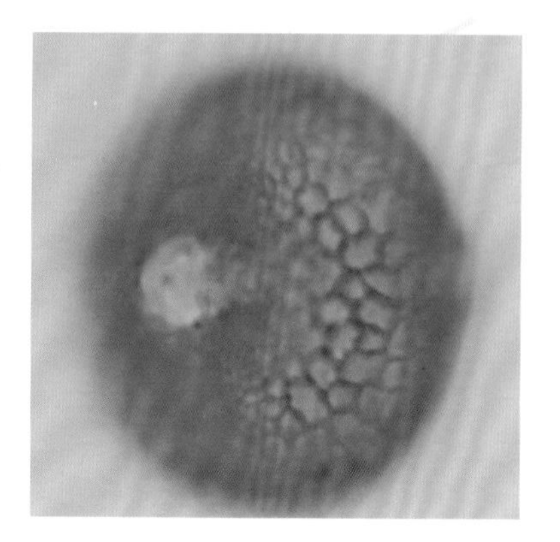

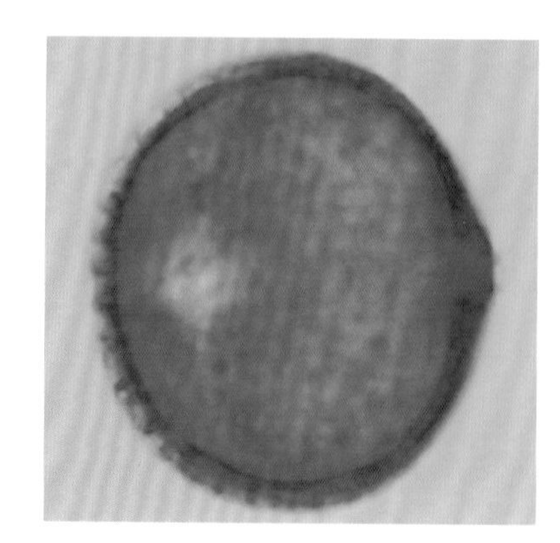

楝树 *Melia azedarach* L.

落叶乔木。高达20米。叶为二至三回羽状复叶，长20～40厘米；小叶对生，叶缘有钝锯齿。圆锥花序腋生，约与叶等长，具芳香，花瓣淡紫色。花期2月～3月（海南）。

广布于我国黄河以南地区，海南各地常见。

光学显微镜下：

花粉扁球形。极面观四裂圆形。大小约45.8微米 × 50.5微米。具4孔沟。表面具模糊的颗粒状纹饰（×1200）。

香椿 *Toona sinensis*（A. Juss.） Roem.

落叶乔木。高25米。树皮灰褐色，成窄条片状剥落，幼枝黄褐色，有毛。偶数或奇数羽状复叶互生，小叶对生或近对生，全缘或有浅锯齿，有香气。圆锥花序顶生，下垂。花白色，钟状，芳香，花瓣5片，花盘红色。花期5月～6月。

产我国中部和南部，北京城郊多见。

光学显微镜下：

花粉近球形至球形。赤道面观椭圆形，极面观四裂圆形或正方形。大小约35.5微米×32.5微米。具4孔沟，少数3孔沟。极面观四或三裂圆形。外壁两层，纹饰不明显（×1200）。

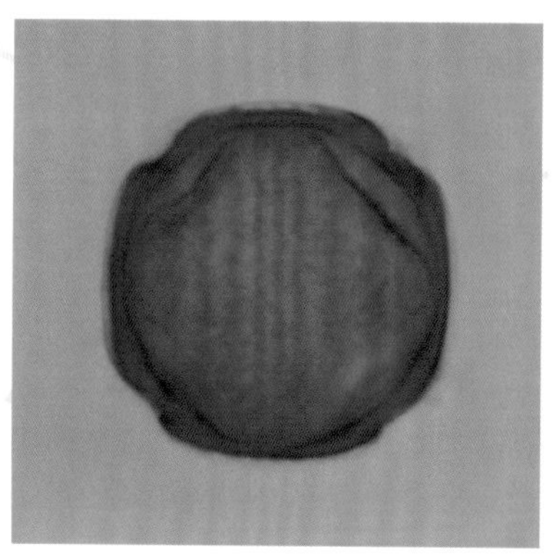

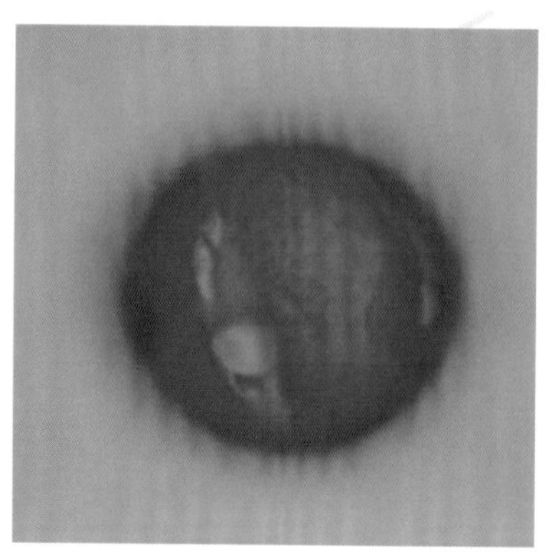

一叶萩（叶底珠）*Securinega suffruticosa*（Pall.） Rehd.

落叶灌木。株高1～3米。茎直立多分枝。树皮褐黄色。叶倒卵状椭圆形或椭圆形，先端钝圆或急尖，基部楔形，全缘。叶柄长4～6毫米。托叶小。花单性，雌雄异株，无花瓣，簇生于叶腋。花期5月～7月。

分布华北、华东及河南、湖北、陕西、四川、贵州等地。

光学显微镜下：

花粉近球形，形状不一致，大小差别很大，小的仅约19微米×19微米，大的可达35微米×30微米，小的平均20微米×22.5微米，大的平均为27.5微米×33.5微米。具3孔沟，沟两端尖，内孔圆形，两侧具裂缝。外壁两层，外层较厚。表面具网状纹饰，网眼大小形状不一致（×1200）。

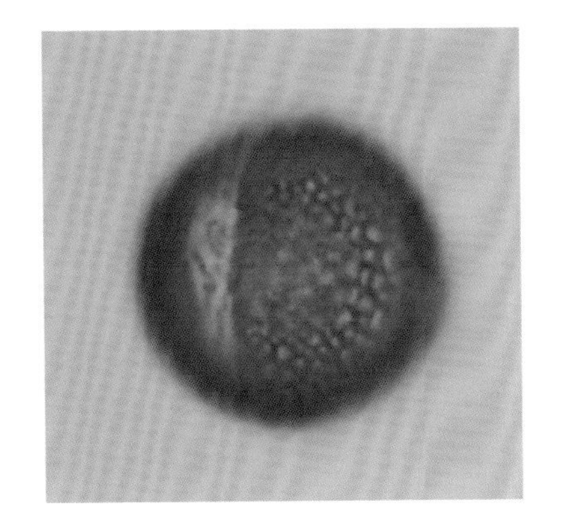

重阳木（茄冬）*Bischofia javanica* Bl.

乔木。高40米。树皮灰褐色；小枝无毛。3小叶复叶；小叶卵形、矩圆形、椭网状卵形，纸质。花小，单性，雌雄异株，无花瓣。圆锥花序腋生。花期2月～3月。

分布四川、云南、贵州、广西、广东、海南、湖北、湖南、福建、台湾、浙江。

光学显微镜下：

花粉近球形，大小约23.5微米×21.5微米。具3孔沟，沟细，内孔横长，表面具模糊的网状纹饰（×1200）。

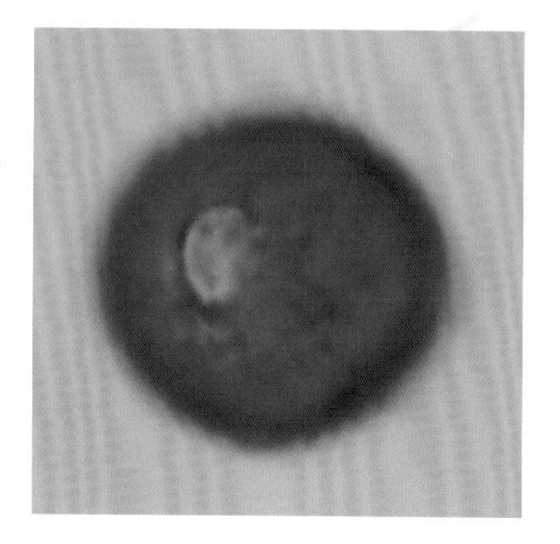

铁苋菜 *Acalypha australis* L.

一年生草本。株高20～50厘米。茎直立，多分枝，有棱，具毛。叶卵状披针形、卵形、菱状卵形，先端尖，基部楔形，缘有钝齿；叶柄长1～3厘米，有毛；托叶披针形。花单性，雌雄同株，无花瓣；穗状花序，腋生。雄花多数，生于花序上部，带紫红色。花期5月～9月。

分布于长江及黄河中下游、沿海和西南、华南各省。

光学显微镜下：

花粉近球形。极面观三裂或四裂圆形，赤道面观椭圆形，大小10微米×12微米。具3～4孔沟，表面较光滑（×1200）。

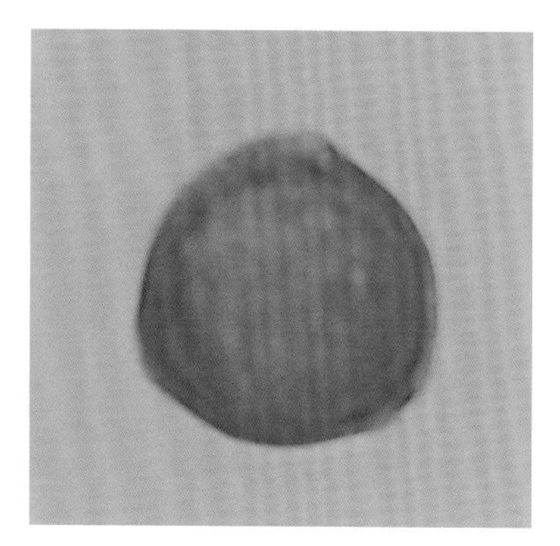

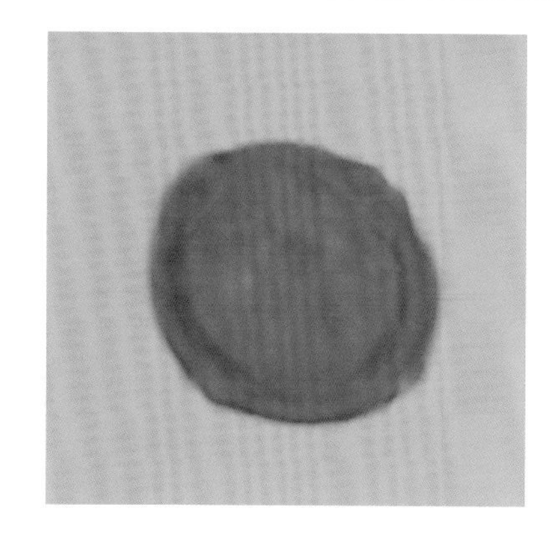

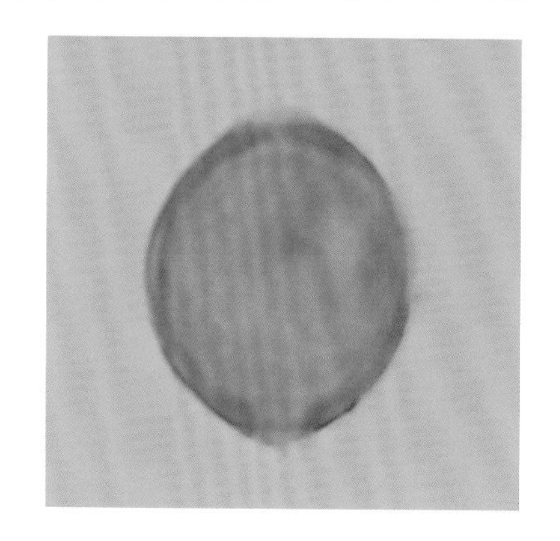

蓖麻 *Ricinus communis* L.

一年生草本或南方地区常成小乔木。幼嫩部分被白粉。叶互生，圆形，掌状中裂，裂片5~11，顶端渐尖，边缘有锯齿。叶柄长。花单性，雌雄同株，无花瓣，圆锥花序与叶对生；下部雄花，上部雌花。蒴果球形，有软刺。花期7月~8月。

原产非洲，我国各地均有栽培。

光学显微镜下：

花粉扁球形或近球形，极面观三裂圆形，赤道面观椭圆形，直径30.9（27.3~35.7）微米。具3孔沟，沟细长，末端尖。外壁两层，外层厚于内层。表面细网状纹饰（×1200）。

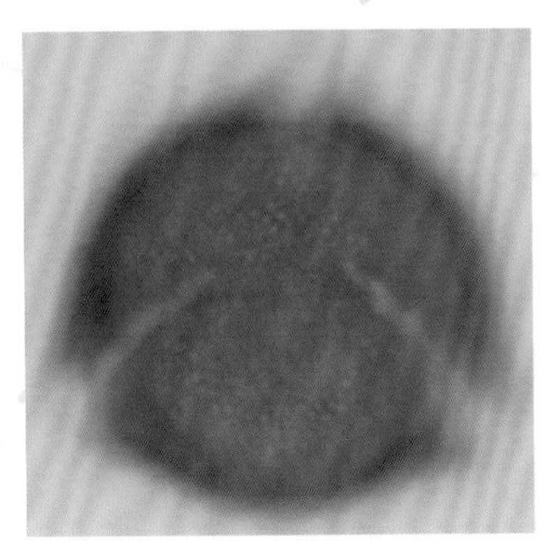

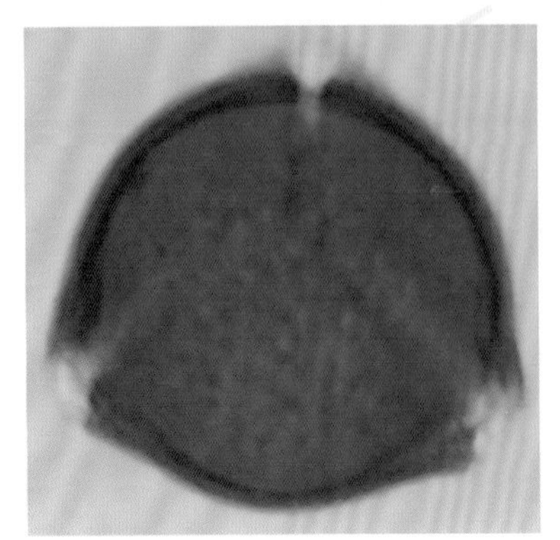

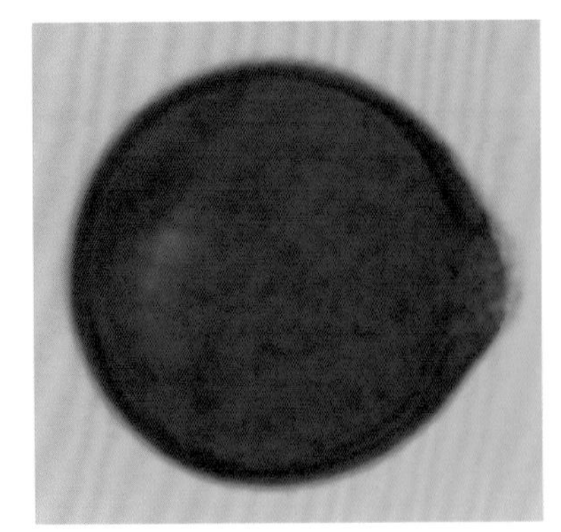

蓖麻 *Ricinus communis* L.

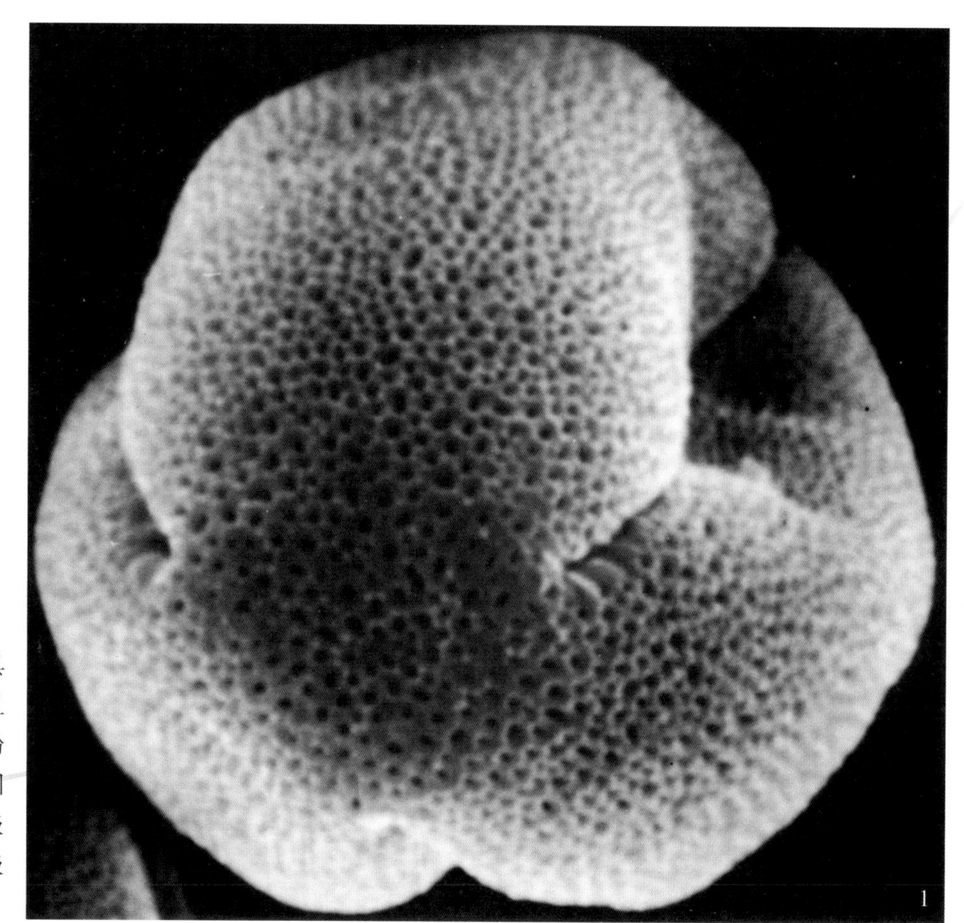

扫描电镜下：

花粉粒长球形。极面观具3沟；萌发孔未观察到。沟长且深，未发规沟膜或孔膜。花粉表面为细网状纹饰；网眼小，圆形、椭圆形或呈弯曲状，大小极不一致；网脊宽而较均匀（1.极面×4500；2.赤道面×3500）。

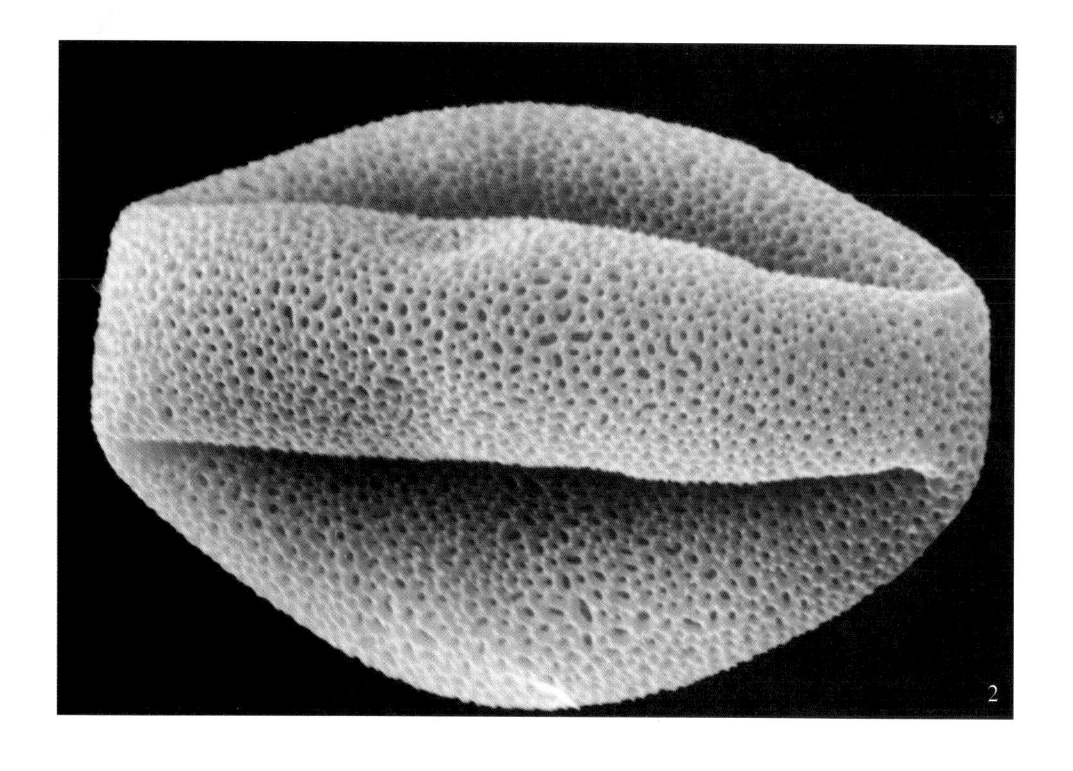

黄杨 *Buxus sinica*（Rehd. et Wils.）Cheng

常绿灌木。树皮灰白色，小枝四棱形，具短柔毛。叶对生，长圆形，先端圆或钝，常有凹陷，中脉突起，全缘，革质。雌雄同株，花单性，簇生叶腋或枝端，无花瓣。花期3月～4月。

光学显微镜下：

花粉球形，直径约37.6微米。具散孔，约20～30个，轮廓不圆。外壁外层较厚，具网状纹饰（×1200）。

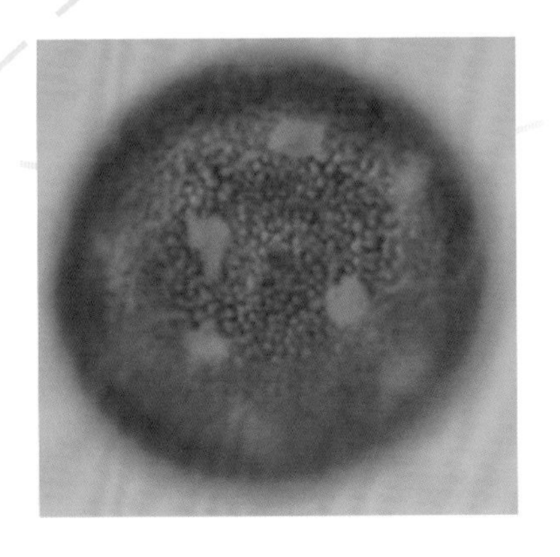

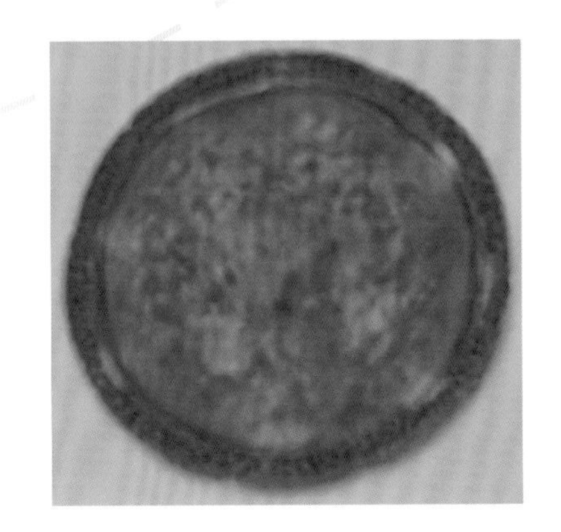

黄杨 *Buxus sinica*（Rehd. et Wils.）Cheng

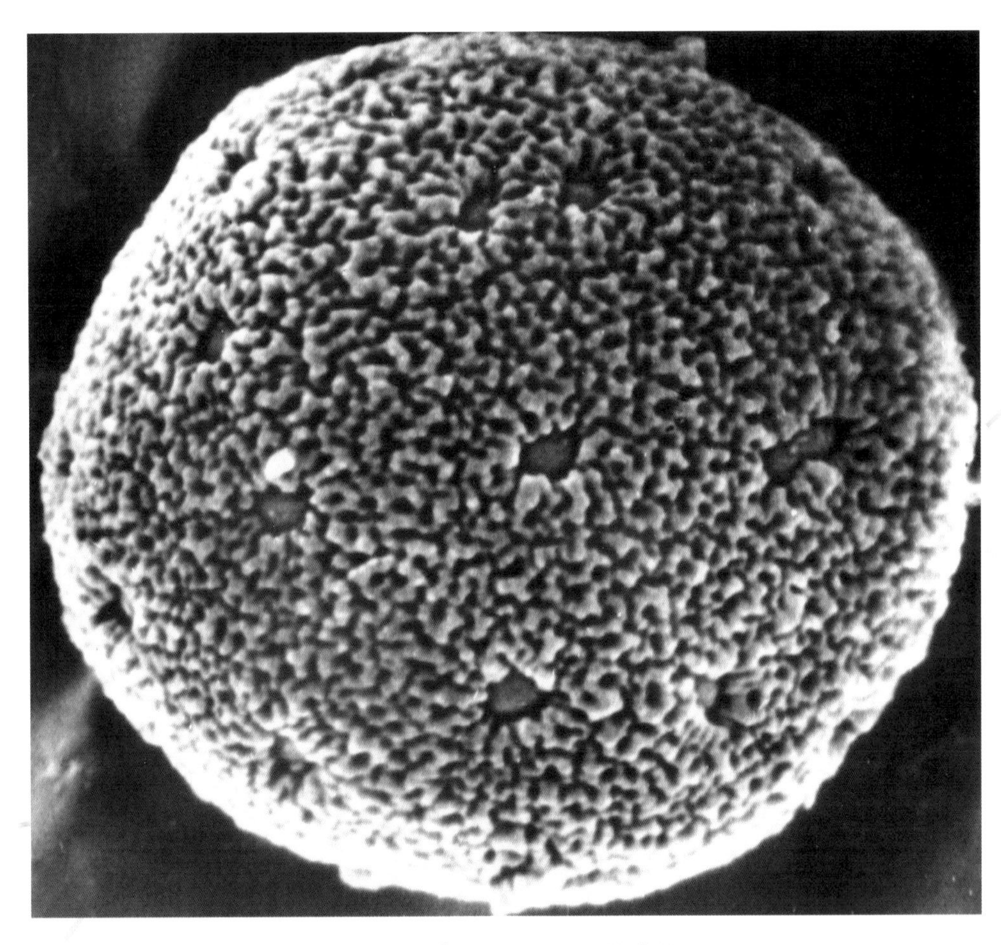

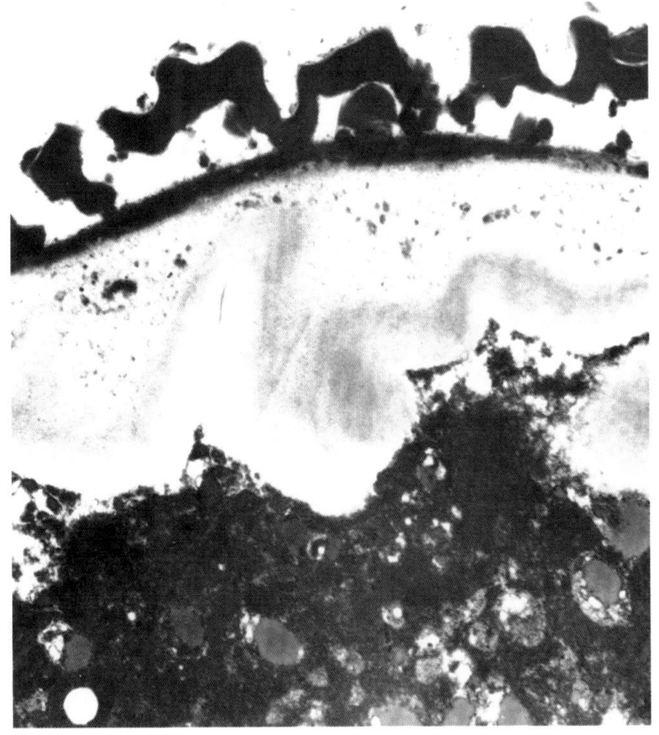

扫描电镜下：

花粉粒球形。具散孔，孔圆形~近圆形，边缘不加厚；孔处具孔膜，光滑。外壁网状纹饰，网脊弯弯曲曲，网眼形状、大小不一（×4700）。

透射电镜下：

外壁外层表面断断续续，高低不平；柱状层小柱稀疏；垫层均匀。外壁内层不明显。内壁厚（×18000）。

盐肤木 *Rhus chinensis* Mill.

灌木或小乔木。株高2～8米。树皮灰褐色，有红褐色斑点。小枝、叶柄及花序均密生褐色柔毛。奇数羽状复叶，叶柄基部膨大，叶轴有翅。小叶7～13，卵形至卵状长圆形，先端急尖，基部圆形或宽楔形，稍扁斜，边缘有粗锯齿。圆锥花序，顶生。花小，杂性，黄白色。雄蕊5。花期7月～8月。

分布除新疆、青海外各省市区，北京山区多见。

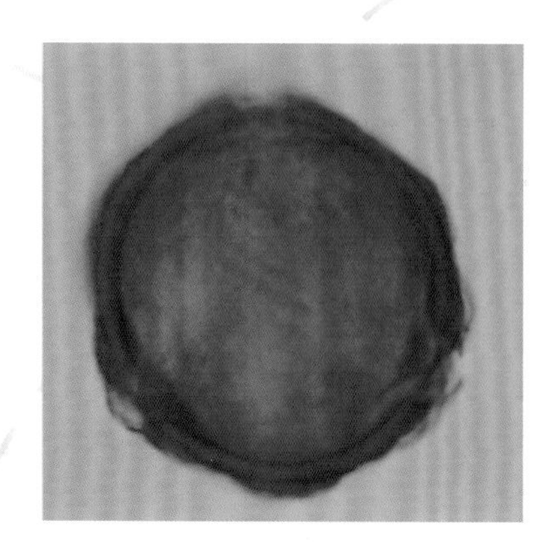

光学显微镜下：

花粉长球形，大小为39（36～42）微米×28（25～32）微米。具3孔沟，沟长，内孔横长，相交成十字形，外壁表面条纹状网状纹饰。条纹较模糊（×1200）。

火炬树 *Rhus typhina* L.Cent.

灌木或小乔木。株高9～10米。树皮灰褐色。小枝茂密。奇数羽状复叶。小叶披针形或长圆状披针形，先端渐尖或尾尖，基部宽楔形，边缘有锯齿。花杂性或单性异株，顶生圆锥花序。花期5月～6月。

原产北美，我国华北、西北大量栽培或野生。

光学显微镜下：

花粉近球形，直径56微米。极面观三裂圆形，赤道面观近球形。具3孔沟，沟长达两极。外壁2层，等厚，表面具细颗粒状纹饰（×1200）。

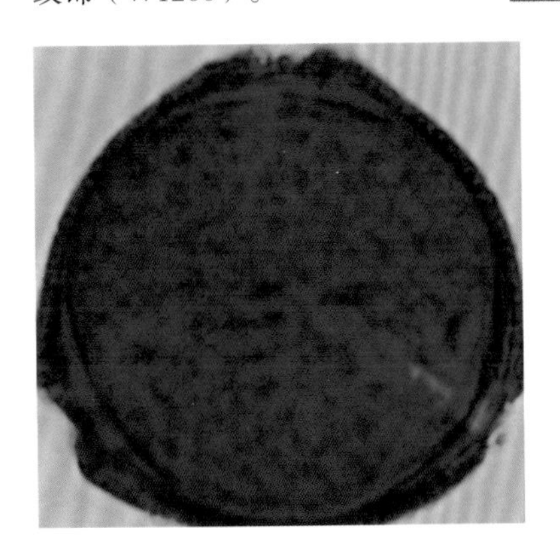

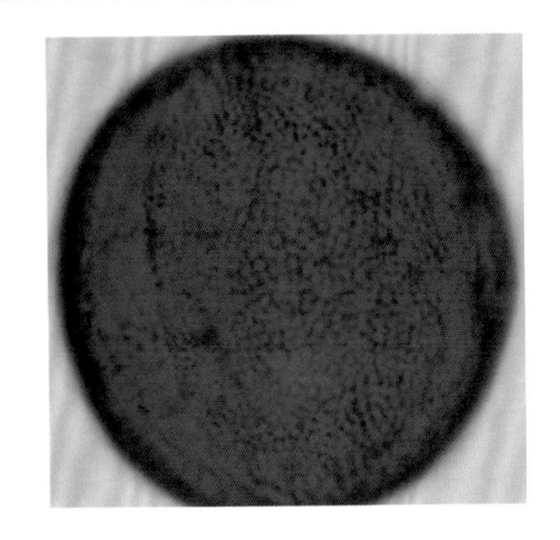

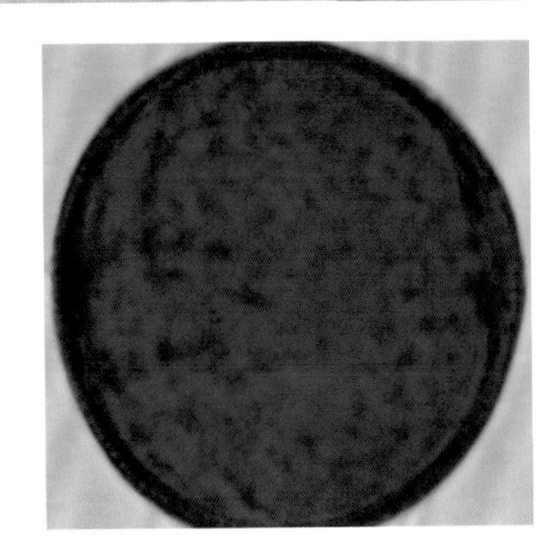

火炬树 *Rhus typhina* L.Cent.

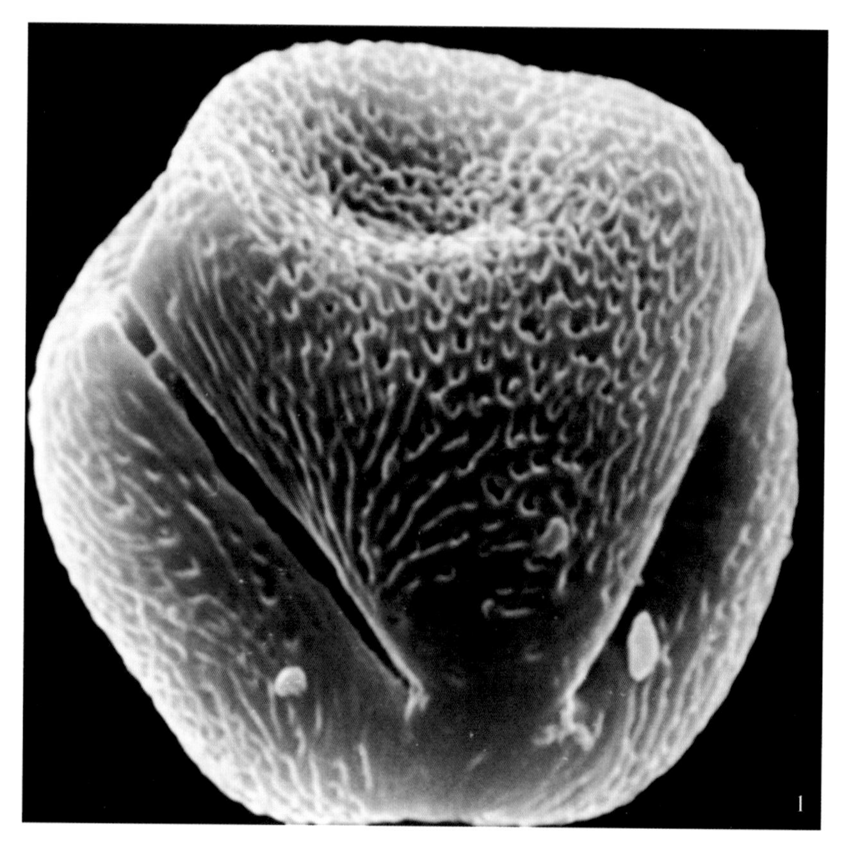

扫描电镜下：

花粉粒极面观三裂圆形，赤道面观长球形。极面上可见2孔。具孔盖；沟细长，未见沟膜。表面具细网状纹饰（1. 极面×3000；2. 赤道面×3000）。

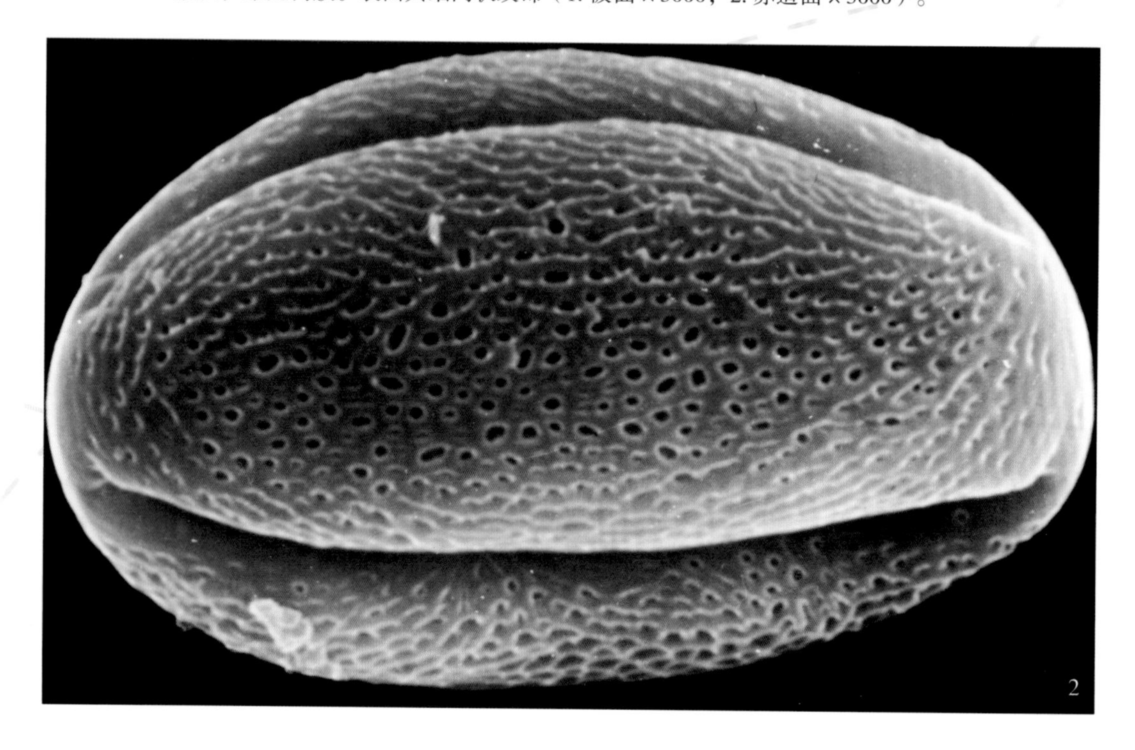

青麸杨 *Rhus potaninii* Maxim.

落叶乔木。高5～8米。树皮粗糙，灰色，有裂缝。单数羽状复叶互生，小叶7～9，具极短而明显的柄，边全缘。圆锥花序顶生；花小，杂性，白色。花期5月～6月。

分布于长江中下游及华北。

光学显微镜下：

花粉扁球形。极面观三裂圆形。直径大小约28.2微米。具3孔沟。孔大，内孔横长；沟细长。表面具模糊的条纹状纹饰（×1200）。

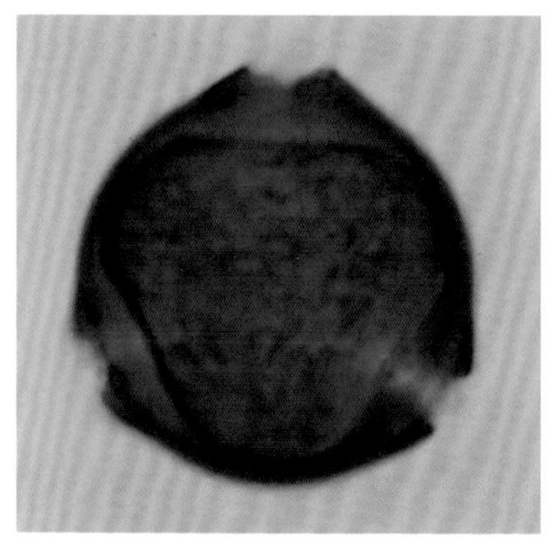
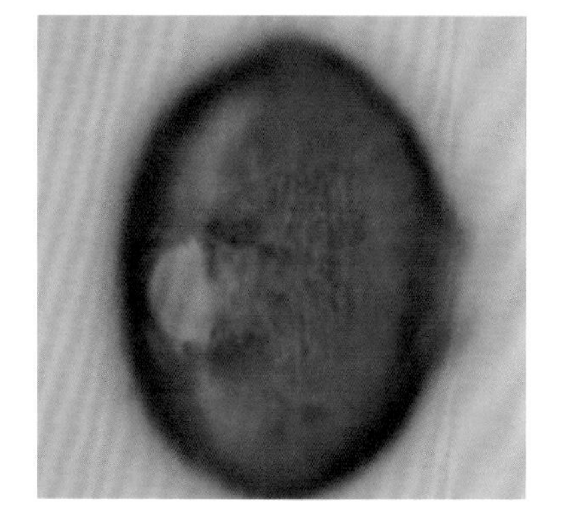
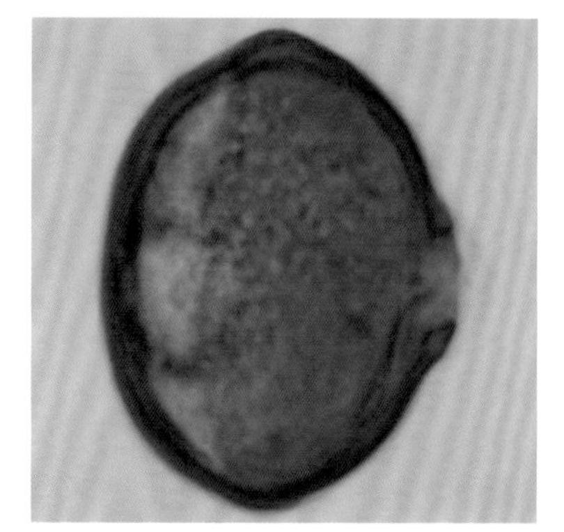

黄连木 *Pistacia chinensis* Bge.

落叶乔木。株高10～20米。树皮暗褐色。成鳞状剥落。小枝灰棕色，有毛。偶数羽状复叶，互生。小叶10～12，披针形至卵状披针形，先端渐尖，基部斜楔形，全缘。花单性，异株，成腋生的圆锥花序。雄花序排列紧密，长6～7厘米。花期4月～5月。

分布华北、华东、中南、西南及陕西等省区。

光学显微镜下：

花粉球形或近球形，大小相当一致，直径平均31微米。具散孔，数目4～8个，分布不规则。萌发孔多为椭圆形，边缘不平，呈嚼烂状。外壁两层，外层厚于内层，表面具细网状纹饰（×1200）。

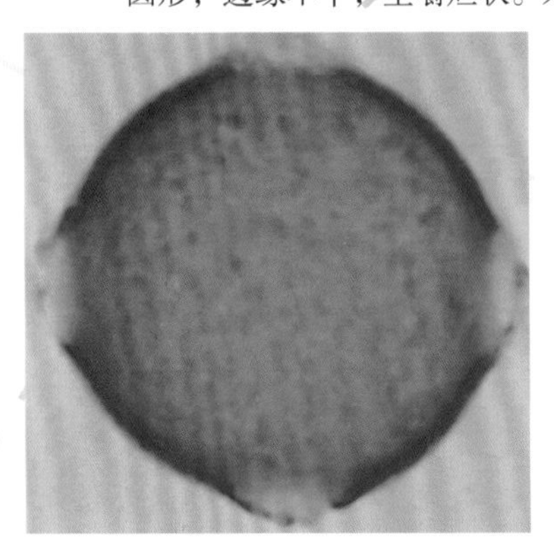

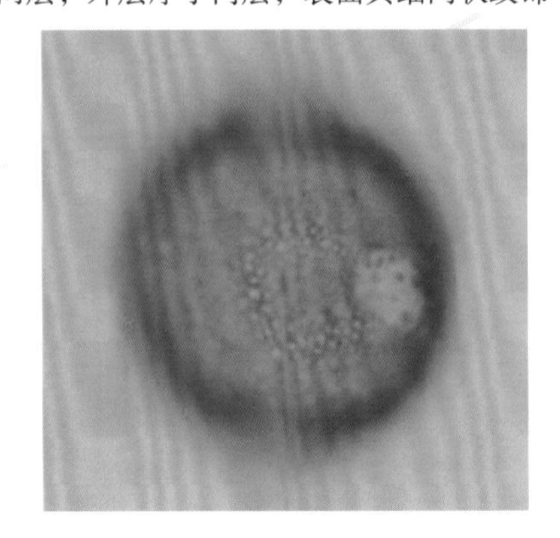

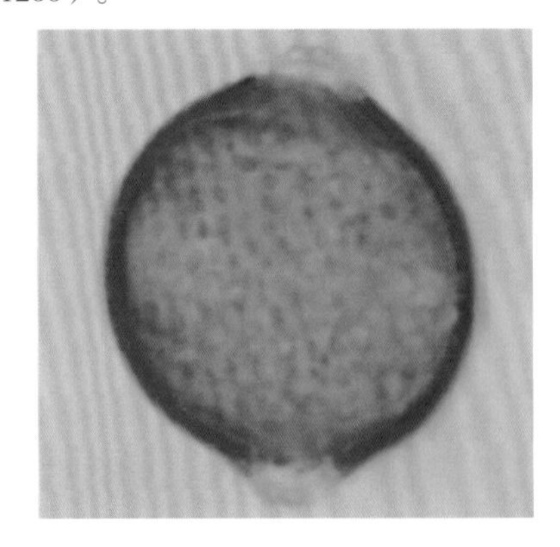

漆树 *Rhus verniciflua* Stokes.

落叶乔木。株高20米。树皮灰白色，粗糙，成不规则纵裂。小枝粗壮，淡黄色，奇数羽状复叶，互生；小叶9～15，卵形至长圆状卵形，全缘，先端渐尖，基部圆形或宽楔形，小叶柄短。圆锥花序，腋生。花杂性，或雌雄异株。花密而小，黄绿色。花期5月～6月。

分布除新疆外的全国各省区。

光学显微镜下：

花粉椭圆形。极面观三裂圆形，赤道面观椭圆形。大小约为29微米×27微米。具3孔沟，沟细长。外壁表面具明条纹网状纹饰，条纹由颗粒组成（×1200）。

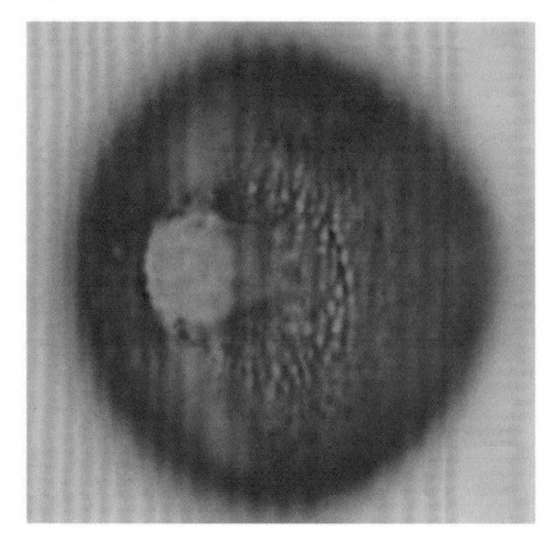

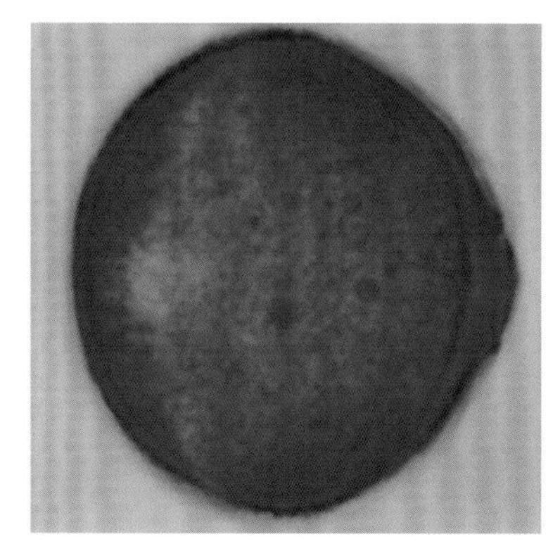

漆树 *Rhus verniciflua* Stokes.

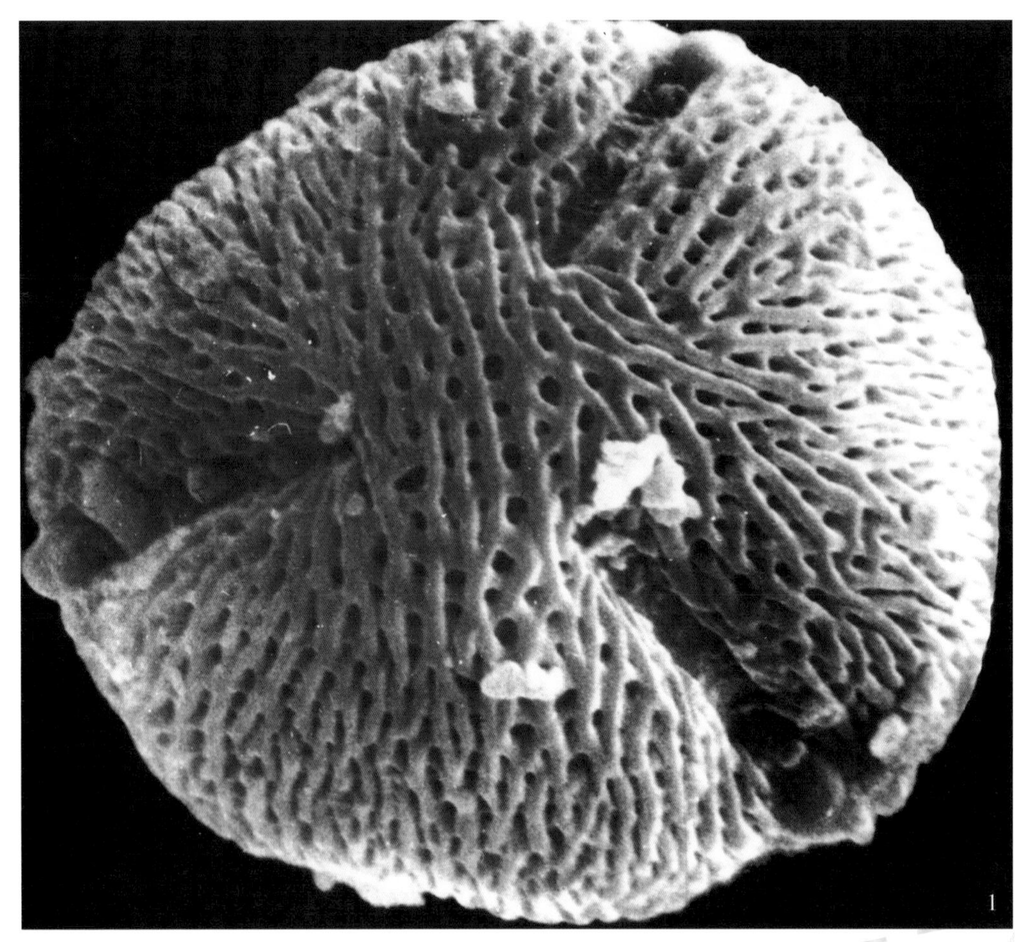

扫描电镜下：

花粉长球形。极面观三裂圆形，具3孔沟，孔具孔盖，沟膜上可见多数小瘤。赤道面观具1～2条沟，沟细长。表面具条纹状纹饰（1. ×4900；2. ×4100）。

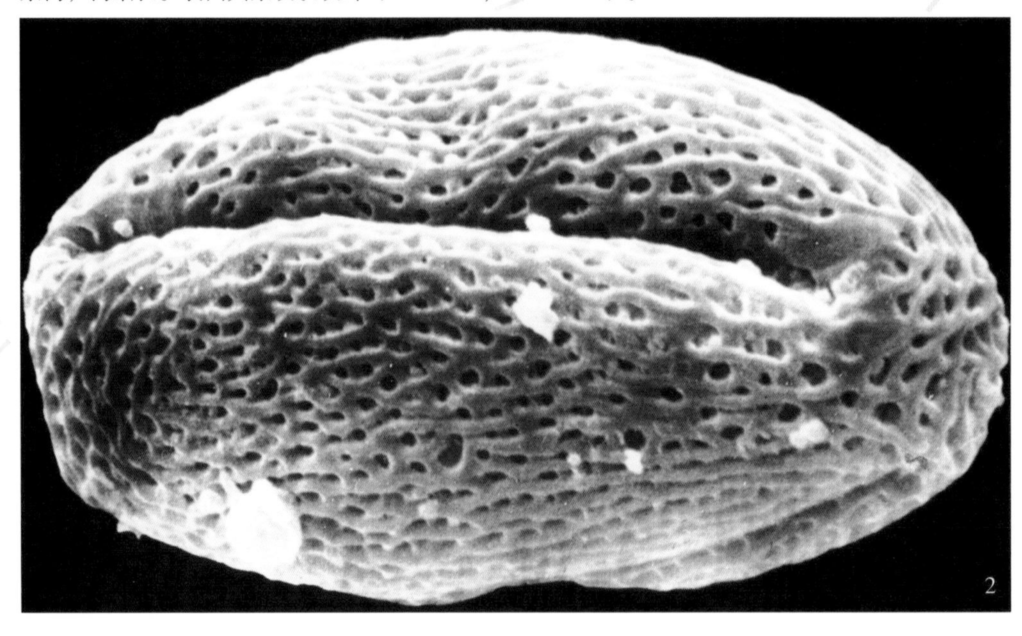

厚皮树 *Lannea grandis*（Dennst.）Engl.

落叶乔木。高达4～10米。树皮厚，小枝粗壮。奇数羽状复叶互生，长约30厘米，小叶对生，纸质，长椭圆形至卵椭圆形，全缘，基部偏斜，全缘，表面绿色，有光泽。圆锥花序。花期2月～3月（海南）。

产于海南。

光学显微镜下：

花粉近球形。大小约28.5微米×26.5微米。具3孔沟。表面纹饰模糊（×1200）。

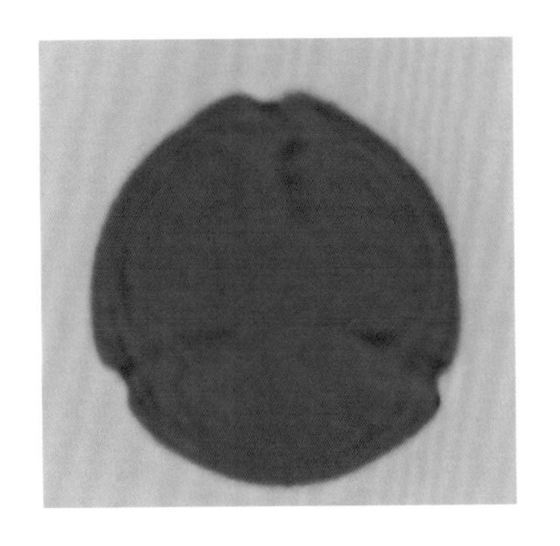

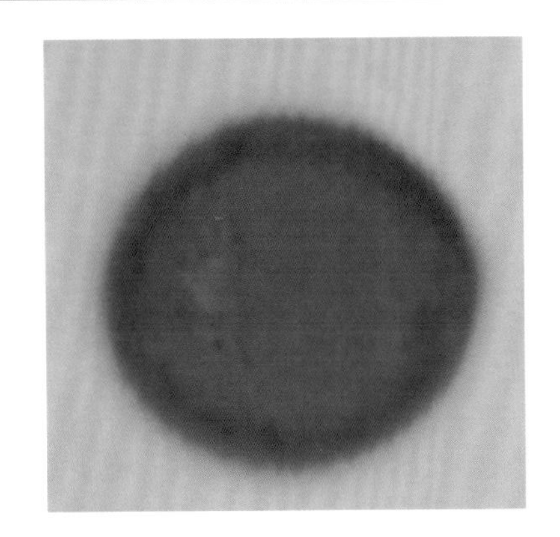

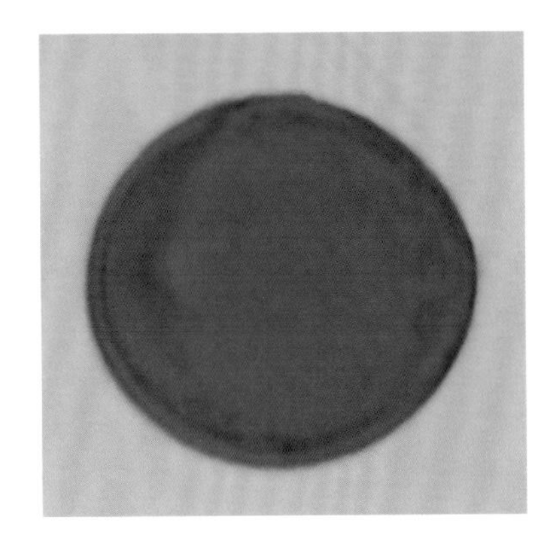

卫矛 *Euonymus alatus*（Thunb.）Sieb.

落叶灌木。高1.5～3米。枝斜展，具2～4纵裂的木栓质翅；小枝绿色，有时无翅。叶对生，椭圆形或菱状倒卵形，先端尖或短尖，基部宽楔形或圆形，缘具细钝细锯齿。聚伞花序，腋生，常具3～9花。花黄绿色，4数；花盘肥大，方形。花期5月～6月。

分布于我国南北各省区。

光学显微镜下：

花粉长球形，大小约34.5微米×29微米。具3孔沟，沟宽，外壁较厚，表面具网状纹饰（×1200）。

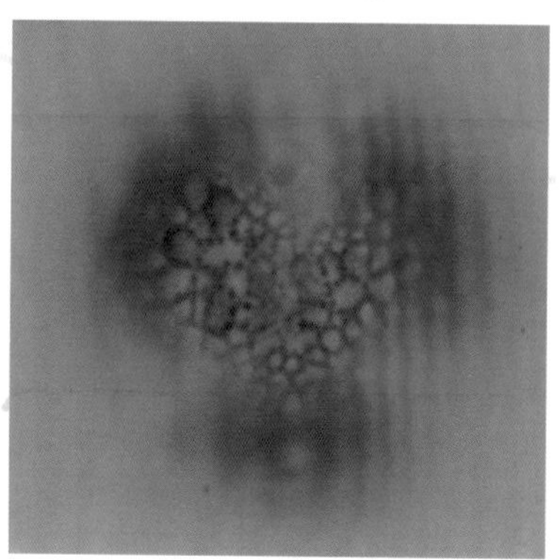

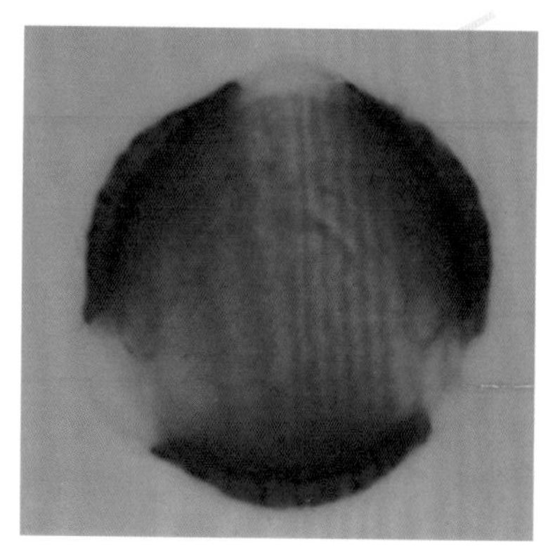

卫矛 *Euonymus alatus* （Thunb.）Sieb.

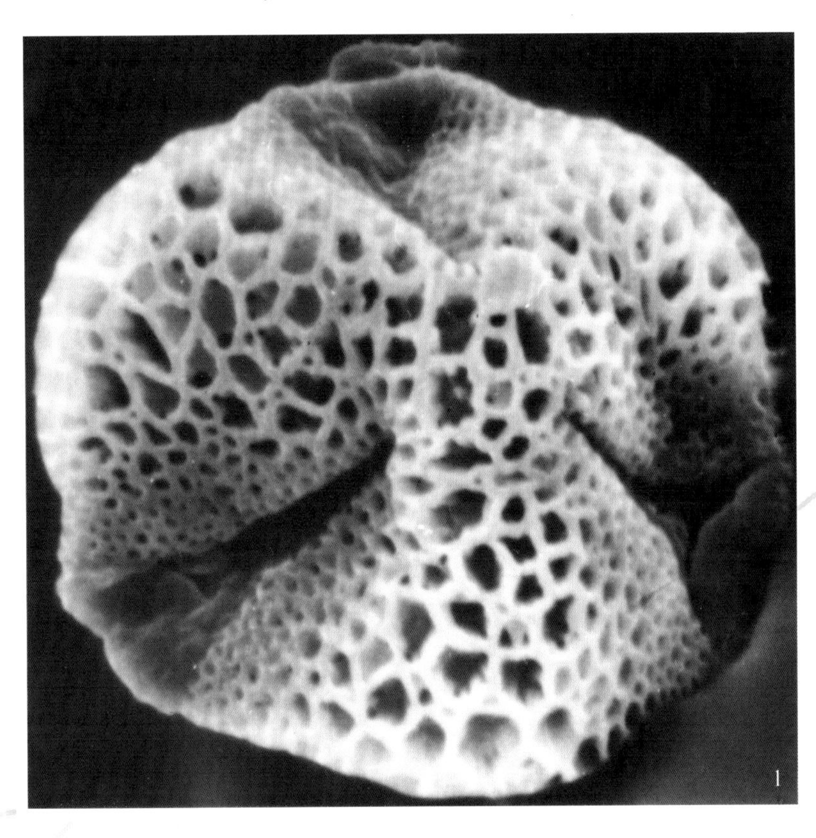

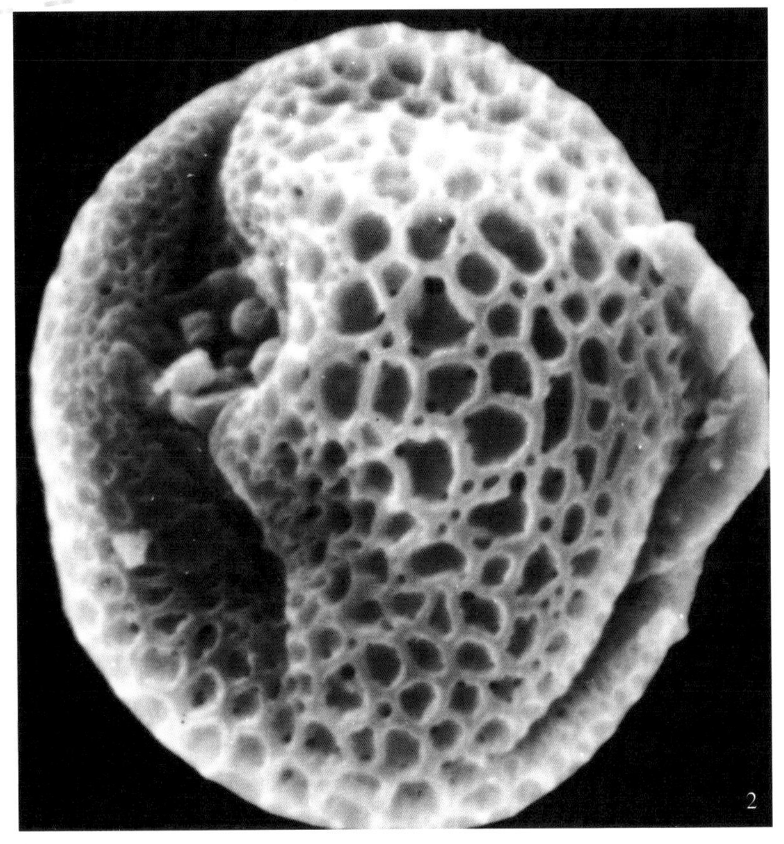

扫描电镜下：

花粉粒近球形。具3孔沟。孔具孔盖；沟端宽。表面具网状纹饰（1. 极面×5000；2. 赤道面×5000）。

银鹊树 *Tapiscia sinensis* Oliv.

银鹊树雄花序（两性花序）

银鹊树 *Tapiscia sinensis* Oliv.

落叶乔木。高达15米。单数羽状复叶；小叶5～9，狭卵形或卵形，边缘有锯齿，无毛。圆锥花序腋生，雄花序长达25厘米；两性花序长达10厘米；花小，有香气，黄色，雄花与两性花异株；雄花有退化雌蕊。花期4月～5月。

分布云南、四川、湖北、湖南、广西、广东、安徽、浙江，生山地林中。

光学显微镜下：

花粉近球形。极面观三裂圆形，具3沟，沟短，赤道面观椭圆形，大小约16微米×15.5微米。表面纹饰模糊（×1200）。

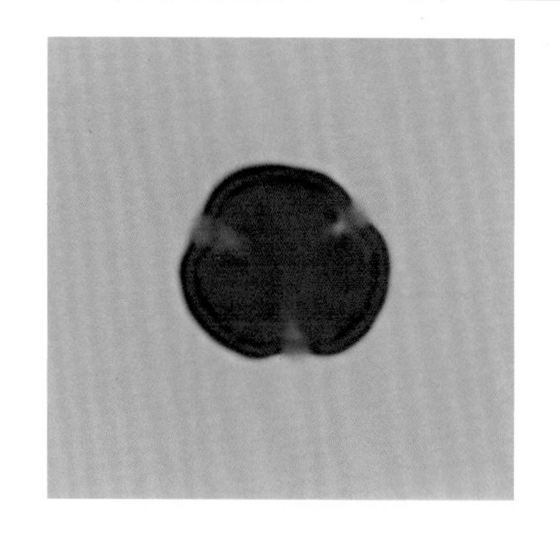

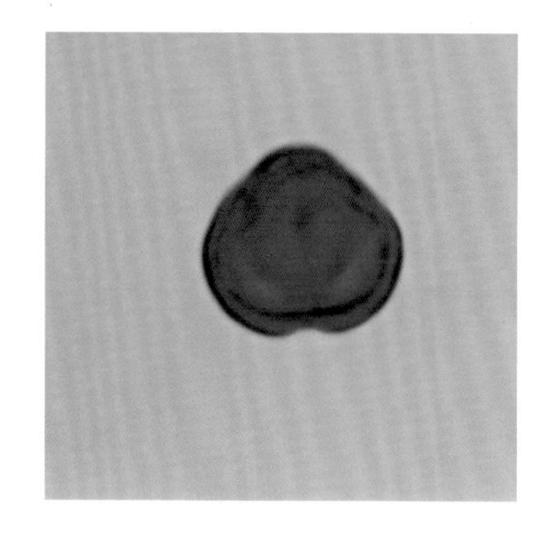

省沽油 *Staphylea bumalda* DC.

落叶灌木或小乔木。株高2～10米。树皮红褐色，一年生小枝深绿色，无毛。奇数羽状复叶，对生，叶柄长2～4厘米；托叶小，早落；小叶3。顶生小叶椭圆状卵形，先端急尖或短渐尖，基部宽楔形或楔形，缘具细锯齿。圆锥花序顶生。萼片5，线状椭圆形或长圆形，黄白色。花瓣5，白色，线状倒卵形。花期4月～5月。

分布我国南北多个省市。

光学显微镜下：

花粉近球形。极面观三裂圆形，大小约23微米×25微米；赤道面观扁球形。具3孔沟，表面具细网状纹饰（×1200）。

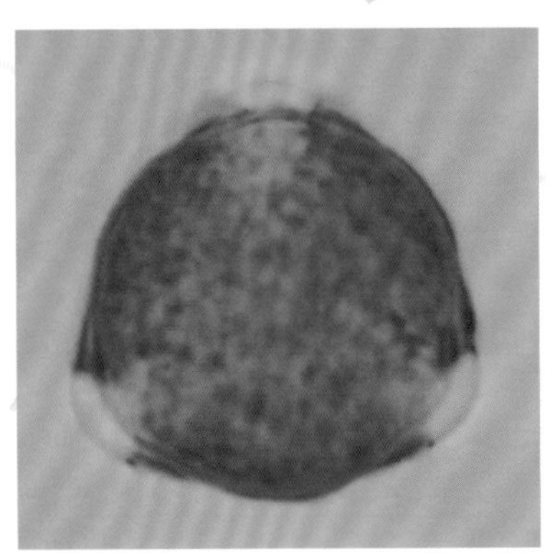

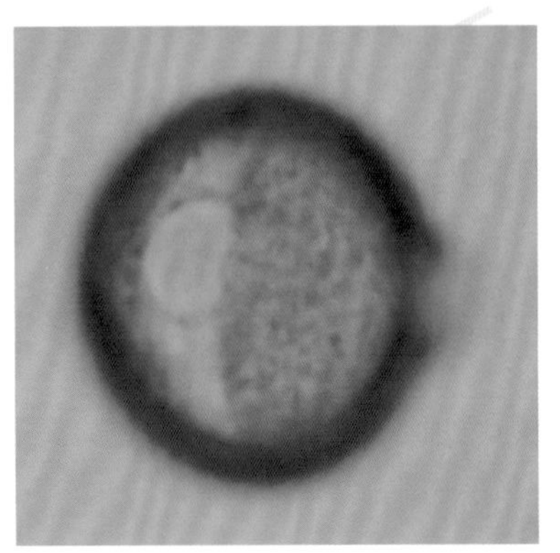

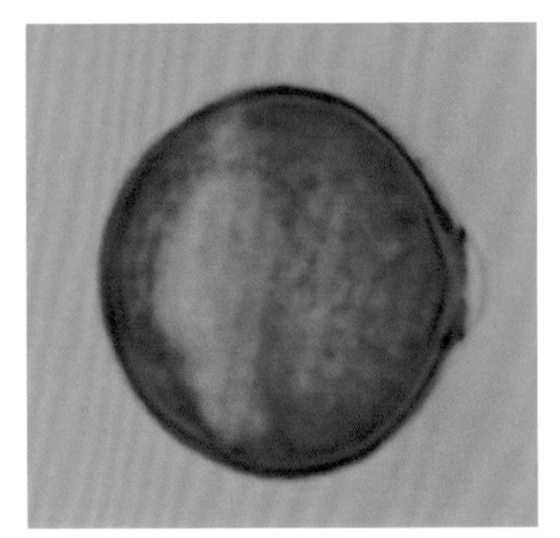

元宝槭 *Acer truncatum* Bge.

落叶乔木。株高8～10米。树皮灰褐色，浅纵裂。叶对生，掌状分裂，基部截形或近心形，全缘，叶柄细长，伞房花序，顶生，黄绿色，杂性；雄花与两性花同株。花期4月～5月。

产于我国东北、华北。

光学显微镜下：

花粉近球形，平均大小为27.8微米×25.7微米。极面观三裂圆形，具3沟。外壁两层，外层厚于内层，表面条纹状纹饰（×1200）。

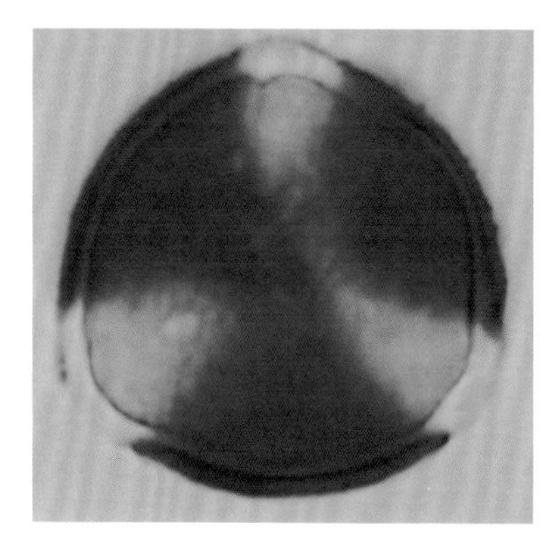

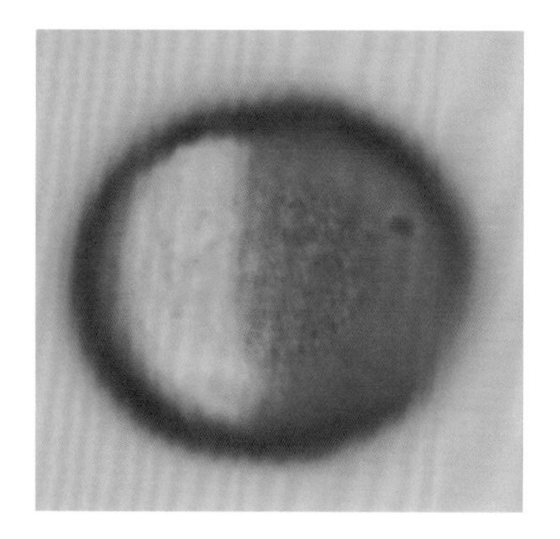

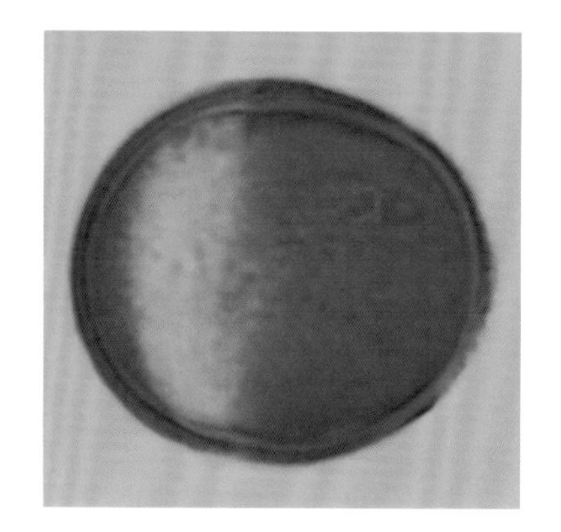

元宝槭 *Acer truncatum* Bge.

扫描电镜下：

花粉粒极面观三裂圆形，赤道面观长球形。具3沟，无孔。表面具粗细一致的条纹状纹饰（1. 极面 × 5600；2. 赤道面 × 3750）。

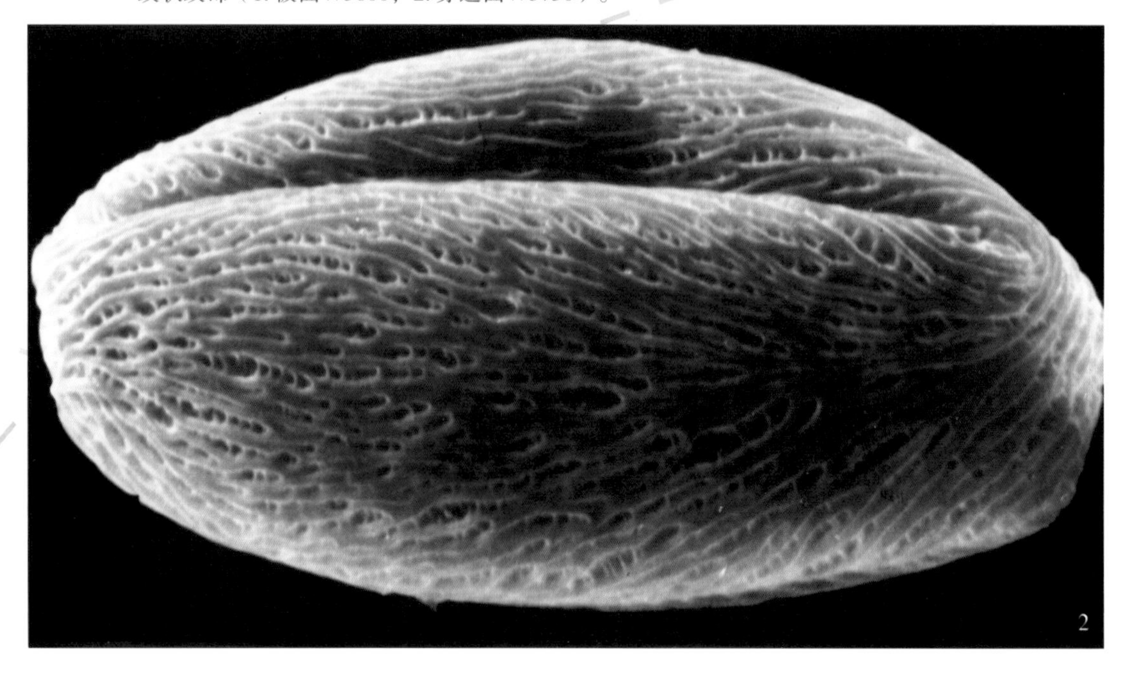

茶条槭 *Acer ginnala* Maxim.

落叶灌木或小乔木。树4～6米。树皮灰褐色，粗糙，纵裂。枝细，无毛。叶长圆状卵形或长圆状椭圆形。萼片、花瓣均5，雄蕊8。花期4月～5月。

分布东北、华北、山东、河南、陕西、甘肃等省区，北京各公园有栽培。

光学显微镜下：

花粉近球形。极面观三裂圆形，赤道面观椭圆形。具3沟。纹饰条纹状。大小约51微米×31.5微米（×1200）。

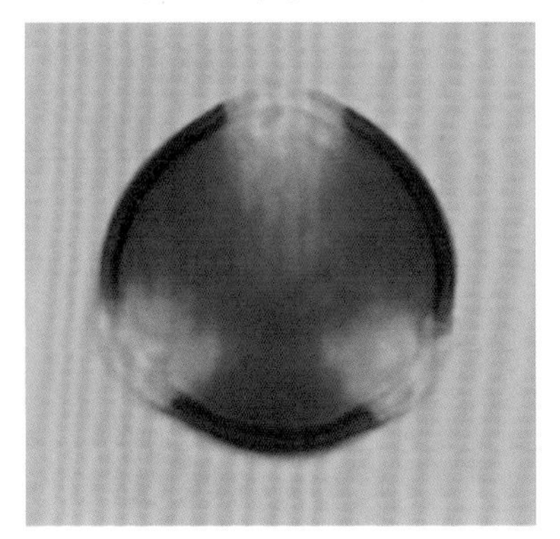

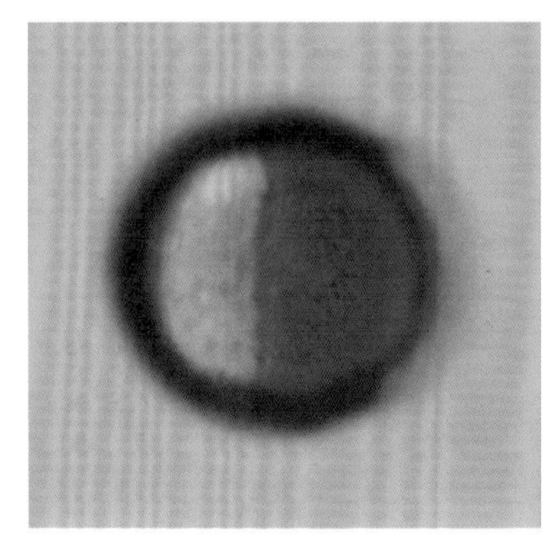

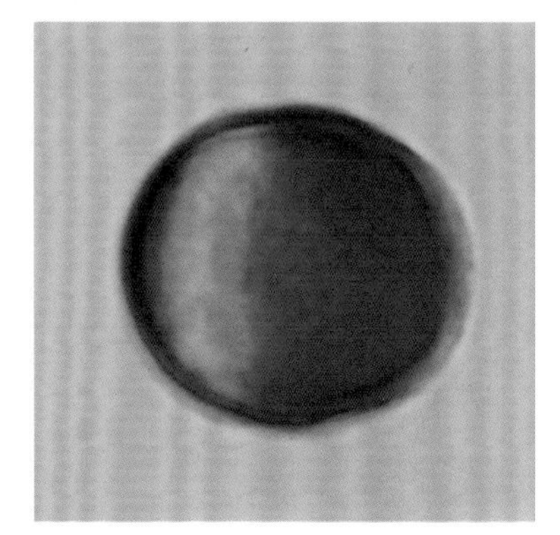

血皮槭 *Acer griseum*（Franch.） Pax

落叶乔木。高7～10余米。树皮赭褐色，常成纸片状脱落。复叶，由3小叶组成；小叶厚纸质，椭圆形或矩圆形，顶钝尖；边缘常具2～3个钝粗锯齿，密伞花序。花黄绿色；雄花与两性花异株；萼片、花瓣均为5；雄蕊10。

分布河南、陕西、湖北及四川东部。

光学显微镜下：

花粉近球形。极面观三裂圆形。大小约52.6微米×33.5微米。具3孔沟，表面短条纹状纹饰（×1200）。

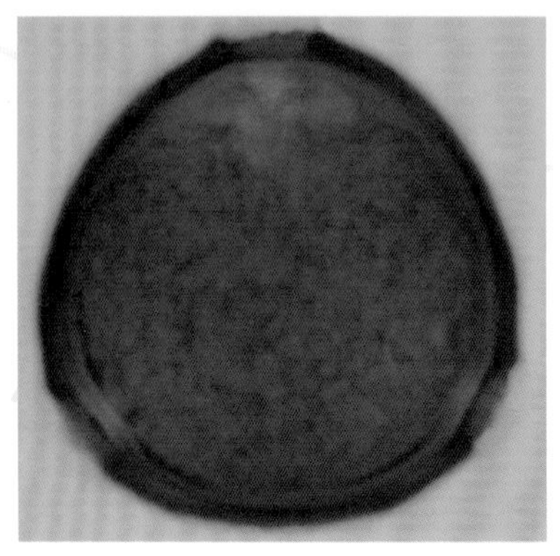

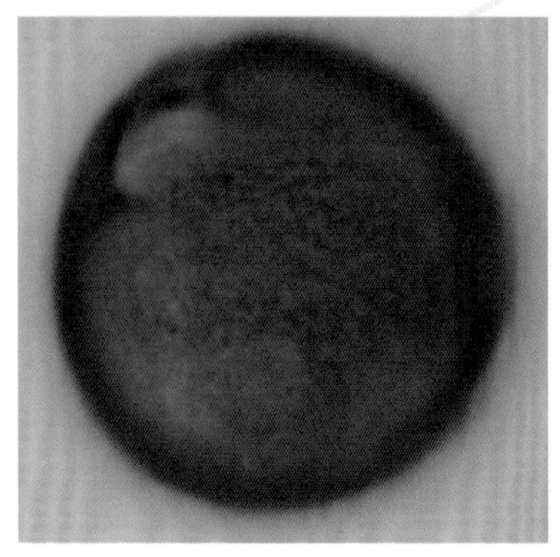

白牛槭 *Acer mandshuricum* Maxim

落叶乔木。高约20米。树皮灰色，粗糙；幼枝紫褐色，老枝灰色，具长椭圆形皮孔。复叶，常由3小叶组成，纸质，矩圆状披针形，长5~10厘米，宽1.5~3厘米，边缘具钝锯齿，顶生小叶基部楔形，小叶柄长1厘米。聚伞花序由3~5花组成，花瓣4，雄蕊8，子房紫色，花柱短。花期4月。

分布东北，朝鲜也有。

光学显微镜下：

花粉长球形，赤道面观椭圆形，极面观三裂圆形。具3沟，沟长达极区。表面具条纹状纹饰，条纹主要为子午向排列，在极区呈指纹状（×1200）。

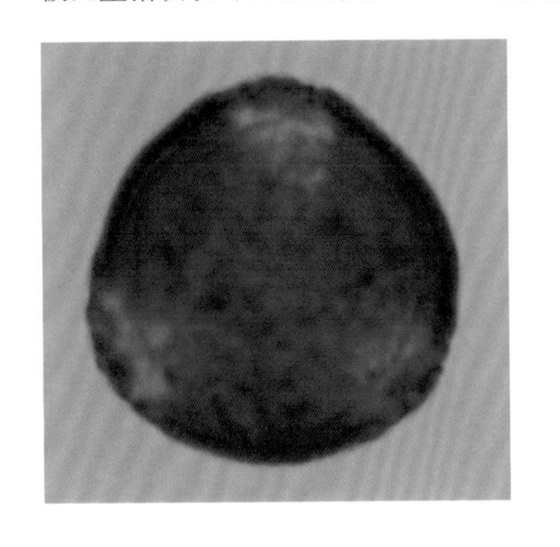

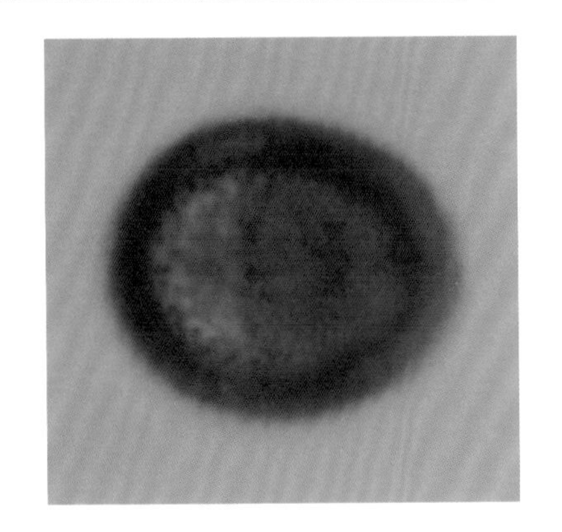

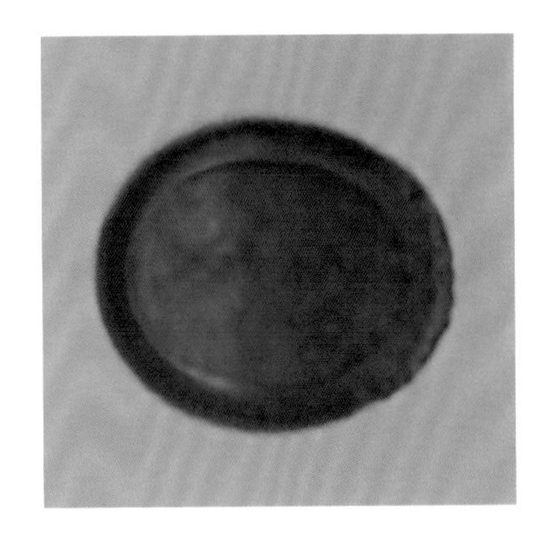

鸡爪槭 *Acer palmatum* Thunb.

落叶小乔木。株高6～8米。树皮深灰色。小枝细瘦，紫色淡紫色。叶近圆形，7～9掌状深裂，裂片长圆状卵形或披针形，先端锐尖或长锐尖，边缘有重锯齿。叶柄长4～6厘米。花紫色，杂性，雄花与两性花同株成伞房花序。萼片、花瓣均5。雄蕊8，藏于花冠内。花期4月～5月。

分布河南、河北、山东、江苏、浙江、安徽、江西、湖北、贵州等省。

光学显微镜下：

花粉近球形。极面观三裂圆形。大小约52.5微米 × 33.5微米。具3沟。表面细条纹状纹饰（×1200）。

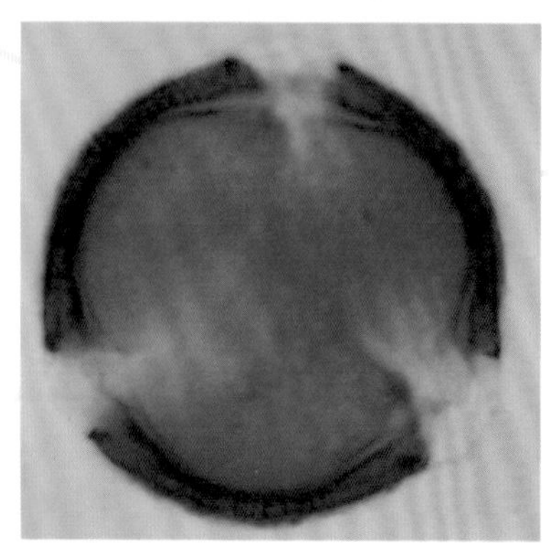

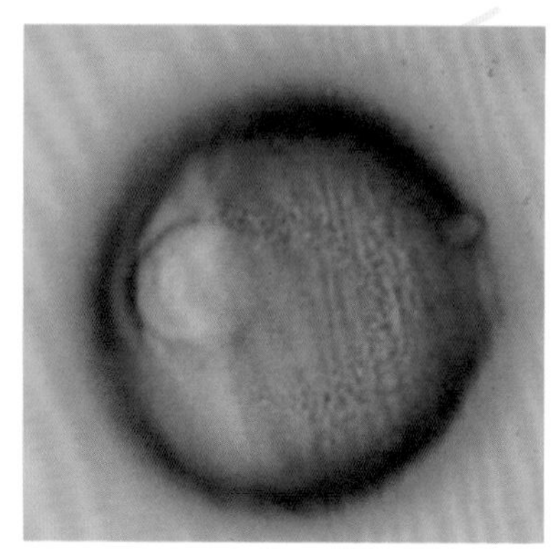

复叶槭（梣叶槭）*Acer negundo* L.

落叶乔木。株高10～20米。树皮黄褐色或灰褐色。羽状复叶，长10～25厘米，小叶3～7，卵形或椭圆状披针形，长5～10厘米，宽2～4厘米，先端渐尖，基部楔形或圆形，边缘常有3～5个粗锯齿。花单性异株，无花瓣和花盘。花小，叶前开放。雄花聚伞花序及雌花总状花序生于无叶小枝的旁边，常下垂。花期4月～5月。

原产北美洲，我国引入广泛栽培。

光学显微镜下：

花粉近球形，极面观三裂圆形，赤道面观椭圆形。大小为52（39～57）微米×33（30～39）微米。外壁具颗粒状纹饰（×1200）。

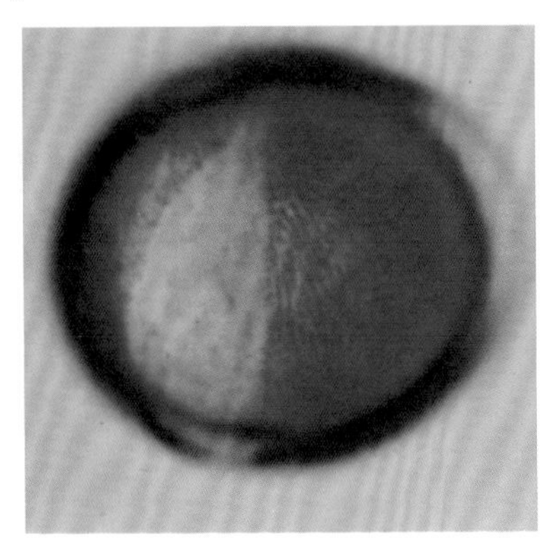

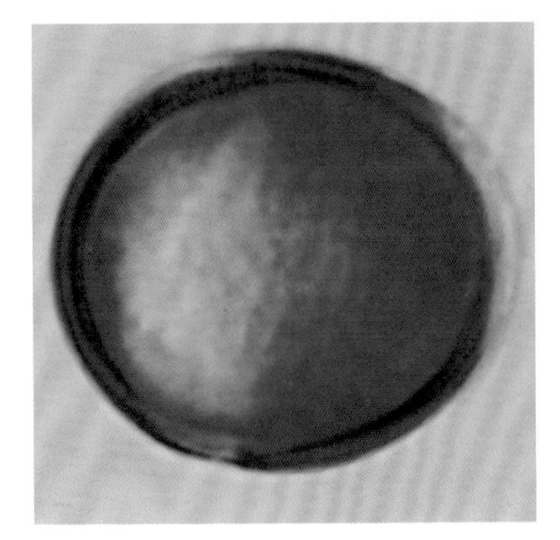

复叶槭（梣叶槭）*Acer negundo* L.

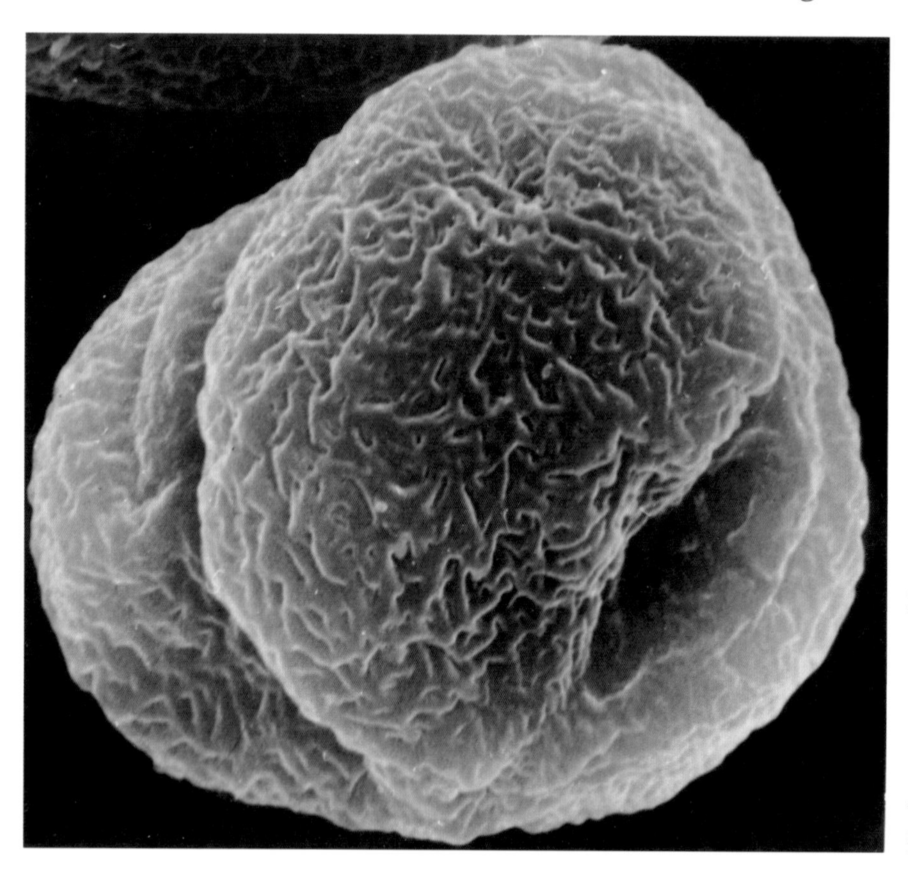

扫描电镜下：

花粉长球形，表面具短条纹状突起，条纹之间具多数小穿孔（极面，×5000；纹饰，×5000）。

透射电镜下：

外壁被层表面高低不平；柱状层具小柱；垫层均匀。外壁内层不明显，内壁均匀（×12000）。

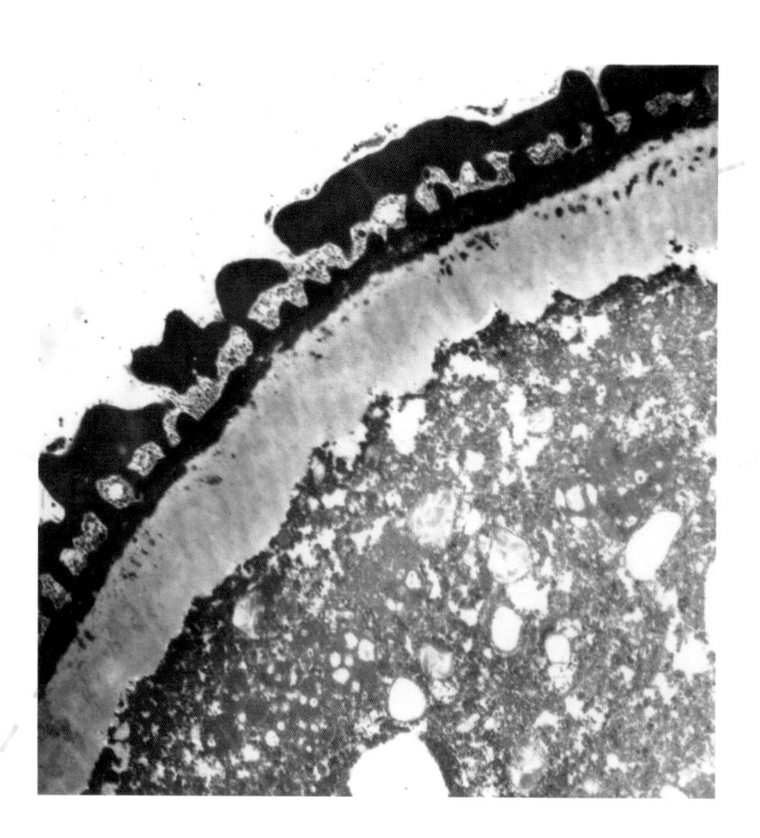

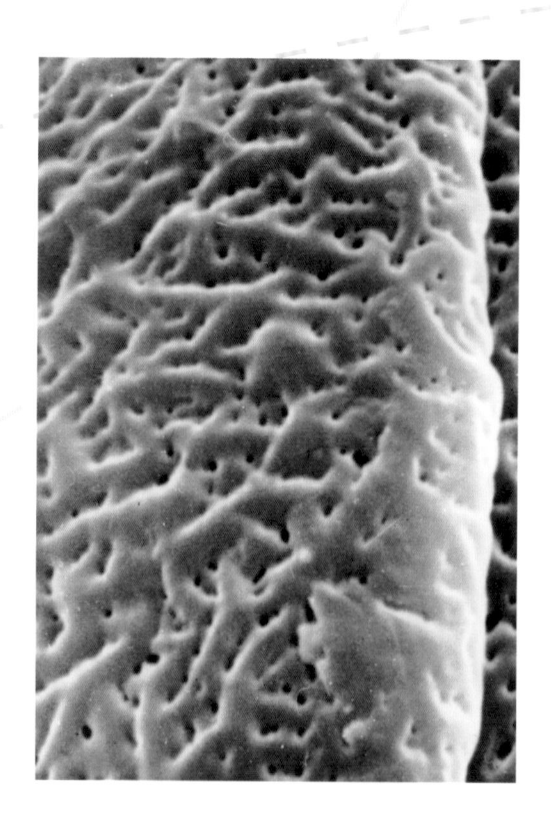

七叶树 *Aesculus chinensis* Bunge

乔木。株高20米。小枝光滑。掌状复叶，有长柄，小叶5~7，长椭圆形，先端渐尖，基部广楔形，侧脉显著，缘具细密锯齿。圆锥花序，花瓣4，白色；雄蕊花丝长。花期5月~6月。

产于我国华北一带。

光学显微镜下：

花粉长球形，赤道面观橄榄形，极面观钝三角形，孔沟位于三角形边的中部。具3孔沟，沟很宽，具沟膜，沟漠上有颗粒；内孔椭圆形，位于沟中央。表面具细网状纹饰（×1200）。

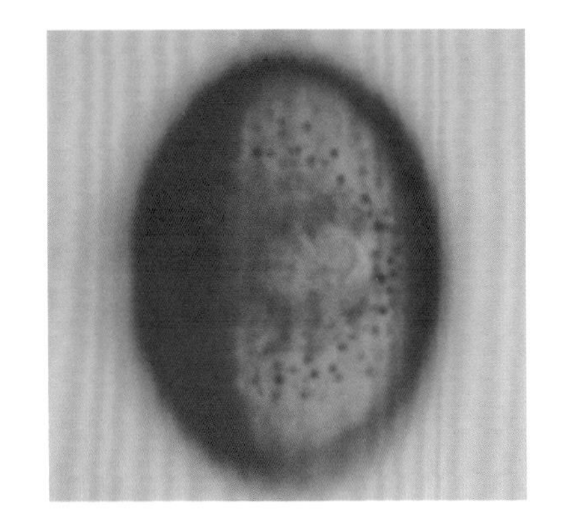

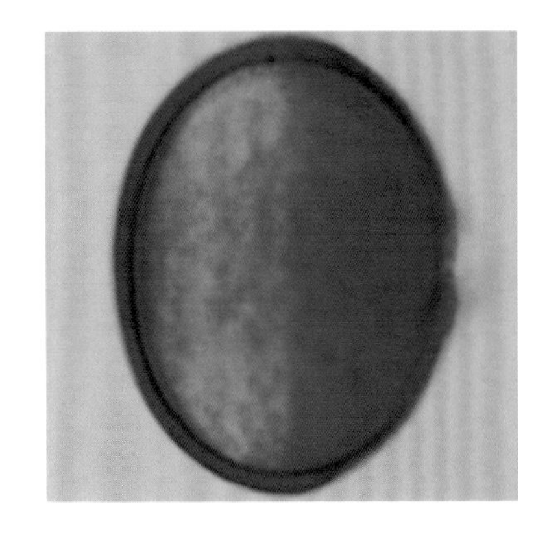

栾树 *Koelreuteria paniculata* Laxm.

落叶乔木。高可达10米。羽状复叶或2回羽状复叶。小叶7～15，卵形至卵状长圆形，叶缘具粗齿。花成大型顶生圆锥花序。花冠黄色，花瓣卷向上方。花期6月～8月。

分布于我国北部和中部，北京广为栽培。

光学显微镜下：

花粉扁球形，大小约26微米×29.5微米。极面观三裂圆形，赤道面观扁圆形。外壁两层，厚度几相等。表面条纹状纹饰（×1200）。

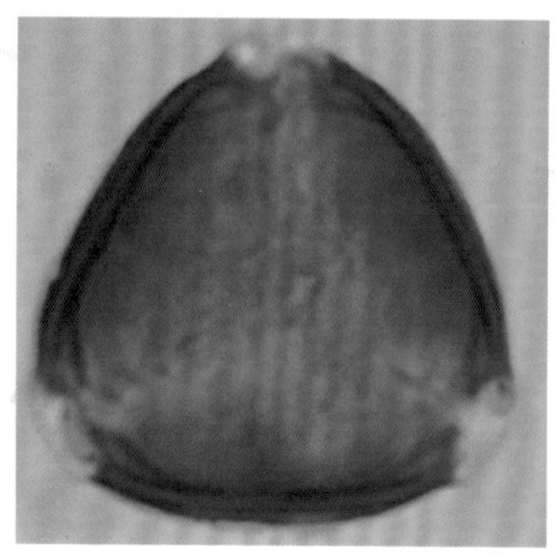

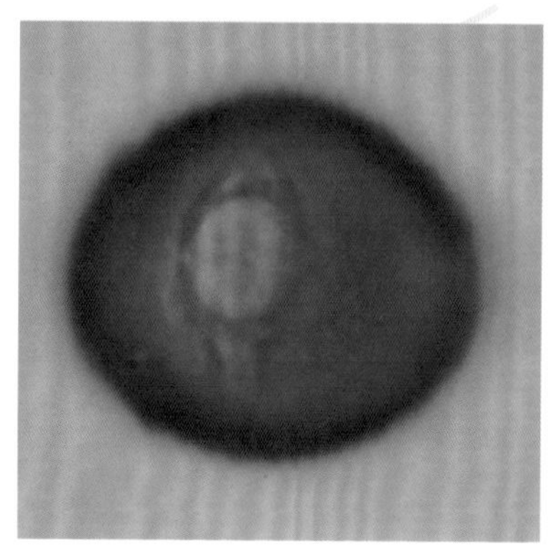

栾树 *Koelreuteria paniculata* Laxm.

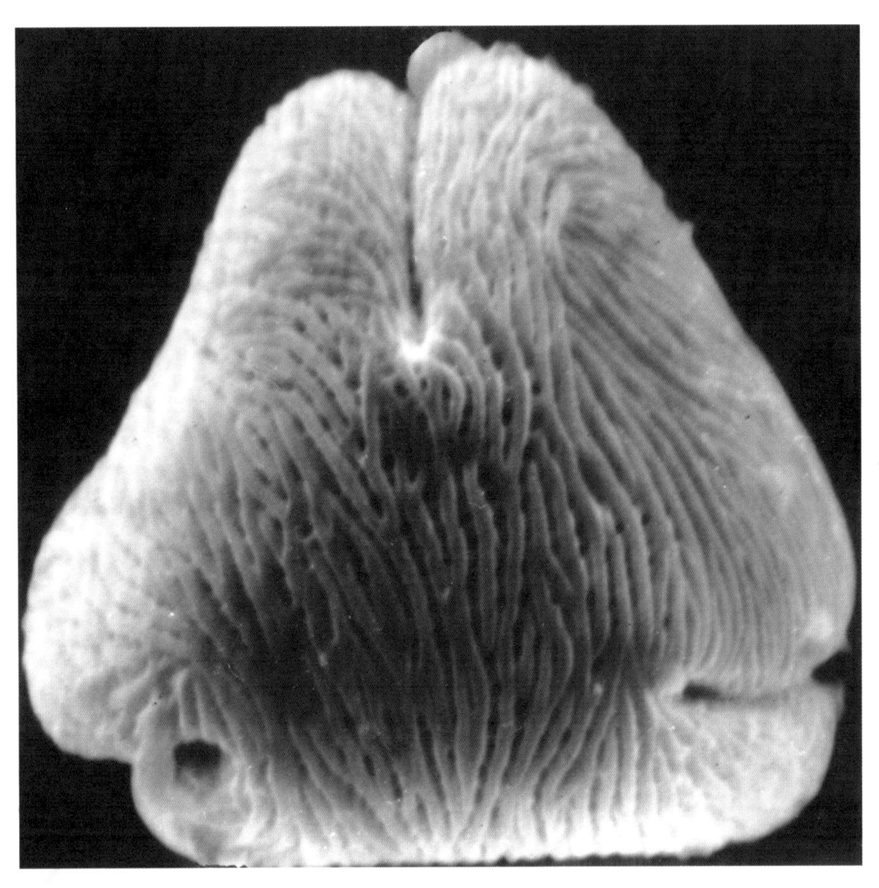

扫描电镜下：

花粉极面观三角形，赤道面观椭圆形。表面具条纹状纹饰（上. 极面 × 5700；下. 赤道面 × 4500）。

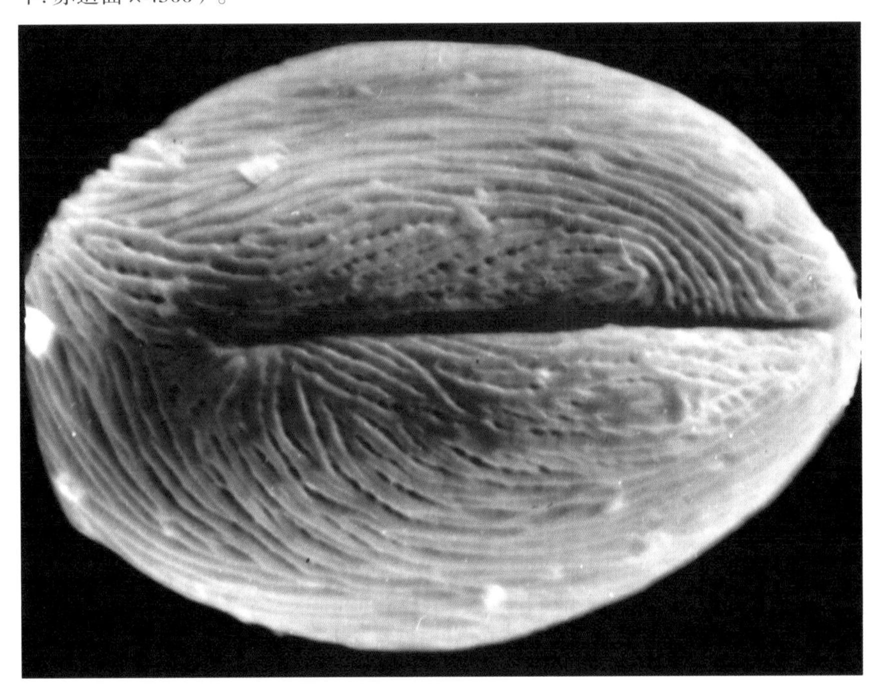

拐枣 *Hovenia dulcis* Thunb.

落叶乔木。高约10米。叶互生，具长柄，无托叶，广卵形或卵状椭圆形，先端渐尖，基部圆形或心形，边缘有粗锯齿。复聚伞花序，腋生或顶生。花小，淡黄绿色，花瓣倒卵形。花期6月。

光学显微镜下：

花粉扁球形，极面观为钝三角形，孔沟位于角上，大小为22.5（20 ~ 26.5）微米 × 27（23.5 ~ 31）微米。具3孔沟，界限不明显。表面具微弱的网状纹饰（×1200）。

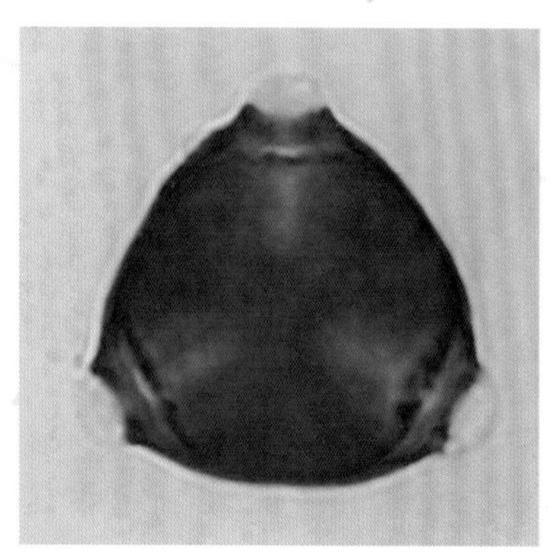

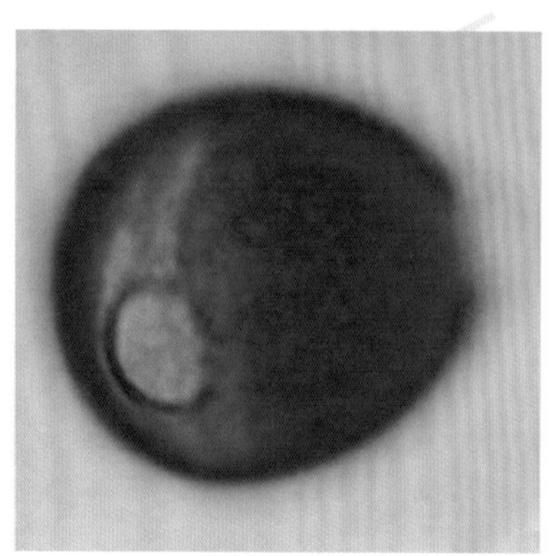

冻绿 *Rhamnus utitis* Decne.

灌木或小乔木。高达4米。小枝红褐色，互生，顶端针刺状。叶互生，或束生于短枝顶端，椭圆形或长椭圆形，先端短渐尖或急尖，基部楔形，边缘有细锯齿。聚伞花序生于枝端和叶腋；花单性，黄绿色；核果近球形。花期4月。

分布于陕西、甘肃、河南、湖北、湖南、江西、福建、江苏、四川、云南等省。

光学显微镜下：

花粉近球形。极面观三角形，孔沟位于角端；赤道面观为椭圆形。大小约28微米×25.3微米。具3孔沟，沟细长。表面具模糊的细网状纹饰（×1200）。

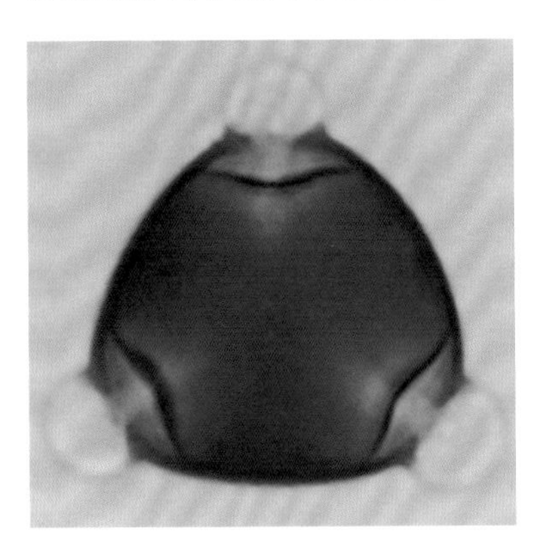

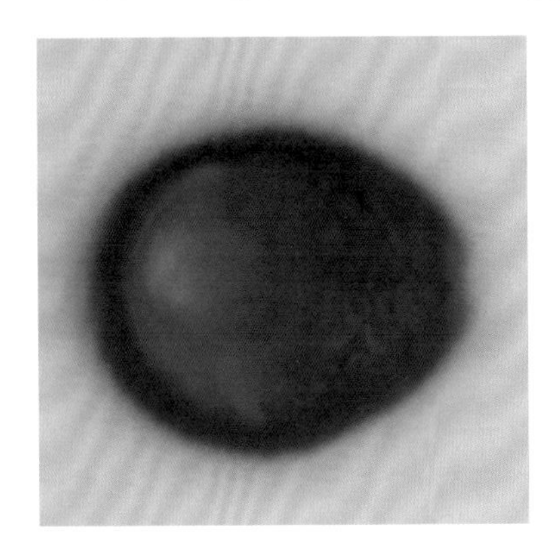

小叶鼠李 *Rhamnus parvifolia* Bge.

灌木。株高2米。枝密集，多分枝，枝端具刺。小枝灰褐色。单叶，密集丛生于短枝上。叶厚，小型。菱状卵形或倒卵形、椭圆形，先端圆或急尖，边缘具小钝锯齿。花单性，小形，黄绿色，1～3朵聚伞状簇生于叶腋；花瓣4；雄蕊4。花期5月。

分布东北、内蒙古、河北、山西、山东、甘肃。

光学显微镜下：

花粉近球形到扁球形，极面观钝三角形。具3孔沟，沟细而长，内孔横长。表面具细网状纹饰（×1200）。

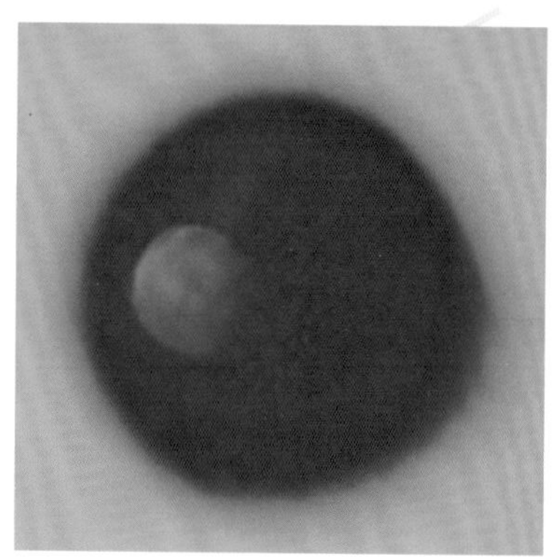

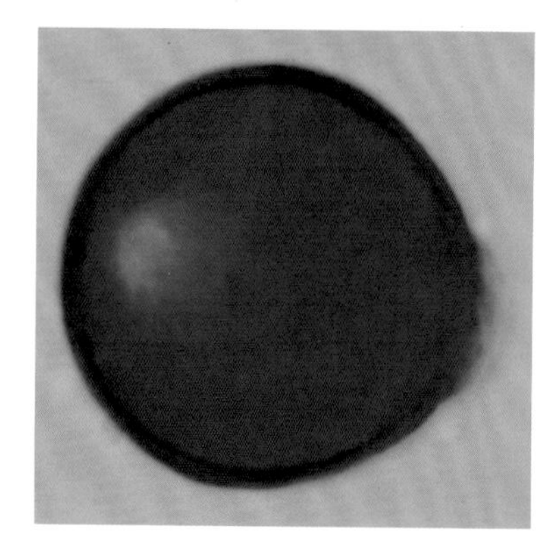

五叶地锦 *Parthenocissus quinquefolia*（L.） Planch.

木质藤本。卷须具5～8分枝，先端扩大成吸盘。掌状复叶具5小叶，先端极尖，边缘具粗大牙齿。聚伞花序成圆锥状，与叶对生，无毛，花小，黄绿色。花期6月～7月。

原产北美，我国各地普遍栽培。

光学显微镜下：

花粉粒长球形，大小约54微米×36微米。具3孔沟，沟长。外壁两层，等厚，表面具网状纹饰（×1200）。

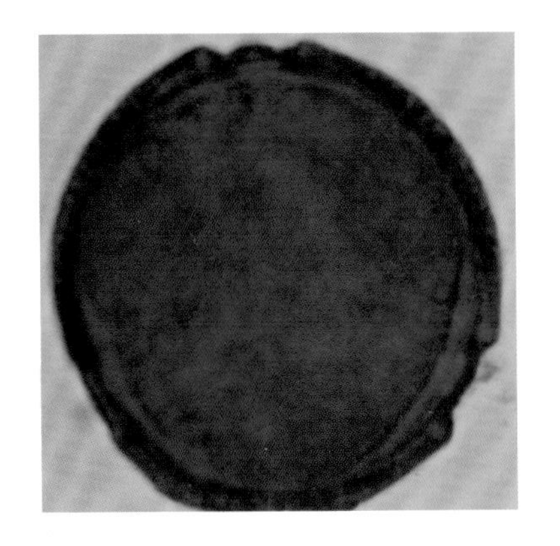

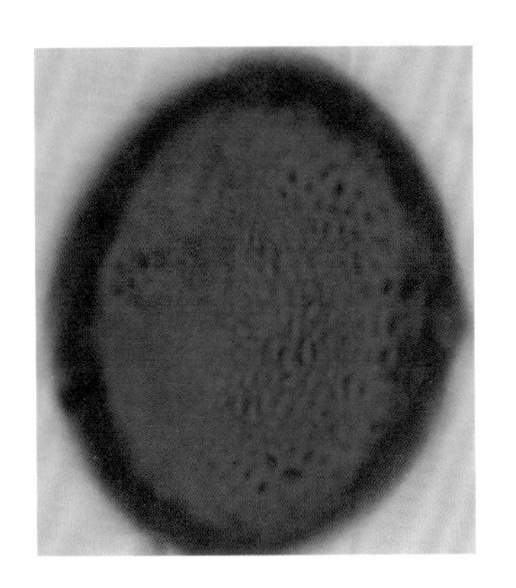

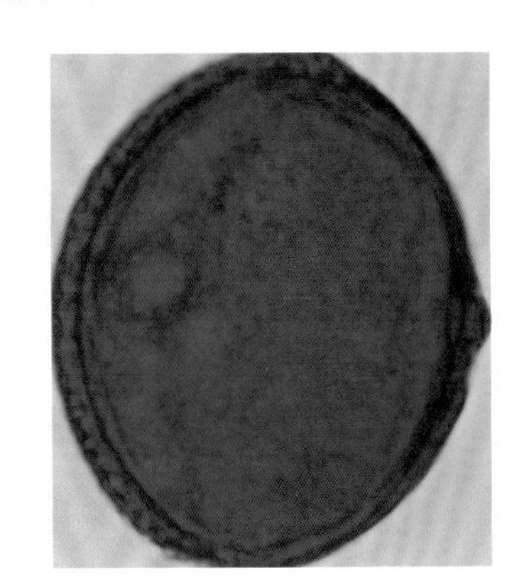

大叶椴（糠椴）*Tilia mandshurica* Rupr. et Maxim.

乔木。株高可达20米。树皮灰白。叶圆卵形，端短锐尖，基部常心形，锯齿粗；叶柄长3～7厘米。聚伞花序，下垂。花瓣黄色。退化雄蕊发育。花期6月～7月。

光学显微镜下：

花粉扁球形。极面观三裂圆形或四裂圆形，大小约47.5微米×25.5微米。具3～4孔沟，沟短，内孔圆形。孔沟周围外壁加厚。表面具网状纹饰（×1200）。

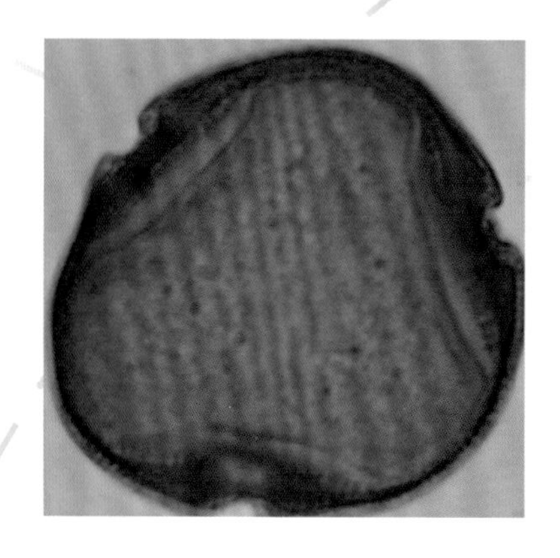

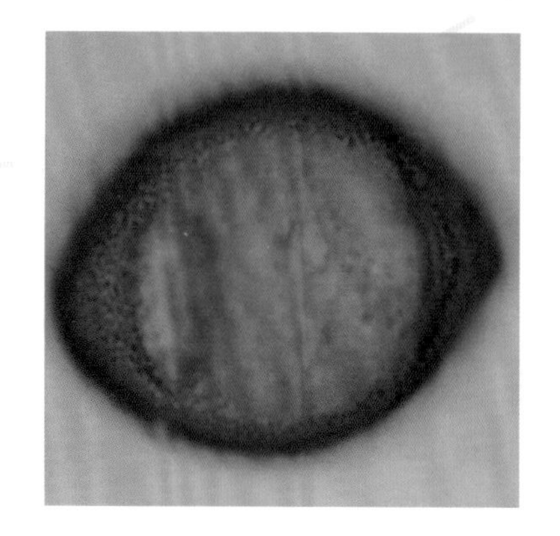

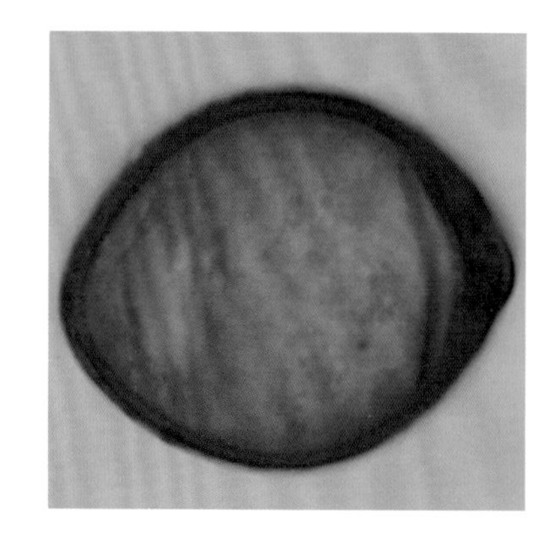

大叶椴（糠椴）*Tilia mandshurica* Rupr. et Maxim.

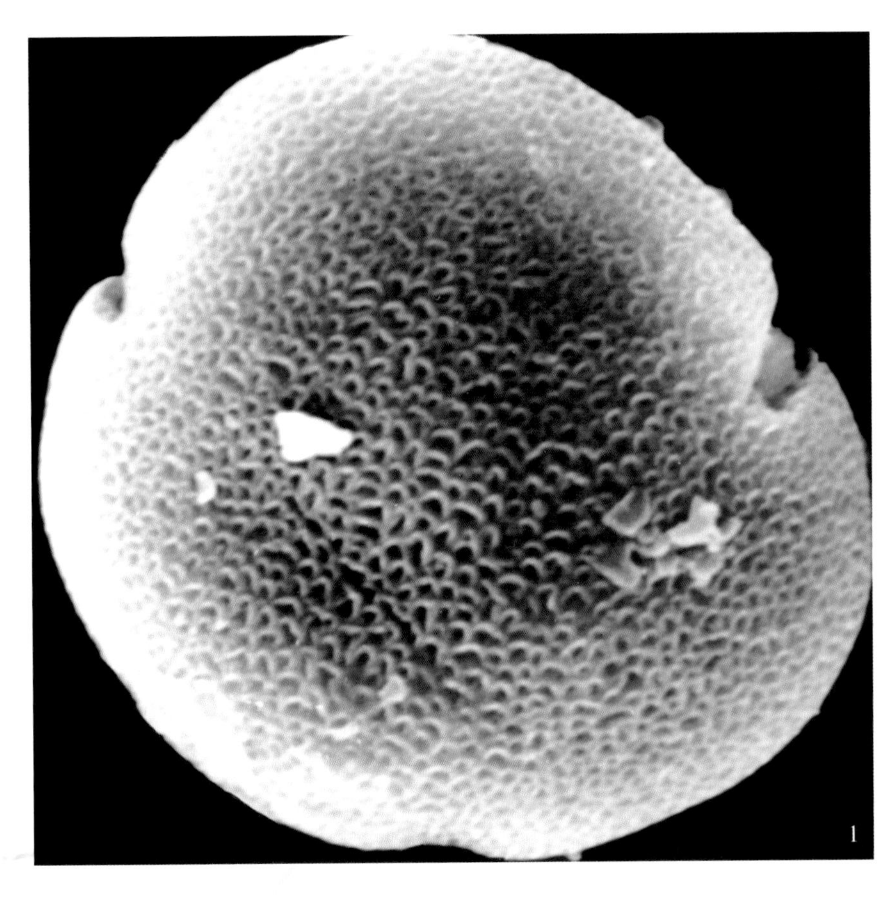

扫描电镜下：

花粉扁球形，表面细网状纹饰。网眼近圆形（1.极面 × 4000；2.赤道面 × 4000）。

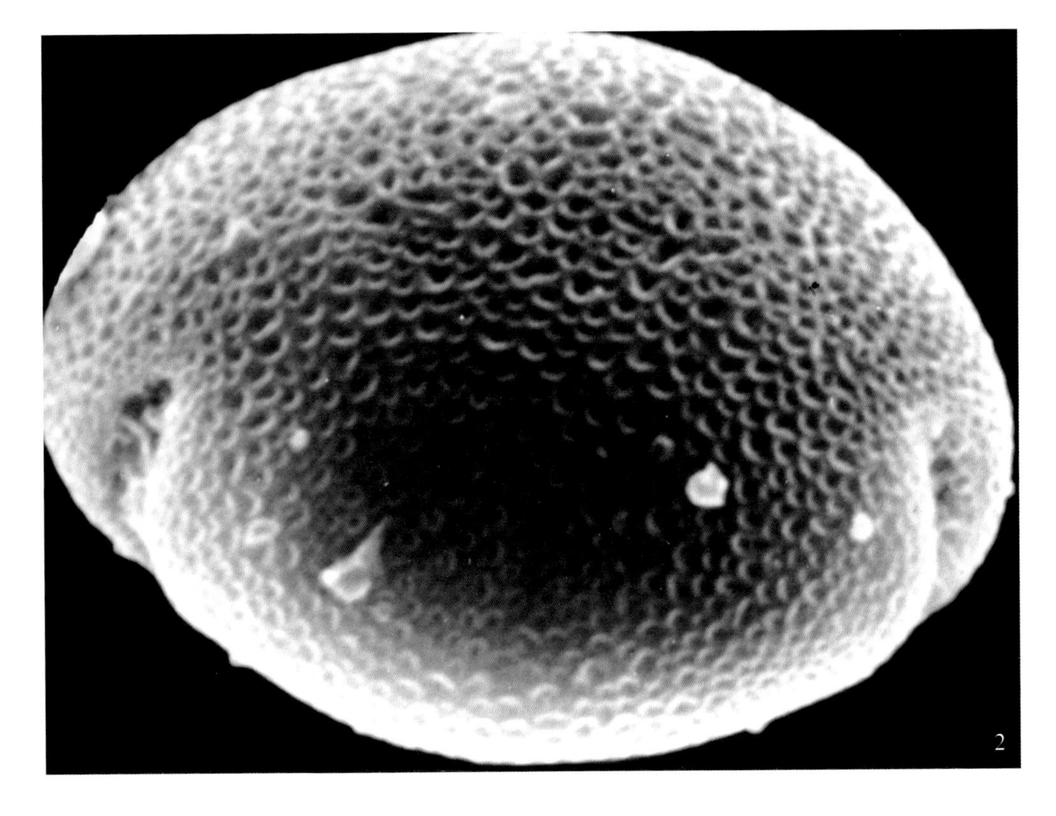

小叶椴（蒙椴）*Tilia mongolica* Maxim.

乔木。株高10米以上。树皮红褐色。小枝光滑，带红色。叶卵圆形或近圆形，先端渐尖，基部截形或心形，边缘具不整齐的粗锯齿，有时叶片3浅裂。聚伞花序，有花6 ~ 12朵。花瓣黄色。雄蕊多数。花期7月。

分布东北、华北、内蒙古等地。

光学显微镜下：

花粉扁球形。极面观三裂圆形或四裂圆形。大小25.5微米 × 47.5微米。具3 ~ 4孔沟，沟短，内孔圆形，沟孔周围外壁加厚。表面具网状纹饰（ × 1200）。

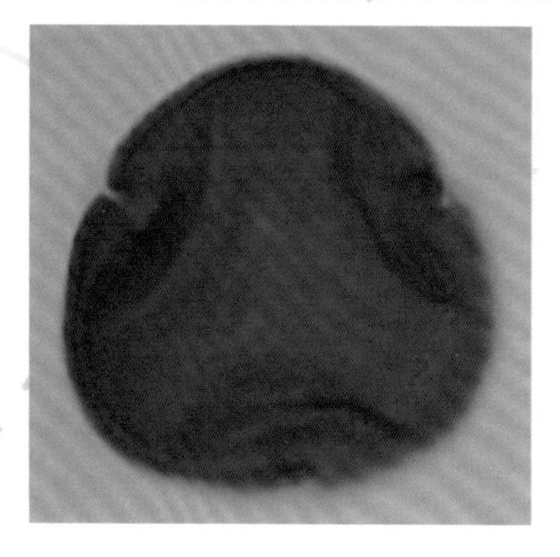

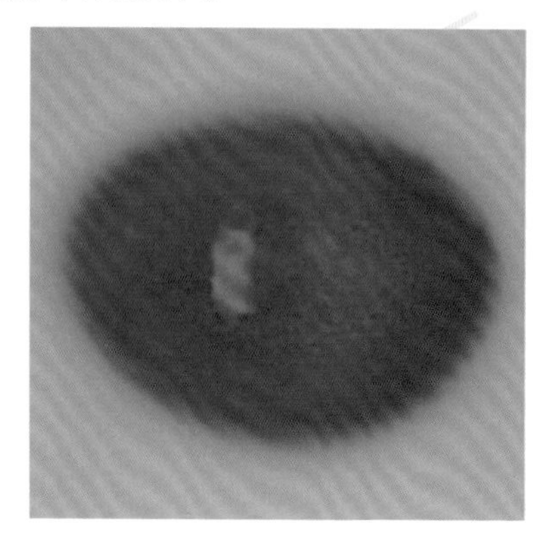

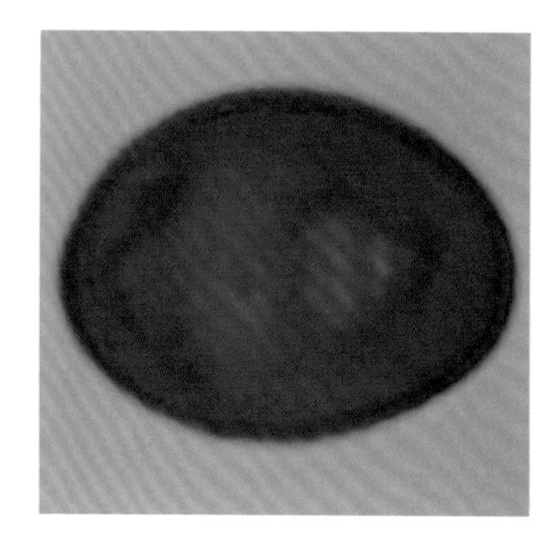

小叶椴（蒙椴）*Tilia mongolica* Maxim.

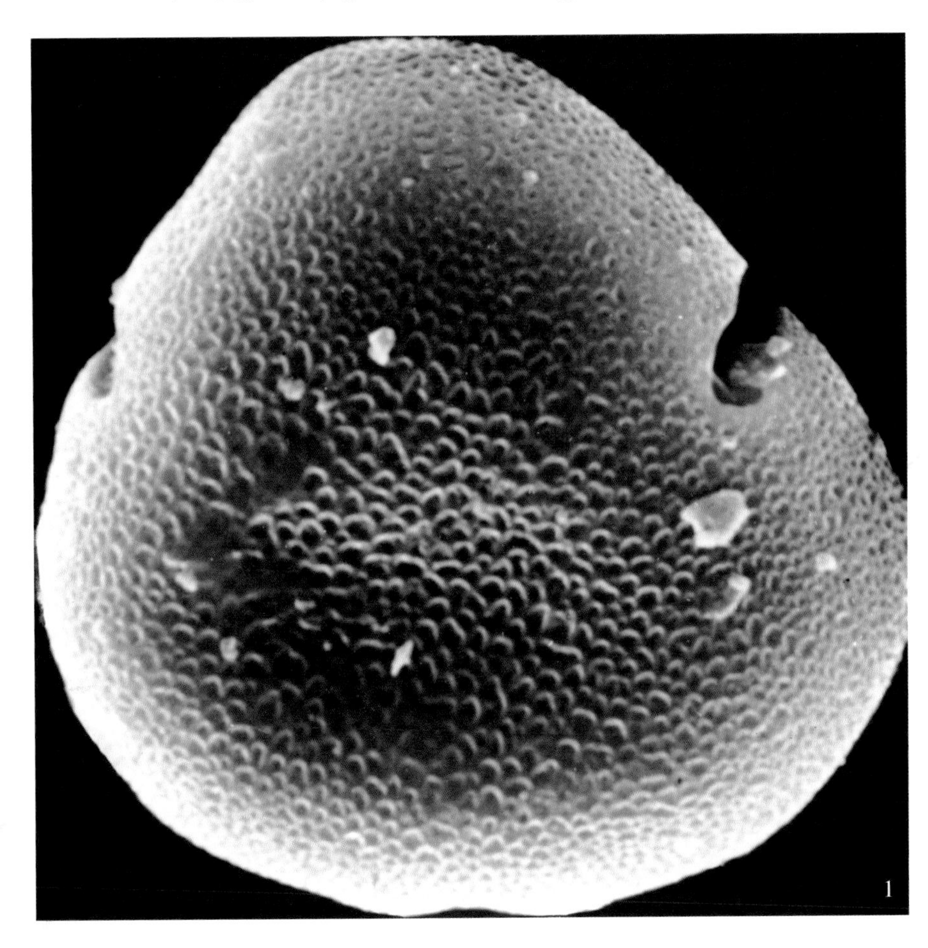

扫描电镜下：

极面观具3沟，沟短，表面具细网状纹饰（1. ×3000；2. ×6000）。

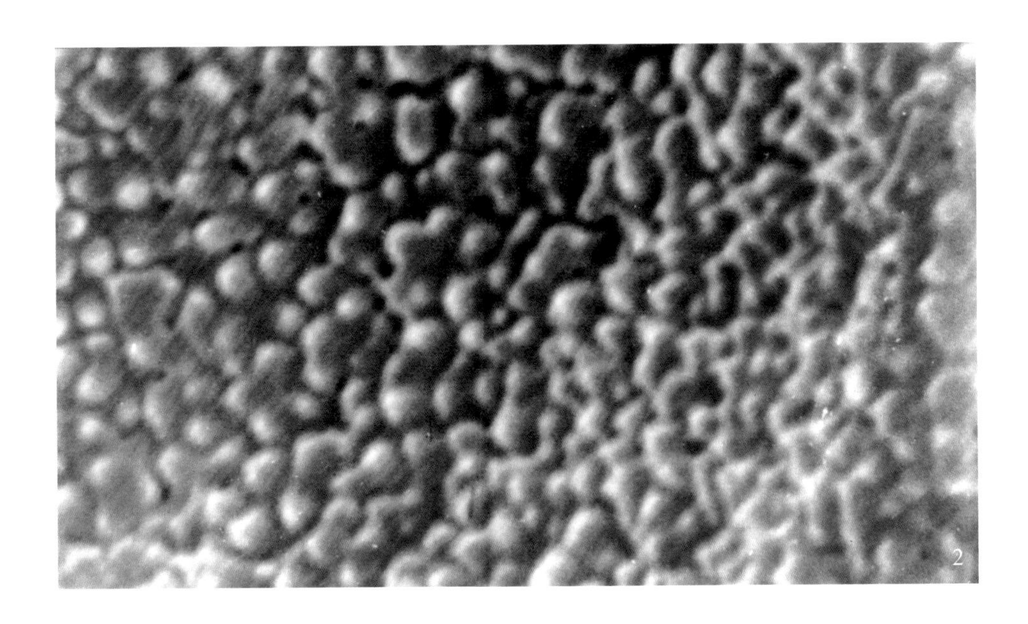

糯米椴 *Tilia henryana* Szysz.

乔木。高15米以上。叶宽卵形至卵形，边缘具粗牙齿。聚伞花序10～15厘米。花期6月～7月。
分布于江苏、江西、安徽、河南、湖北。

光学显微镜下：

花粉扁球形。极面轮廓三裂圆形，大小23.5微米×45.5微米。具3孔沟，沟短，沟孔周围外壁加厚。表面具细网状纹饰（×1200）。

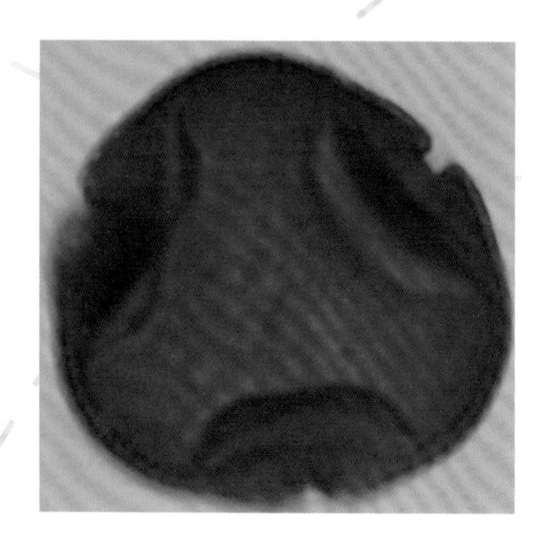
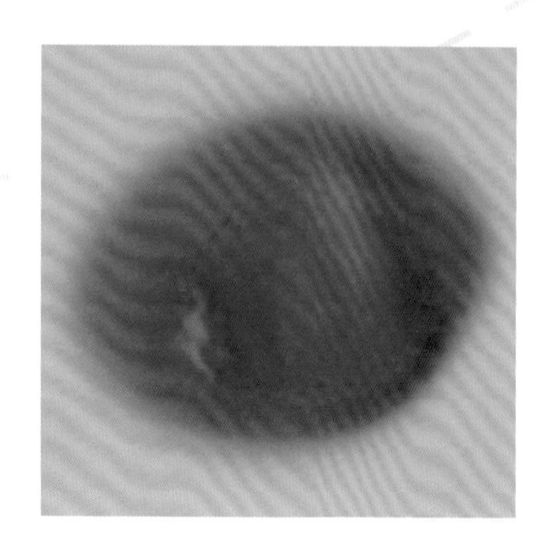
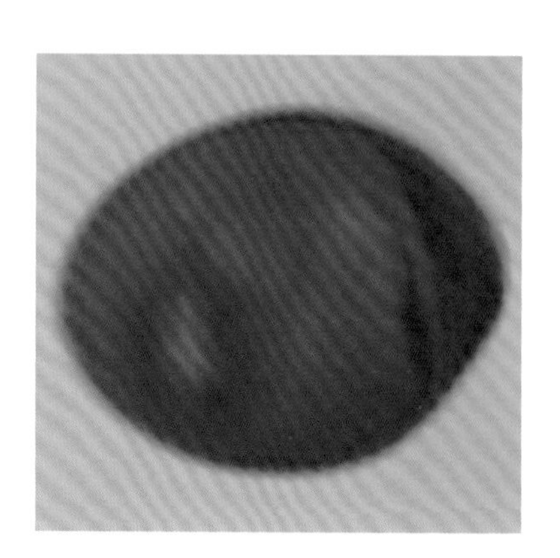

心叶椴 *Tilia cordata* Mill.

落叶乔木，高达10米，叶近圆形，先端骤尖，边缘有细锐锯齿。花黄白色，有芳香，5～7朵成下垂或近直立聚伞花序。花期7月。见于中科院植物园。

光学显微镜下：

花粉扁球形。极面观三裂圆形。大小26.5微米×48.5微米。具3~4孔沟，沟短，内孔近圆形，沟孔周围外壁加厚。表面具网状纹饰（×1200）。

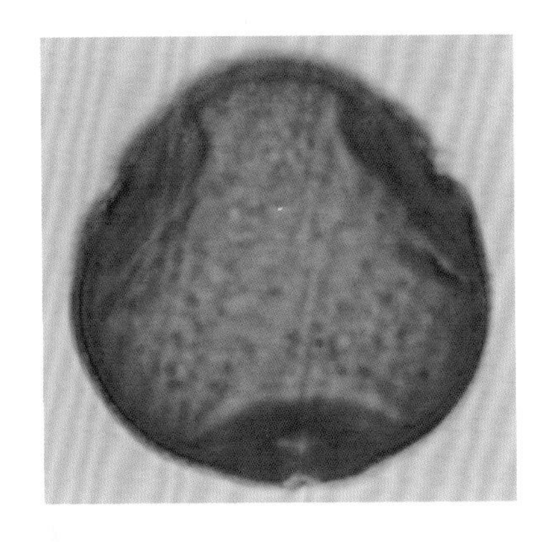
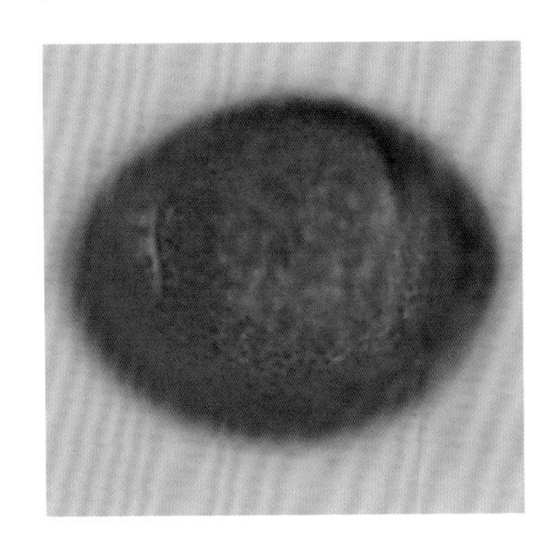

扁担木 *Grewia biloba* Don var.

落叶灌木，高1～2米。小枝红褐色，具绒毛。叶长圆状卵形，先端锐尖，叶缘具重锯齿，叶柄具柔毛。伞形花序与叶对生，具花5～8朵，花小，淡黄色。花期6月～7月。

分布于东北、华北、华东、西南，北京见于公园及山区。

光学显微镜下：

花粉长球形，极面观三裂圆形，大小约为51微米×34.5微米。具3孔沟，沟细长，内孔大，横长。表面具网状纹饰（×1200）。

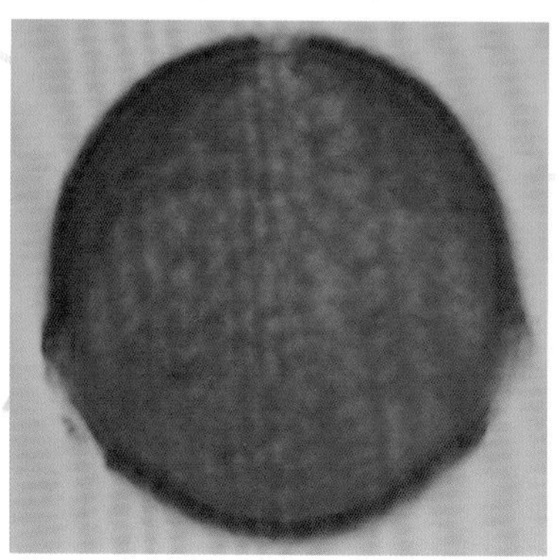

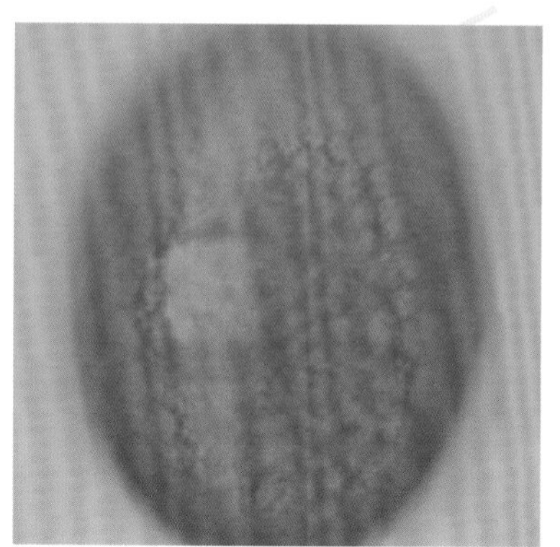

蜀葵 *Althaea rosea*（L.）Cav.

多年生草本。高2～3米。全株被柔毛；茎直立，不分枝。叶互生，粗糙多皱，近圆心形，有时具5～7浅裂；具长柄。花大，单生叶腋或顶生成总状花序；有红、紫、粉、白、黄等各色；雄蕊多数。花期6月～8月。

光学显微镜下：

花粉球形，直径168（150～186.5）微米。具散孔，孔较小，孔数超过250个。表面具两型刺，大刺长5～18.5微米；小刺5.5～6.5微米（×480）。

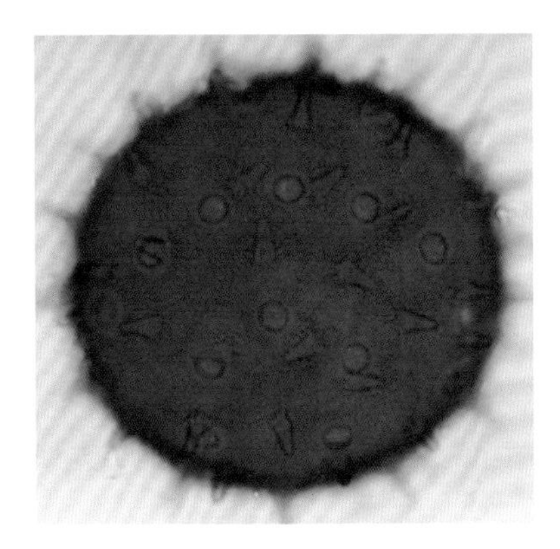

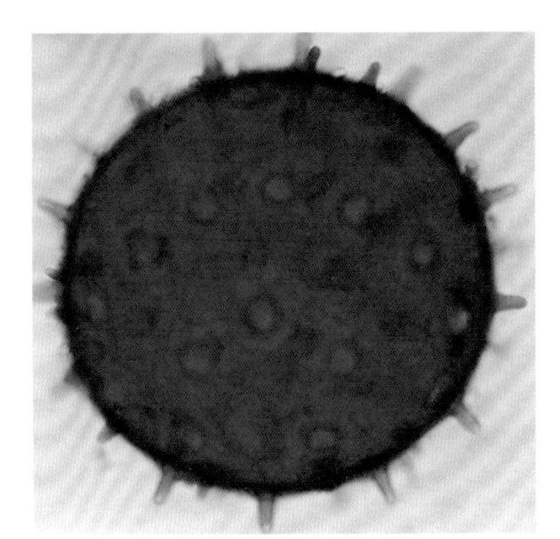

木槿 *Hibiscus syriacus* L.

落叶灌木或小乔木。株高2～6米。叶卵形或菱状卵形，裂缘缺刻状，基部楔形或圆形；叶柄长1～2厘米。花单生，具短柄，粉色或红色等。雄蕊柱不甚超出花冠。花期7月～9月。

光学显微镜下：

花粉近球形，直径为176（157.5～218.5）微米。孔数约18个，表面具长刺（×1200）。

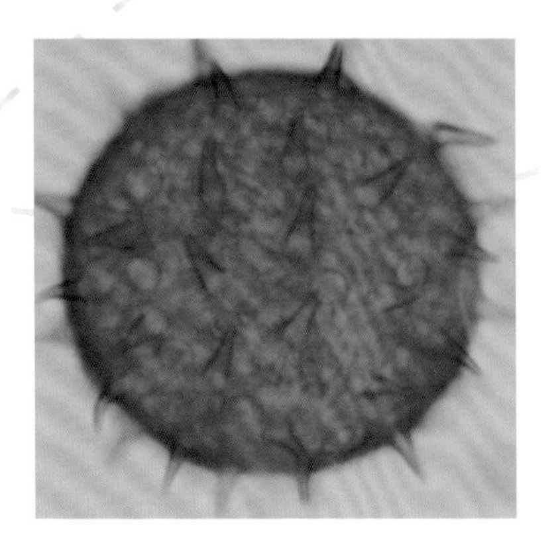

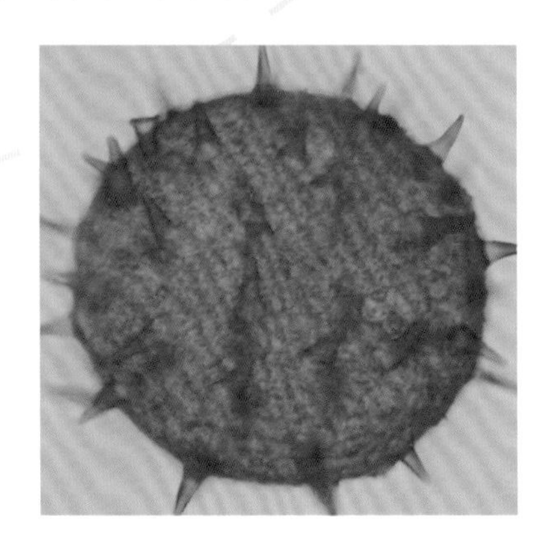

野西瓜苗 *Hibiscus trionum* L.

一年生草本。株高约60厘米。叶互生，下部叶5浅裂，上部叶3深裂，中裂最长；裂片具齿；叶柄细长。花单生叶腋，具长花梗。花瓣5，柱头状。花期6月～7月。

分布于陕西、山西、河北及华中各地。

光学显微镜下：

花粉球形。直径174（156～198.5）微米。具散孔。表面具刺（×480）。

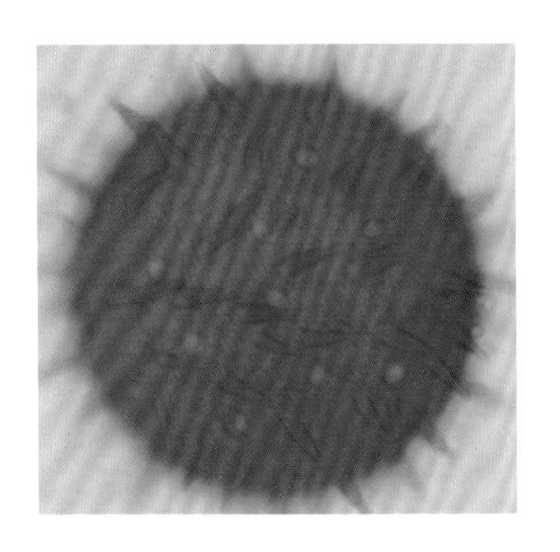

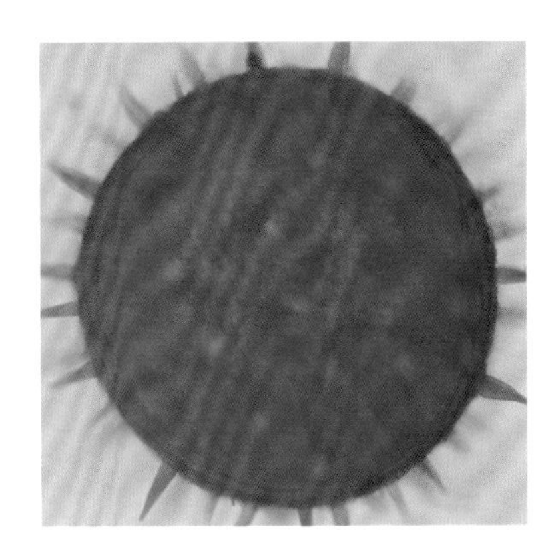

秋葵 *Abelmoschus esculentus*（L.）Moench Meth.

多年生草本。高80～150厘米，花大，有白、浅红色和玫瑰红色和深红色。单叶互生，椭圆形，缘具钝齿。花期7月～9月。为栽培杂交种。

由原产美国东部的芙蓉葵和同属杂交改良而成，北京普遍栽培。

光学显微镜下：

花粉球形，具散孔，孔数30～40个，直径约129～150微米，表面具刺，刺末端钝（×1200）。

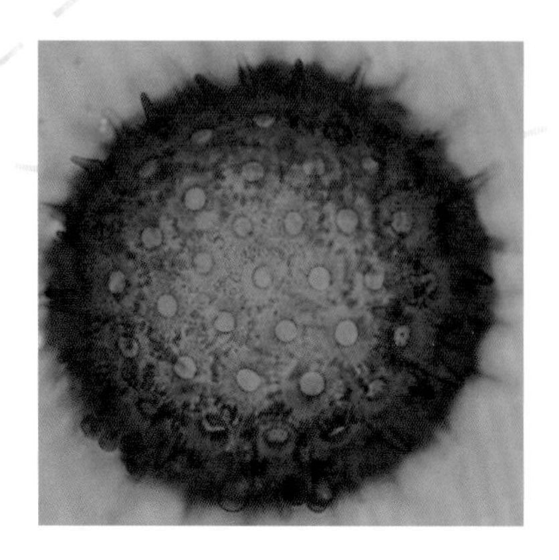

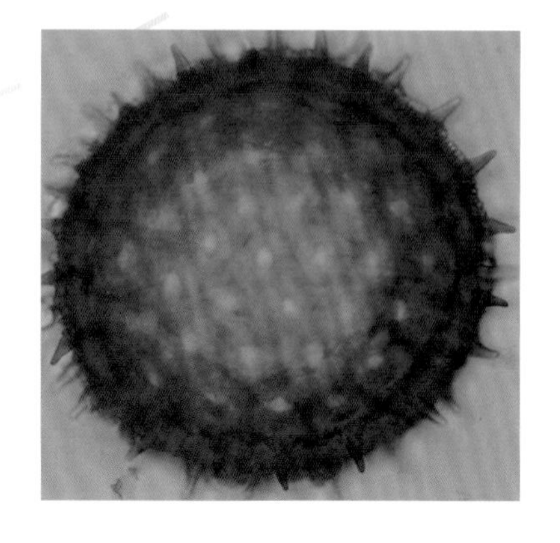

木棉 *Gossampinus malabarica*（DC.）Merr.

落叶大乔木。高达25米。幼树干或老树枝有短粗的圆锥样刺。掌状复叶有5～7小叶，具柄。花簇生于枝端，先叶开放，红色或橙红色。花萼杯状，厚，常5浅裂；雄蕊多数。花期2月～3月。

分布云南、贵州、广西、海南、广东南部。

光学显微镜下：

花粉扁球形，极面观钝三角形，三条边的中部，沟短，内孔大，外壁表面具网状纹饰（×1200）。

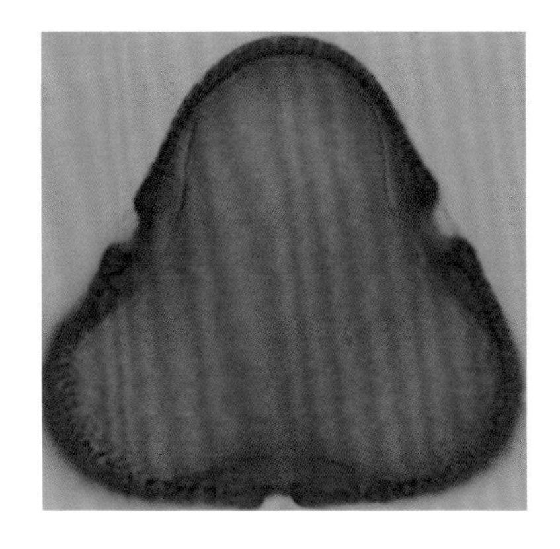
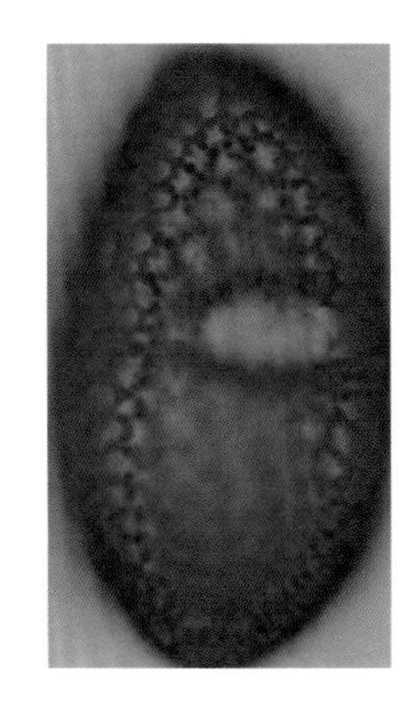

柽柳 *Tamarix chinensis* Lour.

灌木或小乔木。高4～5米。枝细长，常下垂，红紫色、暗紫色或淡棕色。叶钻形或卵状披针形，先端急尖或略钝。花两性；总状花序生于绿色幼枝，组成顶生大圆锥花序，通常下弯，粉红色。花期5月～6月，8月～9月。

原产我国，国内各地均有栽培。

光学显微镜下：

花粉近球形或扁球形，大小15.9（14～19.5）微米×19.3（17.2～20.3）微米，具3沟，偶有两沟。表面细网状纹饰（×1200）。

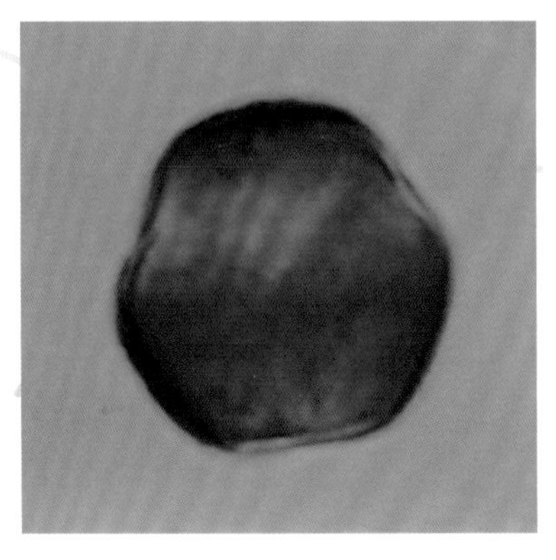

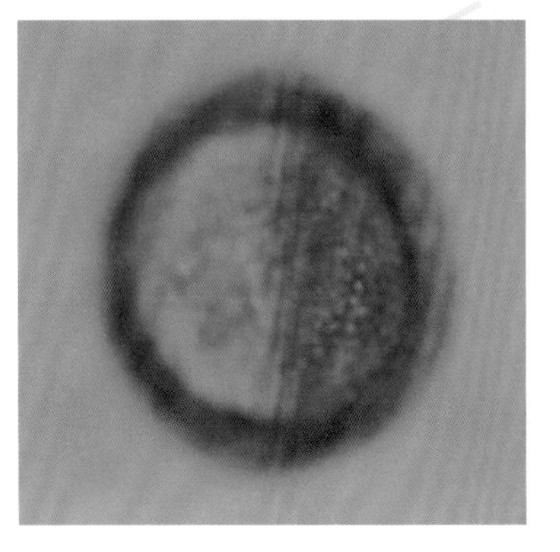

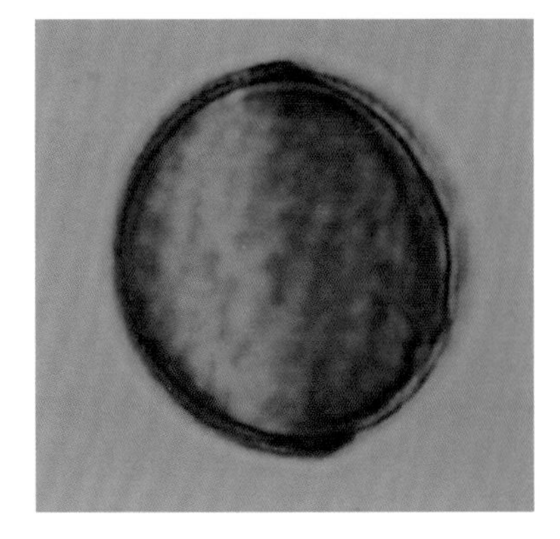

柽柳 *Tamarix chinensis* Lour.

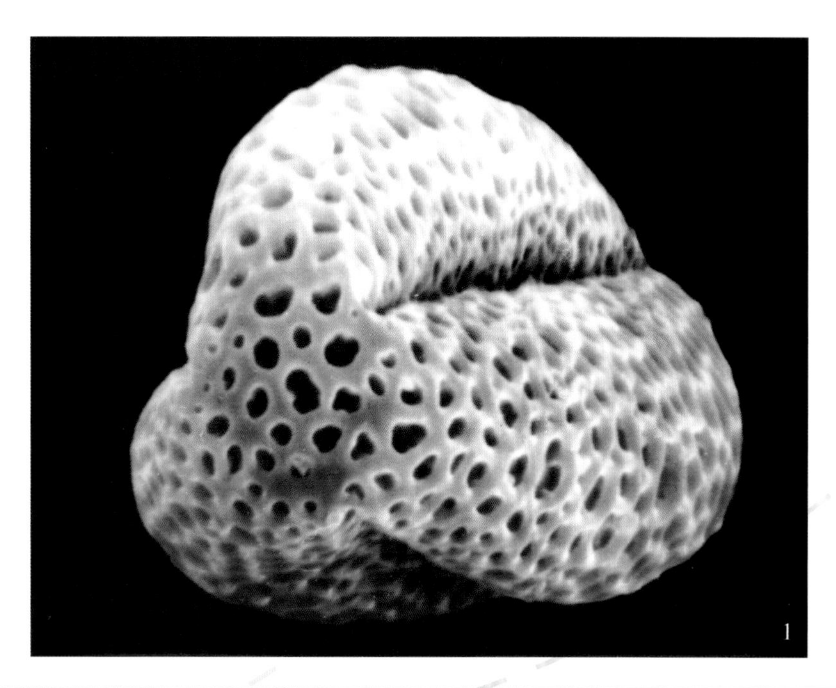

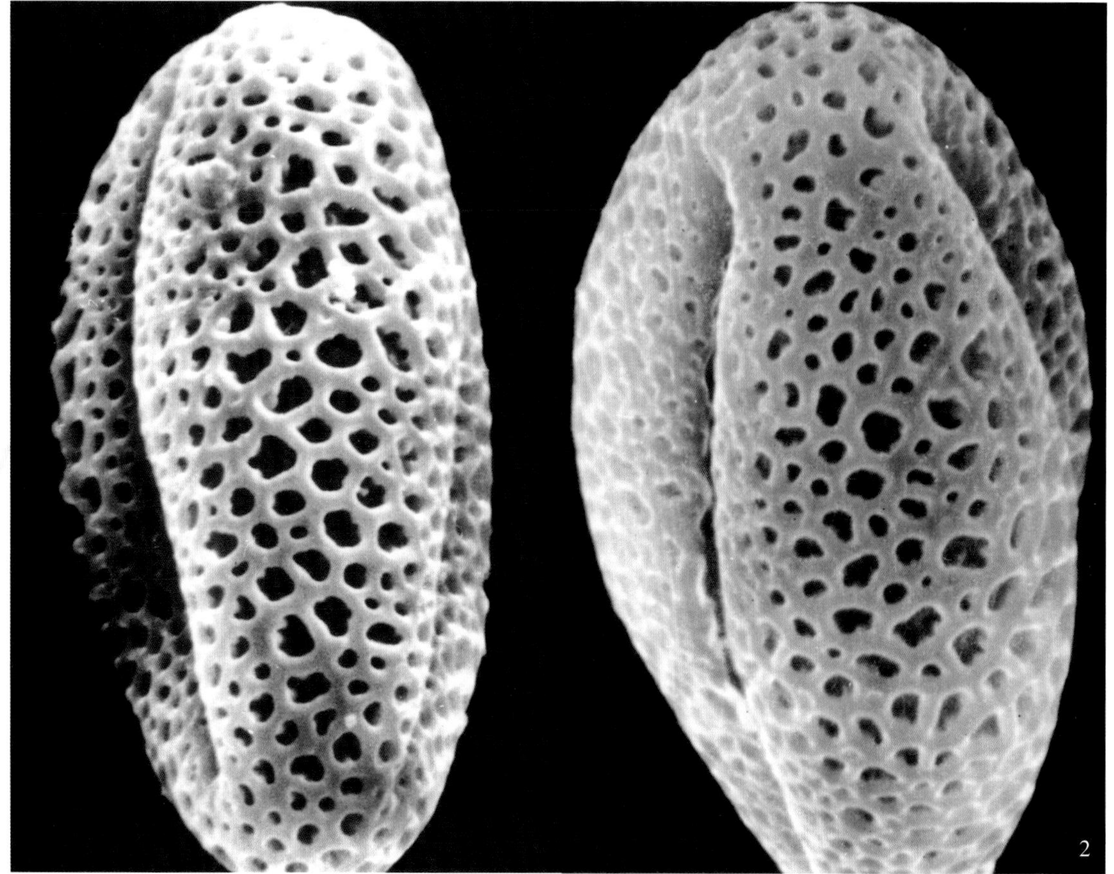

扫描电镜下：

花粉粒长球形。极面观三裂圆形，具3沟；赤道面观可见2条沟。表面网状纹饰，网眼形状、大小不一（1. 极面 × 5500；2. 赤道面 × 5700）。

番木瓜（木瓜）*Carica papaya* L.

软木质常绿小乔木。高2～8米。干不分枝。叶近圆形，掌状，5～9裂，裂片羽状分裂；叶柄中空。花乳黄色，单性异株杂性。雄花序为下垂圆锥花序，雌花序及杂性花序为聚伞花序。或雄花单生。花期全年。

原产美洲，我国海南、广东、云南南部有栽培。

光学显微镜下：

花粉近球形。极面观三裂圆形。大小约36微米×32微米。具3孔沟，沟细长；内孔横长，矩形。外壁表面具模糊的细网状纹饰（×1200）。

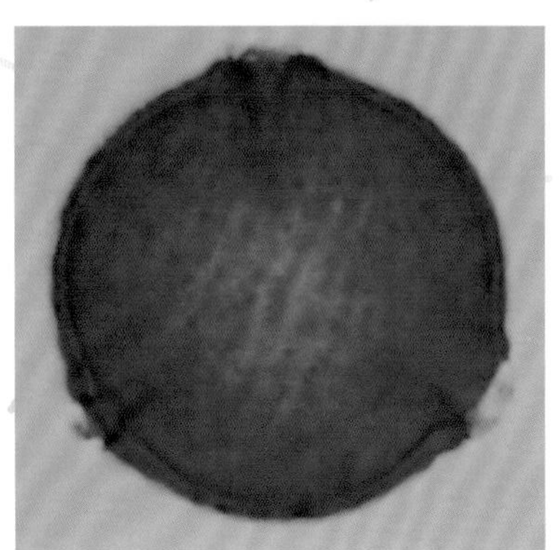

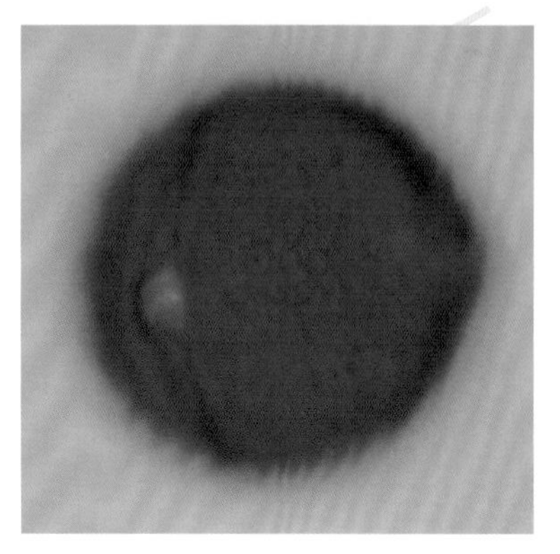

胡颓子 *Elaeagnus umbellata* Thunb.

小乔木。高达4～6米。通常具枝刺，单叶互生，长椭圆形或卵状椭圆形，先端钝，基部楔形，叶上面被银白色鳞片。花常2～7朵腋生，呈伞形花序，先叶开花，花色由白色渐变成黄色，芳香，外被鳞片，萼筒管长于裂片，向基部渐狭，4裂，无花瓣；雄蕊4枚，具短花丝，不外露。花期4月～5月。

分布中国、朝鲜、日本、印度。

光学显微镜下：

花粉扁球形。扁圆形。具3孔沟，沟较细；孔圆而大，宽于沟。大小38微米×53微米。纹饰弱网状（×1200）。

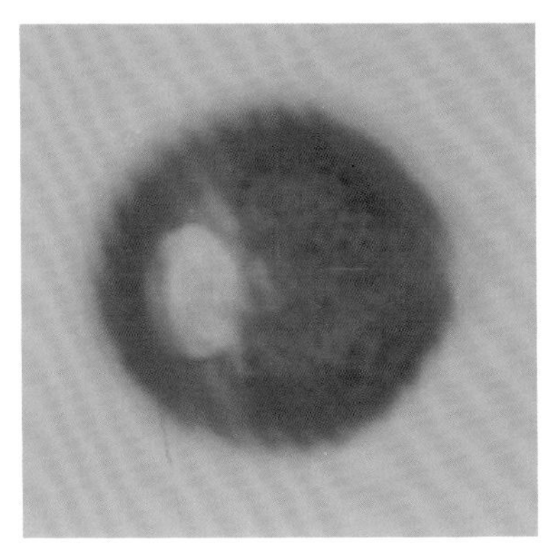

沙棘 *Hippophae rhamnoides* L.

落叶乔木或灌木。高可达10米。具粗壮棘刺；叶互生或近对生，条形至条状披针形，两端钝尖；叶柄极短。花先叶开放，雌雄异株；短总状花序腋生于头年枝上，花小，淡黄；花期4月～5月。

分布于华北、西北及四川、云南、西藏。

光学显微镜下：

花粉扁球形。极面观三裂圆形，大小约23微米×22微米。具3孔沟，沟细长，表面具模糊的网状纹饰（×1200）。

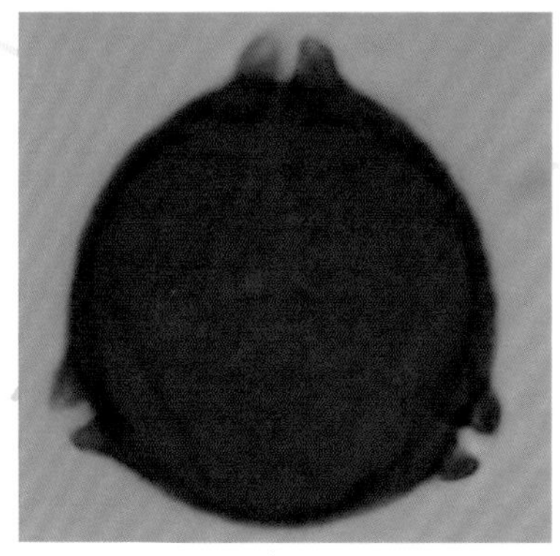

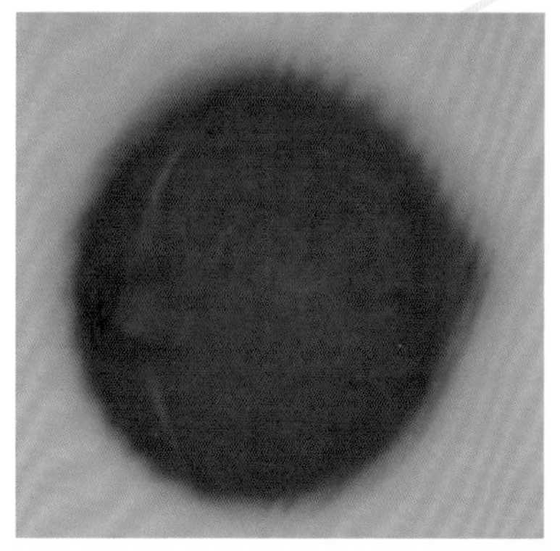

紫薇 *Lagerstroemia indica* Linn.

灌木或小乔木。株高可达7米。枝条光滑，小枝幼时显著4棱。叶几无柄，椭圆形或倒卵形至长圆形，先端尖或钝，基圆形或楔形。顶生圆锥花序。淡红色或白色。花瓣6，圆形、有皱。雄蕊多数。花期7月～9月。

原产于我国，各地栽培普遍。

光学显微镜下：

花粉近球形。极面观钝三角形。大小约48.7微米×44.7微米。具3沟。极区外壁显著加厚。表面具颗粒状纹饰（×1200）。

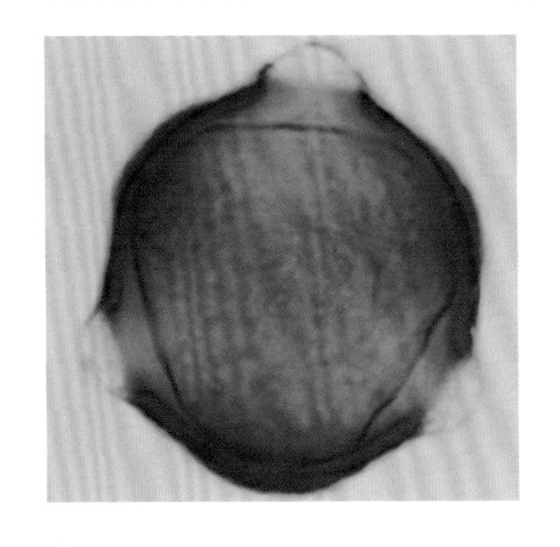

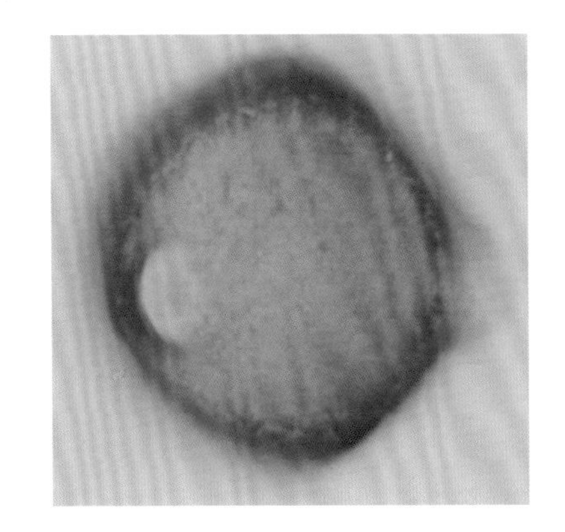

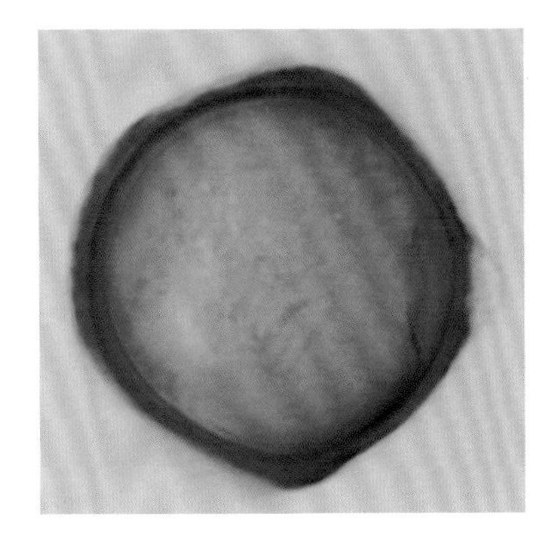

紫薇 *Lagerstroemia indica* Linn.

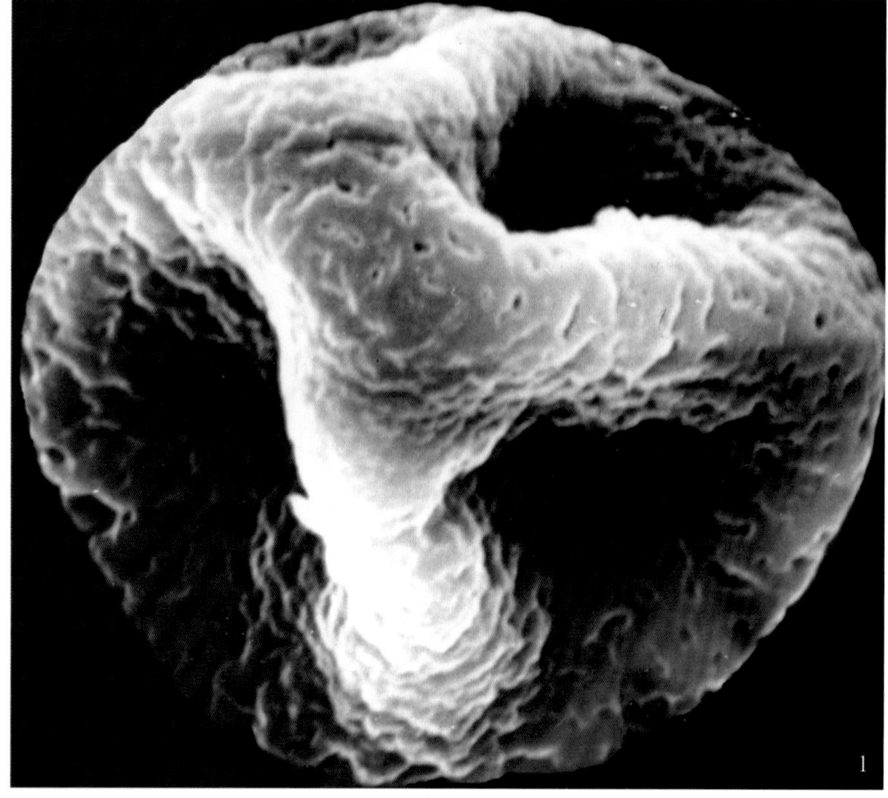

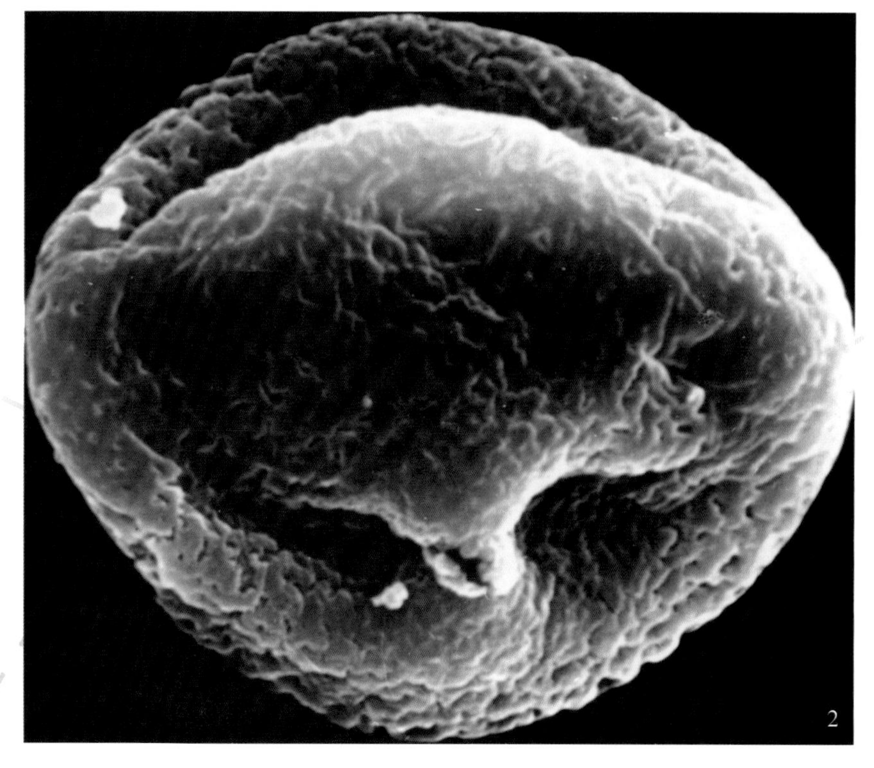

扫描电镜下：

花粉大小为48.5（44 ~ 56）微米 × 44.5 （38 ~ 50）微米。极区外壁显著加厚，表面具细颗粒状纹饰（1. ×7800；2. ×6000）。

千屈菜 *Lythrum salicaria* L.

多年生草本。茎直立，高达1米。多分枝，四棱或六棱形。叶对生或3枚轮生，披针形，无柄，总状花序顶生，花两性，数朵簇生于叶状苞片腋内，具短梗；花两性，花瓣6，紫色。花期7月～9月。

分布于河北、山西、陕西、河南、四川等地，北京多见，生于水旁湿地，亦有人工栽培。

光学显微镜下：

花粉扁球形，极面观六裂圆形，具3孔沟及3假沟，真沟宽，长几达两极；3假沟短，无内孔。具沟膜，膜上具颗粒状纹饰（×1200）。

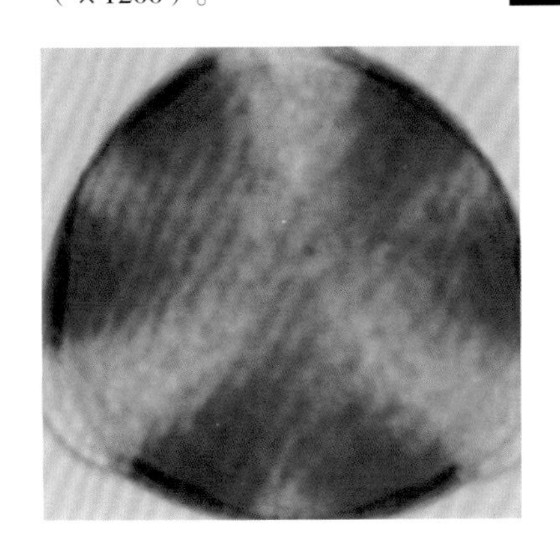

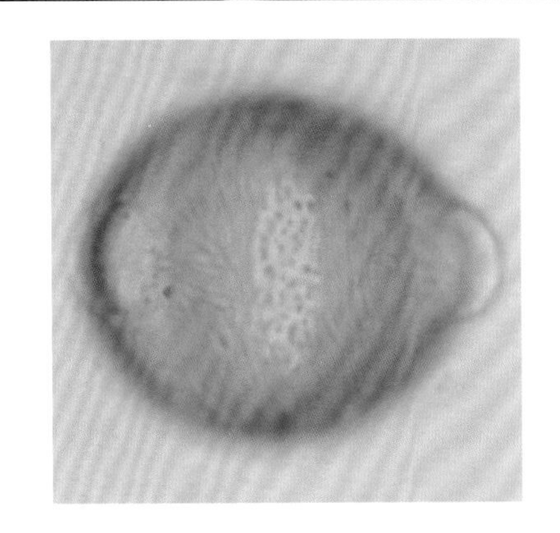

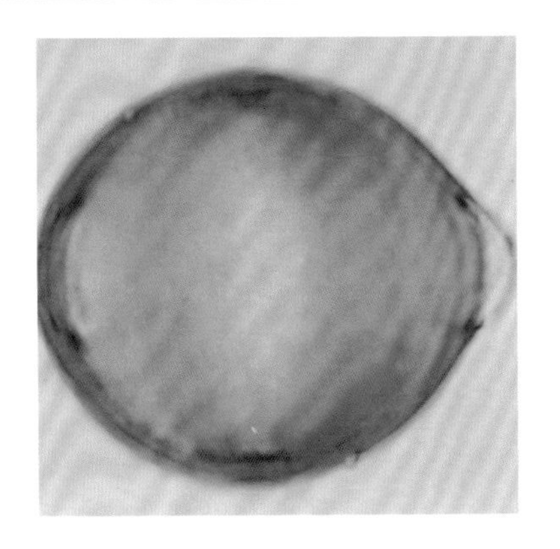

石榴 *Punica granatum* Linn.

小乔木。株高可达6米。小枝平滑，一般有刺针。叶对生或簇生，倒卵形至长圆状披针形，全缘，有短柄。花红色。花瓣5～7，有时成重瓣。花期5月～7月。

全国各地均有栽培。

光学显微镜下：

花粉长球形，大小约25.5微米×21.5微米。具3孔沟，孔大而明显。外壁表面具拟网状纹饰（×1200）。

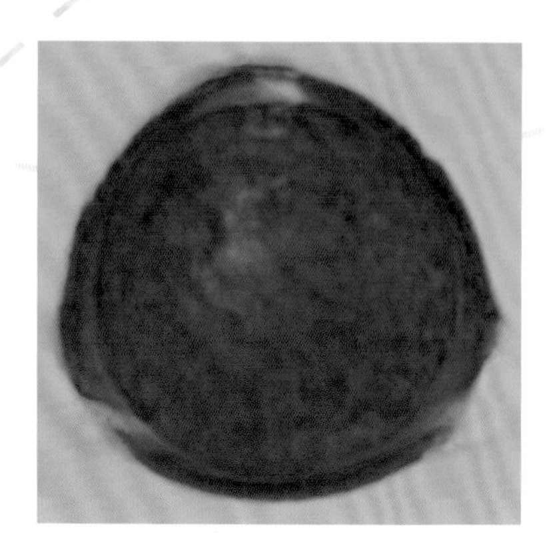

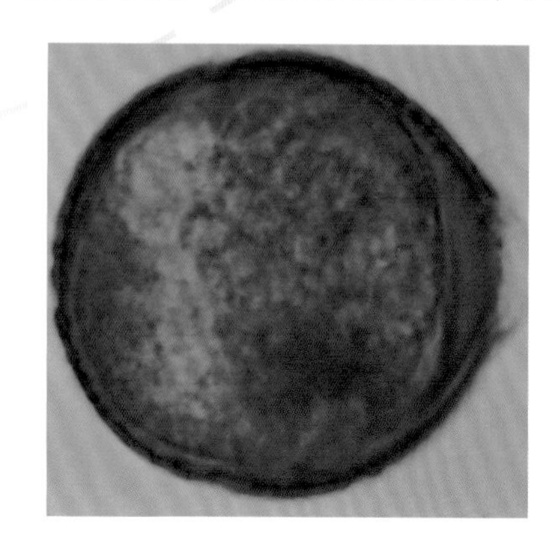

石榴 *Punica granatum* Linn.

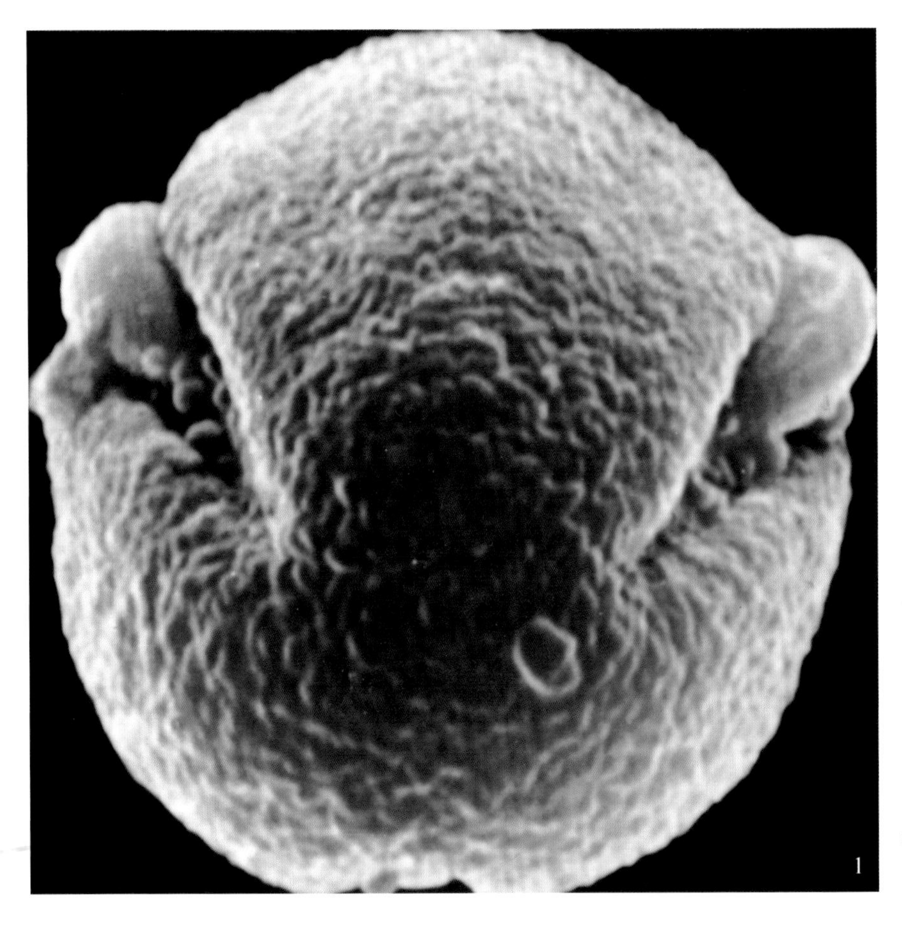

扫描电镜下：

花粉粒极面观三裂圆形。沟较短，沟端宽。孔具孔盖。表面具蠕虫状纹饰（1. 极面 × 7800；2. 赤道面 × 6000）。

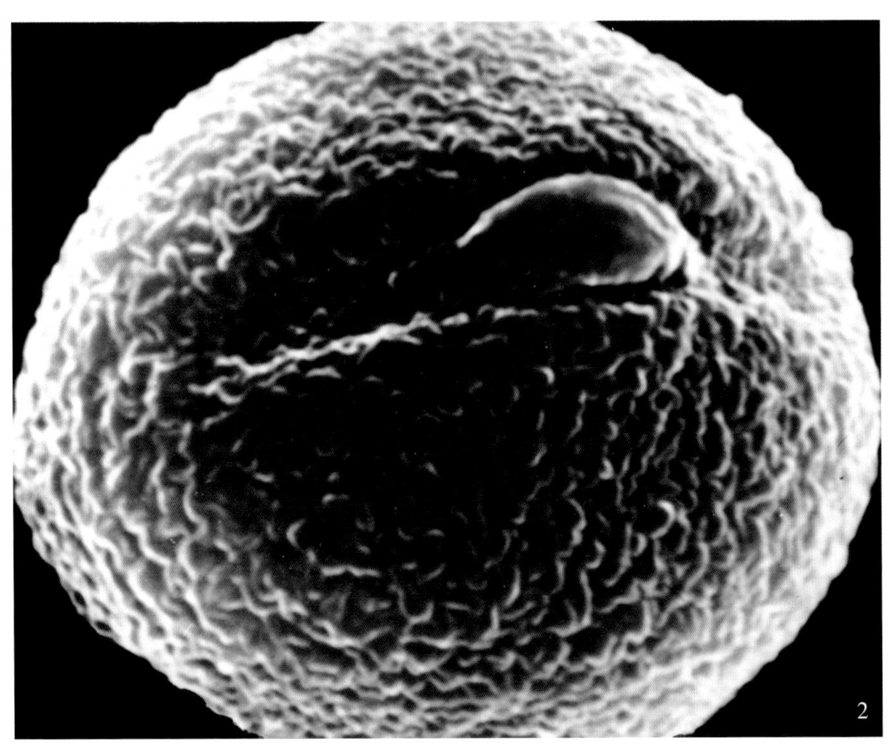

榄仁树 *Terminalia catappa* L.

落叶乔木。高20米以上。树皮灰白色至灰黄色，幼树树干下部枝条可变成硬刺，小枝柔软。单叶，近对生或互生，革质，卵形、椭圆形或近圆形。圆锥花序，顶生或腋生，花白色，细小。花期3月～4月。

分布海南、广西、福建。

光学显微镜下：

花粉近球形，极面观近三角形，具3孔沟，赤道面观近球形，表面具细网状纹饰，大小约17.5微米×21.5微米（×1200）。

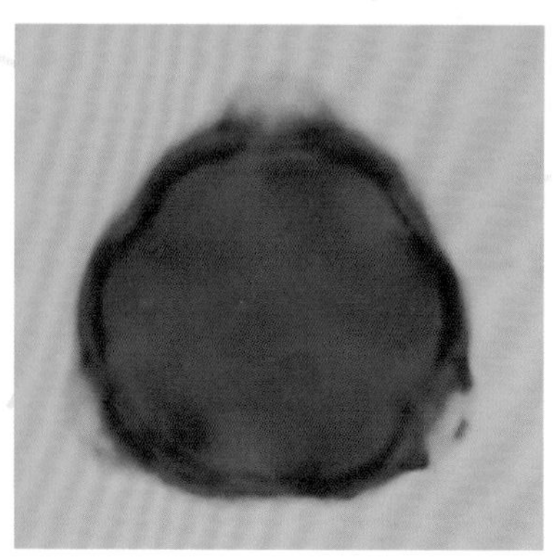

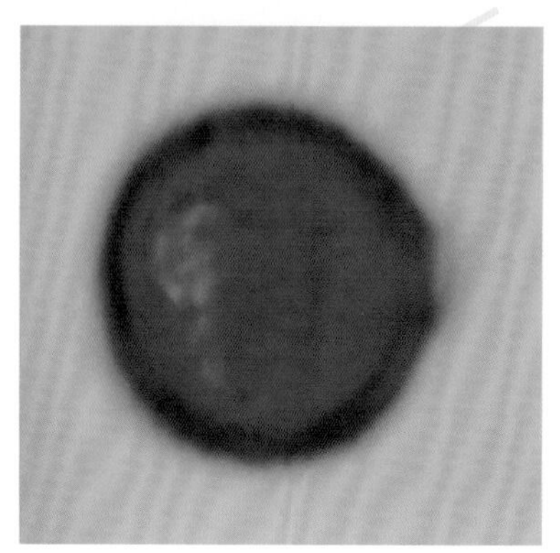

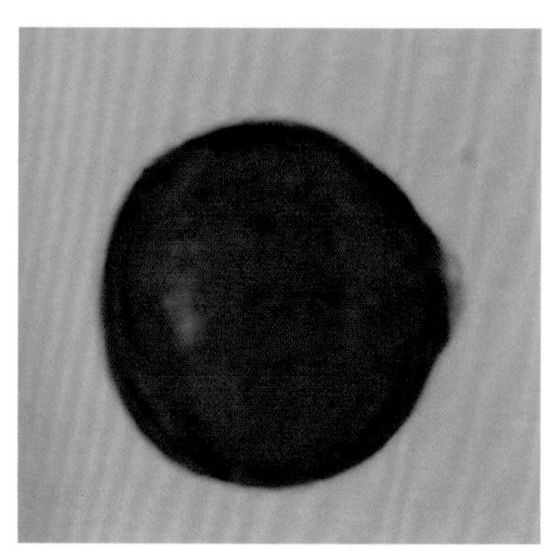

蒲桃 *Syzygium jambos*（L.）Alston

常绿乔木。高10米。分枝广，小枝圆柱形。叶革质，披针形，先端长渐尖，基部阔楔形，叶面多透明的细小脉点。花期3月～4月。

分布于海南各地，台湾、福建、广西、贵州、云南等地亦有分布。

光学显微镜下：

花粉扁球形。极面观为钝三角形，偶见钝四角形。花粉大小为10微米×16.5微米。具合沟。外壁表面光滑（×1200）。

 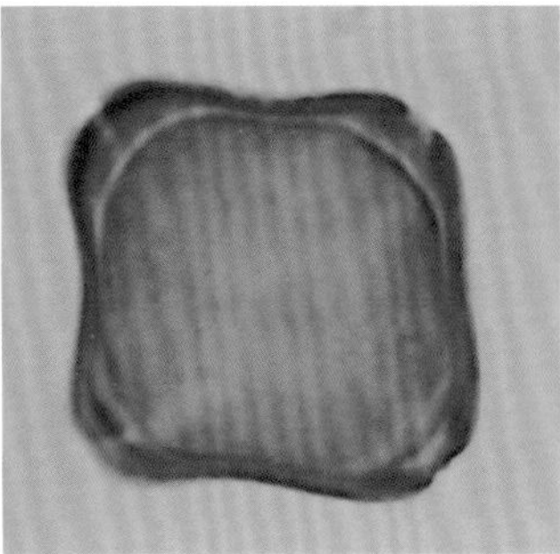 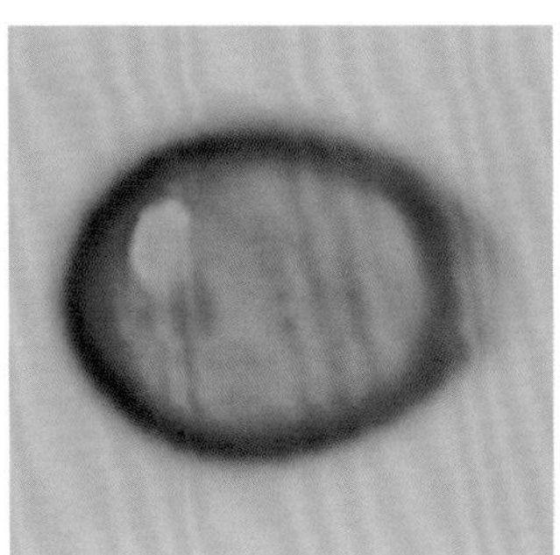 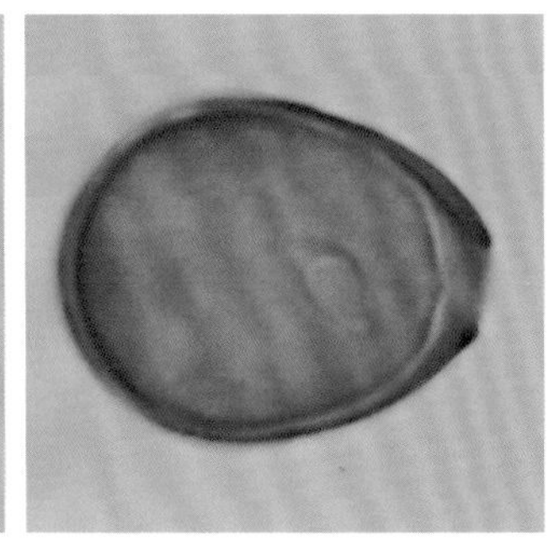

红千层 *Callistemon rigidus* R. Br.

灌木。高1～2米。树皮暗红色，不易剥离。叶互生，条形，长5～8厘米，宽2～5厘米，坚硬，无毛，中脉明显，无柄。穗状花序十分密集，红色，无梗；雄蕊多数，红色；子房下位。蒴果顶部开裂，半球形。花期11月～2月。

原产澳大利亚，我国广东、广西、海南、云南有栽培。

光学显微镜下：

花粉粒扁球形，极面观三角形、方形、或不规则形状，角孔形。直径大小约为13～24微米。3～4孔沟，副合沟，有些为合沟，副合沟极区形状不一，有三角形、方形、圆或其他不规则形。外壁表面光滑（×1200）。

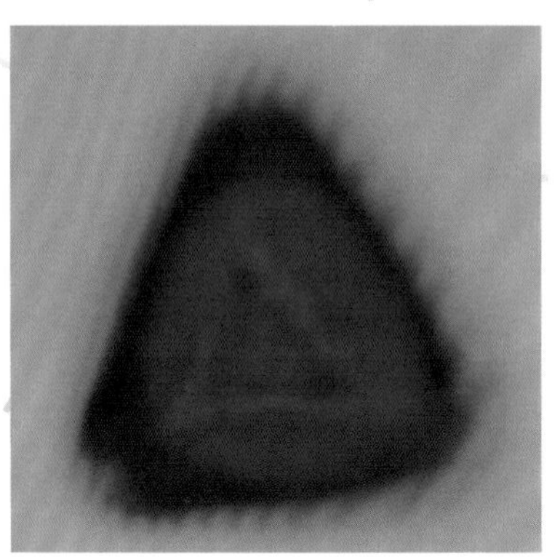

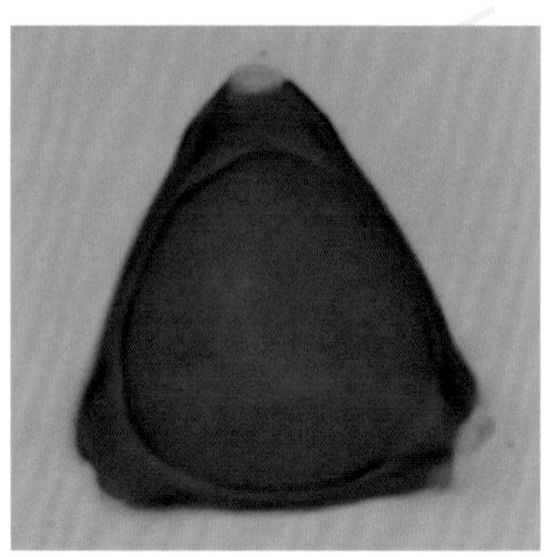

匙叶五加 *Acanthopanax rehderianus* Harms.

灌木。叶为掌状复叶，有小叶3～5，小叶片上面脉无短刺，网脉不下陷。花两性。复伞形花序，花梗无关节。雄蕊5。花期6月～7月。

分布于亚洲。

光学显微镜下：

花粉近球形，极面观钝三角形。大小约40微米×45微米。极面观具3孔沟，沟细长，内孔横长，表面具细网状纹饰（×1200）。

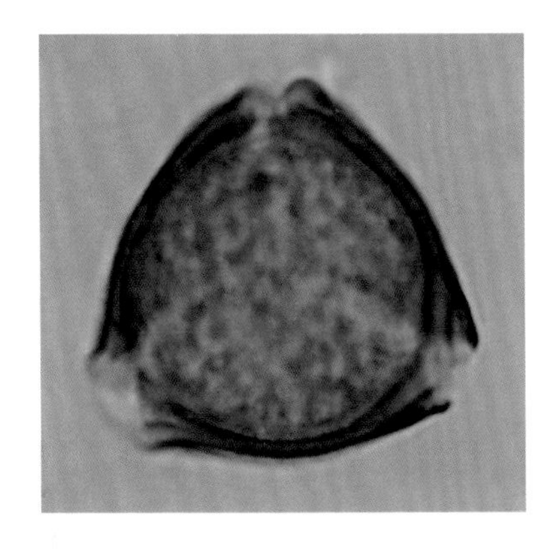

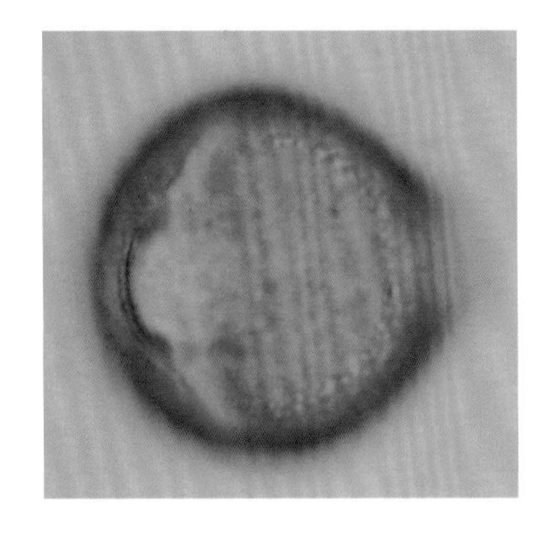

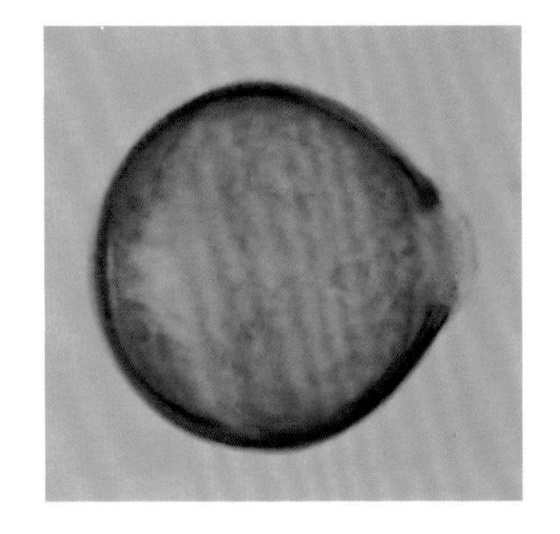

长白楤木 *Aralia con-rinenralis*

根茎粗大，扁圆柱形，略弯曲扭转，长3～6cm，宽2～3.5cm，表面灰棕色或棕褐色，上端具有较大的茎痕凹穴，直径1～1.5cm，深3～5mm，或有残留茎基；底部有数条大小、粗细不一的根。气微香，味微苦。

北京植物园有栽培，其他不详。

光学显微镜下：

花粉粒三裂圆形，具3孔沟，表面具细网状纹饰（×1200）。

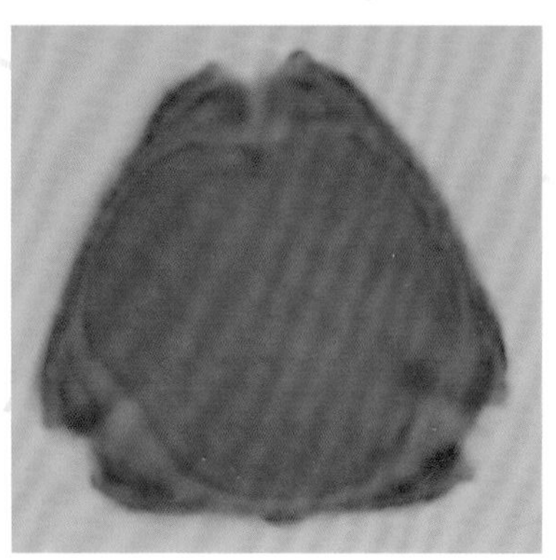

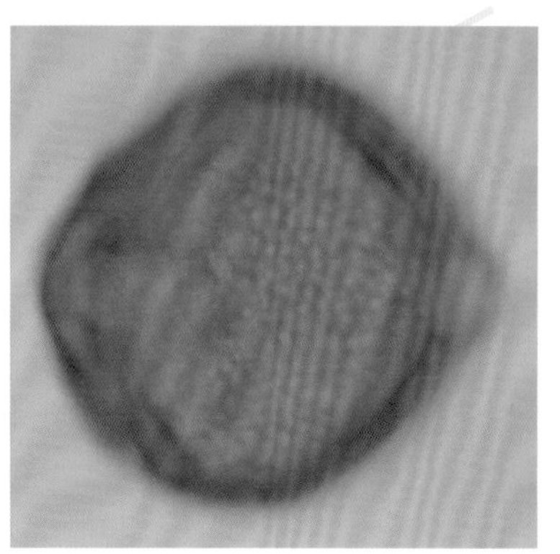

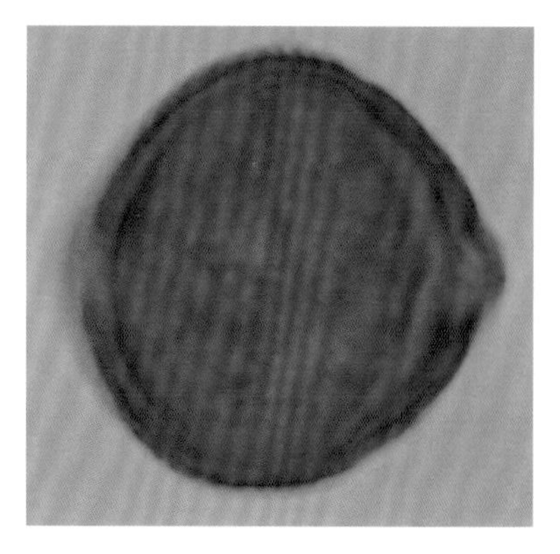

楤木（虎阳刺）*Aralia chinensis* L.

小乔木或灌木。树皮灰色，疏生粗壮直刺，小枝被黄棕色绒毛，疏生短刺。叶为2～3回羽状复叶。叶柄粗壮，长达50厘米；叶缘具锯齿。圆锥花序的主轴细长，1级分枝在主轴上成总状排列。伞形花序的总花梗长1～4厘米。花淡褐色，芳香。花瓣5。花期7月～9月。

分布华北、华中、华东、华南和西南。

光学显微镜下：

花粉大小为27（26～30）微米×29（25～32）微米，长球形至近球形，极面观为钝三角形。具3孔沟，沟细长；内孔大，横长。表面具网状纹饰（×1200）。

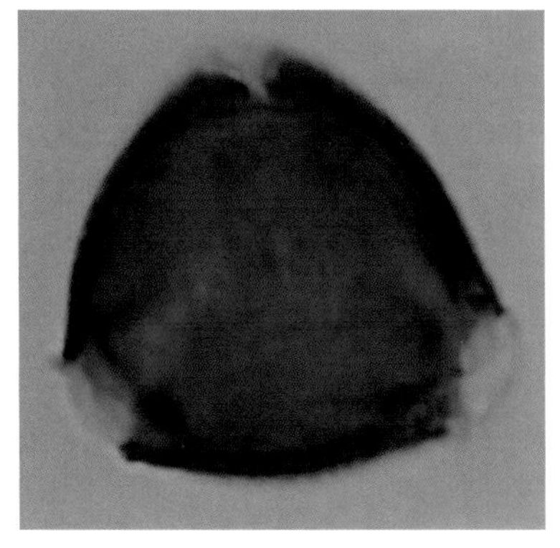
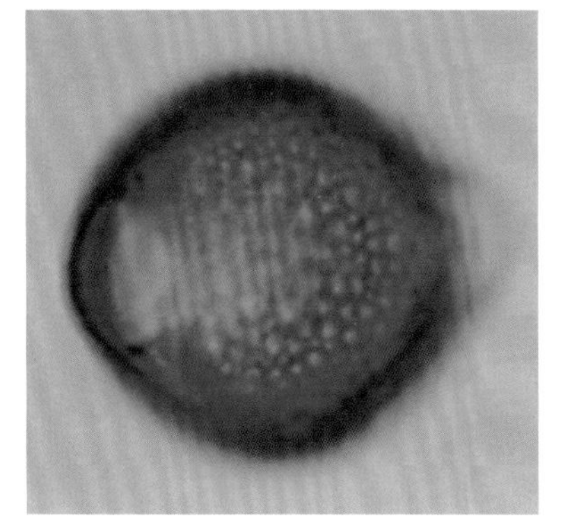
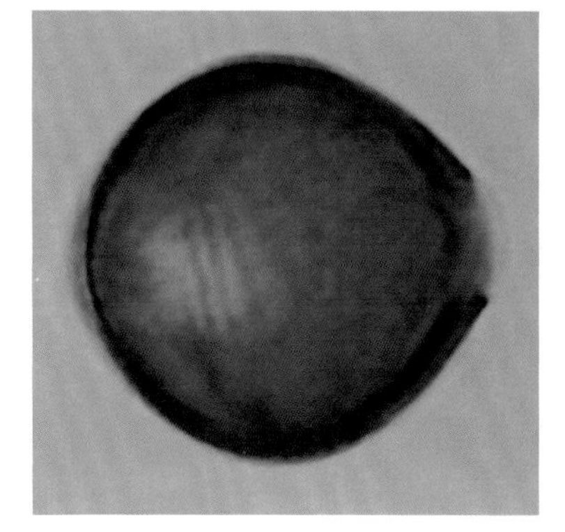

泽芹 *Sium suave* Walt.

多年生草本。株高40～120厘米。茎直立，光滑，有纵棱。节部膨大，节间中空。叶为一回奇数羽状复叶；具3～9对小叶；小叶片无柄，线状披针形，先端渐尖，边缘有尖锐细锯齿。小伞形花序，具10～20朵花，花梗长1～4毫米；花瓣白色，倒卵形。花期7月～9月。

分布于东北、华北、华东、陕西、安徽。

光学显微镜下：

花粉长球形，两端稍尖，大小为27.5微米×16微米。具3孔沟，沟细，内孔横长。外壁较厚，纹饰不清（×1200）。

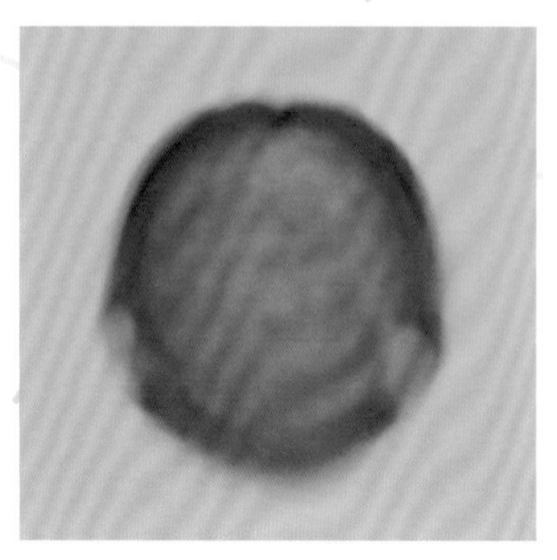

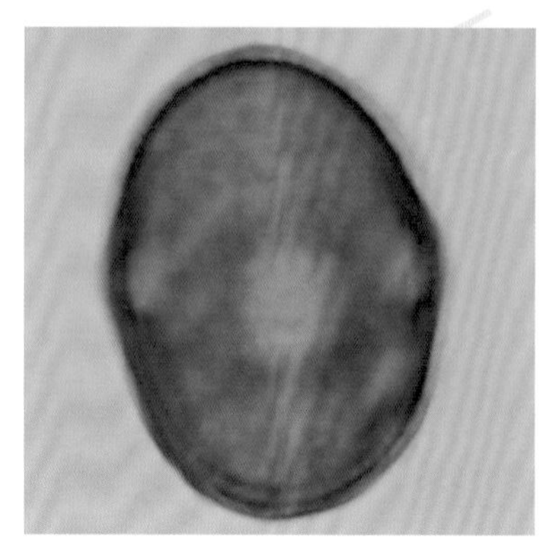

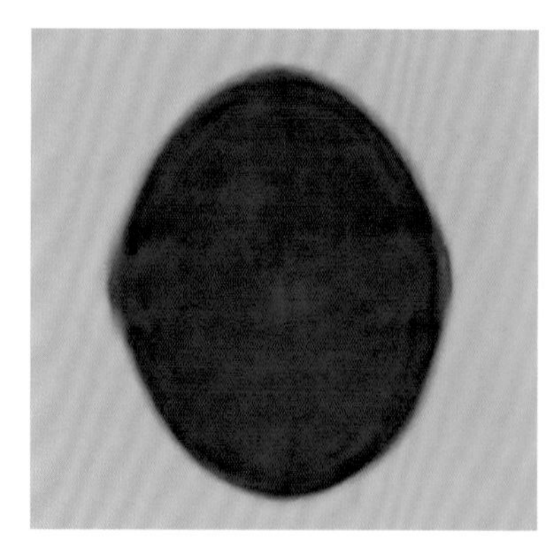

水芹 *Oenanthe decumbens*（Thunb.）K-Pol.

多年生草本。株高30～60厘米，无毛。具匍匐状茎，有成簇的须根，内部中空，节部有横隔。基生叶具长柄，叶柄3～6厘米；上部叶叶柄渐短。顶生小叶菱状卵形，有缺刻状锯齿。复伞形花序，伞辐8～17，不等长；小伞形花序有花10～20朵。花瓣白色。花期7月～9月。

分布于全国各地。

光学显微镜下：

花粉长球形。具3孔沟，内孔大，横长。大小约30.4微米×27.2微米。表面具网状纹饰（×1200）。

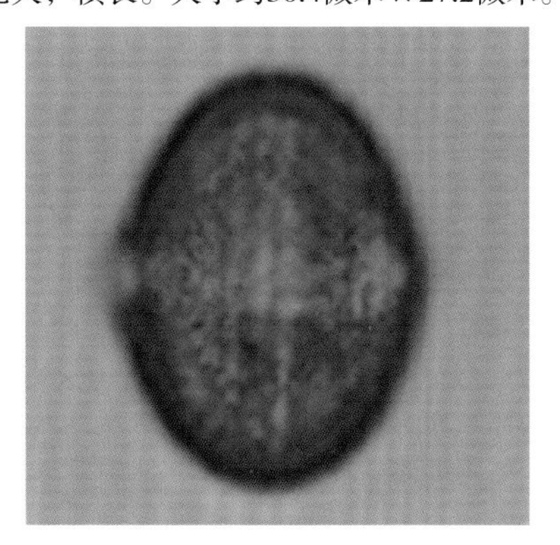

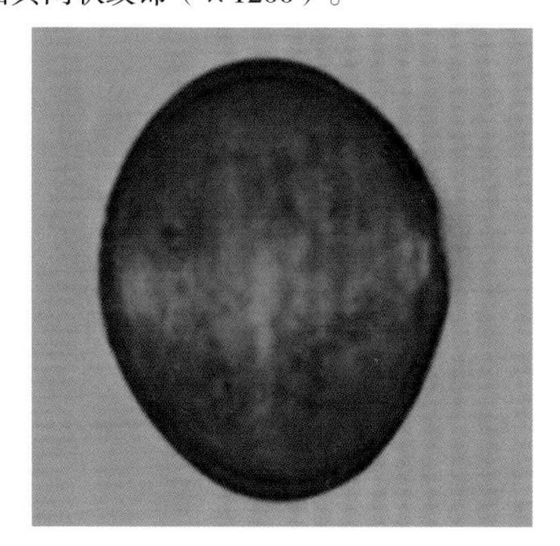

茴香（小茴香）*Foeniculum vulgare* Mill.

一年生栽培草本，株高40～100厘米。全株无毛，有香气。茎直立，苍绿色，有细沟。基生叶丛生，具长柄。叶片轮廓卵状三角形，3～4回羽状全裂；最终裂片丝状。复伞形花序，径12～15厘米；伞辐15～30，不等长；花黄色。花期6月～7月。

原产于地中海，为我国栽培蔬菜。

光学显微镜下：

花粉粒超长球形，大小约24.4微米×13.9微米。具3孔沟，沟长。外壁两层，外层厚，表面具模糊条纹（×1200）。

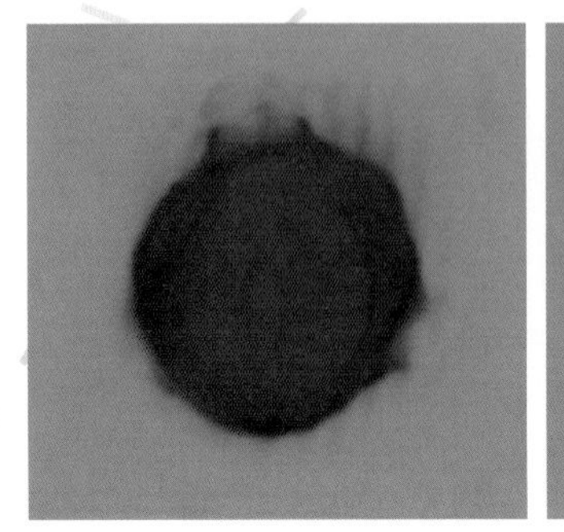
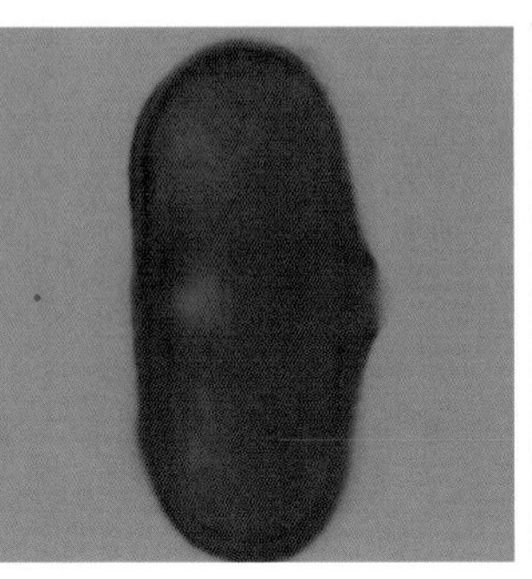
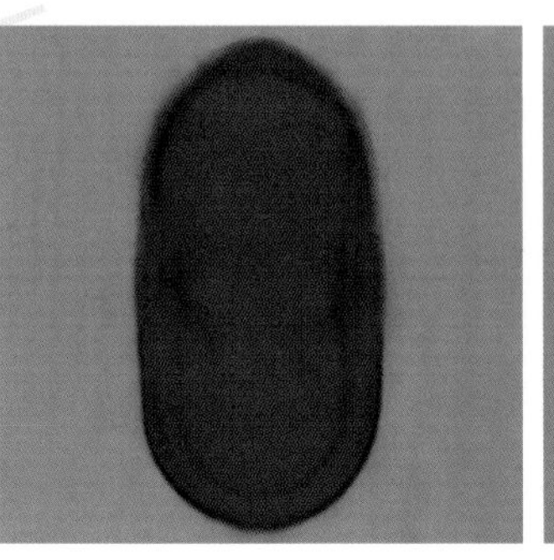
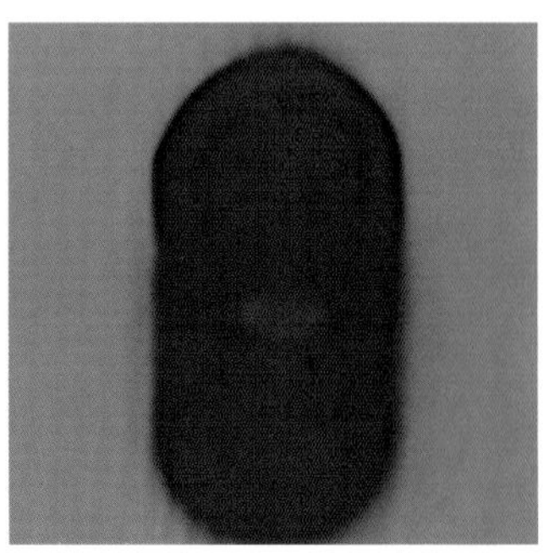

欧当归 *Levisticum officinalis* Koch.

多年生草本，全株有香气。基生叶和茎下部叶二至三回羽状分裂；茎上部叶通常仅一回羽状分裂。复伞形花序直径约至12厘米，伞辐12～20，总苞片7～11，小总苞片8～12，均为宽披针形至线状披针形；小伞形花序近圆球形，花黄绿色。花期6月～8月。

光学显微镜下：

花粉粒长球形。极面观三裂圆形，赤道面观长球形，具3孔沟。表面具模糊的细网状纹饰（×1200）。

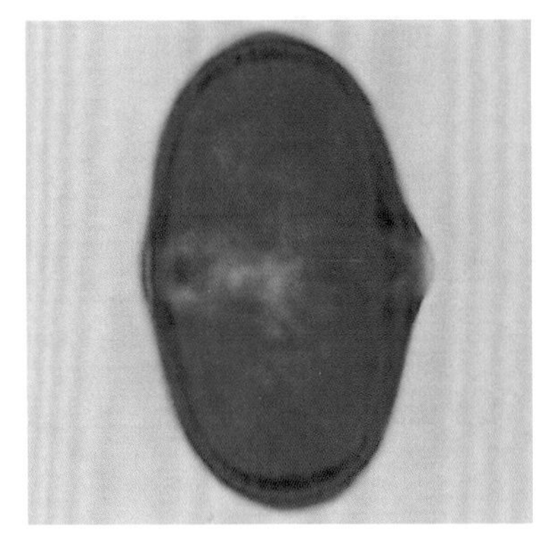

蛇床 *Cnidium monnieri*（L.）Cuss.

一年生草本，株高20～80厘米。茎有分枝。基生叶长圆形或卵形，2～3回羽状全裂。复伞形花序，伞辐8～17；不等长；小伞形花序着花20～30朵；花瓣白色，先端具内卷小舌片。花期6月～7月。

分布几遍全国各地。

光学显微镜下：

花粉超长球形，大小为26.5（23～31.5）微米×12.5（10.5～16）微米。具3孔沟，沟细，内孔横长。外壁两层，网状纹饰（×1200）。

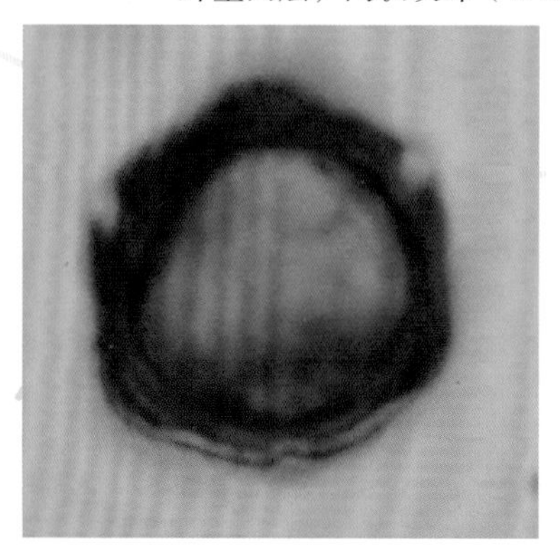

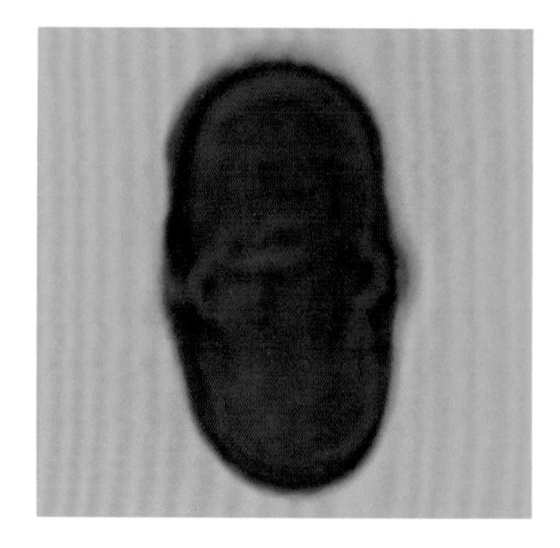

蛇床 *Cnidium monnieri*（L.）Cuss.

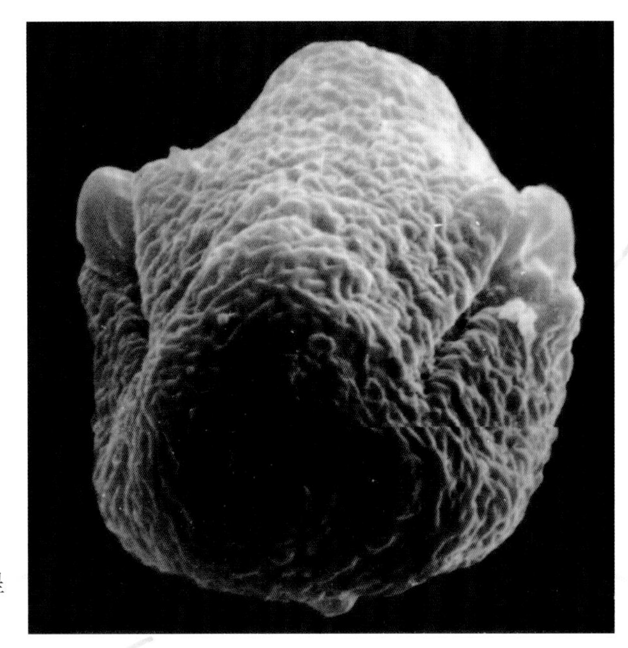

扫描电镜下：

花粉超长球形。极面观可见两沟，沟端具孔和孔盖；赤道面观具长球形，表面网状纹饰。高倍镜下可见纹饰呈波浪状（×10000）。

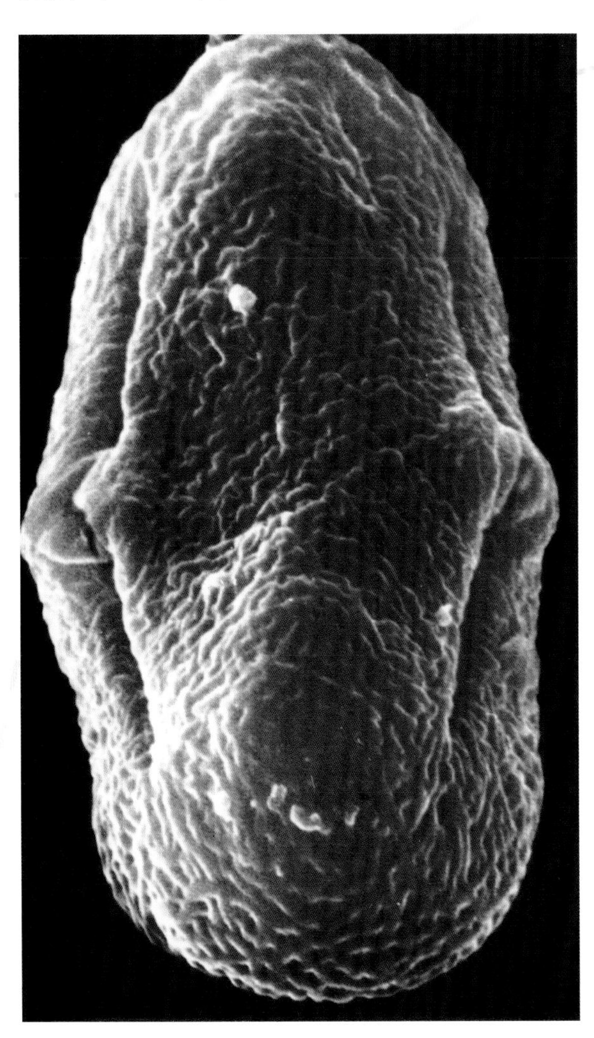

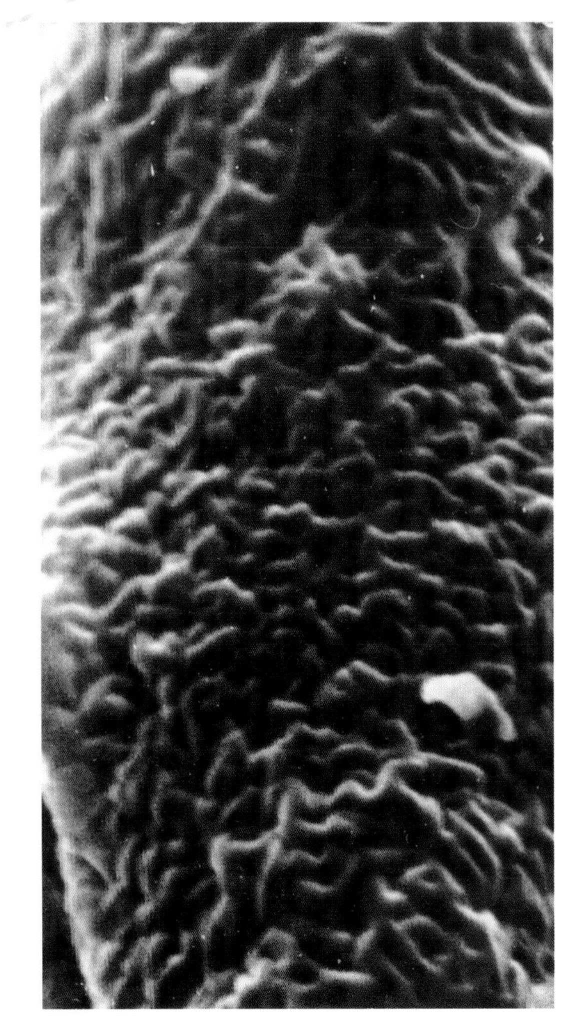

珊瑚菜（北沙参）*Glehnia littoralis* F. Schmidt ex Miq.

多年生草本。株高10～20厘米。茎直立，少分枝。三出羽状分裂或2～3回羽状深裂，最终裂片倒卵形，缘具小牙齿或分裂，质较厚；叶柄长约10厘米。茎上部叶卵形，边缘具三角形圆锯齿，复伞形花序，伞辐10～14。小伞形花序有花15～20朵；花瓣淡黄色，倒卵状披针形。花期6月～7月。

产于我国沿海各省地区。

光学显微镜下：

花粉超长球形，大小为39.5微米×16.5微米。具3孔沟，沟细长，内孔横长，长椭圆形。外壁两层，外层厚，具网状纹饰（×1200）。

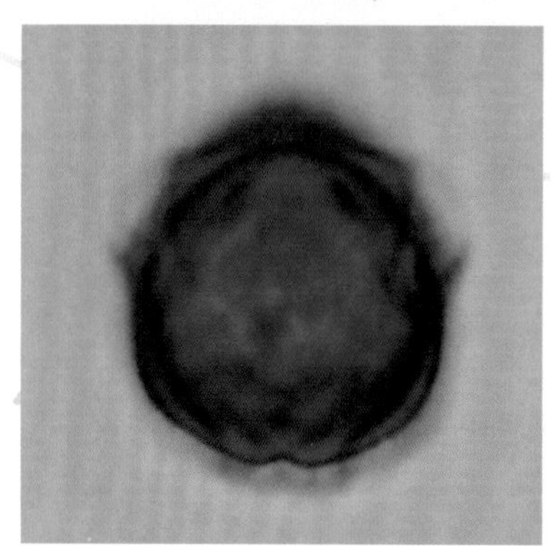

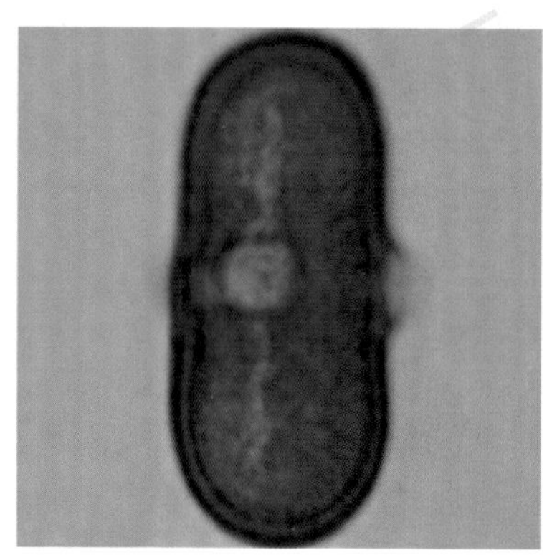

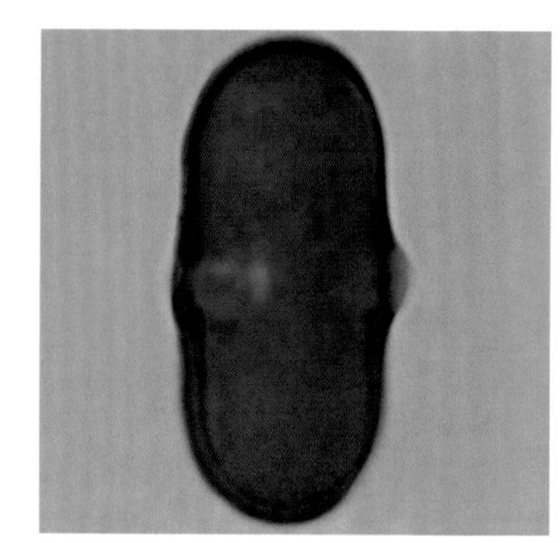

毛梾木 *Cornus walteri* Wanger.

落叶乔木。株高6～14米。树皮黑灰色，常纵裂而又横裂成块状。幼时绿色，略有棱角，老时光滑。单叶、对生，叶片椭圆形至长椭圆形，先端渐尖，叶基楔形，全缘。伞房状聚伞花序，顶生。花小，白色，花萼裂片4。花瓣4，披针形。雄蕊4。花期5月～6月。

我国各地多有分布。

毛梾木 *Cornus walteri* Wanger.

光学显微镜下：

花粉近球形。极面观三裂圆形，大小约72微米×53微米。具3孔沟。表面具颗粒状纹饰（×1200）。

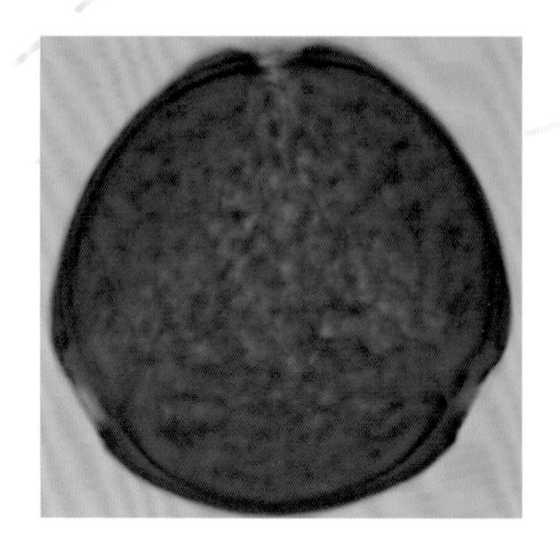

毛梾木 *Cornus walteri* Wanger.

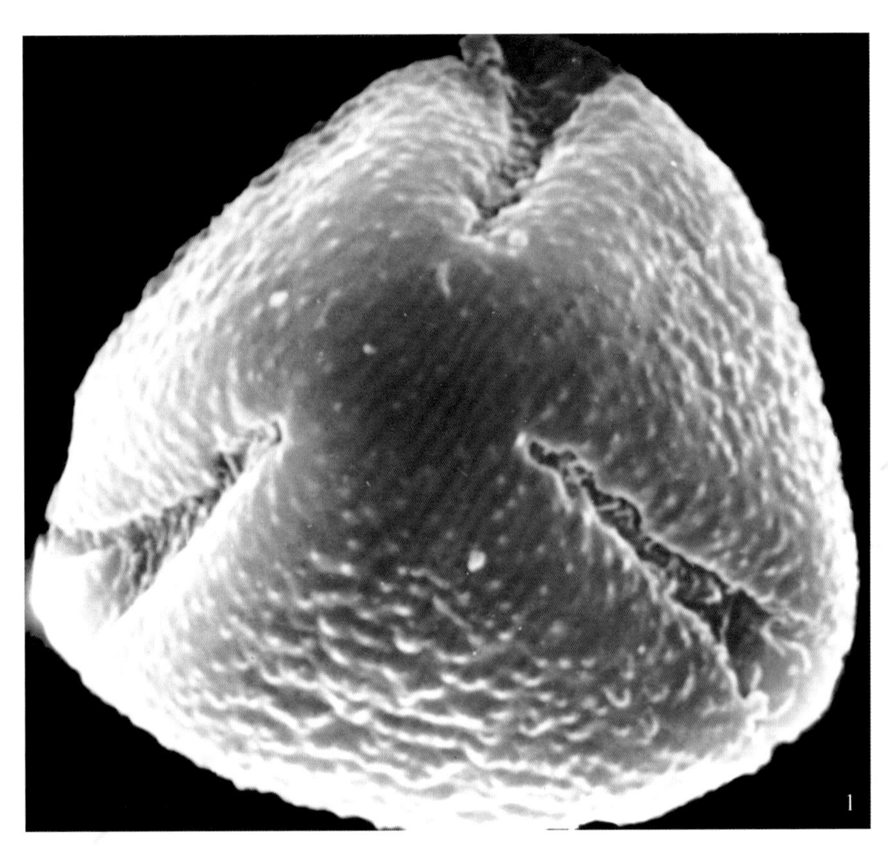

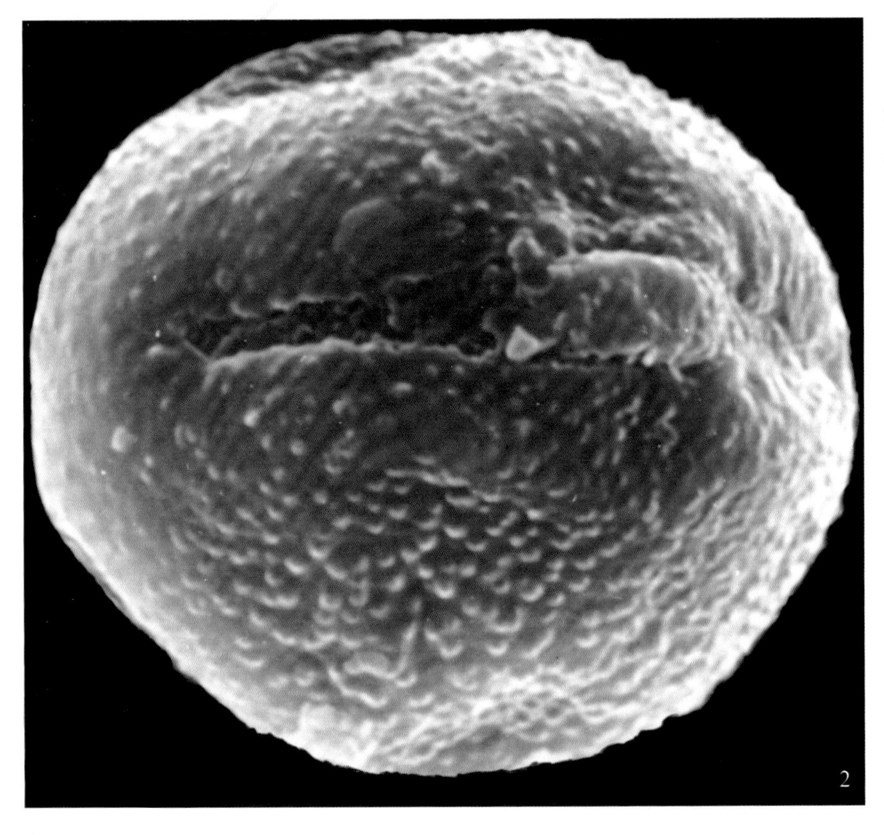

扫描电镜下：

花粉极面观三裂圆形，赤道面观近圆形。具3孔沟，沟内壁不平；孔具孔盖。表面具颗粒状纹饰（1. 极面 ×3000；2. 赤道面 ×3000）。

红瑞木 *Cornus alba* Linn.

落叶灌木。株高3米。枝红色，无毛。单叶，对生，卵形至椭圆形；叶柄长。两性花，成伞房状聚伞花序，顶生。花小，黄白色。花期5月～6月。

分布于东北、华北。

光学显微镜下：

花粉近球形，略扁，大小约39.5微米×39微米。具3孔沟，沟两端尖，内孔横长，表面纹饰模糊（×1200）。

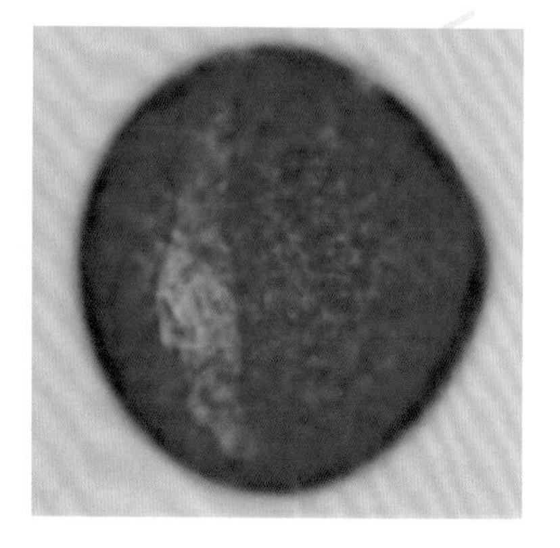

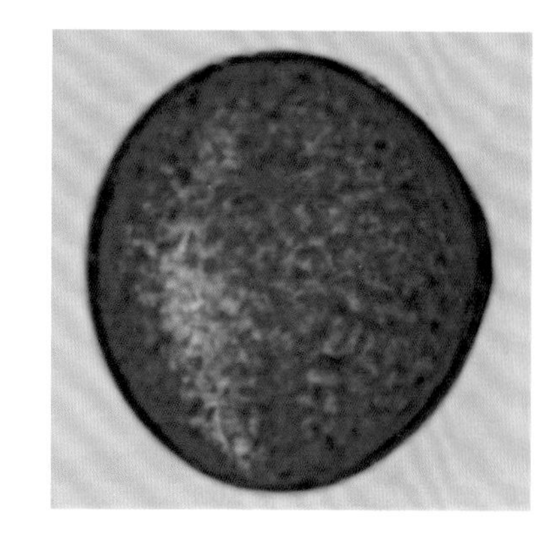

灯台树 *Cornus controversa* Hemsl.

落叶乔木。树冠圆锥形，枝紫红色。单叶互生，叶宽卵形或椭圆形，先端渐尖，基部圆形，叶柄长2～4厘米。伞房状聚伞花序顶生。花4数，花小，白色，花药黄色；花期5月～6月。

分布于东北、华东、华南等地。

光学显微镜下：

花粉近球形，略扁，大小约40微米×40.5微米。具3孔沟，沟细，两端尖，表面纹饰模糊（×850）。

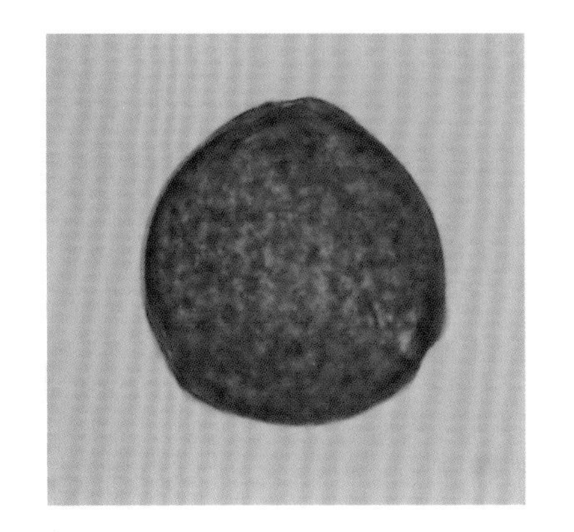

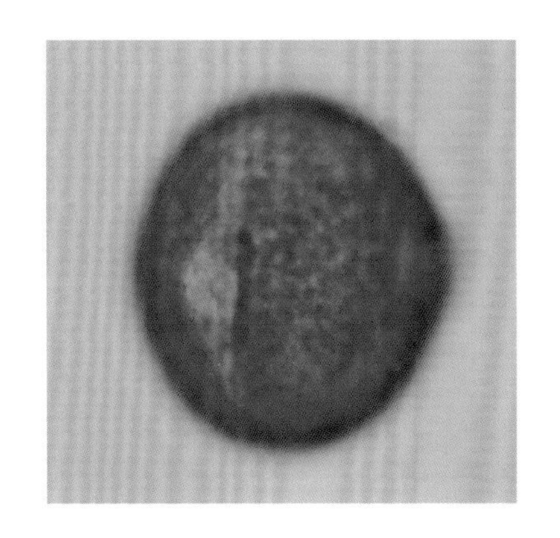

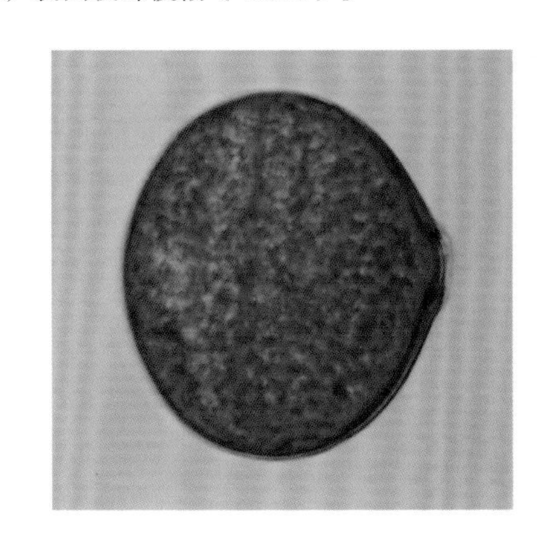

山茱萸 *Macrocarpium officinalis*（Sieb. et Zucc.）Nakaj.

落叶灌木或乔木。高4～10米。树皮灰褐色，成薄片剥裂。单叶，对生，叶卵状披针形或卵状椭圆形，全缘。伞形花序，顶生或腋生。花小，两性，先叶开放，黄色。花期4月～5月。

产于我国华北、华中、西北等地。

光学显微镜下：

花粉近球形，大小约24微米×23微米。极面观钝三角形，具3孔沟，孔不明显。外壁表面具网状纹饰（×1200）。

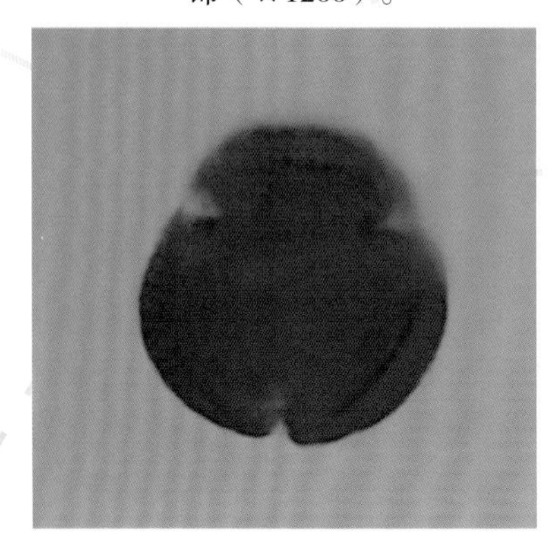

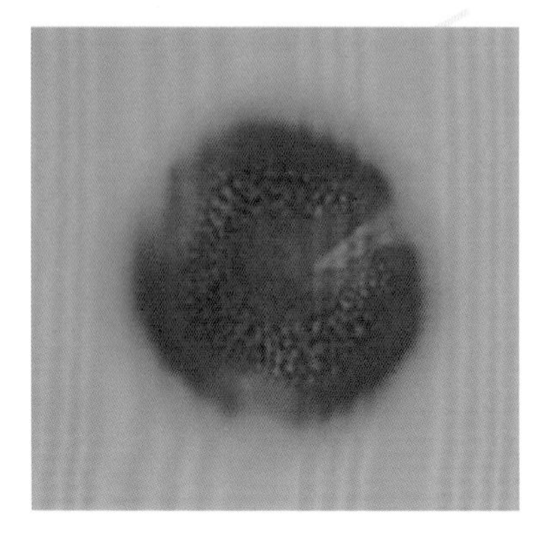

照山白 *Rhododendron micranthum* Turcz.

半常绿灌木。株高1～2米。树皮黑灰色，茎多分枝。叶集生枝顶，革质，椭圆状长圆形，先端钝尖，基部楔形。总状花序顶生，多花密集；花小，乳白色，萼5裂，裂片卵形及披针形；花冠钟状，花期5月～7月。

分布我国南北各地。

光学显微镜下：

花粉四面体及十字形，四合花粉。每粒花粉具3孔沟。其排列多为四面体形，一粒花粉在上，3粒花粉在下，或相反（×1200）。

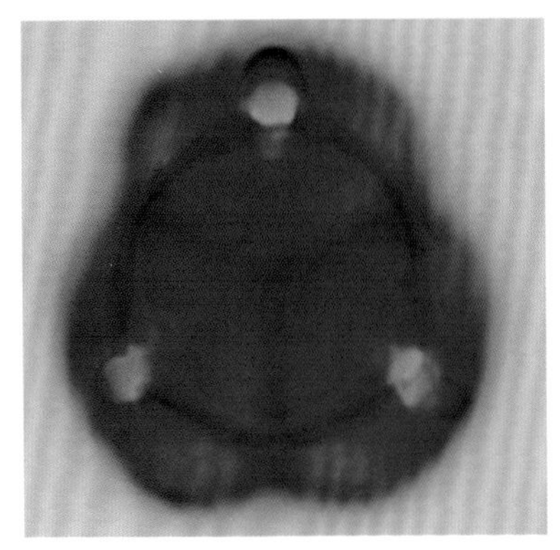

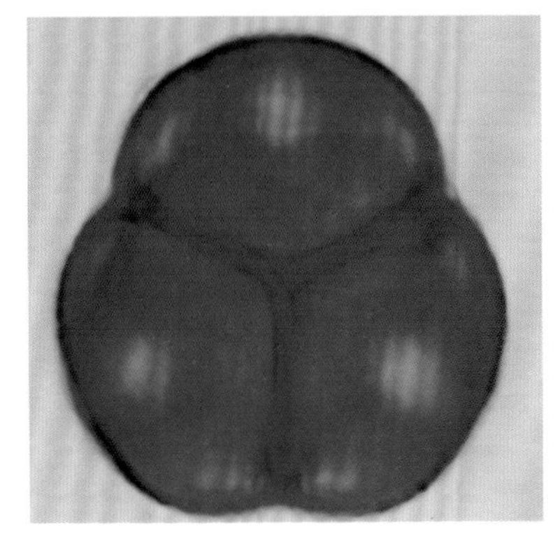

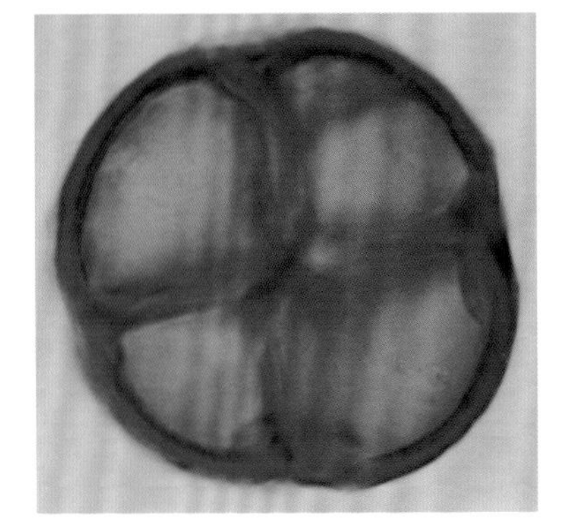

狼尾珍珠菜 *Lysimachia barystachys* Bunge

多年生草本。根状茎细长，棕红色。植株高30 ~ 70厘米。叶互生，长圆状披针形，先端钝或渐尖，基部渐狭，全缘。总状花序顶生，花常弯曲呈狼尾状；花冠白色。花期6月 ~ 7月。

分布东北、华北、西北、华中、华东、西南，北京公园常见人工栽培。

光学显微镜下：

花粉长球形，极面观三裂圆形，大小为26.5微米 × 23.5微米。具3孔沟，外壁纹饰模糊（× 1200）。

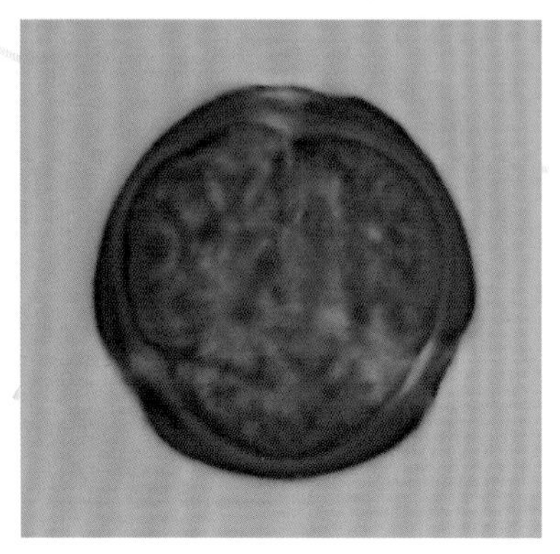

君迁子（黑枣）*Diospyros lotus* Linn.

落叶乔木。植株高达15米。树皮暗灰色。叶椭圆形至长圆形，长5～14厘米，宽3.5～5.5厘米，先端渐尖或稍突尖，基部圆形或宽楔形；叶柄长0.5～2厘米。花单生或簇生叶腋，萼4裂；花冠淡红色。花期4月～5月。

光学显微镜下：

花粉长球形，极面观三裂圆形。花粉大小为32（25.5～38.5）微米×26（19.5～30）微米。沟末端较尖。表面具模糊的细网状纹饰（×1200）。

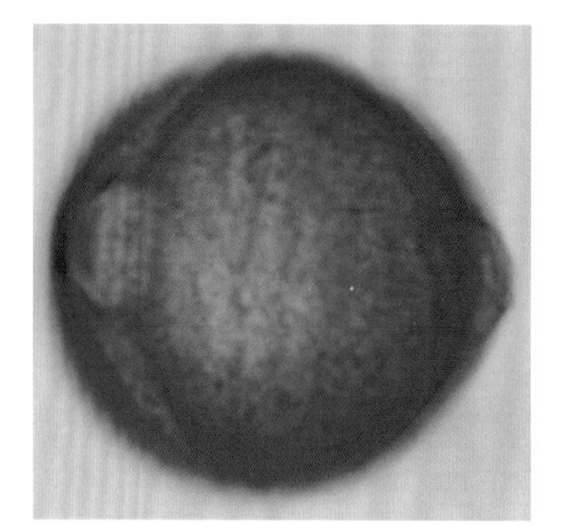

雪柳（五谷树）*Fontanesia fortunei* Carr.

小枝细长、直立、光滑，呈四棱形。单叶对生，叶披针形至卵状披针形，中部以下最宽，全缘，具短柄，腋生总状或顶生圆锥花序，花序间生叶；花两性，绿白色，有香味，花被4片，小而狭，雄蕊2枚，伸出花冠外。花期5月～6月。

原产我国东部、中部地区，北京各公园均有栽培。

光学显微镜下：

花粉近球形。极面观三裂圆形。大小约25微米×22.5微米。具3孔沟。表面网状纹饰（×1200）。

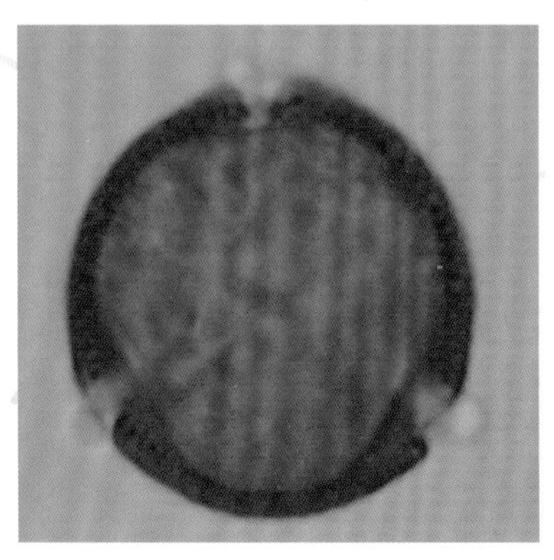

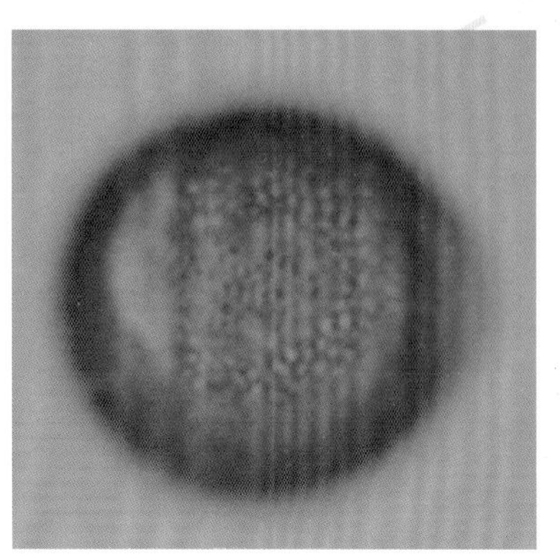

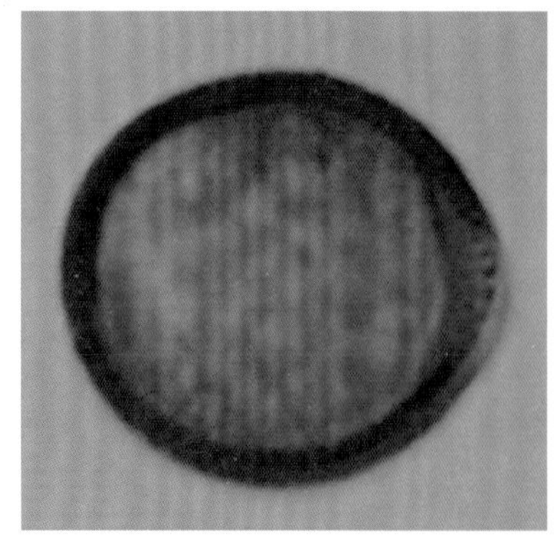

雪柳（五谷树）*Fontanesia fortunei* Carr.

扫描电镜下：

极面观钝三角形，具3沟，沟细，未见沟膜和孔。表面具网状纹饰（1. 极面 × 7875；2. 纹饰 × 14000）。

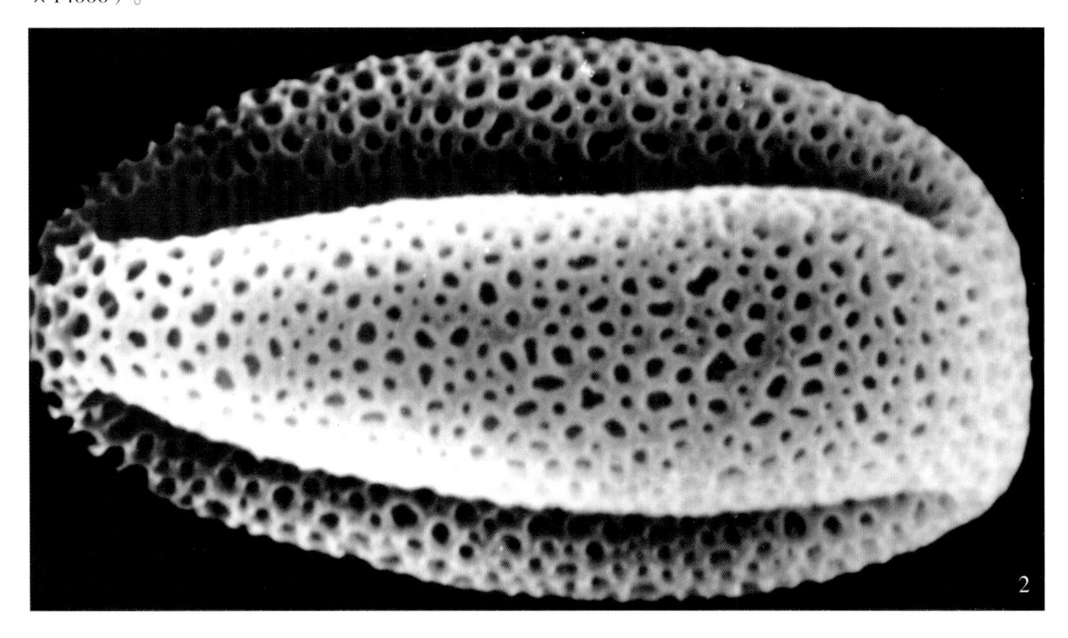

洋白蜡树（青梣）*Fraxinus pennsylvanica* Mars.

授粉高峰期

洋白蜡树（青梣）*Fraxinus pennsylvanica* Mars.

落叶乔木。株高可达20米。幼枝光滑，褐色；奇数羽状复叶；小叶5~9，通常7，具短柄，小叶长圆形至卵形或倒卵形，先端渐尖，基部楔形或圆形，全缘或上部具钝锯齿。雌雄异株。圆锥花序由无叶的侧芽生出。花期4月~5月。

原产北美，我国多栽培。

光学显微镜下：

花粉扁球形。极面观多为正方形，赤道面观扁圆形。大小约21微米×25微米，具4~5孔沟。外壁外层厚于内层，表面细网状纹饰（×1200）。

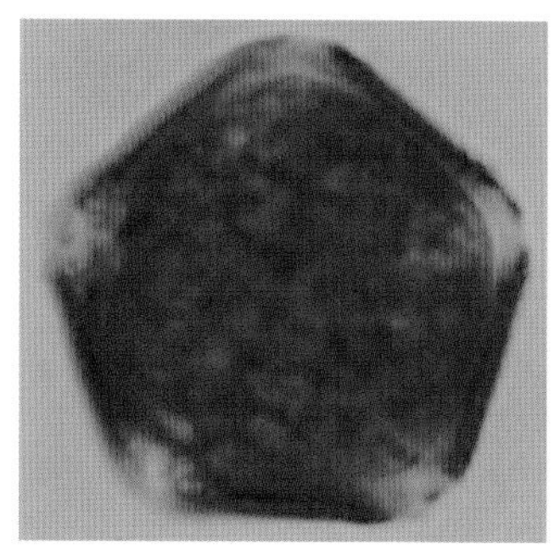
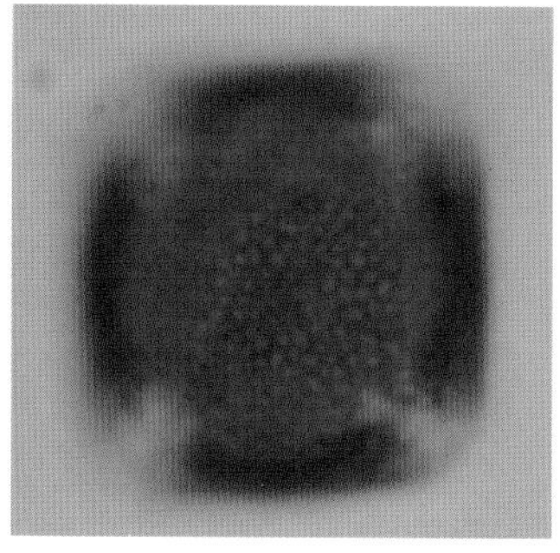
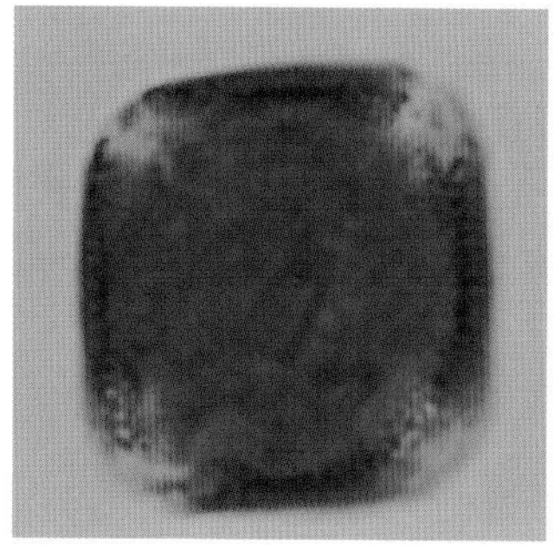
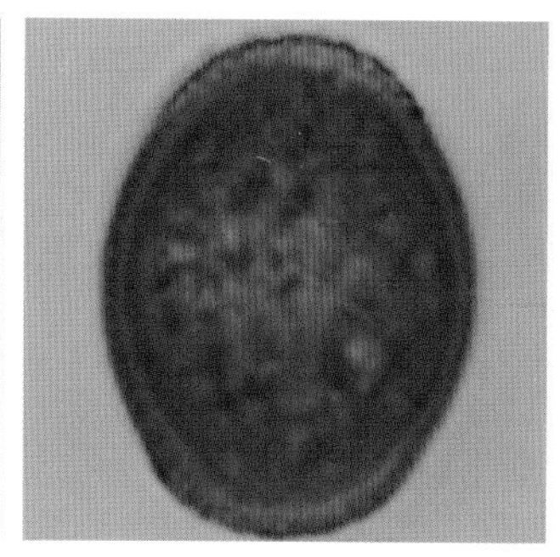

洋白蜡树（青梣）*Fraxinus pennsylvanica* Mars.

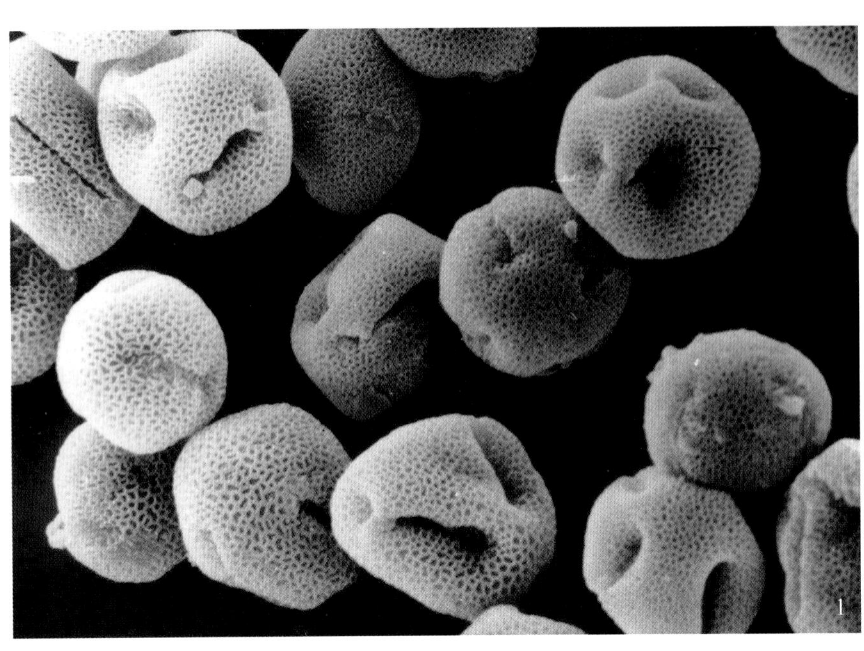

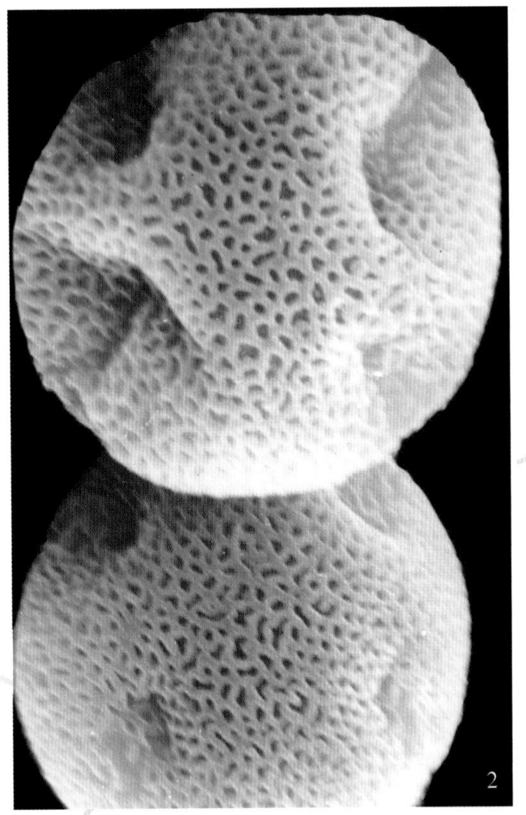

扫描电镜下：

花粉粒长球形，极面观四边形，具4孔沟，均匀分布于四个角上，沟短，孔无孔膜；赤道面观近长方形，沟较短，无沟膜或内含物。表面具网状纹饰。网眼形状及大小均不规则；网脊粗细均匀（1. 群体 × 1200；2. 极面 × 3000）。

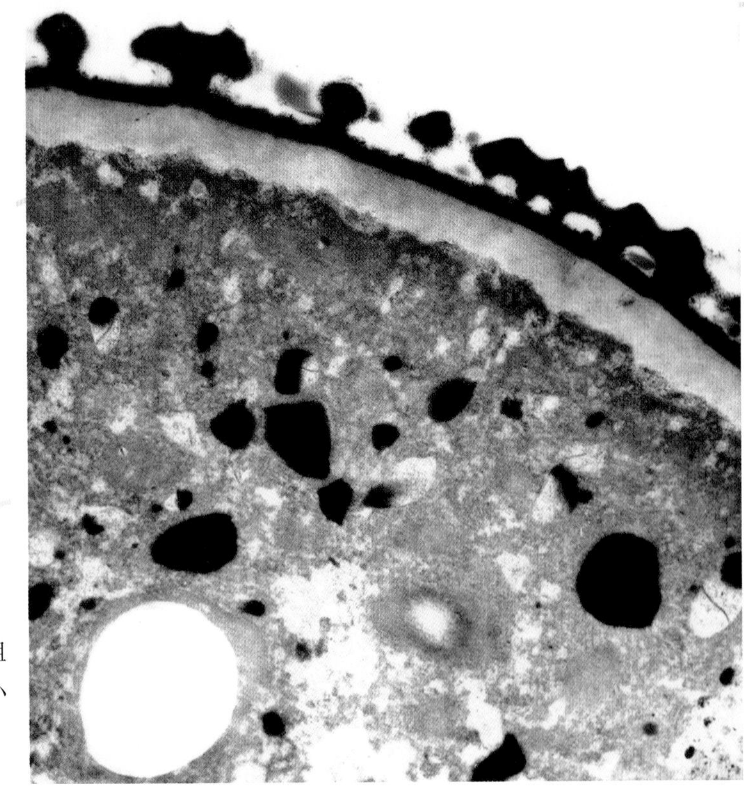

透射电镜下：

外壁外层厚度0.6微米，由被层、柱状层和垫层组成。被层不明显，连续；柱状层不明显，由稀疏的小柱所组成；垫层明显，厚薄均匀。外壁内层不明显；内壁明显，厚薄均匀（ × 16500）。

大叶白蜡树 *Fraxinus rhynchophylla* Hce.

落叶乔木。树皮褐灰色。叶对生，奇数羽状复叶，小叶3～7，多数为5，广卵形、长卵形或椭圆状倒卵形：顶端中央小叶特大，边缘有浅而粗的钝锯齿。花两性或杂性、或假性异株。圆锥花序顶生于当年枝先端或叶腋。花期4月～5月。

分布于东北、华北等地。

光学显微镜下：

花粉近球形，大小约30微米×20.5微米。极面观三裂圆形，具3沟。孔不明显。外壁稍厚，表面细网状纹饰（×1200）。

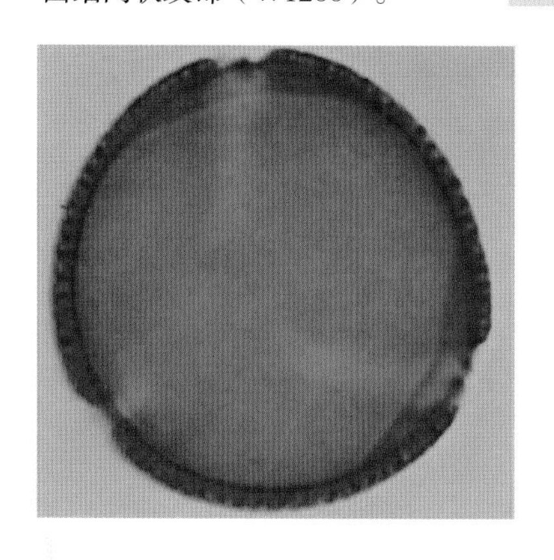

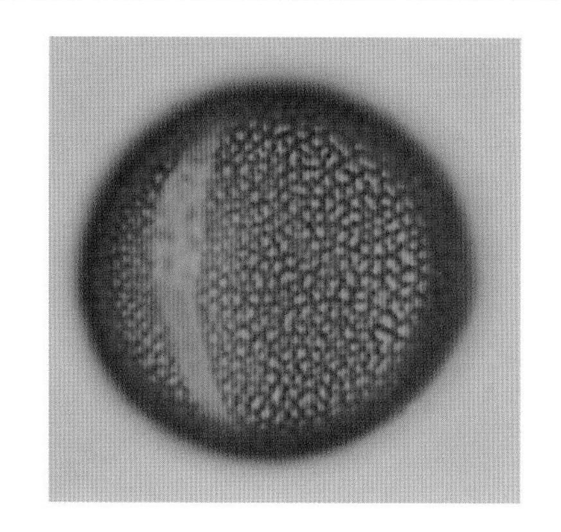

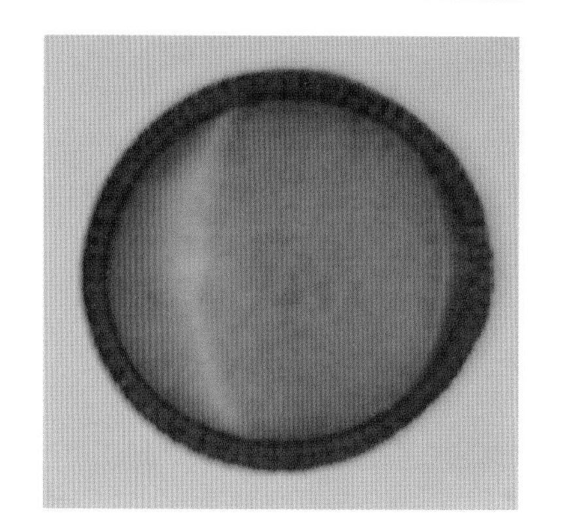

大叶白蜡树 *Fraxinus rhynchophylla* Hce.

扫描电镜下：

花粉粒极面观三裂圆形，赤道面观长球形。其3沟，沟观察不清；在赤道面上可见1～2条赤道沟，沟细，未见沟膜。表面细网状纹饰（1. 极面×3000；2. 赤道面×3300）。

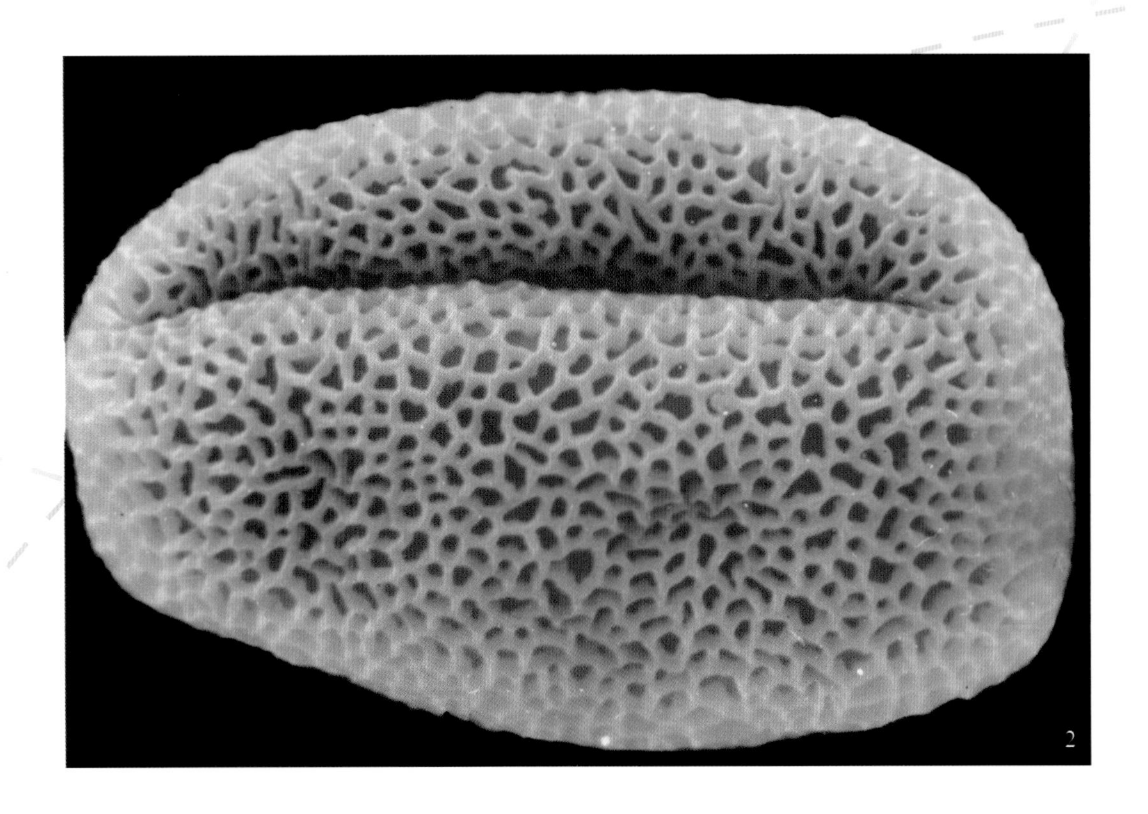

小叶白蜡树（秦皮）*Fraxinus bungeana* DC.Prodr.

小乔木。高达3米，有时灌木状。枝暗灰色，幼时淡褐色。小叶5～7枚，有柄，卵形或卵圆形，顶短渐尖或近于尾尖，边缘有钝锯齿。圆锥花序长5～8厘米；花瓣4，条形，雄蕊比花瓣长。花期5月。

分布于辽宁、河北、河南、山西、陕西。北京多见。

光学显微镜下：

花粉近球形，大小约18.5微米×18微米。具3～4孔沟，极面观三或四裂圆形，赤道面观椭圆形。表面具细网状纹饰（×1200）。

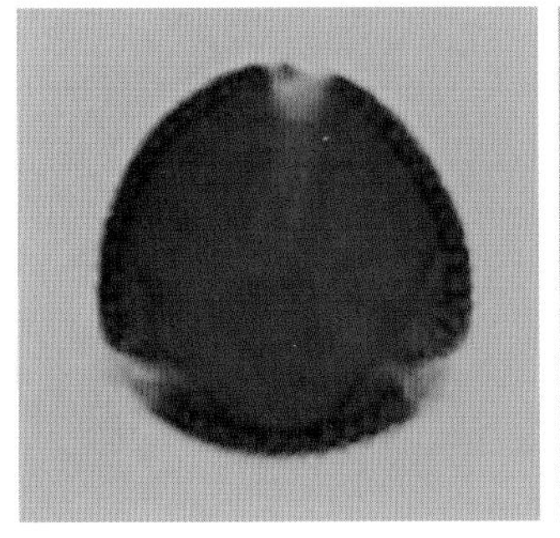
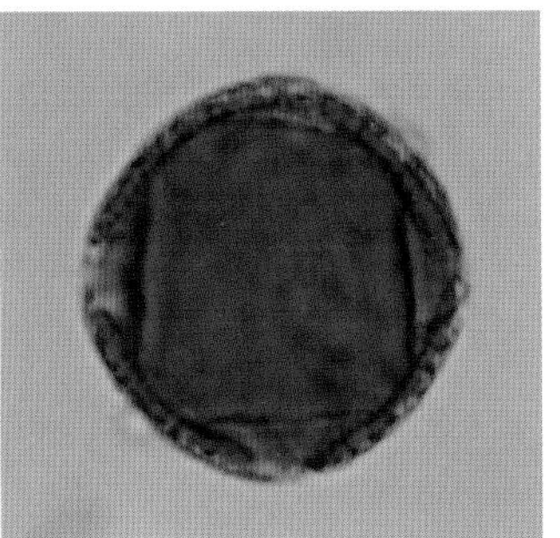
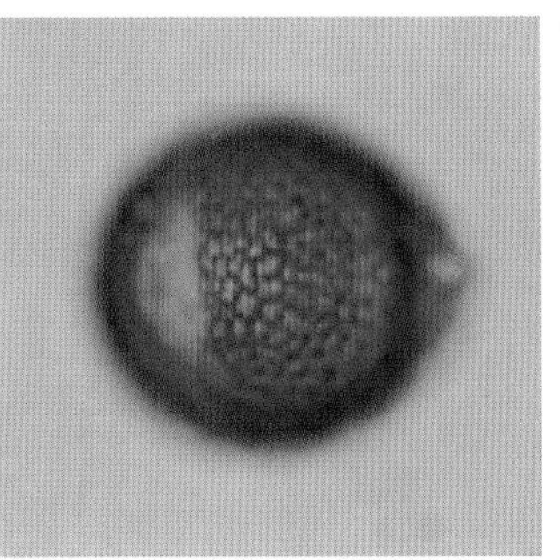
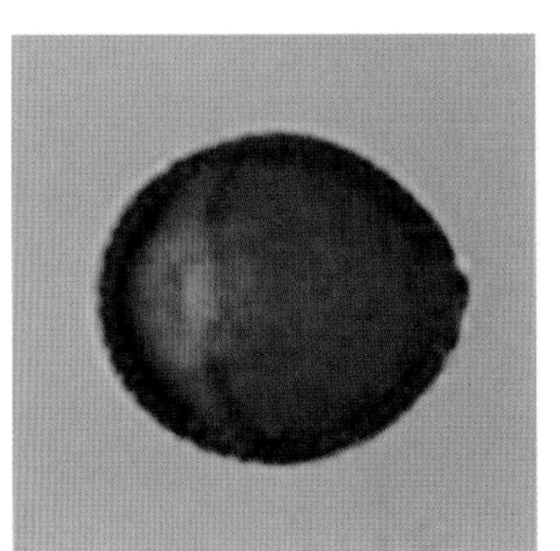

白蜡树（中国白蜡）*Fraxinus chinensis* Roxb.

落叶乔木。小枝光滑，冬芽黑褐色，被绒毛。羽状复叶，小叶5～9，多为7，具短柄或无柄，椭圆形，端尖，基部不对称，边缘有锯齿或波状齿，圆锥花序顶生或侧生于当年枝上，与叶同时开放。花期4月。

分布于东北、华北、中南、西南等地，北京见于公园及山区杂木林中。

光学显微镜下：

花粉扁球形，极面观正方形。大小约20微米×25微米。具4孔沟，分布于4个角上，沟短。表面具网状纹饰（×1200）。

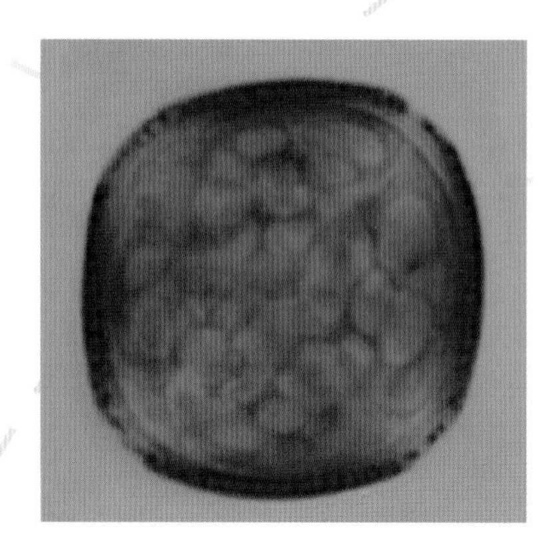

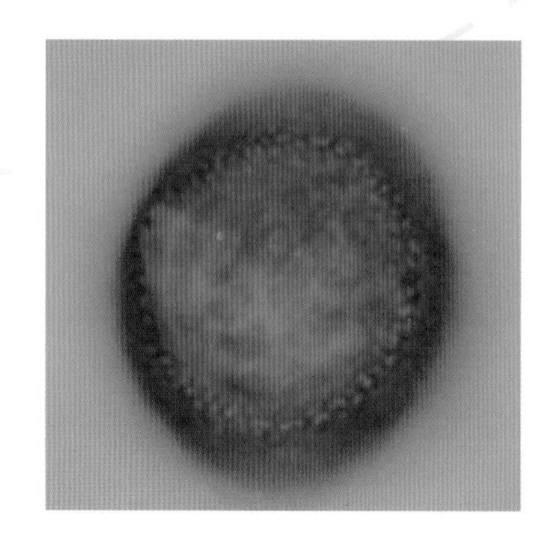

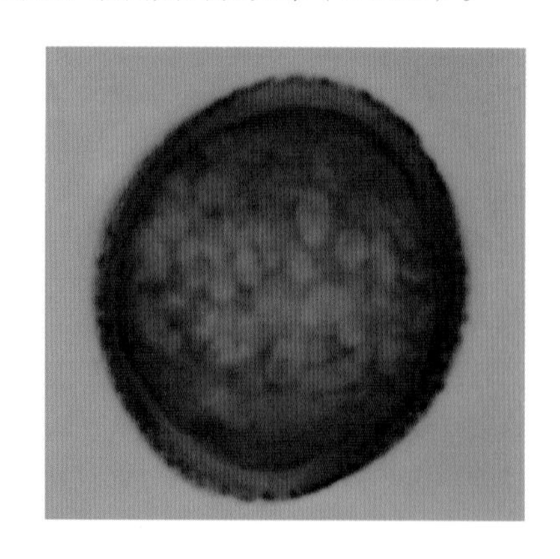

水曲柳 *Fraxinus mandshurica* Rupr.

乔木。高达30米。小枝略呈四棱形，有皮孔。小叶7～11枚，无柄或近于无柄，卵状矩圆形至卵圆状披针形，顶端长渐尖，基部楔形或宽楔形，不对称，边缘有锐锯齿。圆锥花序生于去年生小枝上。花单性异株，无花冠。花期4月～5月。

光学显微镜下：

花粉近球形。大小约36微米×26微米，具3孔沟。外壁表面具细网状纹饰（×1200）。

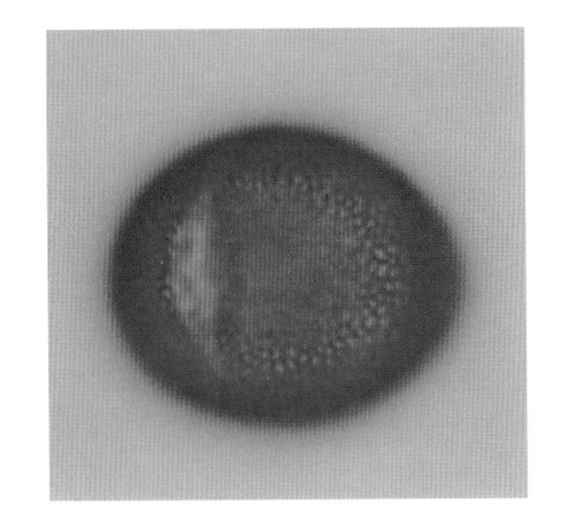

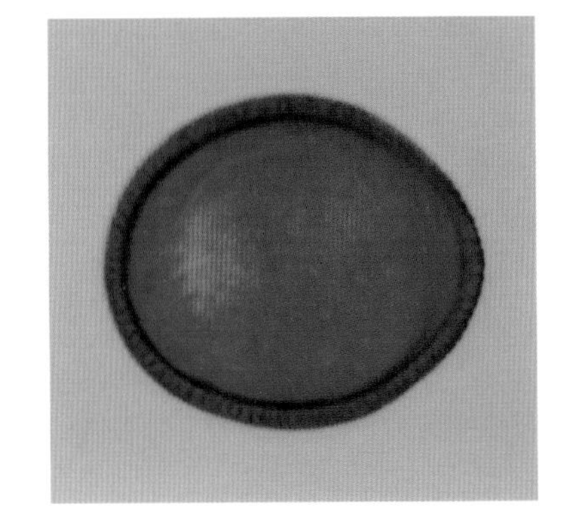

水曲柳 *Fraxinus mandshurica* Rupr.

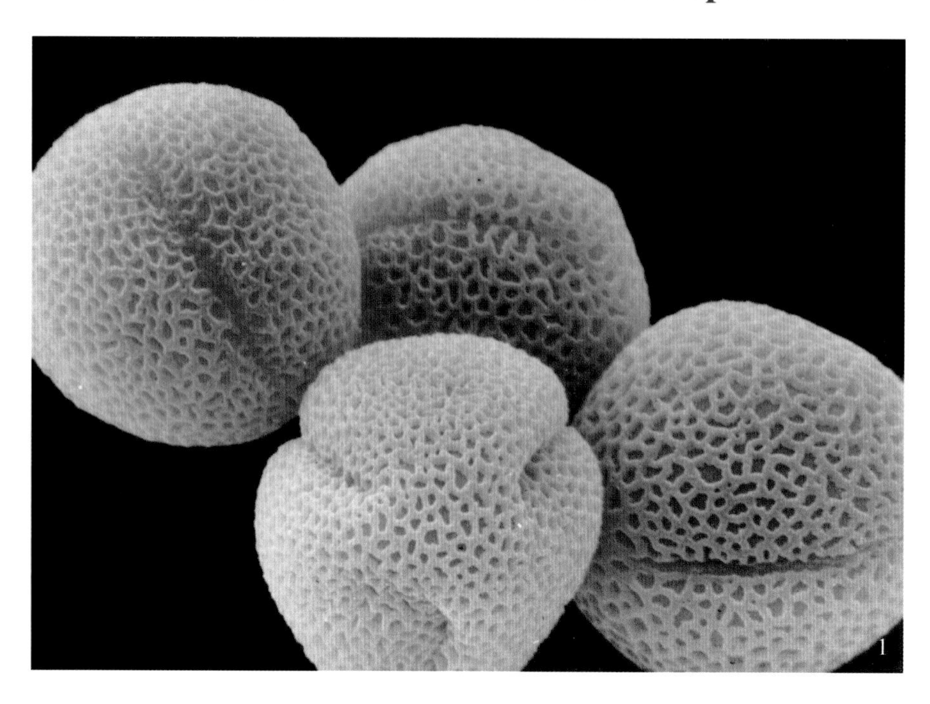

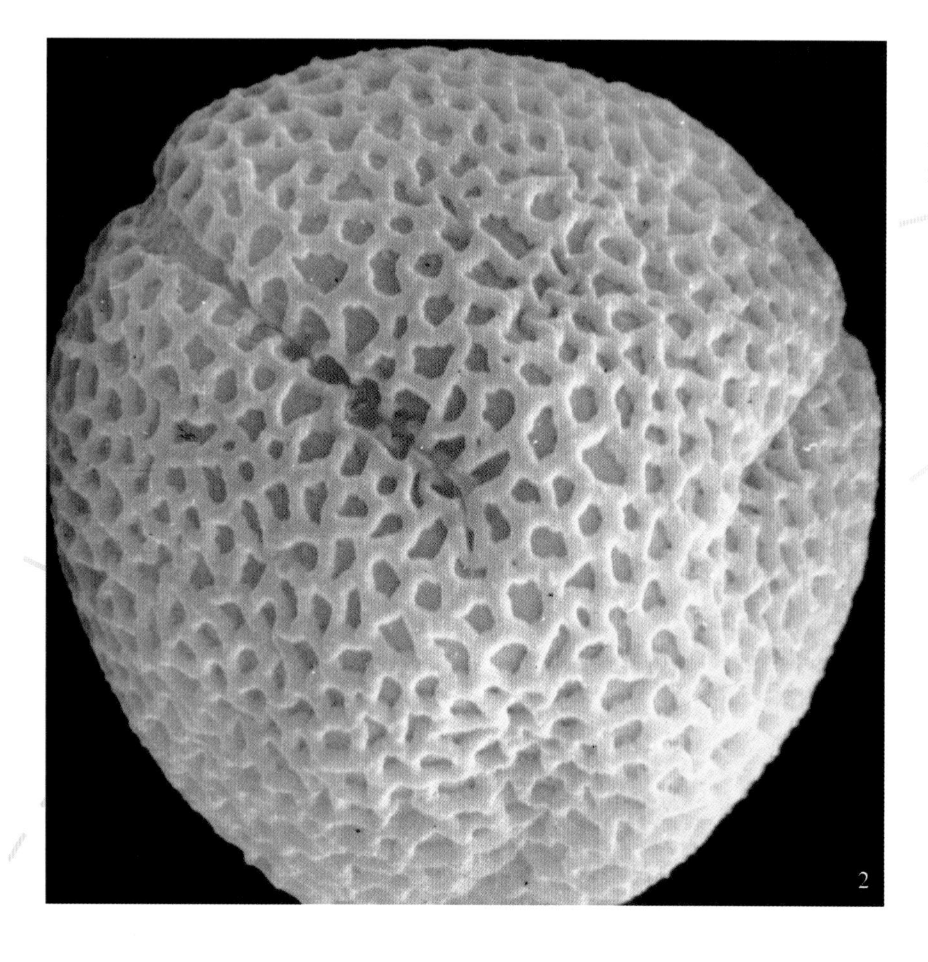

扫描电镜下：

花粉近球形，具3孔沟，沟细，未见孔。表面细网状纹饰（1. ×2500；2. ×6000）。

北京丁香 *Syringa pekinensis* Rupr.

落叶小乔木。叶卵形至卵状披针形，先端长渐尖，基部广楔形，两面光滑无毛，叶柄细。圆锥花序，花黄白色，雄蕊与花冠裂片近等长。花期6月～7月。

分布华北、西北，北京有野生，也是北京市各公园普遍栽植的观赏花木。

光学显微镜下：

花粉近球形，大小约30微米×29微米。极面观三裂圆形，具孔沟。外壁表面网状纹饰（×1200）。

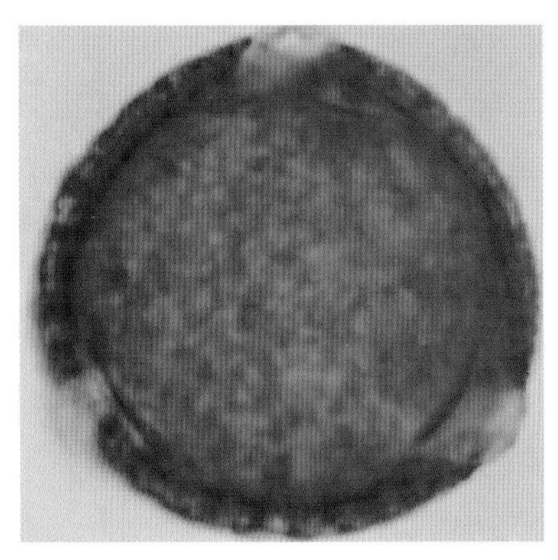

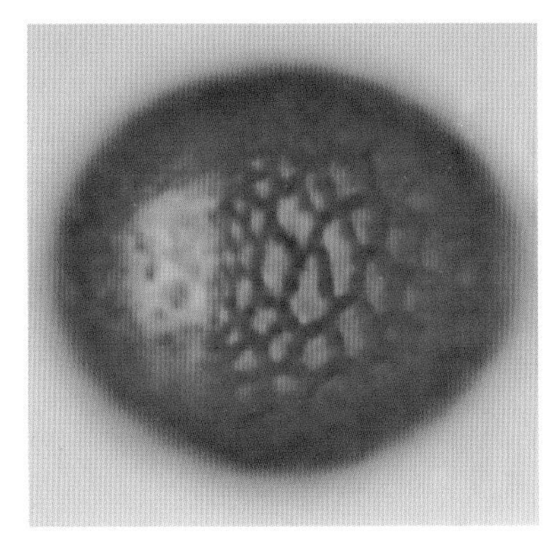

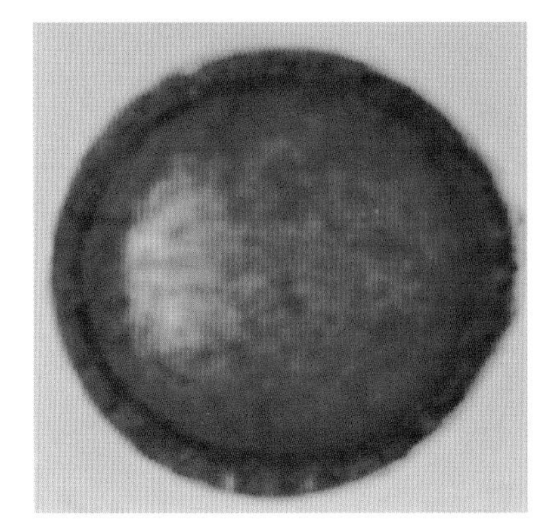

暴马丁香 *Syringa reticulata*（Bl.）Hara

落叶小乔木。株高达6米。叶卵形至阔卵形，端渐尖，基部圆形或近心形。圆锥花序，长10～15厘米；花两性，花冠白色或黄白色，有香味。花期5月～6月。

分布于我国东北、华北、西北。

光学显微镜下：

花粉近球形或扁球形，大小约30微米×35微米。极面观三裂圆形，具3孔沟，沟细长。外壁两层，内层厚于内层。表面粗网状纹饰（×1200）。

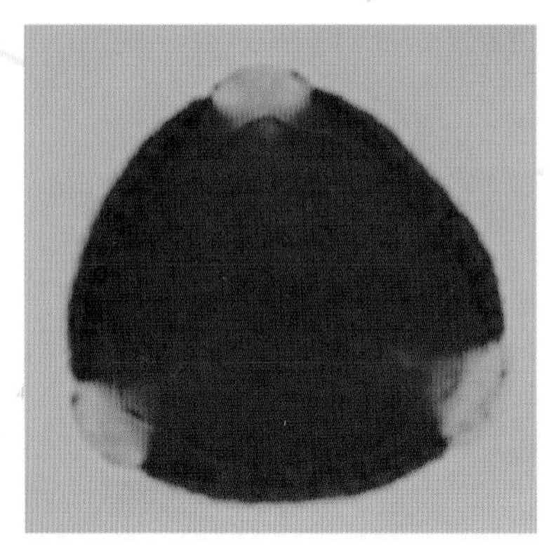

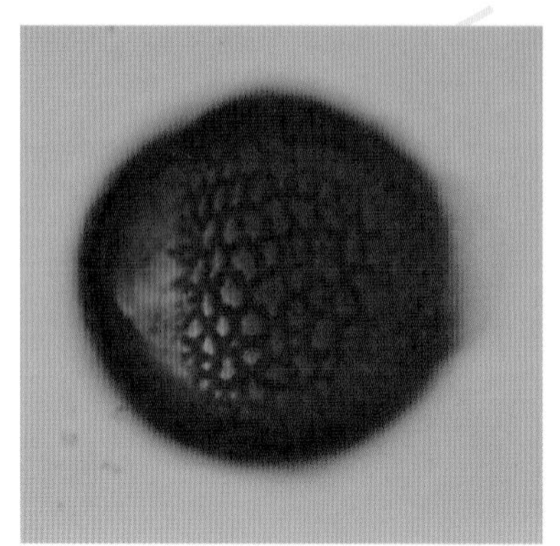

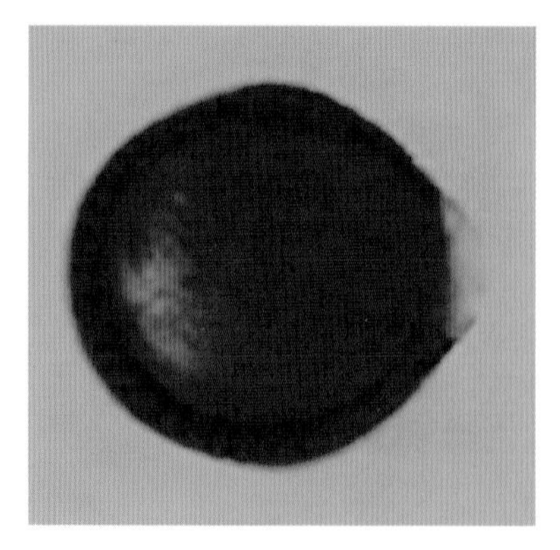

暴马丁香 *Syringa reticulata*（Bl.）Hara

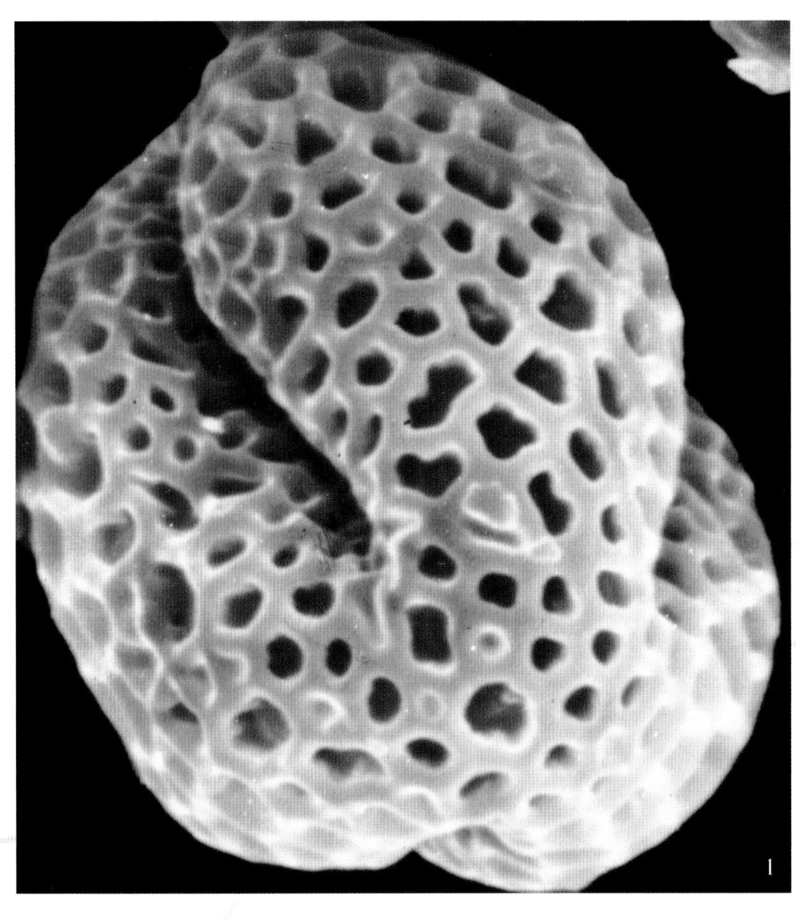

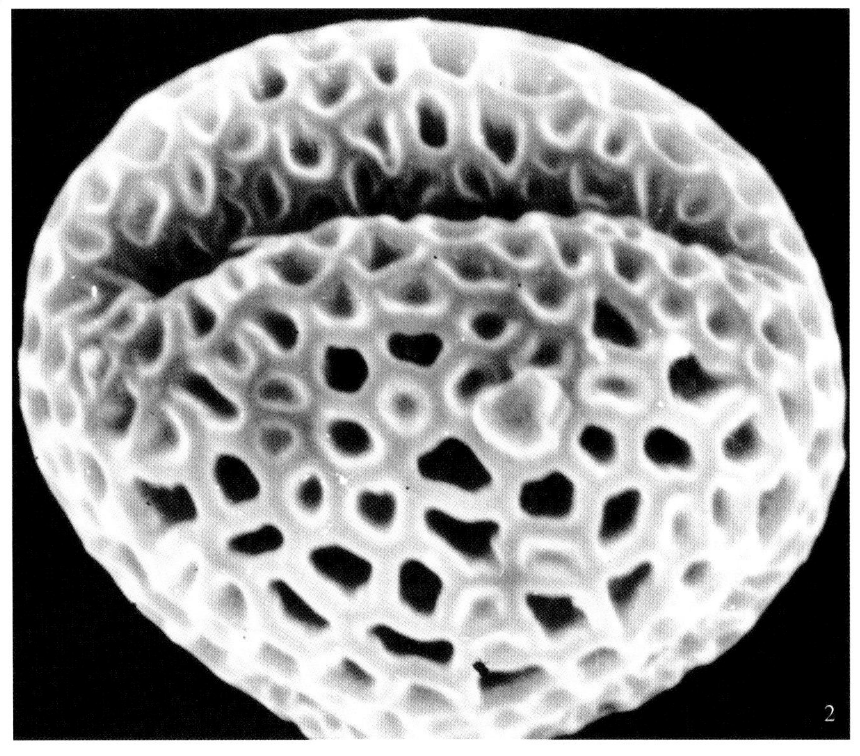

扫描电镜下：

花粉粒近球形。沟细，无沟膜及内含物。表面具粗网状纹饰，网眼大小、形状不一致（1. 极面×4500；2. 赤道面×4100）。

小叶女贞 *Ligustrum quihoui* Carr.

半长绿灌木。株高2米左右。枝开展。叶椭圆或倒卵形，顶端钝，基部楔形，光滑；圆锥花序狭窄；花无柄；雄蕊外露。花期8月～9月。

原产我国西南、华南、华北各地，北京多有栽培。

光学显微镜下：

花粉扁球形，极面观三裂圆形，大小约36微米×40.9微米。具3孔沟，沟较短，表面粗网状纹饰（×1200）。

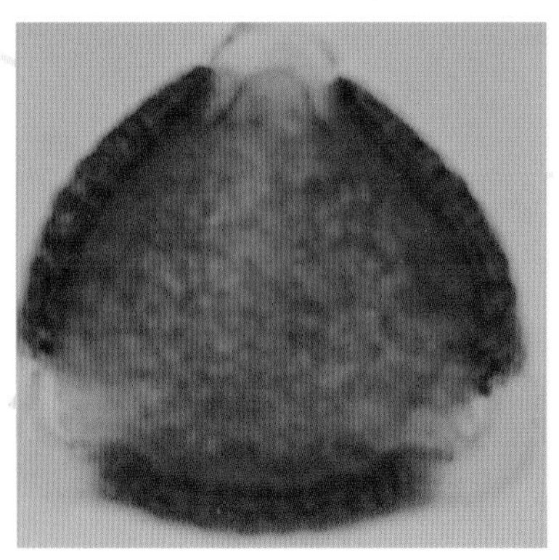

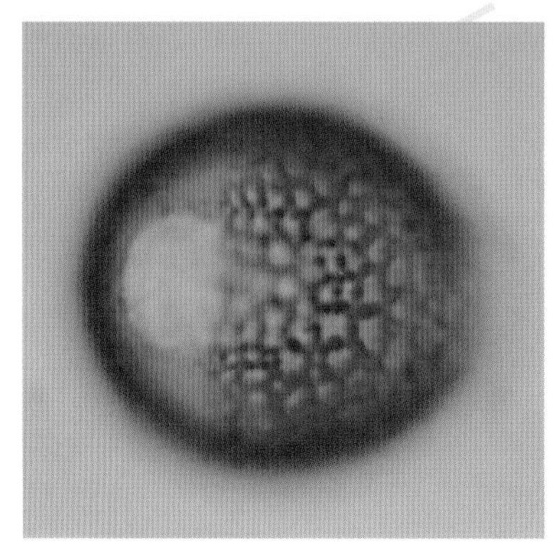

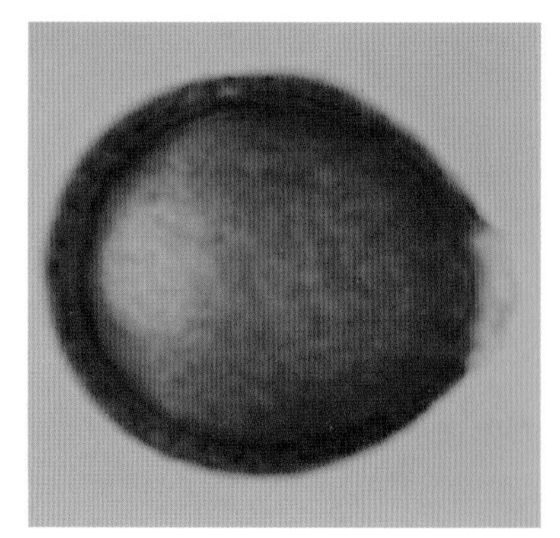

水蜡树 *Ligustrum obtusifolium* Sieb. et Zucc.

落叶灌木。株高3米。叶椭圆形至长圆状倒卵形，端尖或钝。圆锥花序；花具短梗。花期6月。原产于我国中南地区。

光学显微镜下：

花粉近球形。大小约31微米×36.5微米。极面观三裂圆形，具3孔沟。表面粗网状纹饰（×1200）。

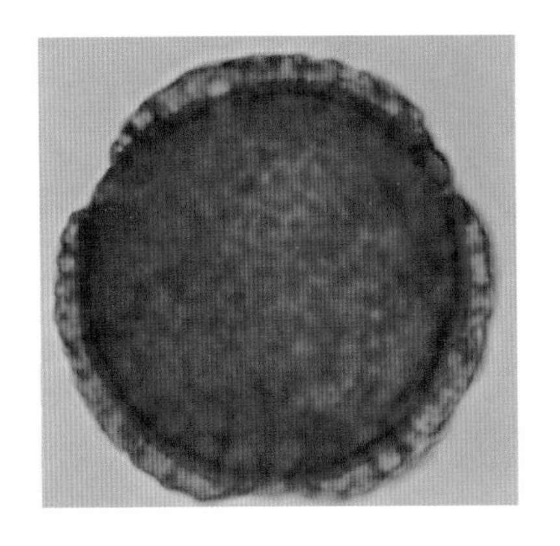

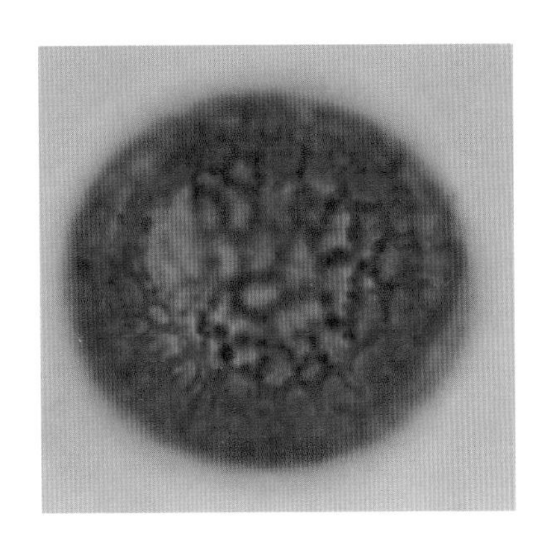

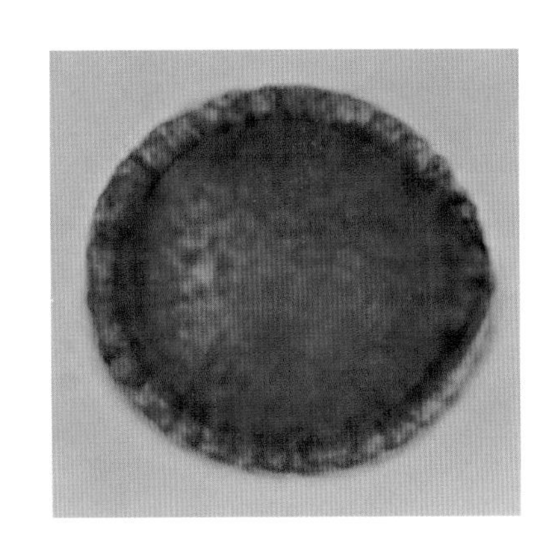

罗布麻 *Apocynum venetum* L.

野外蔓生

罗布麻 *Apocynum venetum* L.

多年生草本或亚灌木。株高1～2米。具乳汁。茎直立，多分枝。叶对生，长椭圆形、长圆状披针形，先端急尖或钝，有短尖头；叶柄长3～5毫米。聚伞花序顶生；花冠钟状，花冠筒长约6毫米，花冠裂片比筒部短，粉红色；雄蕊5，生于花冠筒基部。花期6月～7月。

分布东北、华北、华东、西北，多生于河滩、沙质地及盐碱荒地，北京多见于郊区及山区。

光学显微镜下：

花粉粒为四合体和单体。四合体花粉，大小约32微米×22微米×14微米；单体花粉大小约15微米×17微米。表面具孔，孔数9~12（×1200）。

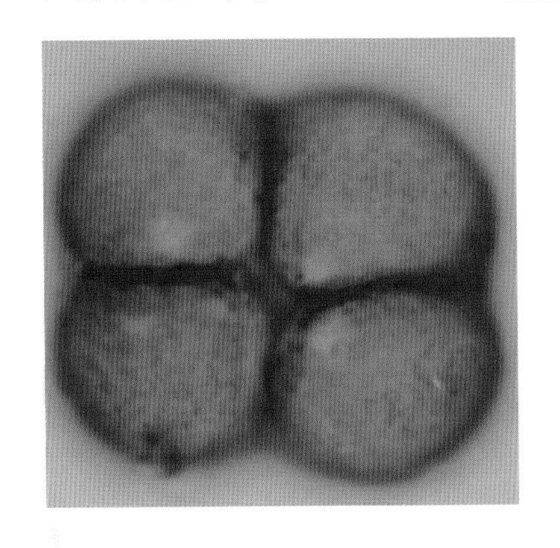

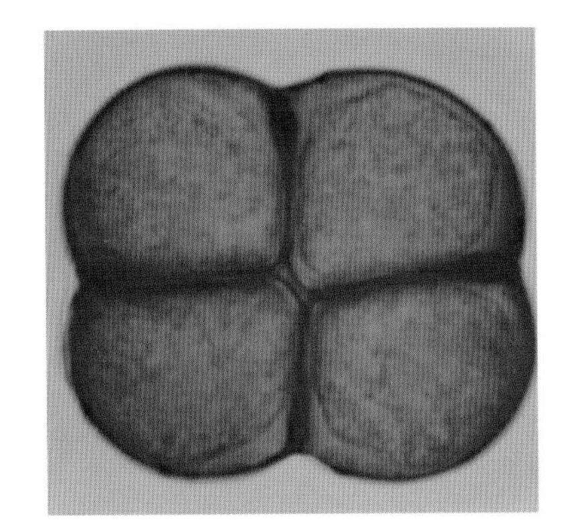

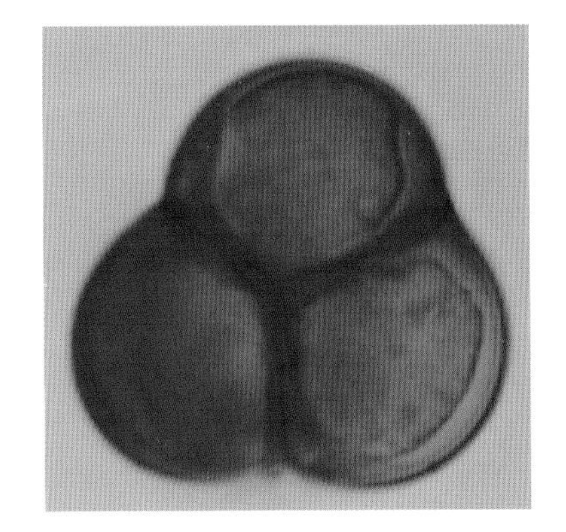

圆叶牵牛 *Pharbitis purpurea*（L.）Voigt Hort.

一年生草本。茎缠绕。叶为圆心形，全缘，柄长5～9厘米。花腋生、单生或数朵组成伞形聚伞花序。花冠漏斗状，直径4～5厘米，紫红色或粉红色；雄蕊5。花期6月～9月。

原产南美，我国广布，生田边、路旁、平地、山谷和林内。

光学显微镜下：

花粉近球形，极面观三裂圆形，具3孔沟，沟短，表面纹饰模糊。大小约42微米×41.5微米（×480）。

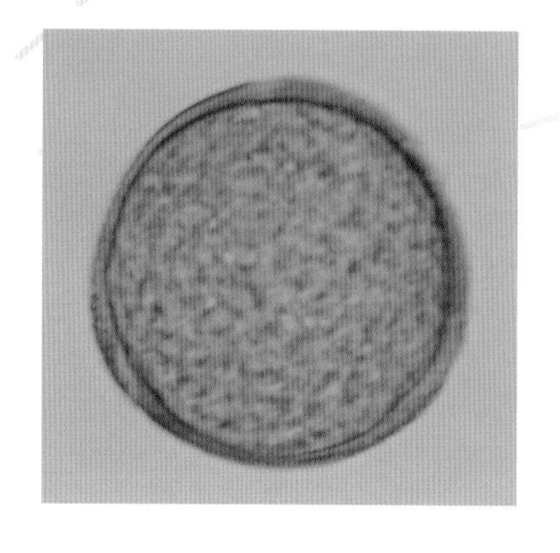

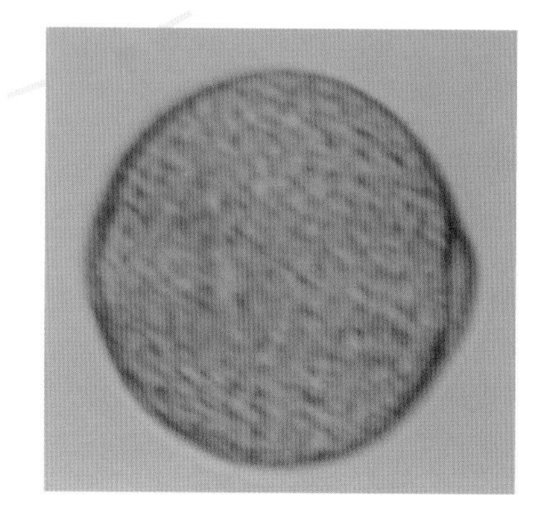

日本紫珠 *Callicarpa japonica* Thunb.

落叶多分枝小灌木。叶倒卵形或披针形，顶端急尖或尾状尖，基部楔形，叶缘仅上半部具数个粗锯齿，表面稍粗糙，密生细小黄色腺点。聚伞花序，在叶腋上方着生。花冠紫色，雄蕊4。花期5月～7月。

原产于我国中部和南部各省，北京有栽培。

光学显微镜下：

花粉扁球形，极面观三裂圆形，赤道面观扁球形。大小约39微米×36.5微米。具3沟，沟宽。表面细网状纹饰（×1200）。

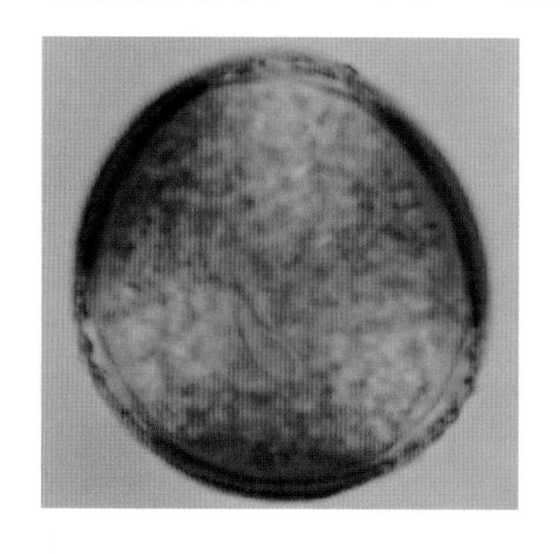

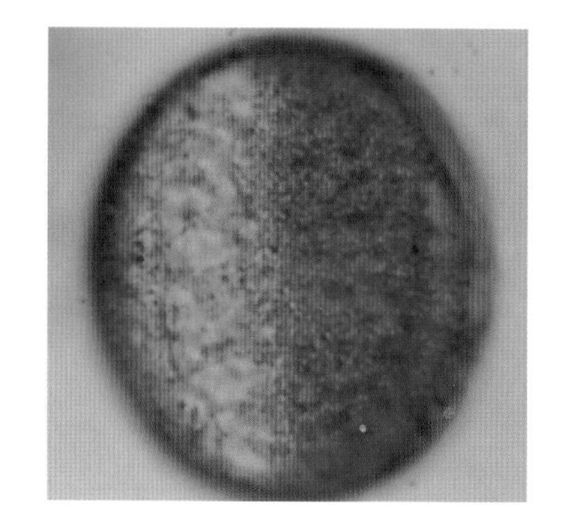

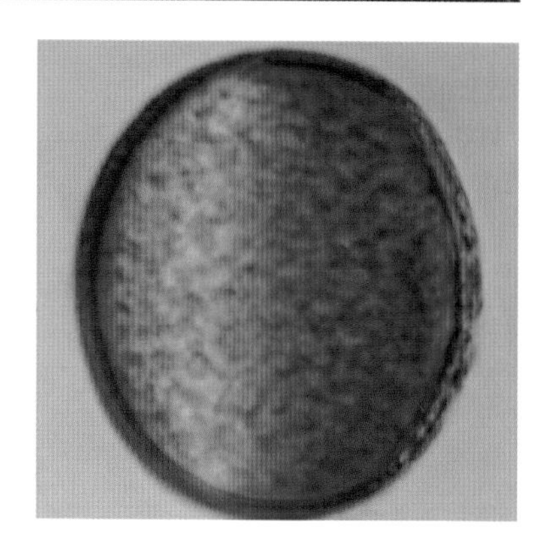

夏至草 *Lagopsis supina*（Steph.）IK. Gal ex Knorr

野外蔓生

夏至草 *Lagopsis supina*（Steph.）IK.Gal ex Knorr

多年生草本。株高15～35厘米。茎密被微柔毛，分枝。叶轮廓为半圆形、圆形或倒卵形，掌状3裂，裂片具疏圆齿。轮伞花序具疏花。花冠白色，稍伸出于萼筒，二唇形，上唇长圆形，全缘；下唇3裂。雄蕊4，不伸出。花期3月～5月。

分布于东北、华北、华中、西南、西北等省区。

光学显微镜下：

花粉近球形。大小为25（23～27.5）微米×23（21～23.5）微米。具3沟，沟边不平。外壁两层，外层稍厚。表面具模糊的小颗粒（×1200）。

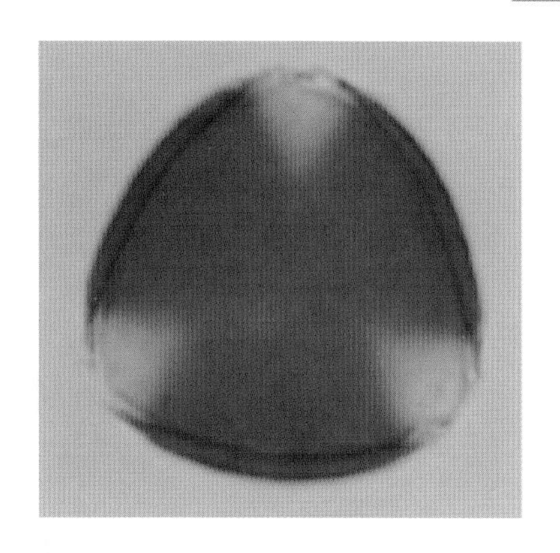

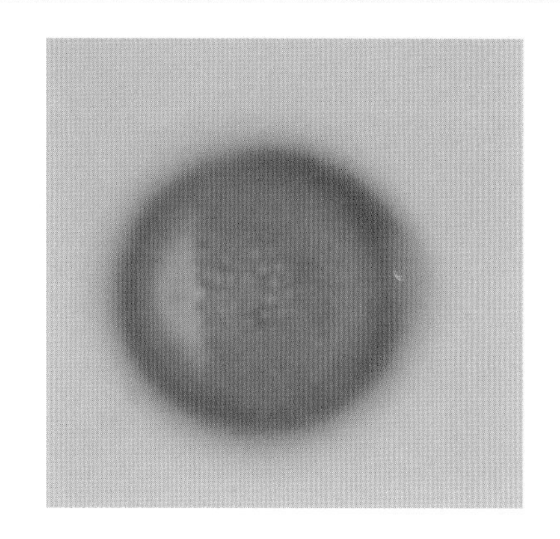

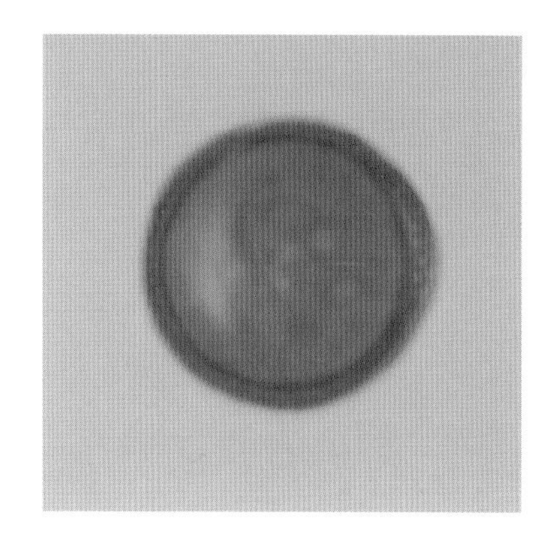

益母草 *Leonurus japonicus* Houtt.

二年生直立草本。株高可达1米。茎四棱，通常分枝。中部叶3全裂，裂片长圆状菱形，又羽状分裂，裂片宽线形，裂片全缘或稀少牙齿。轮散花序腋生，具8～15花；苞片针刺状，密被伏毛。花萼管状钟形。花冠粉红色或淡紫红色，二唇形；上唇长圆形，直伸；下唇3裂，中裂片较大，倒心形。雄蕊4，花期7月～9月。

分布于东北、华北。

光学显微镜下：

花粉近球形。大小为34.5微米 × 25.5微米。具3沟，沟长，沟膜上具颗粒。网状纹饰（×1200）。

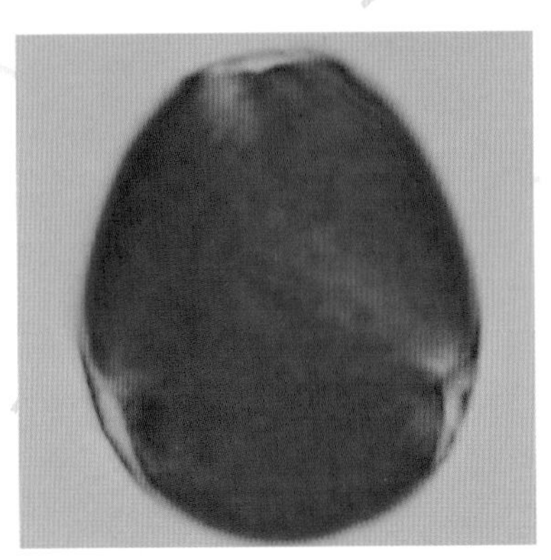

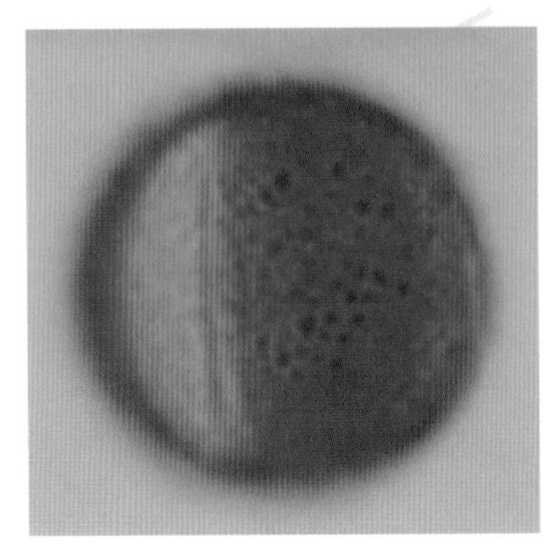

龙葵 *Solanum nigrum* L.

一年生直立草本。株高达1.5米。叶卵形，全缘或有不规则波状粗齿；叶柄长1～2厘米。蝎尾状花序，腋外生，由3～10朵花组成；花冠白色，辐状，5深裂；雄蕊5。花期7月～9月。

广布全国各地。

光学显微镜下：

花粉近球形，大小约13.5（12～15）微米×14.8（13.5～17.6）微米，表面具细网状纹饰（×1200）。

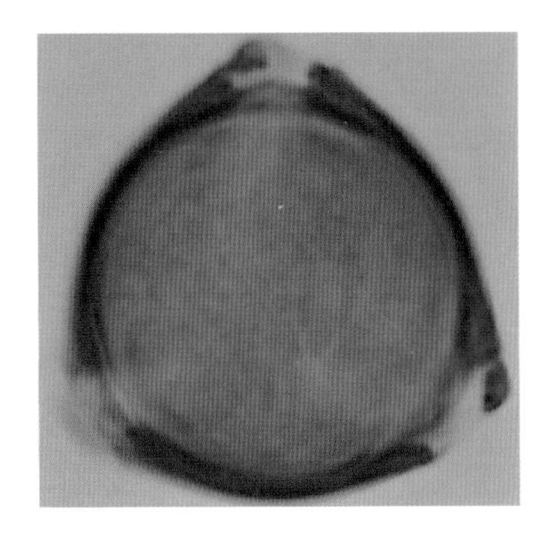

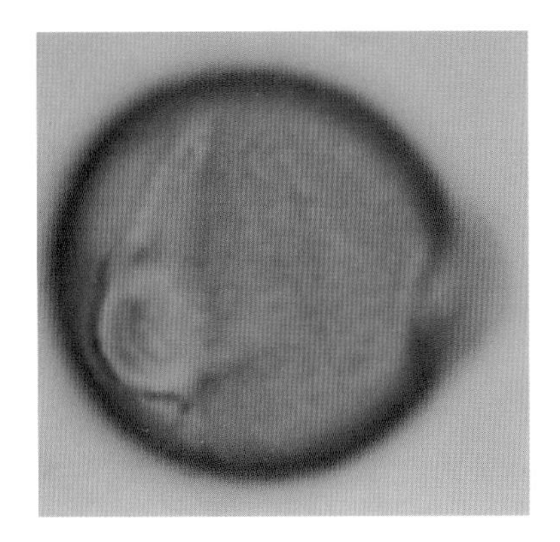

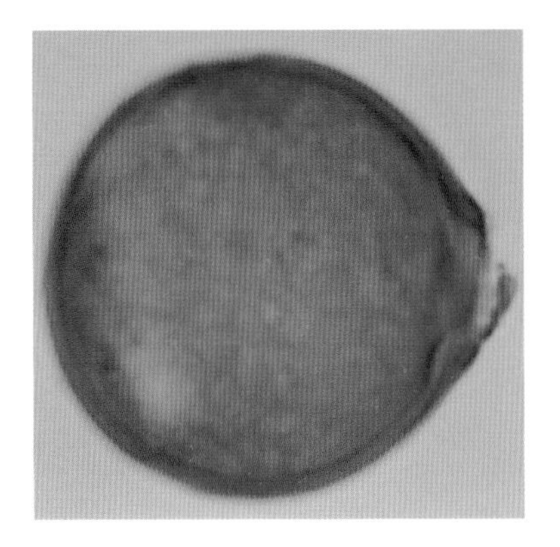

曼陀罗 *Datura stramonium* L.

一年生直立草本（有时为亚灌木）。株高达1.5米。叶宽卵形，顶端渐尖，基部为不对称楔形，叶缘具不规则的波状浅裂；叶柄长3～5厘米。花单生枝的分叉处或叶腋，直立，具短柄；花萼筒状，筒部具5棱角，5浅裂，裂片三角形；花冠漏斗状，5浅裂；雄蕊5。花期6月～10月。

我国各省区均有分布。

光学显微镜下：

花粉近球形，极面观三裂圆形，大小约44微米×42微米。具3孔沟，沟短，内孔横长。表面条纹状纹饰（×1200）。

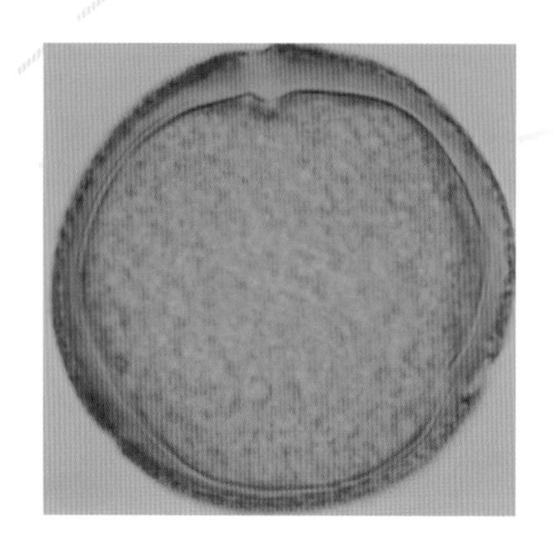

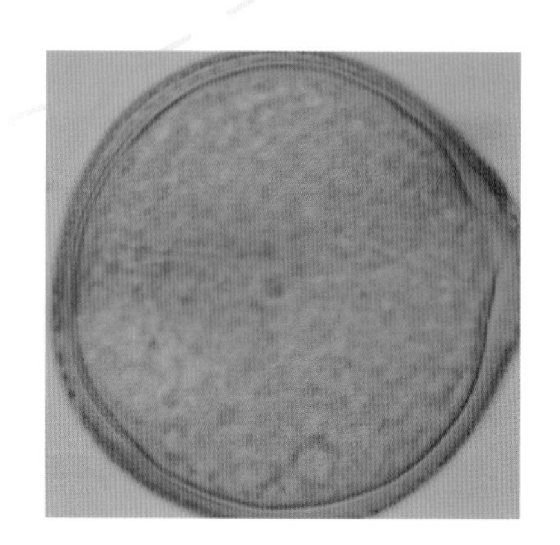

泡桐 *Paulownia tomentosa*（Thunb.）Steud.

落叶乔木。株高可达20米。树皮灰褐色，小枝有明显皮孔，幼时常被黏质短腺毛。叶卵状心形，先端急尖，基部心形，全缘或波状深裂，新枝上叶较大，圆锥花序金字塔形或狭圆锥形，花冠紫色。花期4月～5月。

河北各地及北京、天津均有栽培。

光学显微镜下：

花粉粒近球形，大小约20.5微米×19微米。具3孔沟，内孔不明显。表面具网状纹饰（×1200）。

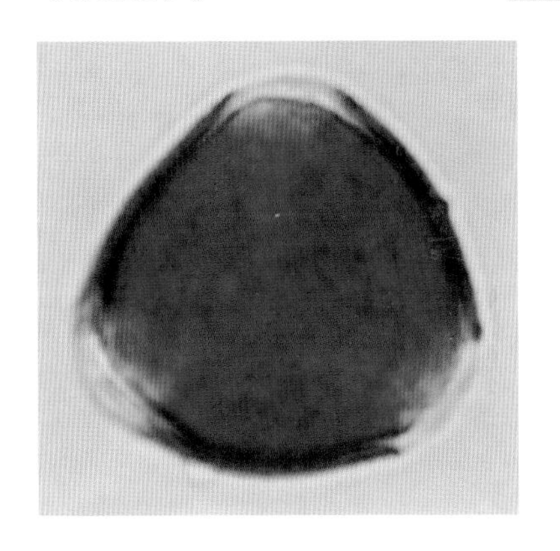

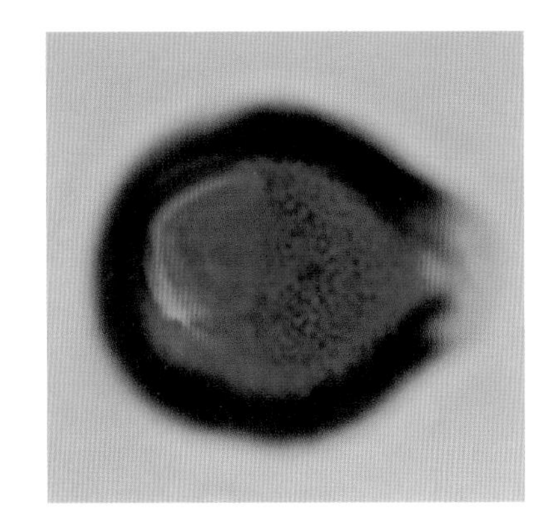

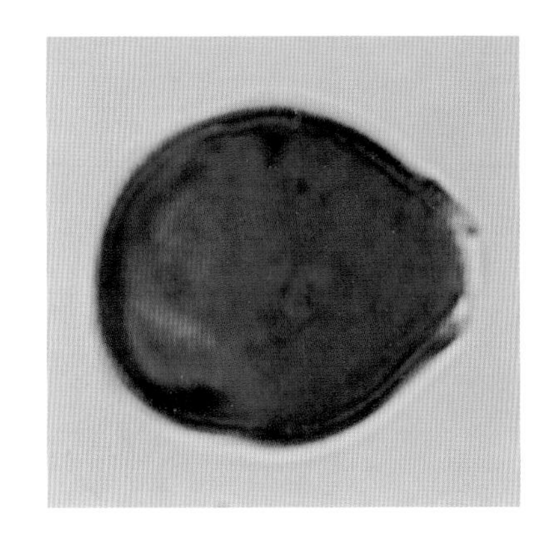

泡桐 *Paulownia tomentosa*（Thunb.）Steud.

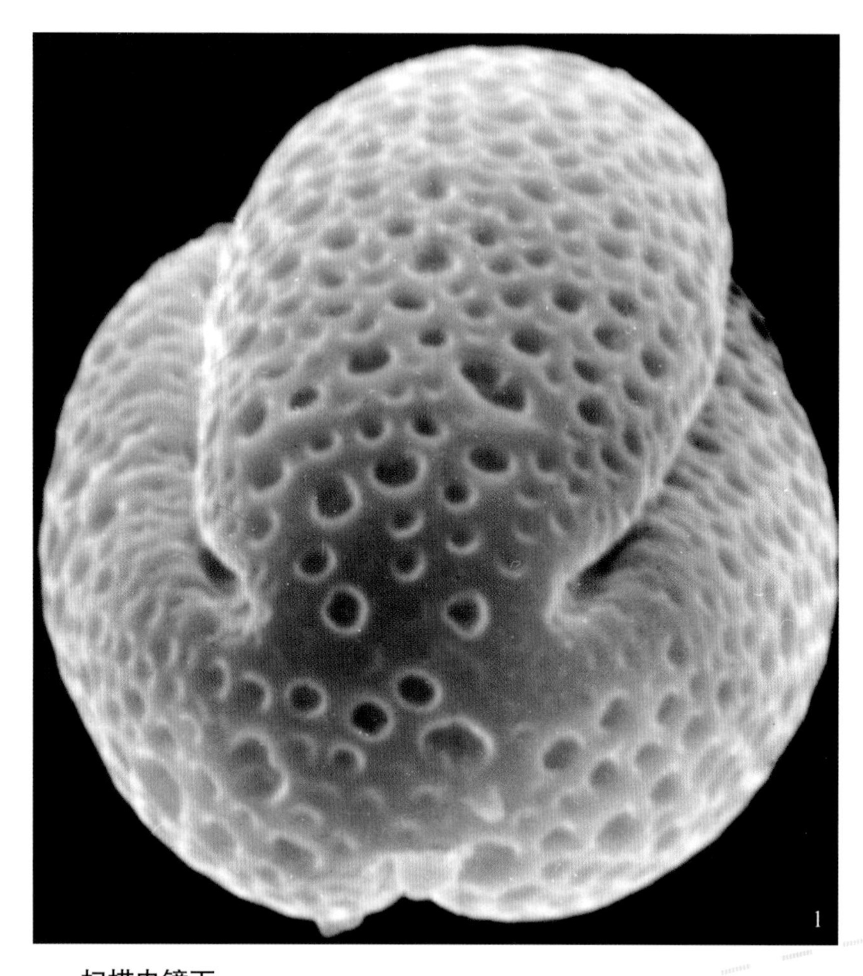

扫描电镜下：

花粉粒长球形。极面观三裂圆形，沟长，几达两极。表面密布圆形孔洞（1. 极面 × 6750；2. 赤道面 × 4500）。

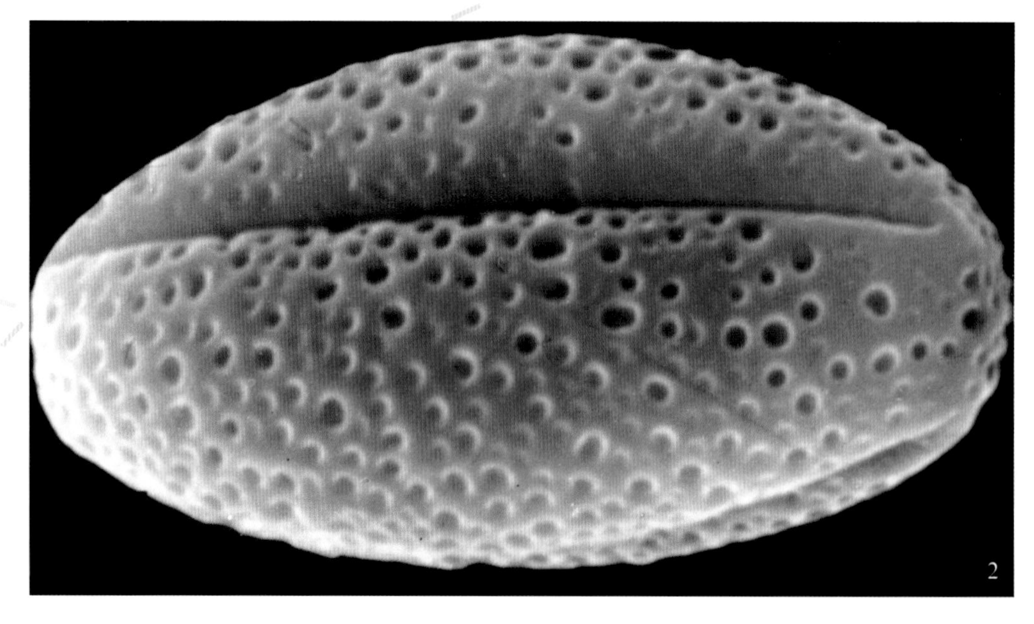

东北婆婆纳 *Veronica rotunda* Nakai var.Sunbintegra（Nakai）Yamazaki

多年生草本。茎直立，高约1米。叶对生，无柄且多少抱茎；叶片矩圆状披针形至披针形，长6～13厘米，边缘具锯齿。总状花序顶生，细长；花冠兰色。花期6月～7月。

分布于东北，朝鲜、日本也有。

光学显微镜下：

花粉近球形，大小约29微米×27微米。具3（拟孔）沟，沟宽。表面具细网状纹饰（×1200）。

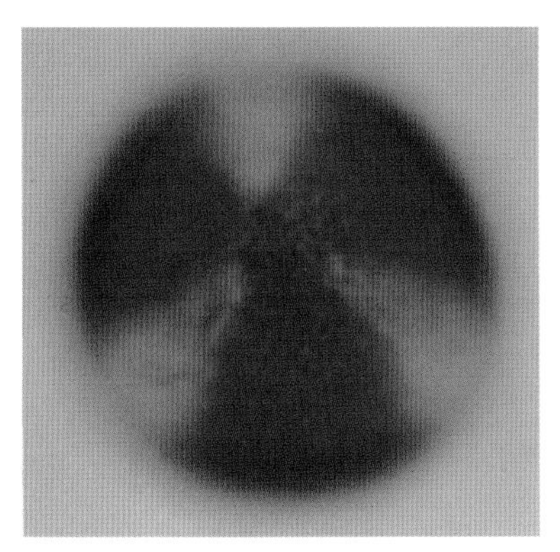

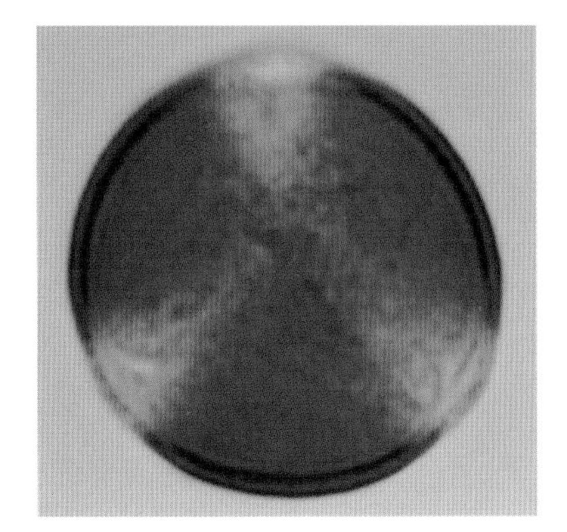

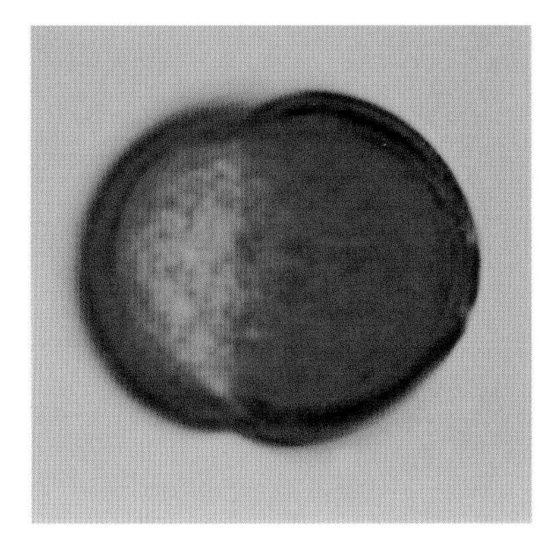

地黄 *Rehmannia glutinosa* Libosch.

多年生草本。全株密被灰白色或淡褐色长柔毛及腺毛。茎单一或基部分生数枝，高15～30厘米，紫红色。叶通常基生，倒卵形至长椭圆形，先端钝，基部渐狭成长叶柄，边缘具不整齐的钝齿。总状花序顶生；密被腺毛；苞片叶状，花萼钟状，5裂，花冠筒状而微弯，外面紫红色，内面黄色有紫斑，顶部二唇形，上唇二裂反折，下唇3裂片伸直，雄蕊4，着生于花冠近基部。花期4月～6月。

分布于我国多个省市，北京常多见。

光学显微镜下：

花粉近球形，大小为27.5（25.5～29.5）微米×26.5（25.5～28）微米。具3孔沟，内孔较大。外壁两层，外层稍厚。表面具网状纹饰（×1200）。

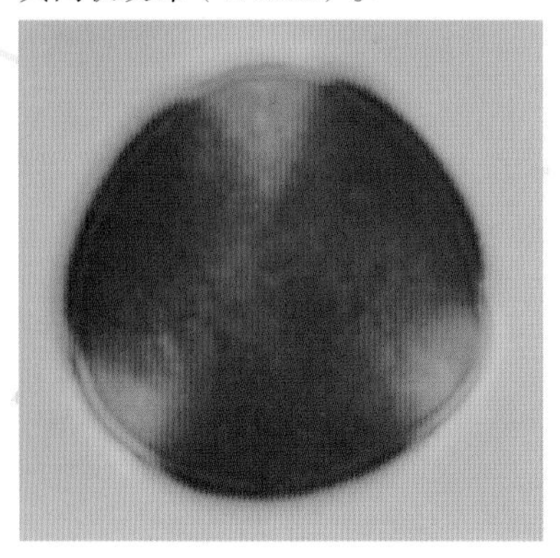
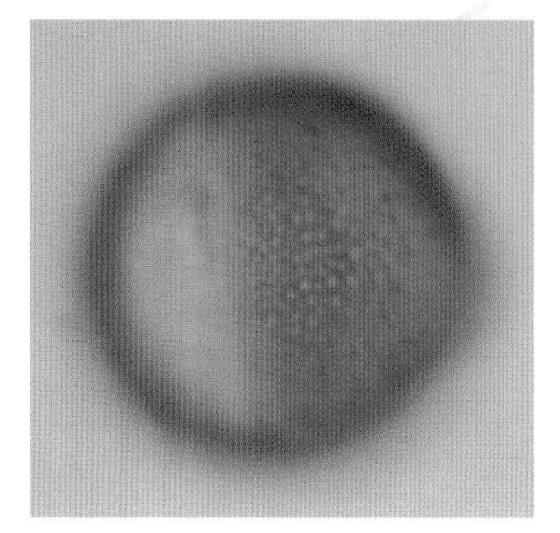
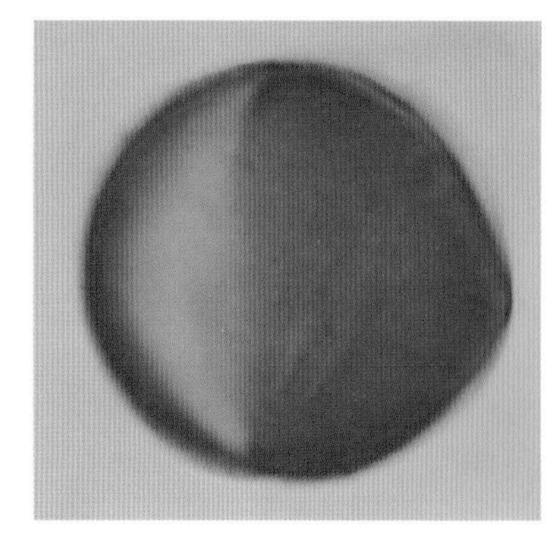

凌霄 *Campsis grandiflora*（Thunb.）Loisel.

落叶木质大藤本。攀缘茎长约10余米。茎节具气生根，借此攀援于支撑物或墙壁上。奇数羽状复叶对生，小叶7～10枚，小叶片卵形或长卵形，叶缘具粗锯齿。圆锥状聚伞花序顶生；花大型，漏斗状，鲜红色或橘红色，有香气。花期6月～8月。

分布于我国华北、华南、陕西等地。

光学显微镜下：

花粉长球形至近球形，大小为36（29～42）微米×28（27～32）微米。具3沟，无孔，外壁两层，外层薄。表面具网状纹饰（×1200）。

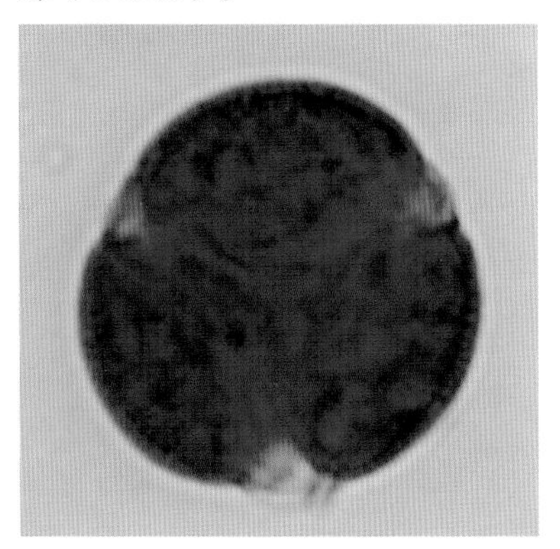
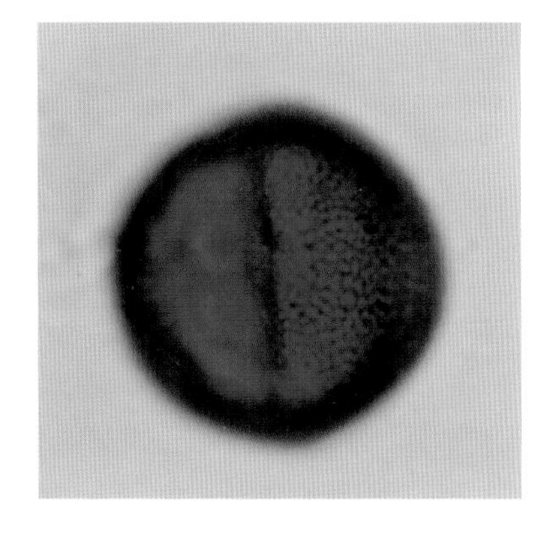
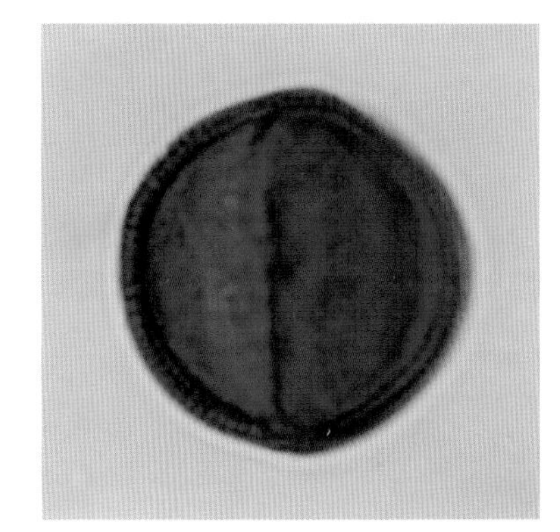

黄花列当 *Orobanche pycnostachya* Hance

一年生寄生草本。株高10～34厘米。茎直立，常不分枝，圆柱形，基部常膨大，黄褐色。叶为鳞片状、卵状披针形。穗状花序顶生；苞片卵状披针形；花萼2深裂，每个裂片顶端有2裂。花冠淡黄色，二唇形；上唇2裂，裂片短；下唇3裂，裂片不等大。雄蕊4；花柱细长。花期6月～8月。

分布东北、华北、河南、陕西、山东、安徽等地。

光学显微镜下：

花粉球形。极面观三裂或四裂圆形，赤道面观具一赤道沟，无孔，大小约19微米×20微米，表面纹饰模糊（×1200）。

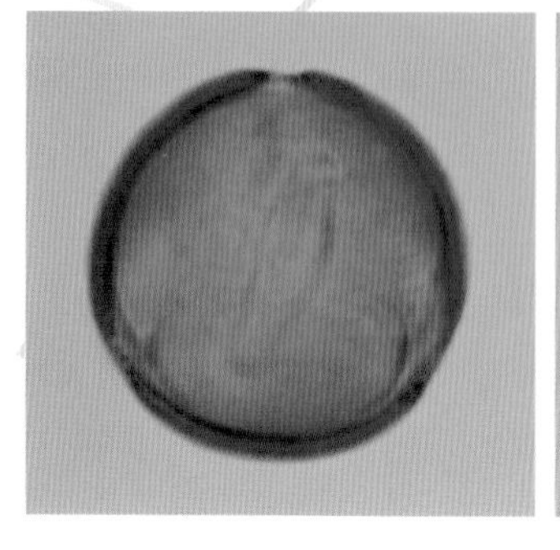
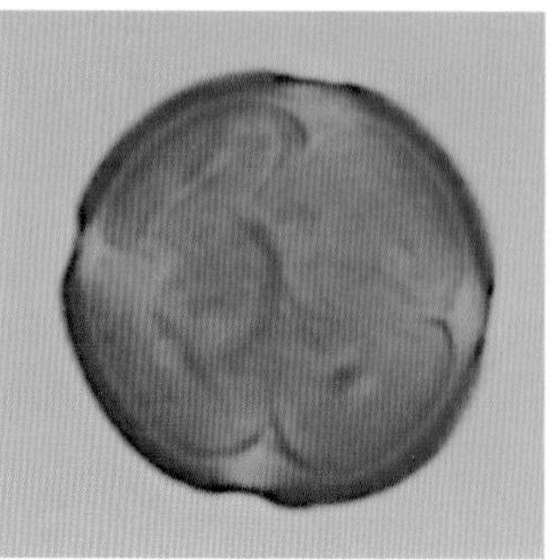
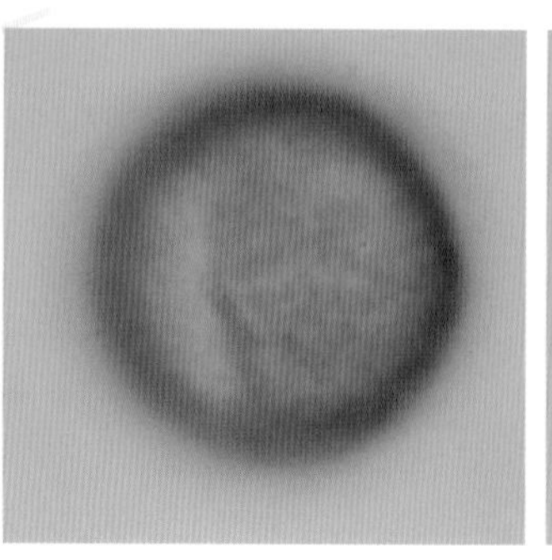
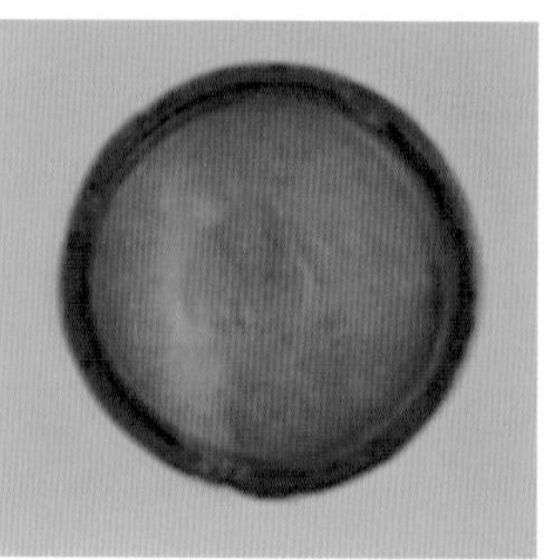

车前 *Plantago asiatica* L.

野外蔓生

车前 *Plantago asiatica* L.

多年生草本。具须根。叶基生，叶片椭圆形，广卵形或椭圆形，长4～15厘米，宽3～8厘米，叶缘波状疏齿至弯缺，具5～7条弧形脉，叶柄长2～10厘米。穗状花序，长5～15厘米。花期6月～9月。

分布几遍全国，北京见于各地。

光学显微镜下：

花粉粒球形或近球形，直径约21.5微米。具散孔，孔数4～8个，孔膜上具颗粒状纹饰（×1200）。

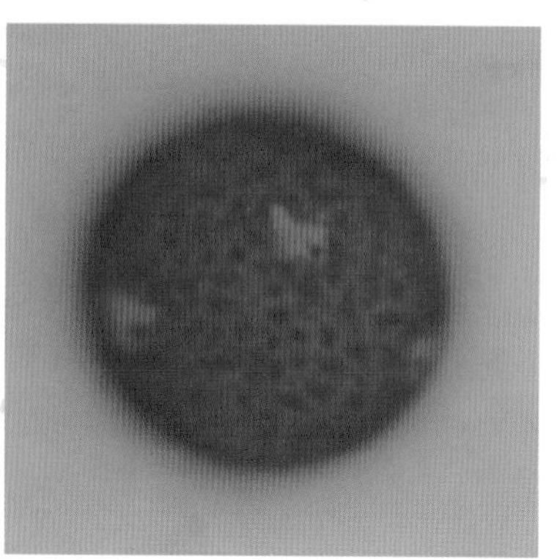

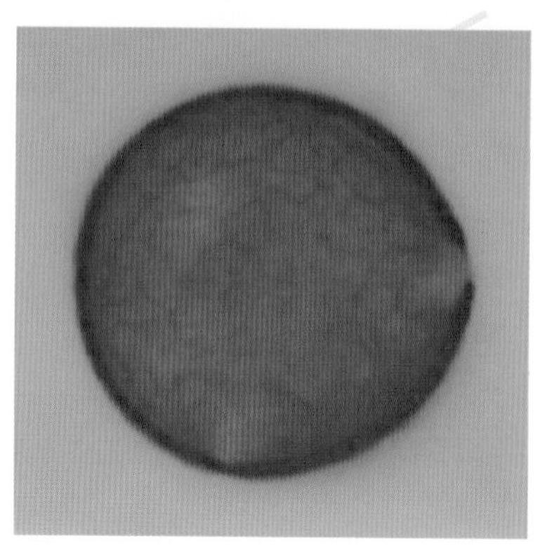

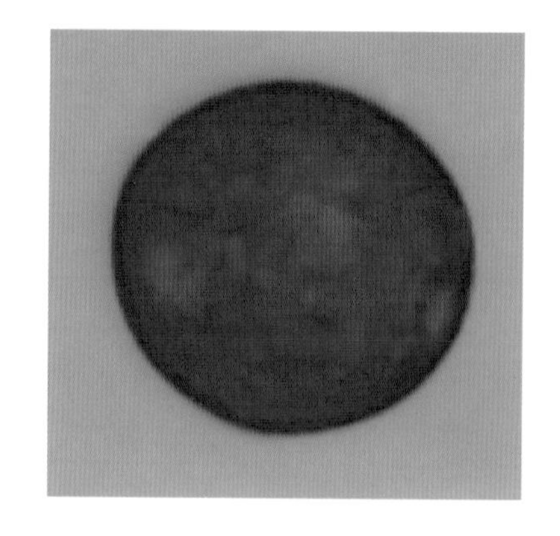

车前 *Plantago asiatica* L.

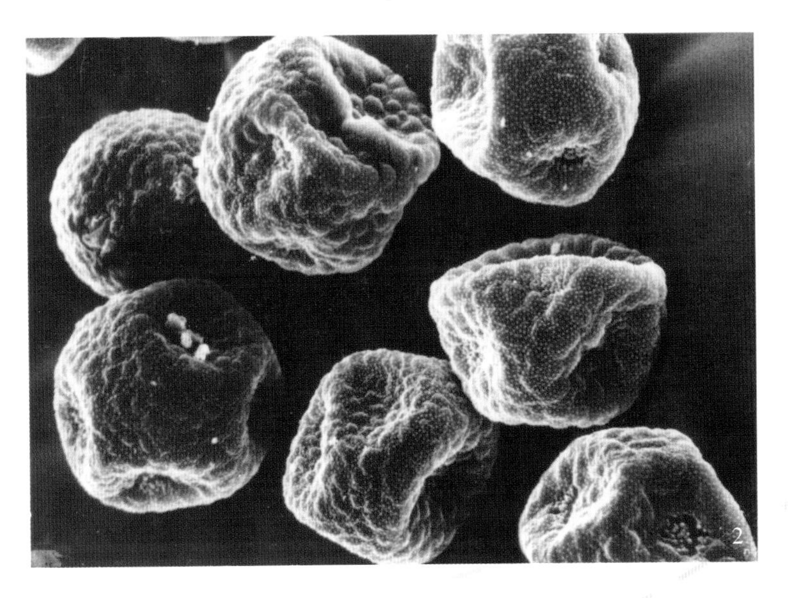

扫描电镜下：

花粉粒扁球形。极面观近圆形，边缘具散孔，孔具孔膜，膜上有颗粒。本种花粉极易皱折。外壁表面呈波浪状，并密布大小一致的颗粒（1. 极面 ×4000；2. 群体 ×1400）。

透射电镜下：

外壁外层厚度1.0微米。柱状层具长短不一小柱；垫层厚薄均匀。内壁明显较厚（×12000）。

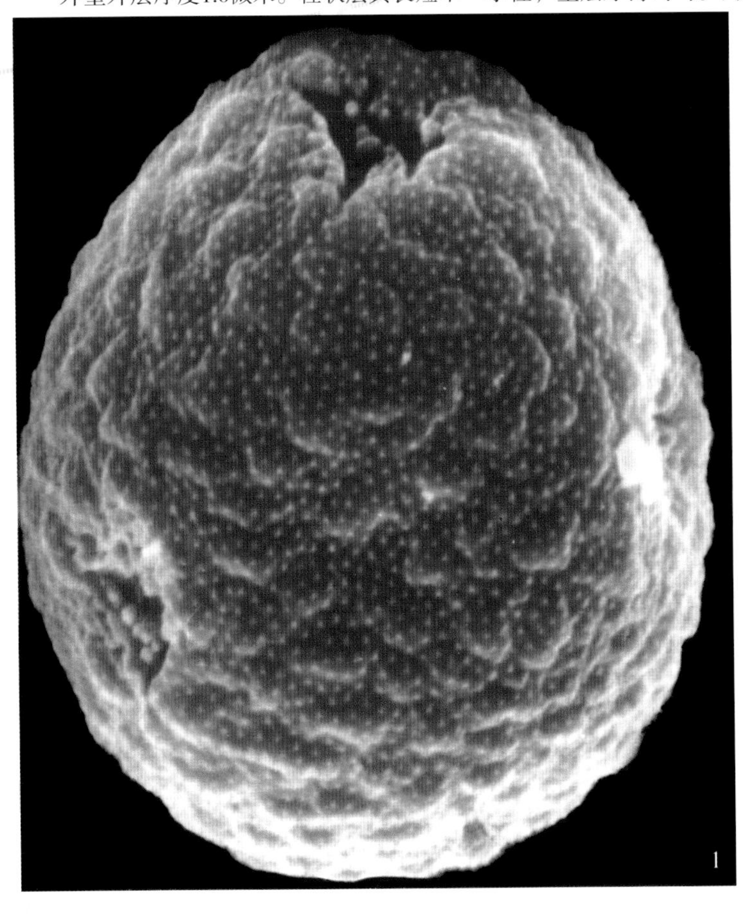

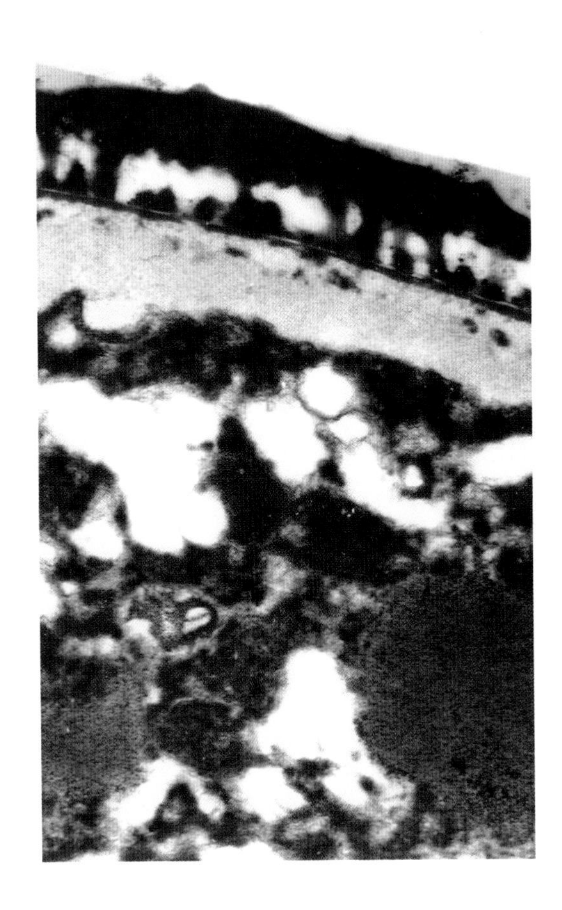

长叶车前 *Plantago lanceolata* L.

多年生草本。高30～50厘米。基生叶披针形，长5～20厘米，宽5～35厘米，全缘，具3～5纵脉；叶柄长2～4.5厘米。花莛少数，长15～40厘米，四棱；穗状花序圆柱状，长2～3.5厘米，密生多数花；雄蕊远伸出花冠。花期4月～6月。

分布辽宁、江苏、山东、浙江、江西、台湾，欧洲广布。

光学显微镜下：

花粉近球形，直径为25（22～28）微米。具散孔，孔分布不均匀。外壁表面具颗粒状纹饰（×1200）。

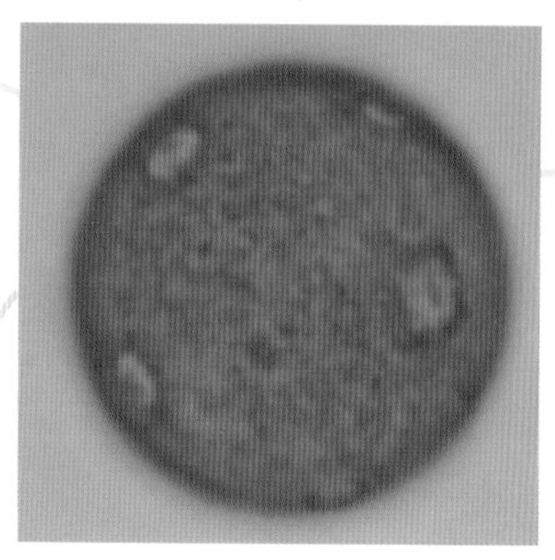

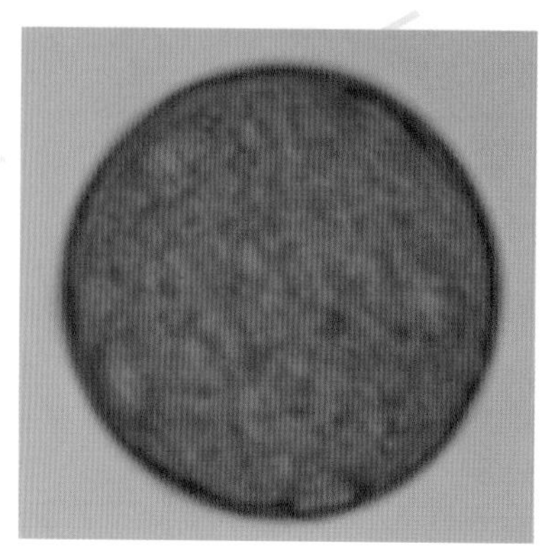

接骨木 *Sambucus williamsii* Hance

落叶灌木。株高约3米。树皮浅灰褐色，具纵条纹。奇数羽状复叶，互生，小叶5～7枚；小叶为长圆状卵形，叶缘具锯齿。圆锥花序，顶生，花萼5裂，裂片三角形；花冠黄白色；雄蕊5。花期6月～7月。

分布东北、华北等地，北京常见。

光学显微镜下：

花粉长球形，大小为22（20～24）微米×18.5（18～21.5）微米。极面观三裂圆形。具3孔沟，沟细长。外壁两层明显，表面具网状纹饰（×1200）。

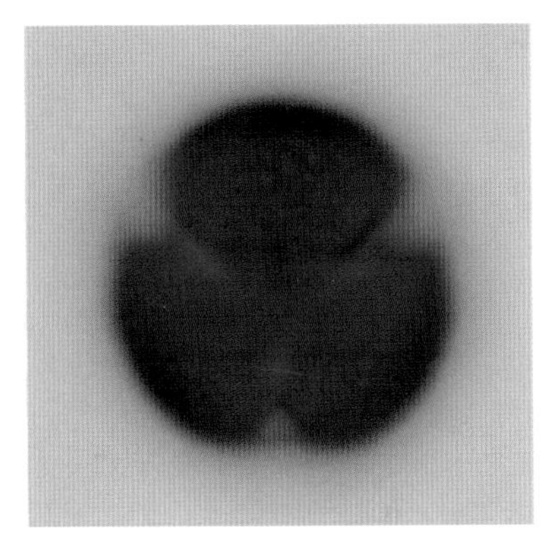

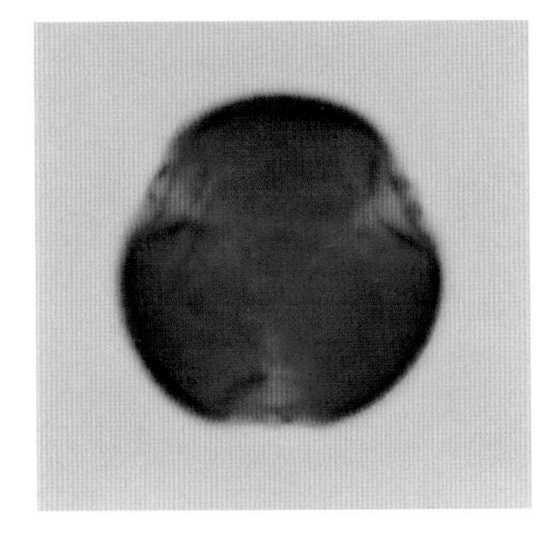

香荚莲（探春）*Viburnum farreri* W.T. Stearn

荚莲属落叶灌木。株高3米。小枝近无毛。单叶对生，叶倒卵状长椭圆形，中部以上最宽，先端具短尖，基部楔形或宽楔形，叶缘有锯齿，下面脉腋有簇生毛，侧脉5～7对，直达齿端。圆锥花序，花蕾粉红色；花冠高脚碟状，白色，有香气，先叶开放；雄蕊着生于花冠筒中部以上。花期4月～5月。

产于我国西北地区，花芳香。

光学显微镜下：

花粉近球形，具3孔沟，沟细长，内孔横长。外壁两层，外层厚。大小约（23~25）微米×22.5微米，表面具网状纹饰（×1200）。

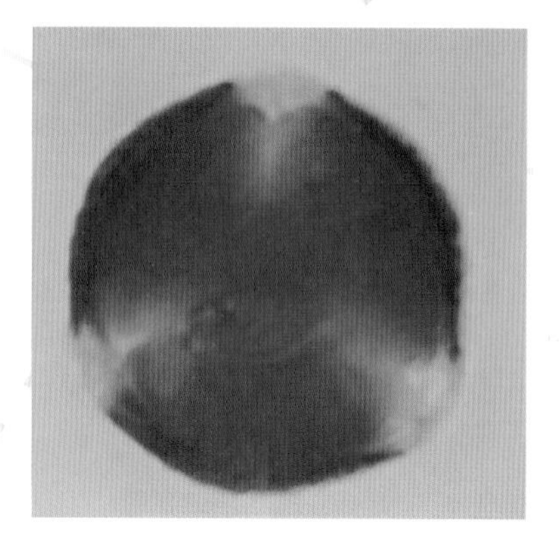

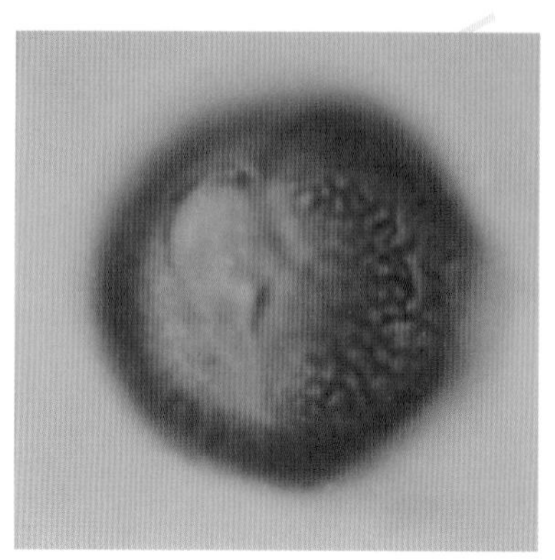

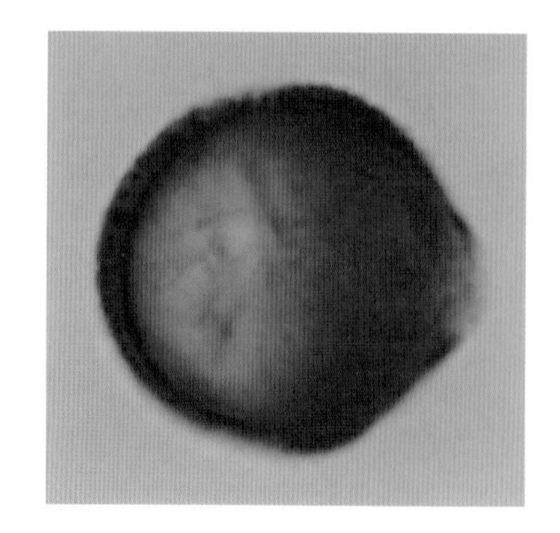

缬草 *Valeriana officinalis* L.

多年生草本。株高达1.5米。根茎匍匐生，有强烈气味。叶对生，3～9羽状深裂，先端渐狭，全缘或有锯齿。花伞房状，圆锥聚伞花序；花冠粉红色或白色。花期6月～7月。

分布于东北及西南各省。

光学显微镜下：

花粉扁球形，极面观三裂圆形，具3（拟孔）沟。大小为44.5微米×73微米。外壁表面短刺状纹饰（×1200）。

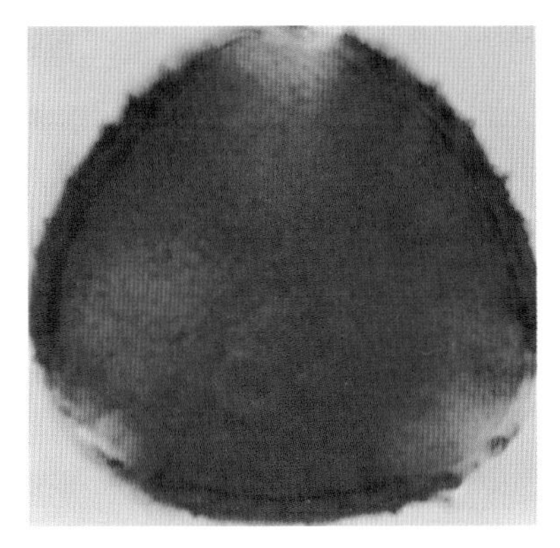

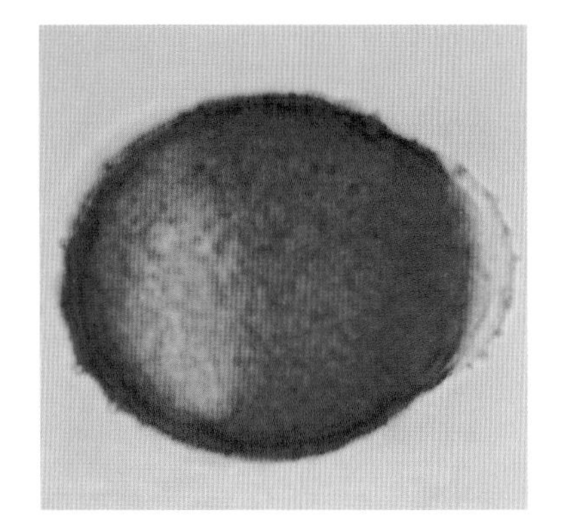

丝瓜 *Luffa cylindrica*（L.）Roem.

一年生攀援草本。卷须2～4叉。叶三角形、近圆形或宽卵形，通常掌状5裂，裂片常成三角形，先端渐尖或短尖，边缘有小锯齿；叶柄长5～8厘米。花单性，雌雄同株；雄花成总状花序，生于总花梗顶端；雌花单生。花冠黄色，直径5～9厘米。花期7月～9月。

原产印度，我国各地广泛栽培。

光学显微镜下：

花粉粒球形、近球形，大小约105微米×100.8微米。极面观浅三裂圆形，赤道面观扁圆形。具3孔沟，沟浅，孔大，圆形或椭圆形，具孔膜。外壁两层，表面具网状纹饰（×480）。

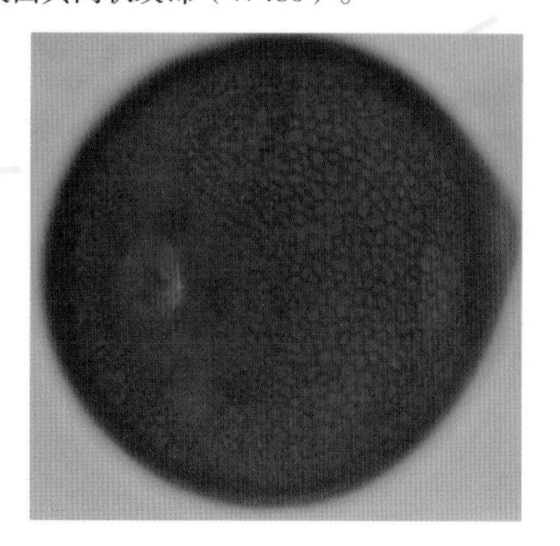

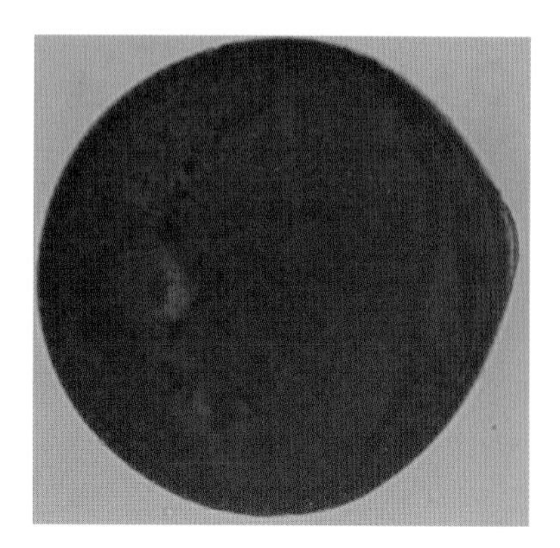

冬瓜 *Benincasa hispida*（Thunb.）Cogn.

一年生草本。茎密被黄褐色毛，卷须常分2～3叉。叶肾状圆形，5～7浅裂至中裂，边缘有小锯齿，两面生有硬毛，叶柄粗壮。花单生，雌雄同株，花梗被硬毛；花冠黄色，辐状，裂片宽倒卵形，先端钝圆，子房卵形或圆筒形，密生黄褐色硬毛。花期6月～8月，果期7月～10月。

全国各地均有栽培。

光学显微镜下：

花粉球形或近球形，大小63（54.6～71.4）微米×56.7（50.4～67.2）微米。极面观三裂圆形，赤道面观椭圆形。具3孔沟，内孔大而明显，沟细长。外壁层次不清，表面具粗网状纹饰，网眼大而不规则（×480）。

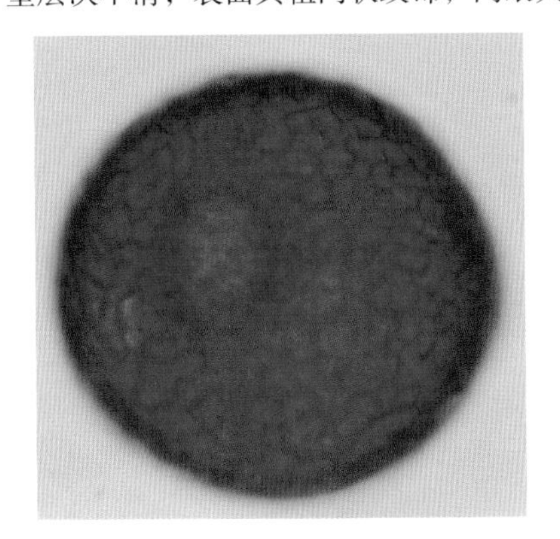

南瓜 *Cucurbita moschata*（Duch.）Poir.

一年生蔓生草本。茎长达数米，节处生根，粗壮，有棱沟，被短硬毛。单叶，互生，叶片心形或宽卵形，5浅裂或有5角，两面密被茸毛，边缘有不规则锯齿。花单性，雌雄同株，雄花冠钟状，黄色，5中裂。花、果期5月～9月。

世界各地均有栽培。

光学显微镜下：

花粉粒球形。直径约147.5（138～194）微米。具散孔，孔约11～13个。表面具刺，刺长约10微米（×480）。

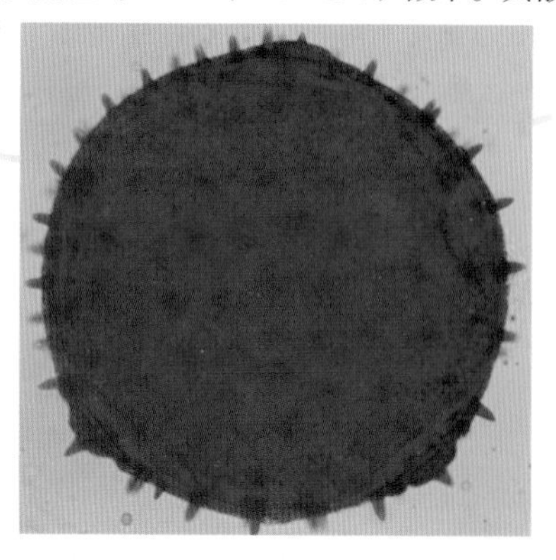

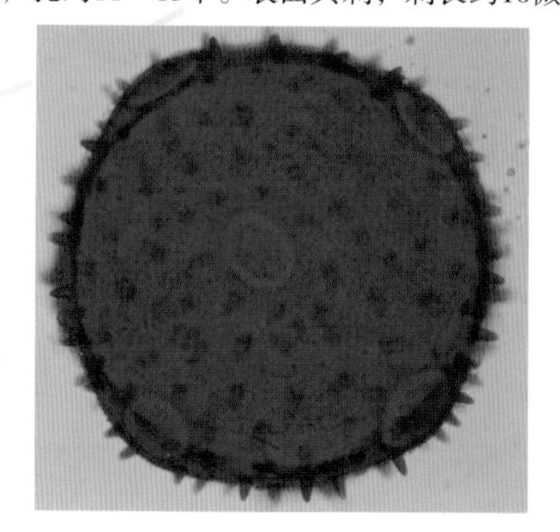

一枝黄花 *Solidago virgaurea* L.

多年生草本。株高40～100厘米。茎直立，有沟。基生叶早枯，茎下部叶具长柄；叶片卵形至长圆状披针形，先端急尖边缘有粗或浅锯齿。头状花序排列成总状或圆锥状；舌状花1层，舌片黄色；花冠筒状，黄色。花期8月～9月。

分布于东北、华北、新疆等地区。

光学显微镜下：

花粉近球形，大小为24微米×22.5微米。具3孔沟。表面具刺，每裂片具5刺（×1200）。

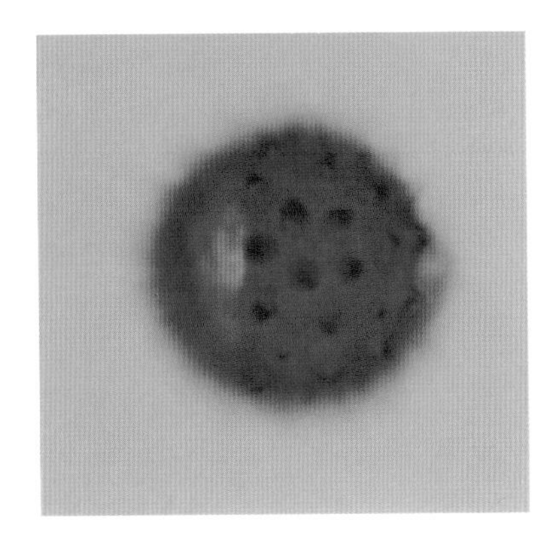

山马兰 *Kalimeris lautureana*（Debx.）Kitam.

多年生草本。株高50～80厘米。茎直立，上部分枝，具纵沟棱。基生叶与茎下部叶花时凋落，茎中叶质厚，披针形或长圆状披针形，先端渐尖或钝，基部渐狭无柄，全缘或有疏锯齿或浅裂；上部叶渐变小，线状披针形。头状花序，直径2～3厘米，单生茎顶或成疏伞房状：舌状花一层，舌片浅紫色；管状花褐色。花期7月～9月。

分布于东北、内蒙古、河北、山西、山东等地。

光学显微镜下：

花粉近球形到扁球形。直径30.5（29～34）微米。具3孔沟，每个裂片上具5刺（×1200）。

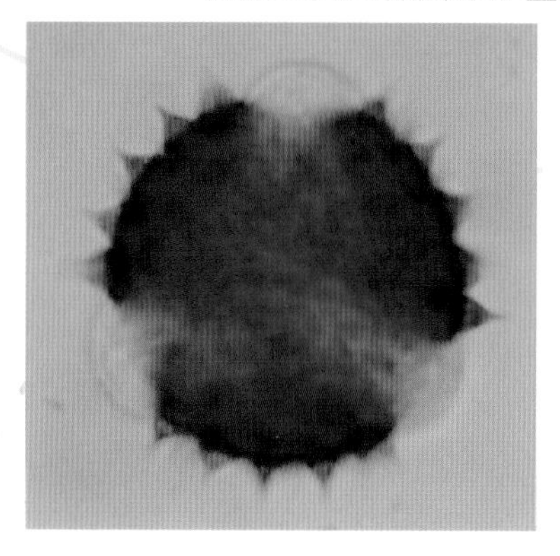

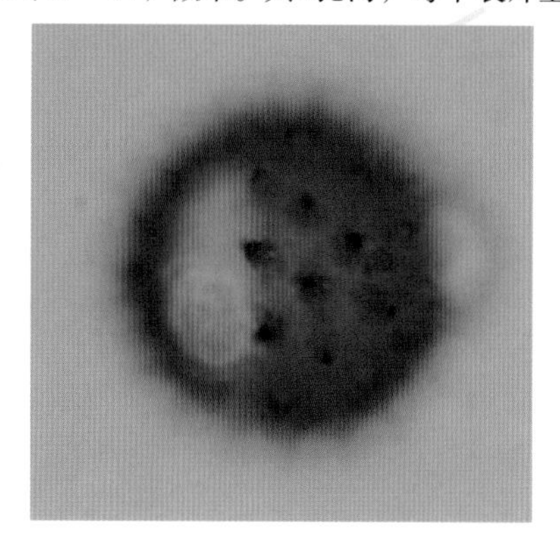

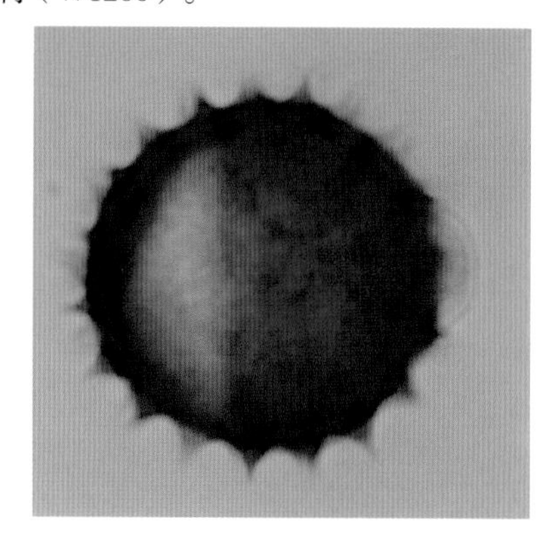

小蓬草 *Conyza canadensis*（L.）Cronq.

一年生草本。茎直立，高50～100厘米。淡绿色，上部多分枝。叶互生，线状披针形或长圆状线形，先端渐尖，全缘或具微锯齿，无明显叶柄。头状花序，在茎顶密集成长形圆锥状或伞房式圆锥状；外围有2至多层雌花；中央少数两性花。花期6月～7月。

原产北美，我国大部分省市均有分布。

光学显微镜下：

花粉粒近球形，极面观三裂圆形，赤道面观近球形，大小约21微米×19微米。具3孔沟，沟端开口处较宽表面具刺状纹饰。（×1200）。

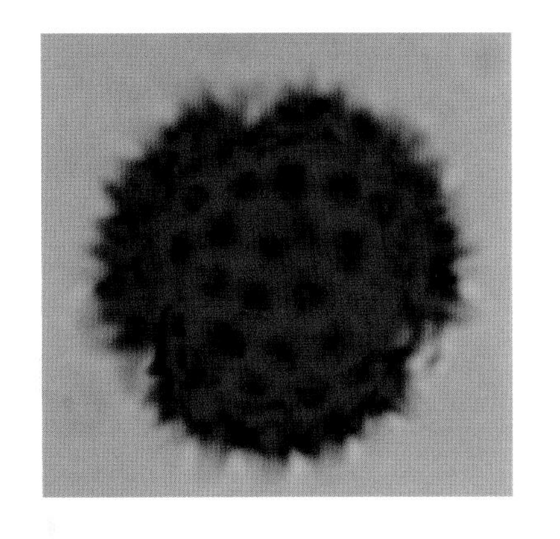

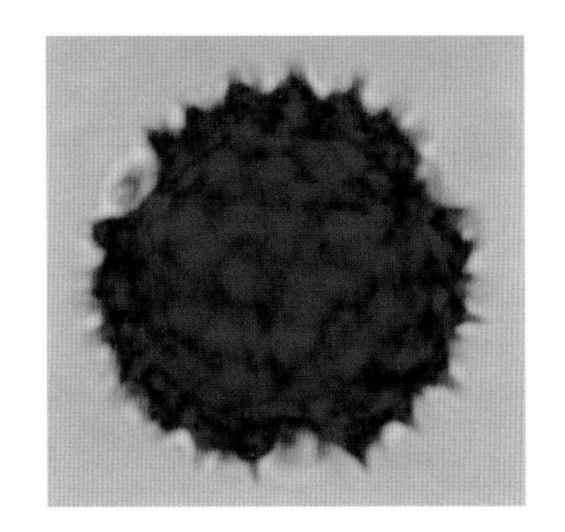

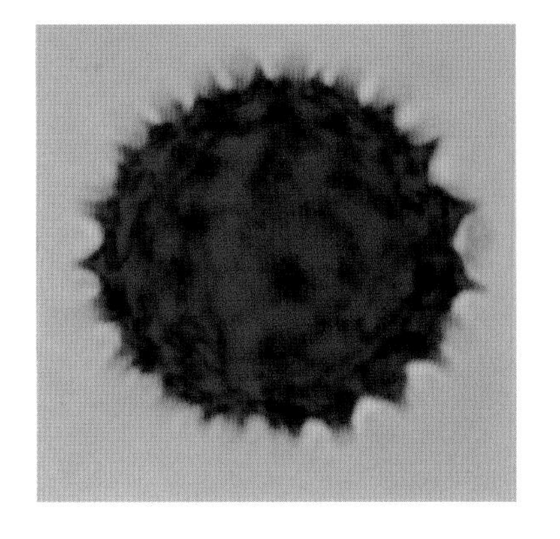

旋覆花 *Inula japonica* Thunb.

多年生草本。株高20～70厘米。茎直立，被长柔毛，上部有分枝。基生叶渐狭或急狭，椭圆形或长圆形。头状花序，苞叶线状披针形。总苞半球形。舌状花黄色，舌片线形；管状花黄色。花、果期6月～10月。

分布于黑龙江、内蒙古、河北、新疆等省区。

光学显微镜下：

花粉粒球形，直径29.5（27～32.5）微米。具3孔沟。外壁具刺，每裂片多具4刺（×1200）。

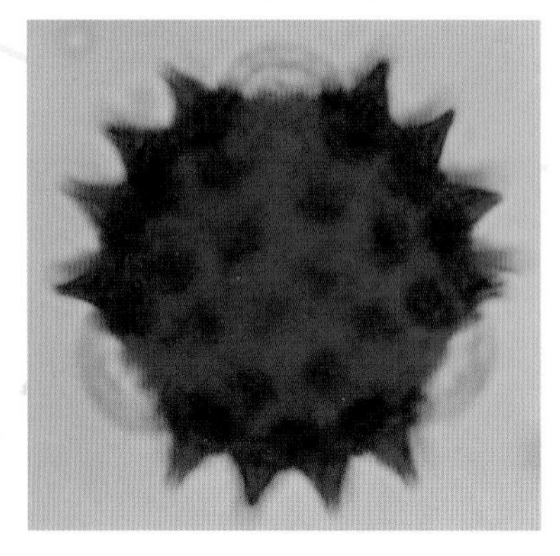
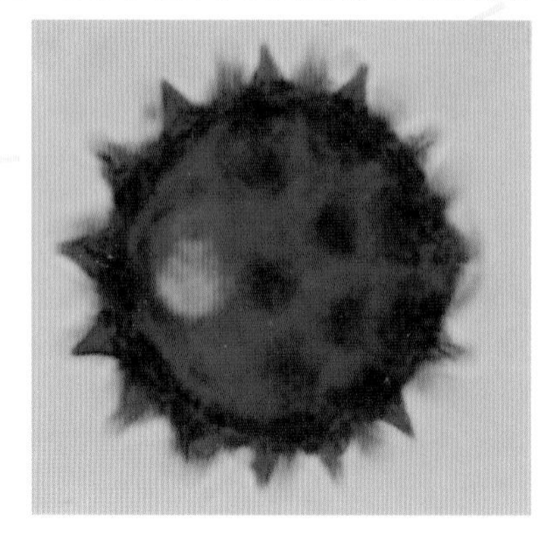
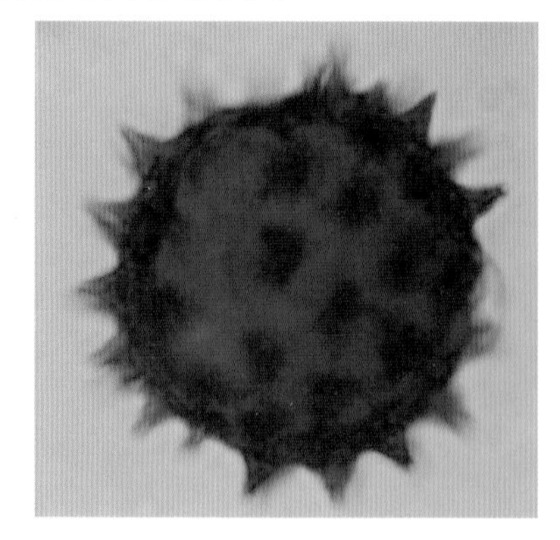

苍耳 *Xanthium sibiricum* Patrin ex Widd.

一年生草本。高30～90厘米。叶三角状卵形或心形，边缘有缺刻及不规则的粗锯齿。雄头状花序近圆形，密生柔毛；雌头状花序椭圆形。花期7月～8月。

广布于全国各地。

光学显微镜下：

花粉粒近球形，略扁，大小约24.5微米×25.5微米。具3孔沟，沟短。外壁较厚，外层厚于内层，表面具不明显的刺状突起（×1200）。

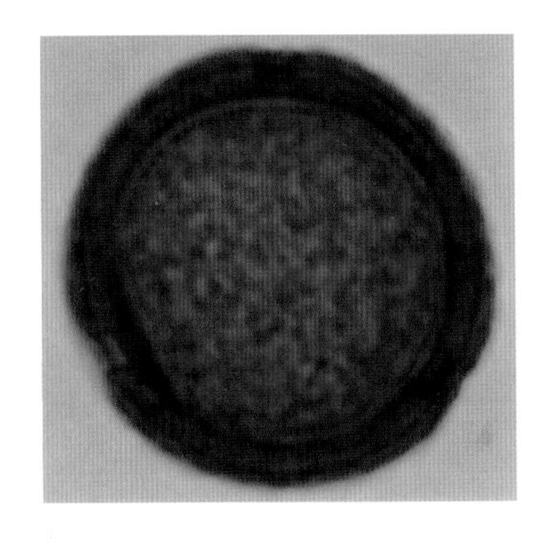

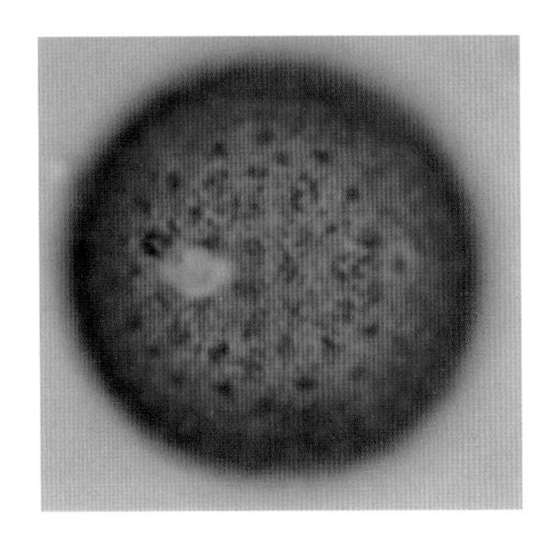

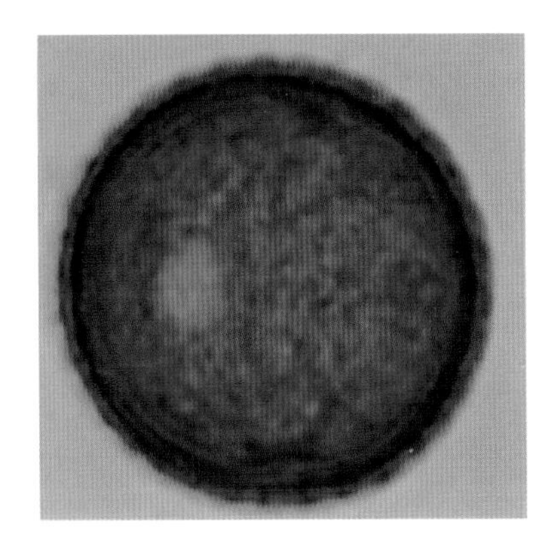

苍耳 *Xanthium sibiricum* Patrin ex Widd.

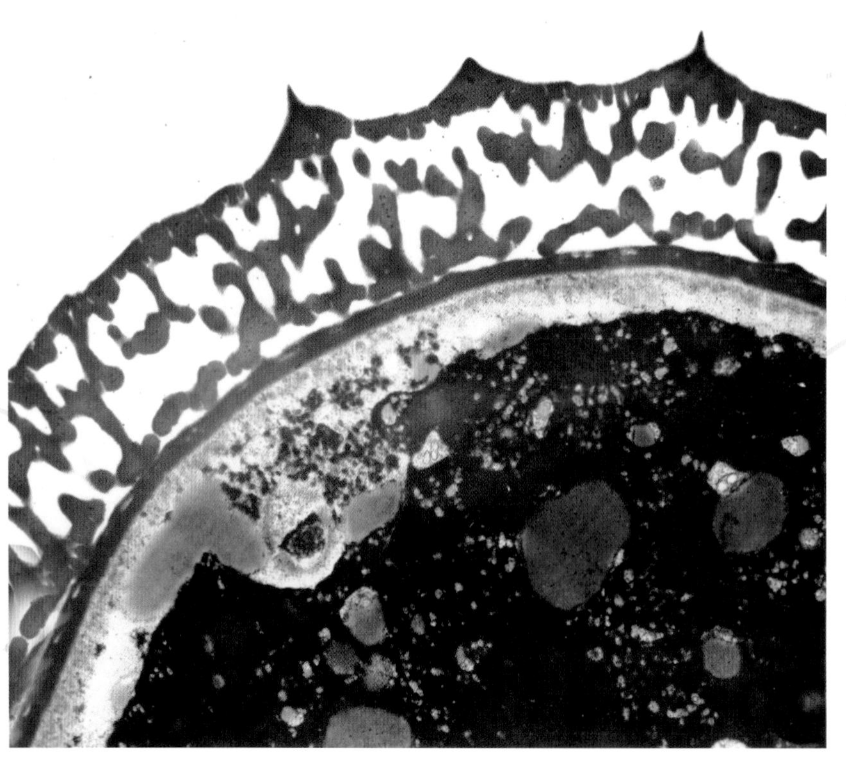

扫描电镜下：

赤道面观花粉粒扁球形。具一赤道孔。表面刺状纹饰，刺极短，基部宽（×6000）。

透射电镜下：

外壁被层表面具稀疏小尖刺；柱状层薄厚不一；垫层结构均匀。内壁薄（×12000）。

豚草 *Ambrosia artemisiifolia* L.

一年生草本。高30～100厘米。上部叶互生，羽裂；下部叶对生，两回羽裂，被短糙毛。雄头状花序具细短梗，排列成总状花序；雌头状花序无梗，在雄花序下面或上部叶腋单生或2～3聚生。花期7月下旬至9月上旬。

原产北美，我国华北、东北及长江流域等大部分省市有野生，一些地区已蔓延成灾。

光学显微镜下：

花粉球形，极面观三裂圆形，赤道面观近圆形。直径17～19微米。具3孔沟，孔椭圆形，沟细短。表面刺状纹饰（×1200）。

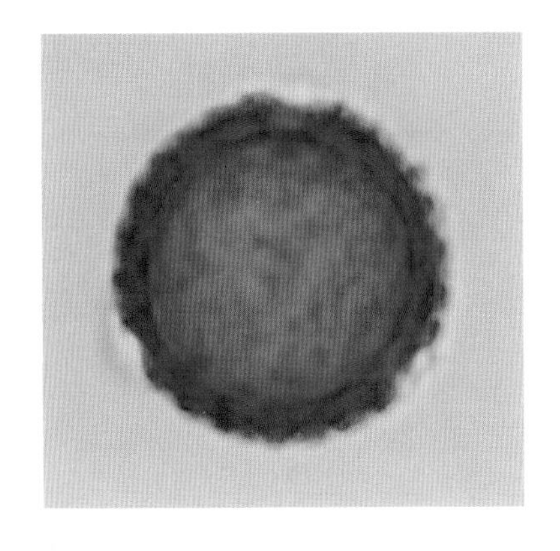

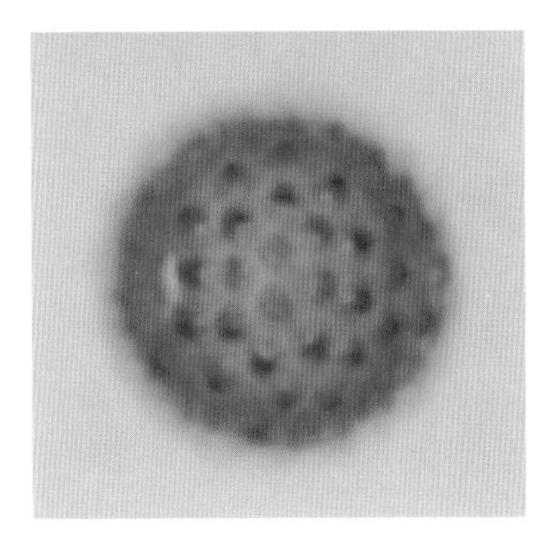

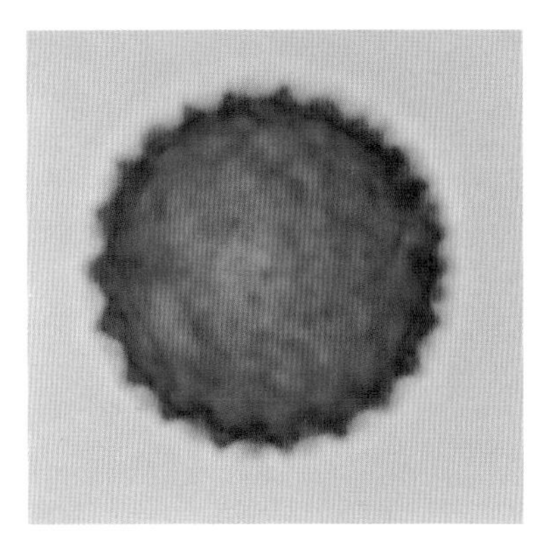

豚草 *Ambrosia artemisiifolia* L.

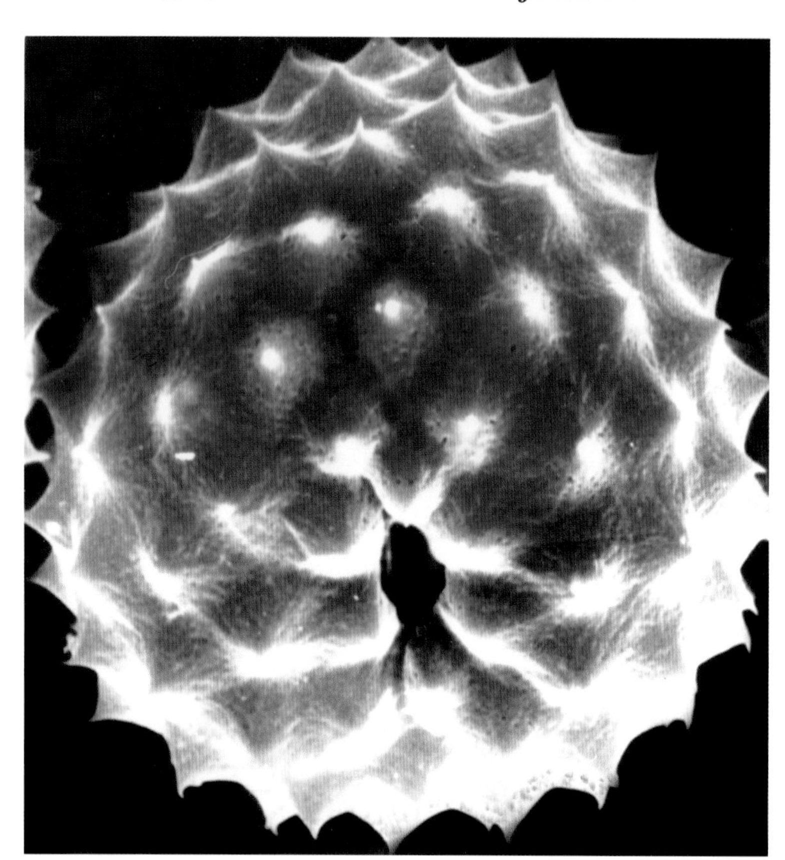

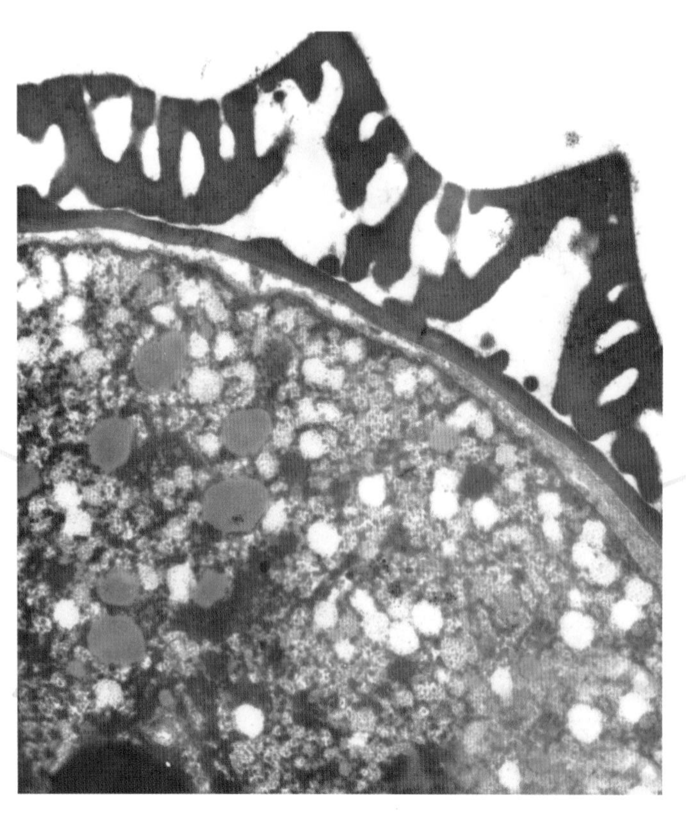

扫描电镜下：

花粉粒球形。极面观，孔沟被隆起的小刺覆盖，观察不到；赤道面观，只看到一个孔，无孔膜覆盖。花粉表面具刺状纹饰：小刺末端多数锐尖，并歪向不同方向；刺基部宽，具无数小穴点，点圆形，较浅，分布均匀（×6000）。

透射电镜下：

外壁外层厚2.5微米（包括刺），由被层、柱状层和垫层组成。被层较厚，表面具尖刺，刺基部宽，内由柱状结构组成：柱状层薄，不明显，垫层结构均匀。内壁薄，不明显（×18000）。

三裂叶豚草 *Ambrosia trifida* L.

野外蔓生

三裂叶豚草 *Ambrosia trifida* L.

一年生草本，高可达3米以上。叶对生，掌状3～5裂或不裂。雄花序具细梗，排列成总状花序；雌头状花序无梗，在雄花序下或叶腋内聚生成轮。花期8月中旬至9月上旬。

原产北美，我国东北、辽宁、河北秦皇岛有大面积生长，近年北京门头沟地区亦发现有大面积生长。

光学显微镜下：

花粉球形。直径19（18～20）微米。极面观三裂圆形，赤道面观圆形；具3孔沟。表面刺状纹饰（×1200）。

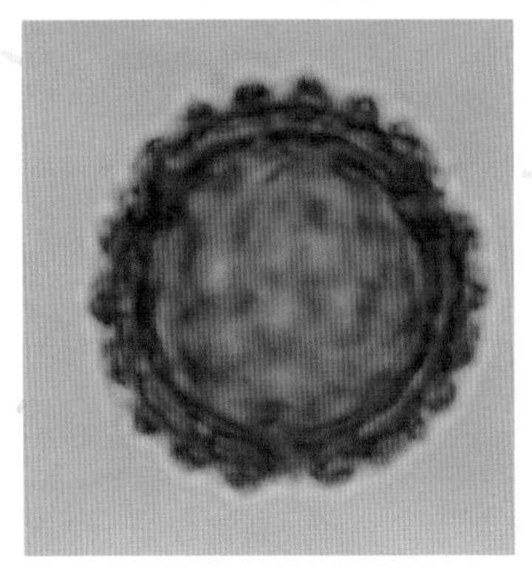

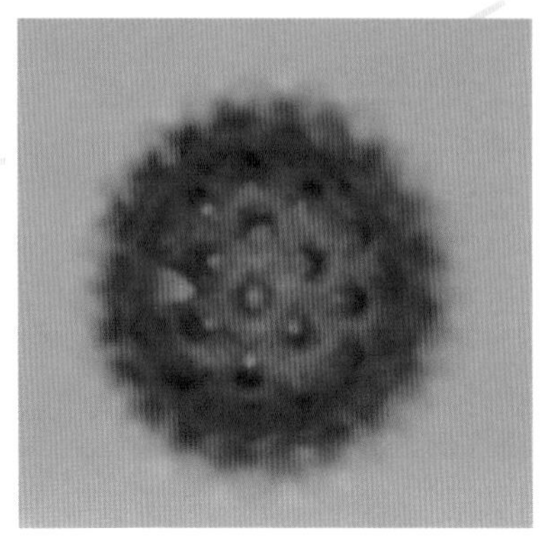

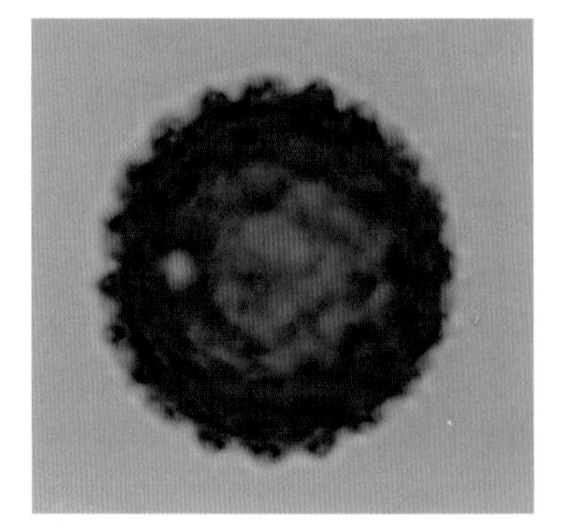

三裂叶豚草 *Ambrosia trifida* L.

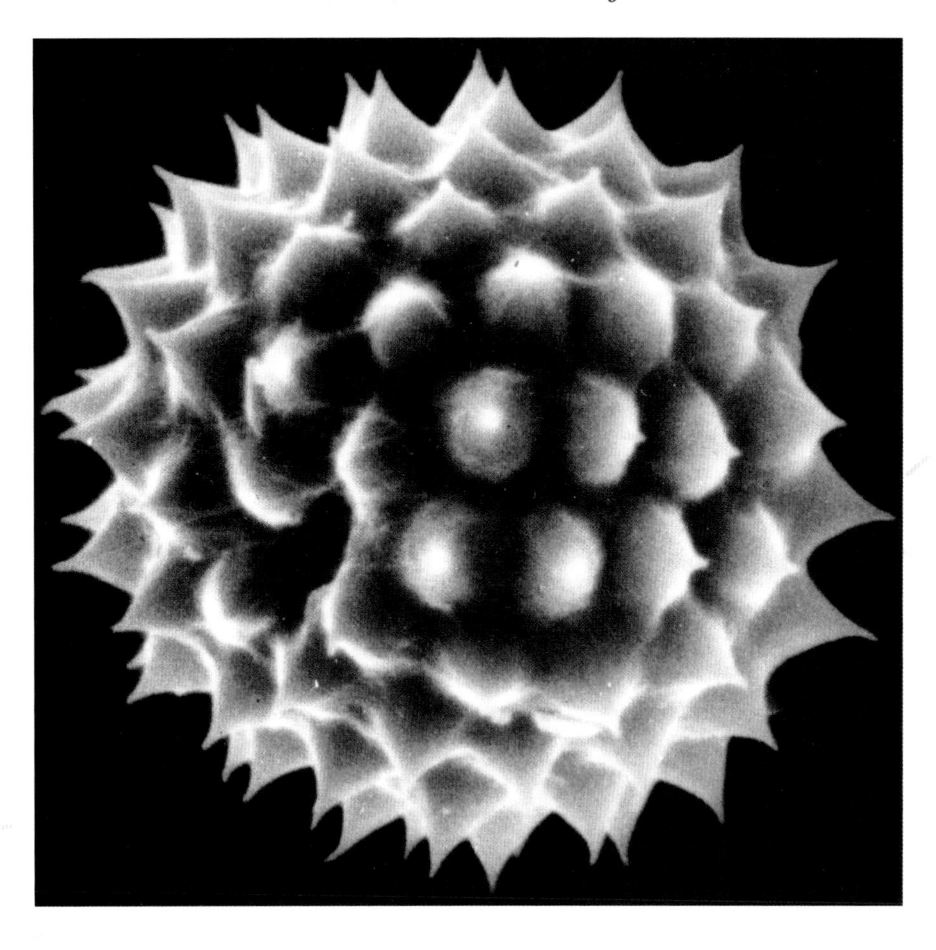

扫描电镜下：

花粉粒球形。赤道面观少数花粉粒可看到在球面的一侧有一条弧形的沟，沟中间具一个孔；有的花粉粒仅见一个孔，而沟模糊不清。孔圆形，直径约1.5微米，无孔膜覆盖。花粉粒表面满布刺状纹饰、刺末端锐尖，基部较宽，最大约1.5微米。刺分布均匀（×6000）。

透射电镜下：

外壁外层厚度2微米（包括刺），由被层、柱状层和垫层组成。被层较厚，1.8微米，表面具尖刺，基部宽，内由明显的柱状结构组成；柱状层薄，不明显；被层结构均匀，厚度较一致。外壁内层薄，厚度均匀（×12000）。

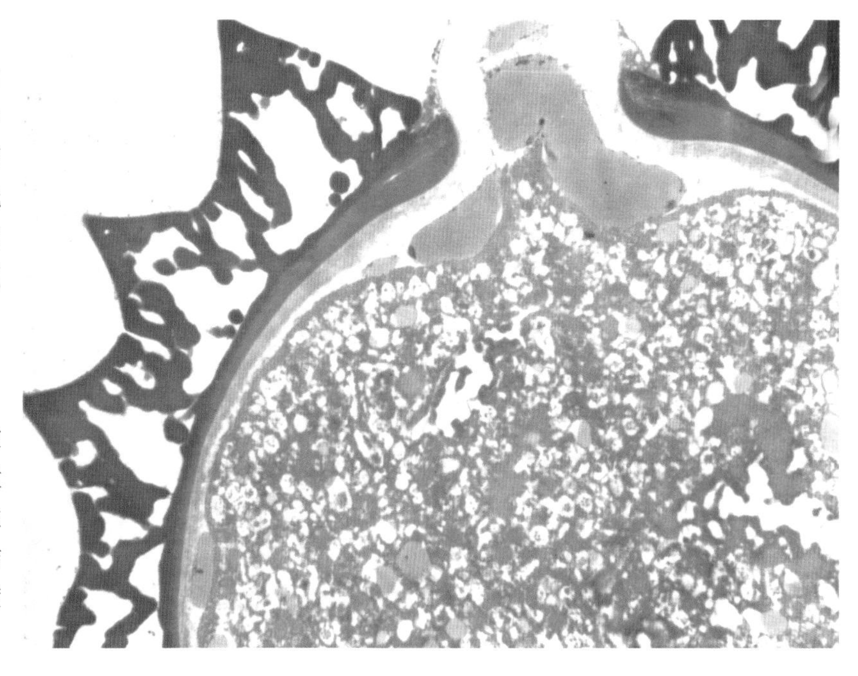

向日葵 *Helianthus annuus* L.

一年生草本。茎直立。高1～3米，粗壮。叶互生，心状卵形或卵圆形，边缘具锯齿，有长柄。头状花序，极大，单生于茎顶或枝端，常下倾。舌状花多数，黄色，舌片开展，不结实；管状花极多，有细齿，棕色或紫色，裂片披针形，结果实。花期7月～9月。

原产北美，我国广泛栽培。

光学显微镜下：

花粉球形，极面观三裂圆形，赤道面观椭圆形，直径28.9（26.8～31.5）微米。具3孔沟。表面具刺状纹饰，每裂片大多5刺（×1200）。

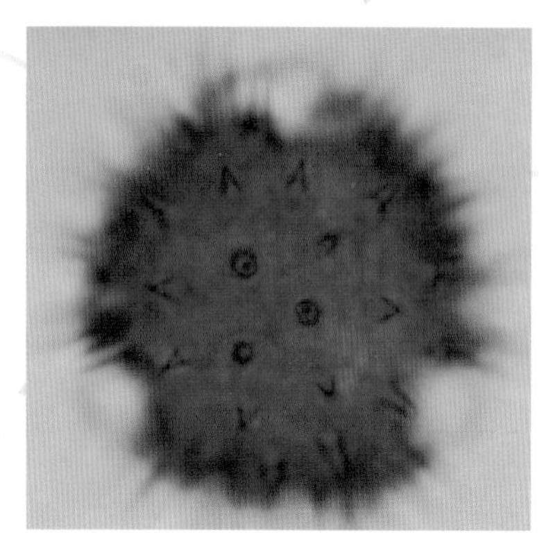

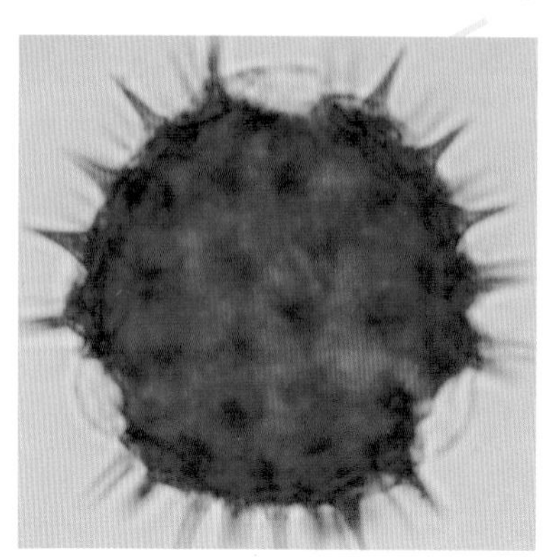

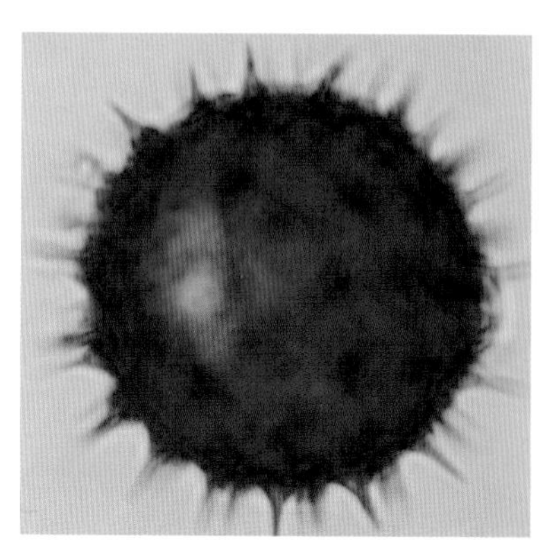

向日葵 *Helianthus annuus* L.

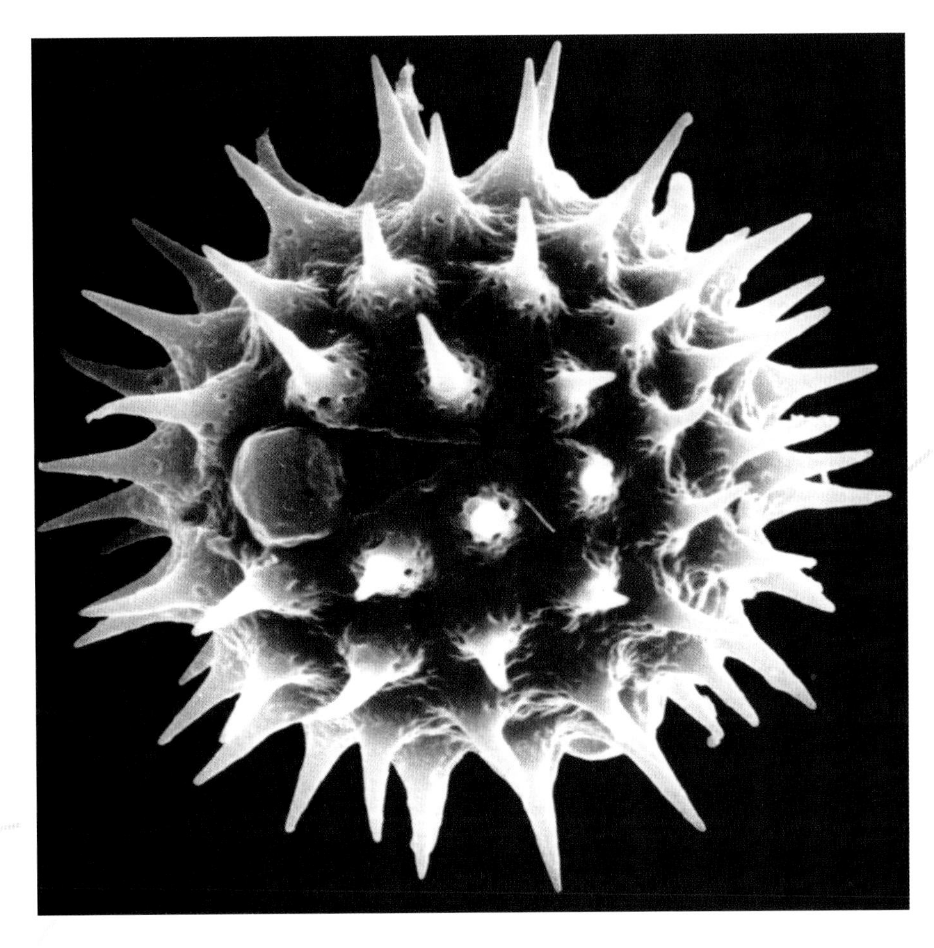

扫描电镜下:

花粉粒球形。表面具长刺状纹饰，刺末端尖，基部宽，有多个小洞穴（×3500）。

透射电镜下:

外壁外层厚度2.1微米（不包括刺）。被层较厚，表面具长刺，基部由明显的柱状结构组成；柱状层较薄，末见小柱；垫层结构均匀，厚度较一致。内壁薄（×11000）。

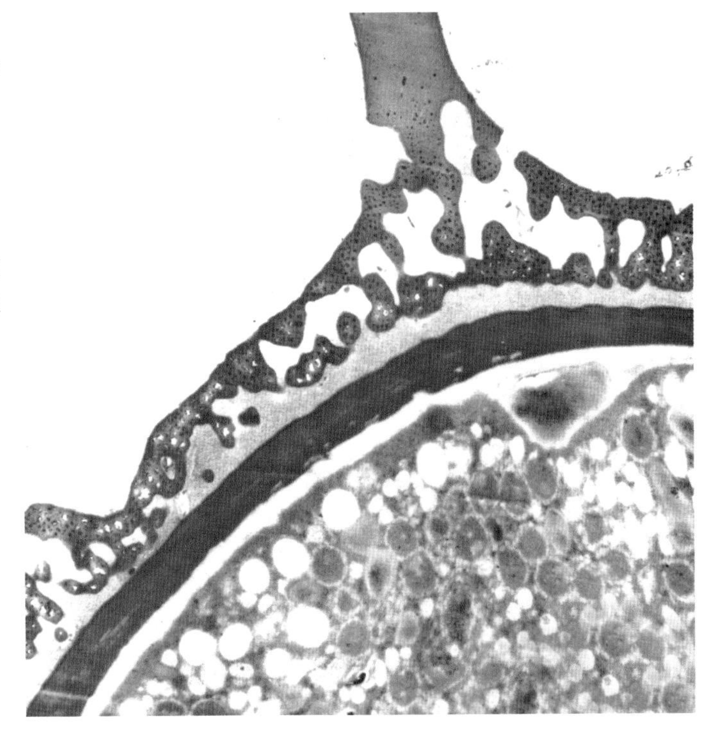

菊芋（洋姜）*Helianthus tuberosus* L.

多年生草本。植株高2～3米。具块茎及纤维状根。茎直立，上部有分枝。下部叶对生，上部叶互生，叶卵形或卵状椭圆形，先端锐尖或渐尖，边缘有粗锯齿。头状花序，舌状花黄色，舌片椭圆形；管状花黄色。花期8月～10月。

原产北美，我国各地普遍栽培。

光学显微镜下：

花粉球形。极面轮廓圆形，直径31.5～36.1微米，平均33.8微米。具3孔沟。外壁两层，外层厚于内层，表面刺状纹饰（×1200）。

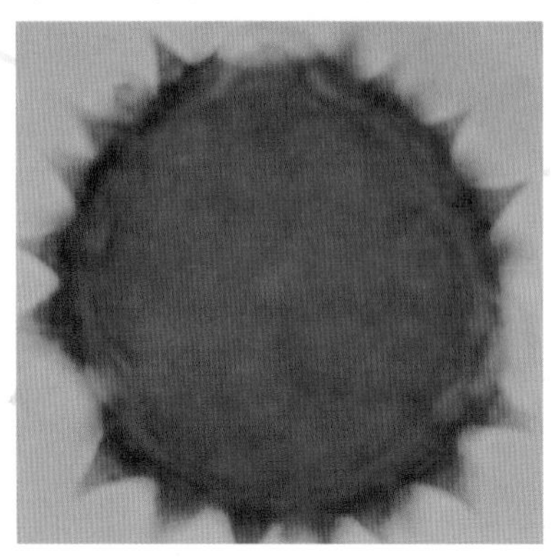

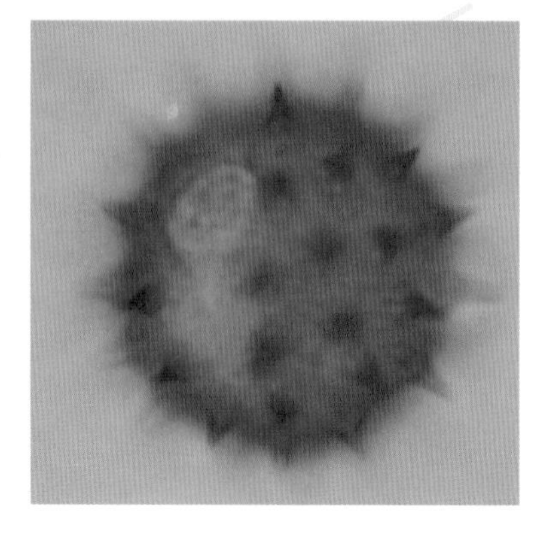

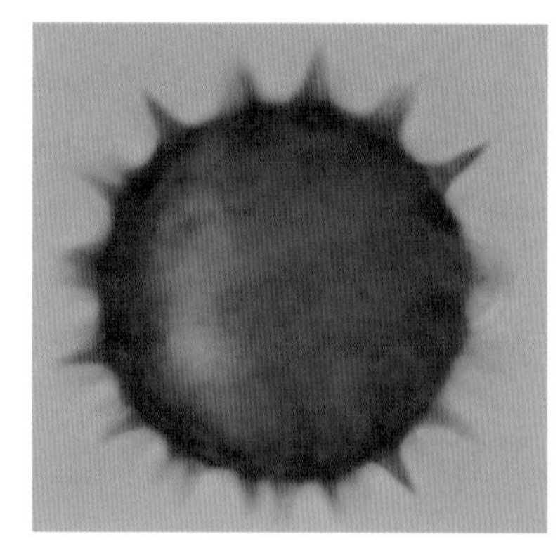

大花金鸡菊 *Coreopsis grandiflora* Hogg.

多年生草本。株高30～80厘米。茎直立，上部分枝。叶对生，基部叶有长柄，披针形或匙形；下部叶羽状全裂，裂片长圆形。头状花序，单生枝端，具长花序梗。舌状花黄色，8朵，舌片宽大；管状花两性，黄色。花期6月～9月。

原产北美，北京多见栽培。

光学显微镜下：

花粉球形，直径20～26.5微米。具3孔沟。表面具尖刺。每个裂片一般均具5刺（×1200）。

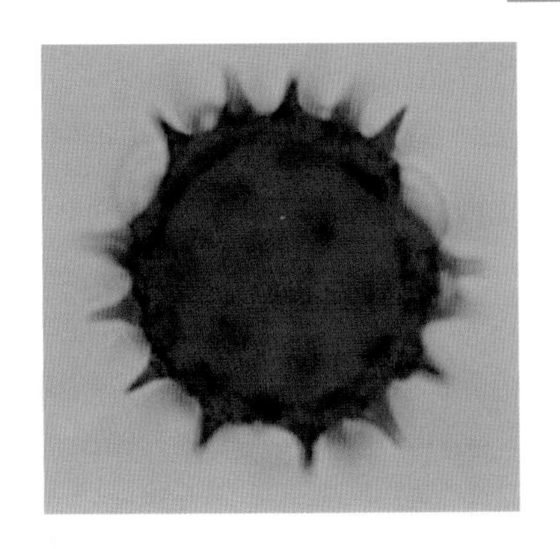

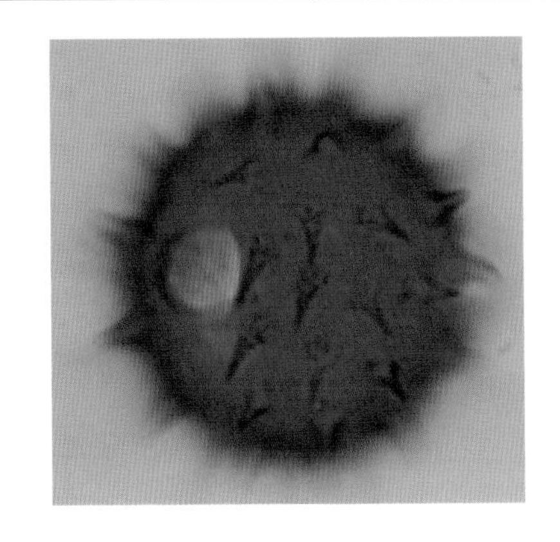

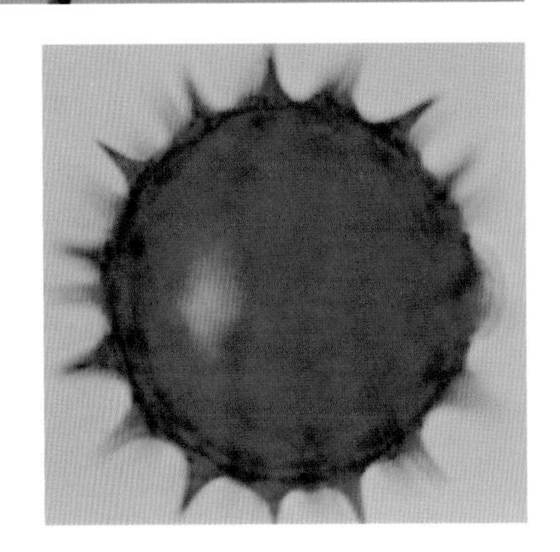

大花金鸡菊 *Coreopsis grandiflora* Hogg.

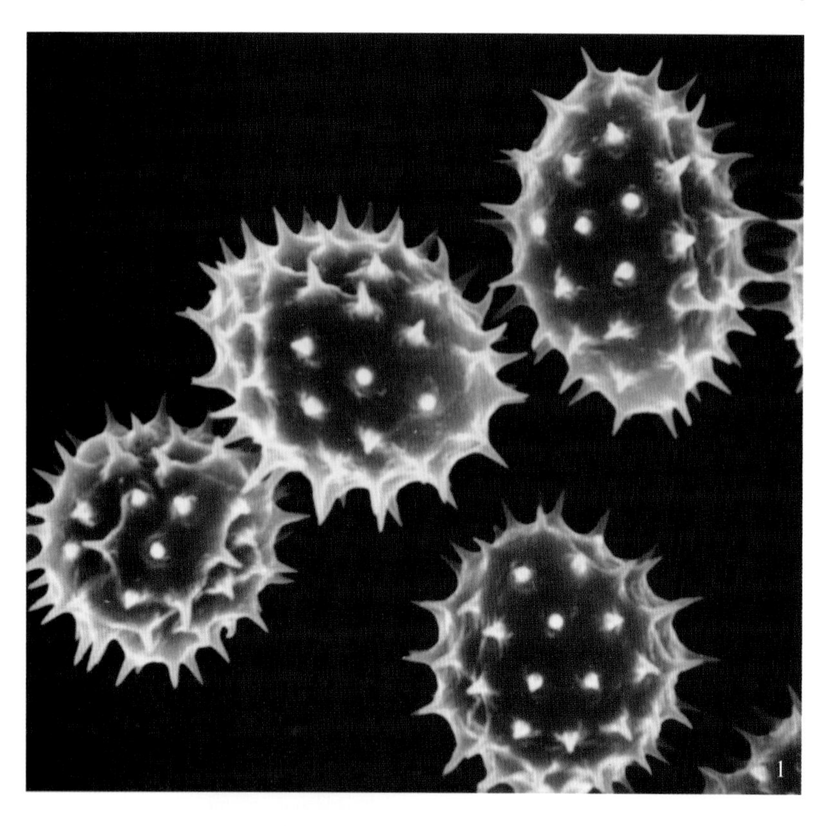

扫描电镜下：

花粉长球形，具刺状纹饰（1. ×4000；2. ×7000）。

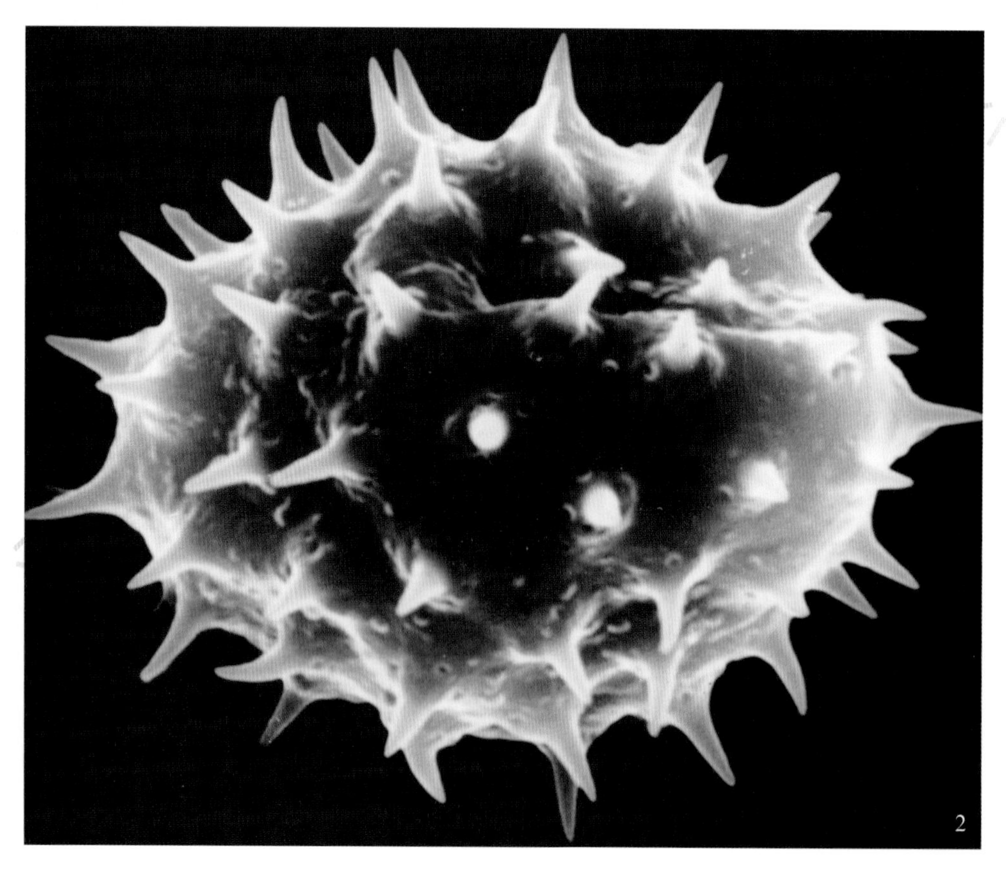

大丽花（西番莲）*Dahlia pinnata* Cav.

多年生草本。茎直立，高1～2米，粗壮。叶对生，1～3回羽状全裂，上部叶有时不分裂，裂片卵形或长圆状卵形，两面无毛；叶柄基部扩张，几近相连。总状花序大，有长花序梗，茎6～12厘米。总苞片外层约5片。卵状椭圆形，叶状。舌状花通常8朵，白色、红色或紫色，卵形，顶端有不明显的3齿或全缘；管状花黄色。花期6月～10月。

原产于墨西哥，世界广泛栽培。

光学显微镜下：

花粉球形，大小41.5微米×41.5微米。表面具长刺（×1200）。

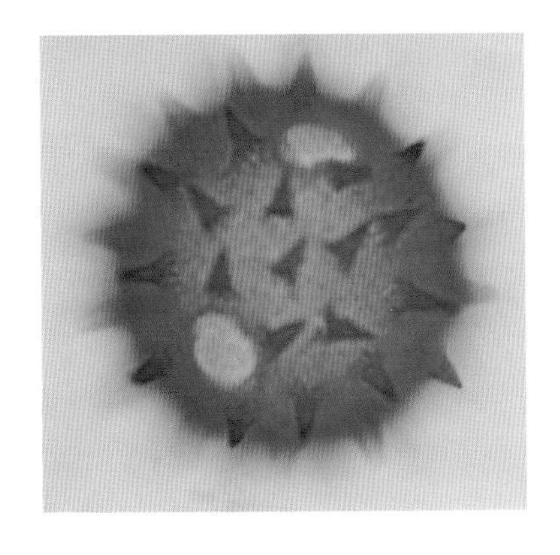

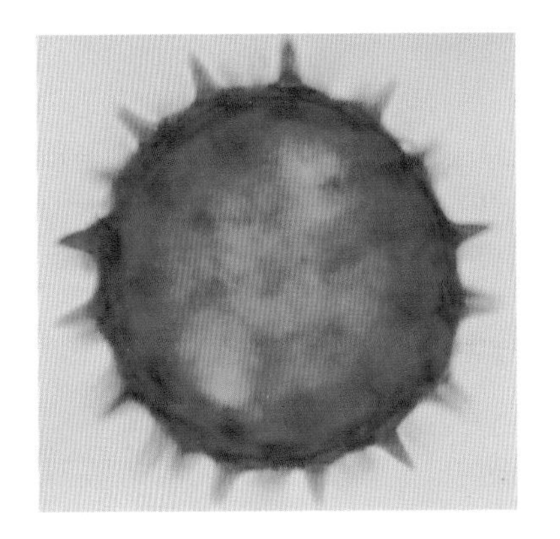

大丽花（西番莲）*Dahlia pinnata* Cav.

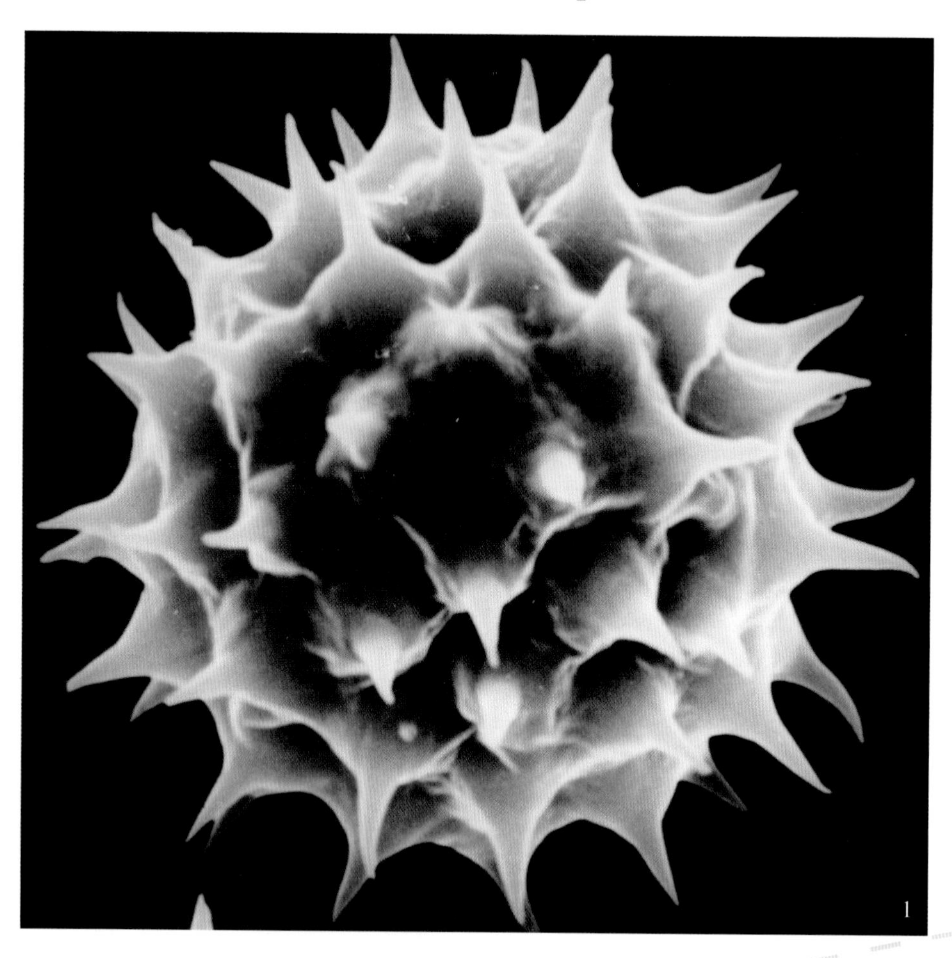

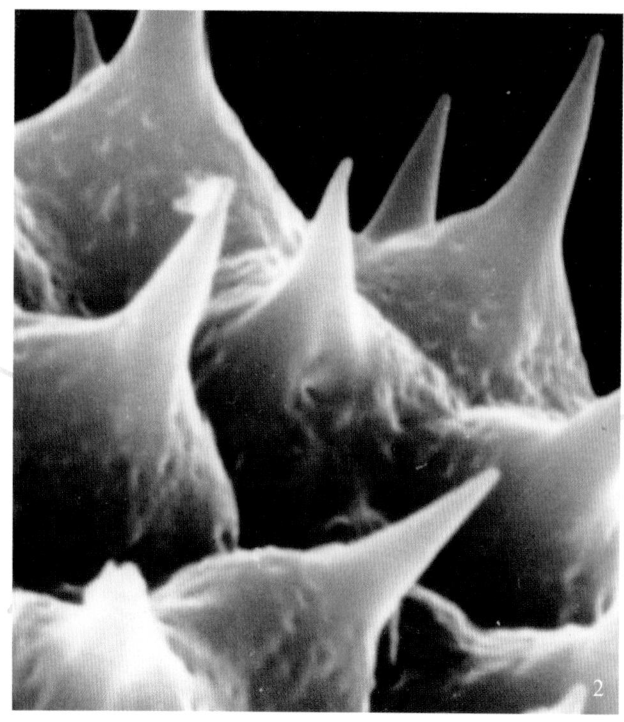

扫描电镜下：

花粉球形，具尖刺（1. ×6000； 2. ×13500）。

串叶松香草（菊花草）*Silphium perfoliatum* L.

多年生草本。株高2～3米。茎直立，四棱形，光滑无毛，上部分枝，叶对生，卵形，先端急尖，边缘具粗锯齿。头状花序，在茎顶成伞房状；舌状花黄色，两性。花期6月～9月。

原产加拿大和美国南部、西部，我国引入，北京有栽培。

光学显微镜下：

花粉球形。直径22～26.5微米。具3孔沟。表面具尖刺，每个裂片5刺（×1200）。

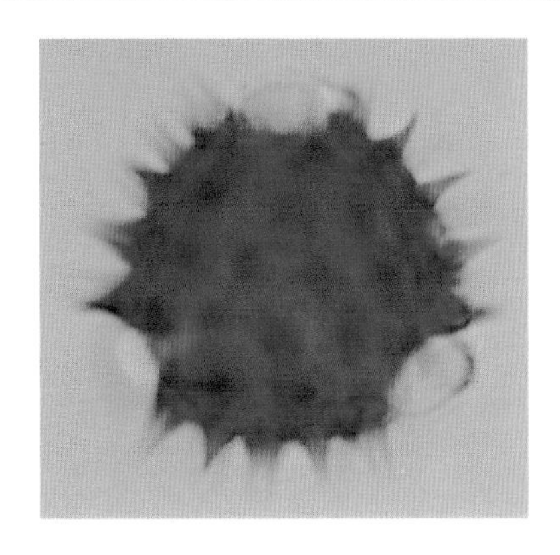

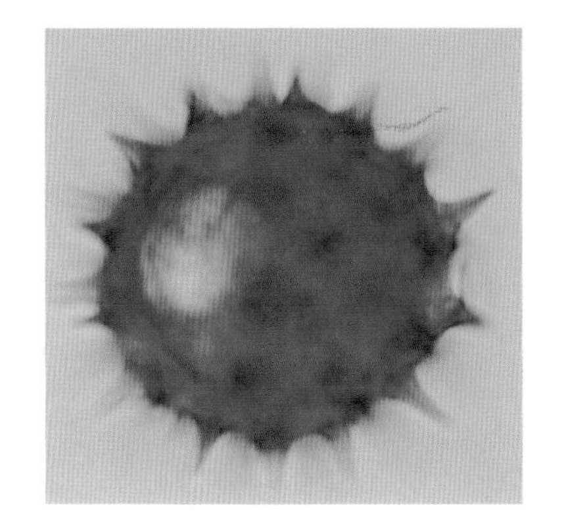

秋英（大波斯菊）*Cosmos biplinnatus* Cav.

一年生草本。植株高1～2米。茎直立，有分枝。叶对生，二回羽状深裂，裂片线形，全缘。头状花序，单生。舌状花8，红色、粉色或白色，舌片椭圆状倒卵形，长2～3厘米，有3～5钝齿；管状花黄色。花期6月～8月。

原产墨西哥，北京普遍栽培。

光学显微镜下：

花粉近球形，直径23～27.5微米。极面观三裂圆形，具3孔沟；赤道面观椭圆形。表面具尖刺（×1200）。

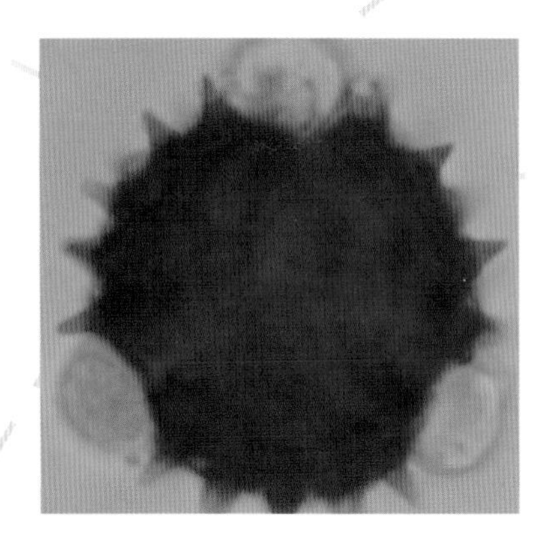

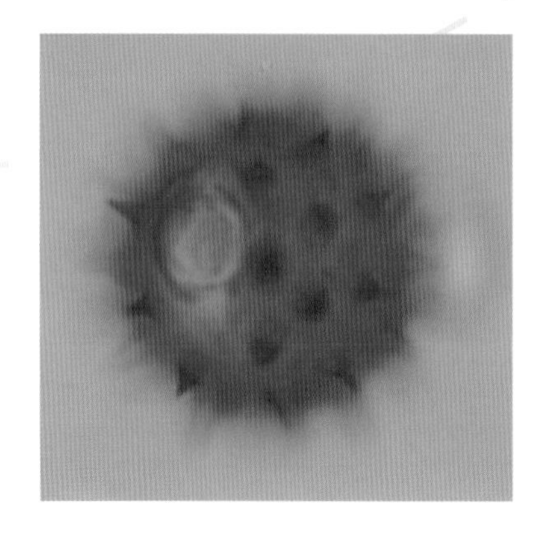

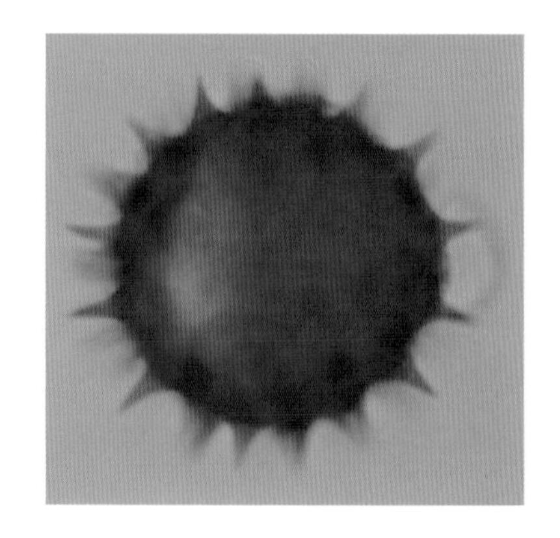

辣子草 *Galinsoga parviflora* Cav.

一年生直立草本，株高30～50厘米。茎直立，有分枝。叶对生，卵圆形至披针形。先端渐圆或钝，基部圆形或宽楔形，边缘有浅圆齿或近全缘。头状花序小。舌状花通常5个，白色，一层，雌性；管状花黄色，两性，顶端5齿裂。花、果期7月～10月。

原产北美，分布云南、贵州、西藏。

光学显微镜下：

花粉球形，直径23.5（20.5～26.5）微米。外壁外层厚于内层，表面具刺，末端尖。每裂片具6刺（×1200）。

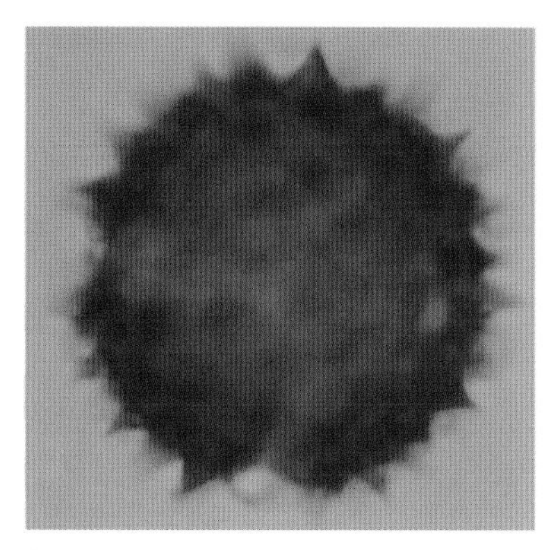

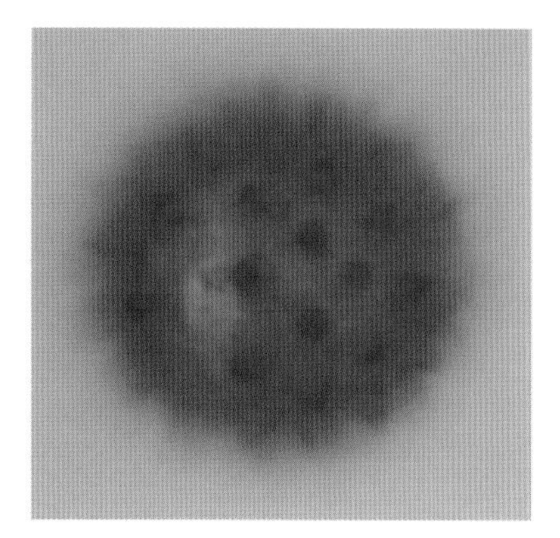

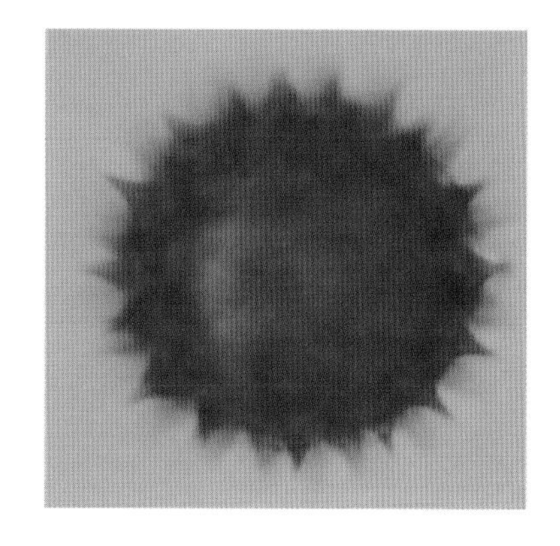

蓍（千叶蓍）*Achillea millefolium* L.

多年生草本。高达40~100厘米。茎直立。叶无柄，披针形、长圆状披针形或近线形，2~3回羽状全裂。头状花序，多数，密集成复伞房状。舌状花白色；管状花黄色。花期7月~9月。

原产亚洲和欧洲，北京各公园及庭院常见栽培。

光学显微镜下：

花粉球形。极面观三裂圆形，直径24.5（23~27）微米。表面具刺，网状纹饰（×1200）。

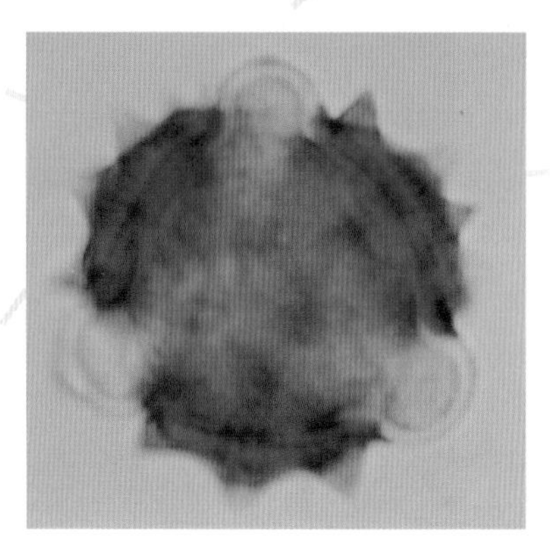

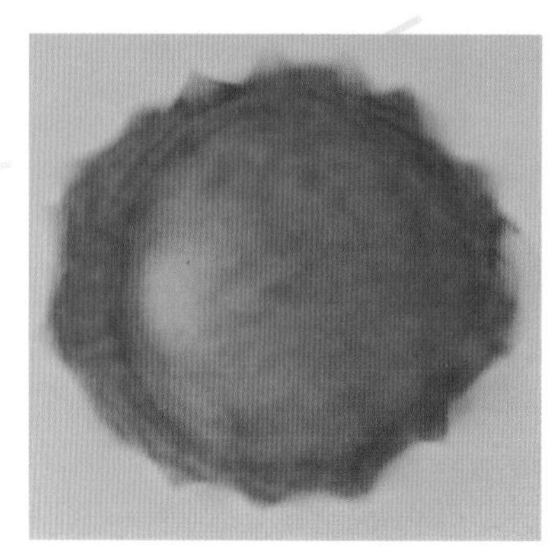

菊花（秋菊）*Dendranthema morifolium*（Ramat.）Tzvel. in Fl.

多年生草本。株高30 ~ 90厘米。茎直立，基部木质，多分枝。叶有柄，卵形至披针形，先端钝或锐尖，基部近心形或宽楔形，羽状深裂或浅裂，裂片长圆状卵形至近圆形，边缘有缺刻和锯齿。叶柄长或短，有沟槽。头状花序，单生或数个集生于茎顶。舌状花冠白色或其他颜色；管状花黄色。花、果期9月 ~ 10月。

原产我国。

光学显微镜下：

花粉近球形。极面观三裂圆形。直径29.5微米。具3孔沟。表面刺状纹饰（×1200）。

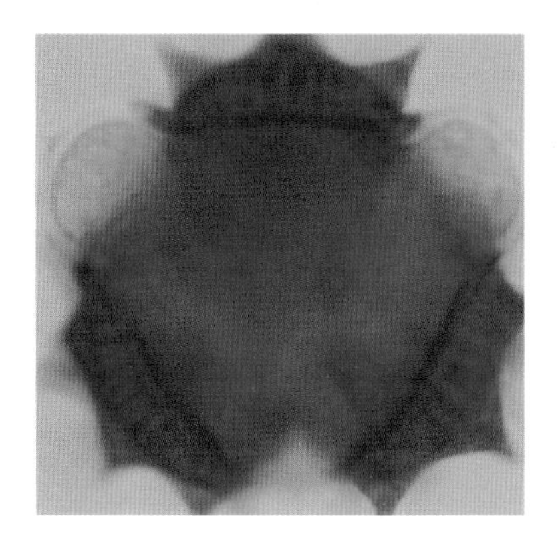

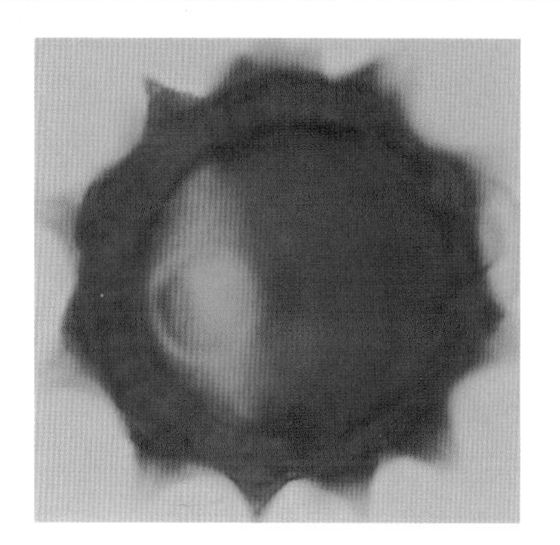

甘菊 *Dendranthema lavandulifolium*（Fisch.ex Trautv.）Kitam.

多年生草本。株高30～150厘米。茎直立，中部以上多分枝。茎中部叶宽卵形或椭圆状卵形，2回羽状分裂，1回全裂。头状花序，直径1～1.5厘米，通常多数在茎顶排成复总状花序。舌状花黄色，舌状椭圆形，长5～7毫米。花期9月～10月。

分布于东北、河北、山西、内蒙古、山东、陕西、甘肃、青海、新疆、江西、江苏、浙江、四川、湖北及云南。

光学显微镜下：

花粉近球形。直径28.5（28～32）微米。具3孔沟，每裂片具4刺（×1200）。

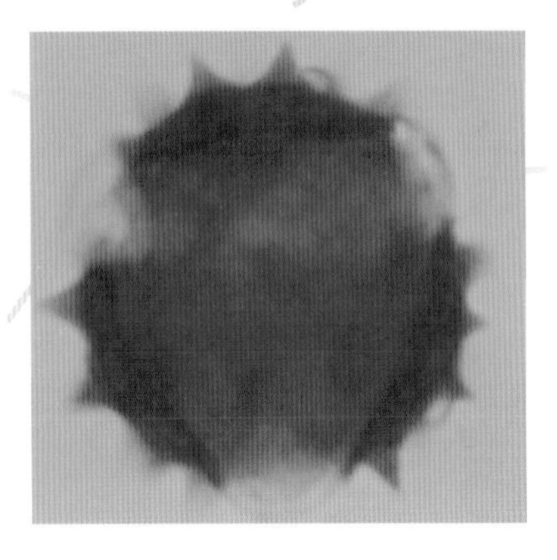

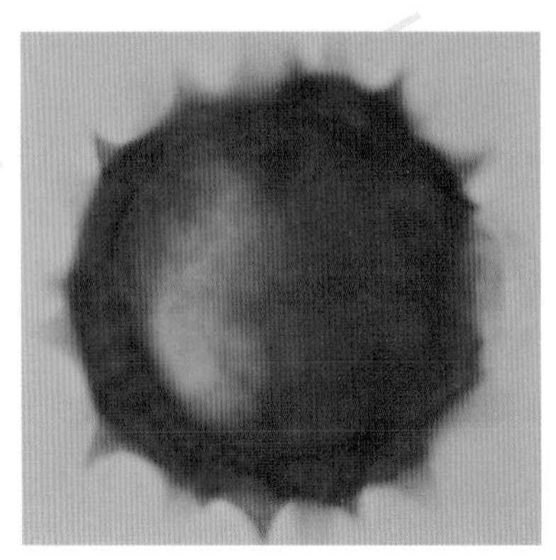

艾菊（菊蒿）*Tanacetum vulgare* L.

多年生草本。高30～150厘米。茎直立，上部常分枝。叶二回羽状分裂或深裂。头状花序黄色，多数在茎与分枝顶端排成复伞房状。花期7月～8月。

分布于我国东北、内蒙古、新疆，朝鲜、俄罗斯、蒙古、日本也有。

光学显微镜下：

花粉三裂圆形，具三孔沟，表面具刺，每个裂片4刺。大小约27微米×24微米（×1200）。

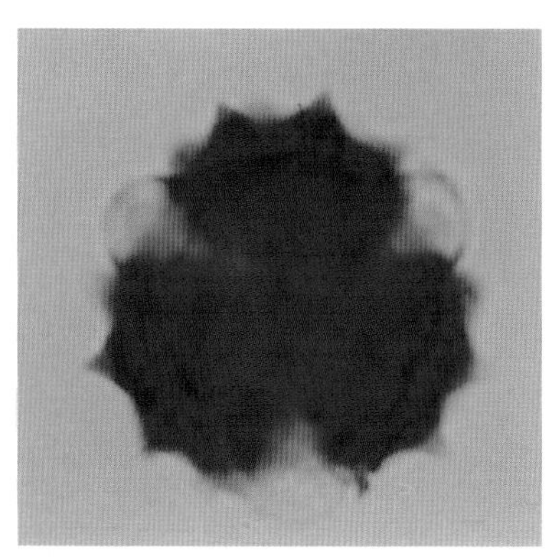

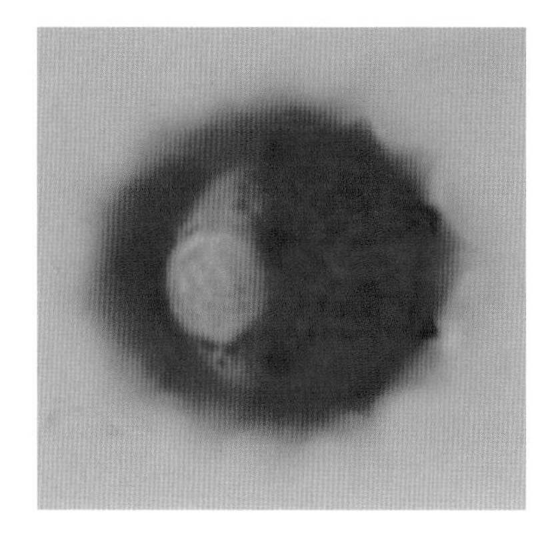

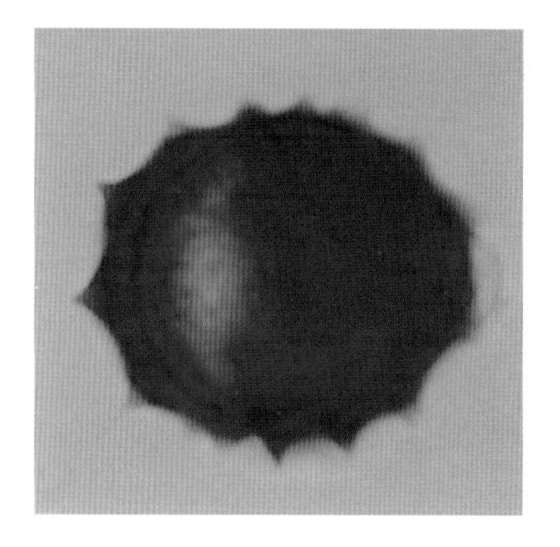

大籽蒿 *Artemisia sieversiana* Willd.

1～2年生草本。株高50～150厘米。茎直立，具纵沟棱，被白色短柔毛，有分枝。下部叶及中部叶有长柄，叶2～3回羽状深裂；上部叶浅裂或不裂，条形。头状花较大，半球形，直径4～6毫米，有短梗下垂，多数排列成疏散的圆锥花序；边缘花雌性，中央花两性，花冠黄色。花期7月下旬至8月。

除华南外广布于全国各地，北京多生长于山区。

光学显微镜下：

花粉球形或扁球形，大小约29.9微米×27.9微米。极面观三裂圆形，赤道面观圆形或椭圆形。具3孔沟，表面具小刺状突起（×1200）。

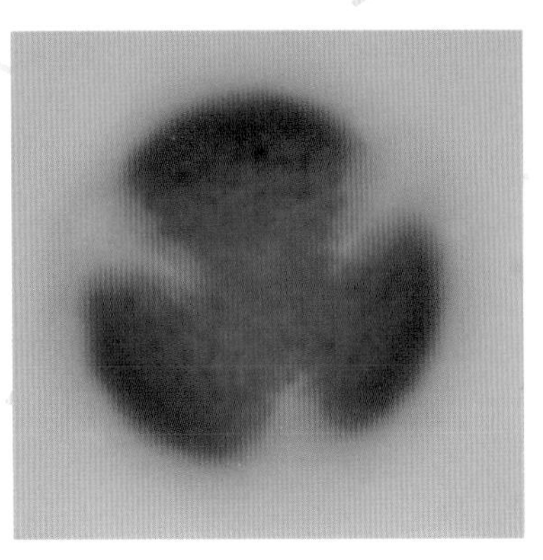

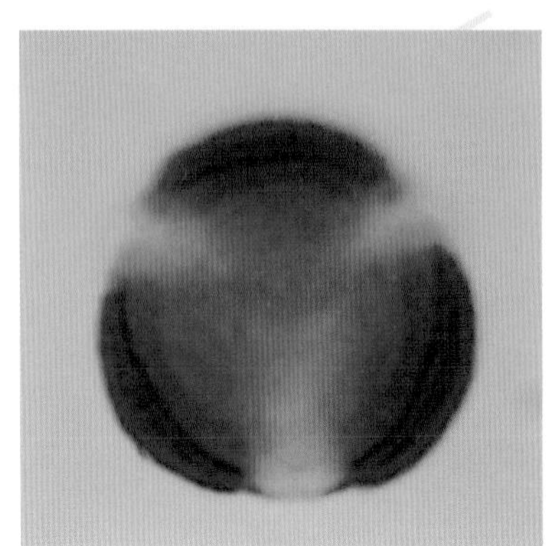

大籽蒿 *Artemisia sieversiana* Willd.

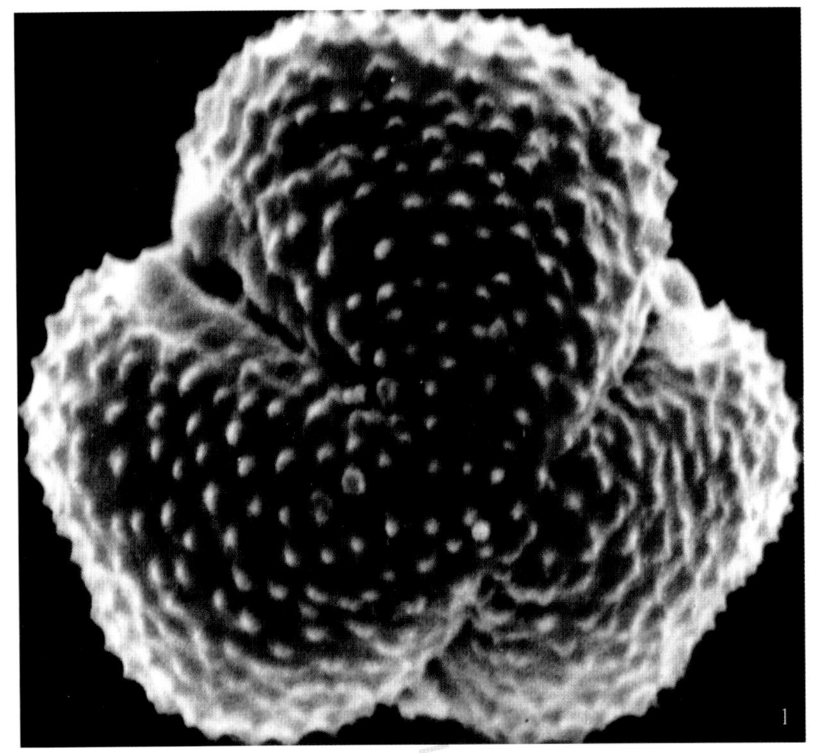
1

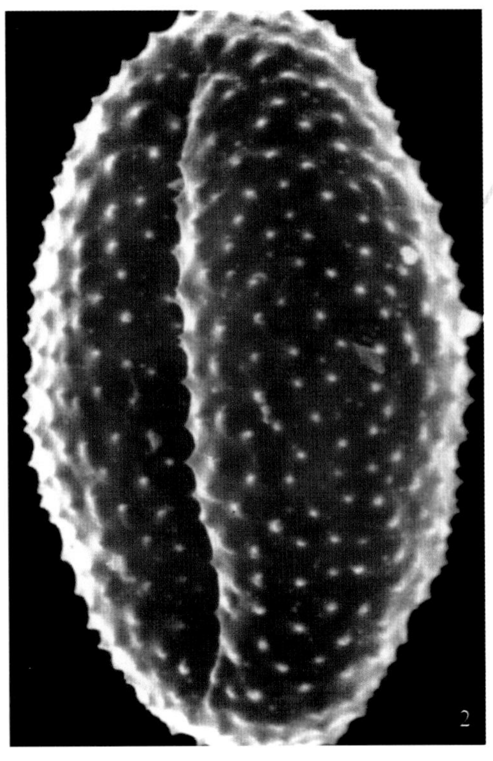
2

扫描电镜下：

花粉粒长球形。极面观沟宽而深，将花粉表面切成三个相等部分；孔的开口比沟宽，上有孔膜覆盖。赤道面观，长圆形，沟极长，几达两极。表面具小刺状纹。刺短，大小稍有差别，基部略宽，分布不很均匀（1.极面×6000；2.赤道面×6000）。

透射电镜下：

外壁外层厚度1.4微米。由被层、柱状层和垫层组成。被层表面具稀疏小刺，内有致密而长短不一的柱状结构；垫层薄而均匀。外壁内层薄，不均匀。内壁厚，结构均匀（×12000）。

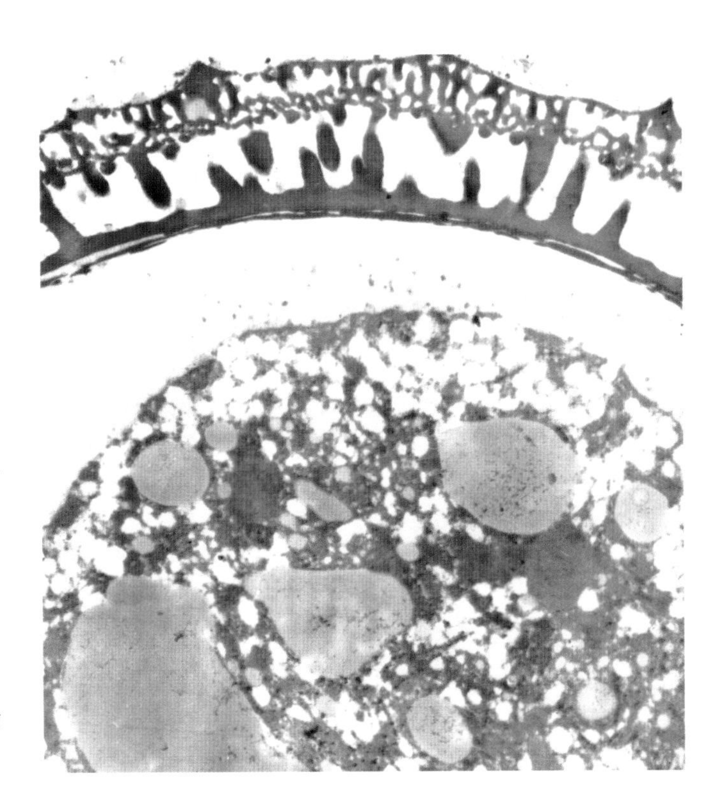

茵陈蒿 *Artemisia capillaris* Thunb.

多年生草本。或基部木质而成半灌木状。株高40～100厘米。根纺锤状。茎直立、有纵沟棱；具多数直立而展开的分枝。叶2回羽状分裂，裂片细，毛发状。头状花序，卵形，下垂，极多在茎顶排列成扩展的圆锥状；边缘小花雌性，中央花两性。花期8月～9月。

广布我国南北各省，生山坡、荒地、路边草地。

光学显微镜下

花粉球形，极面观三裂圆形。大小约17微米×20微米。具3孔沟，表面细颗粒状纹饰（×1200）。

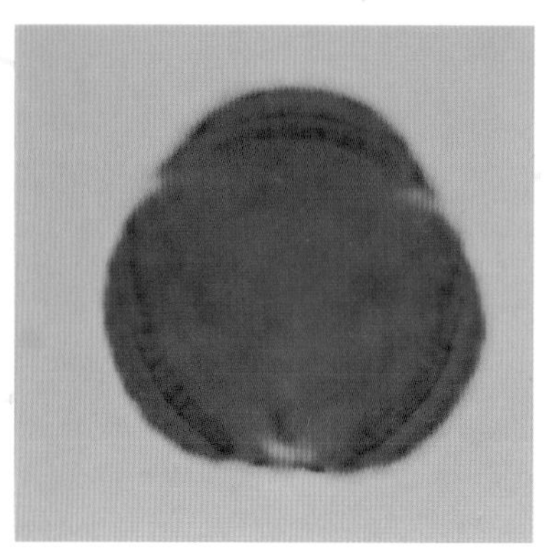

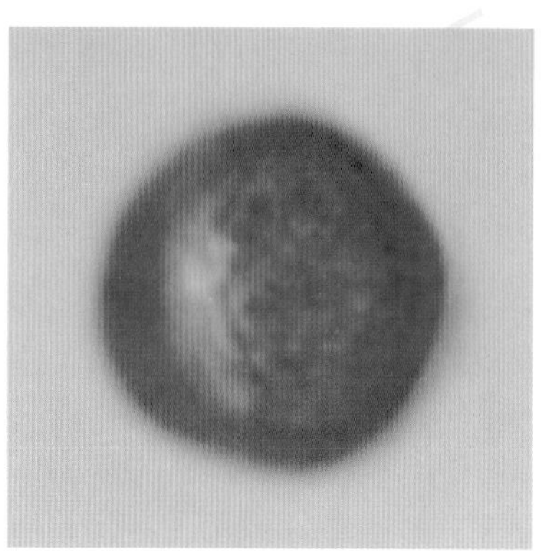

茵陈蒿 *Artemisia capillaris* Thunb.

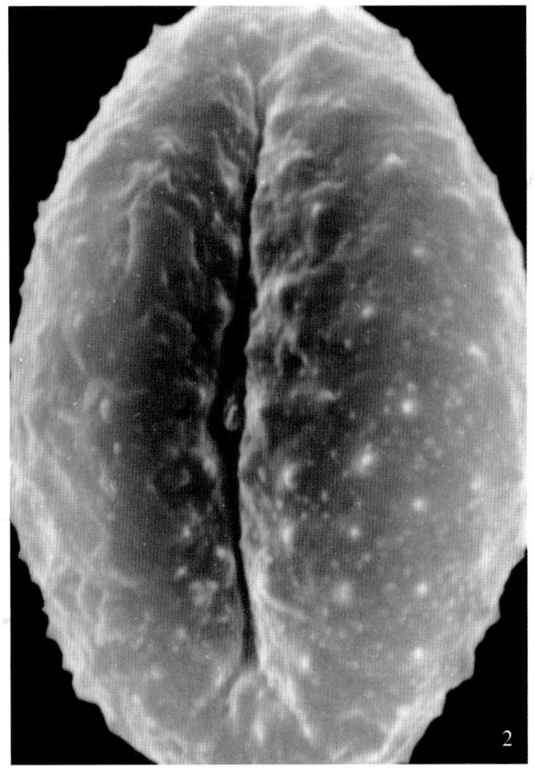

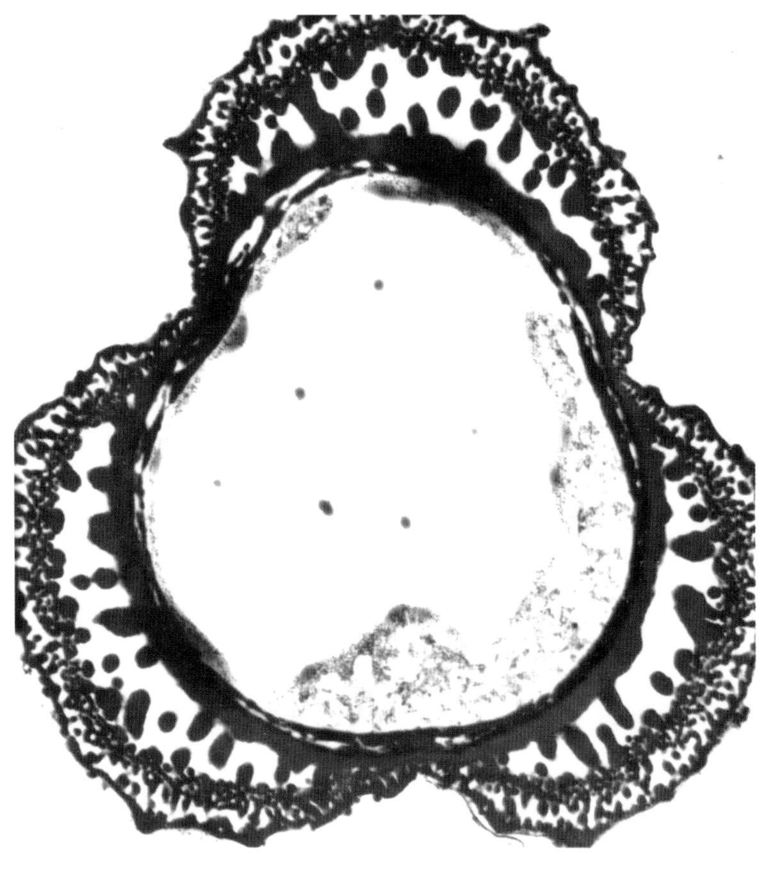

扫描电镜下：

花粉粒极面观三裂圆形，赤道面观椭圆形。在极面上，沟开口处较宽；孔具孔膜。表面具小刺状纹饰（1. 极面 × 7500；2. 赤道面 × 7500）。

透射电镜下：

被层表面具稀疏小刺，内由细密的柱状结构组成；柱状层具长短不一的小柱；垫层结构均匀。内壁不清楚（ × 4800）。

猪毛蒿 *Artemisia scoparia* Waldst.

1～2年生草本。株高40～100厘米。茎直立，单一或有分枝。叶密集，下部叶与不育枝叶同形，有长柄；叶片长圆形，2～3回羽状全裂，小裂片线形，先端尖；中部叶1～2回羽状全裂，裂片极细，无毛；上部叶分裂或不裂。头状花序小，球形或卵状球形，直径1～1.2毫米，下垂或斜生，极多数在茎顶排列成扩展的圆锥状，花梗短或无。花期7月～8月。

分布全国各地，北京多见。

光学显微镜下：

花粉近球形，极面观三裂圆形，赤道面观圆形，具3孔沟，直径约18～21微米，两面具小刺状突起（×1200）。

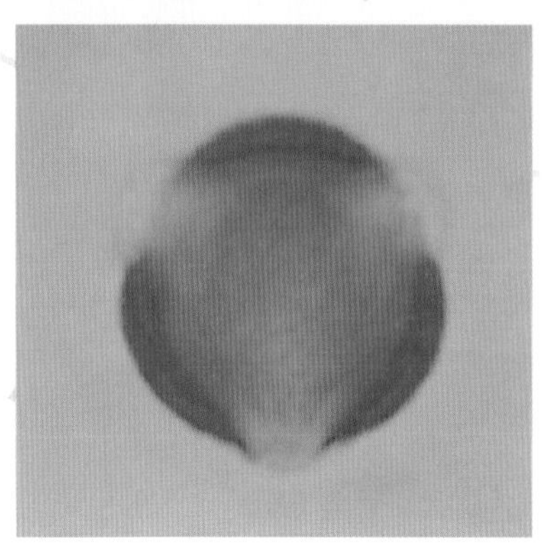

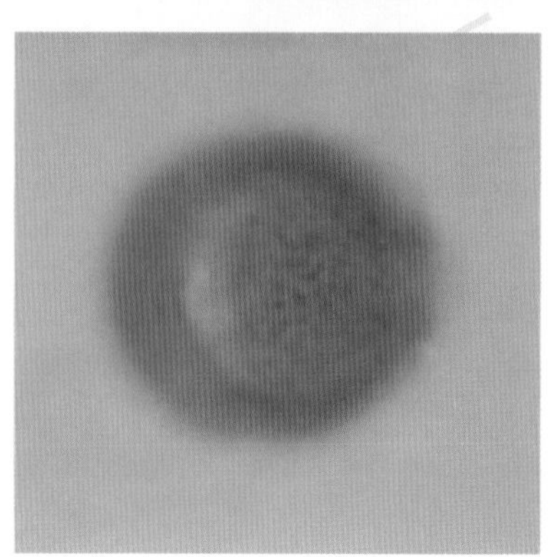

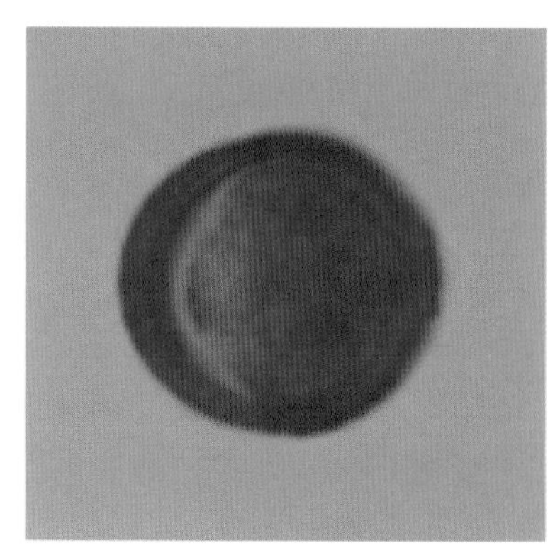

南牡蒿 *Artemisia eriopoda* Bge.

多年生草本。茎直立，高30～70厘米。单生或簇生，具纵条纹，褐绿色或带紫色。基生叶与茎下部叶具长柄，叶片羽状全裂或深裂。头状花序极多数，无梗或具短梗，在茎顶排列成圆锥花序。花期6月～8月。

分布于东北、华北、华中及东南部。

光学显微镜下：

花粉极面观三裂圆形，赤道面观近圆形。具孔沟，表面具模糊的刺状纹饰（×1200）。

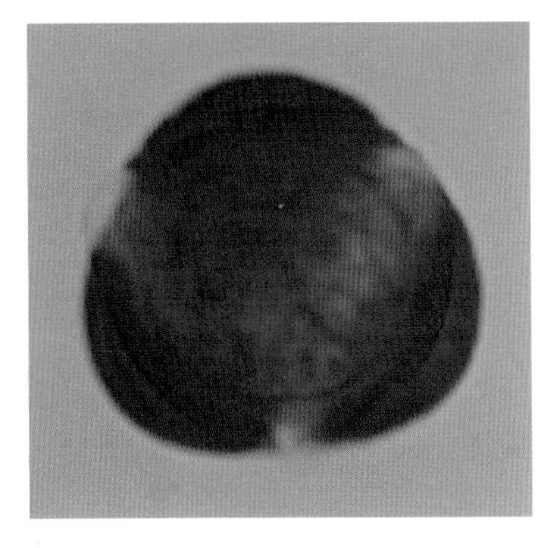

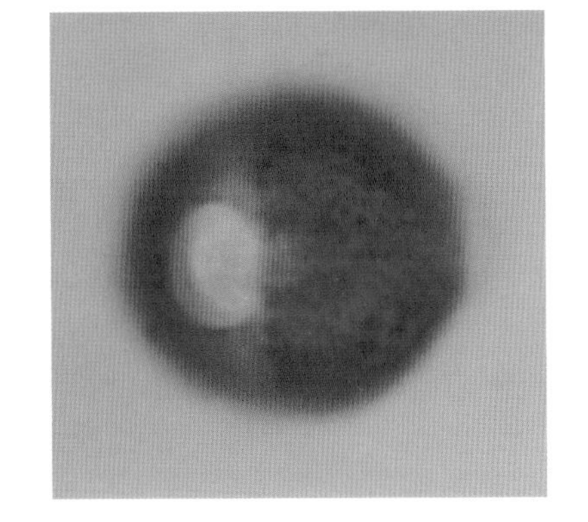

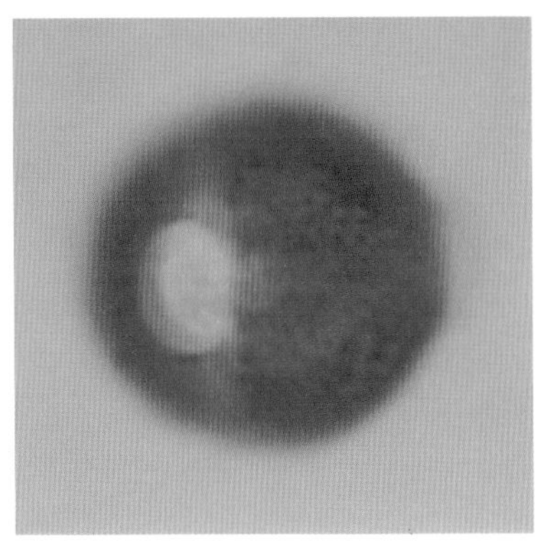

南牡蒿 *Artemisia eriopoda* Bge.

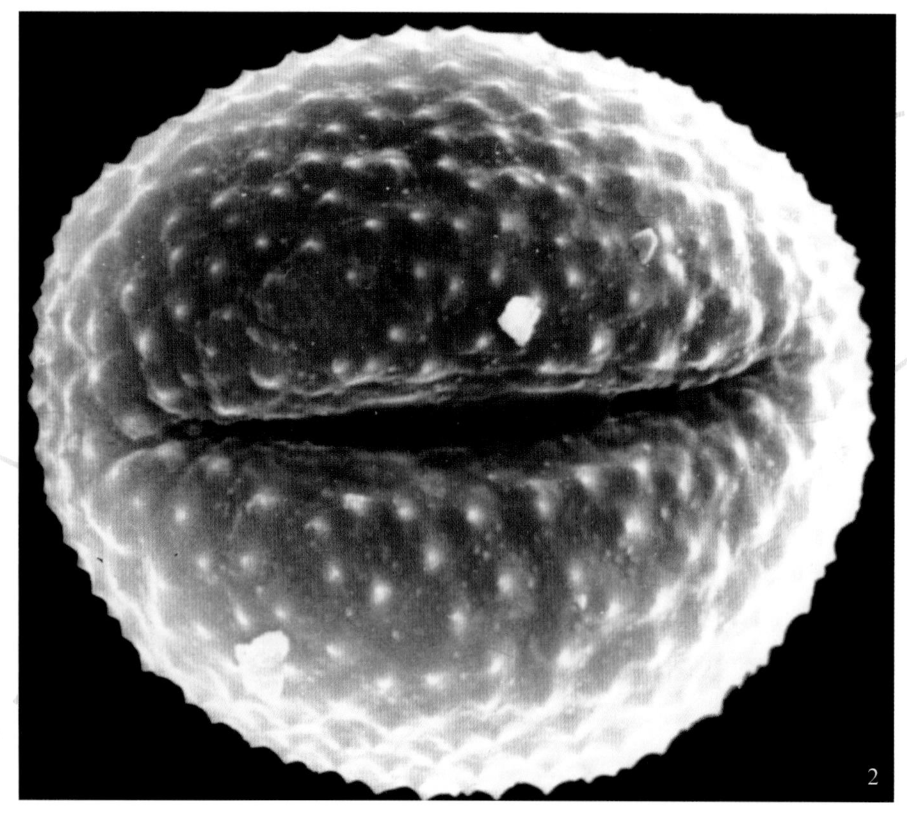

扫描电镜下：

极面观近球形，具3孔沟，沟端具孔盖；赤道面观宽椭圆形。花粉表面具短刺（1. ×6000；2. ×6000）。

狭叶青蒿 *Artemisia dracunculus* L.

野外蔓生

狭叶青蒿 *Artemisia dracunculus* L.

多年生草本。株高50 ~ 150厘米。有长地下茎，茎直立，中部以上有密集分枝。下部叶在花期枯萎，上部叶密集，条形。头状花序多数，在茎和枝上排列成复总状花序。花期7月 ~ 8月。

分布于我国北部和西北部。

光学显微镜下：

花粉近球形，极面观三裂圆形，具3孔沟，外壁小刺较稀疏；花粉直径约19.5 ~ 23.5微米（×1200）。

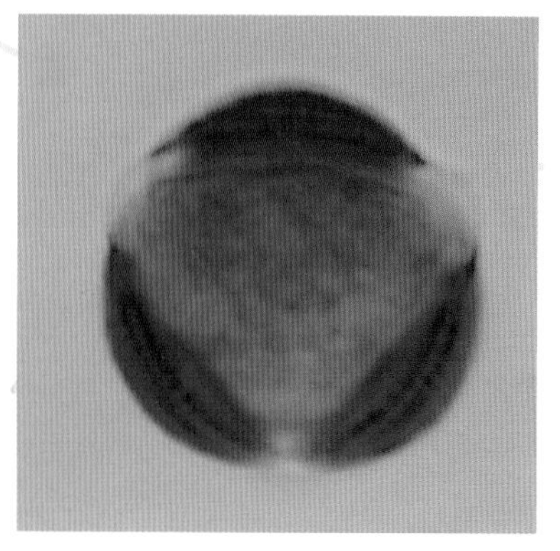

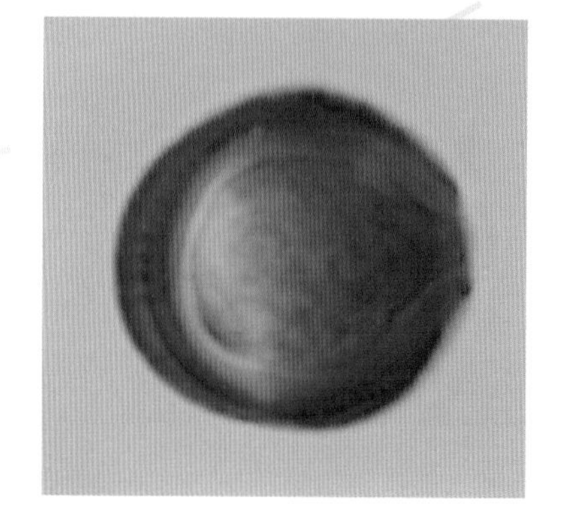

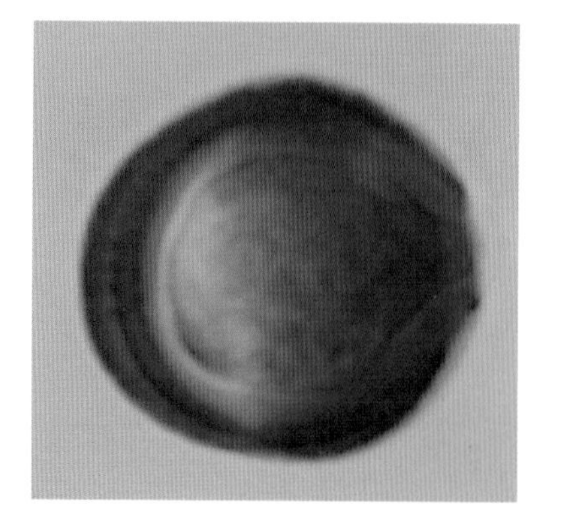

黑沙蒿 *Artemisia ordosica* Kraschen.

半灌木。高50～100厘米，多分枝。多年枝外皮灰黑色，缝裂；当年枝外皮灰黄色：不育枝紫红色。叶黄绿色，多少肉质，3～7厘米，羽状全裂，裂片2～3对，丝条形。头状花序多数，在茎反枝上排列成复总状花序。花期7月～8月。

分布于我国北部、西北部，固沙性良好。

光学显微镜下：

花粉球形或近球形，大小约19.5微米×18.6微米。极面观三裂圆形，具3孔沟，表面小刺模糊（×1200）。

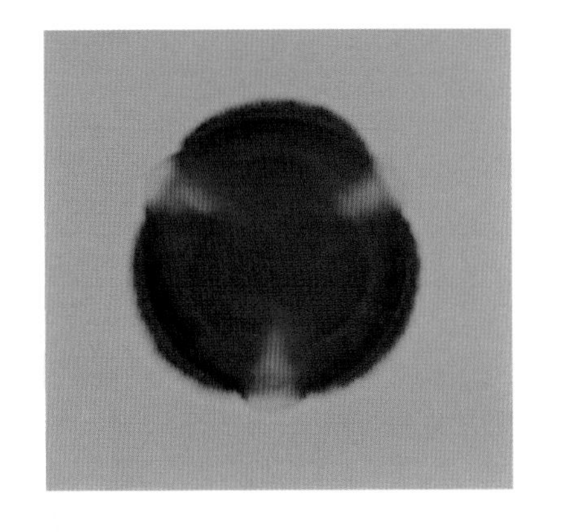

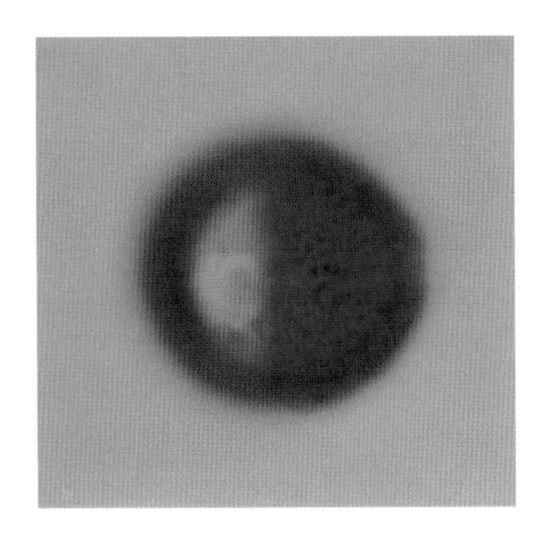

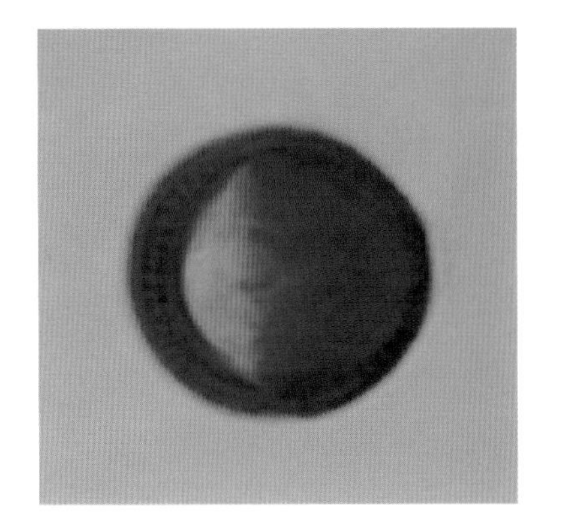

黑莎蒿 *Artemisia ordosica* Kraschen.

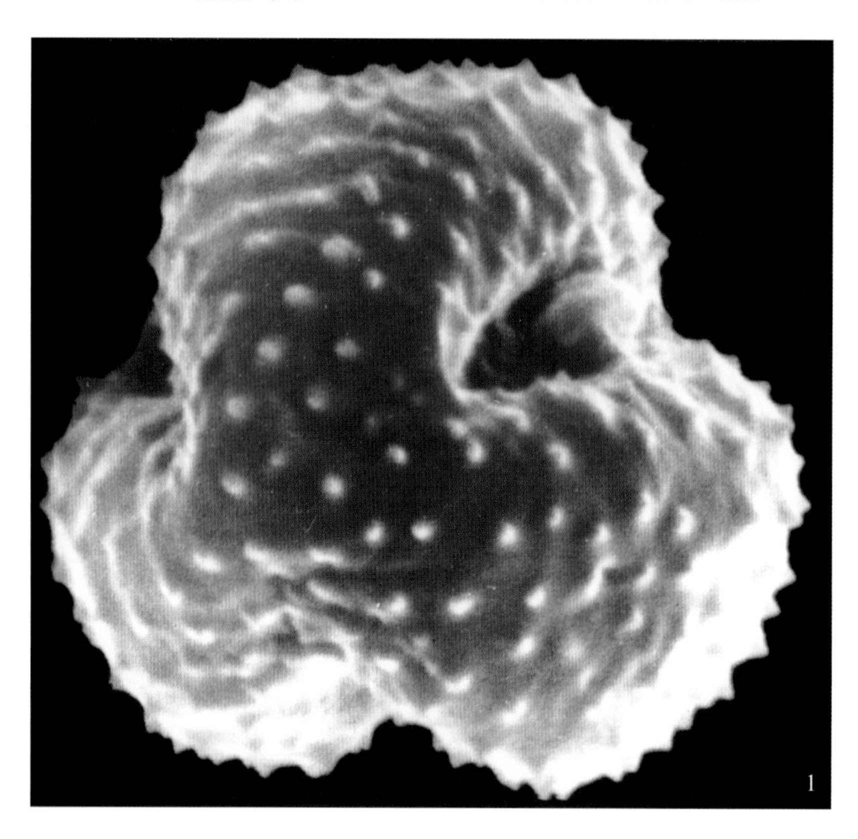

扫描电镜下：

花粉极面观三裂圆形，赤道面观阔椭圆形。具3孔沟，表面具小刺状纹饰（1. ×6000；2. ×6000）。

黄花蒿 *Artemisia annua* L.

一年生草本。茎直立，高50～150厘米。多分枝，无毛，基部及下部叶在花期枯萎，中部叶卵形，基部裂片常抱茎，下边色较浅。头状花序极多数，球形，有短梗，排列成复总状花序。花期8月下旬至9月初。

广布全国各地生山坡、林缘及荒地。

光学显微镜下：

花粉球形或近球形。大小约19.6微米×19.0微米。极面观三裂圆形，具3孔沟。表面小刺状纹饰（×1200）。

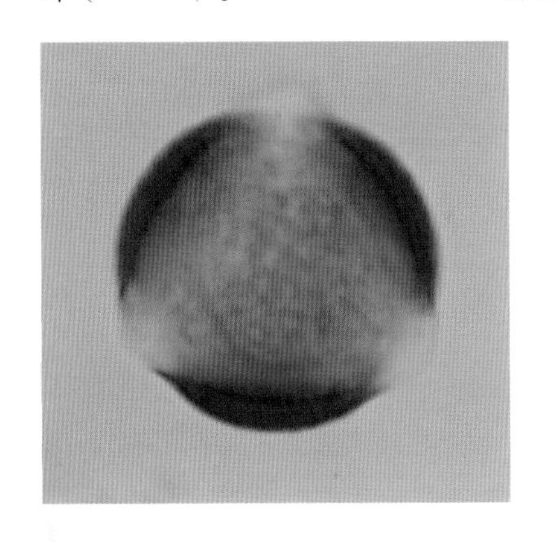

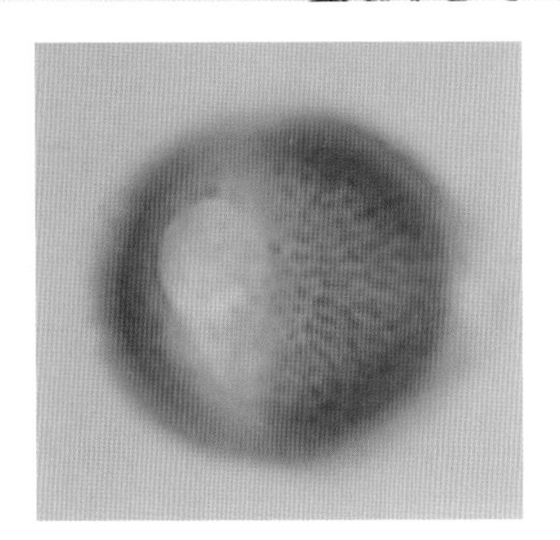

黄花蒿 *Artemisia annua* L.

扫描电镜下：

花粉粒极面观，被切成三个相等的裂片；沟开口处略宽，长几达两极。赤道面观圆形或近圆形，具2沟，沟长。花粉表面具小刺状突起，小刺分布均匀，末端尖，基部略宽（1. 极面 ×7500；2. 赤道面 ×7500）。

透射电镜下：

花粉粒外壁外层厚2.3微米。被层表面具稀疏的细刺：内层由细密的柱状结构组成；柱状层由稀疏的，大小不一的小柱组成；垫层结构均匀，厚度不一致。内壁厚，结构均匀（×12000）。

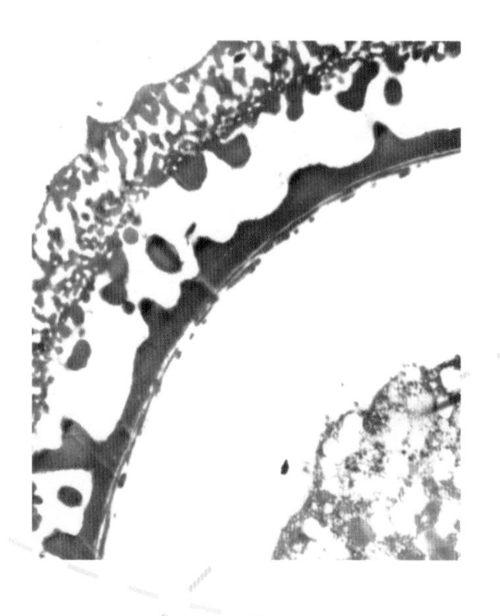

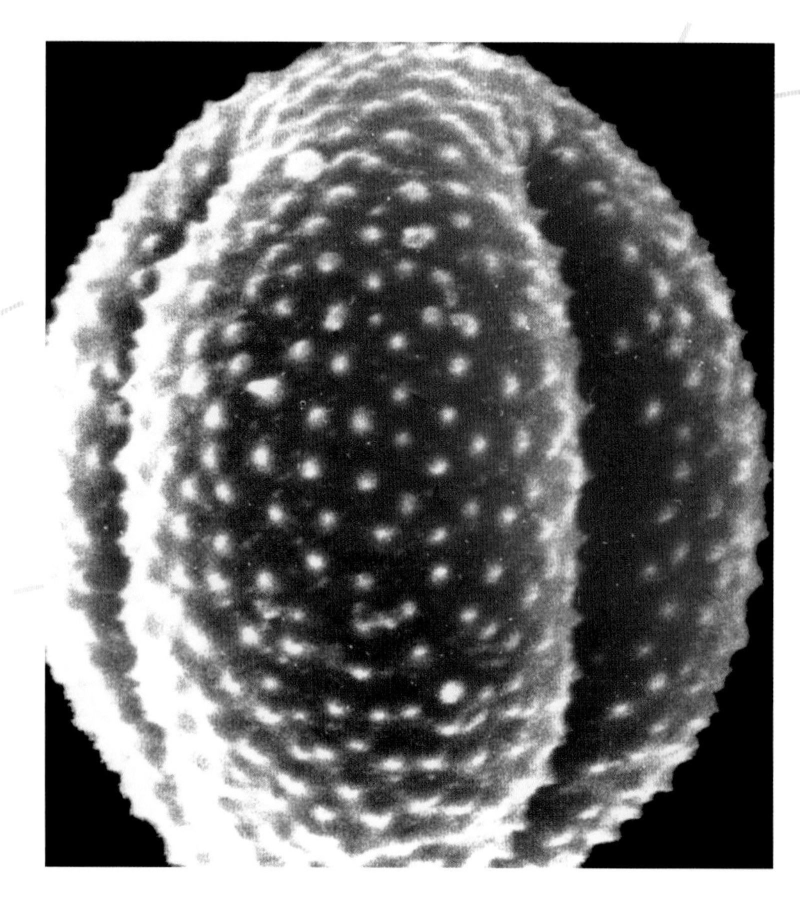

毛莲蒿（万年蒿）*Artemisia vestita* Wall.

多年生草本或半灌木状。株高20～50厘米。茎直立，多分枝，粗壮。下部叶常枯萎，中部叶2回羽状深裂。头状花序，近球形或半球形。花期8月～9月。

分布于东北、华北、西南至西藏等省区。

光学显微镜下：

花粉近球形，极面观三裂圆形，赤道面观宽椭圆形，具3孔沟，表面刺状纹饰，大小参考其他蒿类（×1200）。

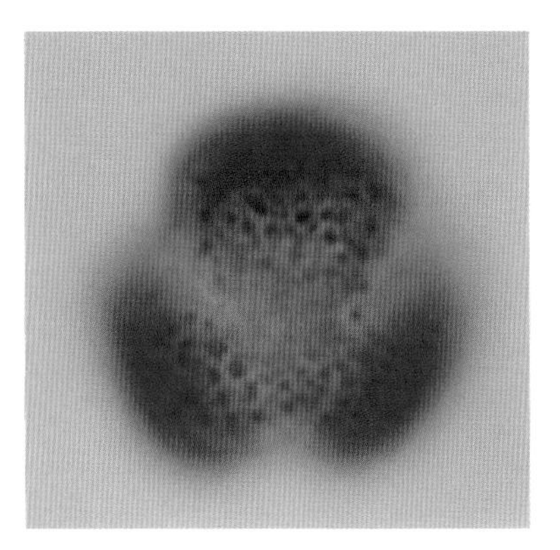

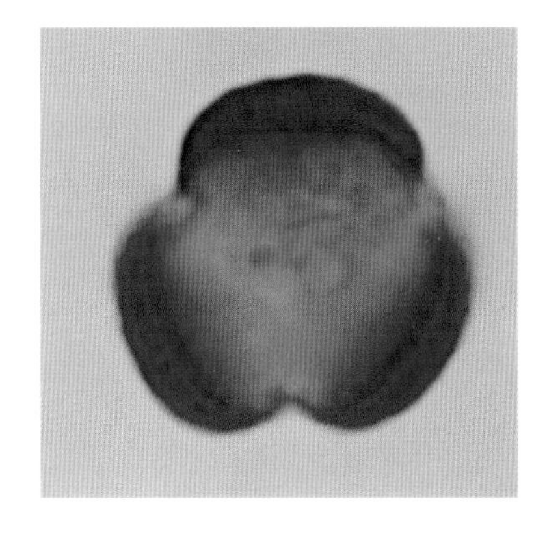

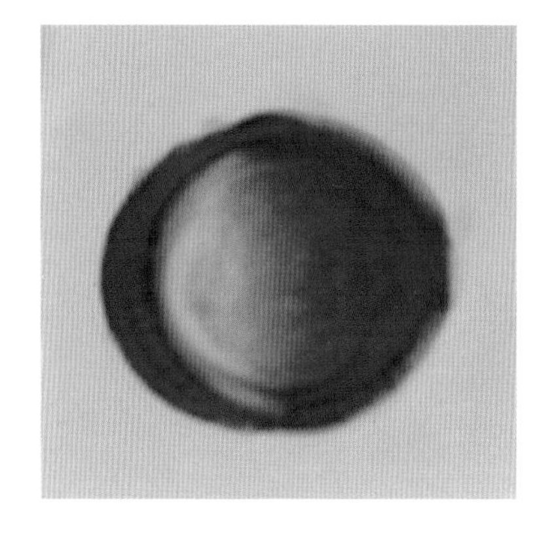

毛莲蒿（万年蒿）*Artemisia vestita* wall.

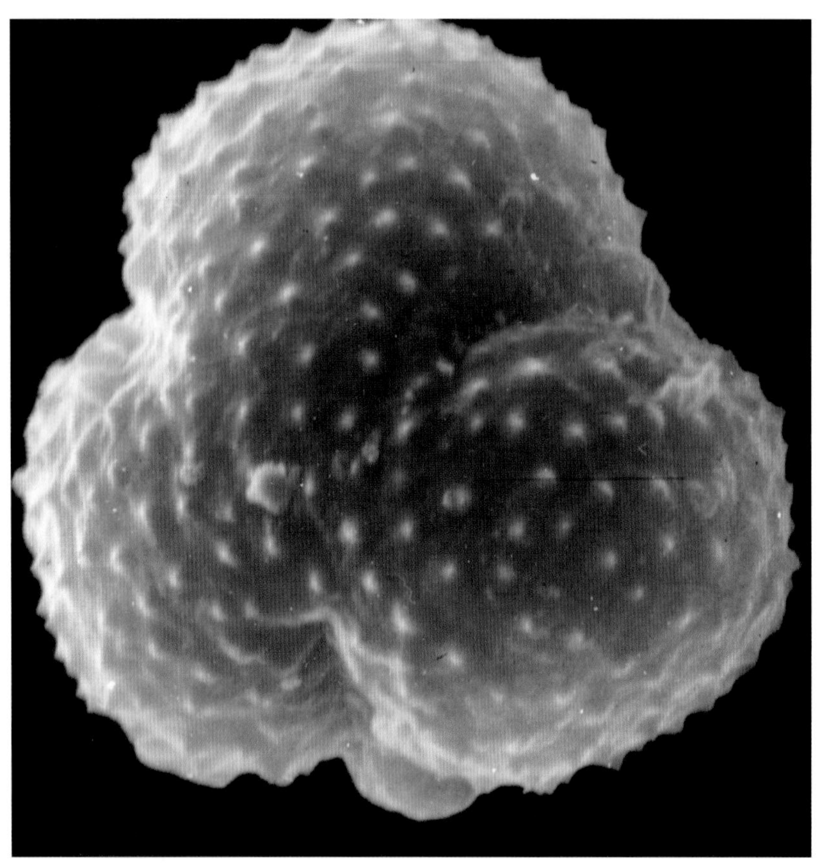

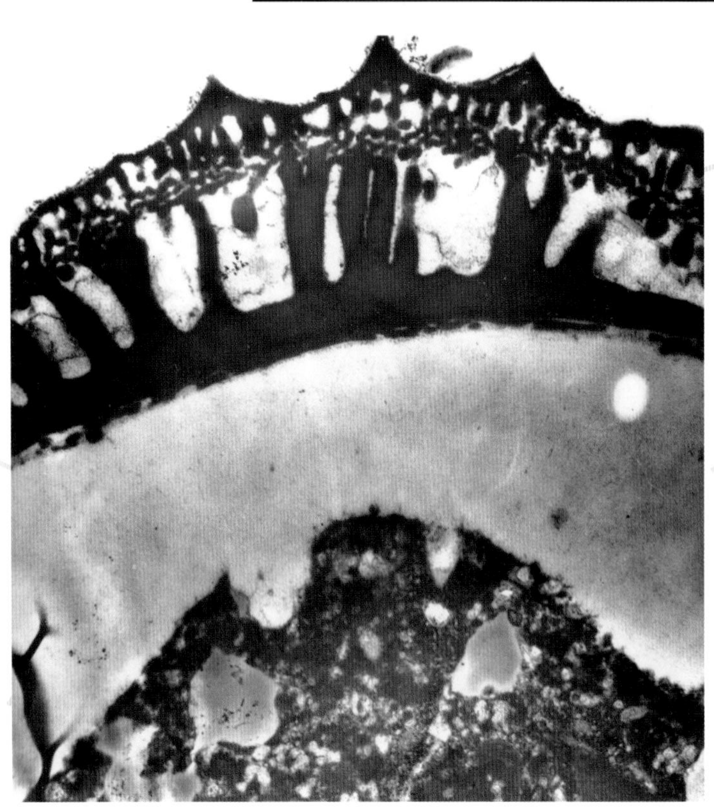

扫描电镜下：

极面观具3沟，沟端具孔盖，表面具短刺（×6000）。

透射电镜下：

被层表面具稀疏短刺，内由长短不一小柱组成，柱状层由具多数柱状结构；垫层厚而均匀，内壁极厚（×18000）。

艾蒿 *Artemisia argyi* Levl. et Vant.

野外蔓生

艾蒿 *Artemisia argyi* Levl. et Vant.

多年生草本。株高50 ~ 100厘米。茎直立，带紫褐色，密被灰白色蛛丝状毛，中部以上有开展及斜升的花枝。叶互生，下部叶花时枯萎；中部叶1 ~ 2回羽状深裂至全裂，裂片边缘有锯齿。头状花长圆状钟形下垂，排成紧密而稍扩展的圆锥花序。花带红紫色，外层花雌性，内层花两性。花期8月 ~ 9月上旬。

分布于东北、华北，北京多见。

光学显微镜下：

花粉球形或近球形，大小约25微米 × 26微米。极面观三裂圆形，赤道面观椭圆形，表面小刺不明显（ × 1200）。

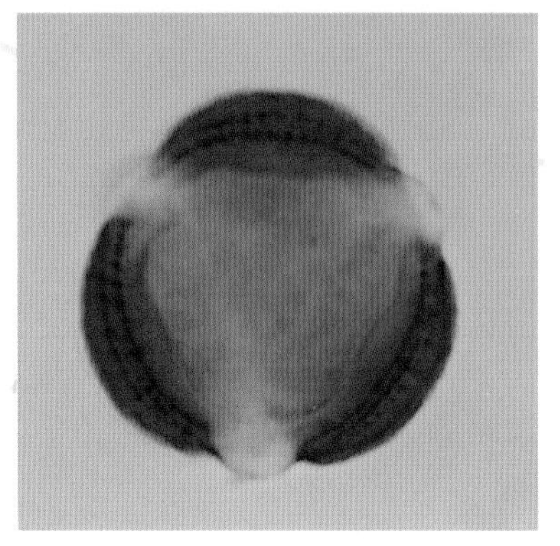

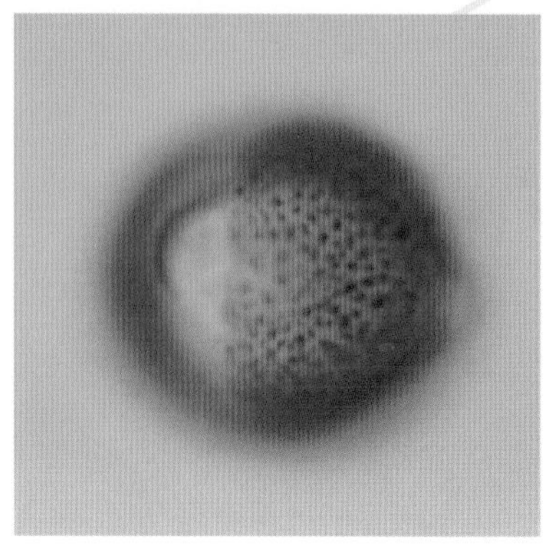

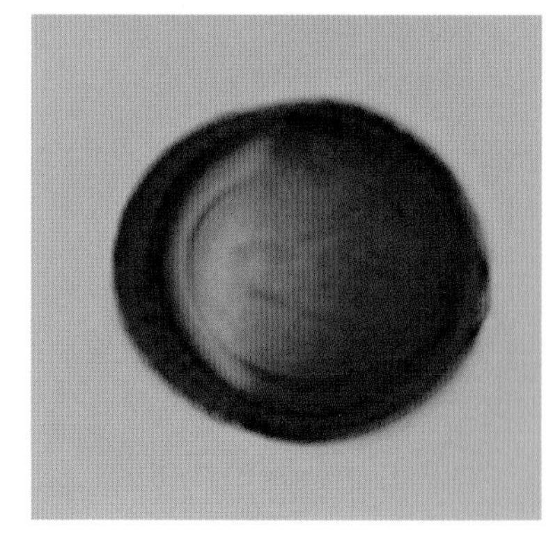

艾蒿 *Artemisia argyi* Levl. et Vant.

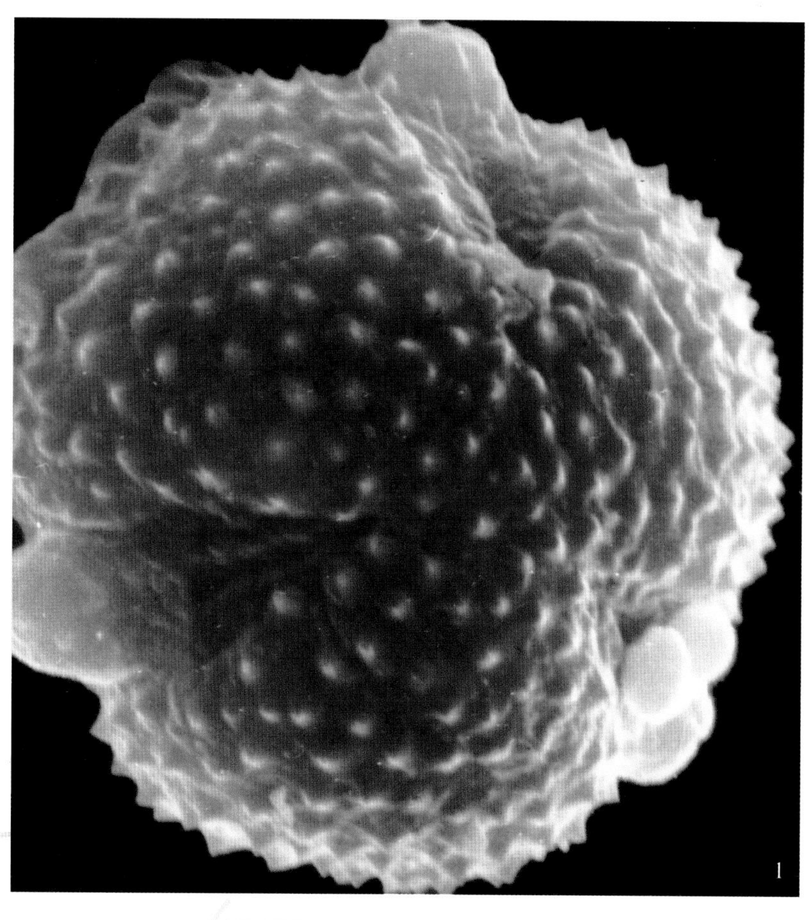

扫描电镜下：

极面观三裂圆形，三条沟短，具孔盖；开口处赤道面观椭圆形，具2条沟，沟长近达两极。表面具刺状纹饰（上．1×7000；下．2×7000）。

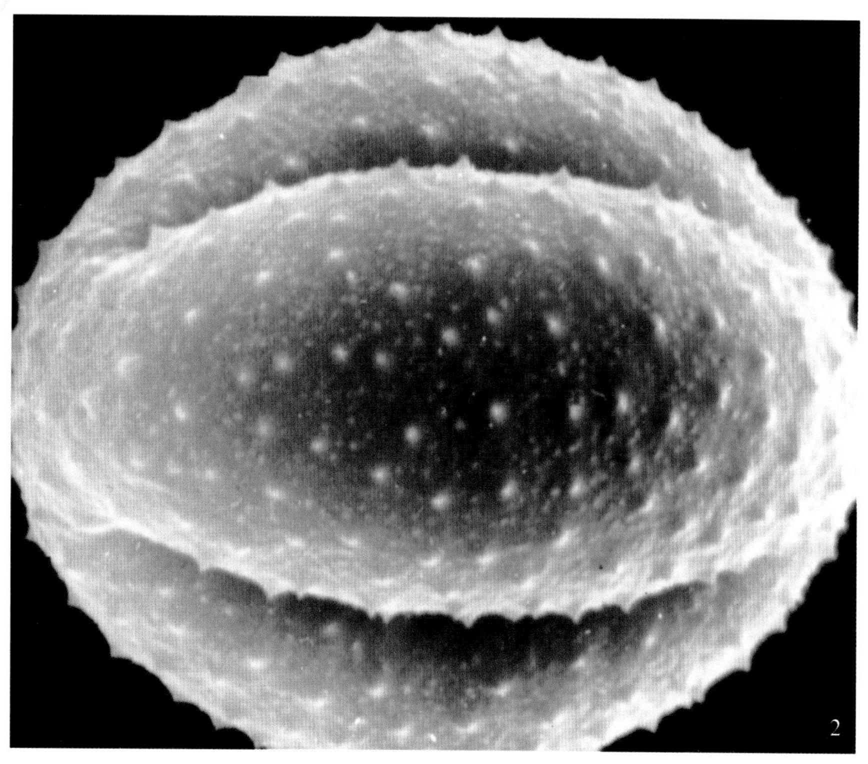

野艾蒿 *Artemisia lavandulaefolia* DC.Prodr.

野外蔓生

野艾蒿 *Artemisia lavandulaefolia* DC.Prodr.

多年生草本。株高50～100厘米。茎直立，上部有斜生的花序枝。下部叶有长柄，二回羽状分裂，裂片常有齿；中部叶羽状深裂，裂片1～2对，线状披针形；上部叶渐小，线形，全缘。头状花序筒状，钟形，常下倾，多数在茎顶排成狭圆锥花序。花红褐色，外层花雌性，内层花两性。花期8月。

分布东北、内蒙古、河北、山西、陕西、山东、江苏等地，北京多见。

光学显微镜下：

花粉球形或近球形，大小约25微米×25微米，极面观三裂圆形，赤道面观近圆形。具3孔沟，表面具小刺状突起（×1200）。

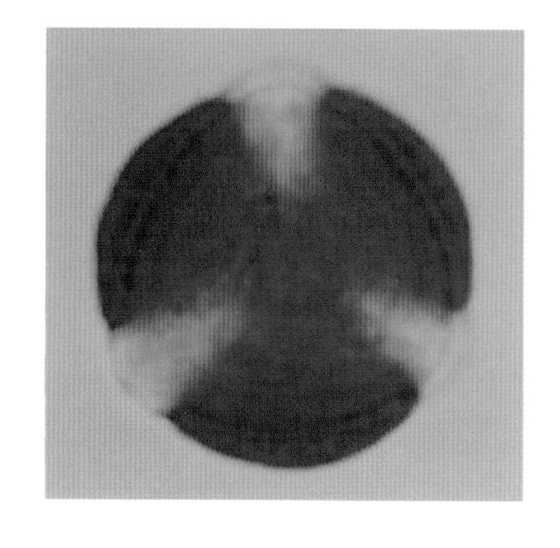

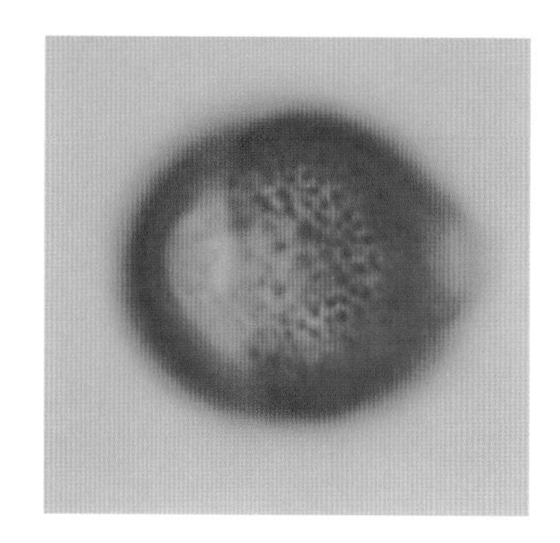

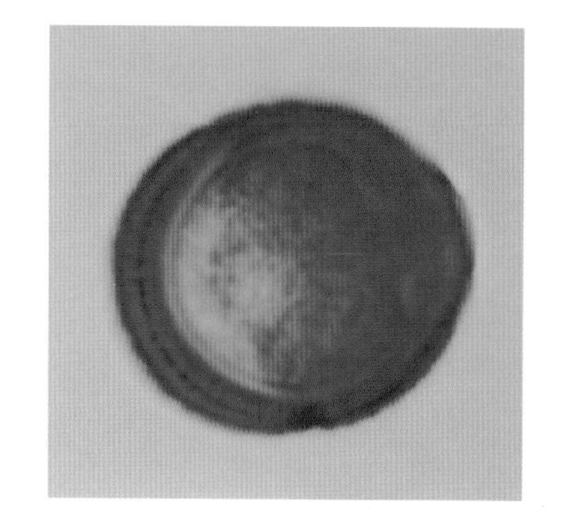

野艾蒿 *Artemisia lavandulaefolia* DC.Prodr.

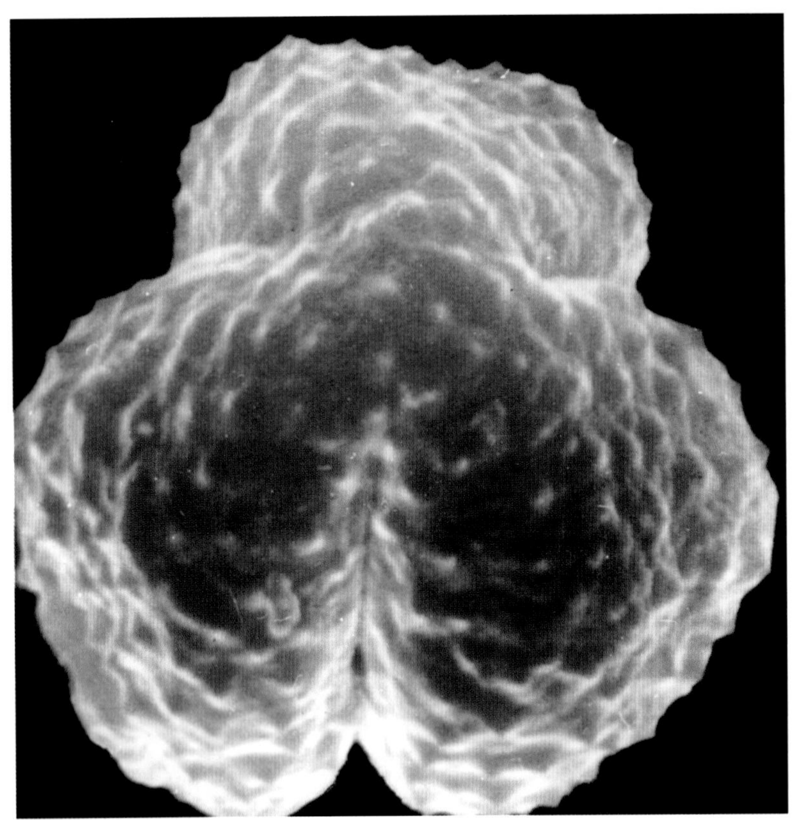

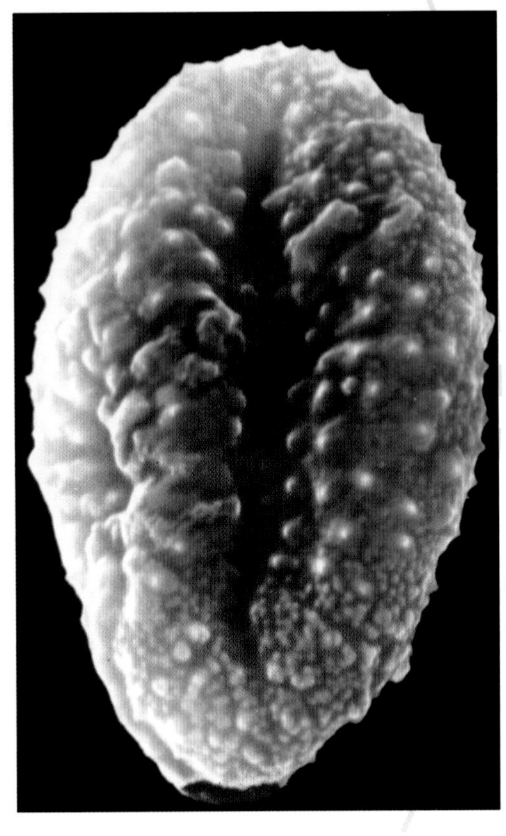

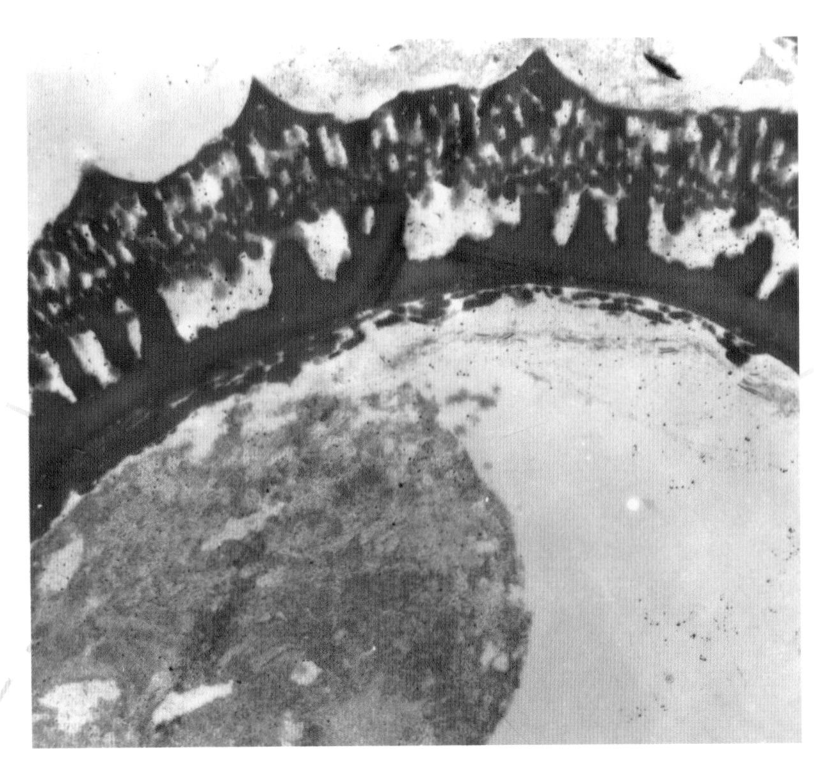

扫描电镜下：

极面观三裂圆形，三条沟不相交，赤道面观长圆形，具一条沟，无沟膜，表面具短刺，因短刺基部宽，故花粉呈瘤状突起（左. 极面 ×6000；右. 赤道面 ×6000）。

透射电镜下：

外壁外层厚度1.8微米。被层表面具稀疏小刺，内由大小、形状不一的小柱状结构组成；柱状层小柱粗，分布不均匀；垫层结构均匀，厚度较一致。外壁内层薄，0.2微米，结构均匀（×12000）。

蒙古蒿 *Artemisia mongolica* Fisch.

多年生草本。株高50～120厘米。茎直立，紫褐色，上部有斜升的花序枝。中部叶具短柄，羽状深裂或2回羽状深裂。头状花序，近无梗，多数在茎顶排列成狭窄或稍开展的圆锥状，苞叶线形。花期8月～9月。

分布于东北、内蒙古、山西、山东、河南、江苏、陕西、甘肃等地。

光学显微镜下：

花粉近球形，极面观三裂圆形，赤道面观椭圆形，大小约18微米×20.5微米（×1200）。

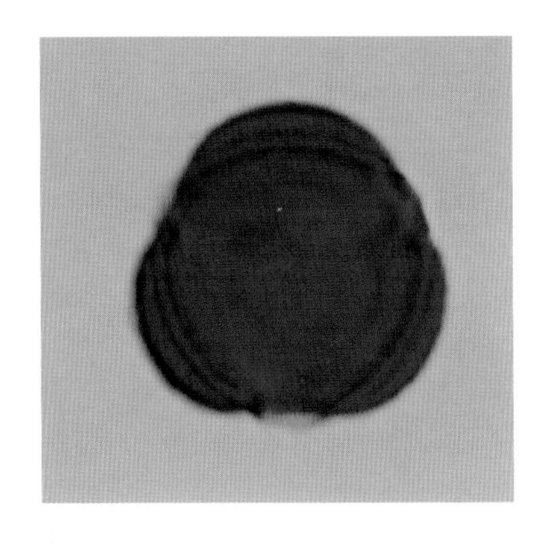

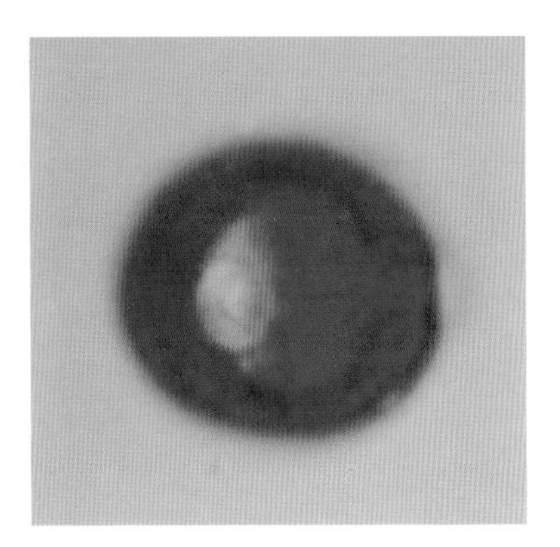

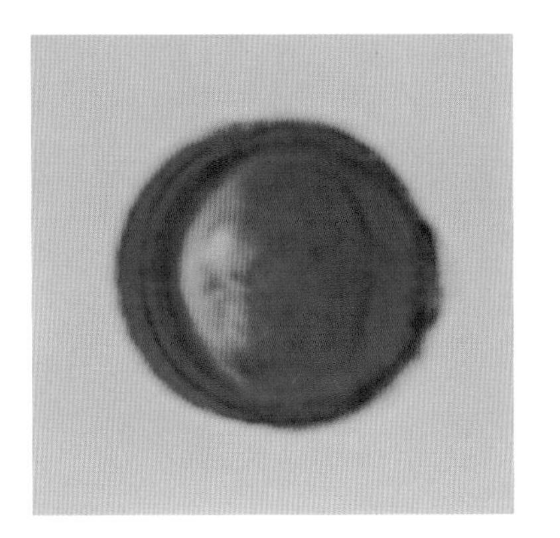

蒙古蒿 *Artemisia mongolica* Fisch.

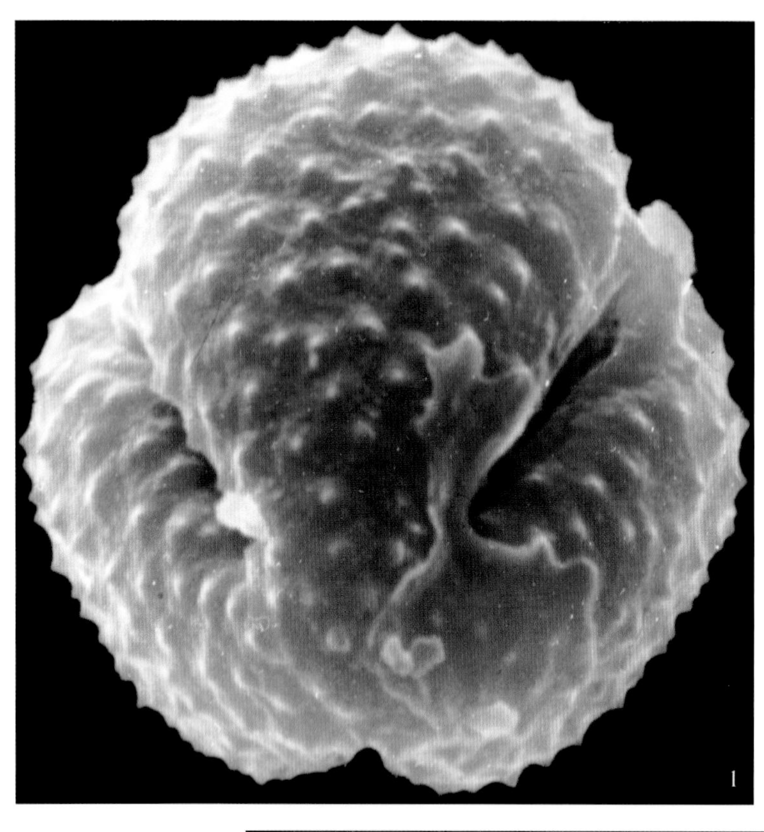

扫描电镜下：

花粉近球形，沟细，端部未见孔盖。表面具短刺状纹饰（1. ×5000；2. ×5000）。

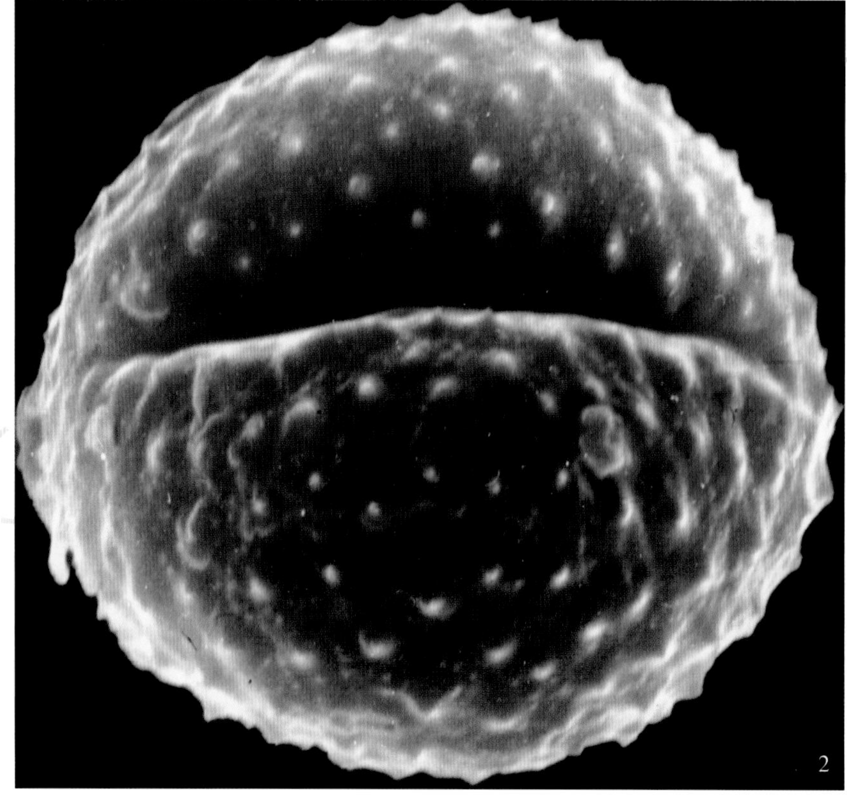

小蓟 *Cirsium segetum*（Bge.）Kitam.

多年生草本，具长匍匐根。茎直立，高20～50厘米。叶互生，无柄，叶片椭圆形或长圆状披针形，全缘或有锯齿，有刺。头状花序单生于茎顶，雌雄异株，雄株花序较小，淡红或紫红色，筒状花。花期5月～6月。

广布全国各地。

光学显微镜下：

花粉粒近球形，直径48（45～52.8）微米。具3孔沟。外壁内层薄，外层内部具基柱，其上具刺，每裂片4～5刺（×1200）。

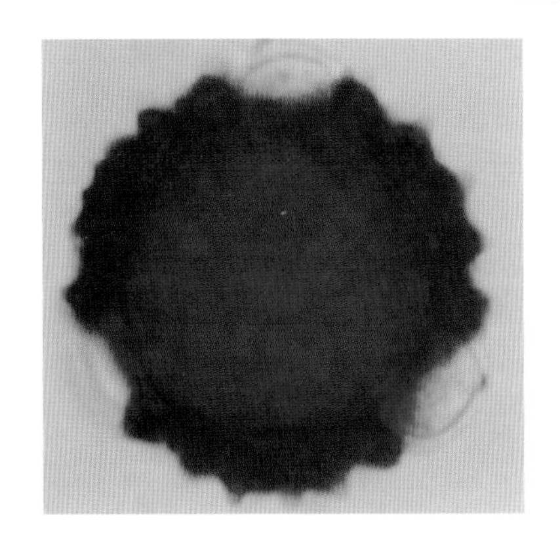

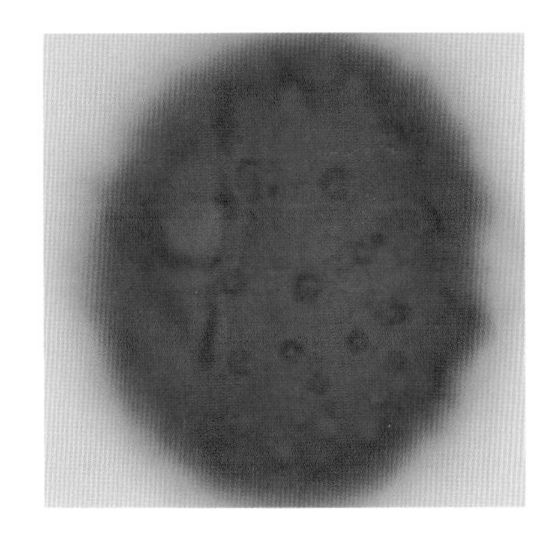

泥壶菜 *Hemistepta lyrata* Bge.

两年生草本。高30～80厘米。茎有条纹。基生叶有柄，叶片倒披针形或椭圆形、羽状分裂。头状花序多数，总苞球形，筒状花，花紫红色。花期5月～8月。

分布全国各地，生农田、荒地或路旁。

光学显微镜下：

花粉长球形。大小为44.5（42～49）微米×35.5（33～40）微米。具3孔沟，外壁表面具刺。表面网状纹饰（×1200）。

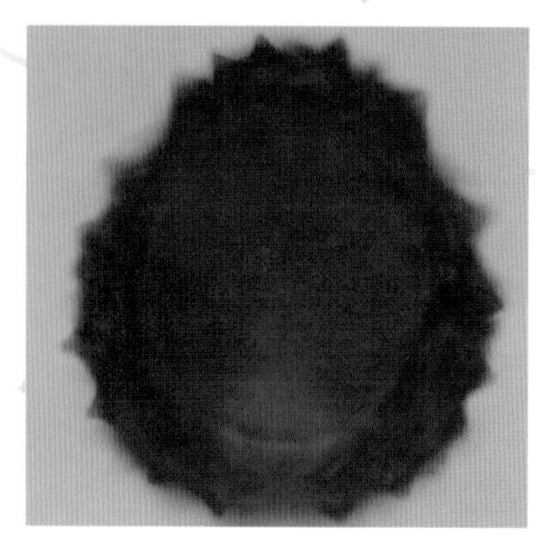

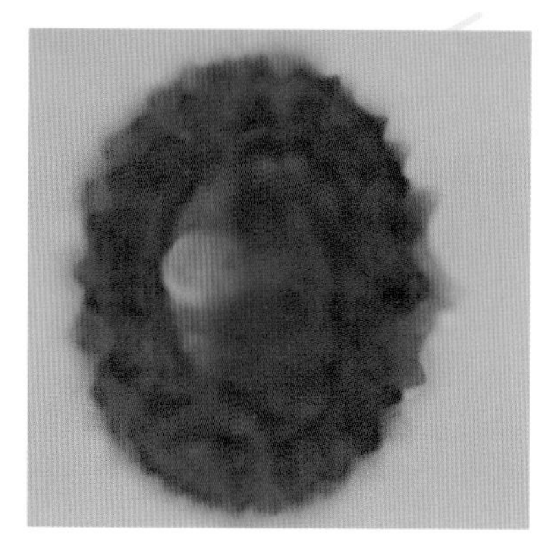

多头麻花头 *Serratula polycephala* Iljin in Bull.

多头麻花头 *Serratula polycephala* Iljin in Bull.

多年生草本。株高40～80厘米。茎直立，有纵棱，上部多分枝。基生叶长椭圆形，羽状深裂；茎生叶有短柄或无柄，卵形至长椭圆形。头状花序，多数，在茎顶排成伞房状。花冠管状，淡紫红色。花、果期7月～9月。

分布于东北、河北、山西等省区。

光学显微镜下：

花粉近球形，表面具退化小刺；具3孔沟，每裂片有4刺；直径约26～29微米（×480）。

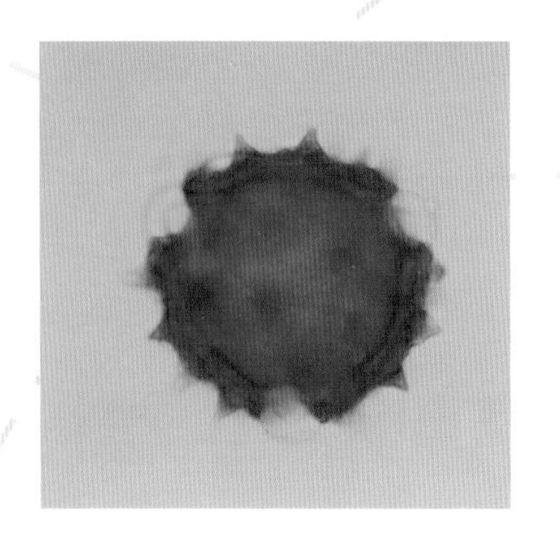

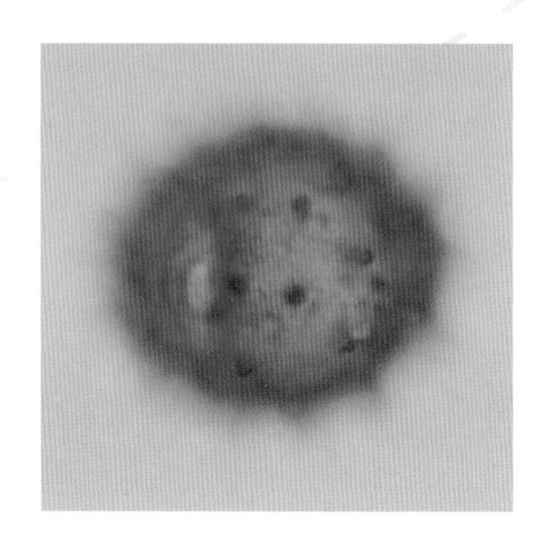

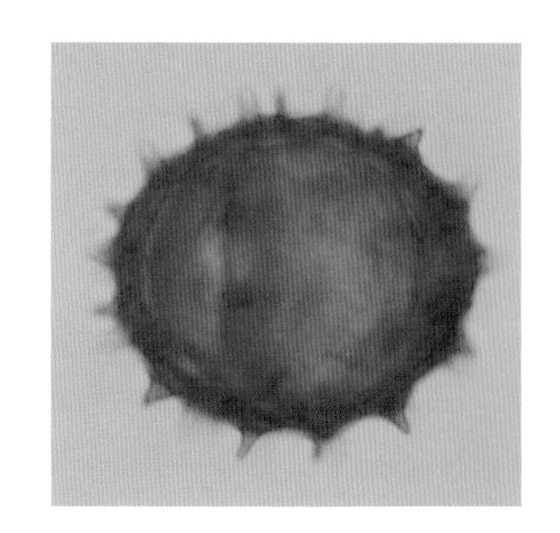

蒲公英 *Taraxacum mongolicum* Hand.

多年生草本。株高10～25厘米。叶长圆状倒披针形，逆向羽状分裂。花莛数个，与叶近等长。舌状花黄色。花期3月～6月。

分布于东北、华北、华中、西北等地区。

光学显微镜下：

花粉近球形。直径36.5（33～38.5）微米。具3孔沟。外壁具尖刺（×1200）。

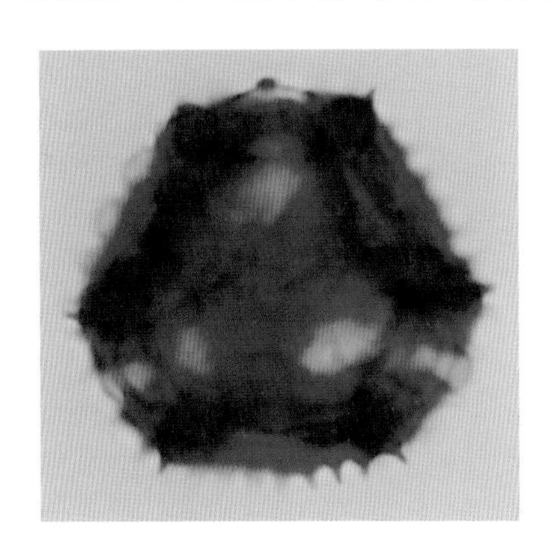

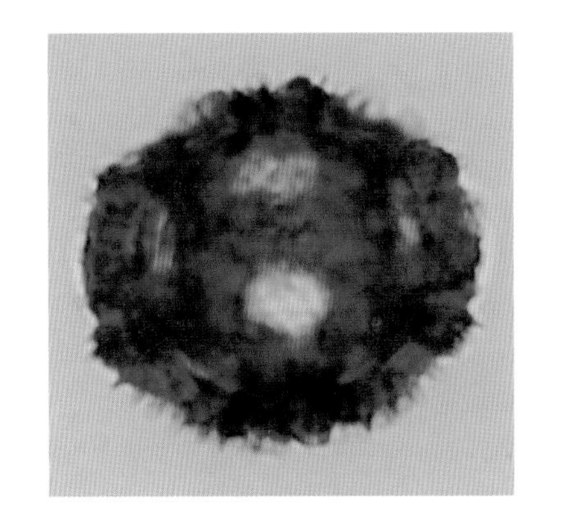

苣荬菜 *Sonchus brachyotus* DC.

多年生草本，株高20～50厘米。茎直立，无毛，通常不分枝。基生叶广披针形或长圆状披针形，灰绿色，边缘具牙齿或缺刻；茎生叶无柄。头状花序，在茎顶成伞房状。花期6月～9月。

分布我国北部，为田间杂草。

光学显微镜下：

花粉近球形到扁球形，直径37（29.5～40.5）微米。具3孔沟。外壁具大网，网脊和极区具尖刺，刺长约3.5微米（×1200）。

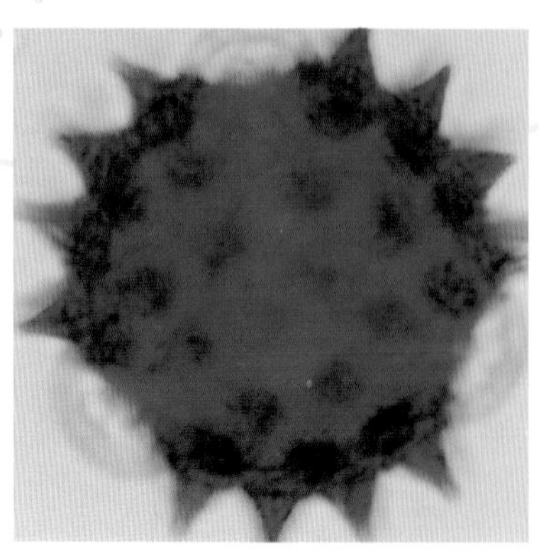

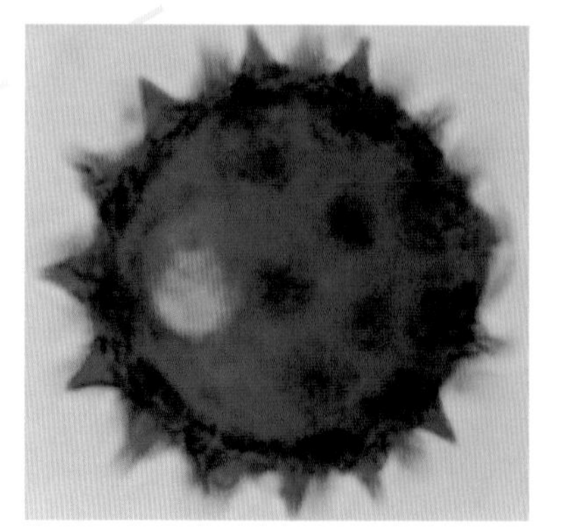

山莴苣 *Lactuca indica* L.

二年生或一年生草本。株高1～1.5米。无毛，上部有分枝，下部叶花期枯萎，中部叶披针形、长椭圆形或线状披针形，羽状全裂或深裂，裂片边缘缺刻状或锯齿状，无柄。头状花序，多数在枝端排列成狭圆锥形。舌状花淡黄色。花、果期7月～9月。

分布除西北地区外的全国各地。

光学显微镜下：

花粉近球形，大小为33微米×38微米。具3孔沟，内孔横长。表面具大网，由（13～）15个网胞组成，极区及网脊具刺，刺尖，长约4微米（×1200）。

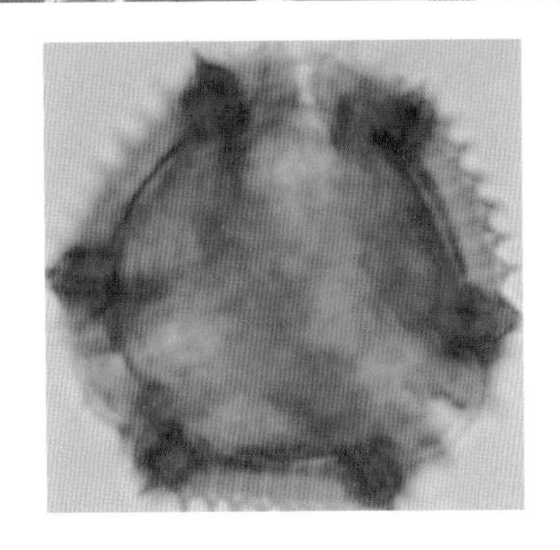

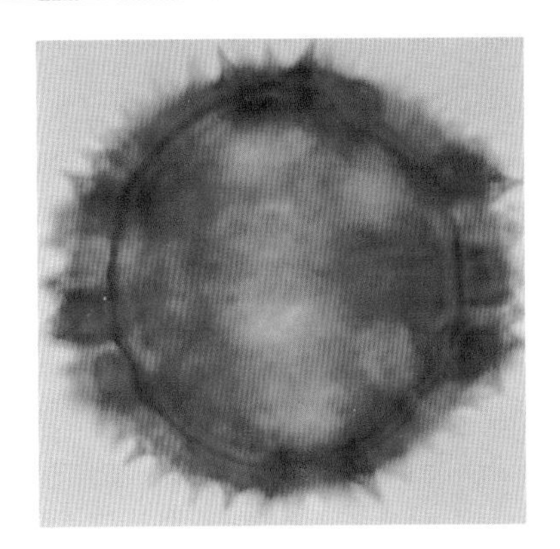

小香蒲 *Typha minima* Funk.

多年生沼生草本植物。根茎粗状。茎、叶细弱。株高30 ~ 50厘米。叶窄线形。宽不超过2毫米。肉穗花序，长10 ~ 12厘米，圆柱形，雌、雄花间隔一段距离：雄花序在上，长5 ~ 9厘米；雌花序在下，长2 ~ 4厘米。花期5月 ~ 6月。

分布于东北、西北、西南及河北、河南等省区，北京见于郊区。生河滩、湿地或沼泽中。

光学显微镜下：

花粉粒为四合体，直径44.7 ~ 63.1微米。平均51.4微米。具单孔，椭圆形，孔边不平，破裂状。外壁表面细网状纹饰（×1200）。

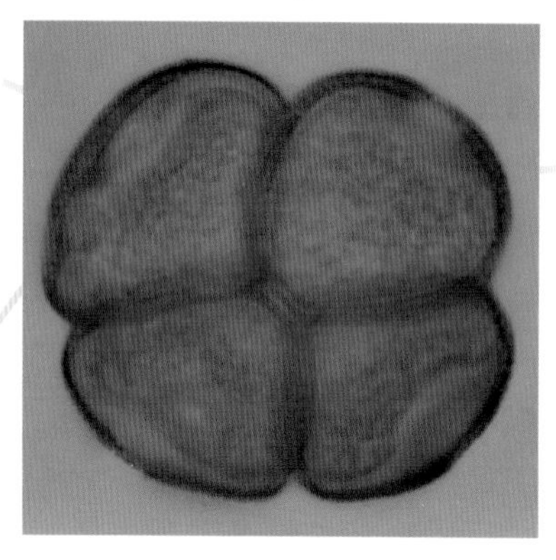

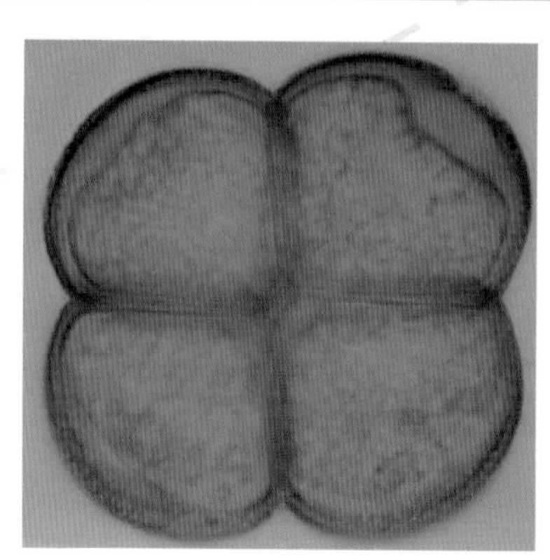

蒙古香蒲 *Typha davidiana*（Kronf.）Hand.–Mazz.

多年生沼生草本植物。茎直立，高1～1.5米。叶窄线形。肉穗花序在上，长8～11厘米，雌花序在下，长3～5厘米。花期6～7月。

分布于东北、内蒙古、河北等地。

光学显微镜下：

花粉球形、近球形，长轴25.4（20～30）微米，短轴21（15～23）微米。具单孔，孔大，表面具网状纹饰（×1200）。

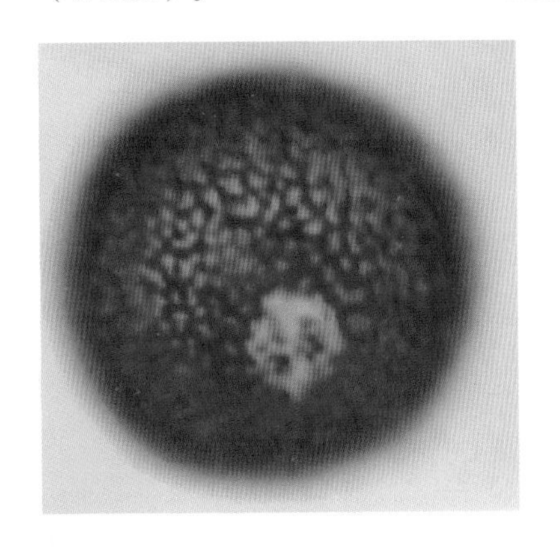

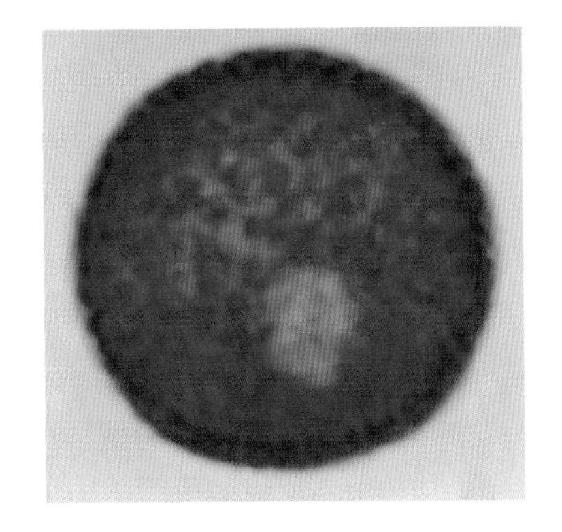

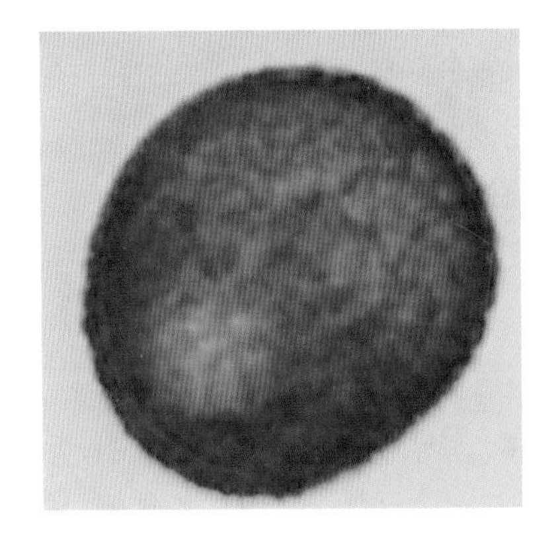

香蒲 *Typha angustifolia* L.

多年生沼生草本。茎直立，株高1～3米。叶片狭条形。肉穗花序圆柱形，长30～60厘米；花单生，雌花序与雄花序间隔一段距离；雄花序在上，长 20～30厘米，雌花序在下，长20～28厘米；花药黄色。花期5月～6月。

广布全国各地。生在池塘边缘及浅水中。

光学显微镜下：

花粉形状不规则，有球形、椭圆形等。长轴27.6（21～36）微米，短轴 23.1（18～27）微米。具单孔，孔略大。表面具网状纹饰（×1200）。

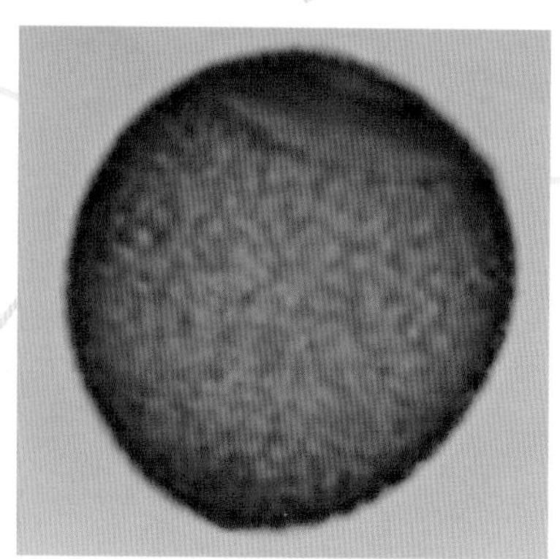

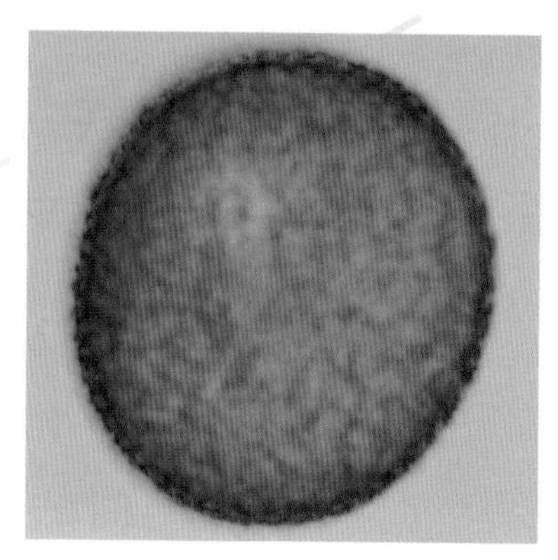

香蒲 *Typha angustifolia* L.

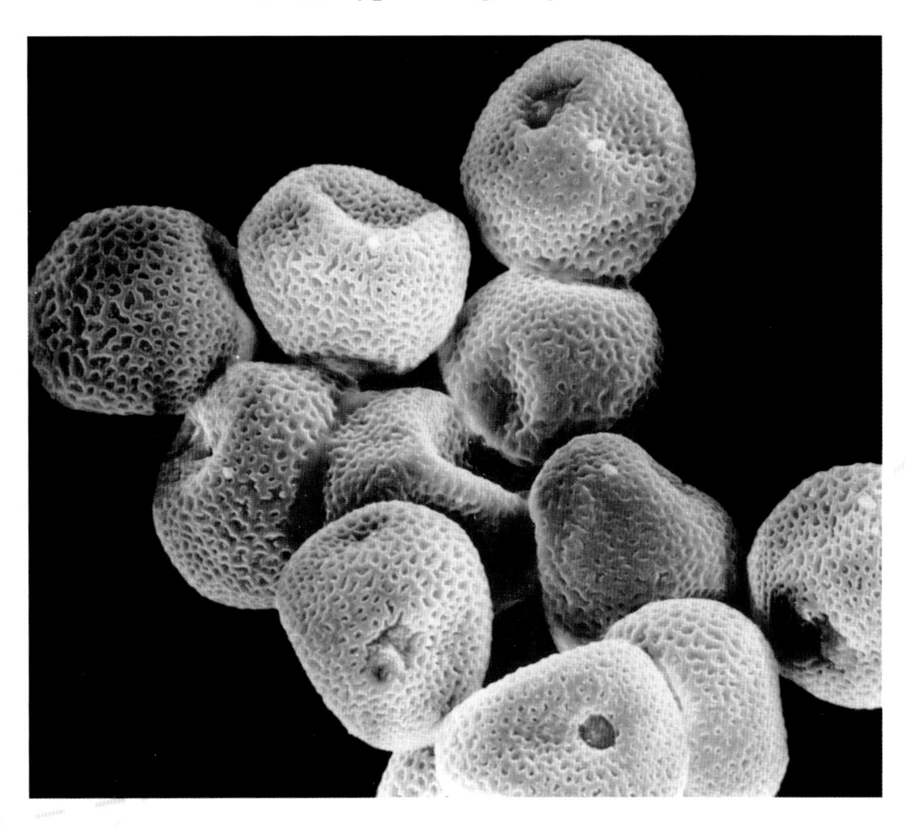

扫描电镜下：

花粉球形、不规则形。单孔，孔内具颗粒状内含物。表面细网状纹饰（上. 群体×1800；下. 远极面×4000）。

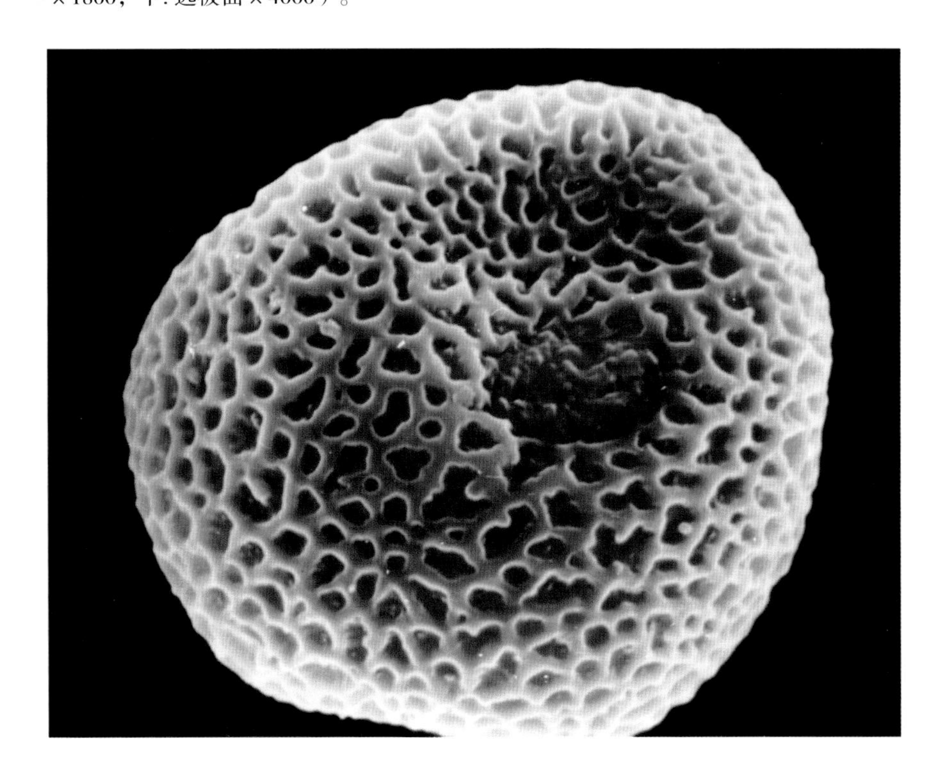

黑三棱 *Sparganium stoloniferum* Buch.–Ham.

多年生沼生草本植物，根茎细长，下生粗的块茎，须根多。茎直立，高60～120厘米，上部有分枝。叶线形。雄花序数个或多个，生于分枝上部或枝顶端，球形，花密集。聚伞花果球形，无柄。花期6月～7月。

北京见于颐和园昆明湖，生于沼池中。

光学显微镜下：

花粉球形，具几个散孔，孔分布不均匀，表面细网状纹饰（×1200）。

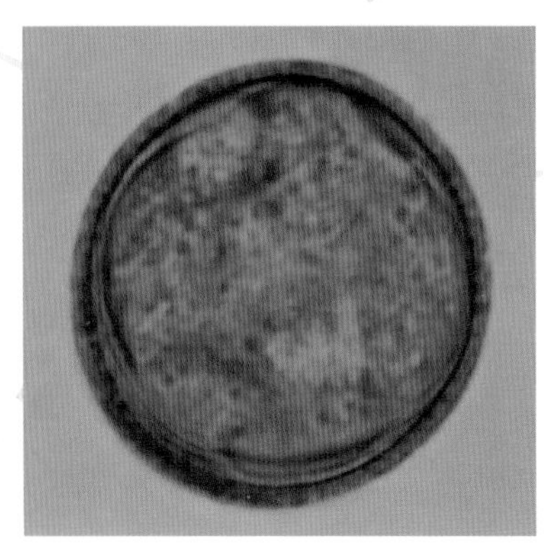

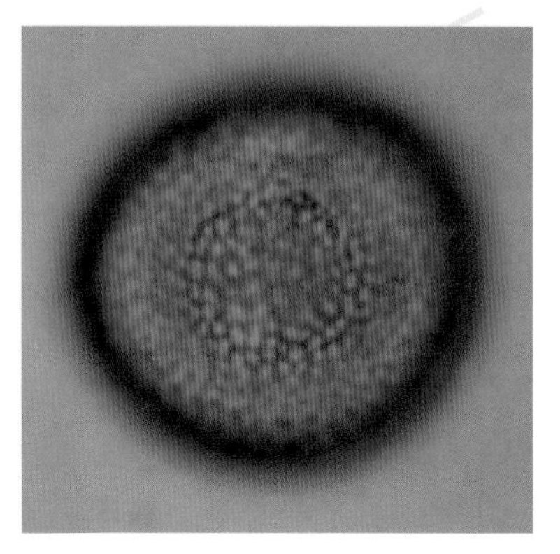

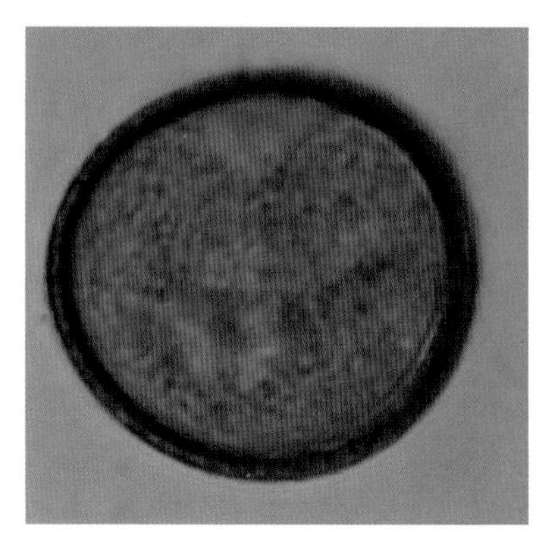

水麦冬 *Triglochin palustre* L.

多年生草本。根茎短。叶线形，长10～25厘米，宽1～2毫米。花莛自叶丛中生出，直立，高20～50厘米；总状花序，顶生，长10～25厘米，花小，疏生，具短柄，无苞片，花被片6，椭圆形。花期6月～7月，果期8月～9月。

北京常见，生于河岸或沟谷湿草地中，分布东北、华北、西北、西南及山东等省区。

光学显微镜下：

花粉近球形，表面具细网状纹饰，具一拟孔。大小约22微米×20微米（×1200）。

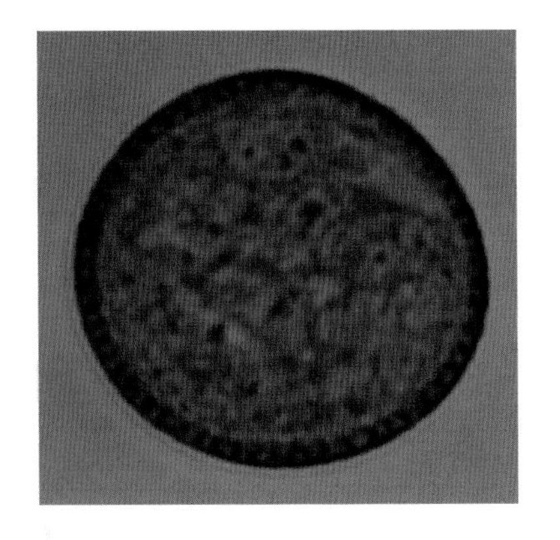

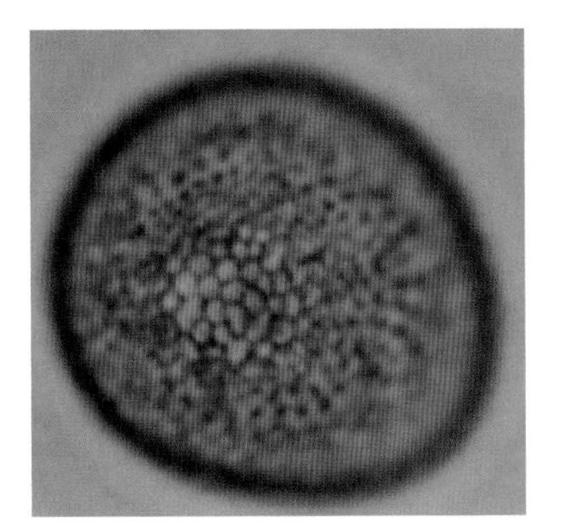

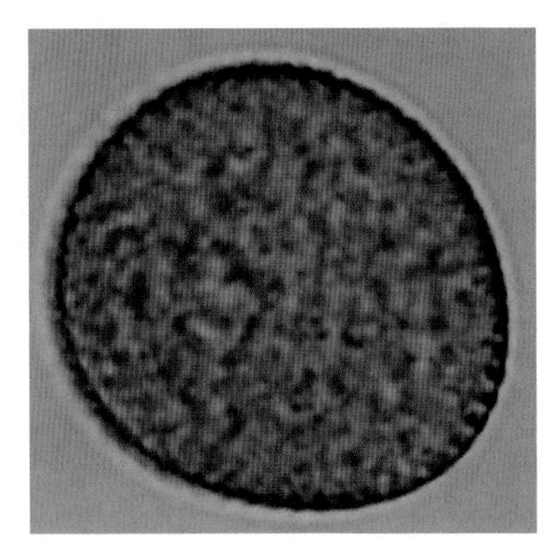

乱子草 *Muhlenbergia hugelii* Trin.

多年生草本。圆锥花序，开展；小穗长约3毫米，颖薄膜质，透明，部分稍带紫色。花期7月~9月。

分布于华北、东北、西北、华东、西南各地，日本也有。

光学显微镜下：

花粉近球形。直径约30~35微米。具一孔，孔周加厚。表面具颗粒状纹饰（×1200）。

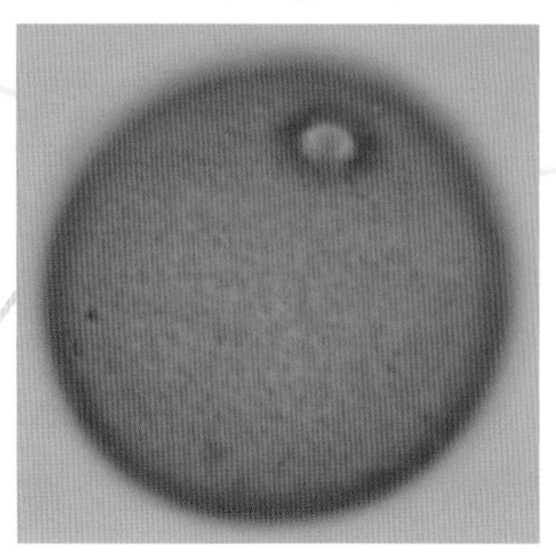

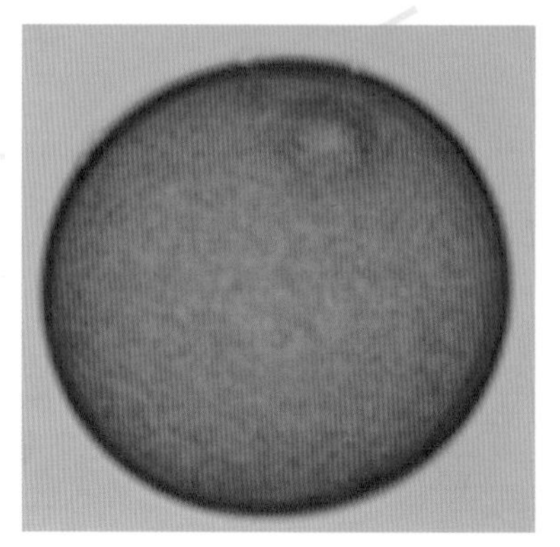

臭草（枪草）*Melica scabrosa* Trin.

多年生草本。秆丛生，直立或基部膝曲。高30 ~ 70厘米，圆锥花序狭窄，分枝直立或斜升；小穗弯曲。花期4月 ~ 6月。

分布于华北、西北和山东、江苏、四川等地。

光学显微镜下：

花粉球形，直径约38.6微米。具单孔，孔周围加厚。表面具颗粒状纹饰（×1200）。

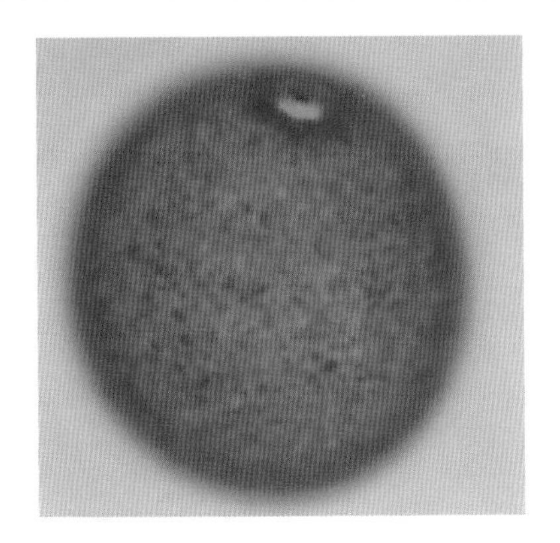

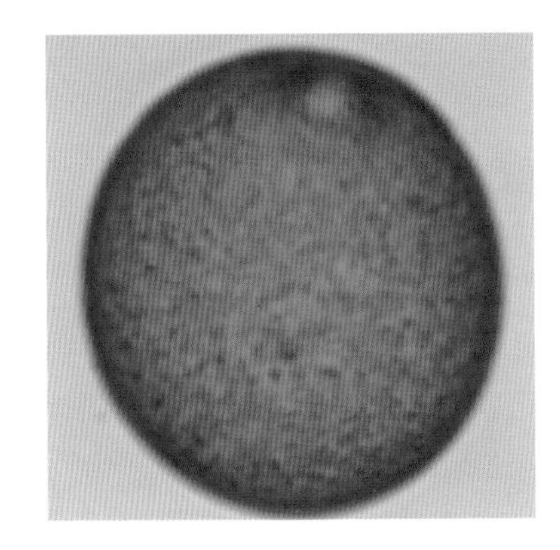

硬质早熟禾（铁丝草）*Poa sphondylodes* Trin.

多年生草本。秆直立，形成密丛，高30～60厘米，具3～4节。叶片狭窄，长3～7厘米，宽1毫米。圆锥花序，紧缩，长3～10厘米，小穗排列稠密。小穗绿色，成熟后草黄色，含4～6小花。花期5月～6月。

光学显微镜下：

花粉球形。直径约38.6微米。具单孔，孔周稍加厚。表面细颗粒状纹饰（×1200）。

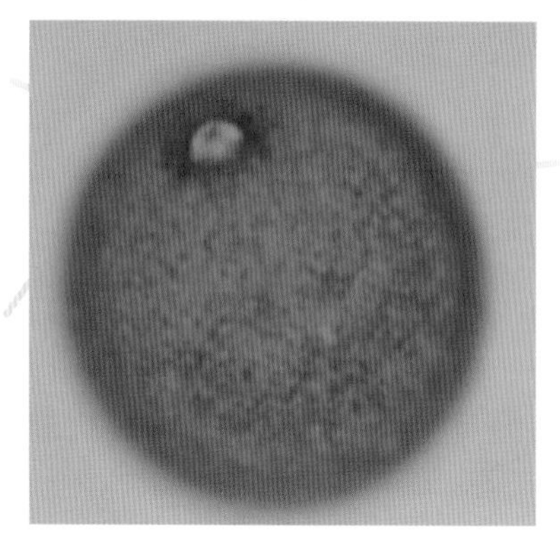

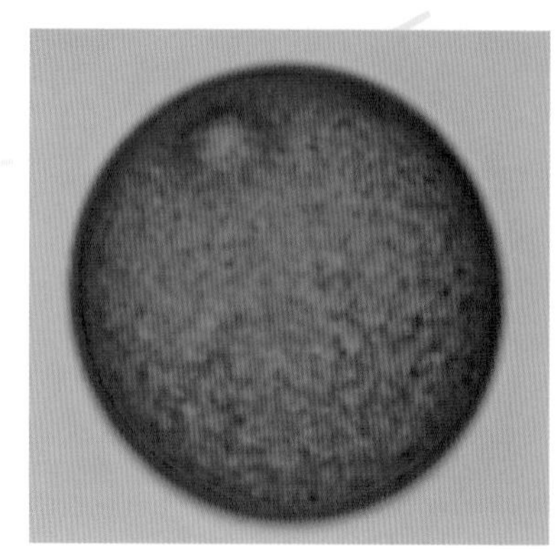

早熟禾 *Poa annua* L.

一年生或两年生草本。秆细弱，从生，高8～30厘米。叶舌钝圆；叶片柔软。圆锥花序开展；小穗绿色，含3～5花。花期4月～5月。

分布全国大多数地区。

光学显微镜下：

花粉近球形，直径22～27微米。具1远极孔。表面细颗粒状纹饰（×1200）。

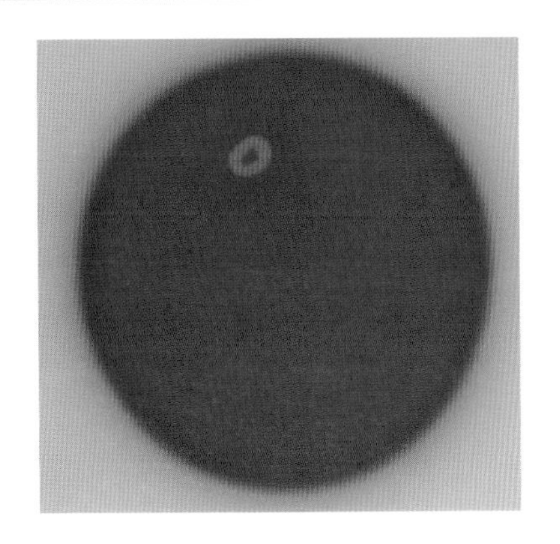

纤毛鹅冠草 *Roegneria ciliaris*（Trin.）Nevski

多年生草本，高40～80厘米。秆常单生或成疏丛，直立，平滑无毛，常被白粉，具3～4节。叶鞘无毛，叶片长10～20厘米，无毛。顶生穗状花序，直立或多少下垂，每节生一小穗，绿色，含7～10花，多少两侧压扁，芒长12～20毫米。花期5月～6月。

分布全国各地，生路边、山坡或沟边草地上。

光学显微镜下：

花粉近球形，直径60微米。具单孔，孔明显，椭圆形，孔周加厚，具盖。外壁两层，表面纹饰模糊（×850）。

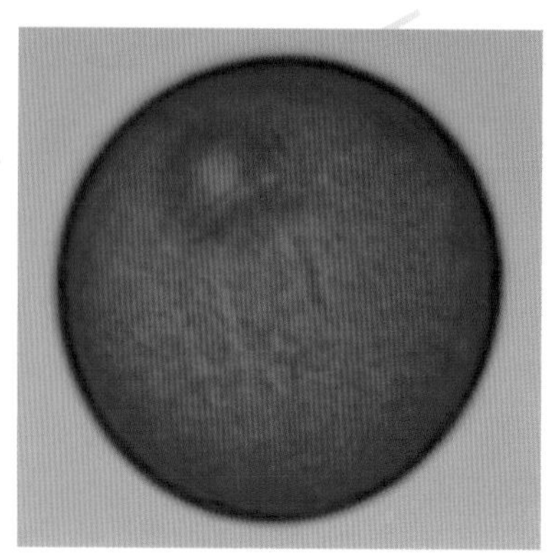

垂穗鹅冠草 *Roegneria komoji* Ohwi in Act.

多年生草本。秆丛生，高30～100厘米。叶鞘光滑。穗状花序，长7～20厘米。弯曲下垂；小穗长13～25毫米（除芒外），含3～10小花。花、果期5月～7月。

分布全国各地。

光学显微镜下：

花粉近球形，形状大小与纤毛鹅冠草近似（×850）。

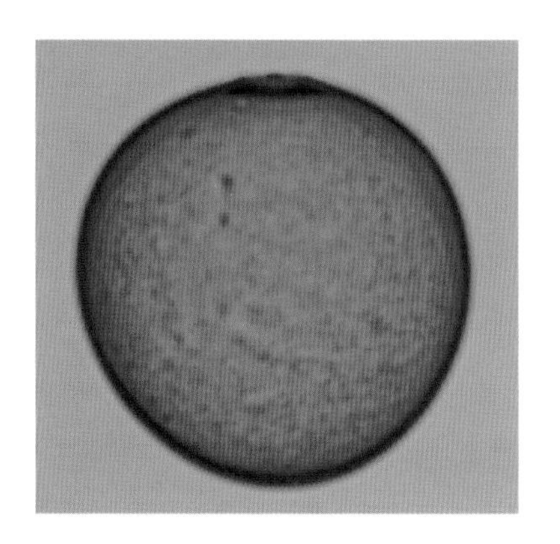

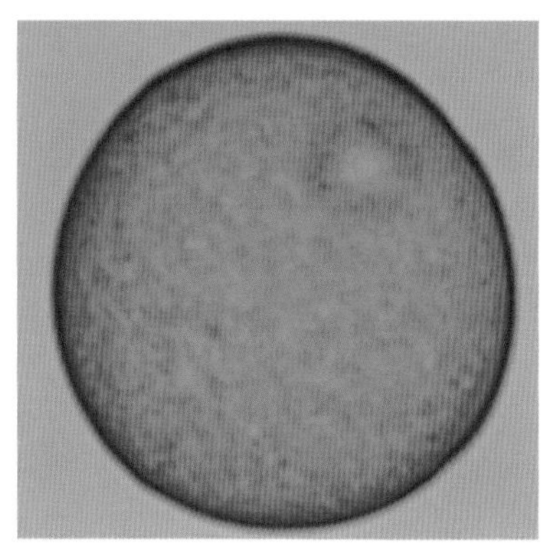

小麦 *Triticum aestivum* L.

一年生栽培谷物。冬小麦越年生，秆高1米。通常具6～7节，顶节最长。叶片长披针形。穗状花序，直立，顶生，通常具芒。花期5月。

我国广为栽培。

光学显微镜下：

花粉近球形。大小约49微米×47微米。具单孔。表面网状纹饰（×480）。

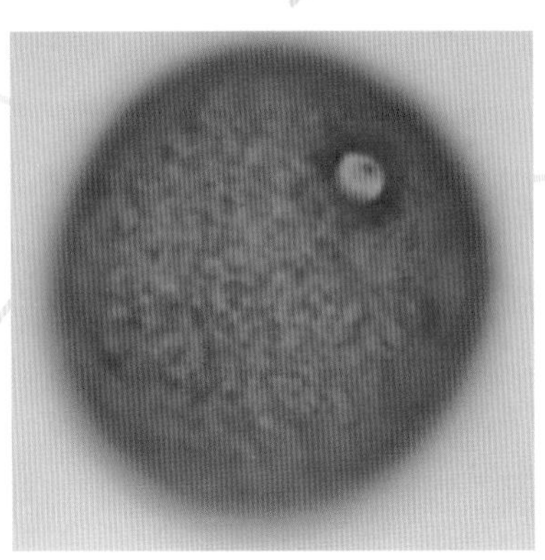

看麦娘 *Alopecurus aequalis* Sobol.

一年生草本。秆疏丛生，基部常膝曲，高15～40厘米。叶片近直立。圆锥花序，成圆柱状，顶生，淡绿色。两性，密生于穗之上；花药橙黄色。颖果长椭圆形。种子繁殖。花期5月～7月。

广布全国各地。

光学显微镜下：

花粉近球形，大小约35微米×37微米。具单孔，孔周围加厚。表面具模糊的细颗粒纹饰（×1200）。

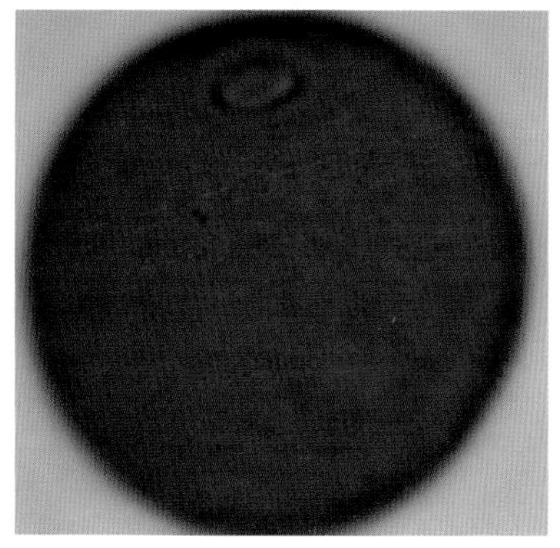

看麦娘 *Alopecurus aequalis* Sobol.

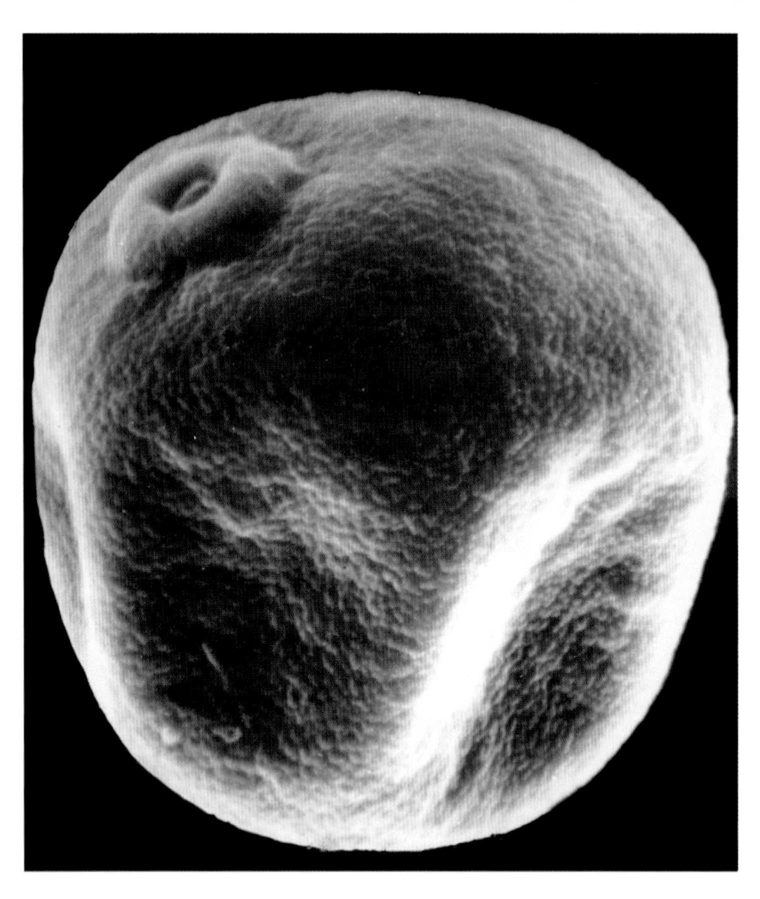

扫描电镜下：
花粉近球形，具单孔，孔周领状突起（×5000）。

高倍电镜下：
表面云纹状纹饰，并具密集颗粒（×7000）。

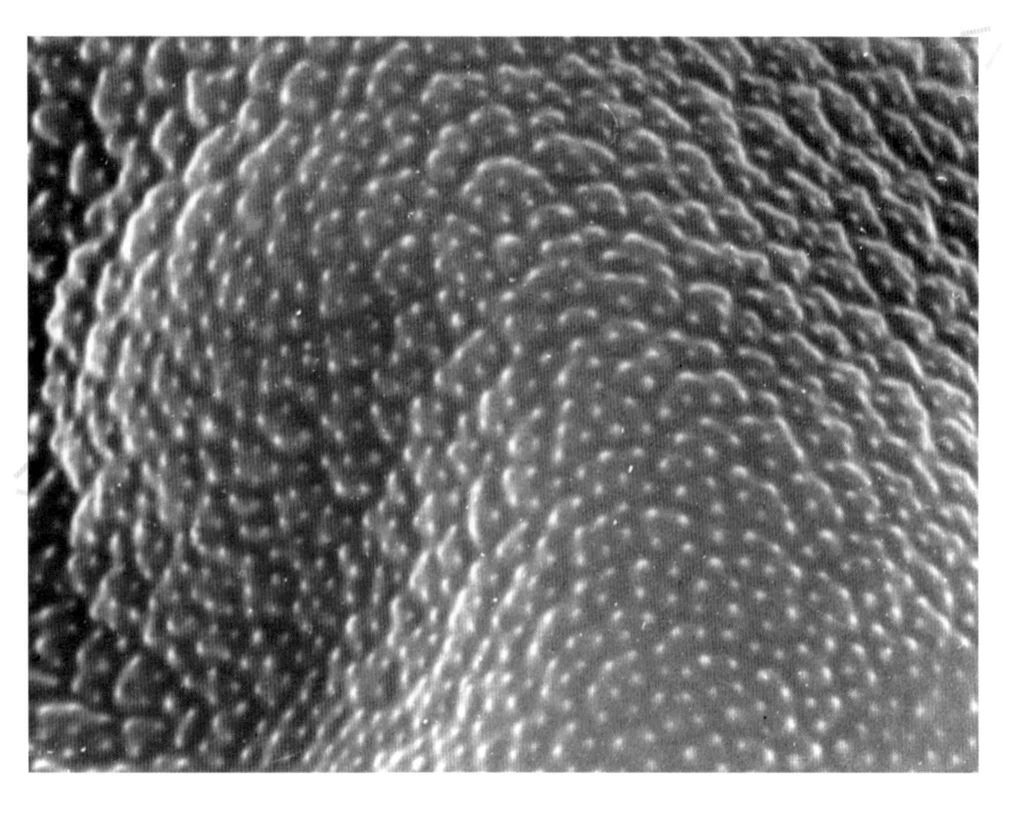

菵草 *Beckmannia syzigachne*（Steud.）Fernald

一年生草本。秆丛生，直立或略倾斜，株高30～80厘米。具2～4节。叶片宽条形；叶鞘长于节间，无毛。圆锥花序，分枝直立或倾斜。小穗扁圆形，通常只有一小花，无柄，具淡绿色横纹。种子繁殖。花期5月～8月。

广布全国各地，多生于水边或潮湿地。

光学显微镜下：

花粉球形，直径约36微米。具一远极孔，孔周加厚，表面具模糊的细网状纹饰（×1200）。

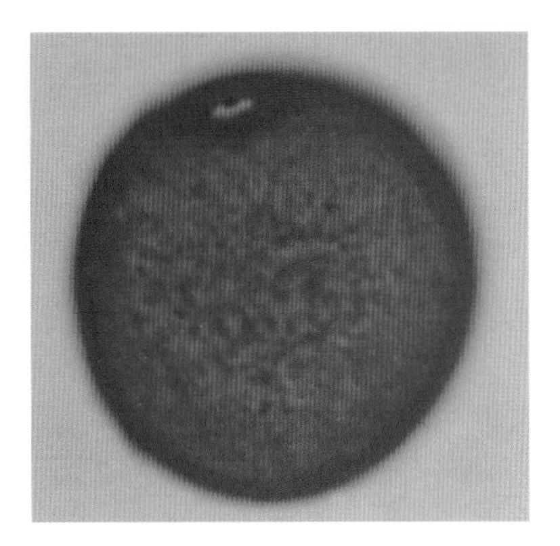

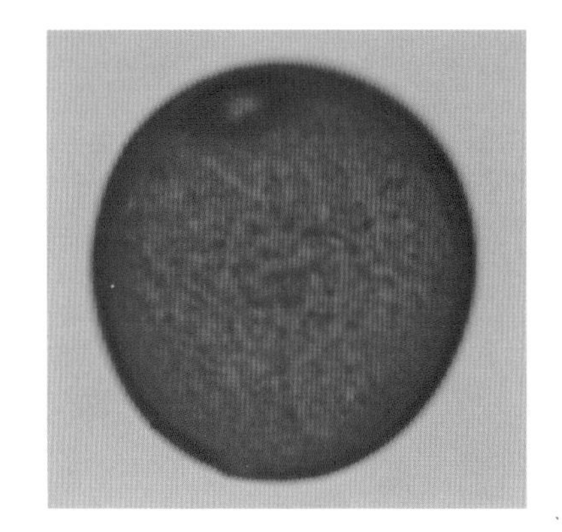

长芒草 *Stipa bungeana* Trin.ex Bge.

多年生草本。须根坚韧，外具沙套。秆紧密丛生，基部膝曲，高20～60厘米。叶鞘光滑或边缘具纤毛，基部叶鞘内藏有小穗。圆锥花序。花期5月～6月。

分布华北、内蒙古、西藏等地。

光学显微镜下：

花粉球形，具单孔，孔周加厚。表面细网状纹饰，直径大小25～27微米（×1200）。

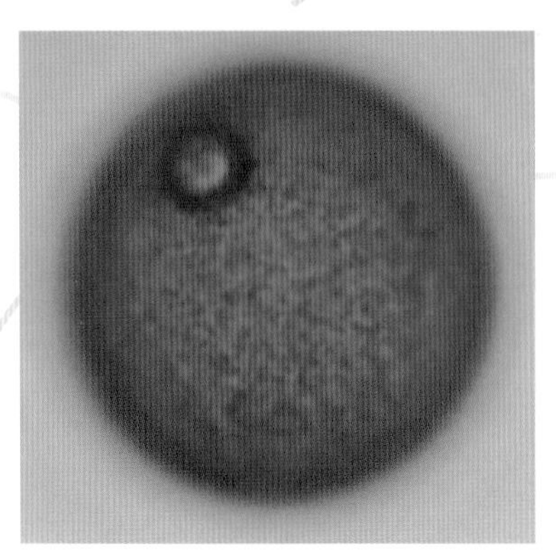

虎尾草 *Chloris virgata* Swartz Fl.

一年生草本。丛生，秆直立或基部膝曲，光滑无毛。高20~60厘米。穗状花序，4 ~ 10余个簇生茎顶，呈指状排列。花期6月 ~ 7月。

我国南北各地均有分布。

光学显微镜下：

花粉近球形。具一远极孔，孔周加厚。直径大小约30微米，表面具细网状纹饰（ ×1200）。

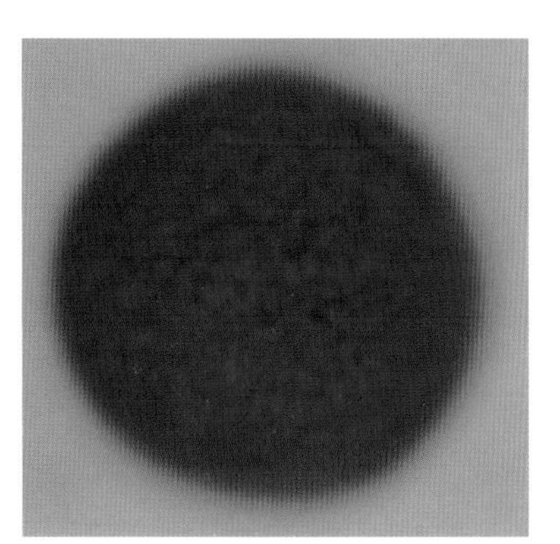

野古草 *Arundinella hirta*（Thunb.）Tanaka

多年生草本。秆直立，单生，高70 ~ 100厘米。叶片条状披针形。圆锥花序长10 ~ 20厘米；小穗有不等长的柄，成对生于各节。花期5月 ~ 6月。

除新疆、西藏外，分布几遍全国，朝鲜、日本也有。

光学显微镜下：

花粉近球形。直径大小为37（32 ~ 44）微米。具单孔。表面具模糊的网状纹饰（×1200）。

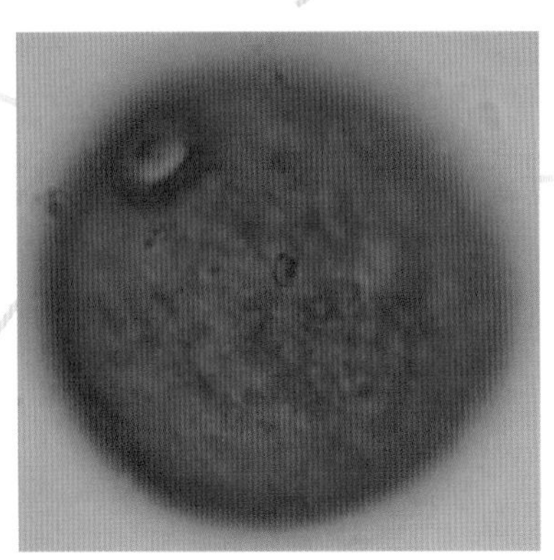

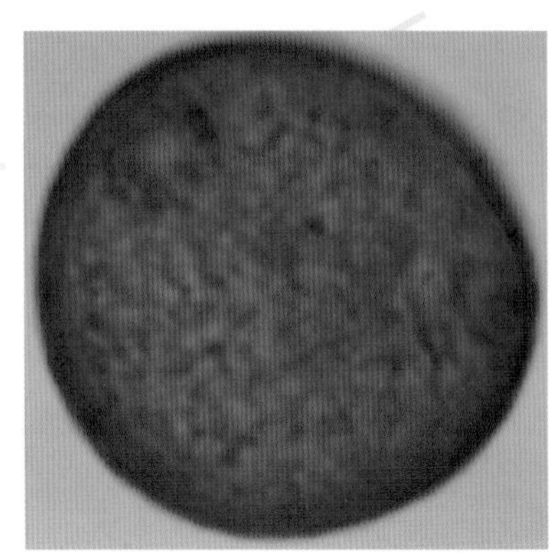

野古草 *Arundinella hirta*（Thunb.）Tanaka

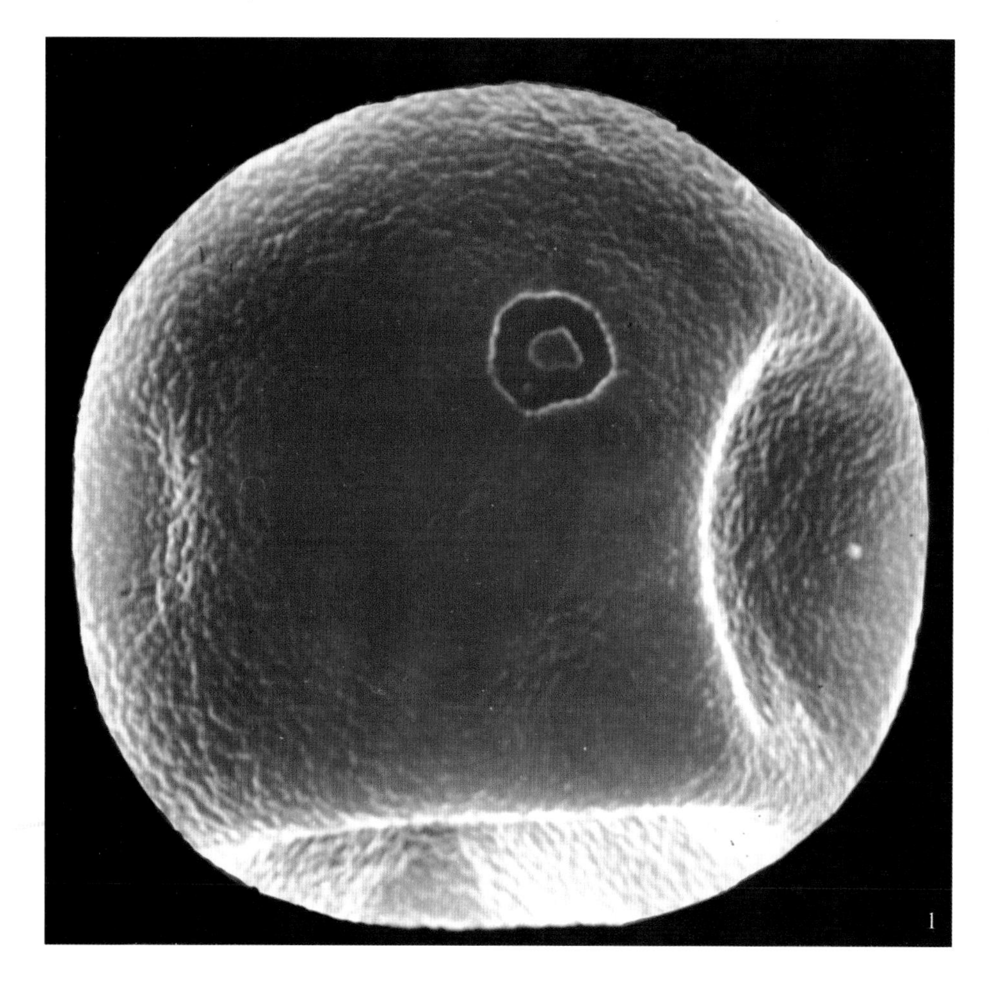

扫描电镜下：

花粉近球形，具单孔，孔周不加厚。高倍镜下，花粉表面具颗粒状纹饰（1. ×6000；2. ×21000）。

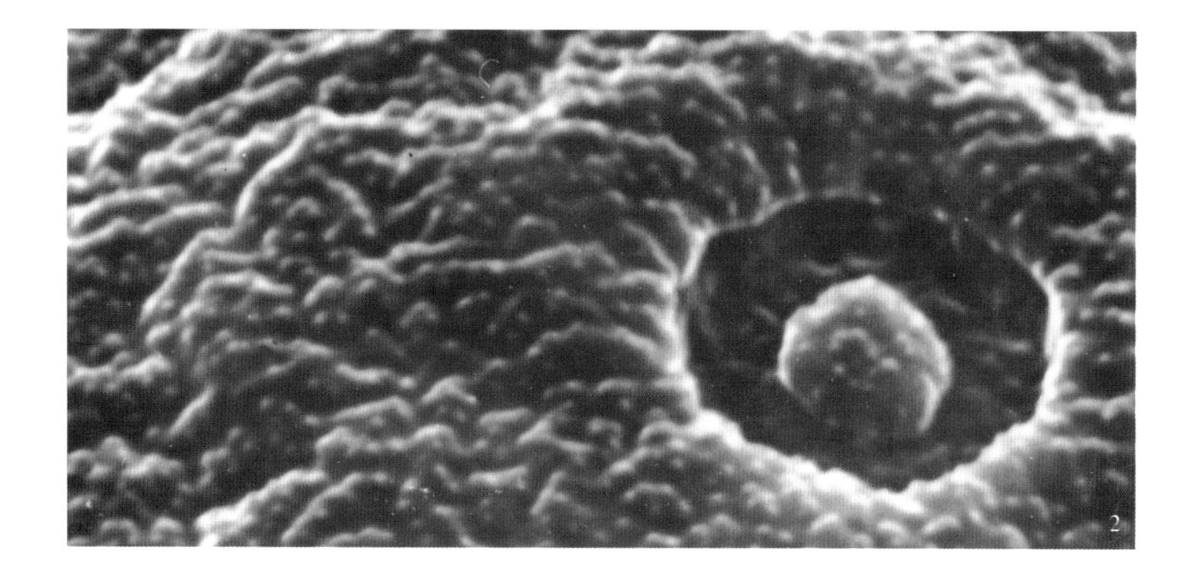

黍（稷）*Panicum miliaceum* L.

一年生栽培谷类。秆直立，单生或少数丛生，株高60～120厘米；节密生髭毛；叶片长10～30厘米。宽达1.5厘米。圆锥花序，通常开展疏散，成熟后下垂，长30～40厘米。花、果期7月～9月。

光学显微镜下：

花粉粒球形，具单孔，孔周稍加厚，直径34.5微米（×1200）。

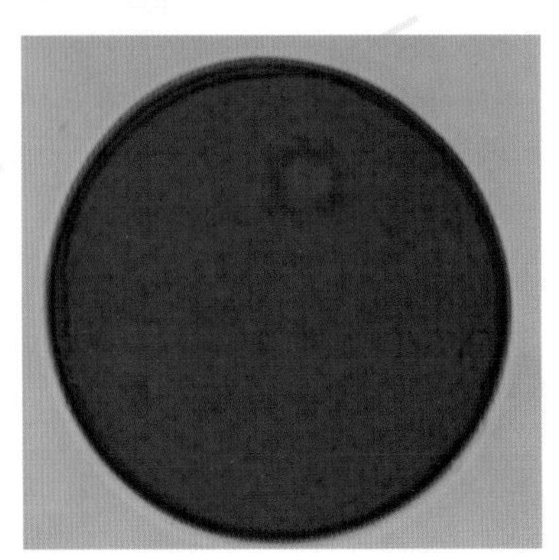

稗 *Echinochloa crusgallii*（L.）Beauv.

一年生草本。秆直立或基部倾斜，有时膝曲，光滑无毛，通常丛生，高50～130厘米。叶片线形，长20～50厘米，宽5～20毫米，边缘粗糙。圆锥花序，疏松，带紫色；小穗密集排列于穗轴的一侧，单生或不规则地簇生；小穗近于无柄。花、果期7月～9月。

分布几遍全国。

光学显微镜下：

花粉近球形或卵圆形。大小为43（36～51）微米×42（36～45）微米。具单孔，孔大，圆至椭圆形。表面具模糊的细网纹饰（×1200）。

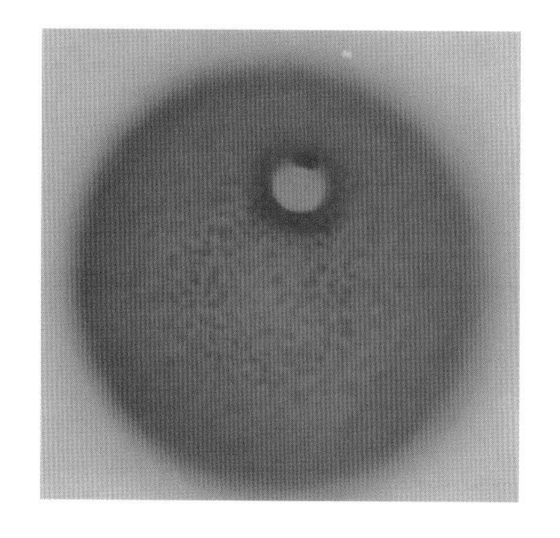

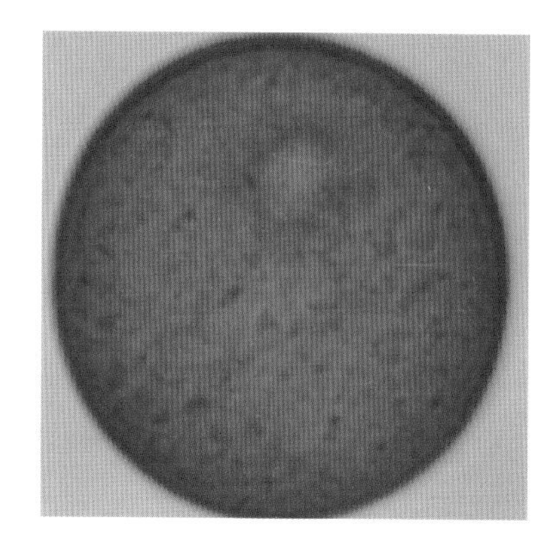

无芒稗 *Echinochloa crusgalli*（L.）Beauv.var.Mitis（Pursh）Peterm.

本变种和正种的主要区别为：小穗无芒，花序较疏松。颖果，成熟时极易脱落。花、果期6月～9月。

分布于华北、华南、西南等地。

光学显微镜下：

花粉形状、大小与稗近似（×850）。

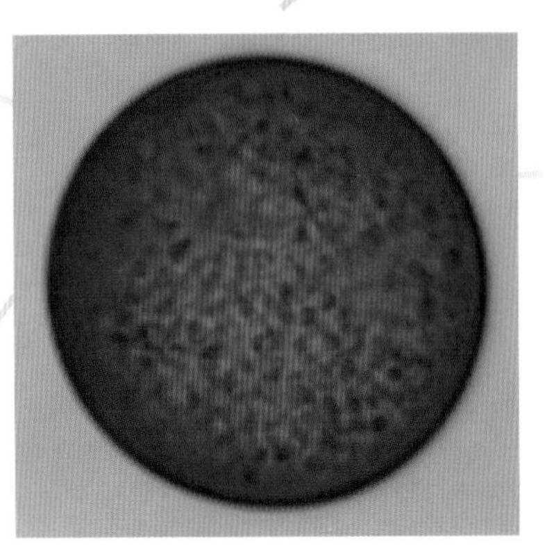

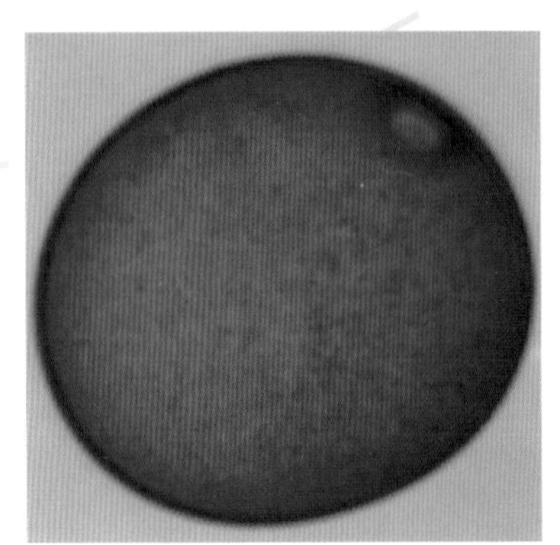

长芒稗 *Echinochloa crusgalli* var.Caudata

本变种和正种主要区别为：小穗外稃具长芒，芒长3～5厘米，花序稍紧密，暗紫色，生境同正种。花、果期6月～9月。

分布全国各地。

光学显微镜下：

与稗花粉近似，但比稗大，直径大小50微米以上（×1200）。

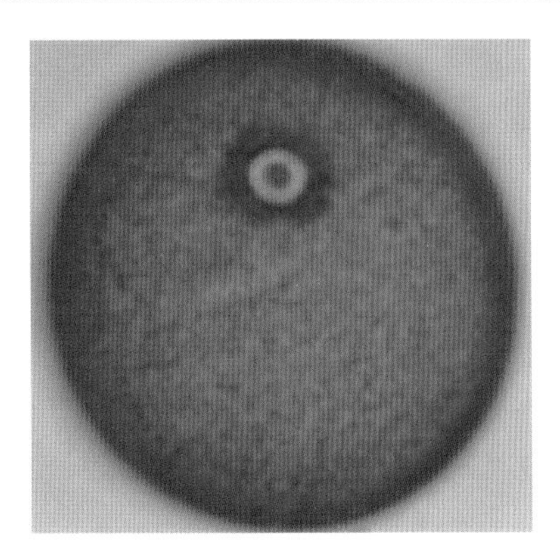

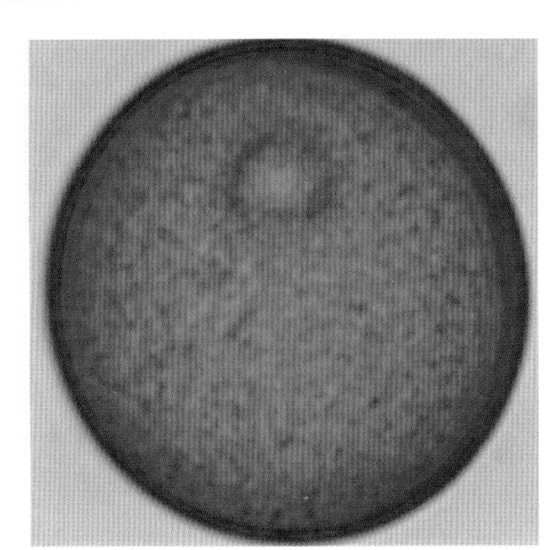

雀稗 *Paspalum thunbergii* kunth ax Steud.

多年生。秆高20～55厘米。叶片条状披针形，两面密生柔毛。总状花序3～6枚，呈总状排列于主轴上，小穗近圆形，以2～4行排列于穗轴的一侧。花期2月～3月。

分布于华东、华中、华南、西南，多生于水湿地。

光学显微镜下：

花粉长球形，具单孔，孔周稍加厚，表面纹饰模糊。大小约49.5微米×46微米（×1200）。

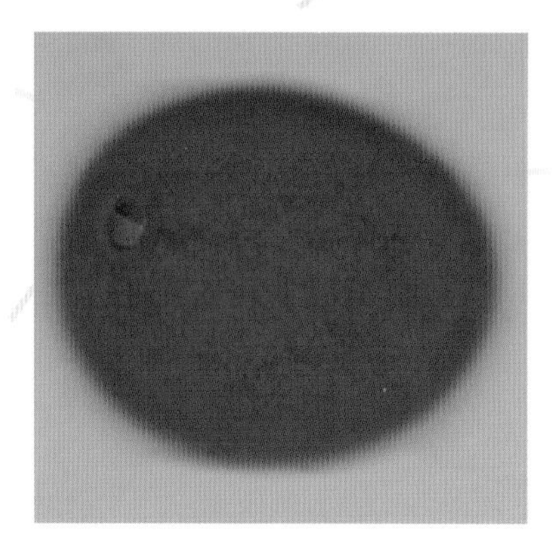

金色狗尾草 *Setaria glauca*（L.）Beauv.

一年生草本。秆直立，于节部生根，高20～90厘米。下部叶鞘扁形具脊，上部叶鞘圆形，光滑无毛；叶片长5～30厘米，宽2～8毫米，基部钝圆，先端长渐尖。圆锥花序，圆柱状，长3～8厘米，直径除刚毛外4～8毫米；小穗长3～4毫米，椭圆形，先端尖。花、果期6月～9月。

广布于全国各省区。

光学显微镜下：

花粉球形，直径约45微米。具单孔，孔周加厚。表面网状纹饰（×1200）。

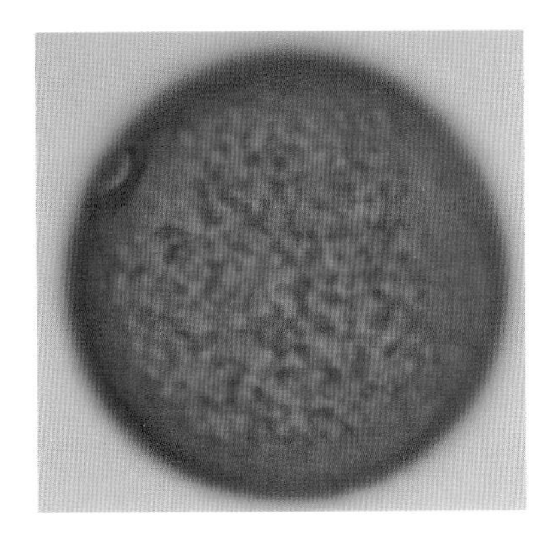

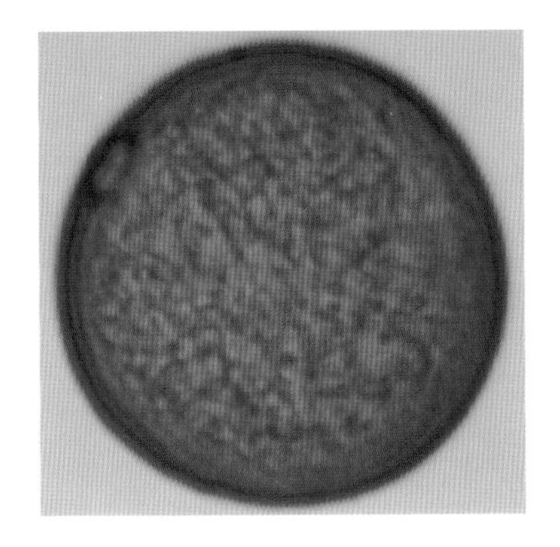

粟（谷子）*Setaria italica*（L.）Beauv. Ess.

一年生栽培谷物。秆直立，粗壮，高80～150厘米。叶鞘无毛；叶片线状披针形，基部钝圆，先端渐尖。圆锥花序，圆柱状，成熟时下垂，长10～40厘米。花、果期7月～9月。

我国北方地区栽培较普遍。

光学显微镜下：

花粉近球形。具一远极孔，孔周加厚。直径约30微米。表面具细网状纹饰（×1200）。

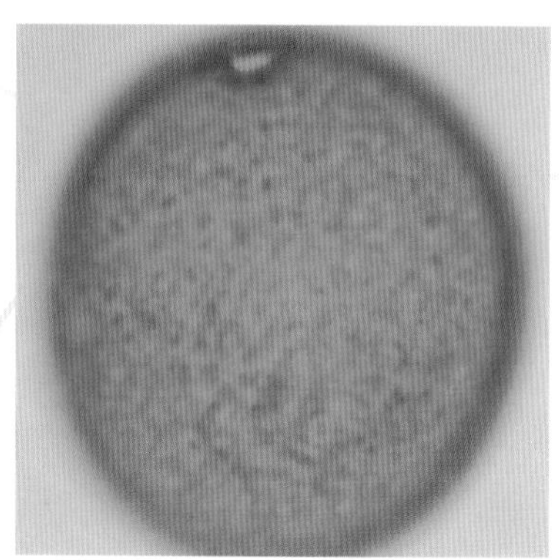

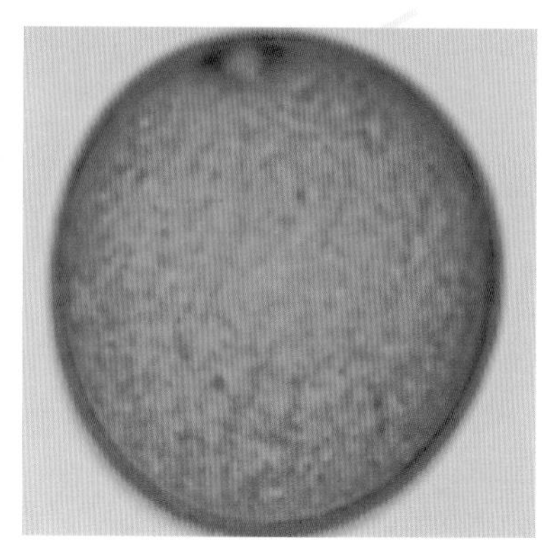

狗尾草（谷莠）*Setaria viridis*（L.）Beauv.

一年生草本。秆通常直立，高30～100厘米。叶片长50～30厘米。圆锥花序，圆柱状，长3～15厘米。花、果期6月～10月。

广泛分布于我国南北各地。

光学显微镜下：

花粉近球形，具一远极孔，孔周加厚。直径约30微米。表面网状纹饰（×1200）。

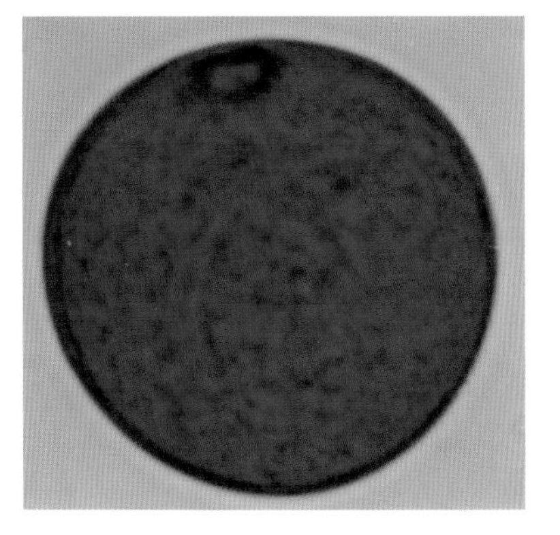

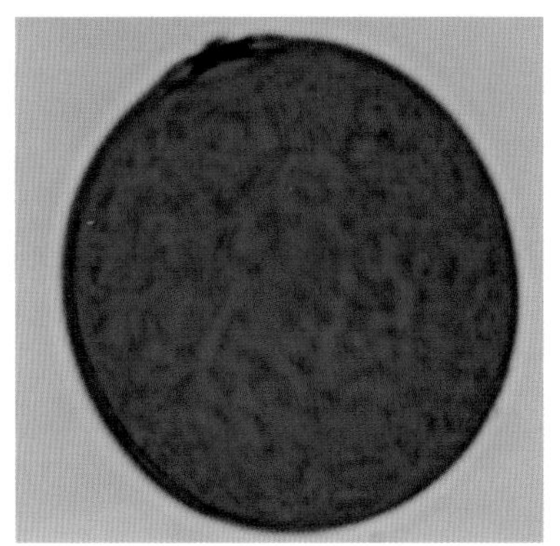

狗尾草（谷莠）*Setaria viridis*（L.）Beauv.

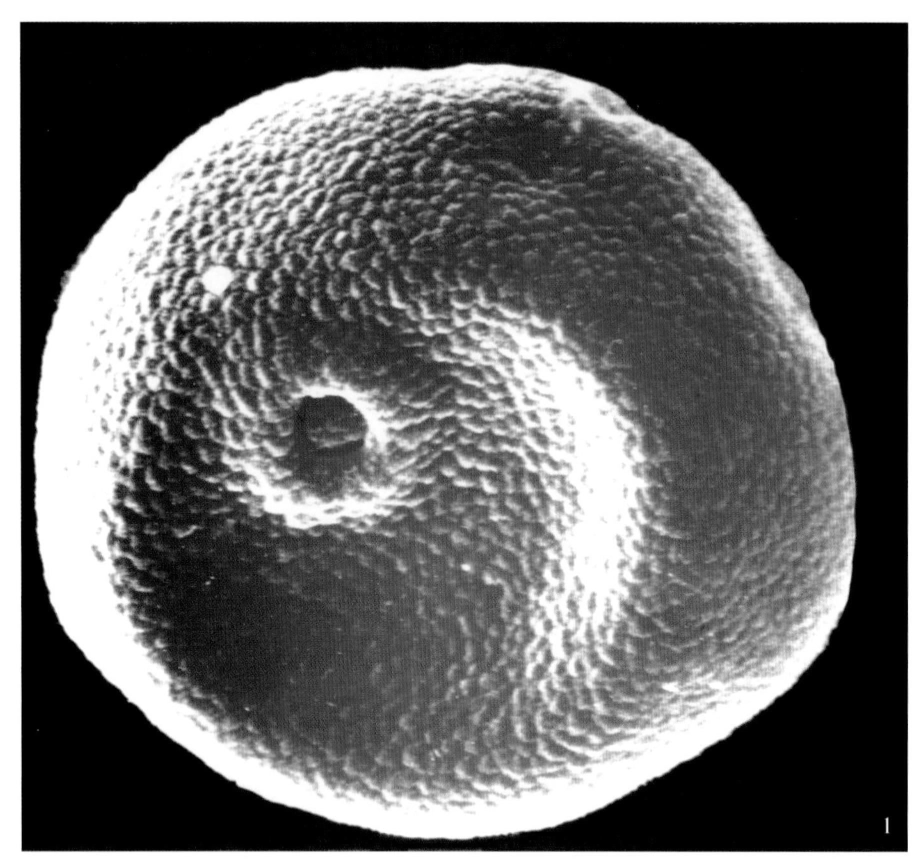

扫描电镜下：

花粉球形。孔周加厚；表面网状纹饰，网眼具细小颗粒（1. ×3500；2. ×5000）。

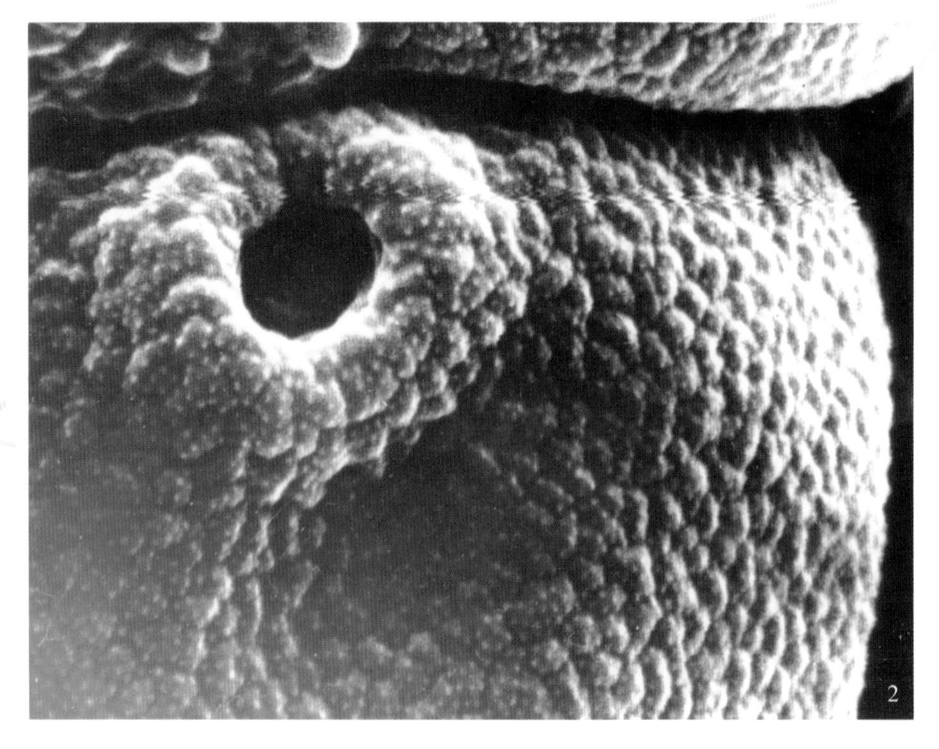

狼尾草 *Pennisetum alopecuroides*（L.）Spreng.

多年生草本。秆丛生。株高30～100厘米。花序下常密生柔毛。叶片顶端长渐尖，通常内卷。穗状圆锥花序粗大，花期7月～9月。

分布我国南北各省，北京多见，野生或人工种植供观赏。

光学显微镜下：

花粉近球形，大小约52微米×48.7微米。具单孔，孔周加厚，表面颗粒状纹饰（×1200）。

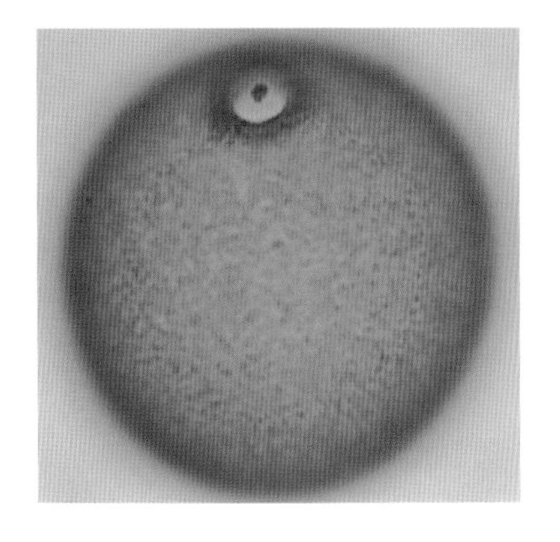

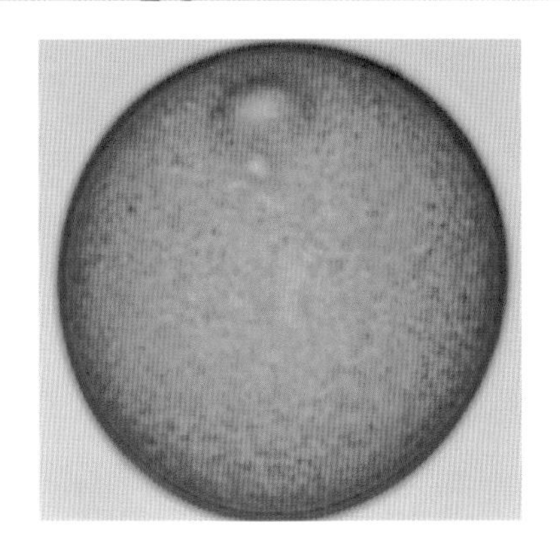

荻 *Miscanthus sacchariflorus*（Maxim.）Hack.

多年生高大禾草。秆直立，多节，高120 ~ 150厘米。叶片长线形，长10 ~ 60厘米。圆锥花序，扇形，长20 ~ 30厘米。花、果期8月 ~ 9月。

分布东北、华北、西北、华东等地区。

光学显微镜下：

花粉近球形，具单孔，孔周加厚，直径约34 ~ 36微米。表面具模糊的细网状纹饰（×1200）。

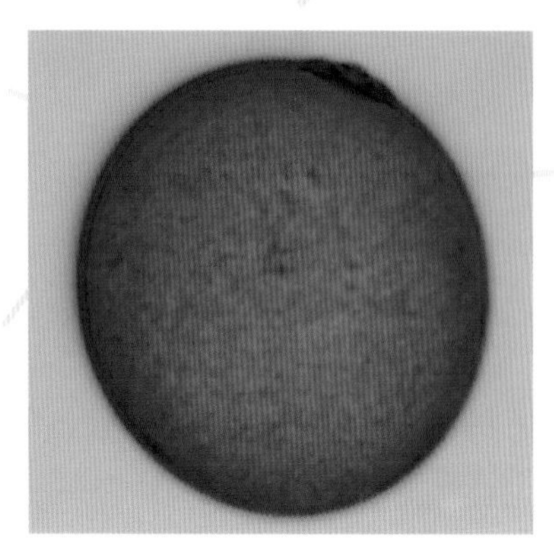

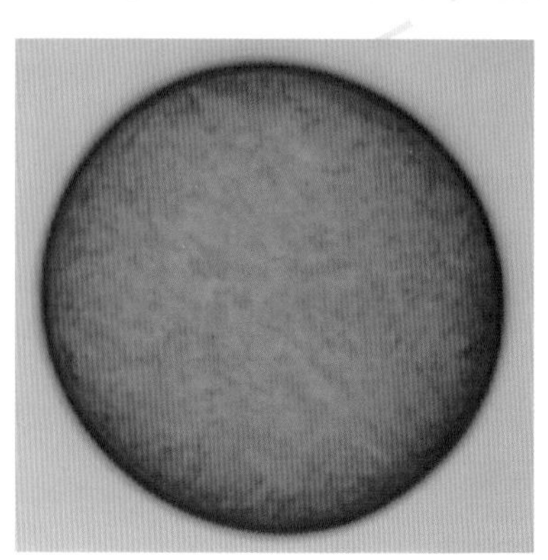

白茅 *Imperata cylindrica*（L.）Beauv.

多年生草本。有长根状茎。秆高30～80厘米，具2～3节。叶鞘除顶端者外大都长于节间。圆锥花序，圆柱状，长5～20厘米；分枝近轮生。花期4月～6月。

全国均有分布。

光学显微镜下：

花粉球形，具单孔，孔周加厚，表面纹饰模糊，大小约39微米（×1200）。

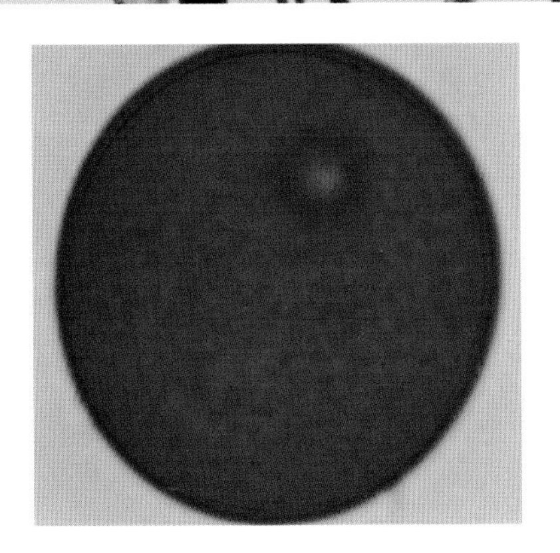

牛鞭草 *Hemarthria altissima*（Poir.）Stapf et C.E.Hubb.

多年生草本。具长而横走的根状茎。秆高60～80厘米。叶片线形，先端细长渐尖，长达20厘米。总状花序，长达10厘米，粗壮而多少弯曲，通常单生于茎顶，少数为腋生；小穗成对，一穗无柄，一穗有柄；无柄小穗长6～8毫米，具明显的基盘，嵌生于穗轴的凹穴内。花期6月～7月。

分布东北、华北、华中等地区。

光学显微镜下：

花粉近球形，具单孔，稍向凸，孔周加厚。大小约20～25微米。表面具细颗粒状纹饰（×1200）。

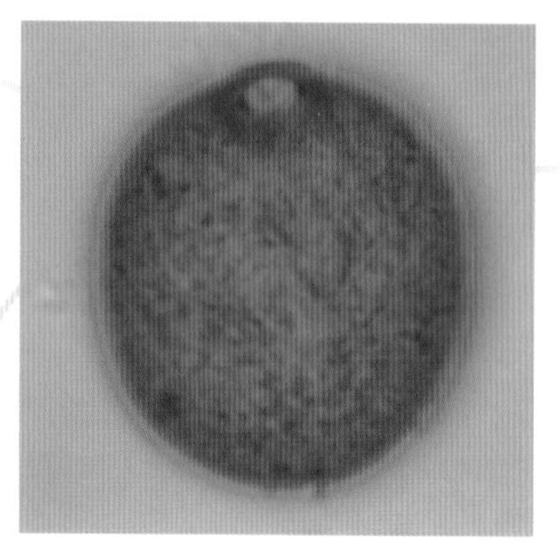

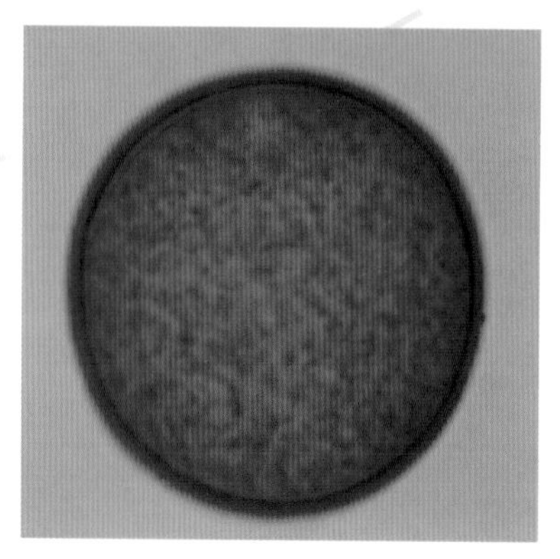

高粱 *Sorghum vulgare* pers.

一年生草本。秆实心，充满髓，高3～4米（矮性品种高1米左右）。叶片带状，长可达50厘米，宽3～6厘米。圆锥花序顶生，由多数具1～5节的总状花序组成。小穗多成对着生，无柄小穗为两性，有柄小穗为雄性或中性。花期7月～9月。

广布全国，以华北、东北、西北最多。

光学显微镜下：

花粉球形至卵圆形，大小为52微米。具单孔，孔边缘加厚。表面具模糊的细网状纹饰（×480）。

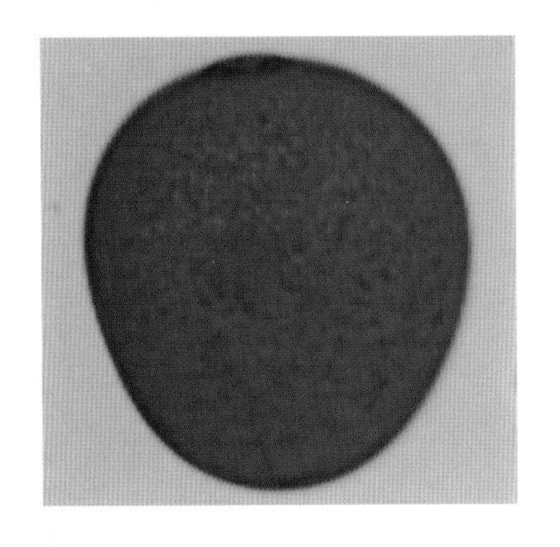

高粱 *Sorghum vulgare* pers.

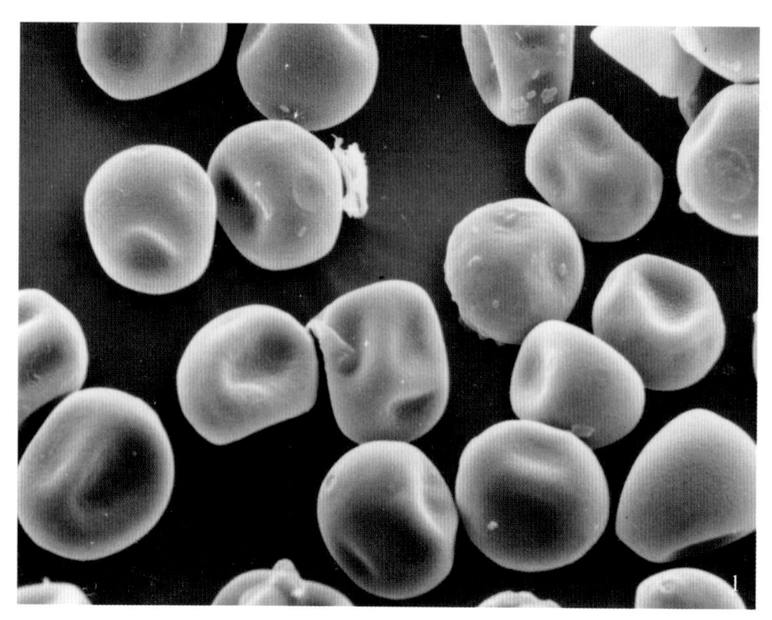

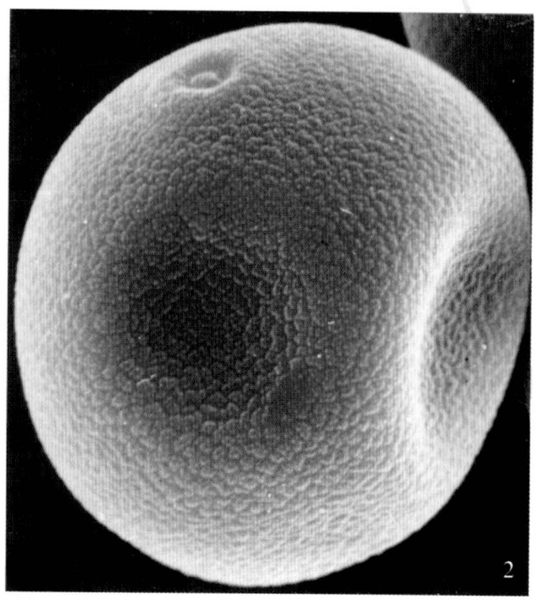

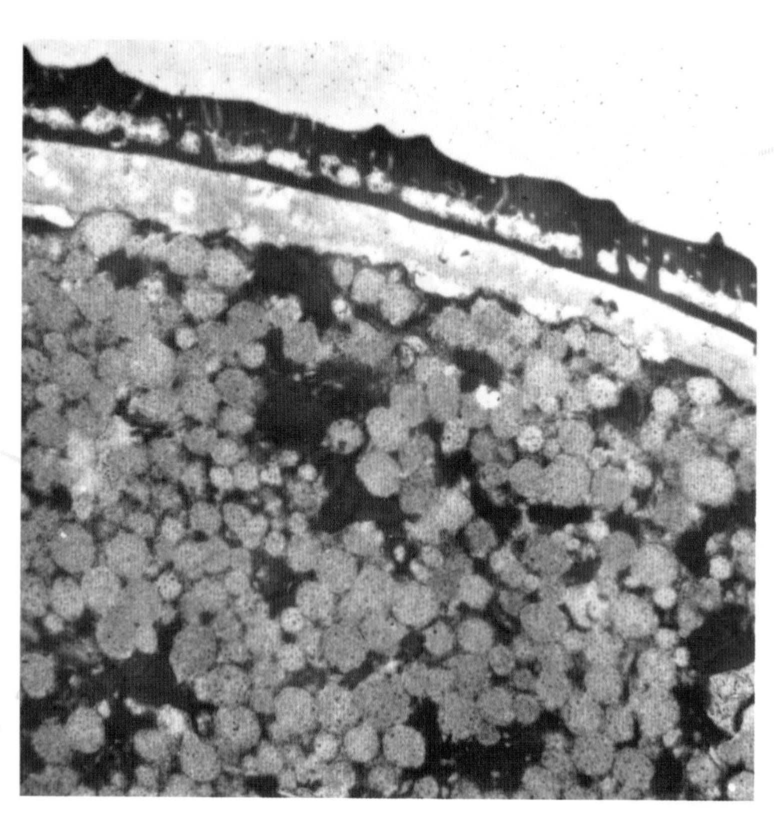

扫描电镜下：

花粉粒球形或近球形。具一单孔，孔近圆形，孔径3～4微米，上有孔膜覆盖，孔周围明显加厚。表面为负网状纹饰（1. 群体×500；2. 远极面×2000）。

透射电镜下：

外壁外层厚度0.9微米（包括颗粒），由被层、柱状层和垫层组成。被层明显，厚度不均匀，表面具稀疏的颗粒，内有稀疏穿孔；柱状层不明显，具稀疏及大小不一的小柱，厚度不均匀；垫层明显，厚度均匀，具稀疏穿孔。外壁内层不明显；内壁较厚，结构均匀（×12000）。

薏苡 *Coix lacryma-jobi* L.

栽培为一年生草本。秆直立，高1～1.5米。叶鞘光滑；叶片线状披针形，长达30厘米，宽1.5～3厘米。总状花序，腋生成束，长6～10厘米，直立或下垂。雌小穗位于花序的下部，外包以念珠状总苞；雄小穗常3个着生于一节。花、果期7月～10月。

我国各地均有栽培。

光学显微镜下：

花粉近球形。具单孔（远极孔），孔周加厚。表面具模糊的网状纹饰。直径大小约52微米（×480）。

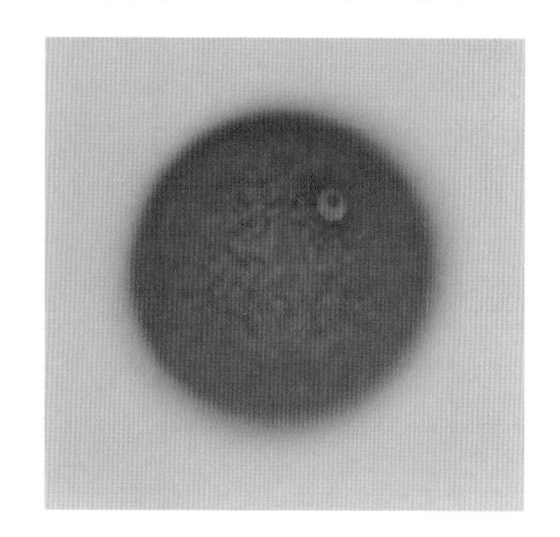

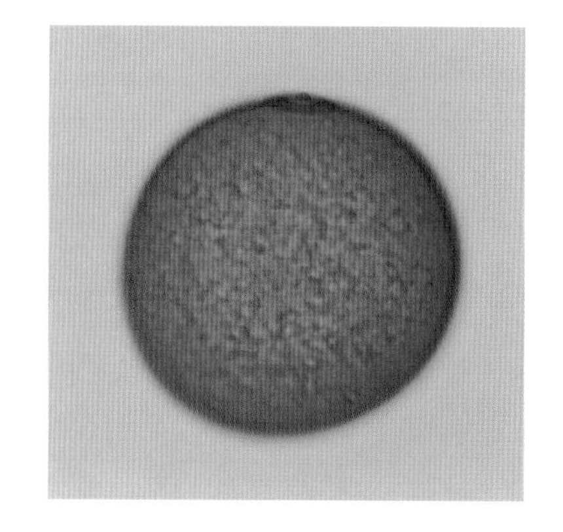

玉米 *Zea mays* L.

一年生谷物，高1～3米。秆实心，粗壮，通常不分枝，上部显著较细，基部各节具气生根作支柱。叶片宽大，带状披针形，边缘粗糙，中脉粗壮。花单性，雄圆锥花序顶生，分枝为穗形总状花序；雌花腋生，肉穗状。花期6月～8月。

原产拉丁美洲，我国广泛栽培。

光学显微镜下：

花粉近球形至卵圆形，大小约90微米。具单孔，孔向外突出，具盖，边缘加厚。外壁层次不明显。表面模糊的网状纹饰（×480）。

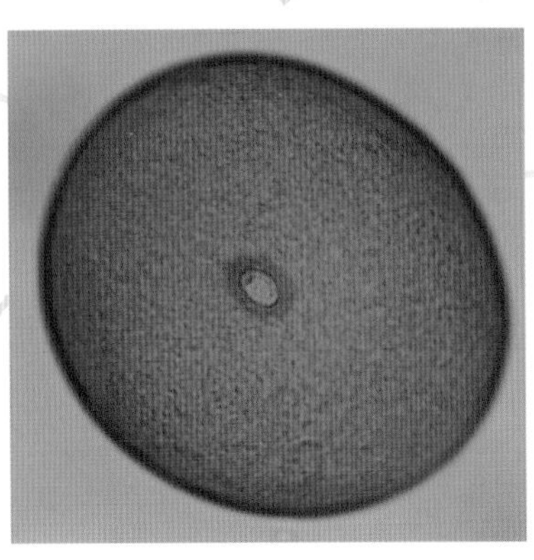

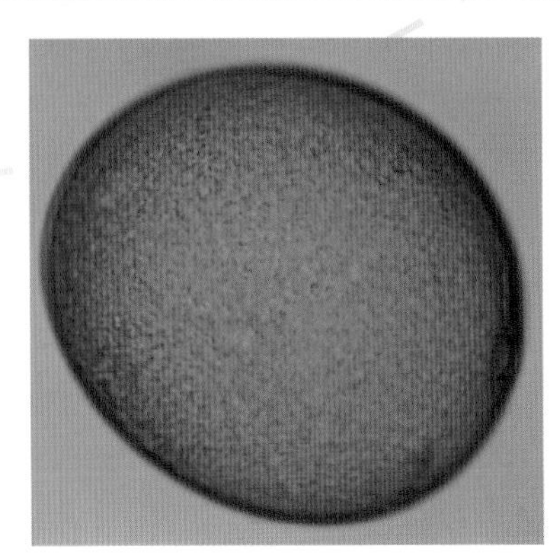

玉米 *Zea mays* L.

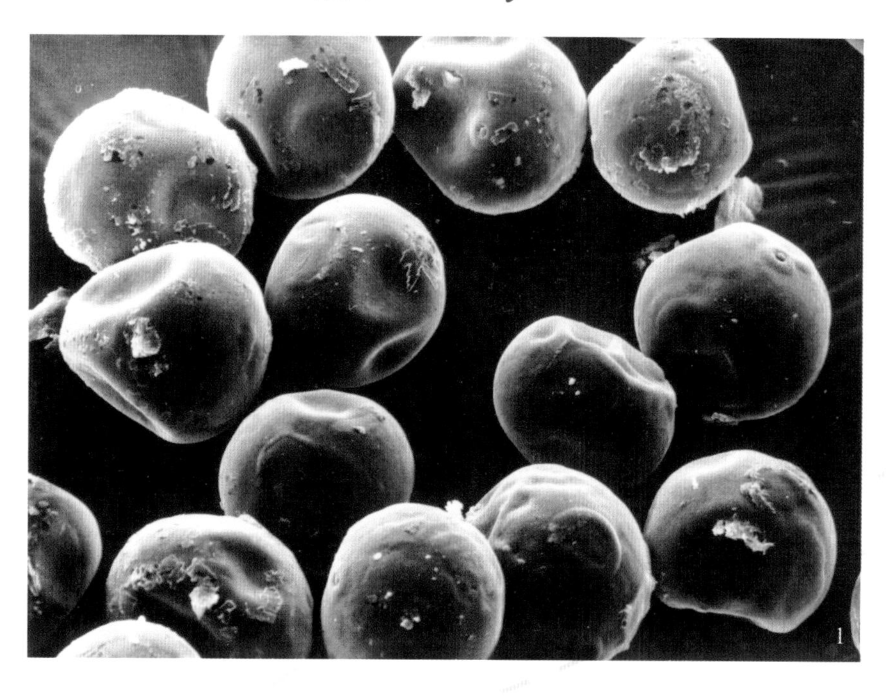

扫描电镜下：

花粉粒近球形，多数有皱折，具单孔和孔盖，孔周加厚，表面纹饰不明显（1. 群体400×；2. 近极面×1500）。

透射电镜下：

外壁外层厚度1.0微米。被层厚度均匀，表面具稀疏短刺；柱状层厚度均匀，内有稀疏小柱；垫层厚度均匀。内壁较厚（×10000）。

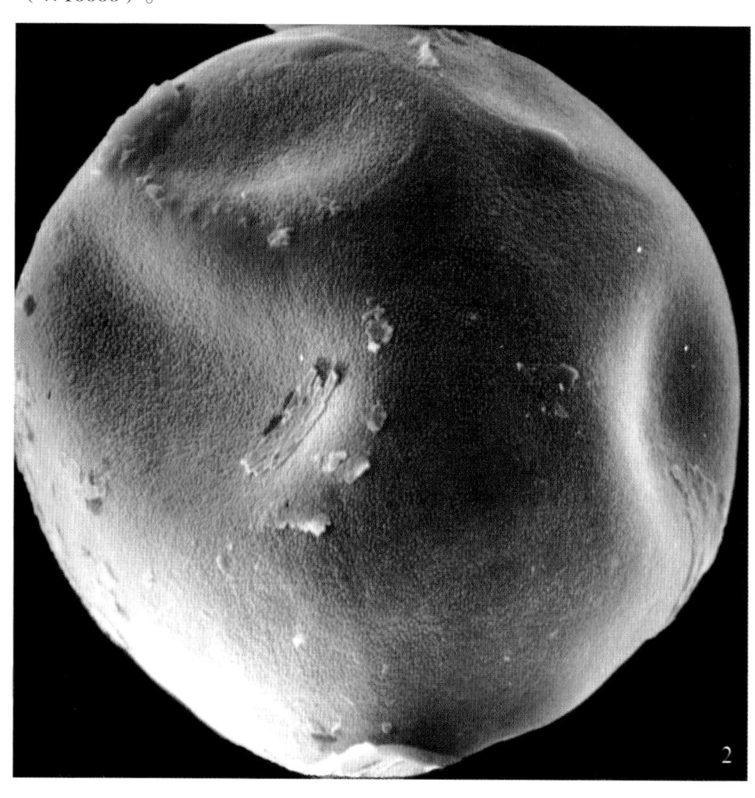

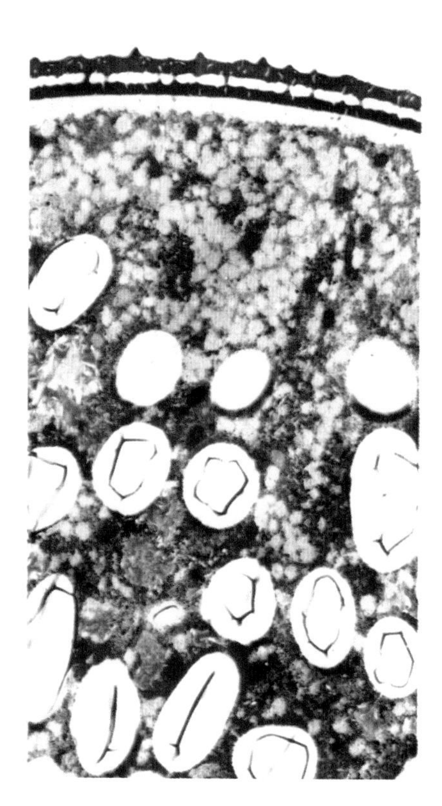

野牛草 *Buchloe dactyloides*（Nutt.）Engelm.

多年生草本。具匍匐枝。秆高5～25厘米，较细弱；叶鞘紧密裹茎；叶片粗糙，细线形，长达20厘米；雄花序2～3个，草黄色，长5～15毫米，排列成总状。花期6月～8月。

原产美洲，我国近年引种，北京有栽培，是良好的草皮植物。

光学显微镜下：

花粉近球形，直径约45微米。具一孔，孔周加厚。表面颗粒状纹饰（×1200）。

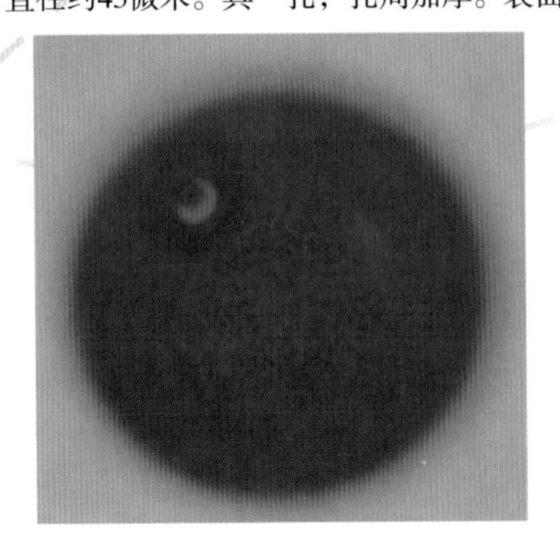

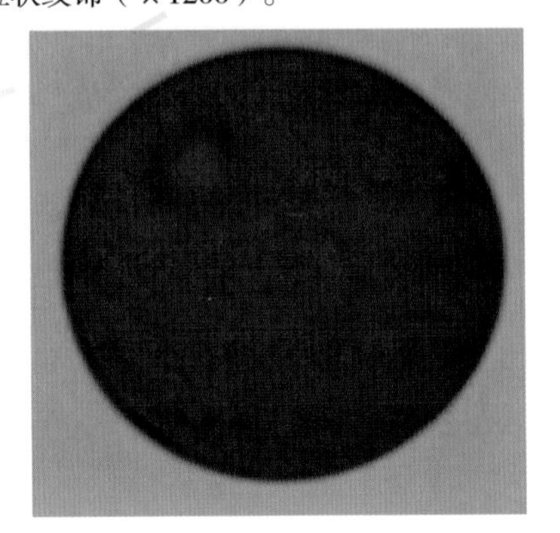

毒麦 *Lolium temulentum* L.

一年生草本。秆高30～50厘米。叶舌长约1毫米；叶片长10～15厘米，含4～5花。芒长达1厘米。花期4月～5月。

光学显微镜下：

花粉近球形，具单孔，表面具颗粒状纹饰，直径21～26微米（×1200）。

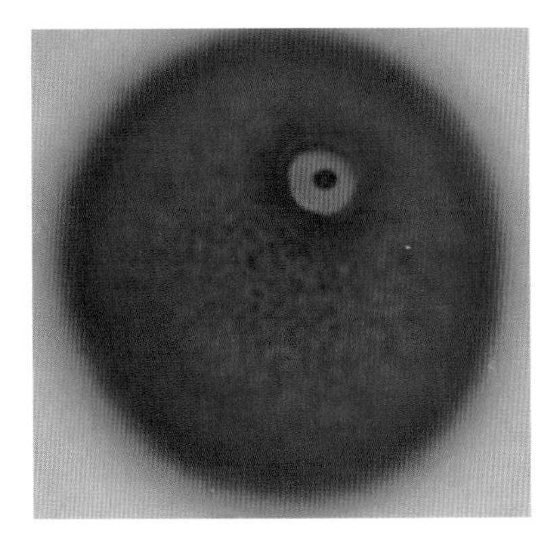

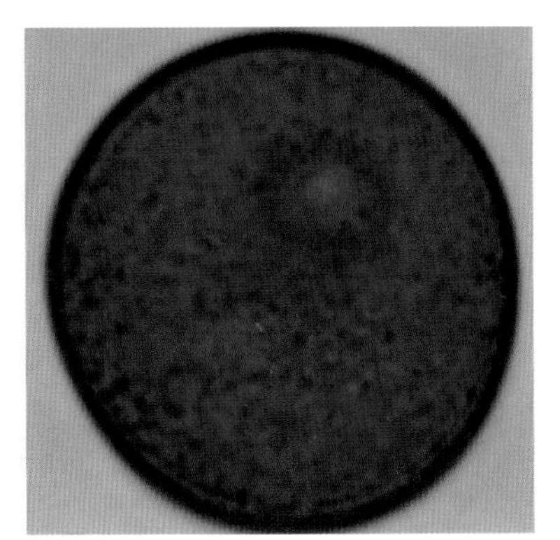

扁杆藨草 *Scirpus planiculmis* Fr.

野外蔓生

扁秆藨草 *Scirpus planiculmis* Fr.

多年生草本。秆高60～100厘米，三棱形，平滑，基部膨大，具秆生叶。叶扁平，宽2～5毫米，顶渐狭，具长叶鞘。叶状总苞苞片1～3个，一般比花序长，边缘粗糙。长侧枝聚伞花序短，缩成头状；小穗卵形或长圆状卵形，锈褐色，长10～16毫米，顶端多少具缺刻状撕裂，具芒；雄蕊3，花药线形。花期5月～6月。

分布于我国大多数省区。北京多见，生于水边，为常见杂草。

光学显微镜下：

花粉瓶状或卵圆形。大小约56微米×29.2微米。具4孔，一个位于顶端，其余3个排列于赤道面。孔边缘不平。表面具模糊的颗粒状纹饰（×1200）。

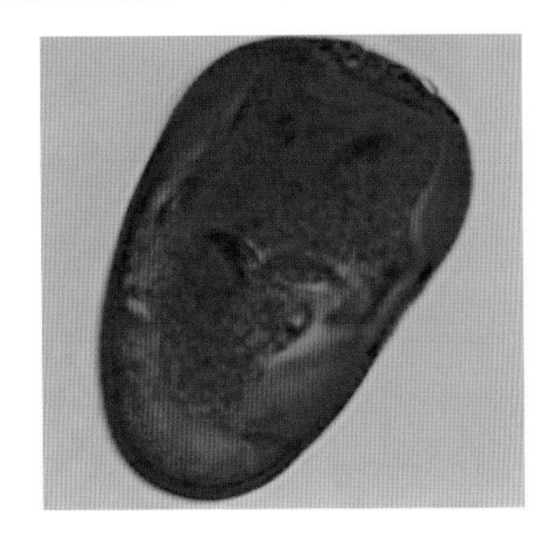

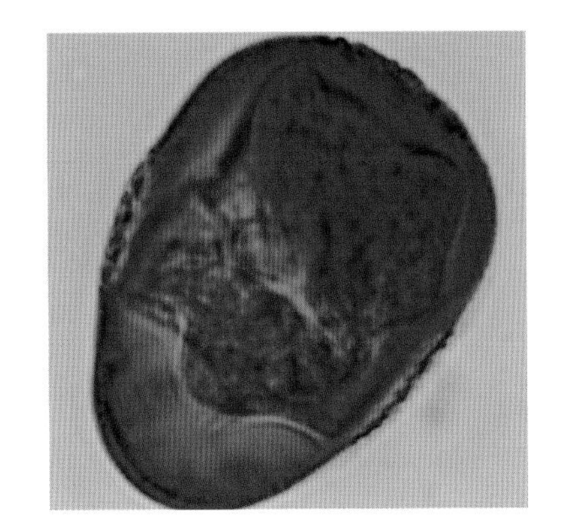

扁杆藨草 *Scirpus planiculmis* Fr.

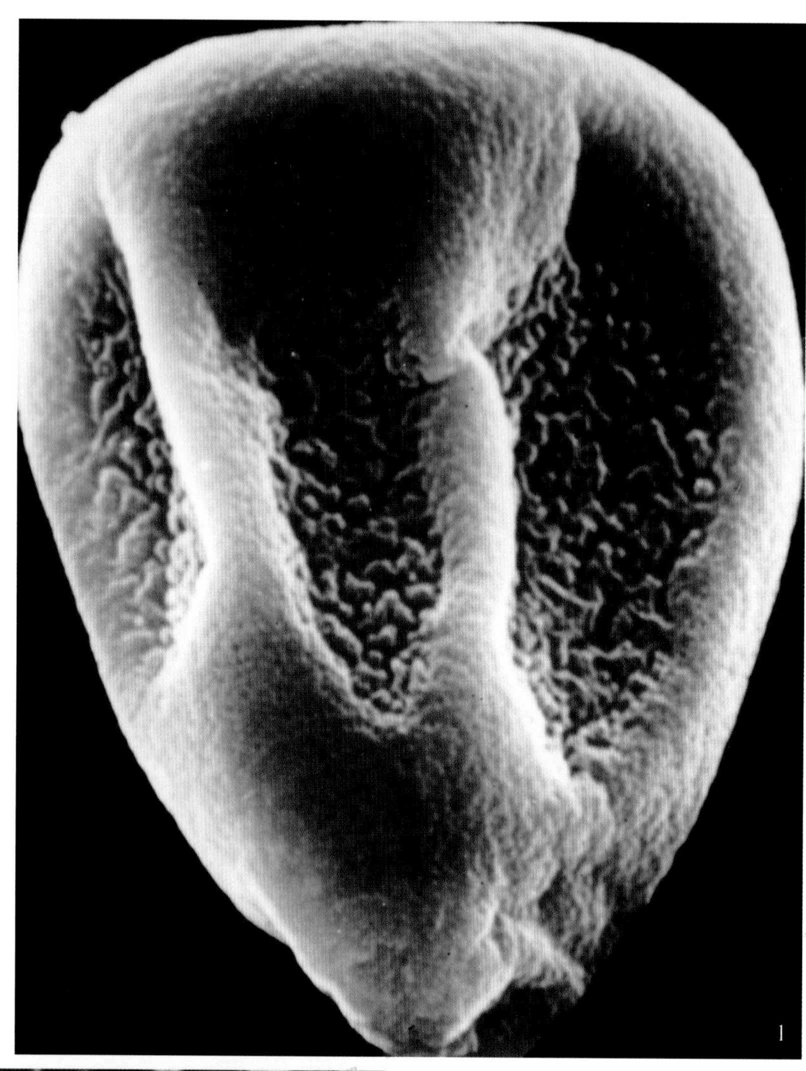

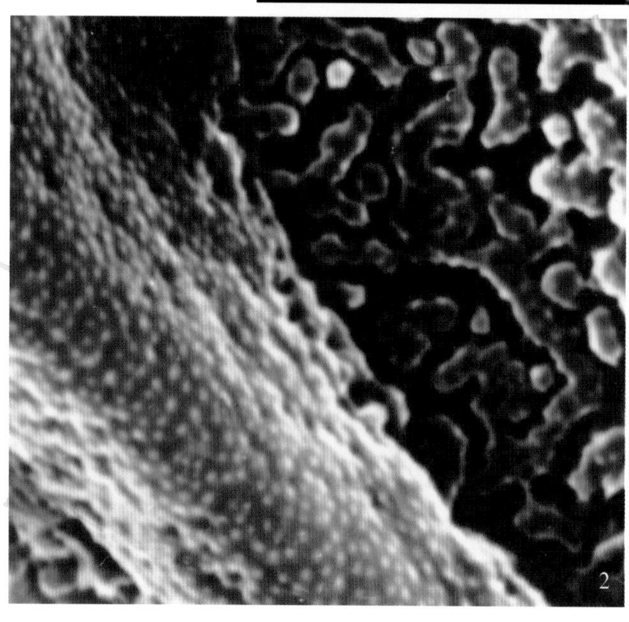

扫描电镜下：

花粉粒瓶状。具4孔，一个位于顶端，三个排列于赤道面；具孔膜，膜上具密集粗颗粒。表面细颗粒状纹饰（1. 赤道面 × 4500；2. 纹饰 × 13500）。

三棱藨草（水葱）*Scirpus tabernaemontani* Gmel.

多年生草本。秆高大，圆柱状，高1～2米。秆平滑，基部具3～4个叶鞘；管状，膜质；长侧枝聚伞花序简单或复出，假侧生，具4～13或更多个辐射枝；边缘有锯齿；小穗单生或2～3个簇生于辐射枝顶端，卵形或长圆形，顶端急尖或钝圆，具多花。花期5月～6月。

分布东北、内蒙古、山西、陕西、河北、江苏、贵州、云南等地。

光学显微镜下：

花粉瓶状，大小约75微米×35微米。具4孔，一个处于远极（瓶口），另外3个分布在赤道上（瓶周围）。外壁表面具模糊的颗粒状纹饰（×1200）。

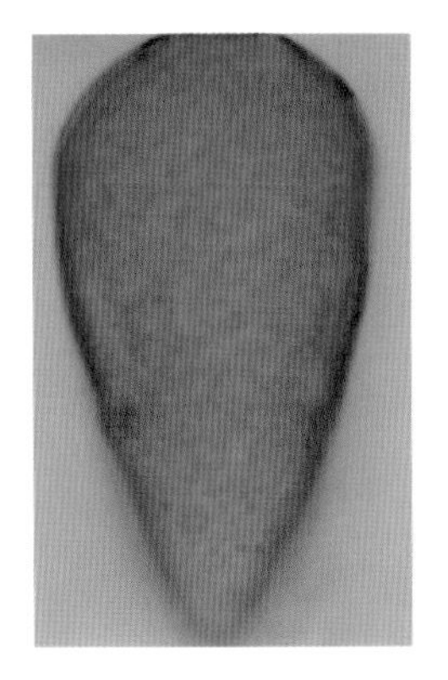

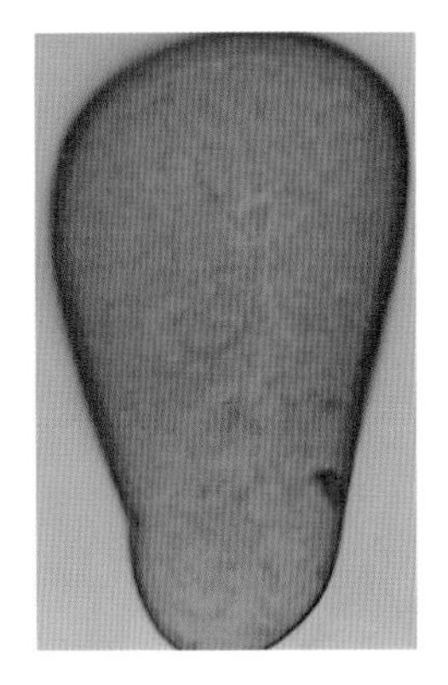

刚毛荸荠（槽杆针蔺）*Eleocharis valleculosa* Ohwi f.setosa（Ohwi）Kitag.

多年生草本。具匍匐根状茎。秆圆柱状，干后略扁，有少数锐纵棱，高15～50厘米。无叶片，在秆的基部有1～2个叶鞘，鞘膜质，下部紫红色。小穗长圆状卵形或线状披针形，长7～20毫米，成熟时变为麦秆黄色，有多数密生的两性花。花、果期6月～8月。

分布几遍全国，生于浅水中。

光学显微镜下：

花粉瓶状，大小约40微米×32微米。多具4孔，外壁薄，表面具颗粒状纹饰（×1200）。

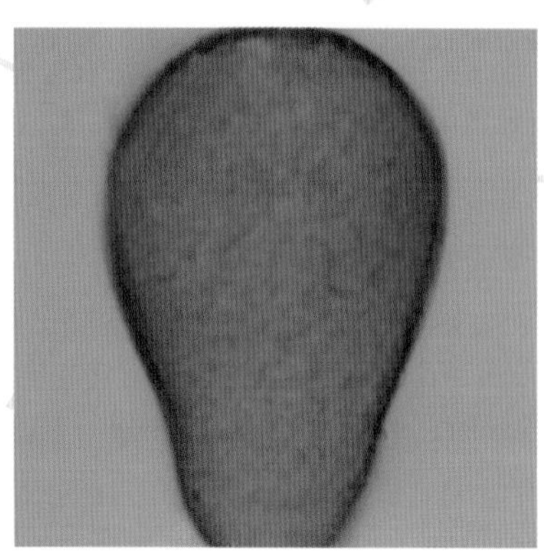

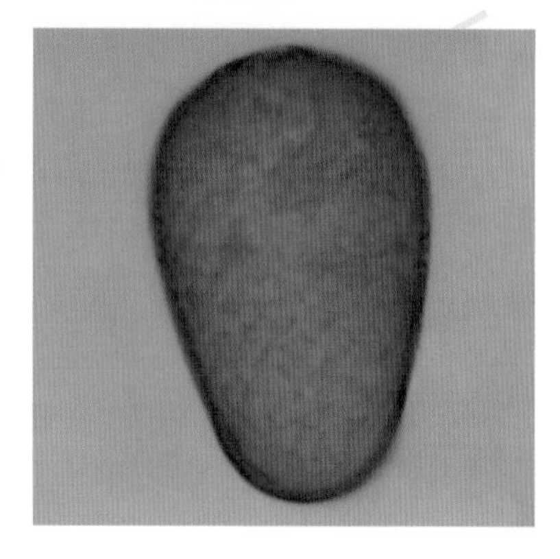

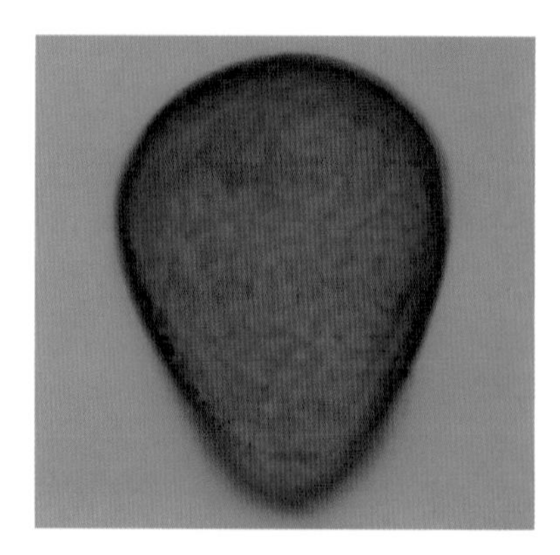

华刺子莞 *Rhynchospora chinensis* Nees et Mey.

多年生草本。秆直立，丛生，纤细，高25～60厘米，直径约1毫米，三棱柱形。叶基生和秆生，狭条形，长不超过花序。长侧枝聚伞花序排成圆锥状；小穗通常2～9个簇生，卵状披针形，长约7毫米，褐色。花两性；花期2月～4月。

分布于华东、广东、广西、海南，生沼泽或湿地。

光学显微镜下：

花粉卵圆形。大小约21微米×22.5微米。具4孔，一个处于远极，3个分布赤道上。表面颗粒状纹饰（×1200）。

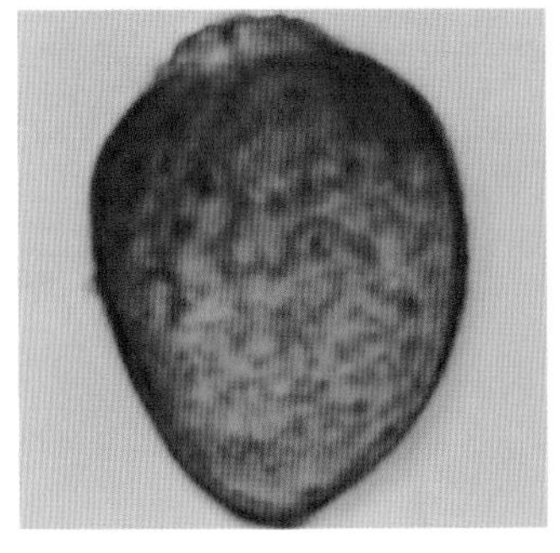
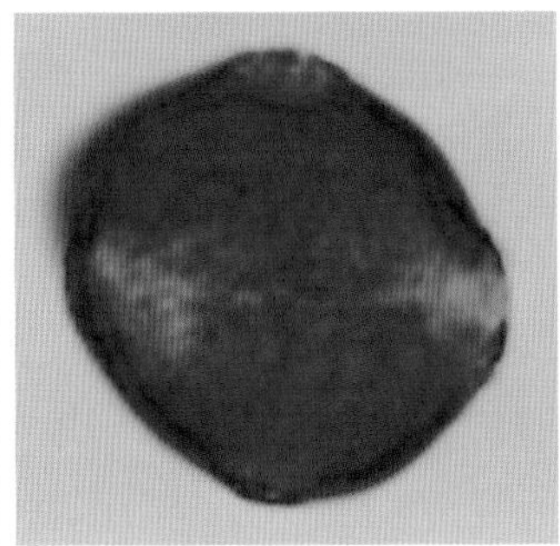
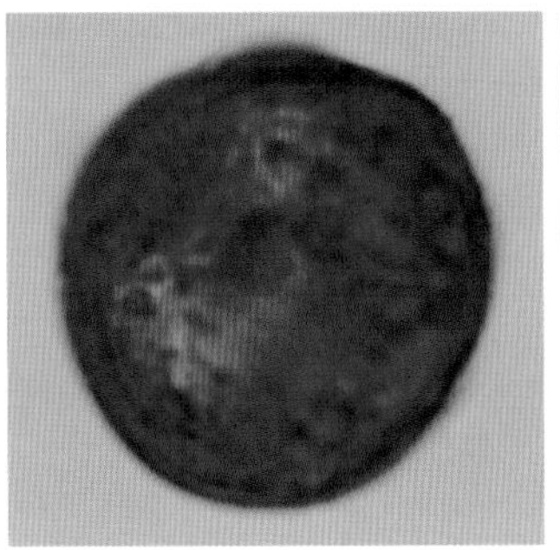
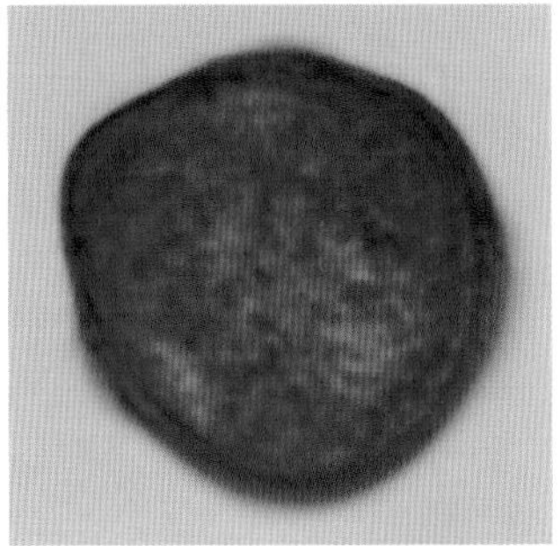

二歧飘拂草 *Fimbristylis dichotoma*（L.）Vahl Enum.

一年生草本。秆丛生，直立，高15～50厘米。叶片狭条形，略短于秆，宽1～2.5毫米；叶鞘淡棕色，鞘口近截形。苞片3～4，其中1～2片长于花序；长侧枝聚伞花序复出；小穗单生于枝顶，长圆形或近卵形，具多数花，鳞片卵形，褐色，有色泽，先端有短尖；雄蕊1～2。花期5月～6月。

分布于东北、山西、河北、山东、江苏、广西、广东、云南、四川等地，生于稻田或湿地。

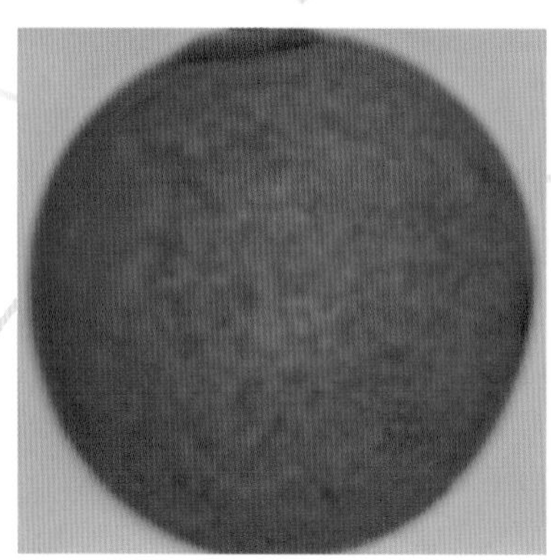

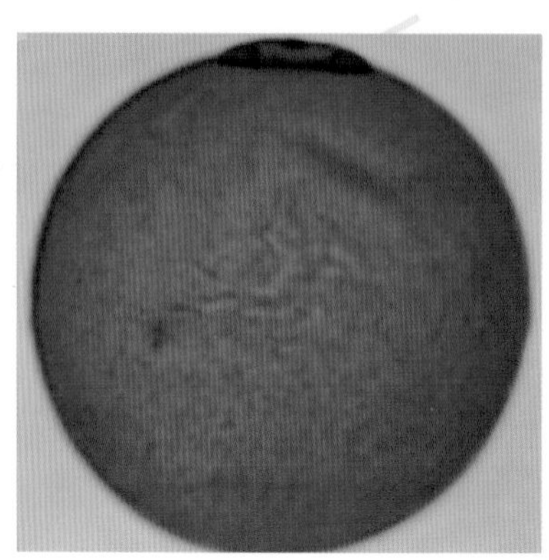

迭穗莎草 *Cyperus imbricatus* Retz.

一年生草本。秆粗壮，高达150厘米，钝三棱形，平滑，下面为叶鞘所包。具少数叶。叶状苞片3～5枚，较花序长；长侧枝聚伞花序复出，第一次辐射枝长短不等，每个辐射枝具3～10个二次辐射枝；小穗多列，在辐射枝顶端排列成紧密的圆柱状穗状花序，小穗卵状披针形，有8～20朵花。花期6月～8月。

分布于东北、河北、河南、山西、陕西、甘肃等地，国外也有，为水田杂草。

光学显微镜下：

花粉宽卵形。大小约34微米×30.1微米。具1远极孔，赤道孔模糊，表面具颗粒状纹饰（×1200）。

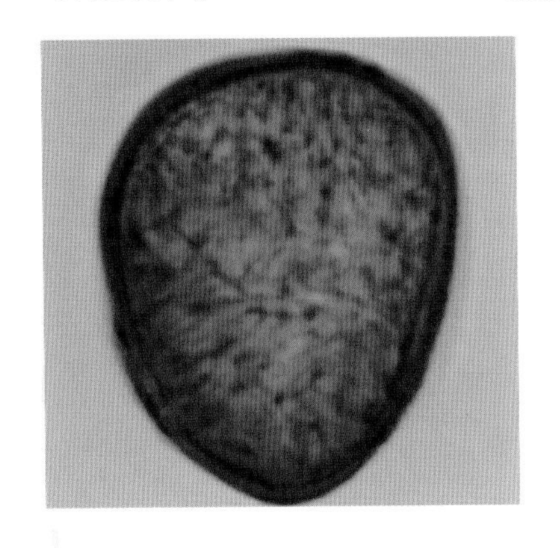

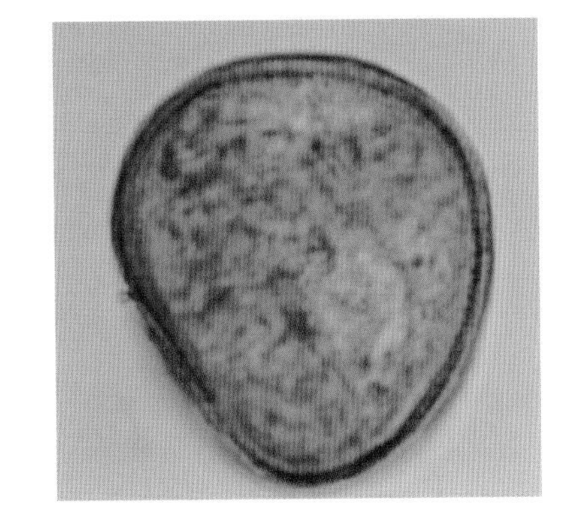

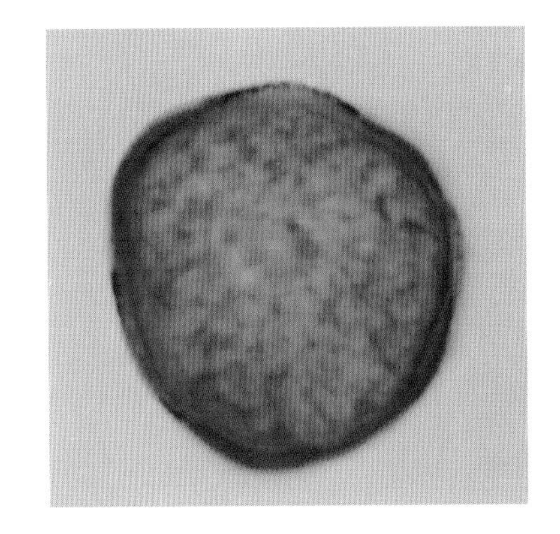

异型莎草 *Cyperus difformis* L.

一年生草本。植株直立，高达45厘米。秆丛生。叶短于秆，阔线形或线形，先端渐尖，长约20厘米。长侧枝聚伞花序；具3～9个辐射枝，辐射枝最长达2.5厘米；小穗多，聚集成头状，具8～28朵花。花期8月～9月。

分布于东北至广东各地，为水田杂草。

光学显微镜下：

花粉不规则瓶状，具孔，孔数观察不清。大小约17.2微米×24.1微米，表面具颗粒状纹饰（×1200）。

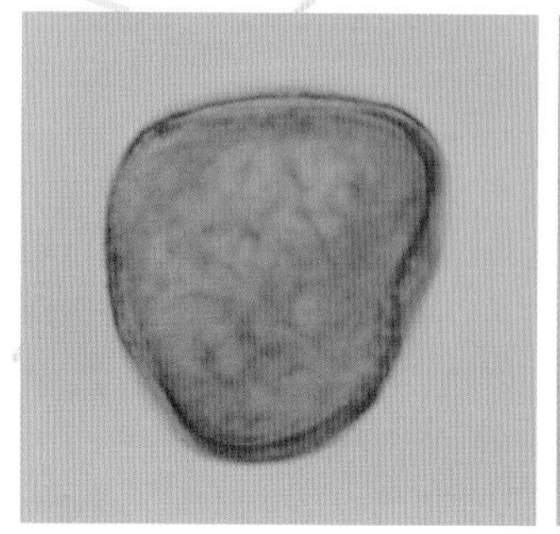

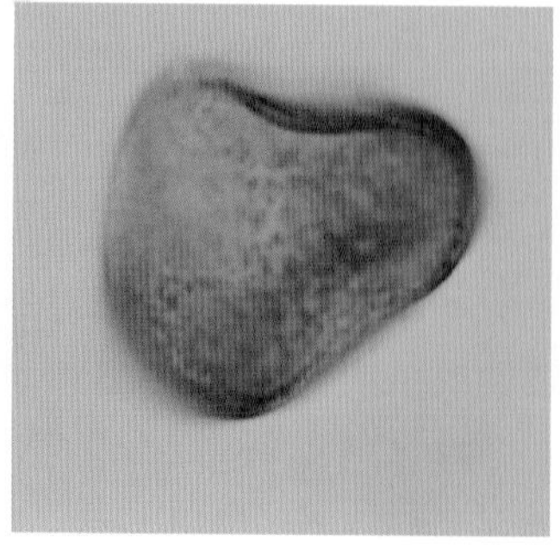

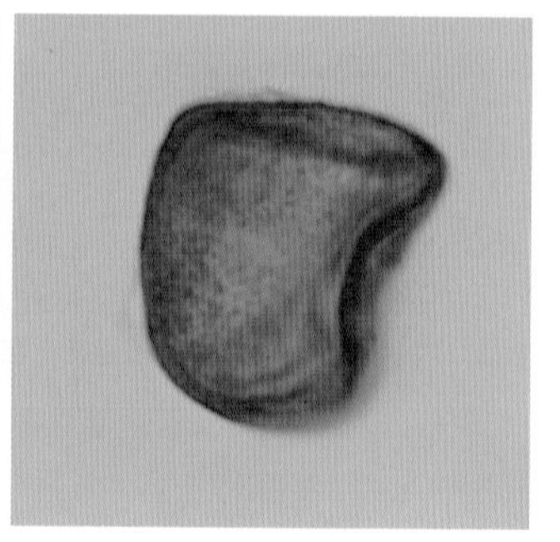

碎米莎草 *Cyperus iria* L.

一年生草本。秆丛生，高8～85厘米，扁三棱形。叶短于秆。长侧枝聚伞花序复出，具4～9个辐射枝，每个辐射枝具5～10个穗状花序，卵形或长圆状卵形，具5～22个小穗，小穗排列疏松，长4～10毫米，具6～22朵花。花期6月～8月。

分布我国北部、南部、西南部各地区。

光学显微镜下：

花粉瓶状。大小长约25.5微米×30.2微米（×1200）。

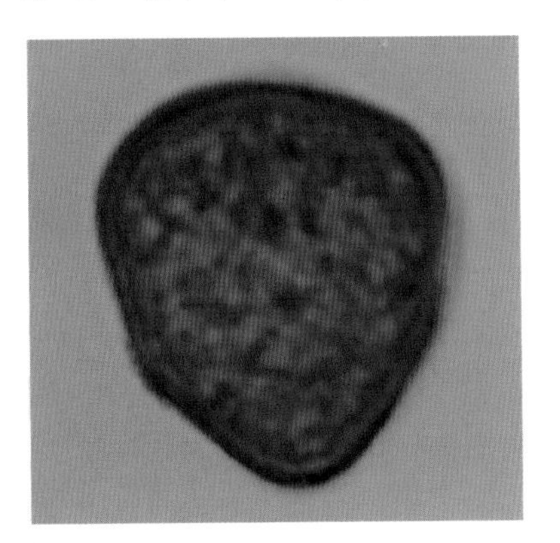

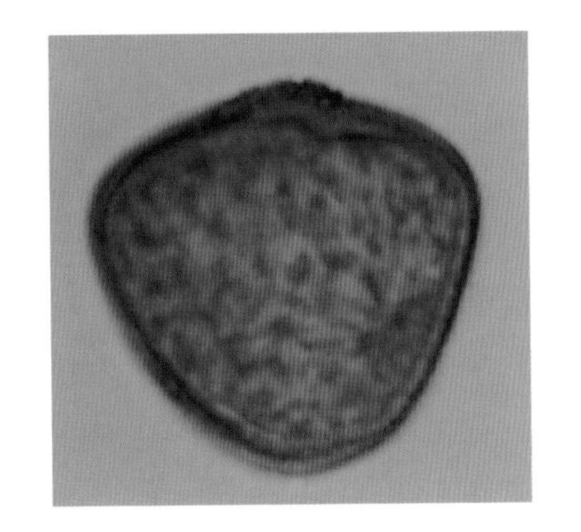

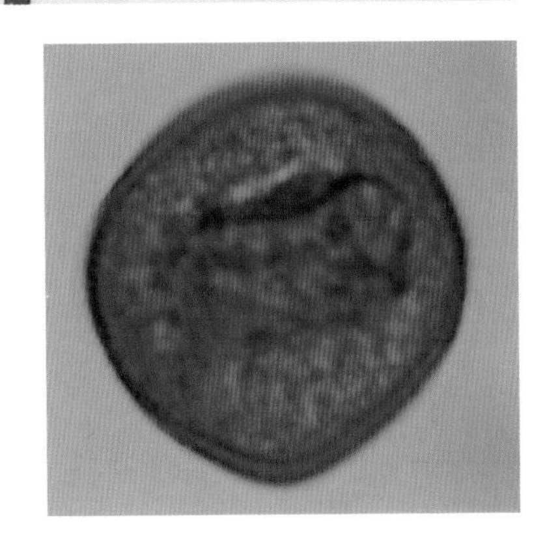

阿穆尔莎草 *Cyperus amuricus* Maxim.

一年生草本。秆丛生，高15～50厘米。扁三棱形，平滑，基部叶较多。叶短于秆，边缘平滑。长侧枝聚伞花序具2～10个辐射枝。穗状花序，蒲扇形、宽卵形或长圆形，具5至多数小穗；小穗排列疏松，斜展，后期平展，线形或线状披针形，具8～20朵花。花期7月～8月。

分布东北、河北、北京、山西、陕西、浙江、安徽、云南、四川等地。

光学显微镜下：

花粉卵圆形，孔及表面纹饰模糊不清。大小23.5微米×20.5微米（×1200）。

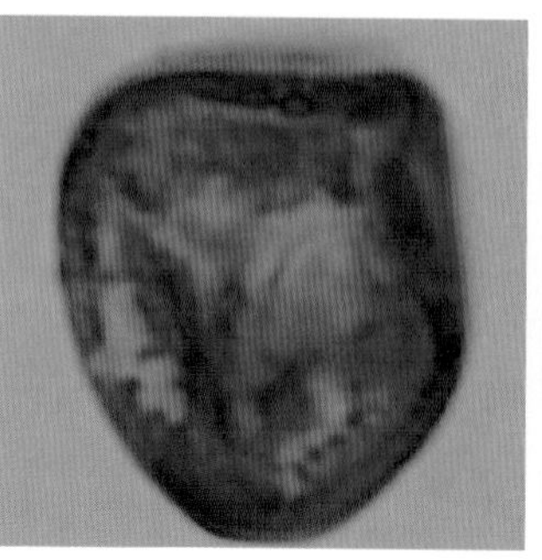
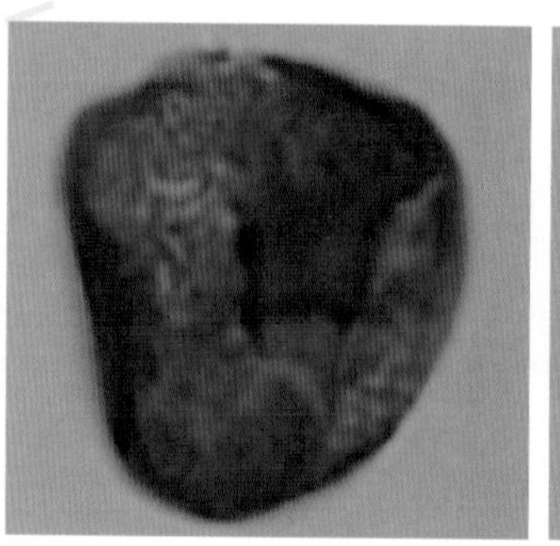
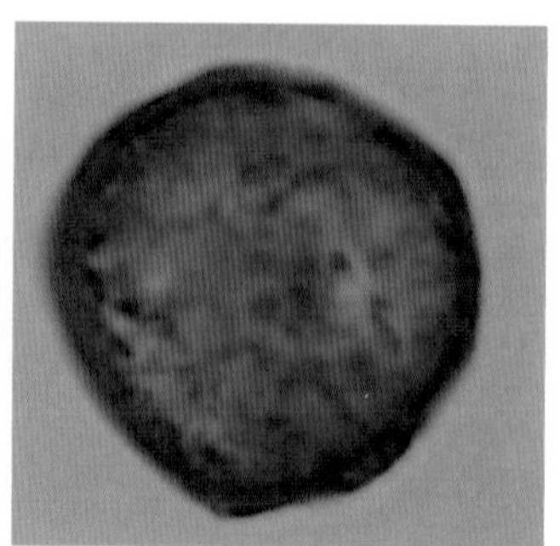

畦畔莎草 *Cyperus haspan* L.

多年生或一年生草本。秆丛生或散生，扁三棱状，高约100厘米。叶条形，短于秆。聚伞花序，有多数细长的辐射枝；小穗通常3～6个，条形或条状披针形，有6～24朵花；花药顶端有白色刚毛状附属物。花期2月～4月。

分布于福建、台湾、广东、广西、云南、四川等地，生于水田或浅水塘中。

光学显微镜下：

花粉宽卵形。大小约42微米×41微米，表面具模糊的颗状纹饰（×1200）。

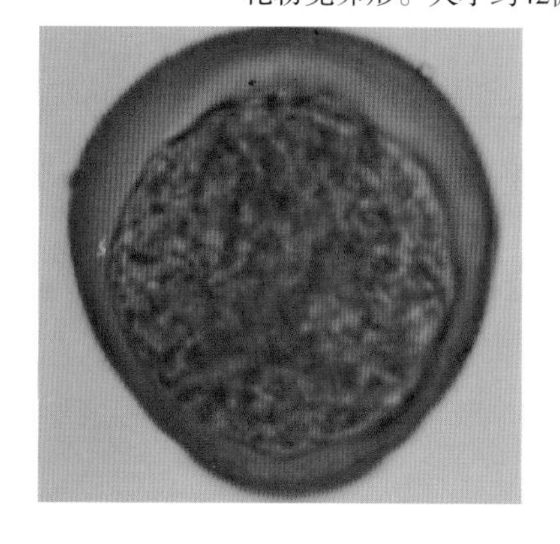

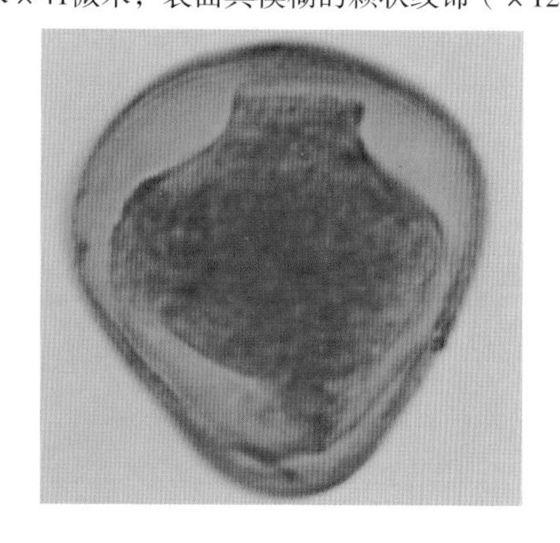

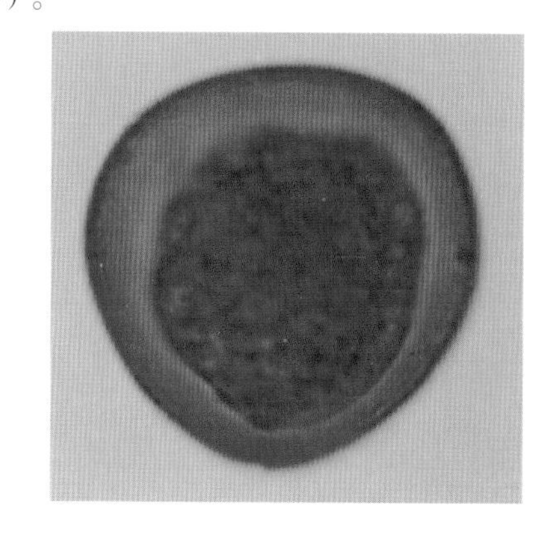

旱伞草（风车草）*Cyperus alternifolius* Rottb.

多年生草本。秆高30～150厘米。直立，三棱形并具纵纹；秆顶有多数叶状总苞苞片，呈密集螺旋状排列，形成伞状。花序常有1～2次辐射枝，第一次辐射枝长2.5～5厘米，第二次辐射枝少数或无；小穗长圆形或短矩形，长约8毫米，扁平，每边含6～12朵花。聚生于辐射枝顶。花期2月～5月。

原产非洲，我国海南、湖北武汉有生长，北方可见温室栽培，供观赏。

光学显微镜下：

花粉宽卵形。大小约43微米×47.5微米，具4孔，一个处于远极，另几个分布于赤道上。表面具颗粒状纹饰（×1200）。

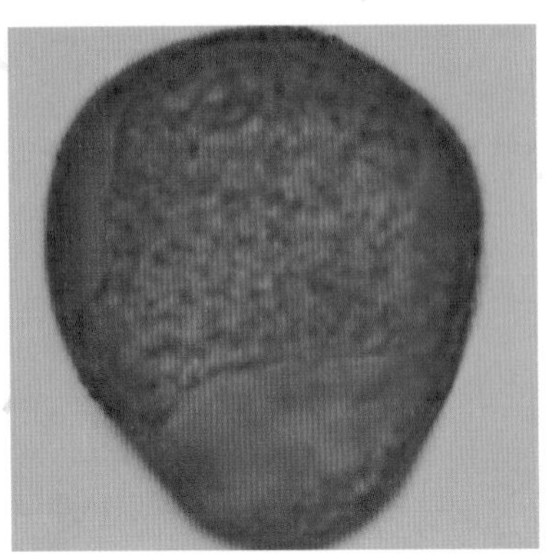

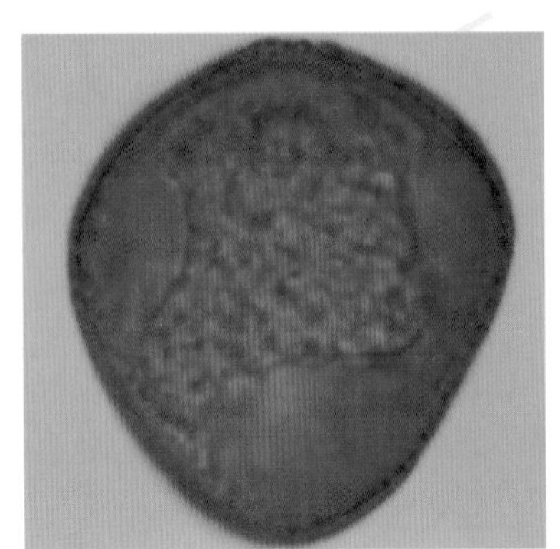

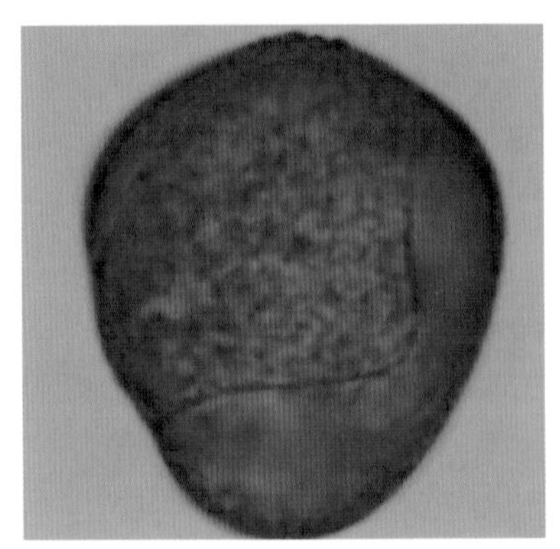

黑鳞珍珠茅 *Scleria hookeriana* Böcklr.

多年生草本。根状茎木质，被紫红色鳞片。秆疏丛生，三棱柱形，高60～100厘米。叶条形。圆锥花序，单性，黑褐色。雄小穗矩圆卵形；雌小穗生于分枝基部，披针形，雄花具3雄蕊。花期2月～3月。

分布于福建、湖北、华南、西南，印度北部。

光学显微镜下：

花粉瓶状。具几个孔，一个处于远极，另几个分部于赤道上。表面具模糊的颗粒状纹饰。花粉大小约42微米×35微米（×1200）。

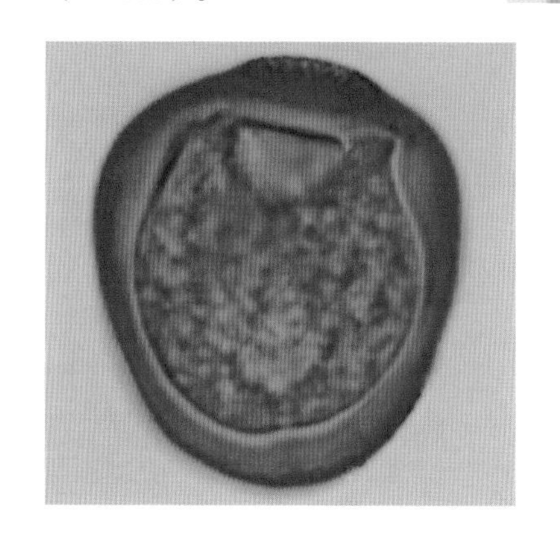

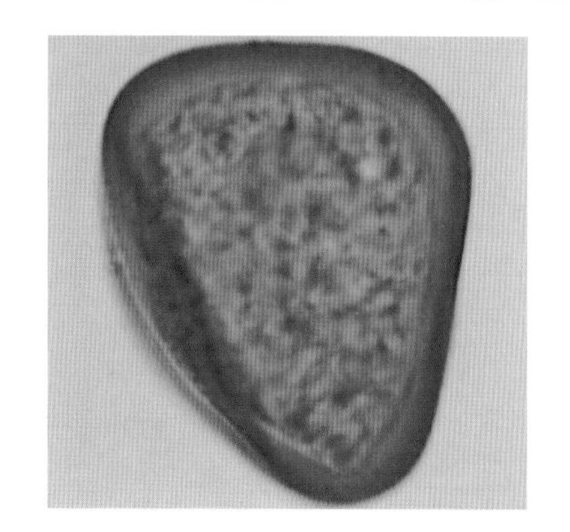

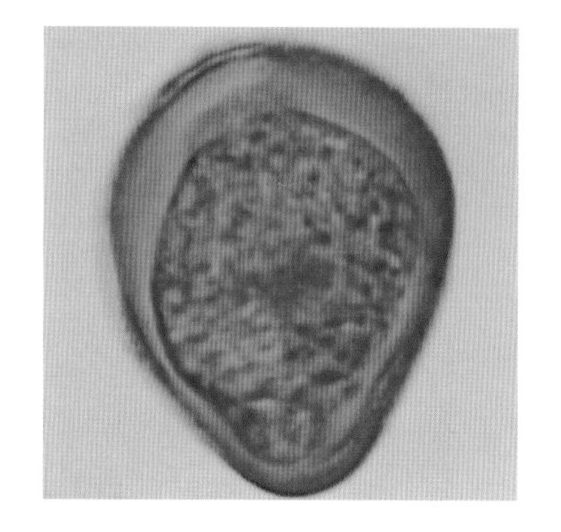

异穗苔草（大羊胡子草）*Carex heterostachya* Bge.

多年生草本植物，具细长根状茎，秆三棱形。叶条形，质地柔软，叶色深绿，边缘外卷，具细锯齿。穗状花序，顶生小穗为雄性，下部小穗为雌性，长圆形或卵球形。小坚果，宽卵形。花期4月～5月。

产于我国，是我国北方城市重要草种和观赏草坪。

光学显微镜下：

花粉瓶状，大小约39微米×29微米。具4～7孔，孔圆形、椭圆形，边缘嚼烂状，孔膜上具颗粒。外壁薄，表面模糊颗粒状纹饰（×1200）。

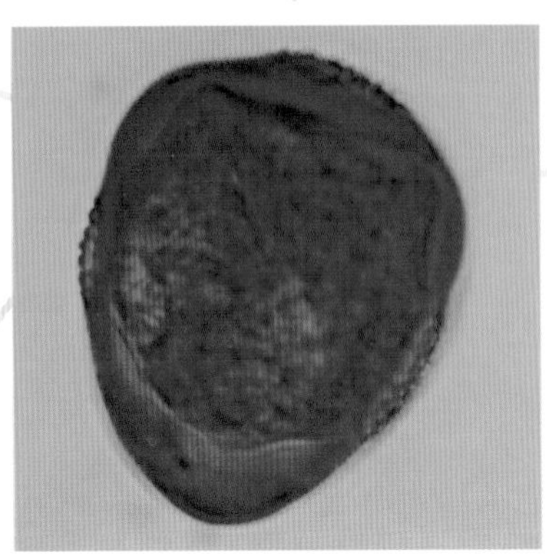

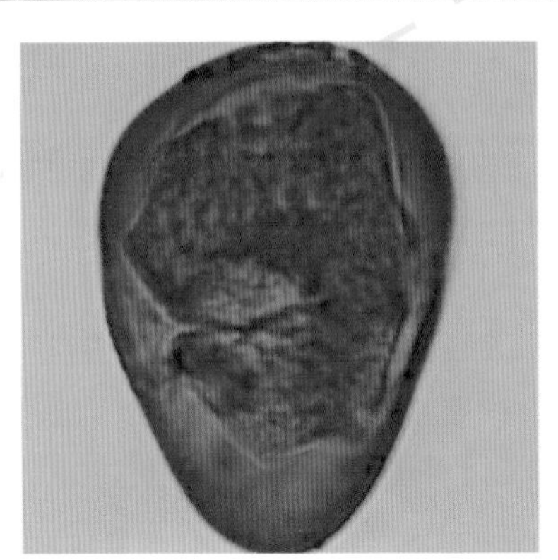

异穗苔草（大羊胡子草）*Carex heterostachya* Bge.

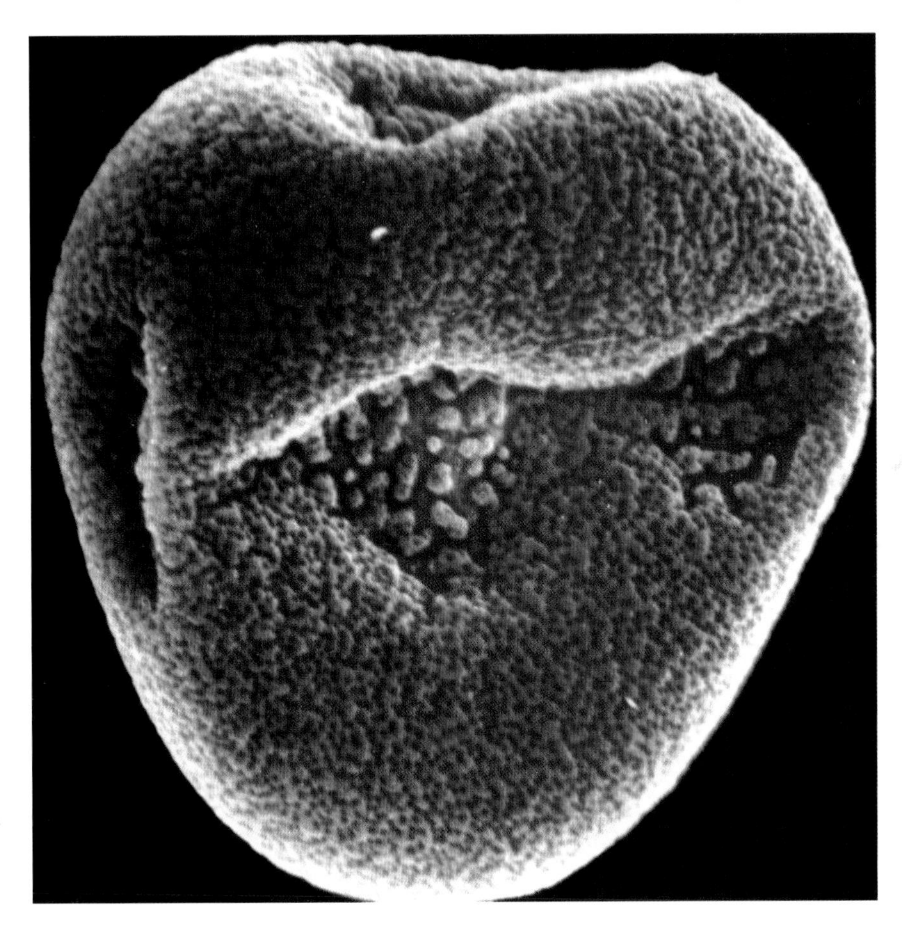

扫描电镜下：

花粉粒瓶状。具孔，远极孔及赤道孔均有孔膜覆盖，膜上具密集的瘤状物。花粉粒表面呈蠕虫状纹饰（×3500）。

透射电镜下：

外壁外层厚度0.3微米，由被层、柱状层和垫层组成。被层断断续续，厚薄不均，柱状层及垫层均不明显。内壁厚，均匀（×24000）。

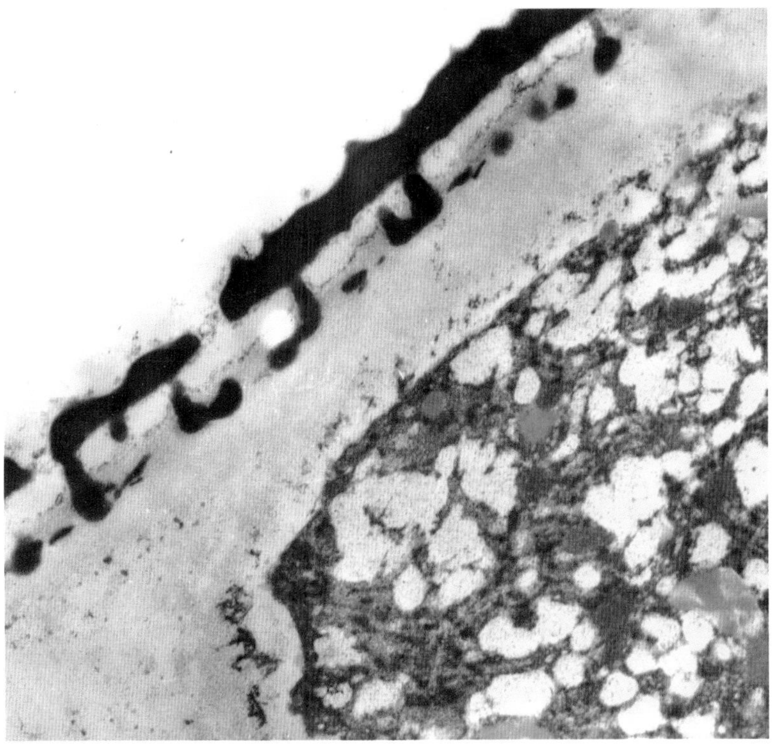

翼果苔草 *Carex neurocarpa* Maxim.

多年生草本。高30～70厘米。叶片线形，顶端渐窄成针形。小穗多数聚生于茎顶，卵状圆筒形；下部具2～4片叶状苞片，每穗顶端生少数雄花。花期6月～8月。

光学显微镜下：

花粉瓶形或卵圆形。大小约45微米×39微米。具4孔，一个位于顶端，相当于瓶口，其余三个分布于赤道上。表面具模糊的颗粒状纹饰（×1200）。

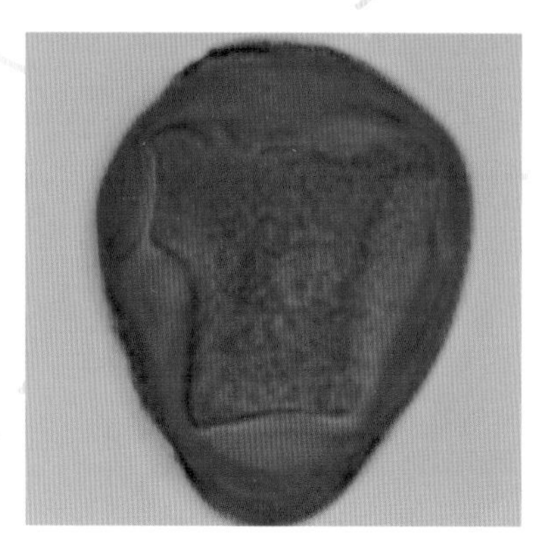

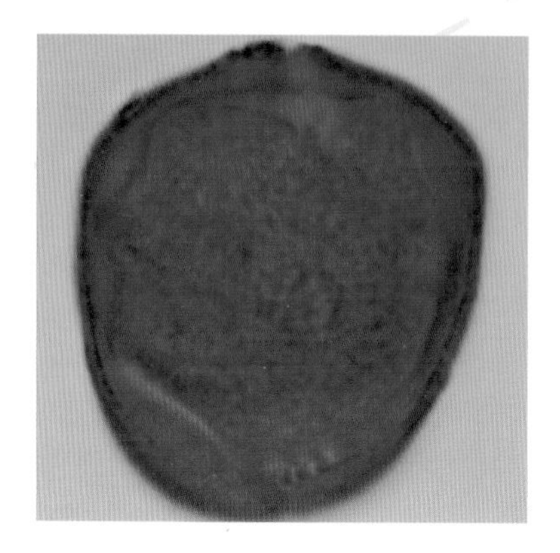

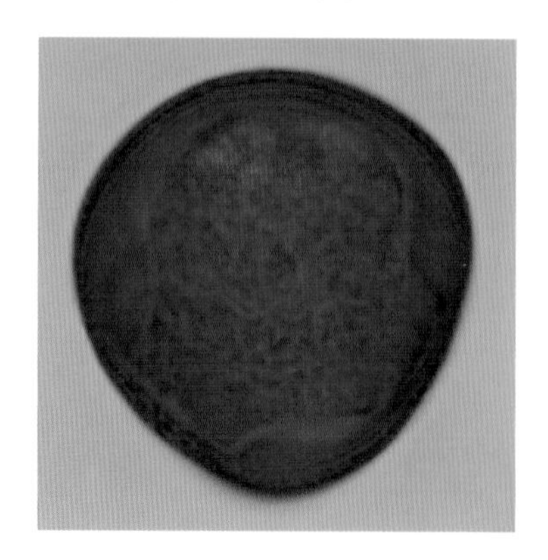

扁杆苔草 *Carex planiculmis* Kom.

多年生草本。植株丛生。杆扁平，宽3毫米，具纵棱，高45～60厘米。叶鲜绿色，扁平，长10～40厘米，宽5～10厘米。花序稍高出叶层：小穗4～5个，长圆柱形，直立；顶生小穗雄性，较细，长2～5厘米；侧生小穗雌性，长2～5厘米。花、果期4月～7月。

分布东北、华北等地区。

光学显微镜下：

花粉瓶状，大小40微米×35.5微米。具几个孔。一个位于远极，其余分布在赤道上。表面具模糊的颗粒状纹饰（×1200）。

萱草 *Hemerocallis fulva*（L.）L.

多年生草本。具根状茎和肉质根，叶基生，排成两列，带状，花葶粗壮，由聚伞花序组成圆锥花序，具花6 ~ 12朵或更多；花被6片，花心具彩斑，花呈橘红色或橘黄色；6枚雄蕊和花柱均伸出花冠之外。花、果期5月 ~ 8月。

我国南北均有栽培。

光学显微镜下：

花粉极面观为椭圆形，赤道面观超长球，大小为71.5（63 ~ 83）微米 × 142（134.5 ~ 168.5）微米。具远极单沟；表面网状纹饰，网眼较粗（ × 480）。

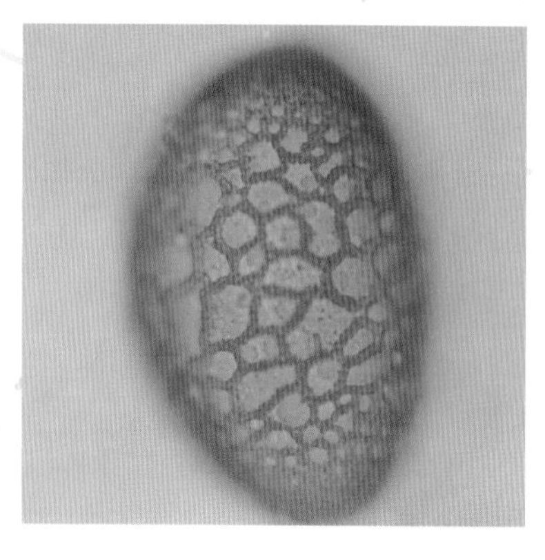

小黄花菜 *Hemerocallis minor* Mill.

多年生草本。叶基生，线形，花莛稍短于叶近等长，几乎不分枝，顶端具1～3花，有时为单生；花被淡黄色，花被片6。花期5月～9月。

分布于东北、华北、山东、陕西、甘肃等地。

光学显微镜下：

花粉大小为52.5微米×11.5微米。极面观为椭圆形，具远极单沟。表面具大而清楚的网状纹饰，网眼大小不一致（×1200）。

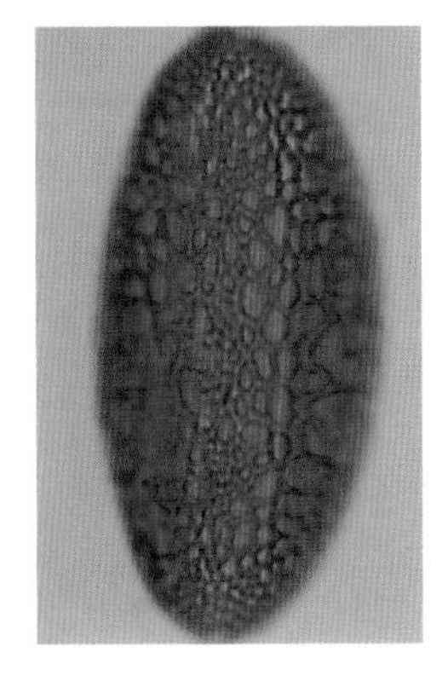

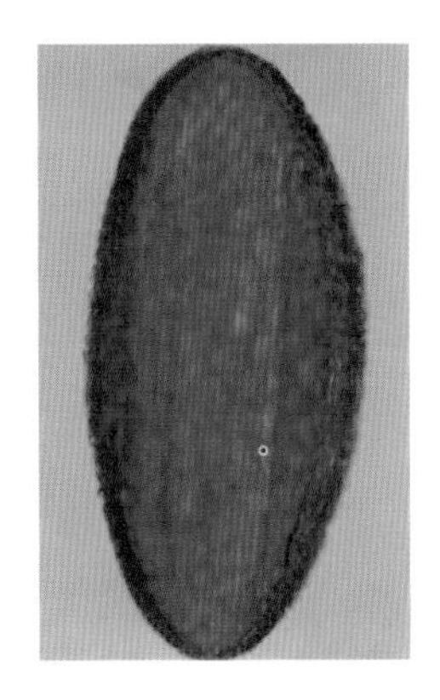

朱蕉（红叶铁树）*Cordyline fruticosal* L.

常绿灌木。高3米。茎通常单生，少分枝。叶宽带状，阔披针形至长椭圆形，呈两列螺旋状聚生，紫红色。叶柄长，圆锥花序腋生，花形小，淡红色或紫色，偶有淡黄色。花期春至夏。

原产于大洋洲，分布于东南亚及中国等地。

光学显微镜下：

花粉扁球形。极面观三裂圆形，赤道面观宽椭圆形，无孔，大小约47微米 × 45.5微米，表面纹饰模糊（ × 1200）。

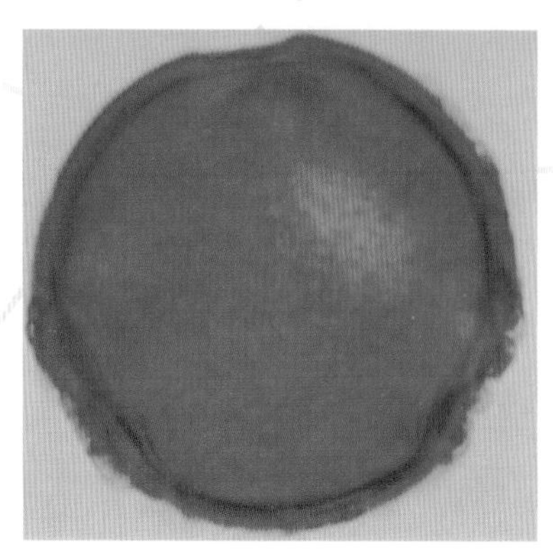

卷丹 *Lilium lancifolium* Thunb.

多年生草本。鳞茎宽卵状球形，鳞片叶宽卵形；茎直立，常带紫色条纹；叶互生，长圆状披针形，叶缘具乳头状突起，具5～7脉。花下垂，花被片披针形，反卷，橙红色，具紫黑色斑点，密腺两边具乳头状突起，雄蕊6，向四面张开，暗红色，子房圆柱形。花期7月～8月。

北京各公园常见栽培。

光学显微镜下：

花粉极面观近圆形，赤道面观椭圆形，大小约为35微米×55微米，表面网状纹饰，网眼大小不一致；具一远极假沟（×650）。

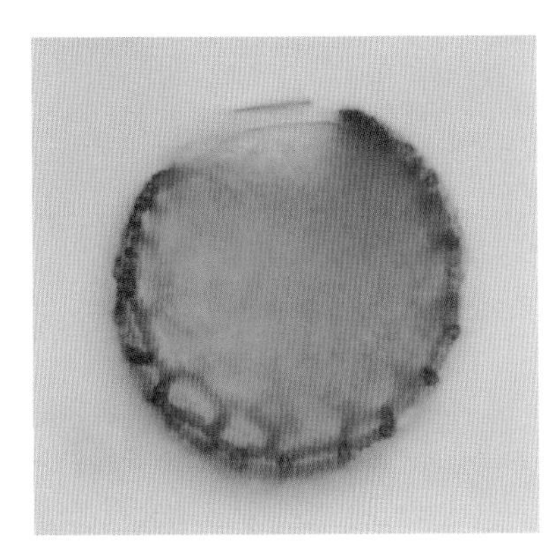

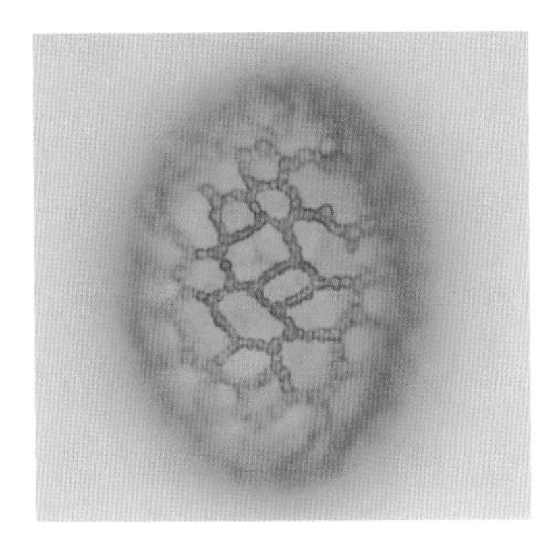

百合 *Lilium brownii* F.E.

多年生草本。叶互生，倒披针形或倒卵形，两面无毛，全缘。花1～3朵，乳白色，具香气；子房圆柱形，柱头3裂。花期5月～6月。

北京公园常见栽培。

光学显微镜下：

花粉椭圆形，具远极单沟，表面网状纹饰，大小约60微米×102微米（×650）。

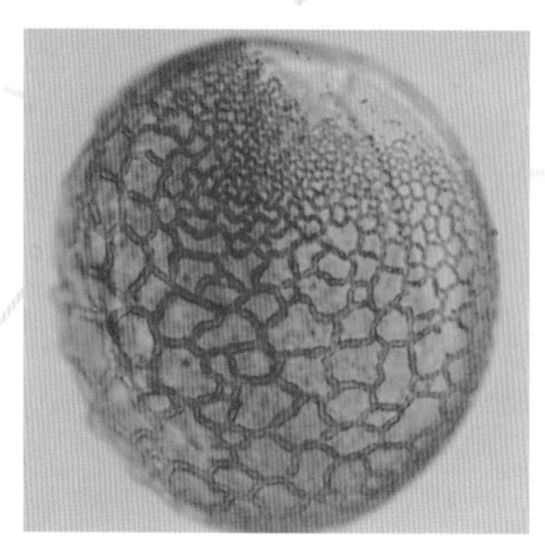

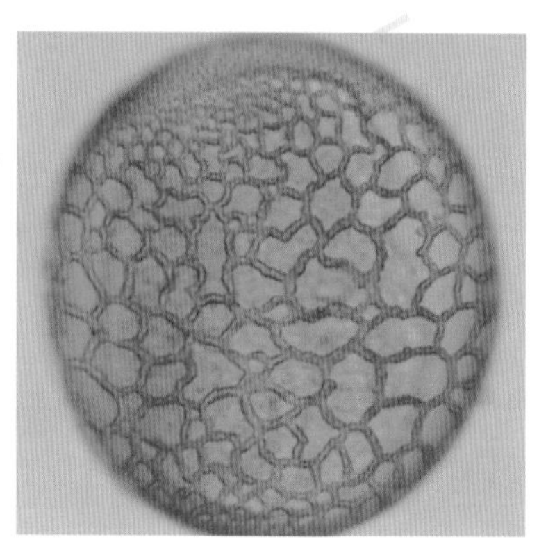

葱 *Allium fistulosum* L.

多年生草本。鳞茎圆柱形，外皮白色。叶圆筒状，中空。花圆柱状，中空；聚伞状伞形花序；多花，花淡黄色，两性。花期4月～5月。

原产西伯利亚，我国各地广泛栽培。

光学显微镜下：

花粉极面观为卵圆形或半月形，大小为22.3（15.6～25.6）微米×41.3（32.6～46.6 ）微米。具一远极沟，长达两极。外壁两层，等厚。表面具模糊的细网状纹饰（×1200）。

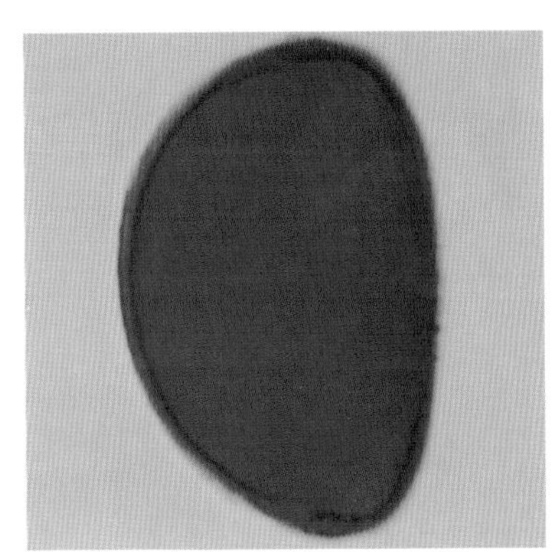

葱 *Allium fistulosum* L.

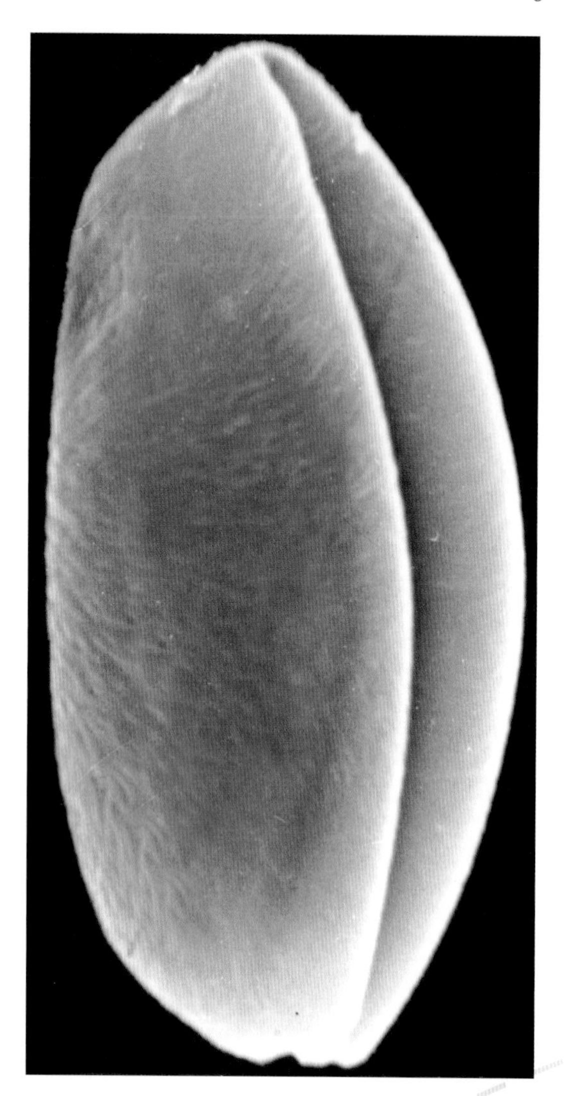

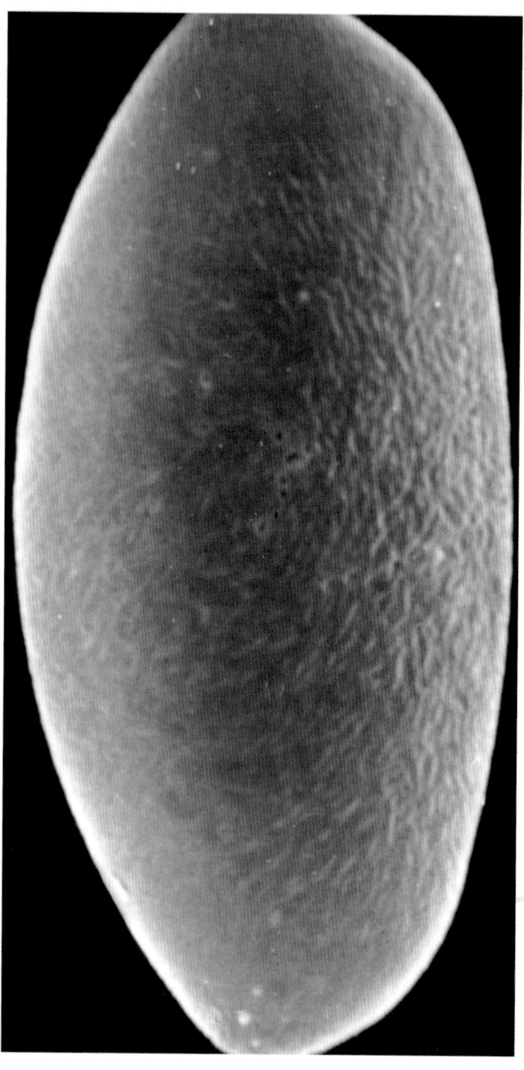

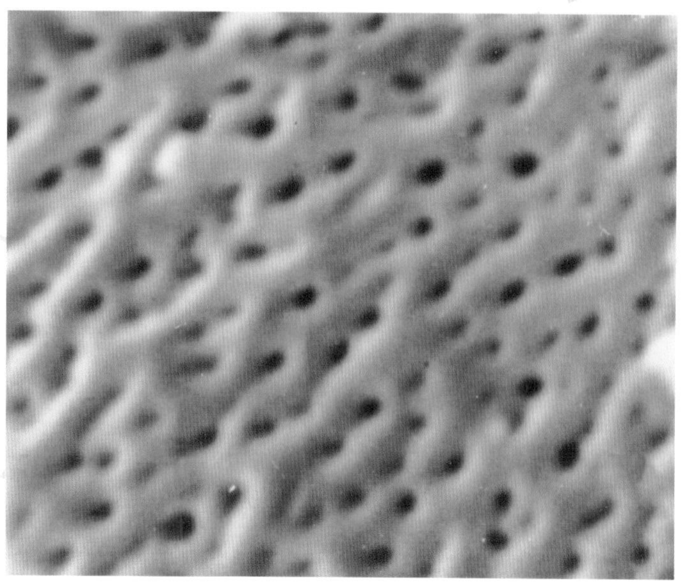

扫描电镜下：

花粉超长球形。远极面具一沟，无孔，沟长达两极。表面纹饰在高倍镜下可见密集小网孔（上左. 近极面 × 3500；上右. 远极曲 × 3500；下 × 20000）。.

韭菜 *Allium tuberosum* Rottl.

多年生草本，叶线形，基生，扁平，实心，比花莛短，边缘平滑。花莛圆柱状，常具2纵棱。伞形花序；花两性，白色或微带红色。花期7月～9月。

分布世界各地。

光学显微镜下：

花粉长球形或钝三角形，左右对称，赤道面椭圆形、心形或钝三角形，极面观近圆形，大小44.1（39.9～42）微米×25.2（23.1～27.3）微米。具远极单沟。外壁两层，表面具拟网状纹饰（×1200）。

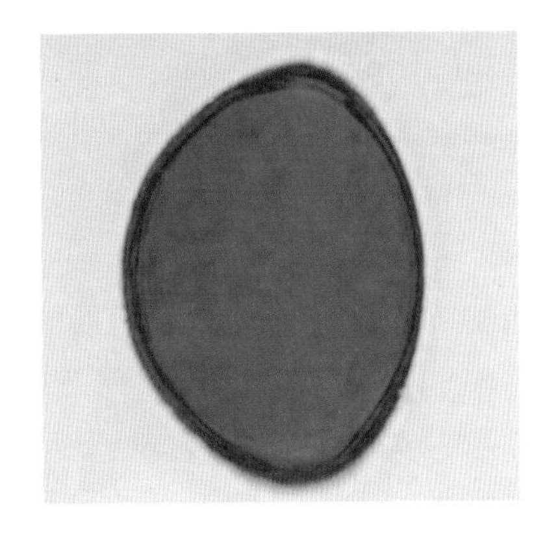

玉竹 *Polygonatum odoratum*（Mill.）Druce

多年生草本。茎直立，具7～12枚叶；叶互生，椭圆形或卵状长圆形，近无柄，先端钝，全缘，两面无毛。花腋生，具1～4朵花，最多可达8朵，白色至黄绿色；花被筒状钟形，先端6裂；雄蕊6。花期6月～7月。

分布东北、华北、甘肃、青海、山东、河南、湖北、湖南、安徽、江西、江苏、台湾等地。

光学显微镜下：

花粉极面观卵圆形，大小为44微米×55微米。具远极假沟，外壁两层。外层较厚。表面光滑（×1200）。

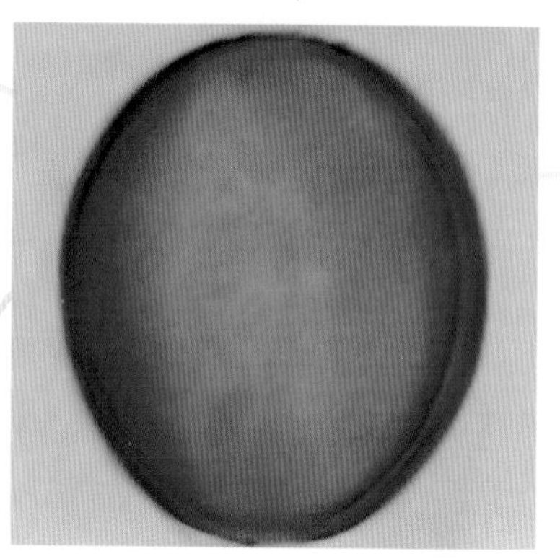

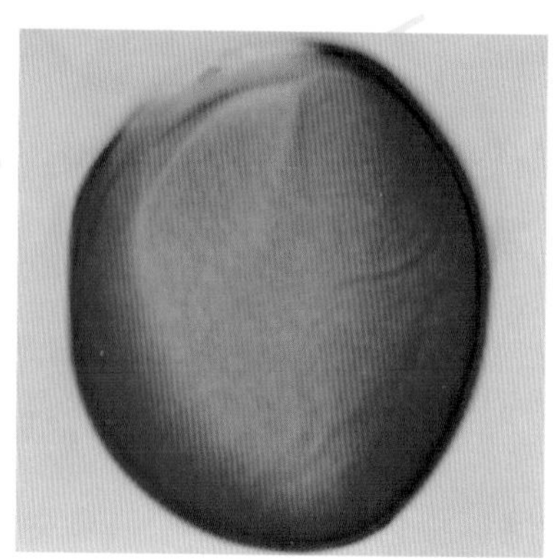

沿街草（麦冬）*Ophiopogon japonicus*（L.f）Ker–Gawl.

多年生草本。根较粗，地下匍匐茎细长。叶基生或密丛。花莛通常比叶短得多；总状花序；花单生或成对着生于苞片腋内，白色或淡紫色；雄蕊6。花期5月～8月。

分布于我国南北多地。

光学显微镜下：

极面观椭圆形，大小约为29微米×40微米。具远极单沟。外壁薄，外层厚于内层。表面纹饰模糊（×1200）。

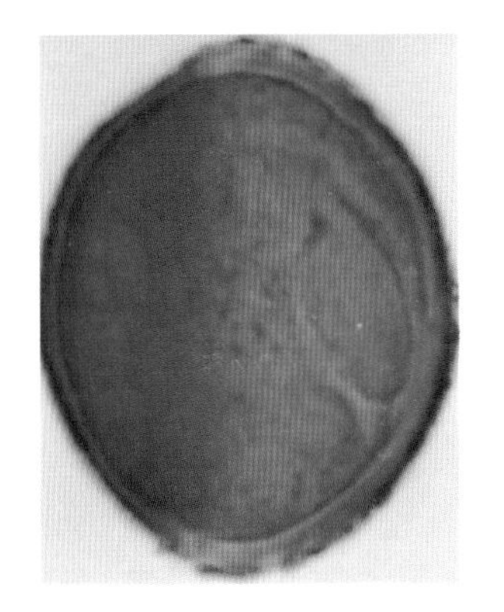

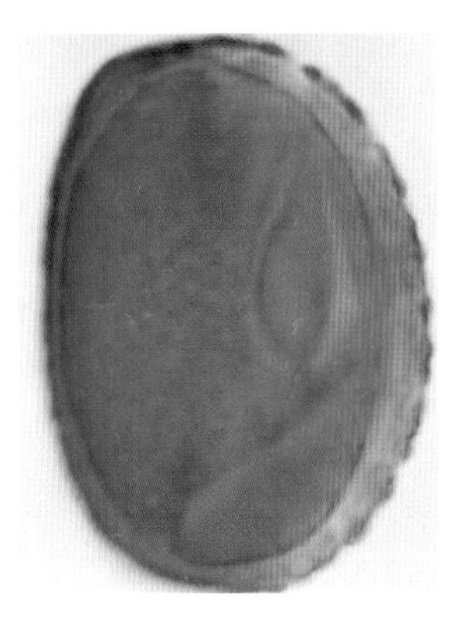

凤尾兰 *Yucca gloriosa* Linn.

常绿小乔木。叶剑形，集生于茎的上部，长40～60厘米，宽5～6厘米，先端具刺尖，近平直，无毛，具白粉，通常幼时具疏齿，老时叶缘具少数纤维丝。圆锥花序；花白色，下垂，花被片边缘常具紫红色。花期6月～9月。

原产北美，北京普遍栽培。

光学显微镜下：

花粉椭圆形，具一远极单沟。直径大小约61～66微米。外壁两层，表面具细网状纹饰（×40）。

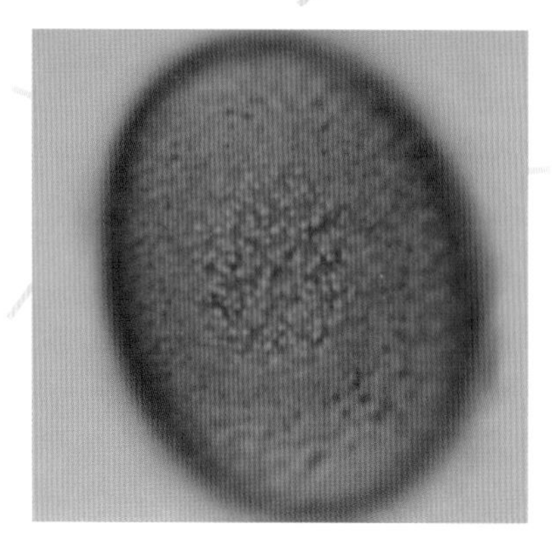

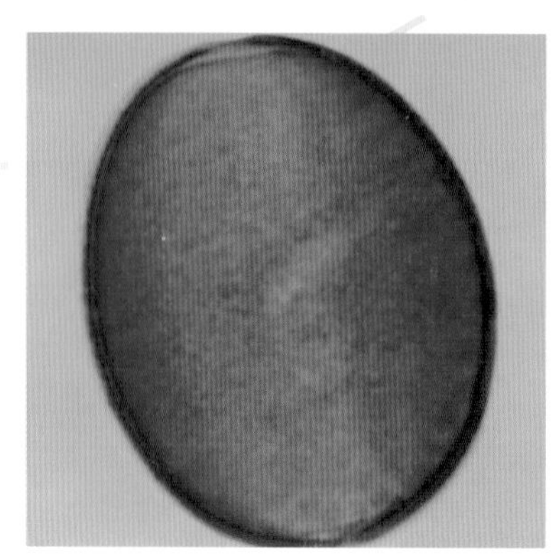

火炬花 *Kniphofia uvaria* Hook.

多年生草本。具粗壮直立根茎。基生叶草质，长60～90厘米。花莛高约120厘米，总状花序长约30厘米，小花圆筒形，长约5厘米，顶花绯红色，下部花渐浅至黄色，带红晕，雄蕊伸出花冠外。花期夏季。

原产南非，我国引栽。

光学显微镜下：

花粉多具单沟（远极沟），极面观椭圆形，表面具网状纹饰（×1200）。

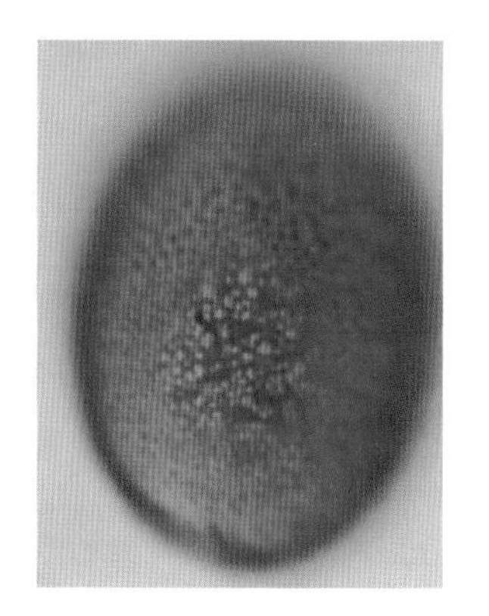

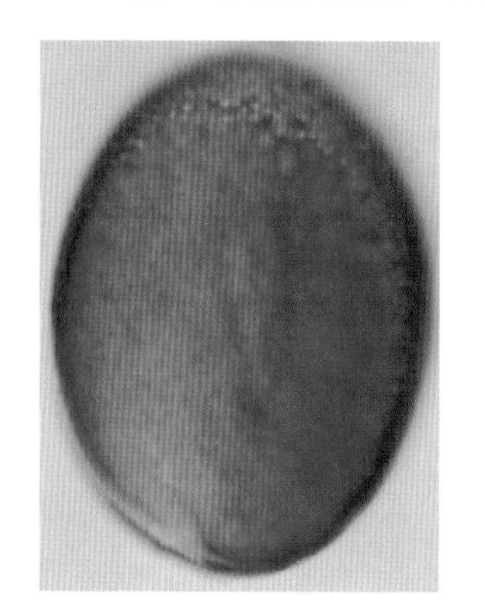

蒲葵 *Livistona chinensis*（Jacq.）R.Br.

常绿乔木。高达20米。叶扇形，掌状深裂；裂片条状披针形，下垂；叶柄长达2米，下部有两列逆刺。肉穗花序排成圆锥状，长达1米左右；腋生，分枝疏散；花小，两性，黄绿色。花期4月～5月。

分布于我国南部。

光学显微镜下：

花粉极面观为长椭圆形，赤道面观为近舟形；另一赤道面观为肾形。大小约21.2微米×31.8微米。单槽，表面具网状纹饰（×1200）。

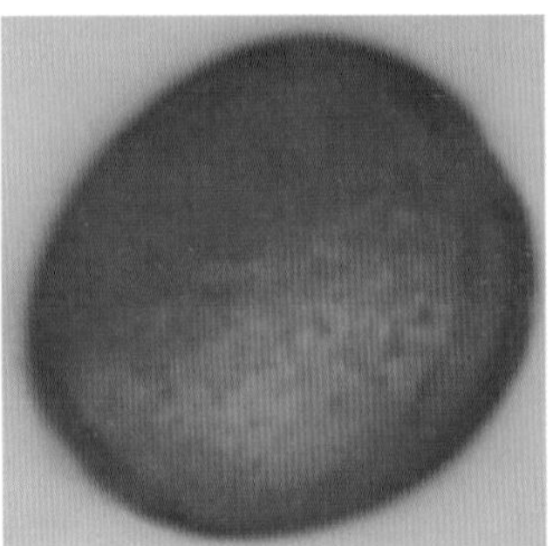

蒲葵 *Livistona chinensis*（Jacq.）R.Br.

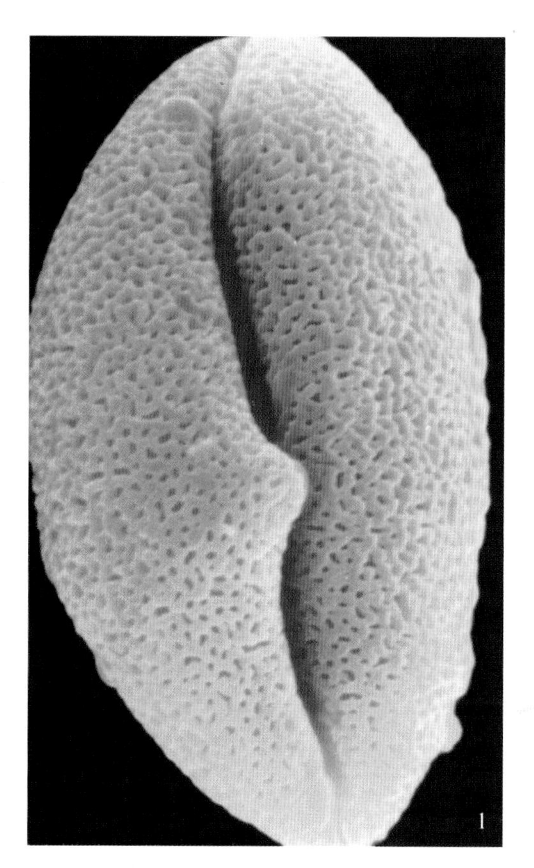

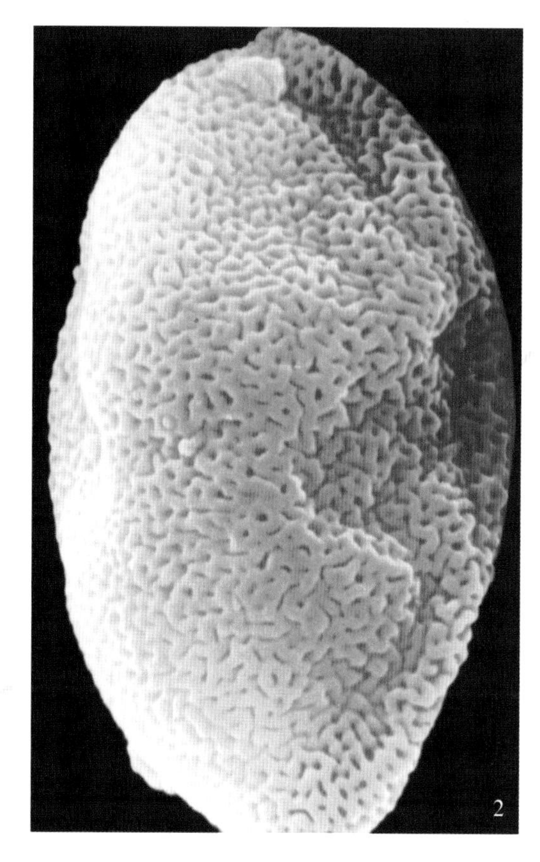

扫描电镜下：

花粉粒长球形。极面观具单槽，槽细长，槽内无覆盖物及内容物（1. 近极面 × 5000；2. 远极面 × 5000；3. 局部放大 × 8500）。

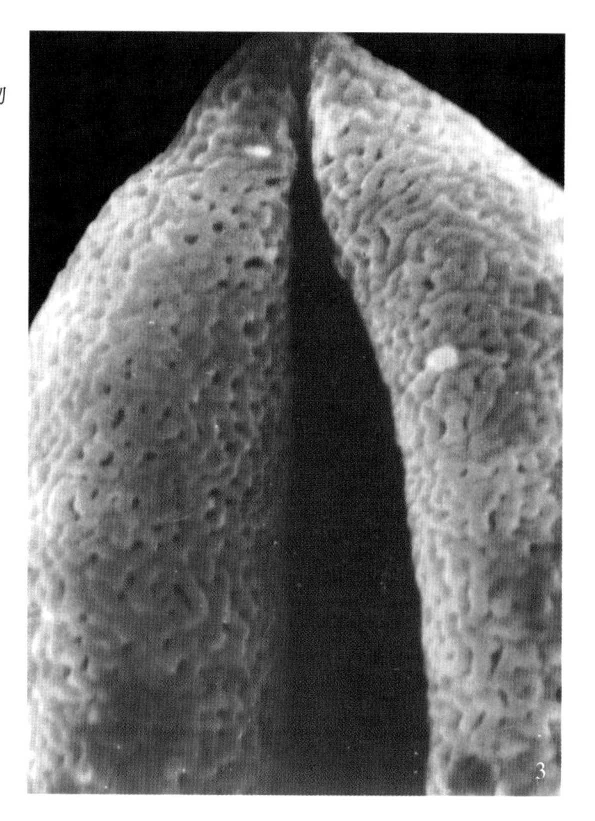

棕榈 *Trachycarpus fortunei*（Hook.）H.Wendl.

乔木。高15米。叶掌状深裂，直径50～70厘米；裂片多数条形，坚硬，顶端2裂，钝头，不下垂，有多数纤维的纵脉纹；叶柄细长，顶端有小戟突。肉穗花序排成圆锥花序，腋生；花小，黄色，雌雄异株。花期2月～5月。

分布于长江以南各地区。

光学显微镜下：

花粉椭圆形，极面观椭圆形，赤道面观近舟形或近肾形，大小18.2微米×31.2微米×23.4微米。单槽，槽细长，边缘不平。表面细网状纹饰（×1200）。

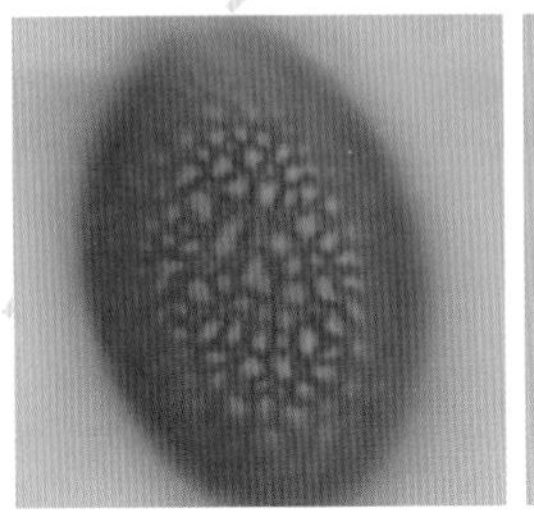  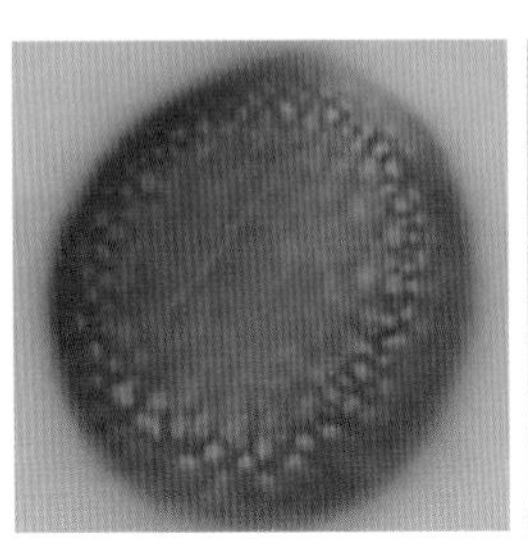 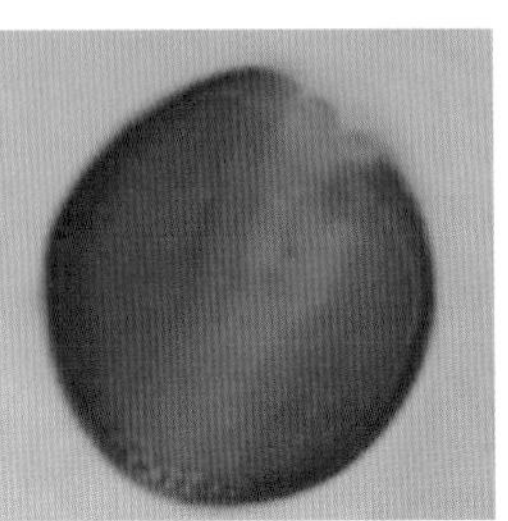 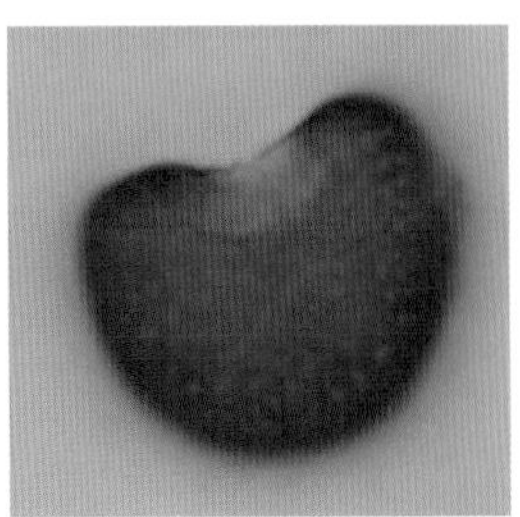

棕榈 *Trachycarpusfortunei*（**Hook.**）**H.Wendl.**

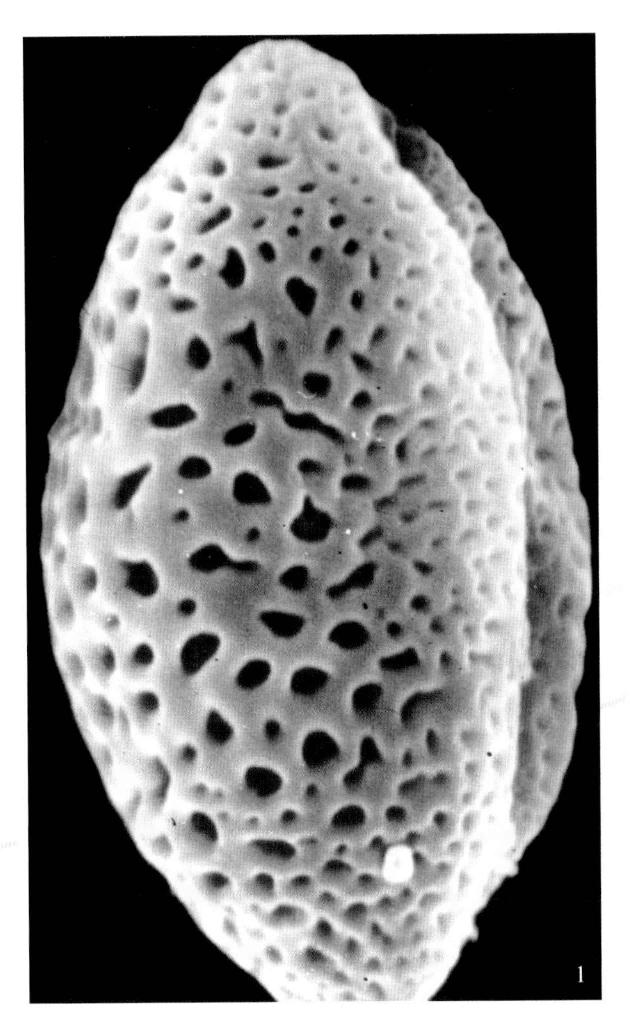

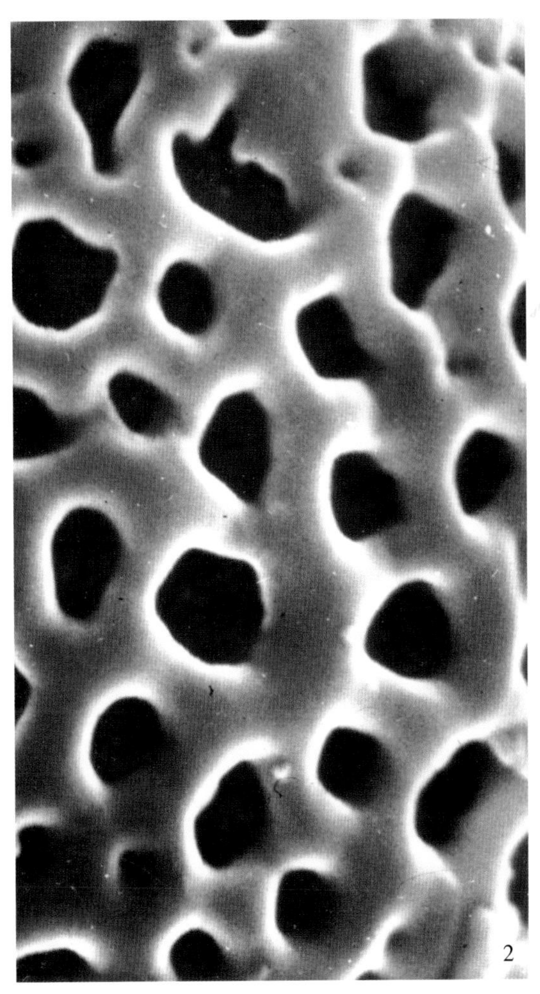

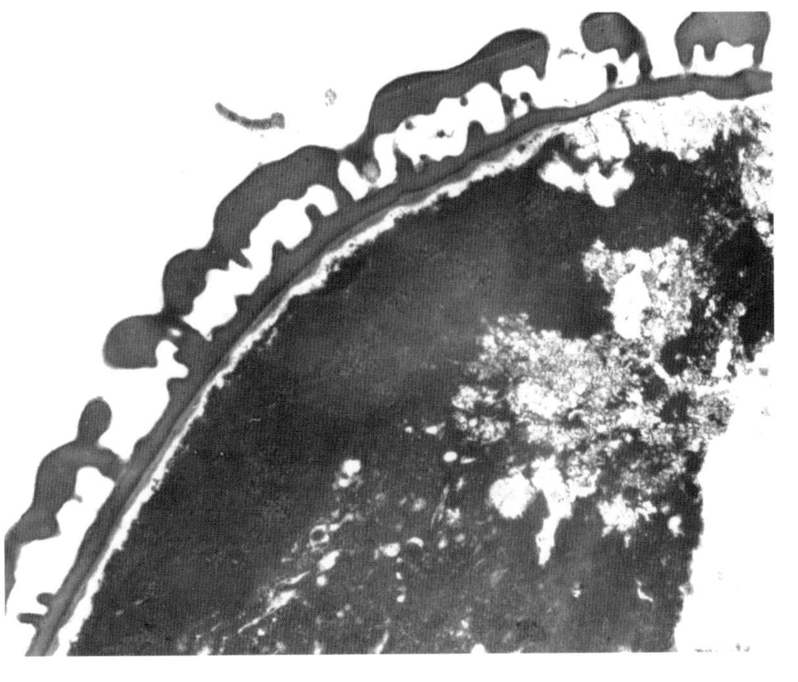

扫描电镜下：

花粉粒椭圆形。单槽。表面具网状纹饰（1. 远极面 × 6800；2. 纹饰 × 1200）。

透射电镜下：

被层厚薄不均，不连续；柱状层由稀疏小柱组成；垫层厚薄均匀。内壁薄，较均匀（ × 14000）。

短穗鱼尾葵 *Caryota mitis* Lour.

常绿小乔木。高5～8米。茎有吸枝，故聚生成丛。叶为两回羽状全裂，长1～3米，裂片淡绿色质薄而脆，侧生的顶端近截平至斜截平，内侧边缘不及一半有齿缺，外侧边缘延伸成一短尖或尾尖尖头。花序较短，长30～40厘米，多分枝，下垂。花期4月～5月。

分布广东、广西、海南等地。

光学显微镜下：

花粉具单槽、三歧槽和过渡类型，以单槽为主，少数为歧槽和过渡类型。单槽花粉为椭圆形，极面观为椭圆形和近圆形，赤道面观为近舟形，另一赤道面观为近肾形。大小为23.4（13.0～26.0）微米×31.2（26.0～46.8）微米×26.0（15.6～28.6）微米。表面具颗粒至细网状纹饰（×1200）。

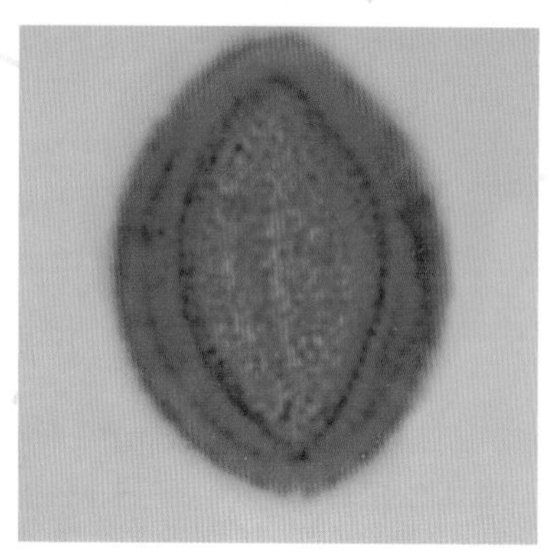

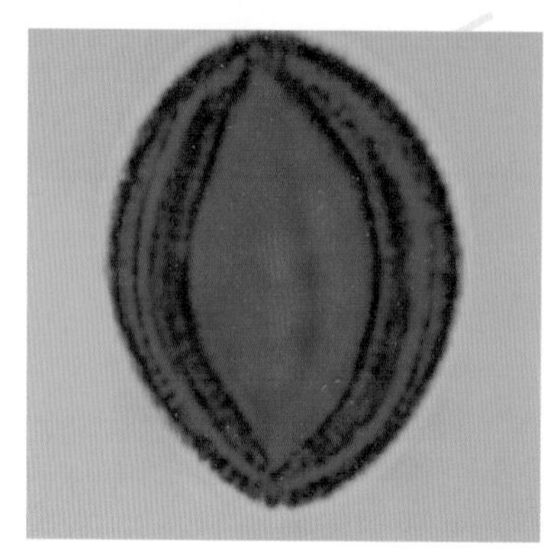

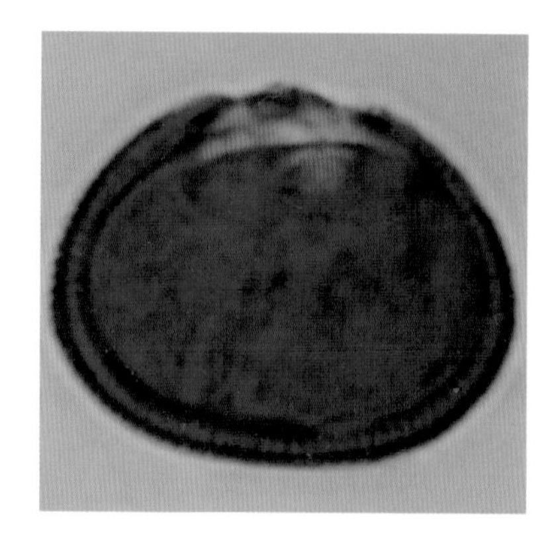

软叶刺葵 *Phoenix roebelenii* O.Brien.

常绿灌木。高1～3米。茎单生或丛生。叶羽状全裂，长约1米，常下垂；裂片狭条形，较柔软，2列排列，近对生，下部的裂片退化成为细长的软刺。肉穗花序生于叶丛中，长30～50厘米；花雌雄异株。花期4月～5月。

分布于中南半岛，我国广东、海南有栽培。

光学显微镜下：

花粉粒椭圆形或近球形，大小约13微米×18.2微米×15.6微米。极面观为椭圆形或近圆形，赤道面观为近舟形，半圆形，另一赤道面为近肾形。单槽，稍宽。表面具模糊颗粒状纹饰（×1200）。

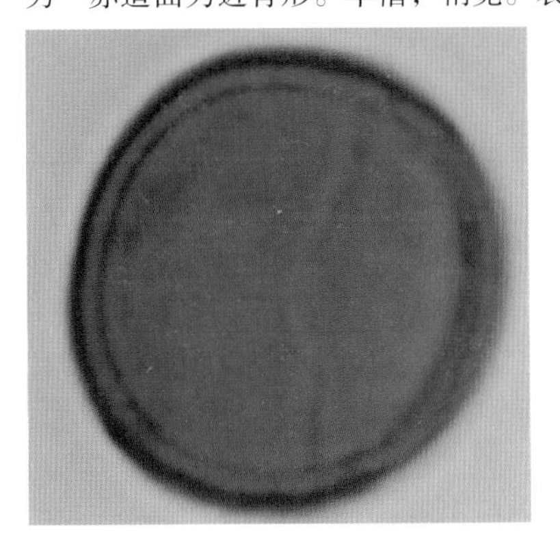

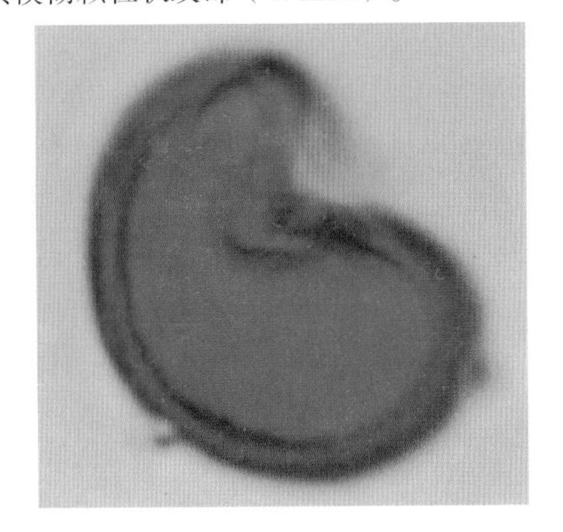

椰子 *Cocos nucifera* L.

乔木。高15～30米。叶羽状全裂，长3～4米；裂片条状披针形，长50～100厘米或更长，基部明显的外向折叠。肉穗花序腋生，多分枝，雄花聚生于分枝上部，雌花散生于下部。花期2月～3月。

分布于海南、广东、云南、台湾等地。

光学显微镜下：

大多数为单槽，少数三歧槽。单槽花粉极面观椭圆形，赤道面观近舟形或肾形。大小28.6微米×57.2微米×46.8微米。外壁厚2～3微米。表面具颗粒状纹饰（×1000）。

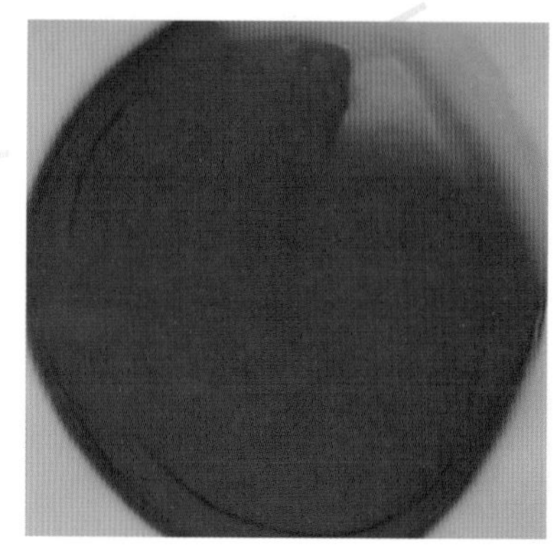

王棕 *Roystonea regia*（H.B.K）O.F.Cook

落叶乔木。高10～20米。茎幼时基部膨大。叶聚生于茎顶，羽状全裂，长3.5米；裂片条状披针形，顶端渐尖。肉穗花序生于叶鞘束下，多分枝，排列成圆锥花序。雌雄同株。果近球形。花期3月～4月。

原产古巴，我国广东、海南、广西、台湾等地有栽培。

光学显微镜下：

花粉具单槽和三歧槽两种类型。单槽花粉椭圆形，赤道面观近舟形；三歧槽花粉极面观三角形。大小约24微米×43微米。表面纹饰模糊（×1200）。

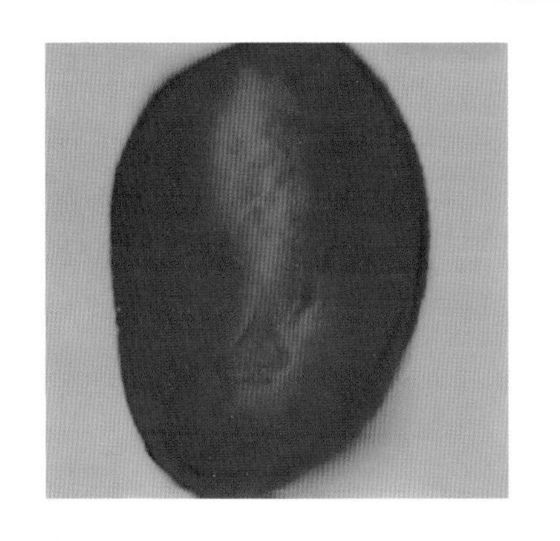

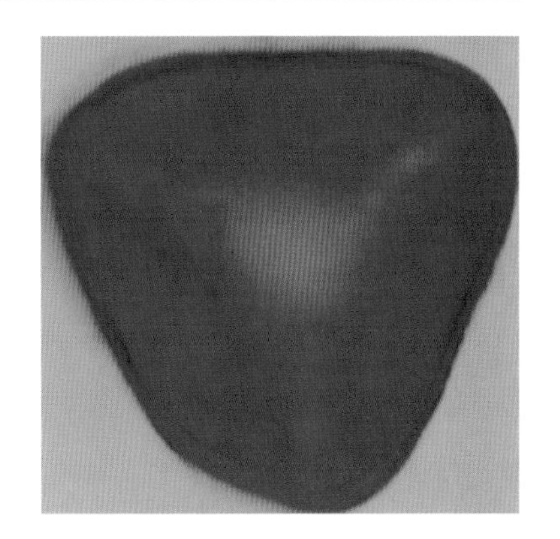

假槟榔 *Archontophoenix alexandrae*（F.Muell.）H.Wendl et Drude.

乔木。高达20米。茎基部略膨大。叶羽状全裂，裂片条状披针形，2列，长达45厘米，全缘或有缺刻。叶面绿色；叶鞘长；膨大而包茎。肉穗花序生于叶鞘束下，多分枝，排成圆锥花序，下垂，长30～40厘米；花雌雄同株，花期秋冬两季。

原产澳大利亚，分布广东、海南、广西。

光学显微镜下：

花粉粒具单槽和三歧槽两种类型（三歧槽少数）。单槽花粉为椭圆形，极面观长椭圆形，赤道面观近舟形，另一赤道面为肾形，大小约23.9微米×42.4微米（×1200）。

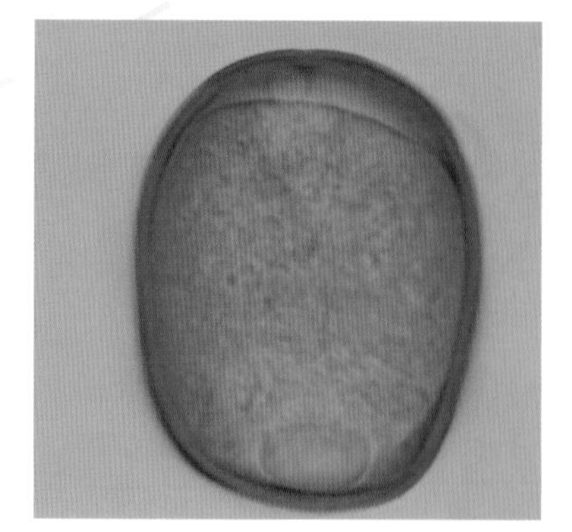

狐尾椰子 *Wodyetia bifurcata* A.K.Irvine

常绿乔木。高12～15米。茎干单生通直。3羽状复叶全裂，颜色亮绿，簇生攀顶。复羽状叶全裂，颜色亮绿，簇生茎顶。小叶披针形，轮生于叶轴上，形似狐尾。穗状花序，雌雄同株。花期3月～4月。

原产于澳大利亚昆士兰东北部，我国海南等地引种。

光学显微镜下：

花粉椭圆形。大小35微米×24微米。表面具网状纹饰（×1200）。

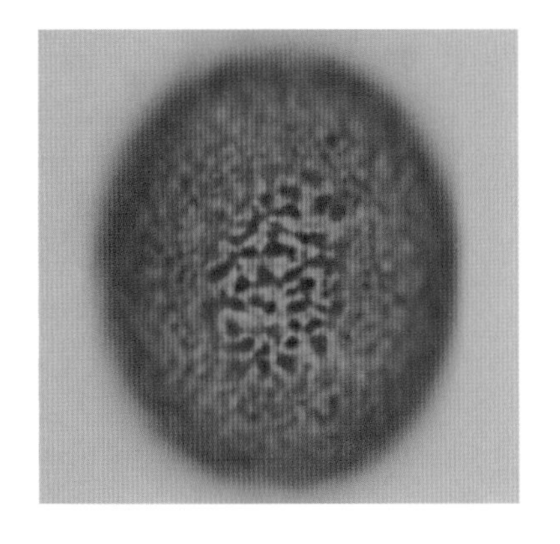

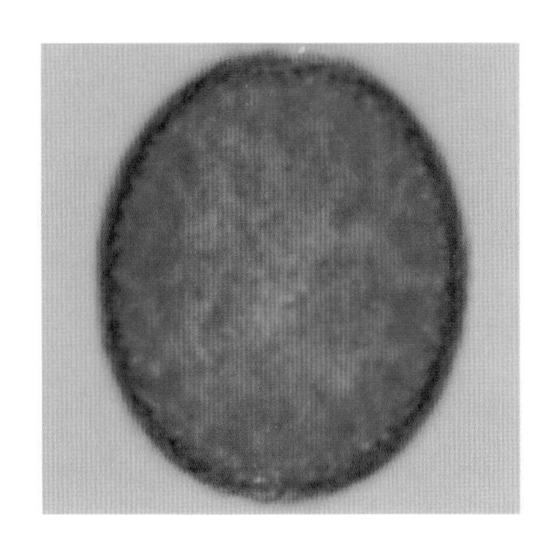

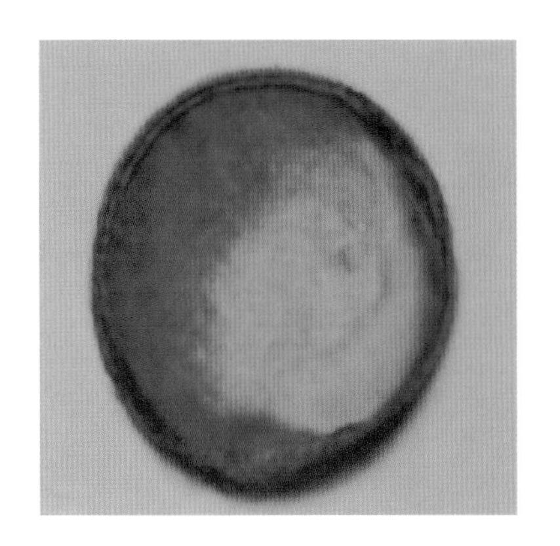

皇后葵（金山葵）*Syagrus romanzoffianum*（Cham.）Classman

乔木。高10～15米。羽状复叶簇生于茎顶，小叶线状披针形。肉穗花序，着生于下部叶腋间；花单性，黄色，雌雄同株。肉穗花序着生于下部叶腋间；花单性，花单性，黄色，雌雄同株。花期4月～5月及9月～10月（海南）。

光学显微镜下：

花粉椭圆形。大小37微米×26微米。具一远极沟，表面为模糊的颗粒状纹饰（×1200）。

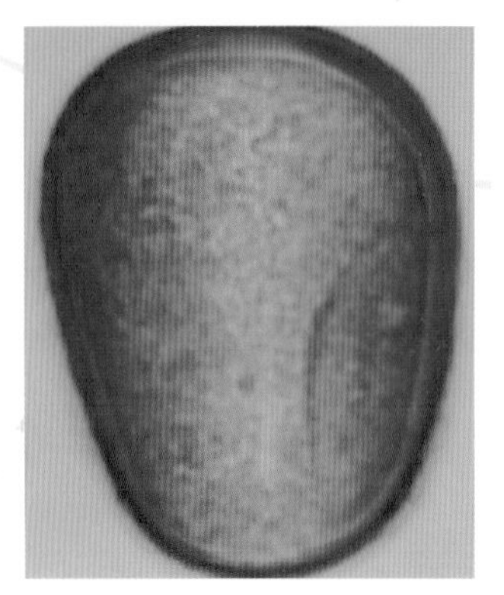

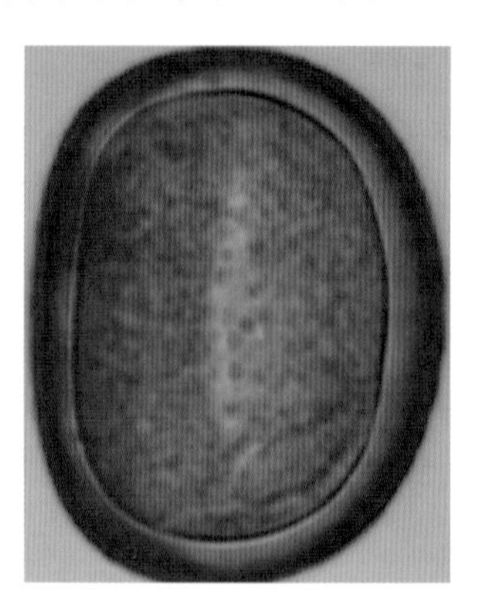

散尾葵 *Chrysalidocarpus* lutescens

常绿丛生灌木至小乔木。高3～8米。茎基部略膨大。叶羽状全裂，扩展而稍弯；裂片2列排列，较坚硬，通常不下垂；披针形；叶鞘长而略膨大，初时上部被白粉。肉穗花序生于叶鞘束下，多分枝，排成圆锥花序，花雌雄同株，小而呈金黄色。花期4月～5月。

原产马达加斯加，我国广东、广西、海南有栽培。

光学显微镜下：

花粉具单沟槽、三歧槽及过渡类型，其中以单槽最多。单槽花粉为椭圆形，但常不规则，极面观椭圆形，赤道面观舟形。大小20.8微米×36.4微米。槽细长，稍弯曲。表面纹饰模糊（×1200）。

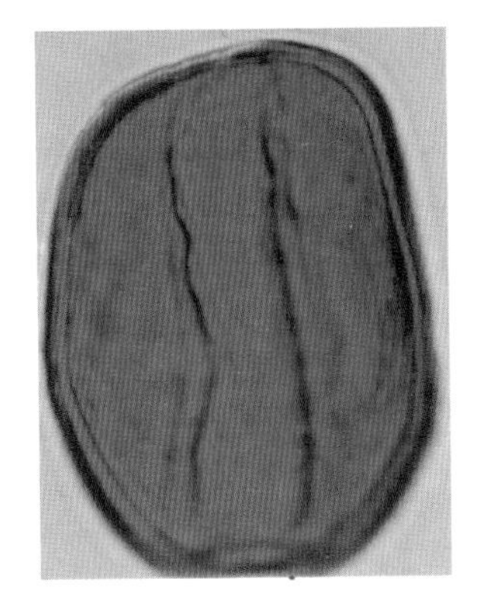

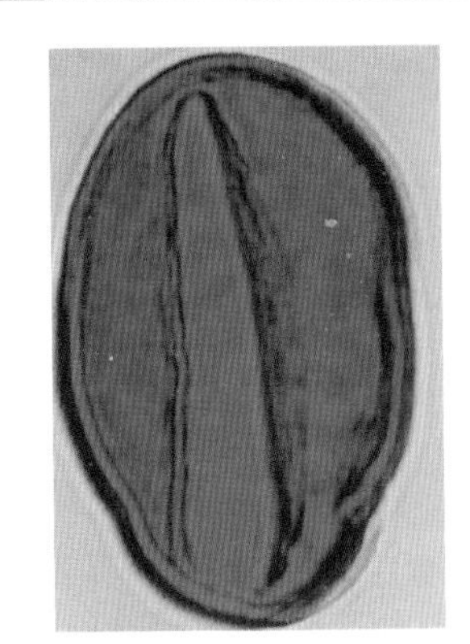

肾蕨 *Nehprolepis cordifolia*（L.）Presl.

多年生常绿草本植物。株高40～50厘米。地下具根状茎，上有直立主轴，主轴上再长出匍匐茎，匍匐茎的分枝上又生出小块茎，茎上密生披针形鳞片小叶。羽状复列。

光学显微镜下：

孢子囊群着生于叶背叶脉歧点上部。孢子大小为20.8微米×34.1微米。裂缝长度为孢子全长1/2。外壁具不规则的小疣状纹饰，疣排列较稀，疣之间大小穴较多（×1200）。

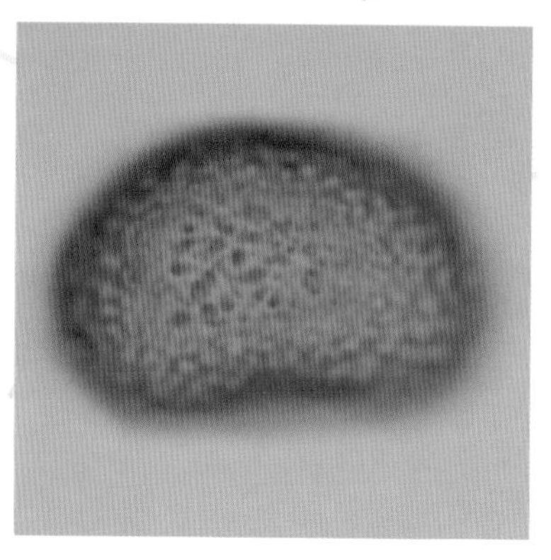

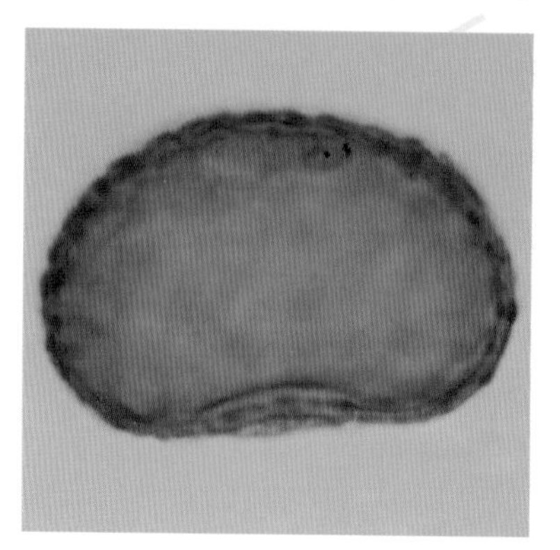

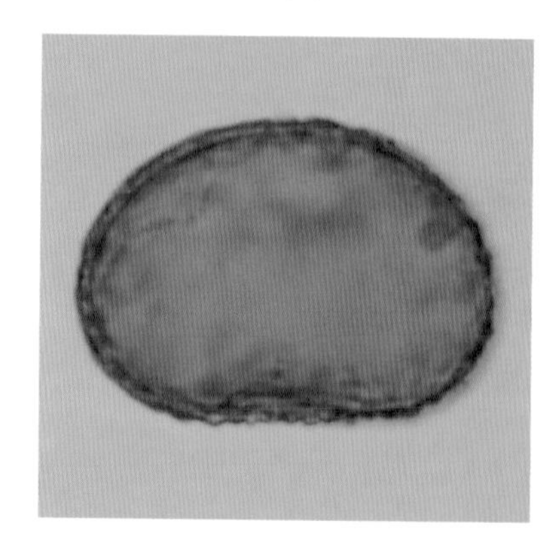

肾蕨 *Nehprolepis cordifolia*（L.）Presl.

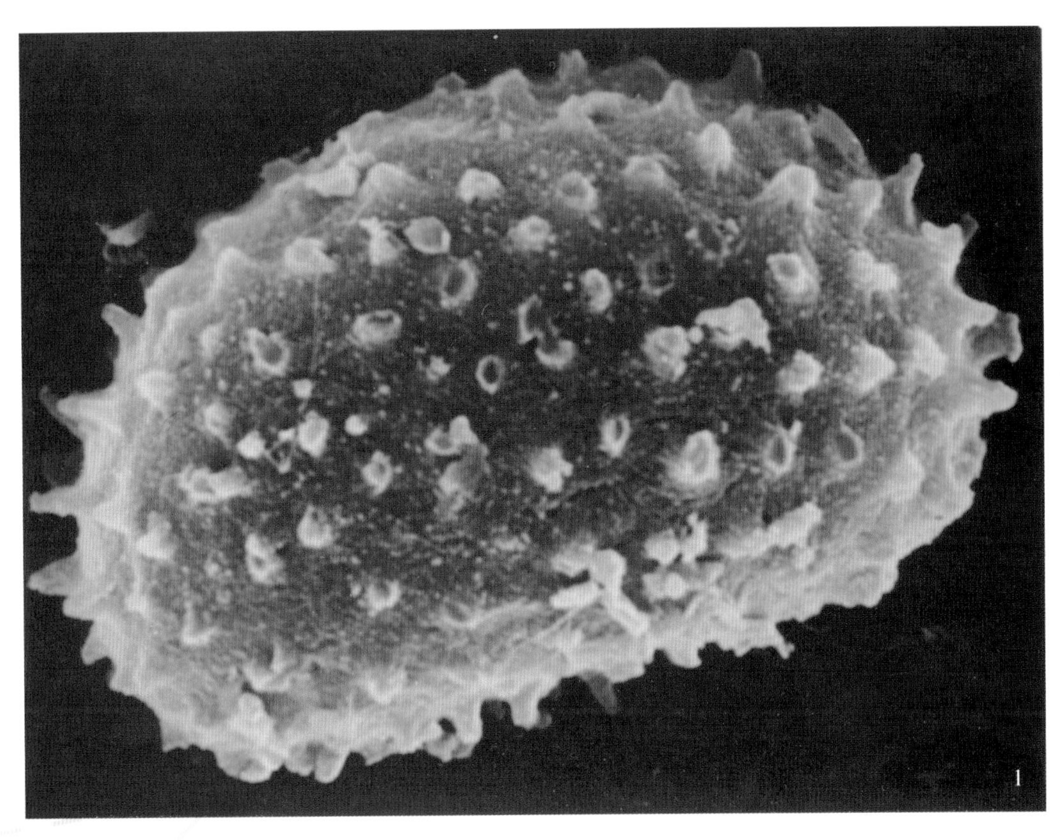

扫描电镜下：
孢子长椭圆形，表面具多数排列整齐的钝刺（1. ×5000；2. ×13000）。

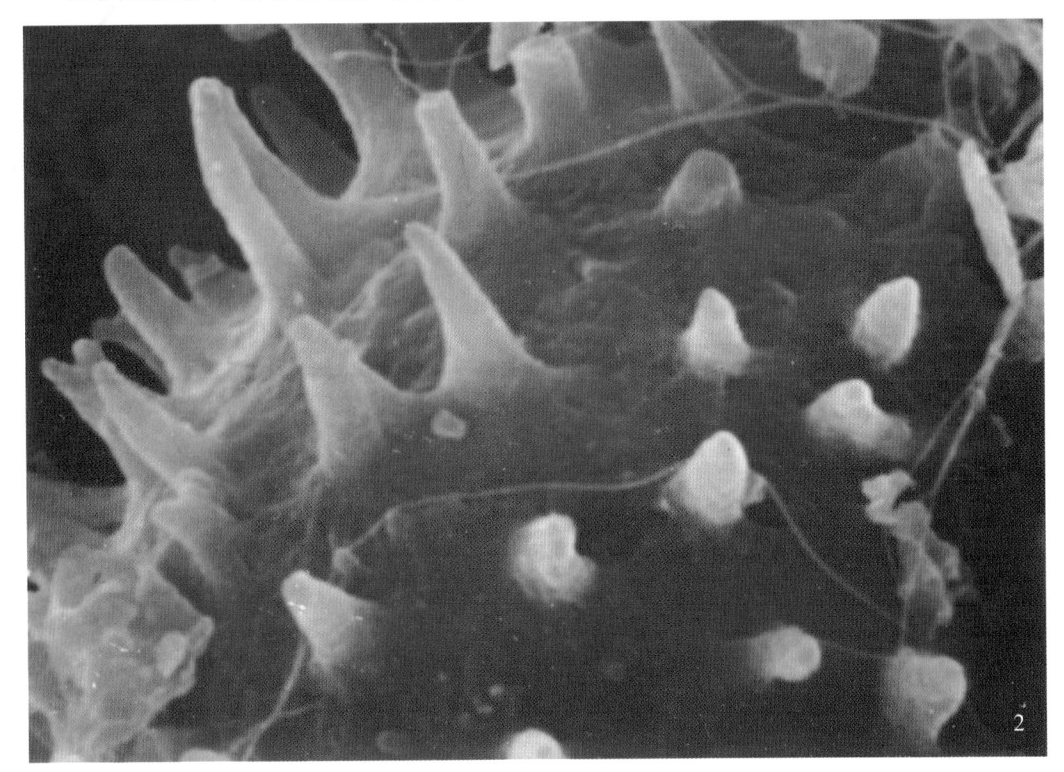

巢蕨 ***Neottopteris nidus*** **（L.）J.Sm.**

巢蕨 *Neottopteris nidus*（L.）J.Sm.

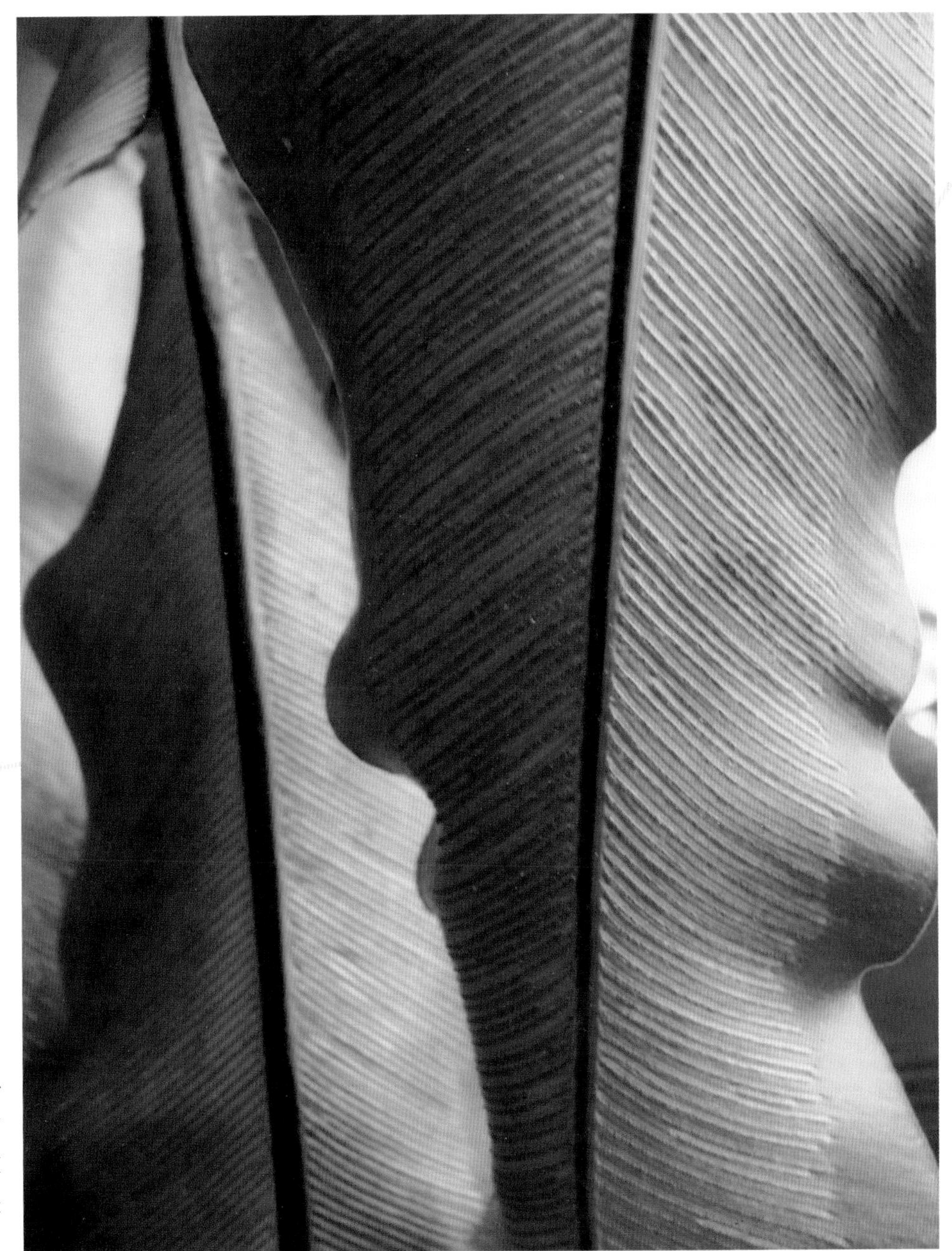

多年生常绿大丛附生草本蕨类。根状茎短，叶呈辐射状环生于茎周围，中间空如鸟巢，因而得名。叶革质，阔披针形，两面滑润。孢子囊群线形，着生于侧脉上侧。

光学显微镜下：

孢子大小约为25.6微米×38.4微米。周壁薄而透明，褶皱有时连接成网状，表面具小刺状纹饰，小刺排列较密而不均匀。表面光滑（×1200）。

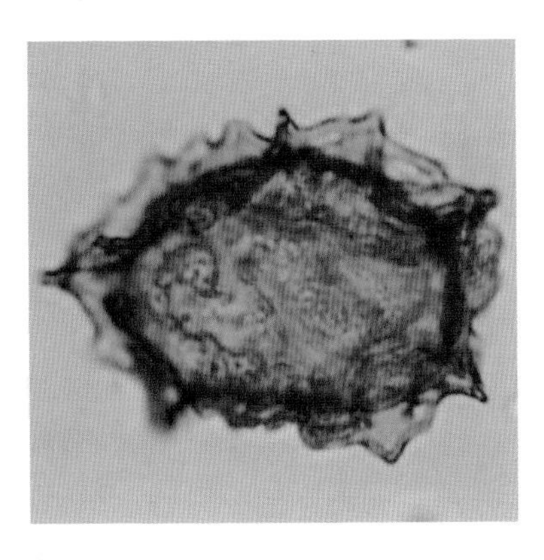

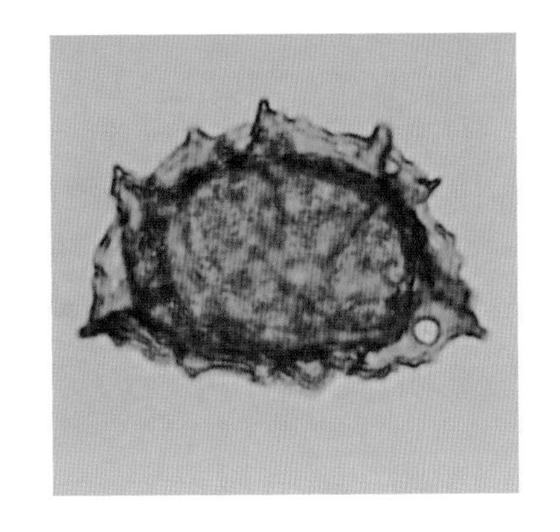

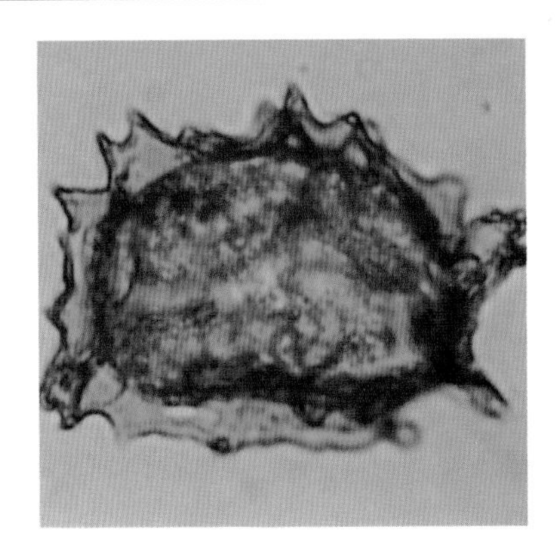

2012 CTCY

中　国　癌　症　基　金　会
《中国肿瘤临床年鉴》编辑委员会　编

2

中国协和医科大学出版社

口
版社